U0176475

航天科技图书出版基金资助出版

系统工程方法论

——从 TBSE 进阶到 MBSE

陈 杰 卢 梅 编著

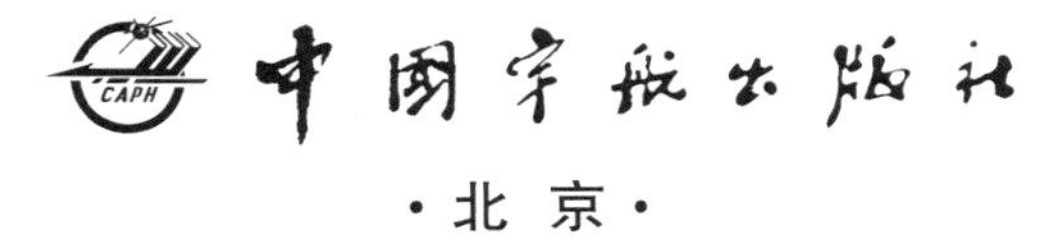

·北 京·

图书在版编目（ＣＩＰ）数据

系统工程方法论：从 TBSE 进阶到 MBSE / 陈杰，卢梅编著. -- 北京：中国宇航出版社，2022.12
ISBN 978-7-5159-2189-1

Ⅰ.①系… Ⅱ.①陈… ②卢… Ⅲ.①系统工程－方法论 Ⅳ.①N945

中国国家版本馆 CIP 数据核字(2023)第 015667 号

责任编辑　臧程程　　**封面设计**　王晓武

出版发行	中国宇航出版社	**版　次**	2022 年 12 月第 1 版 2022 年 12 月第 1 次印刷
社　址	北京市阜成路 8 号　**邮　编**　100830 (010)68768548	**规　格**	787×1092
网　址	www.caphbook.com	**开　本**	1/16
经　销	新华书店	**印　张**	26.5
发行部	(010)68767386　(010)68371900 (010)68767382　(010)88100613（传真）	**字　数**	645 千字
零售店	读者服务部　(010)68371105	**书　号**	ISBN 978-7-5159-2189-1
承　印	北京中科印刷有限公司	**定　价**	268.00 元

本书如有印装质量问题，可与发行部联系调换

航天科技图书出版基金简介

航天科技图书出版基金是由中国航天科技集团公司于2007年设立的，旨在鼓励航天科技人员著书立说，不断积累和传承航天科技知识，为航天事业提供知识储备和技术支持，繁荣航天科技图书出版工作，促进航天事业又好又快地发展。基金资助项目由航天科技图书出版基金评审委员会审定，由中国宇航出版社出版。

申请出版基金资助的项目包括航天基础理论著作，航天工程技术著作，航天科技工具书，航天型号管理经验与管理思想集萃，世界航天各学科前沿技术发展译著以及有代表性的科研生产、经营管理译著，向社会公众普及航天知识、宣传航天文化的优秀读物等。出版基金每年评审1～2次，资助20～30项。

欢迎广大作者积极申请航天科技图书出版基金。可以登录中国航天科技国际交流中心网站，点击“通知公告”专栏查询详情并下载基金申请表；也可以通过电话、信函索取申报指南和基金申请表。

网址：http：//www.ccastic.spacechina.com

电话：(010) 68767205，68767805

序

系统工程是使工程系统成功实现的一种跨学科方法。我国古代在都江堰水利工程建设中，就采用了系统运筹学思想与方法。以钱学森为代表的老一辈科学家，通过“两弹一星”工程实践，创立与推动了现代系统工程在中国的落地生根。随着现代科学技术的高速发展，特别是信息技术的广泛应用，工程系统的复杂程度越来越高，这对高质量、高效率地研制开发工程系统带来了极大的挑战，需要不断创新系统与系统工程理论方法和技术工具。

复杂工程系统的构建目标是满足人类需求，系统工程提供了一整套系统实现的方法，形成从装备系统概念提出、预先研究、型号研制、部署运行、在役改造全过程的技术与管理方法。如何在装备系统研制中避免降指标、拖进度、涨经费问题，如何保证新研制的装备好用和管用，并形成体系化作战能力，是航天与军工装备系统工程需要解决的现实问题。

系统工程已经成为一门独立的学科。早在20世纪70年代，在钱学森先生倡导下，国防科技大学就成立了系统工程与数学系，成为国内最早建立系统工程专业的大学。国际上，1990年美国国家系统工程学会成立（1995年更名为国际系统工程协会，INCOSE）来推动系统工程跨学科研究和实践，2004年在中国成立了INCOSE北京分会，推动了国际系统工程标准与方法在中国的传播。对系统的认识涉及哲学范畴，学科内容涵盖系统理论、思想与观念，以及系统工程技术、方法和工具等。系统工程最新的发展包括基于模型的系统工程、数字孪生方法和体系工程方法等。

中国航天作为国家创新发展的排头兵，近年来取得了以载人航天、北斗工程等为代表的一系列先进航天装备建设的重大成就。系统工程在航天领域的实践中发挥了重要作用。《系统工程方法论——从TBSE进阶到MBSE》的作者在总结国内外系统工程思想、理论、方法和工具的基础上，结合航天领域工程实践，阐述了系统工程的基本概念、过程方法。本书的特色是：全面阐述了传统系统工程、基于模型的系统工程和体系工程内容；力图从公理体系来建立描述系统的方法，尝试性地提出“1状态、2系统、3维度、4变量”；用大量的实例来说明概念、过程和方法；将项目管理内容划分为“计划管理、技术管理、产品保证管理”；将 MBSE 建模过程划分为八个过程等。书中提出的观点和方法是对系统工程发展的有益尝试。

目前，我国已进入建设中国特色社会主义强国的新时代，经济上需要向高质量发展的创新驱动模式转型。系统工程在航天工程等军工领域实践中的宝贵经验与做法，能为其他领域创新发展提供有价值的借鉴。

谭跃进　教授
原国防科技大学信息系统管理学院院长
原中国系统工程学会副理事长

前　言

1957年10月4日，苏联成功发射第一颗人造地球卫星“斯普特尼克（Sputnik）”，人类探索宇宙和应用空间的序幕由此拉开，开始进入了“空间时代”。未来，航天工程技术将与人工智能、量子、生物基因、可控核聚变、新材料等基础技术一起，成为21世纪推动人类科技发展的重大技术。

重大航天工程系统的建设往往有大量组织机构与人员参与，其成果是国家多领域、多学科综合科技进步的体现，支撑复杂航天工程取得成功极为重要的方面是系统理论和系统工程方法。通俗地说，系统工程是将众多单位与众多人员有序组织起来，快、好、省地完成一个工程系统建造的技术与管理方法。

系统工程方法的提出与应用可以追溯到第二次世界大战期间英国防空雷达的研制，而在公众中产生较大影响的是系统工程方法在极为复杂的原子弹——曼哈顿计划和载人登月——阿波罗计划中的应用。人们往往从不同的角度来谈论系统工程，他们谈论的可能是系统思想、系统思维、系统理论，或者是系统工程技术、系统工程方法。其中，系统理论主要涉及系统论、信息论、控制论、运筹学等基础理论；系统工程技术主要涉及系统建模分析、预测评价、优化决策等方面；系统工程方法则涉及系统寿命周期过程中使用的跨学科技术与管理过程模型和方法。

不同行业领域的组织机构提出了不同系统工程过程模型和方法。1995年，国际系统工程协会（INCOSE）正式成立，出版了ISO/IEC国际标准和系统工程手册，目标是在组织、项目、技术现实和工程管理层面，统一概念术语和建立相对统一的过程方法，以促进跨国家、跨组织的工程系统项目任务的协同。同时，INCOSE与面向对象组织（OMG）合作出版了规范化的系统建模语言SysML，以促进“基于文档系统工程”向“基于模型系统工程”方向发展。这些举措推进了系统工程在全球范围不同领域的广泛应用与发展。

中国航天经过六十多年的发展，从引进吸收消化到追踪式的创新，再到独立自主创新，成功实施了两弹一星、载人航天、探月工程、高分工程、北斗工程、火星探测工程等一系列航天重大工程，建立了较为完善的技术和管理体系。中国航天在重大工程实施过程中，一直就伴随着对系统工程方法的探索与实践，从成功与失败的洗礼中，总结出了在系统技术实现和工程管理方面许多好的经验做法，例如科研生产管理的 28 条、72 条或 80 条，质量管理的“双五条归零”，技术状态控制的“五条”等，这些做法支撑了中国航天过去的成功与发展。当前，随着国家政治、经济、军事、科技、社会、文化、生态的发展，我国进入全面建设现代化强国的新时代，航天工业也步入建设航天强国的新时期。未来，如何适应新时期高质量、高效益、高效率发展目标，如何实现从“跟跑”到“并跑、领跑”创新模式的转变，如何面对信息化体系背景条件下系统的研制，如何应对科技发展和市场需求快速变化的环境，是未来航天领域系统工程探索与创新需要面对的重大问题。

本书仅对系统理论与系统工程技术进行简单描述，重点聚焦于在工程系统研制组织中需应用的过程方法，从技术和管理两方面阐述如何科学地组织研制一个大型工程系统。

本书是作者在给硕士研究生讲授课程基础上整理而成的，内容既包括国际、国内对系统工程方法的共性认识，也包括航天领域的实践体会，以及作者从事航天工程预先研究、工程研制与管理的经验体会。本书面对的读者对象是希望了解系统工程方法的高年级学生，以及有一定工程经验的从事系统研发、研制和管理的科技人员。

本书共分成四个部分 10 章。第一部分为基本概念和术语，包括 2 章，第 1 章描述了系统、系统工程、组织关系、过程活动、技术状态、系统度量等基本概念，阐述了利益相关者与技术成熟度等重要概念；第 2 章概述系统工程方法的基础，即“霍尔三维结构模型”的时间维、逻辑维、专业维的含义，介绍了寿命周期阶段划分、系统开发的 V 字形模型。第二部分为基于文档的系统工程，包括 4 章，第 3 章和第 4 章介绍系统设计过程和系统实现过程；第 5 章介绍项目级管理过程，包含计划管理、技术管理和产品保证；第 6 章介绍组织管理过程，包括组织管理的作用、协议过程、组织级项目管理过程。第三部分为基于模型的系统工程，包括 2 章，第 7 章介绍 MBSE 概念和 SysML 语言；第 8 章阐述 MBSE 方法的工程应用。第四部分为体系工程方法，包括 2 章，第 9 章描述体系结构理论与方法；第 10 章阐述如何应用体系结构方法来规划论证体系与系统。

最后，作者由衷地感谢在本书撰写过程中为作者提供帮助的多位专家。原国家航天局副局长郭宝柱研究员在系统工程概念描述方面给作者提供了有益的指导；上海航天技术研究院科技委“数字化设计与制造技术”专业组组长李少阳研究员和国家级特聘专家张文丰研究员审阅了全文，提出了宝贵的修改意见；特别是张文丰研究员团队，基于科技部重点研发计划“复杂产品设计制造一体化系统建模理论（2020YFB1708100）”，为本书第 8 章的建模框架提供了运载火箭方面的实践实例。

作　者

目　录

第一部分　基本概念和术语

第二部分 基于文档的系统工程

第三部分 基于模型的系统工程

第四部分 体系工程方法

第一部分

基本概念和术语

第1章　系统概念和系统工程

系统工程方法是将系统观、系统理论与系统技术应用于复杂工程系统全寿命周期过程，形成的一种使系统成功实现的跨学科方法。系统工程方法是在总结众多系统研制和运行过程规律基础上形成的共性方法。系统工程方法是从事系统设计、工程管理、产品保证、专业工程等相关人员应当掌握的基本方法。

几乎所有伟大工程都起源于一个美好梦想，

系统工程是帮助我们实现这个梦想的方法。

——作者

系统工程面对的对象是系统，它不同于机械工程、电子工程、控制工程、软件工程等专业工程，专业工程只侧重于系统的某个技术方面。系统工程围绕系统期望目标和约束条件，综合考虑系统各组成部分和相互关系，以及系统与外部系统和周围环境的相互关系，通过将系统技术与专业技术的协同，研制性能优异、使用方便、安全可靠、经济可行、精巧炫酷的系统，通过项目管理和组织管理实现“高质量、高效率、高效益”的系统研制。

1.1　系统概念

1.1.1　系统的定义

在阐述系统工程概念之前，首先需要给出系统的定义。

系统定义：系统是由若干元素按一定结构关系组成的整体，通过各元素之间、部分与整体之间、内部与外部之间的相互作用与制约关系，共同完成一个或多个功能目标。

数学上可将系统表述为[1,2]

$$S = \langle E, R \rangle$$

式中，S (System) 为系统整体；E (Elements) 为构成系统的所有元素集合 $\{E_i\}$ ，系统元素又称为系统单元、组件、部件、组成部分等；R (Relationships) 为系统元素之间、部分与整体之间、内部与外部之间的所有关系集合 $\{R_i\}$ 。这里的内部包括内部元素与内部环境，外部包括系统运行环境中的外部系统、执行者、工作环境和自然环境。系统所有组成元素实体与关系一起构成“系统架构” (System Architecture)，例如模块、功能流、接口、资源流、物理部件、节点、工序等，这些实体可能具有诸如尺寸、可用性、稳健性、执行效率、任务有效性等特性。

本书涉及的系统主要为“人造工程系统”。人类往往借助于特定的工具来完成特定的工作，系统就是这种工具，创建系统是为用户提供产品或服务。系统元素类别可以是硬件、软件、数据、人员、流程（例如服务流程）、程序（例如操作说明）、设施、材料等。

如果系统运行时需要人员操作或承担功能，系统元素就包含人员，这时需要考虑人机交互或人因工程。有一种观点认为系统功能的实现需要“元素、关系、人、环境”四类要素的相互作用。

>> 实例 1.1.1 全自动滚筒洗衣机系统。全自动滚筒洗衣机系统是我们日常生活中经常接触到的系统。该系统的主要功能是完成衣物洗涤，其他功能包含单独的漂洗、脱水、烘干。系统元素包含内桶、控制面板、电动机、排水泵等。系统功能的实现需要连接外部的进水系统、排水系统、电源系统。洗衣功能的实现需要人员的参与，包括连接外部系统，洗涤时添加待洗衣物和洗涤剂、设置洗涤状态、启动洗涤程序，最后取走已完成洗涤的衣物。

系统相关的概念还包括关注系统、运行环境、使能系统、体系等。

关注系统：关注系统（System of Interest，SoI）或者在研系统（System under Development，SuD）是正在开发建造的系统。

运行环境：运行环境指系统运行时与关注系统交互的外部系统、工作环境与自然环境，可能还包括与关注系统交互的人员——执行者。

使能系统：使能系统（Enable System）是为系统寿命周期过程的实现和部署提供支撑服务的系统，也可称为辅助系统或支撑系统。使能系统不是系统使用功能的组成部分，也不是运行环境中的系统，仅有助于系统寿命周期过程的实现，例如生产系统、试验系统、吊装设备、维护系统等。

>> 实例 1.1.2 运行环境。洗衣机的进水系统、排水系统、电源系统是洗衣机系统运行环境中的（外部）系统；运载火箭系统的发射塔架属于使能系统，飞行时的大气环境属于运行环境中的自然环境。

关注系统、运行环境、使能系统的关系如图 1－1 所示[3]。图中表明，关注系统运行时，需要运行环境中的系统 A、B、C 的相互协同配合，同时与外部自然环境、工作环境相互作用；使能系统 X、Y、Z 的作用是间接支撑系统寿命周期过程的实现，系统的建造需要与使能系统的建造放在一起综合考虑。

体系：体系是系统之系统（System of Systems，SoS）。体系的元素就是系统，体系是由多个独立运行与管理的系统组成的大规模、复杂系统。

无线通信技术、互联网技术、云计算、大数据、传感器和认知智能技术的发展，推动了工程系统从机械化向数字化、网络化、智能化的转型，体系内各系统之间实现了互联、互通、互操作，体系中系统之间相互协同配合可提高执行任务的抗风险能力。

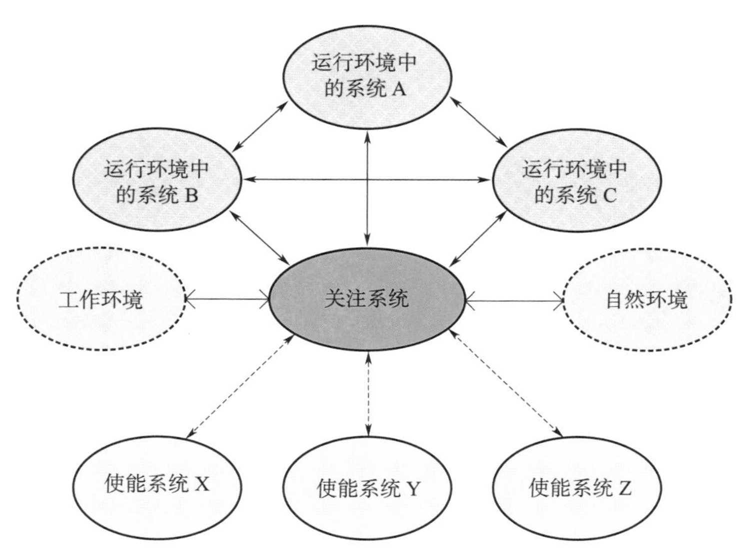

图 1-1　关注系统、运行环境、使能系统三者之间的关系

实例 1.1.3 防空反导体系。防空反导体系就是通过多层拦截系统（或子体系）实现其作用的，各独立系统可单独运行，也可以相互协同、相互配合、发挥互补的作用。

实例 1.1.4 移动通信体系。图 1-2 为设想的由地面移动通信系统、低轨移动卫星通信系统、高轨移动卫星通信系统所构成的移动通信体系。

体系相对于系统具有如下特点，可见表 1-1[1,2]：

1）体系中的系统单元可独立运行，独立管理。

2）体系中的系统单元可能处于寿命周期不同阶段。一个系统可能还处于研制阶段，另一个系统可能已经部署使用。

3）体系需求是逐步明晰的。体系对于已经部署系统的需求可能是清晰的，但是对于仍未开发的系统，需求可能不清晰；随着各系统的成熟，体系的需求才逐步明确。

4）体系接口的复杂性。随着体系中系统单元的逐步加入，体系中系统之间相互作用关系复杂性呈现非线性地增加。系统之间接口标准不统一，导致在系统单元之间交换数据非常困难，除非有人负责定义和控制体系的范围和管理系统单元的边界，否则外部接口的定义变得很困难。

5）体系的管理问题甚至比工程问题更复杂。由于每个系统单元具有自己的工程开发方式，开发体系涉及的需求、预算、计划、接口、新技术等协调，将更为复杂。

6）体系在工程上往往处于永远未结束状态。即使体系中的所有系统单元已经部署，还必须实施持续的工程管理，需要应对不同系统单元寿命周期不一致、新系统单元的加入、系统更新换代等问题。

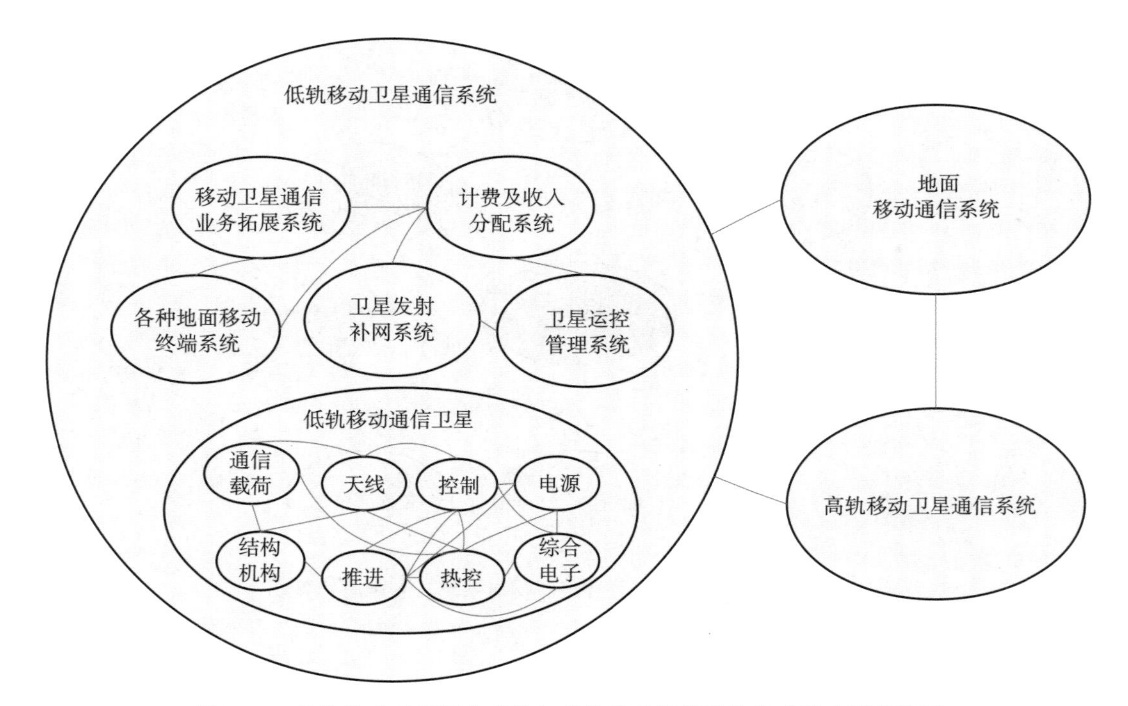

图 1-2　低轨移动卫星通信系统与其他移动通信系统构成移动通信体系

表 1-1　体系与系统特点的比较

特征	系统	体系
需求	明确	动态演变
管理	集中管理	分散管理，集中控制
规划	固定，明确	动态，高度不确定
组成	数量较少的单元，单元数量固定	数量较多的独立系统，可增减系统数量
目标	满足功能需求	满足某种能力需求
耦合	紧耦合	松耦合
边界	相对固定	比较模糊
操作	相对单一	系统之间存在互操作
结构	相对简单	高度复杂
寿命周期	较短	不断演进更新
地域分布	集中	分散、广泛

1.1.2　系统的特性

（1）整体性和目的性

系统的整体性和目的性是系统最重要的特性。系统的整体性表现为系统以追求整体最优为目标，局部应服从整体。系统目的性表现为构建一个工程系统的目的是满足一种需求或者兼顾多种需求，系统设计的最初阶段要识别需求和定义系统建设目标。

系统不是元素的简单堆砌，系统往往表现出低层次元素所没有的功能，这称为系统的"涌现"（Emergence）现象。这些功能必须通过元素之间、部分与整体之间、内部与外部之间的相互作用过程才能实现，呈现为系统的整体性和目的性。

系统各元素“为了一个共同的目标结合在一起”，涌现出“1 加 1 大于 2”的效果。

实例 1.1.5 系统的目的性。气象卫星的主要目标是探测大气温度、湿度、大气成分等要素，为反演数据和气象预报创造条件，其功能可以兼顾探测大气污染和水体环境要素。系统多目标之间经常是相互矛盾的，在系统论证和设计初期，在保证主要目标实现的前提下，往往需要对次要目标进行一定程度的权衡取舍。

(2) 层次性和结构性

系统的层次性表现为系统的组成元素是分层次的，一般系统包含层次越多、系统就越复杂，系统的层次关系可参见图 1-3[3]。从整体上看，工程系统一般由体系、大系统、系统、分系统、子系统、产品/单机、部件/组件、零件、元器件/材料等层次组成。系统的结构性指系统元素的分层结构和元素之间的关联关系，系统元素的关联关系可见图 1-5。

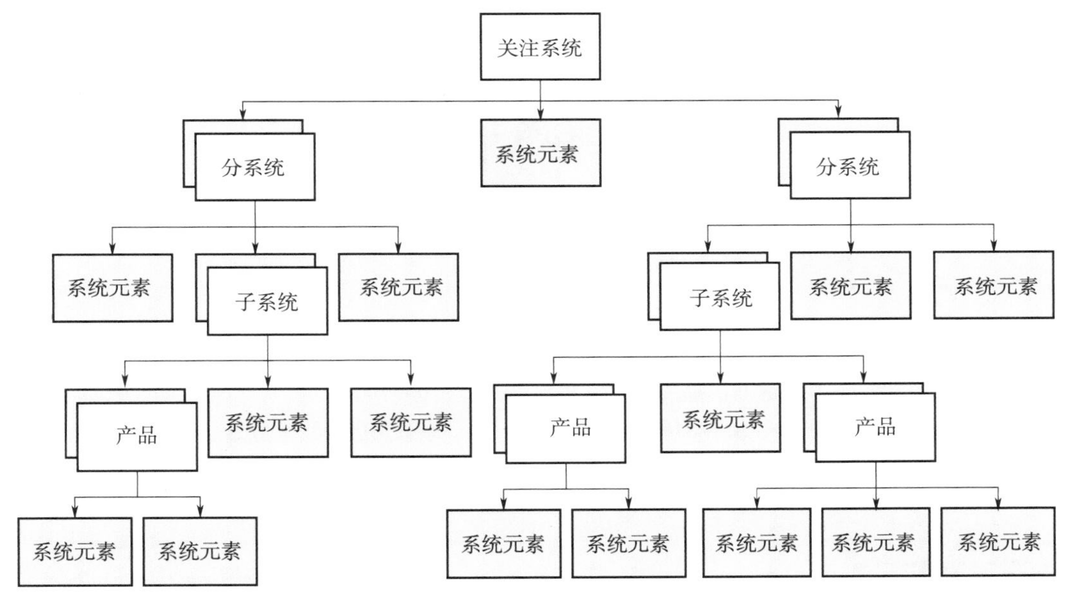

图 1-3 系统的层次性

实例 1.1.6 系统的层次性和结构性。地球轨道遥感卫星工程大系统包括卫星、火箭、发射场、测控、应用等系统。从卫星总设计师角度来看，卫星由有效载荷和卫星平台组成，卫星平台由结构机构、热控、姿态与轨道控制、推进、电源、测控通信与数管等分系统组成，卫星有效载荷由相机、探测器、电子电路、数传通信、指向控制、热控等分系统组成。典型卫星组件结构分解示意图，如图 1-4 所示。

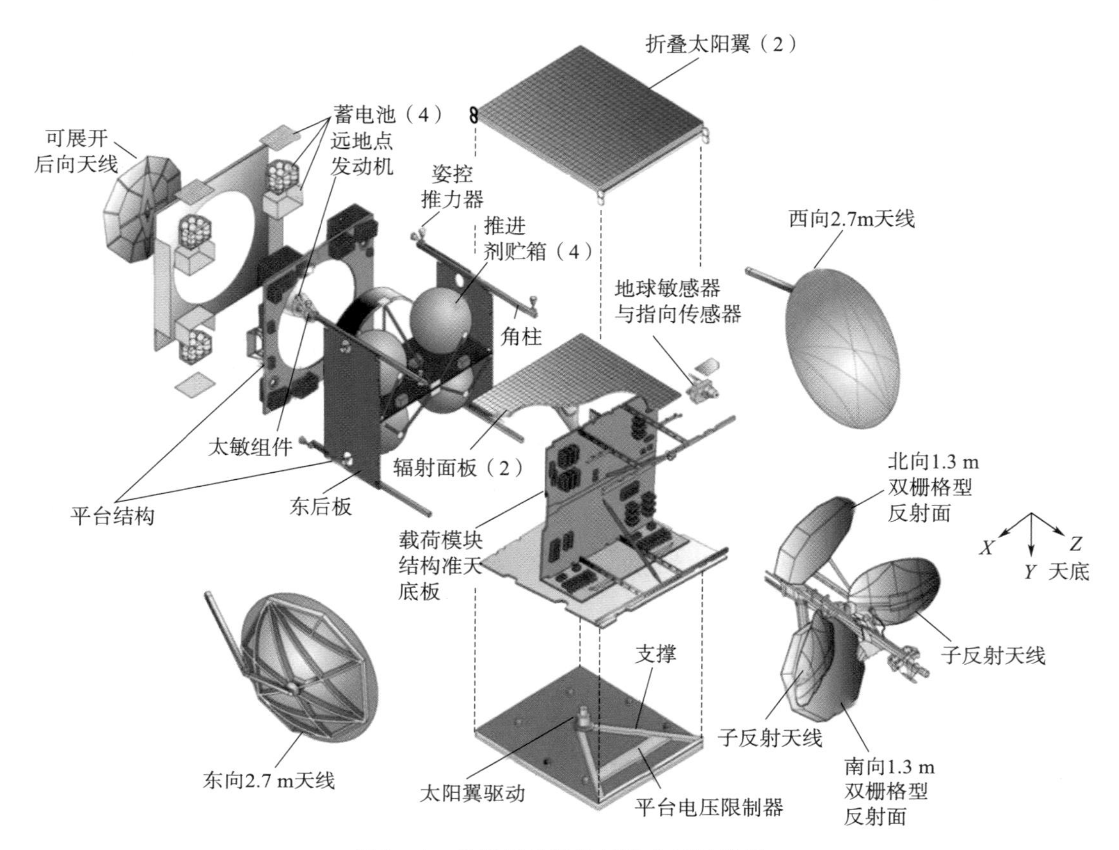

图 1-4　典型卫星组件结构分解示意图

定义系统层次、划分系统边界和定义系统中的元素，具有一定的相对性和灵活性。相对性指不同的设计者站在不同的层面，对系统范围和元素的定义可以不同；灵活性指系统边界和系统元素的确定，可依据功能完整性和有利于系统研制职责分工进行划分，划分原则是便于将研制责任分配给相关的责任方。

>> 实例 1.1.7 系统定义的相对性。对于运载火箭总设计师，火箭整体是一个系统，结构、推进、控制等部分是火箭的分系统。然而，对于推进分系统设计师，他们认为推进分系统是一个系统，主发动机、游动发动机、推力架等是分系统（或子系统），推力室、涡轮泵、阀门自动器是主发动机的元素等。

对于卫星总设计师，卫星的元素包含结构与机构、热控、控制、推进、电源、综合电子等分系统。从控制分系统设计师角度来看，控制分系统就是他们认为的系统，卫星系统是上一层次的系统，星敏感器、陀螺、飞轮、控制计算机等硬件和软件产品是下一层次的系统。如果电源分系统的供配电、机械太阳翼的研制隶属于不同单位，则可以从电源分系统中进一步分出两个分系统，即总体电路分系统和机械太阳翼分系统。

（3）关联性和动态性

系统的关联性表现为系统的各组成部分、部分与整体、内部与外部之间存在泛化、关联（含组合关联和聚合关联）、依赖等相互作用关系。作用关系可通过物质、能源、信息的接口关系和流动项来表示，作用关系还包括空间与时间关系、逻辑与规律关系。在空间关系上，同层次系统元素之间可以是如图1-5所示的“星状”“环状”“网络”等结构关系，不同层次系统元素之间可以是如图1-3所示的树状层次结构关系。在时间关系上，存在序贯的串联、并发、同时出发、同时到达等关系。在逻辑与规律关系上，存在事件驱动、条件判断、因果规律、状态转移等关系。

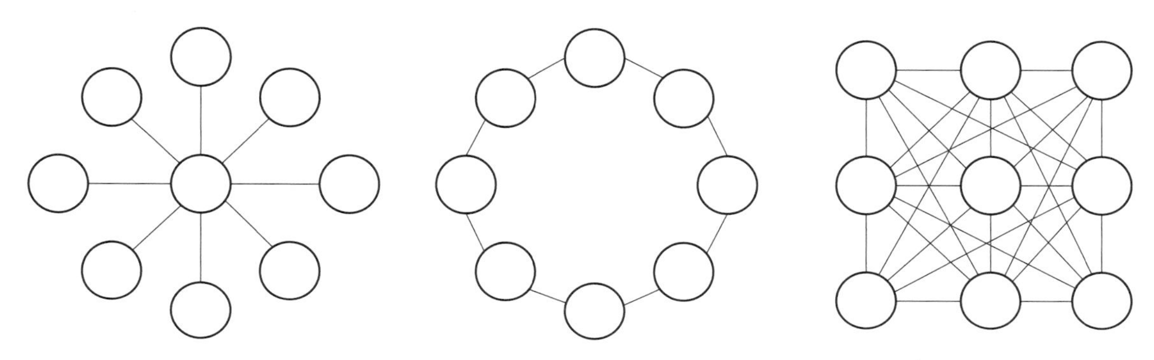

图1-5 典型的“星状”“环状”“网络”结构关系

系统的动态性指动态演化过程特性。系统运行功能的实现是通过系统与外部环境的相互作用动态过程才能体现出来的，系统自身经历诞生、维持、消亡的寿命周期动态过程，以及系统在外部环境影响下的动态变化特性。

系统之外一切与其关联的事物集合，称为系统环境，既要考虑环境对系统的影响，又要考虑系统对环境的影响。任何一个系统都存在于一定的环境之中，与环境存在相互作用，其结果可能导致系统的功能、性能发生变化。一般工程系统应具有一定的环境适应性，即在一定环境范围条件下，具有保持其预期功能和性能的能力。

≫ 实例1.1.8 环境的适应性。工程系统需要在外部特定的力学环境（静力学——强度与刚度，动力学——加速度、振动、冲击、噪声）、热力学环境（热流、极端温度）、电磁环境（电场、磁场、电磁干扰）、自然环境条件（地面的潮湿/干燥/尘埃，盐雾、霉菌腐蚀等环境）。航天器还需要考虑空间自然环境影响（真空、失重、高能粒子辐射、原子氧、紫外、表面/深层充放电、空间碎片等环境）。同时，工程系统还要考虑与运行环境系统的接口匹配性。

1.1.3　系统观与系统理论

（1）系统观

系统观强调系统的整体全局性、相互关联性和动态发展性，强调在处理系统问题时，要从整体上加以把握、统筹考虑各方面因素、理顺它们之间的关系。

19～20 世纪，科学技术的发展为辩证唯物主义和历史唯物主义的诞生奠定了基础，形成了“世界是由无数相互联系、制约、作用的事物和过程形成的统一整体”的系统观，这种系统观为现代系统理论的创立奠定了基础。任何事物都可以看成一个系统，哲学上的唯物辩证法认为“事物是普遍联系的，按规律发展变化的、矛盾对立统一的”。系统观就体现了唯物辩证法这种观念。

任何系统可看成由若干“对象”和“过程”组成。对象可以是实体或者抽象概念，由内部元素和外部环境组成。对象之间存在关联关系，这种对象组成和关联关系呈现出某种静态特性，即一定阶段的相对稳定性。过程是对象之间的关联关系的相互作用过程，呈现为某种动态特性。过程改变对象状态，或者消灭对象，或者产生对象[4]。过程体现系统运行时内部元素、部分与整体、内部与外部之间的相互作用，过程的结果表现为系统的功能。

>> 实例 1.1.9 对象与过程。一个信息处理系统运行时，包括输入数据对象、信息处理过程、输出数据对象。信息处理系统通过信息处理过程，消耗输入数据对象，变换数据对象的状态，产生输出数据对象；类似地，一个产品加工过程，消耗输入的材料对象，生产输出的产品对象。

（2）系统思想

系统思想是将系统当成相互联系的整体来进行考虑的。系统思想与“还原论”的思想正好相反，后者力图将系统分解成更小的独立单元来认识。

系统一词来源于古希腊，是由部分构成整体的意思。朴素的系统思想自古有之，源远流长。有记载的人类系统思想的产生可以追溯到公元前 5～6 世纪。公元前 6 世纪，西方辩证法的奠基人赫拉克利特（Herakleitos）就提出“世界是包含一切的整体”。公元前 4 世纪古希腊时期，希腊哲人亚里士多德（Aristotle）就提出了“整体不同于其部分的总和”思想。中国古代朴素的系统思想十分普遍，在长期社会实践中，形成了将事物诸多因素相互联系起来作为系统整体进行综合考虑的思想。

>> 实例 1.1.10 中国古代系统思想与局限性。《孙子兵法》《黄帝内经》《易经》《老子》等著作都运用系统思想认识事物和探寻解决问题的方法。《黄帝内经》认为人体是由各个器官有机联系的整体，主张从整体角度判断病理和病因，从整体角度治疗疾病，为传统中医奠定了基础；《孙子兵法》主张从“道、天、地、将、法”五个要素，系统

分析和对比敌我双方的整体态势，达到“知己知彼，百战不殆”境界。都江堰水利工程是中国古代系统整体思想、系统运筹法运用的典范工程实践。虽然中国古人强调对系统的整体性和统一性的认识，但是缺乏对各细节部分的认识，陷入所谓“只见森林不见树木”窘境。

西方近代的科学发展，主要基于还原论，力图通过对系统组成元素的深入认识来达到对系统整体的认识。他们强调整体的分类、分解和分析，强调观察、实验和解剖，这种方法对近代科学发展做出了巨大贡献，但是容易形成孤立、静止地认识事物的形而上学思维方式，陷入所谓“只见树木不见森林”的另一个极端，妨碍了对系统整体的认识。

现代科学“相对论、量子论、系统论”发现对系统组成部分科学规律的认识，仍然无法获得对系统整体的认识，也无法推导系统的整体行为。系统整体的性质和功能不等于其各部分的性质和功能的简单叠加，系统整体的运动规律和行为特点只有在比所处部分更高层级，即系统层次上才能认识清楚。

（3）系统思维

系统思维强调统筹各方面因素进行全面思考，而非就事论事。系统思维需要把想达到的结果、实现结果的过程，对结果和过程的优化、对后续的影响等问题作为一个整体，全面进行思考和研究。系统思维强调要站在整体角度，以局部服从整体、相互联系、全面协调地看待和处理系统问题。如果将上述的系统思想和系统思维综合在一起，就形成了系统观的核心内容。

（4）系统理论

系统理论属于钱学森先生倡导的系统科学范畴。系统理论是研究系统的一般模式、结构和规律的学问，研究各种系统的共同特征，定量描述功能，寻求适用于一切系统的原理、原则和模型。系统理论认为整体性、关联性、结构性、动态平衡性、时序性是所有系统共同的基本特征。

系统理论对各类工程系统、生物系统、社会系统、自然系统等一般系统的变化运行规律进行研究。热力学第二定律认为封闭系统过程总是处于从有序到无序的熵增发展过程，现代系统理论则重点研究如何保持系统有序，避免系统的无序退化和崩溃的机制。现代系统理论由美籍奥地利人、理论生物学家贝塔朗菲（L. Von. Bertalanffy，1901—1972）创立。他于20世纪30年代提出“开放系统理论”和“一般系统论原理”，1968年出版了系统论的代表著作《一般系统理论：基础、发展和应用》[5]。

系统理论的发展可以分为两个阶段。第一阶段以二战前后的“控制论、信息论、运筹学和一般系统论”等为标志，主要关注“他组织”系统问题；第二阶段以“耗散结构论、协同论、超循环论”等为标志，主要关注“自组织”系统问题。热力学、协同学、控制论和信息论分别用熵、序贯参量和信息量来描述有序和无序，另外通过平衡态和非平衡态来描述系统的状态。平衡有序指有序一旦形成，就不再变化；非平衡有序指有序结构必须通过与外部环境的物质、能量和信息交换才能得以维持，并不断转化更新。

控制论是研究机器、生命体等各类系统组织的内部或彼此之间的控制和通信的科学。美国数学家维纳（Norbert Wiener，1894—1964）于 1948 年出版著作《控制论：或关于在动物和机器中控制和通信的科学》[6]。控制论用抽象的方式，围绕工程、生命、社会等系统，揭示控制系统的信息获取、传输、处理的共同特性和规律，研究采用不同的控制方式达到不同控制目的的途径。

信息论是运用概率论与数理统计方法研究信息、信息熵、通信系统、数据传输、密码学、数据压缩等问题的应用数学学科。由美国数学家香农（Claude Elwood Shannon，1961—2001）于 1948 年出版著作《通信的数学理论》为信息论诞生的标志[7]。信息论的核心是研究信息传输的有效性和可靠性，以及两者之间关系等问题。

1969 年俄籍科学家普里戈金（I. llya Prigogine，1917—2003）提出“耗散结构论”[8]。他从不可逆过程出发，采用“负熵流”概念，认为远离平衡的开放系统可以通过负熵流来减少系统的总熵，从而自发地达到一种新的稳定有序状态，即耗散结构状态。耗散系统形成的条件是开放系统、远离平衡态和内在的非线性机制。在近平衡态附近的线性区，非稳定涨落只会使系统状态发生暂时的偏离，这种偏离将不断衰减直至消失；而在远离平衡的非线性区，任何一个微小的非稳定涨落，都会通过相干作用放大，使系统进入不稳定状态，从而跃迁到新的稳定状态。

德国理论物理学家赫尔曼 · 哈肯（Hermann Haken，1927—2019）于 1976 年提出“协同论”[9]。协同论以信息论、控制论、突变论为基础，汲取耗散结构论的成果，进一步研究非线性作用如何能够实现系统的自组织。协同学认为系统从无序向有序转移的关键并不在于偏离平衡态有多远，而在于众多子系统之间的非线性相互作用，这种作用会产生协同和相关效应，从而能够自发形成宏观的自组织时空结构，表现出新的有序状态。具体取决于系统某个参数的值域范围，在某个值域范围时处于一个稳定平衡态，超出该值域范围，系统进入非稳定态，再逐步形成新的稳定态。因此，自组织系统形成的条件是开放系统、非线性作用、系统存在涨落。

1971 年德国生物学家爱肯（Manfred Eigen）提出了超循环论[10]。该理论对生物领域非平衡系统的自组织问题进行研究。其中心思想是说明从化学阶段的有机物向细胞生物的进化阶段，会形成一种分子层面上超循环的组织，即具有遗传密码的细胞组织，这种组织一旦建立，就具有持续的选择机制。

我国系统科学引路人和奠基者是钱学森，早期他总结导弹控制技术研究并结合维纳“控制论”，出版了著名的《工程控制论》[11] 等专著。后来又结合研制“两弹一星”工程实践，提出了系统工程管理[12]，并推广到社会和经济等复杂巨系统领域[13]。

1.1.4　系统的分类

按系统属性分类：系统可以分成自然系统、社会系统和（人工）工程系统，或者概念系统和实物系统。

实例 1.1.11 系统类别。宇宙、银河系、太阳系等属于自然系统；航天工业部门的研究院、研究所、制造/装配/试验所（厂）等属于社会系统；导弹武器、运载火箭、应用卫星、载人航天器、空间探测器等属于工程系统；设计方案、数值模型、标准规范、管理制度等属于概念系统；硬件产品、软件产品（载体）等属于实物系统。

实例 1.1.12 系统研制需要面对两类系统。通常在工程系统研制过程中，项目团队需要面对两类系统，总指挥面对的是管理系统（属于社会系统），总设计师面对的是对象系统（属于工程系统，例如，卫星、火箭、飞船对象）。

按系统与环境的物质、能源交换分类：系统可以分成孤立系统、封闭系统和开放系统。孤立系统指与环境没有物质和能量交换的系统；封闭系统指与环境没有物质交换，但有能量交换的系统；开放系统指与环境既有物质交换、又有能量交换的系统。无论系统怎么划分，现实中严格意义的孤立系统和封闭系统都是不存在的，工程系统与外界环境都存在物质、能量和信息交换，信息通过物质和能量交换来承载。

按系统状态与状态变化过程分类：系统可以分为静态系统和动态系统。静态系统是其状态不随时间变化的系统，或者可忽略状态变化过程的系统，静态系统当前的输出仅与当前的输入有关；动态系统是需要考虑状态随时间变化与演变过程的系统，其当前的输出与前序时刻的输入和系统状态有关。

按系统内元素之间的关系分类：系统可以分为线性系统和非线性系统。线性系统中某部分的变化引起其他部分的变化呈线性关系，或者系统的输入线性叠加时，系统的输出也线性叠加。非线性系统的输入与输出之间不满足叠加原理。

按系统的演化特性分类：系统可以分为确定性系统、随机系统、混沌系统。确定性系统指外界影响、系统演化规律、元素之间关系，存在确定性规律的系统；随机系统指内部存在不确定因素，或者外部环境对系统施加了随机扰动，这类系统一般采用概率方法进行演化行为描述；混沌系统是一种特殊的确定性系统，系统环境的微小变化会带来系统演化特性的巨大不同，非线性系统可能会表现出这种特性。

按系统驱动控制方式分类：系统可以分为他组织（控制）系统，以及自组织（行为）系统。其中，他组织控制系统需要通过外部作用才能发展成有序系统，自组织行为系统不依靠外部就可发展成有序系统。他组织控制系统为了达到某个目标，按照某种控制规律和反馈参数，实施系统控制，保持系统有序工作；自组织系统是依据某种负熵机制，随环境变化实现自主响应、保持有序行为的系统。

按系统复杂程度分类：系统可以分为简单系统、复杂系统、巨系统等。简单系统是组成元素少、层次少的系统；复杂系统则反之；巨系统通常是开放系统，又分为简单巨系统和复杂巨系统，前者包括开放环境的物理系统，后者包括开放环境的宇宙系统、社会系统、生物系统等。

1.2　系统工程概念

1.2.1　系统工程的定义

随着人类面对的工程系统规模越来越大、关系越来越复杂，工程系统建设的难度变得日益突出，因此系统工程方法孕育而生。系统工程是关于大型复杂系统的技术实现和组织管理技术，在大型系统研制中起到“穿针引线”的作用，然而人们至今还没有对系统工程给出统一的定义。这里依据工程系统实践给出如下定义，同时列出重要文献中给出的各种定义，以供读者比较与甄选。

系统工程定义：系统工程是将系统科学和技术应用于复杂系统全寿命周期过程，形成的一套规范化、结构化的跨学科技术实现和工程管理方法。目标是站在系统全局角度，通过迭代与递归、分析与权衡，统筹配置系统元素，协调系统各元素、部分与整体、内部与外部之间的关系，最大程度地满足利益相关者对系统运行的期望，并追求系统自身以及系统全寿命周期过程的最优。

上述定义中，系统科学主要指系统观和系统理论；系统技术指系统的建模分析、仿真优化、评价、决策、预测等技术；系统全寿命周期过程指系统的需求定义、设计分析、制造评估、发射部署、运行维护、退役处置等过程；规范化与结构化指按照结构化的工作内容进行的迭代与递归、分析与权衡。本书主要阐述“系统工程方法”，系统工程方法是工程实践中可以直接使用的方法。采用系统工程方法的目标是站在系统全局角度，追求系统产品和系统全寿命周期过程最优，最终达到系统使用效果最优。

迭代（Iterative）过程：迭代过程是应用于同一个产品对象，纠正发现相对需求的差异或偏差的过程。

递归（Recursive）过程：递归过程是应用于系统结构中较低层次产品设计或较高层次产品实现，以细化完善设计或证明满足当前阶段评估准则的过程。

其他组织或人员对系统工程的定义如下：

国际系统工程协会的定义[14]：系统工程是一种使系统能成功实现的跨学科方法和手段。在开发阶段早期，它关注于定义用户需要和所需的功能，并形成需求文档；然后进行设计综合和系统验证，期间考虑完整问题，包括运行、成本和进度、性能、培训和支持、测试、制造和退出。系统工程同时考虑所有顾客的商业与技术需要，以提供高质量产品满足用户需要为目标。

NASA 对系统工程的定义[15]：系统工程是一种用于系统设计、实现、技术管理、运行使用和退役处置的有条理的、多学科的方法。

美国军用标准 MIL-STD-499A 的定义：系统工程是将科学与工程技术的成就应用于：通过运用定义、综合、分析、设计、试验和评价的反复迭代过程，将作战需求转变为一组系统性能参数和系统技术状态的描述；综合有关技术参数，确保所有物理、功能和程序接口的兼容性，以便优化整体的定义和设计；将可靠性、维修性、安全性、生存性、人因工程和其他有关因素综合到整个工程之中，以满足费用、进度、保障性和技术性能指标。

欧洲空间标准化合作组织（ECSS）的定义[16]：系统工程定义为一个跨学科方法，该方法掌控着将需求转化成系统解决方案的全部技术工作。

《中国大百科全书·自动控制与系统工程》中的定义：系统工程是从整体出发，合理开发、设计、实施和运用系统的工程技术。它是系统科学中直接改造世界的工程技术。

钱学森先生对系统工程的定义：系统工程是关于大型复杂系统的组织管理技术，系统工程是组织管理系统的规划、研究、设计、制造、试验和使用的科学方法，是一种对所有系统都具有普遍意义的科学方法（注：登载在1978年的《文汇报》）。

日本工业标准JIS 8121条的定义：系统工程是为了更好地实现系统目标，对系统构成要素、组织结构、信息流动和控制机构等进行分析和设计的技术。

系统的研制由一系列系统工程过程组成，这些过程覆盖系统的全寿命周期、全系统层级和全专业领域。

≫ 实例 1.2.1　国际系统工程协会定义的系统工程过程。国际系统工程协会（INCOSE）[14] 将系统工程过程分成“协议过程、组织项目使能过程、技术管理过程、技术过程”四大类，然后将每一大类再细分成若干小类共30个过程，如图1-6所示。

1）协议过程组：建立组织内部或外部的项目之间关系。可分为2个子过程：采办过程、供应过程。

2）组织项目使能过程组：为系统项目提供组织环境，为建立、支持和监督项目提供资源和基础设施，并评估所关注系统的质量和进度。包括6个子过程：寿命周期模型管理过程、基础设施管理过程、组合管理过程、人力资源管理过程、质量管理过程、知识管理过程。

3）技术管理过程：在系统全寿命周期的各阶段提供完整的项目技术管理过程。项目技术管理过程可分为8个子过程：项目计划过程、项目评估和控制过程、决策管理过程、风险管理过程、技术状态管理过程、信息管理过程、度量过程、质量保证过程。

4）技术过程：技术过程在系统全寿命周期中各系统层次中迭代与递归地应用，促使将需要和需求逐步转变为系统详细设计，创建能满足任务目标的最终产品。技术过程可分为14个子过程：业务或任务分析过程、利益相关者需求定义过程、系统需求定义过程、架构定义过程、设计定义过程、系统分析过程、实施过程、集成过程、验证过程、移交过程、确认过程、运行过程、维护过程、弃置过程。

系统工程的实施，首先将利益相关者需求转换为功能、性能、接口、约束等系统需求；然后进行功能逻辑分解、物理实现技术方案选择，通过系统特性分析和递归与迭代设计，使系统设计满足利益相关者需求和系统需求，获得最佳系统设计方案。通过硬件制造与集成、软件编码和集成，形成最终物理系统；通过在实验室/试验室环境下验证是否满足系统需求（功能、性能、接口），在真实环境下确认系统是否满足利益相关者需求，以

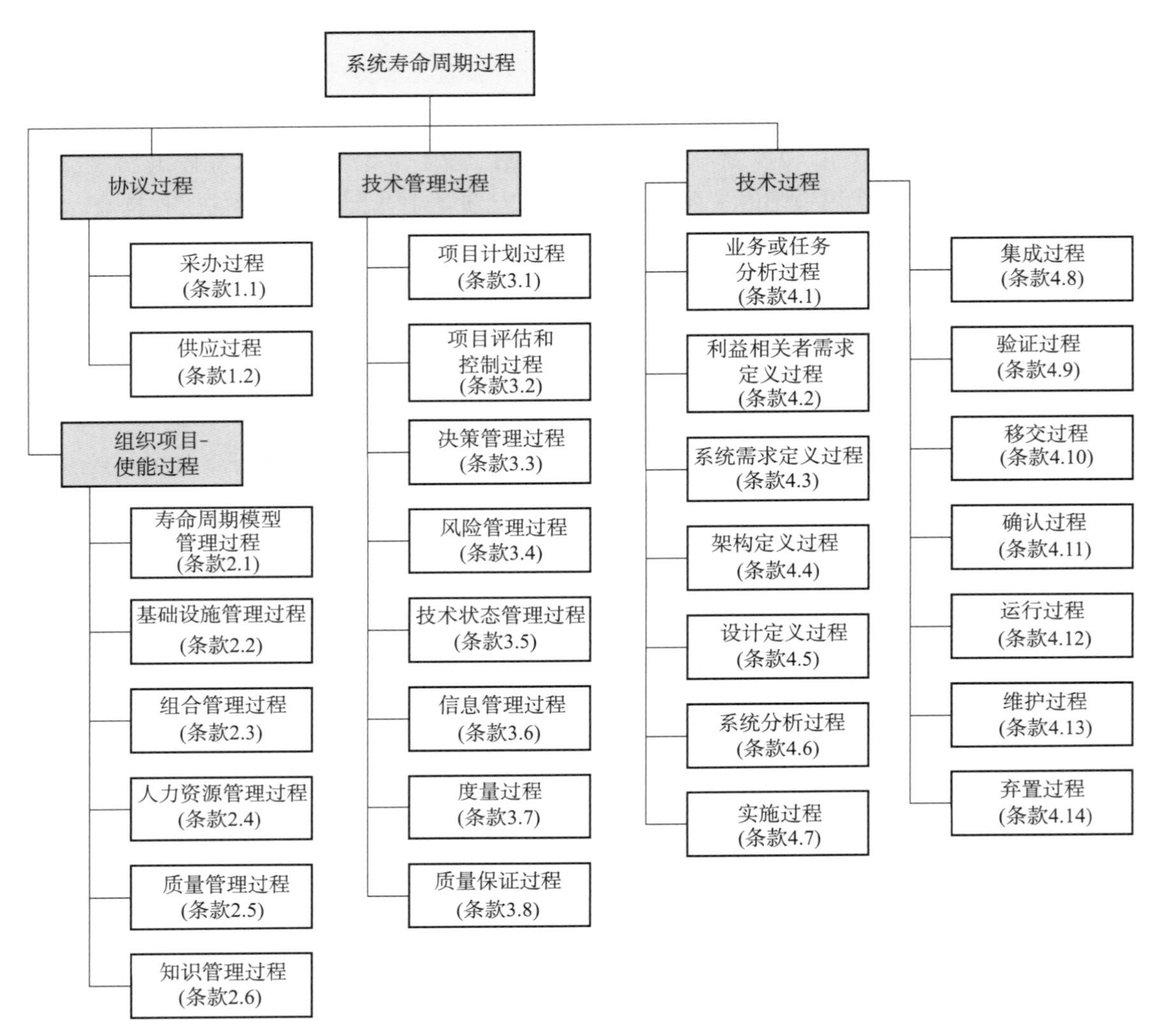

图 1－6　INCOSE 的系统寿命周期过程

及在全寿命周期内满足性能、进度、成本和风险控制目标。

系统工程往往要面对看似相互矛盾的需求和约束，系统工程设计强调全局最优，而不是片面地追求局部最优，因此系统设计是一门权衡或折衷的艺术。

权衡或折衷（Trade－off）：面对相互冲突的需求，从多个候选解决方案中进行决策选择的过程。

各类约束：设计约束是对可选的解决方案的限制或约束；其他约束包括技术约束（如发射窗口）、进度和成本约束等。

系统工程将系统研制划分为多个寿命周期阶段，并对系统功能/行为或物理实体按层次分解，每阶段依次开展迭代与递归设计分析、产品实现、系统集成、验证与确认，以及技术与工程管理，并设立里程碑（技术）控制点和（管理）决策点，来逐步开发出最终系统。

系统工程涉及多学科专业的工程技术和管理人员的协同配合。例如，航天系统工程涉及力学、热学、电磁学、光学、流体力学、空气动力学、轨道动力学、化学、燃烧学、材料学等工程技术；工程管理上，则涉及项目级的计划管理、技术管理、产品保证管理，以及组织级的管理等。系统工程综合考虑利益相关者的运营概念或运行概念，以及技术经济、政策法律、社会文化等方面因素，确保整个工程系统经济有效，符合政策与法规，并与社会民众的期望和文化价值取向保持一致。

运营概念（Concept of Operations，ConOps）：站在用户组织和体系角度（商业组织的运营角度，或军事组织的作战角度），描述组织与运营操作有关的假设或意图。例如，运营操作意图可描述体系各成员系统的作用、能力、接口和操作环境。ConOps 与组织的发展战略相关，常用于长远战略规划和年度经营计划中。一些文献中采用运行使用构想、作战概念等。

运行概念（Operational Concept，OpsCon）：站在系统运行角度（例如，飞行剖面角度），描述系统操作相关的假设与意图。例如，运行概念可描述系统做什么和为什么这么做，以及与其他系统的关系。OpsCon 常用于采办方、使用者、供应商之间，沟通系统的整体特性。

1.2.2　系统技术与系统工程方法

系统工程以“系统”为研究对象，研究系统实现的一般规律与过程。系统工程需要综合运用多专业学科理论和技术方法，是一门综合性的学科。系统工程主要涉及“系统理论、系统技术、系统工程方法”三个层面，它们分别从基础理论、技术基础和过程方法的角度，研究系统并为工程系统的实现服务。系统理论已在前面描述过，这里简述系统技术和系统工程方法。

1）系统技术：主要涉及系统建模、系统分析、系统预测、系统评价、系统优化、系统决策等共性技术。

在系统技术方面，近年来发展了模糊决策、风险决策、智能决策技术方法。未来系统技术的重点是逐步从对系统的定性描述向定量描述和优化方向发展，从而为考虑多因素的定量优化和智能决策奠定基础。

2）系统工程方法：是系统全寿命周期各阶段中运用的具体技术实现和工程管理方法，是工程系统承研企业和项目团队技术人员、管理人员、产品保证人员实际应用的方法。

随着系统复杂程度的增加，信息系统的大量出现，特别是智能信息系统的出现，研究对象从他组织控制系统向自组织行为系统发展，对系统的结构化描述开始从定性语言向可视化图形描述方式转变；建模开始采用基于面向对象的系统建模语言。仿真针对系统模型的不同粒度、不同层次、不同专业分别展开；评价和决策力图从更大的体系角度评估拟建设系统的能力与效能。

系统工程未来研究与发展的驱动力是日益复杂的信息智能系统的出现，企业快速迭代创新的需求，以及质量效益型的经济发展需求。伴随着我国向创新型国家迈进，可以预期系统工程方法在我国未来各行各业的创新发展中，将发挥越来越大的作用。

许多系统工程的书籍分别从系统观、系统思想、系统思维、系统理论、系统技术和系统工程方法角度描述系统和系统工程，因此读者容易对系统工程所包含的内容产生误解与混淆[17]。例如，文献［1，2］主要涉及系统技术，文献［5－10］主要论述系统理论，文献［3，14－16］描述系统工程方法。本书主要涉及“系统工程方法论”，方法论是一种以解决问题为目标的方法体系，具体地说，“系统工程方法论”是对解决系统工程寿命周期阶段过程问题所涉及工具和方法的阐述。

1.2.3 现代系统工程的发展历程与发展趋势

现代系统工程实践的起源可以追溯到 20 世纪 30 年代的第二次世界大战期间。

1）1937 年，英国针对德国空中入侵的威胁，发明了防空雷达系统，采用多学科团队方法研制和建设防空雷达系统，后来在二战中有效挫败了德军的空袭。

2）1940 年，美国贝尔实验室采用系统工程方法，资助“奈基”防空导弹的研制；同时，为了缩短电话自动交换机从发明到投入使用的时间，建立了系统工程部，创立了系统工程分阶段管理方法，分成规划、研究、发展、工程应用和通用工程五个阶段。

3）1940—1945 年，美国实施“曼哈顿”原子弹计划，这是需要多个国家约 15 000 名科学家协调有序工作的复杂工程系统。计划的领导者采用系统工程方法进行了全面统筹规划和组织管理。

4）1953 年钱学森出版著名的《工程控制论》；1957 年美国科学家古德（H. Gode）和麦考尔（R. E. Machol）合著《系统工程》；1962 年《系统工程方法论》出版；1969 年霍尔提出三维结构模型。

5）1956 年，美国著名智库机构兰德（RAND）公司，为了给美国国防部提供研制武器规划和方案，发明了“系统分析法”，提出从“费用-效益”方面对多种可行方案进行评价比较，为决策提供依据。

6）1958 年美国海军特种计划局研制“北极星”潜射导弹时，发明和使用了计划评审技术方法（Program Evaluation and Review Technique，PERT），取得提前两年完成研制工作的成绩，后来在世界各国得到推广。

7）20 世纪 60 年代，美苏冷战时期，美国为了取得太空竞争的胜利，举全国之力实施了“阿波罗（Apollo）”登月计划。系统工程在该计划中发挥了重要作用，“阿波罗”登月计划被誉为系统工程的辉煌成就，从此系统工程在世界范围内得到广泛推广应用。

8）1958—1970 年，我国实施了“两弹一星”计划，设立了“总指挥、总设计师”两师系统，分别负责工程管理和技术研制工作，建立负责系统抓总的“总体设计部”等，体现了系统工程方法在我国的成功实践。

9）1970 年开始，系统工程在社会、政治、经济、军事、生态系统等更广泛的领域开始推广使用。

10）美国在 20 世纪 60 年代初、我国在 20 世纪 70 年代末，在院校设立系统学科专业；美国从 20 世纪 60 年代中期开始每年召开系统工程会议并出版学术刊物，我国在 1979 年成立系统工程学会。1972 年在欧洲维也纳成立“国际应用系统分析研究所”；1990 年美国国家系统工程学会成立，1995 年该组织更名为“国际系统工程协会”（International Council on Systems Engineering，INCOSE）。

11）20 世纪 80 年代末到 90 年代初，东方出现了三个重要的系统工程方法，即钱学森等人提出的“从定性到定量综合集成方法论”，日本堪木义一提出的“西诺雅卡系统方法论”，以及顾基发等人提出的“物理-事理-人理方法论”。

目前，各行各业在工程系统的开发中，均广泛采用系统工程方法。采用系统工程方法后，新产品从提出概念（或技术发明）到拥有一定的市场占有率的周期大幅度缩短，如图 1-7 所示。例如，20 世纪初的汽车和有线电话从提出概念到占据市场，前后经历了 100 多年的时间；20 世纪末的个人计算机和移动电话，从提出概念到占据一定的市场则仅经历 10～20 年的时间。

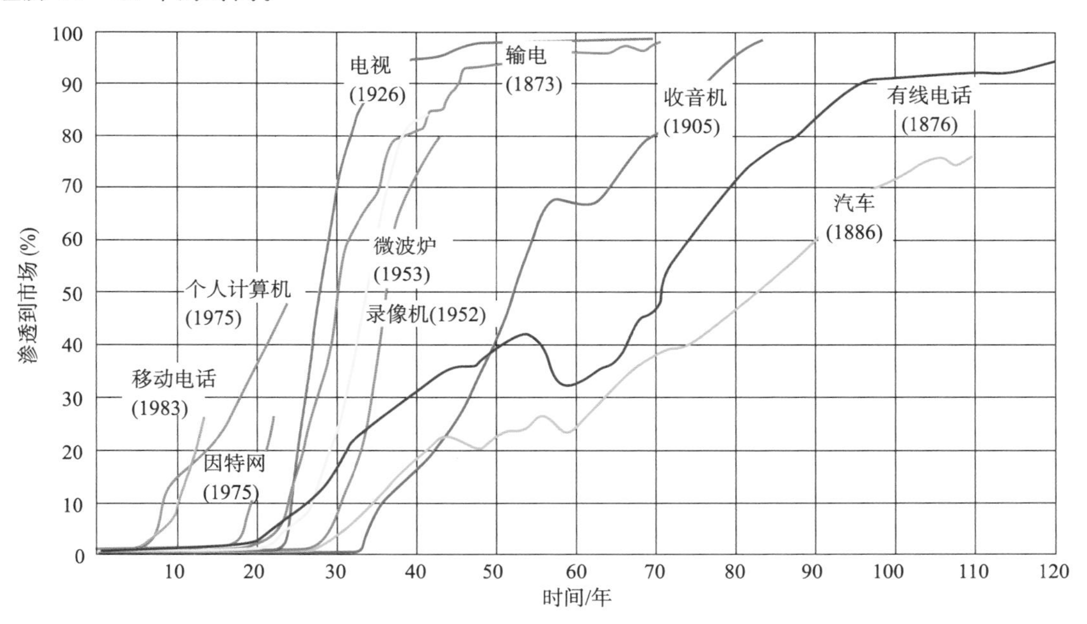

图 1-7　采用系统工程方法，新产品推向市场时间大幅度缩短

现代企业组织往往通过采用一套寿命周期过程来实施业务项目，这套寿命周期过程体现了系统工程方法在企业组织的落地，并在组织级或项目级业务中均使用这套过程。

在工程系统实施时需要考虑组织关系、过程活动、所处状态，其中对象系统所处状态采用“技术状态”描述，管理系统状态可用“研制状态”描述。在组织关系上，需要考虑内部组织、外部组织、项目团队、部门处室、各类人员的职责分工和协同配合关系。在过程活动上，需要严格执行寿命周期阶段工作内容，寿命周期过程方法是系统工程方法的核心。在技术状态上，需重点关注新研发产品和改进产品的技术成熟度与技术状态，研制状态则用寿命周期状态描述。下面章节将对组织关系、过程活动和技术状态进行说明。

1.3　组织关系

组织是针对特定目的，有一定权限、责任和关系的一群人或机构。例如，集团公司、研究院、研究所、事业部、研究室、项目组、专业组等。大型工程系统一般通过多个组织内部的多个部门与项目团队以及各类专业人员的相互协同配合来完成。

1.3.1　组织层级与类型

组织按照层级和业务类型，存在分层和分类结构关系。

实例 1.3.1 中国航天的组织层级和类型。中国航天工业采用“集团公司、研究院、研究所（厂）”三层组织结构，而中国航空工业则采用“集团公司、研究所（厂）”二层组织结构。航天集团公司所属研究院和研究所，按照类型分成总体、专业、基础研究院(所)。其中，提供运载火箭、应用卫星、载人航天器、深空探测器等系统级产品的研究院为总体研究院。总体研究院内负责总体系统设计和实现的研究所，称为总体设计所与总装所（或总装厂）；负责提供控制、推进、电源等分系统或单机产品的研究所称为专业所；负责提供元器件、材料、信息、检测等保障的研究所称为基础所。

1.3.2　组织内部矩阵结构

在一个组织内部，一般按照纵向业务类型分成事业部，按横向专业类型分成专业部，形成矩阵式的组织结构，如图 1－8 所示。事业部内部又可按承担的项目进一步划分成项目组，专业部可按专业类型进一步细分为专业室。事业部负责一类具体工程系统的技术开发与技术管理工作，专业部提供专业技术与产品的开发与管理支撑。

事业部所属的项目组或项目团队（Project Team）负责组织承担的一个（或一组具有类似特性的）工程系统的中短期研制任务，是按需建立的、赋予了责任和权利的一组人员，并配置了相应的人、财、物等资源。专业部的专业室（Department）（或小组）是针对组织中长期发展业务目标，建立的相对稳定职能的机构，并配置相应的专业人员和相关资源。其职责为承担专业技术或管理事项，支撑事业部项目团队的工程系统开发与建设，同时达到优化组织资源利用效率的效果。

组织对工程系统任务既起到技术和管理支撑作用，也起到一定的制约作用。支撑作用表现为人力资源、基础设施、资金、知识产权的配置与使用，制约作用表现为要求项目团队采用型谱化标准产品、特定的技术体制，按特定要求行事、采用特定的协作配套关系等。对于超出组织专业能力范围的工作内容，一般通过外协和外购的形式完成。

图 1-8　组织内部的矩阵结构

实例 1.3.2 某航天研究所业务与部门的矩阵结构。某航天推进技术研究所，在设计生产上，按照弹、箭、星、船、器分系统领域分成事业部，按照发动机、阀门、贮箱、热控等分成专业部。

1.3.3　项目组合、项目群与项目

项目组合（Portfolio）指组织承担的一种业务的组合，例如导弹武器业务、运载火箭业务、应用卫星业务等，一般在组织内部通过事业部形式进行管理。

项目群（Program）指企业承担的一类具有相似技术特征的业务，例如某导弹系列、某运载火箭系列、某应用卫星系列等。

项目（Project）是具有明确起始和终止时间，在规定资源约束条件下，创建满足需求的系统产品（或服务）的一系列过程。

实例 1.3.3 某航天研究院的项目管理职责。某航天研究院，院长作为第一责任人，通过规划计划部来管理全院的项目组合，包括制定长期发展规划和制定年度计划，并对规划/计划实施闭环管理；科研生产部则负责某一领域项目群和项目的管理。

1.3.4 组织之间关系

（1）利益相关者

利益相关者（Stakeholder）是对拟建设系统拥有共享权利，或者能够影响系统建设和系统运行与使用的人和组织。系统运行使用者关心的是系统的使用特性和质量特性，系统建设者关注的是系统的功能特性和物理特性，因此研制系统时需将利益相关者需求转变为系统需求。利益相关者可进一步划分为直接利益相关者和间接利益相关者。直接利益相关者一般指客户（Customer）或研制委托者等，间接利益相关者是对系统负有责任的其他组织与人员。在系统开发的初期，首先要确定谁是“利益相关者”。构建工程系统的目标，最大限度地满足“利益相关者的需求”（也称为“涉众需求”），提供最大效费比的系统。复杂工程系统的利益相关者往往由复杂的利益相关者群体组成，一些利益相关者存在互相冲突的利益关系。

实例 1.3.4 典型的利益相关者。利益相关者包括系统建设的规划者、出资者（股东、债权人）、管理者，系统使用的受益者和操作者，系统的承包商、分包商、培训与维护人员，监管政府部门和相关社会组织与团体等。例如，深空探测类的大型航天系统项目，其利益相关者由复杂的群体组成，他们之间存在相互影响与制约关系，如图 1－9 所示。

（2）合约关系

当一个组织与另一个组织针对工程系统达成与行使一个协议（Agreement）时，这两个组织就构成合约（Party）关系。合约可来自于不同的组织之间，也可以来自同一个组织的不同部门或团队之间，甚至可以细化到组织与个人之间的职责和权限的约定。

（3）需方与供方

需方是从供方处获得产品或服务的利益相关方。需方依据其在工程系统具体过程的角色，可进一步细分为采购者（Acquirer）、购买者、用户、客户、甲方、所有者等。例如，用户是从系统运行中受益的个人或团体，客户是用户与采购者的合称，甲方是合约授予方等。

供方是与需方就产品或服务供给达成协议的组织或个人。同样，供方又可进一步细分为供应商（Supplier）、承包商、制造商、乙方、实施者、维护者等。

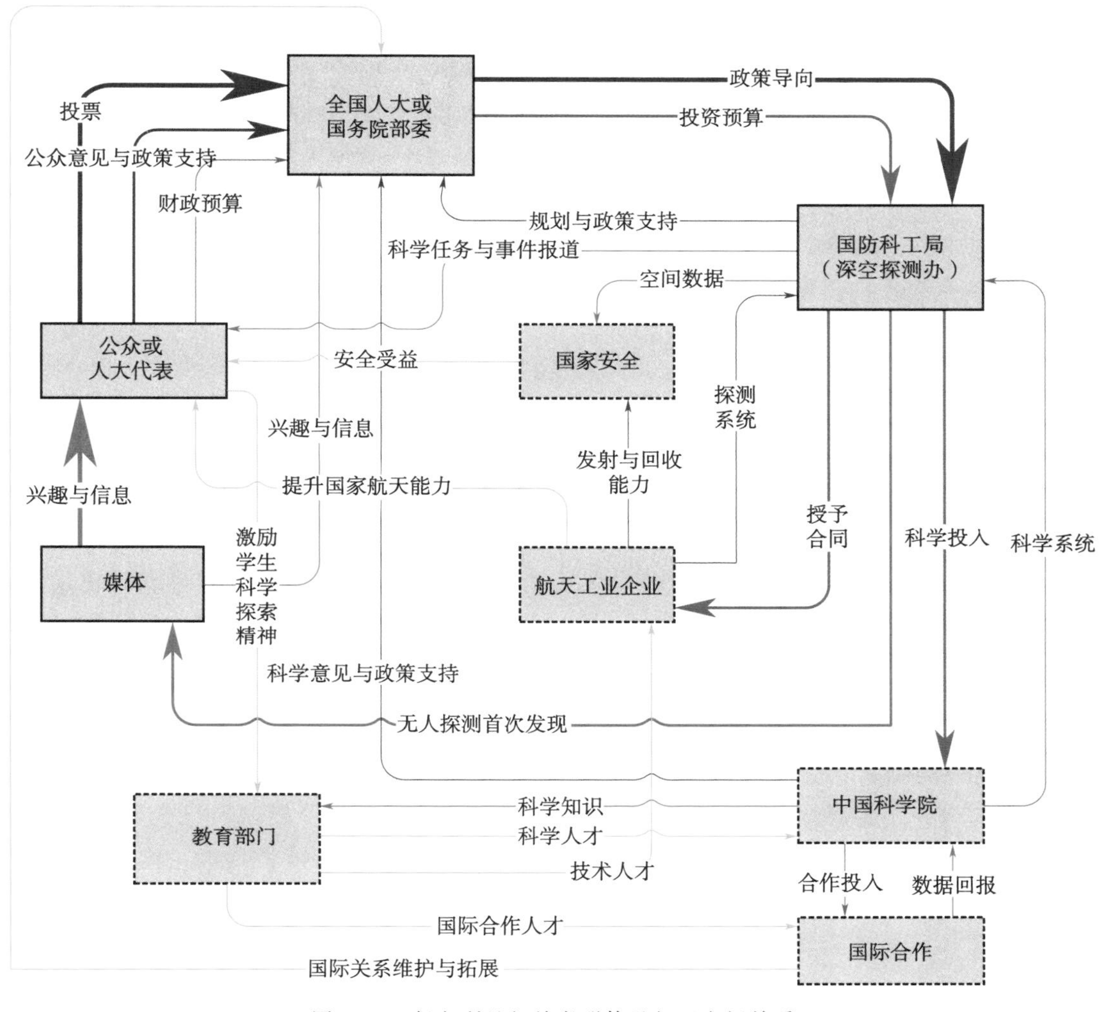

图 1－9　复杂利益相关者群体及相互之间关系

实例 1.3.5 供方与需方实例。大型航天工程系统一般通过竞标由航天总体研究院承担总体任务；专业院或专业所通过竞标或分配，承担分系统或单机的分包研制任务。另外，一些部组件、材料与元器件和辅料的研制和技术研发，由全国其他行业的优势企业配套。相对于工程系统用户，总体研究院是系统的供方；相对于专业院所等分系统与单机研制单位，总体研究院是分系统和单机的需方。

1.3.5　组织中的人员类型

组织中与工程系统实现的相关人员主要有决策者、管理者、审查/评估者、项目经理（或项目指挥）、系统（分系统/单机）设计师、产品保证师、各类专业设计师等。尽管组织将责权分配给具体人员，但是在行使相关责权时，往往通过一个组织来实施。

决策者是对业务行动具有决策权的人员或团队。组织的决策者往往授权给项目经理负责对工程项目行使决策权。

实例 1.3.6 航天工程系统的决策者。航天工程系统项目由项目总指挥行使决策权，项目总指挥通常将技术决策权授予项目总设计师。航天项目团队核心成员一般由项目总指挥、项目办主任（可兼任副总指挥）、总设计师、产品保证师（可兼任副总设计师）组成。项目各层级指挥组成指挥调度系统，各层级产品和各类专业设计师组成设计师系统，各层级产品保证师组成产保师系统。

在一个工程项目的管理实施过程中，需要依据决策者的决策内容，各层级指挥或调度负责计划制定、执行督促、节点检查、问题反馈。在里程碑节点，组织开展同行审查评估，为后续工程实施提供依据。

在一个工程项目的技术实施过程中，需要系统工程、产品设计以及机械工程、电子工程、热力工程、软件工程等各类设计师相互协同。系统设计师负责系统概念和架构设计，并对产品设计和专业设计活动进行控制、集成和协调，即负责系统工程的技术活动和技术管理活动。

实例 1.3.7 系统工程师的作用。系统工程师是系统设计、建造、运行、维护的关键角色，起到技术指挥协调的作用。其作用包括：1）需要识别，充分调研理解利益相关者需要、目的和目标（Needs，Goals and Objectives，NGO），引导系统“运营/运行概念”的开发；2）需求定义，确定系统边界，定义系统需求和分配下一层级需求，制定可实现、可考核的系统研制总目标和技术要求；3）系统设计，以追求系统最优和寿命周期最优为目标开展系统概念设计，将众多设计师汇集在一起提出可选系统方案，通过分工和协作、多方案比较、分析与权衡、迭代与递归，完成系统功能逻辑分解、架构设计、方案选择、接口设计、特性分析；4）技术管理，组织技术策划、方案设计、初步设计、详细设计和系统实施、系统集成、系统验证、系统确认、系统部署、运行维护、退役处置等活动，组织编制各类文档报告，如图 1-10 所示。

系统工程师要站在系统全局最优角度开展系统架构设计，不仅要确保“系统设计正确”（即保证把事情做对），而且要确保“系统正确地设计”（即保证做正确的事），满足利益相关者的期望；系统工程师应遵循系统工程方法，权衡技术、费用、进度三者关系，控制风险，开展相关工作。因此，系统工程师是掌握全面情况的多面手，是需求识别者、技术协调者、架构设计者、功能与指标的分解者、方案折衷者，又是系统技术实现的组织管理者。

图1-10　系统设计师将不同专业设计师汇集在一起

系统设计师在系统研制过程中，实际上在做一道大型证明题。在设计阶段提供可信的充分证据，验证系统设计正确；在实现阶段提供充分的试验或仿真与分析数据，确认系统已正确地建造。

1.4　过程活动

1.4.1　对象与过程

工程系统的研制是通过一系列对象的参与、过程的执行来实现的。对象由元素组成和相互关系来描述其结构特性，过程通过对象流、控制流（触发驱动）、活动程序（即指导与约束）与资源支撑来描述行为特性，过程有时也称为流程。

过程（Process）将输入转化为所期望的输出，过程是相互作用的一系列活动。执行过程的目的是为利益相关方创造价值。过程与“输入项、输出项、控制项、使能项”四个对象要素相关，其关系如图1-11所示。过程的输入项可以是数据或者材料，其输出项可以是产品或服务。过程要遵循控制项规则，由其触发驱动，并得到使能项的资源支撑。

过程的输入项、输出项可以是“硬件（如发动机部件）、软件（如计算机程序）、数据、材料、服务（如运输）”五种通用类别。硬件是有形产品，而软件、数据、服务是无形产品。

过程可描述为活动（Activity）、动作（Action）、任务（Task）、子任务（Sub-task）和工作包（Work package）。它们是过程中所包含的一组密切相关、按一定程序规则和约束、耗费时间与资源的集合。工作包是分配了工作时间和资源的最小工作单元，工作包也具有类似图1-11的要素关系。有时，将工程项目视为一个包括协调和控制活动的独特流程，由项目管理流程和技术流程的相关活动组成。

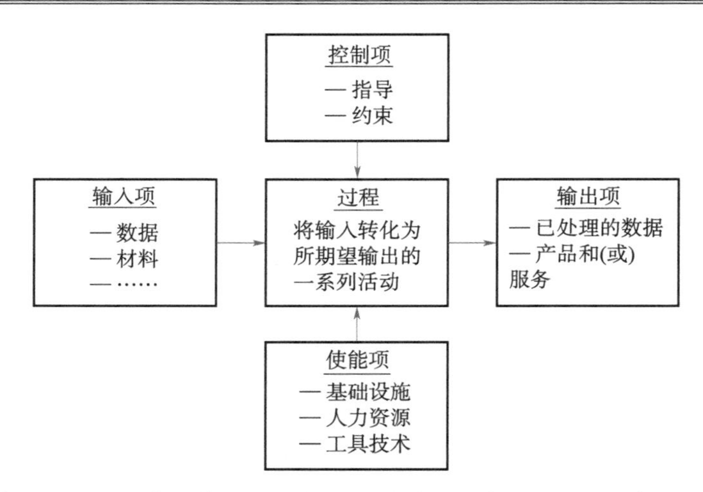

图 1－11　过程与“输入项、输出项、控制项、使能项”四要素的关系

1.4.2　系统寿命周期

每个系统类似于生物，具备寿命周期（或生命周期）。系统寿命周期是工程系统从概念阶段一直到退役阶段的整个演变过程。

（1）系统寿命周期模型

特定行业一般使用特定的模型来描述系统寿命周期。系统寿命周期模型是分成阶段的、与过程和活动密切相关的模型框架。

系统寿命周期模型从识别运行概念和利益相关者需求出发，描述系统的设计、实现、运行到退役处置的整个阶段和过程，描述这些阶段和过程的目标、输入要求与输出结果、活动之间的相互关系。在工程系统开发中，各类组织和人员应遵循特定领域的这种寿命周期阶段与过程模型，将利益相关者需求转变为满足运行期望的系统产品。

（2）寿命周期阶段划分

系统寿命周期模型对系统寿命周期阶段进行划分，系统寿命周期阶段是与系统实现状态相关的系统实体的寿命周期区间。阶段划分与研制状态相关，通常设立里程碑节点进行控制，即组织的决策者在阶段转换时设立决策门，通过同行审查与评估来控制风险。组织在系统每个寿命周期阶段，通过设立技术状态基线（Configuration Baseline）来进行产品技术状态标识与管理。另外，一些阶段中可以设立子阶段，阶段之间也可以存在重叠，但是应尽量避免跨阶段的寿命周期过程。

系统寿命周期阶段划分根据系统的性质、目的、用途等情况而有所不同。不同行业与组织都建立了各自的系统寿命周期阶段，后面的第 2.2 节，将对典型航天机构的系统寿命周期阶段划分进行说明。

（3）系统寿命周期过程

系统寿命周期模型除了阶段划分外，阶段内部还由一系列过程组成。这些过程可以进一步分为活动和任务，或分类成技术与管理过程。这些过程的类别也将在第 2 章中描述，过程内容将在第 3～6 章详细描述。

1.5　技术状态

系统、分系统、单机产品、软件产品、服务产品都是具有一定的价值功能的实体，实体内涵一定的技术。系统产品或者还处于开发阶段，或者在一定环境下已经得到使用，这里对处于开发阶段的产品按技术成熟度进行状态划分，对在特定环境下使用过的然而做出了修改的产品则按产品分类进行状态划分。

1.5.1　产品技术状态

产品技术状态（Configuration）在技术文件中规定，描述其具有的“功能特性、物理特性、质量特性”等。功能特性描述产品使用特性、性能参数、设计约束和验证要求；物理特性描述产品对象组成、形状、尺寸、重量、功耗、表面状态、配合精度等；质量特性描述产品的寿命、可靠性、安全性、维修性、保障性等。

>> **实例 1.5.1** 卫星技术状态实例。某遥感应用卫星的技术状态包括卫星用途、运行轨道、机动能力、图像分辨率、每轨数据获取量、寿命、可靠度、与其他系统的接口等，以及系统硬件与软件产品配套表、构型形状、发射与展开尺寸、干质量/发射质量、惯量与质心、功耗、姿态测量精度/指向精度/控制精度/控制稳定度、数传能力等。

技术状态基线（Configuration Baseline）是在产品寿命周期某一特定时刻，被正式确认并作为后续研制生产、使用保障活动的基准，用于对技术状态变更判断的基准。通常，技术状态基线可分为功能基线、分配基线、产品基线三种[18]。

1.5.2　技术状态更改

在产品研制过程中，对现行技术状态基线所做的更改或演变，称为技术状态更改。为便于分析技术状态更改对产品特性的影响，一般对技术状态更改进行分类管理。

>> **实例 1.5.2** 技术状态更改分类。可以对成熟产品的技术状态更改分为三类。第Ⅰ类产品技术状态更改涉及功能与分配基线的重大更改，从而对产品质量有重大影响，相当于新研制产品；第Ⅱ类技术状态更改为一般性的更改，如基线建立前的非功能/分配基线的更改，基线建立后的工艺更改；第Ⅲ类技术状态更改为不涉及技术状态基线的小更改，包括完善图样、明确技术要求、统一标注方法等，这类更改对产品的质量特性无影响。

在新系统研制时，一般尽量选用成熟的型谱产品。如果需要对成熟产品进行技术状态更改，可对产品按A、B、C、D分类，表1-2给出了产品分类与技术状态更改类别的对应关系。

表 1-2 产品分类与技术状态更改类别的对应关系

Ⅰ类技术状态更改	Ⅱ类技术状态更改	Ⅲ类技术状态更改	无技术状态更改
A类	B类	C类	D类

1.5.3 系统评估过程

新研系统或产品，或者经过Ⅰ、Ⅱ类技术状态更改的系统或产品，需要对其正确性、可信性和可接受性进行评估，主要借助分析、仿真与试验手段，进行系统或产品的“验证”“确认”和“鉴定”（VV&A）评估。

验证（Verification）：通过提供客观证据，证明系统或产品满足规定要求（符合系统设计需求）。通常验证的主体是系统或产品的供方。验证可在寿命周期不同阶段进行。在设计阶段，客观证据是分析与仿真数据；在实物阶段，客观证据是实验室/试验室模拟环境下的试验结果。规定的要求是系统需求（或系统研制总要求、系统规范等）。设计阶段的验证目的是证明系统或产品设计正确，实物阶段的验证目的是证明系统或产品“建造正确”。

确认（Validation）：通过提供客观证据，证明系统或产品满足预期的用途（符合利益相关者需求）。通常确认的主体是系统或产品的需方。确认可在寿命周期不同阶段进行，在设计阶段客观证据是分析与仿真数据，在实物阶段客观证据是真实环境下的试验结果。预期的用途是利益相关者的需求（利益相关者的需要、目的、目标），设计阶段的确认目的是证明正确地设计了系统或产品，实物阶段的确认目的是证明正确地建造了系统或产品。

鉴定（Acceditation）：基于提供客观证据，由官方权威机构或同行专家，评估系统或产品在特定环境使用过程中的可用程度。在国内军事装备领域，鉴定也称为“装备试验鉴定”。

1.5.4 技术成熟度

“技术成熟度”（Technology Maturity，TM）概念于 20 世纪 70 年代由美国国家航空航天局（NASA）的管理专家萨丁（Sadin）提出，并在航天飞机工程系统中首次尝试应用。它用于描述一项技术从萌芽状态到成功应用于一个系统，不同阶段的技术成熟状态。1989 年 Sadin 定义了 7 级“技术成熟度等级”（Technology Readiness Level，TRL），1995 年 NASA 又进一步完善为 9 级技术成熟度，如图 1-12 所示，并发表了《技术成熟度等级白皮书》，将其纳入《系统工程手册》[15]。

2001 年，美国国防部（Department of Defense，DoD）开始在采办项目中推行“技术成熟度评价方法”（Technology Readiness Assessment，TRA），其目的是通过在项目实施的里程碑节点评估技术成熟程度，为决策者判断风险、决策是否进入项目后续阶段提供参考依据，避免项目经常出现“拖进度、涨费用、降指标”问题。美国政府审计署（Government Accounting Office，GAO）从 2003 年开始也将 TRA 方法作为重要审计工具。

技术成熟度可以用于系统开发的分类管理，也可用于判定何时技术才可用于正式工程

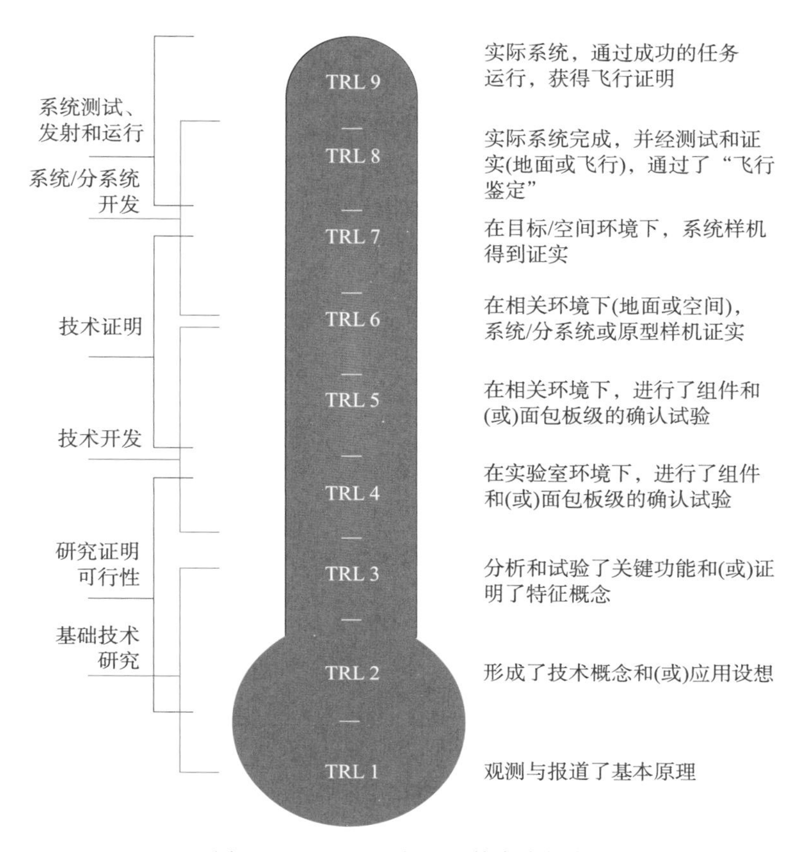

图 1-12　NASA 的 9 级技术成熟度

系统。待研制的工程系统首先应识别“关键技术项目”（Critical Technology Elements，CTE）。经验表明 CTE 技术成熟度达到 6 级后，再开展工程立项研制，方可降低技术风险。

>> 实例 1.5.3 技术成熟度应用实例。美国航天飞机在正式研制之前，主发动机和防热瓦的技术成熟度没有达到 6 级。主发动机技术不成熟，使用维护性差，维护费用极高，使得航天飞行未达到原预期重复使用的经济性；防热瓦的技术隐患导致后续多名航天员丧生。表 1-3 给出了我国国防装备技术成熟度的一般定义描述[19]，并分别对系统、硬件产品、软件产品的技术成熟度划分特征进行了描述。

表 1-3　技术成熟度等级划分与定义

TRL 等级	TRL 定义	航天类新系统、新硬件产品、新软件产品技术成熟度等级划分标志
1 级	提出基本原理并正式报告	核心标志：科学理论或现象的发现 □针对未来需求、存在问题、技术发展趋势，提出新系统建设倡议 □发表了或报道了新原理或新现象，设想了潜在用途 □提出了新软件算法原理，或商业新服务模式

续表

TRL 等级	TRL 定义	航天类新系统、新硬件产品、新软件产品技术成熟度等级划分标志
2 级	提出概念和应用设想	核心标志：技术应用概念的提出 □开展系统概念研究，形成运营概念，提出关键技术 □基于科学原理或现象，提出针对实际应用的技术概念和应用设想，申请发明专利 □编写用于证明算法原理的伪代码，用假设数据进行验证，分析软件运行硬件条件
3 级	完成概念和应用设想的可行性验证	核心标志：技术样机验证、系统可行性研究 □进行系统可行性研究，开展系统架构设计、多方案比较，提出技术可行、经济合理、可实施的系统优选方案 □识别关键功能和参数，制作技术验证样机，对关键技术单元进行可行性试验验证，证明技术概念的可行性 □列出了算法基本内容，对核心算法编码，用典型数据验证了核心算法的性能
4 级	以原理样品或部件为载体，完成实验室环境验证	核心标志：原理样机验证，系统方案研制 □开展系统方案设计，将系统要求分解到分系统、单机产品层次，形成用户对系统研制的总要求 □完成原理样机研制，在实验室/试验室环境验证了样机的功能与性能 □完成软件功能分析，用代码描述算法，完成功能模块设计
5 级	以模型样品或部件为载体，完成相关环境验证	核心标志：工程样机验证，系统初样研制 □依据系统方案初步设计，完成了系统详细物理设计，完成力、热、电、鉴定系统的工程样机研制、环境试验和接口验证 □研制工程样机，通过了鉴定级的环境试验和大部分寿命考核试验 □明确软件内外部接口，对功能单元进行测试，集成功能单元形成独立模块，并对独立模块完成了功能测试与纠错
6 级	以系统或分系统原型为载体，完成相关环境验证	核心标志：地面演示验证样机验证，分系统和系统试样/正样研制 □完善详细物理设计，系统产品准备，通过系统地面环境试验和接口考核 □按明确的工艺，准备飞行验证样机，完成系统集成接口验证，完成寿命考核试验 □验证了软件接口、时序匹配性、数据通过性、独立模块之间的协同性，第三方验证了软件，发布 α 版软件
7 级	以系统原型为载体，完成典型使用环境验证	核心标志：系统演示验证飞行，产品搭载演示验证 □系统通过了典型使用环境(飞行环境)验证，证明了系统功能、性能、接口和部分使用特性 □在系统使用验证中搭载单机产品，在真实环境和典型应用过程中，经历了飞行演示验证考核。但未经历全寿命飞行考核或未经历全工作模式考核。完善了工艺、制造和质量，达到小批生产条件 □在使用环境中，运行考核了软件算法，解决了软件的缺陷，发布 β 版软件
8 级	以实际系统为载体，完成使用环境验证	核心标志：系统小批量部署或试验试用 □通过小批量部署使用或试验试用，系统经历了各种真实环境、各种使用模式的确认考核。完善系统设计，完成了装备试验鉴定定型 □单机产品在真实环境中验证了各种使用运行模式，完成了功能、性能、寿命、可靠性等考核。形成批量制造条件 □软件完成真实使用环境确认考核，软件认可定型
9 级	实际系统成功完成使用任务	核心标志：系统批量部署，形成型谱产品 □系统批量部署，实施运行与维护，系统得到全面确认 □产品成为型谱产品，具备稳定质量的可信工作能力

1.6　系统度量

1.6.1　系统度量指标

系统度量通常采用“效能度量指标、性能度量指标、技术性能指标”这三类指标。

1）效能度量指标（Measures of Effectiveness，MOEs）：在特定运行环境下，从运行角度定义的系统成功实现的度量指标，它与任务的完成情况或待评估的运行目标紧密关联。

MOEs是描述系统使用特性的指标，是站在利益相关者角度，度量系统使用过程完成任务的满意程度的指标。MOEs通常是无法直接测量的综合性指标，不能直接作为系统设计要求使用。典型地，采用2～12个MOEs指标（平均6个）描述系统效能。另外，有时还采用关键性能参数（Key Performance Parameters，KPPs）描述系统实现其运行目标必须满足的关键能力参数。MOEs和KPPs均站在利益相关者角度，是描述系统运行目标的度量指标。

2）性能度量指标（Measures of Performances，MOPs）：在特定测试（或运行环境）下，用于描述系统相关的功能属性或物理属性的度量指标。

MOPs是系统设计需求中规定的指标。MOPs派生自MOEs或其他用户需求，保证了MOPs就可以保证系统MOEs指标的实现。MOPs一般具有明确量化的性能属性，如速度、承载载荷、距离、频率等。在设计过程中应特别关注这些MOPs指标，以确保与其相关的MOEs指标得到满足。每个MOEs指标通常对应1～10个MOPs指标（平均5个）。

3）技术性能指标（Technical Performance Measures，TPMs）：用于度量系统元素属性的指标，以确定系统元素或系统的研制状态，即满足技术要求或目标的程度。

TPMs是一组关键性能参数，通常用于评估比较当前系统实际达到的参数与最终系统需要参数的差距，从而评价当前的研制进展情况。TPMs是MOPs的子集，每个MOPs指标通常对应1～7个TPMs指标（平均4个）。

MOEs与MOPs的区别：系统帮助人们完成某项任务，MOEs指标是利益相关者度量系统支撑任务完成好坏的指标，例如卫星工作寿命、运载火箭成功入轨概率、载人航天任务的乘员伤亡率、机器人任务的成功率等。MOPs是表征系统自身的功能属性或物理属性的可测量性指标（集），例如科学任务总的返回数据量、火箭系统的起飞质量和入轨载荷质量，这些指标参数通常在特定的试验条件下测量获得。MOPs指标集虽然不直接测定系统任务的成功，但是对于获得系统任务运行成功至关重要，多个MOPs指标对应于某个系统效能度量指标MOEs，MOPs常作为系统设计应当满足的指标。

MOPs与TPMs的区别：TPMs是反映任务运行成败或者性能指标属性的关键值或核心值。这组指标主要用于反映系统研制工作的进展，或者反映现阶段系统与期望最终系统之间的差距。TPMs主要源于MOPs（也可以源于MOEs），例如，推力比（预测值/规定值）、比冲I_{sp}比（预测值/规定值）、任务末期干质量、任务末期推进剂余量、任务周期内电源余量、控制系统稳定裕度等。在重要里程碑节点，TPMs识别现有值与期望值之间的差距，评价系统研制进展，用于风险评估。如果存在负向差距，则提供风险警告；如果存在正向余量，说明系统还存在潜力，或者前面的指标分配过于宽松。

实例 1.6.1 某卫星系统的 MOEs、MOPs 和 TPMs。对于某卫星系统，“卫星使用寿命”是其中一项重要的系统效能度量指标 MOE。影响寿命的因素较多，这里仅列出“推进寿命、蓄电池寿命、太阳能电池寿命”三项和这三项的子项指标 MOPs；对于推进寿命重点监测分配的单元推进剂贮箱容积 TPM。图 1－13、图 1－14 和表 1－4 说明了三类指标的关系。

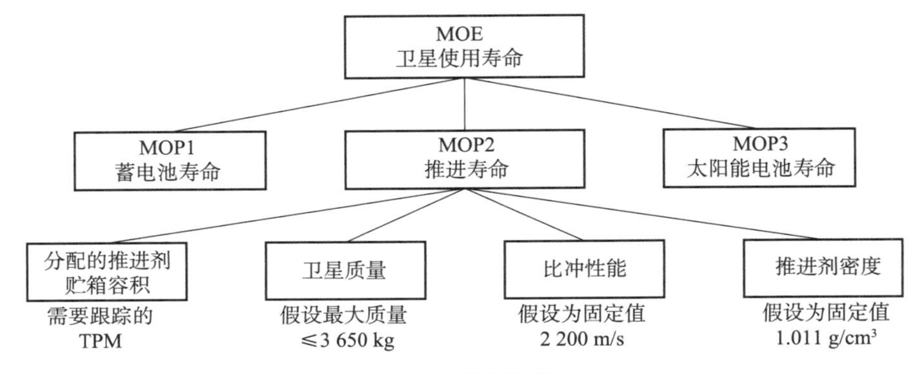

图 1－13 三类指标的分解

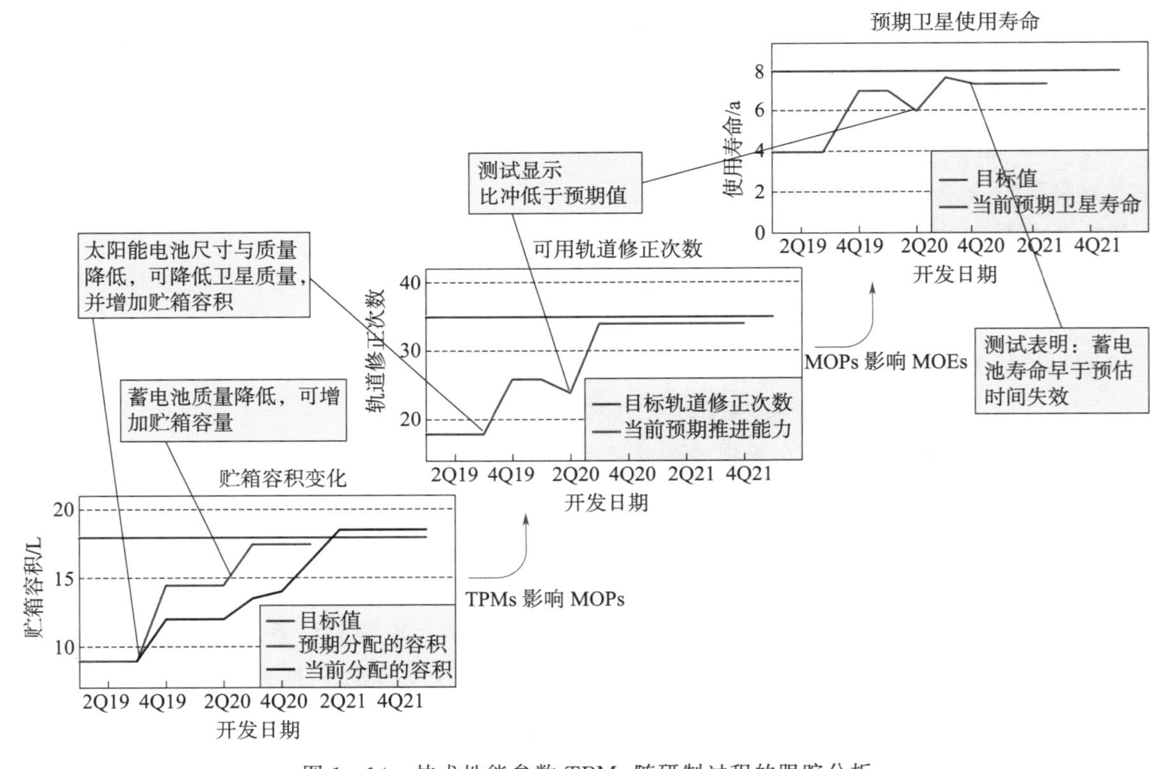

图 1－14 技术性能参数 TPMs 随研制过程的跟踪分析

表 1-4　三类指标数据初步需求

指标类型	指标名称	阈值	记录指标随寿命周期变化情况
MOEs/KPPs	卫星使用寿命	至少 8 年	期望使用寿命
MOPs	推进寿命	至少执行 35 次轨道修正	可提供轨道修正次数
TPMs	分配的推进剂贮箱容积	至少 18 L	推进剂燃料贮箱容积

1.6.2　系统效费比

系统工程目标是在可用技术、费用、进度等约束条件下，建造“技术性能优异、系统安全可靠、操作使用方便、全寿命周期费用可承受、符合美学价值”的对象系统，即为利益相关者创造高效费比的系统；同时在研制管理中实现“高质量、高效率、高效益”目标。系统工程必须以最经济的方式，保证系统实现的能力与效能。这里的效能是系统总效能的度量，费用是全寿命周期费用。由于工程上实现任务目标的方案是多种多样的，不存在唯一解，付出的代价也不同，因此系统建造初期需要权衡和折衷比较多种方案。

如图 1-15 所示，图中纵坐标（y 轴）为效能（或效用、效果），横坐标（x 轴）为费用。曲线下方为当前技术条件下，有可行设计方案的区域；曲线上方的区域，表示在当前技术条件下，不具有可行设计方案的区域（未来技术进步后，也许是可行的）。曲线下方区域，表示选择的技术方案未达到最佳值，其中曲线上 A 区域范围是效能-费用的最佳点，因为此处付出的代价相对较低，得到的效果相对较高。

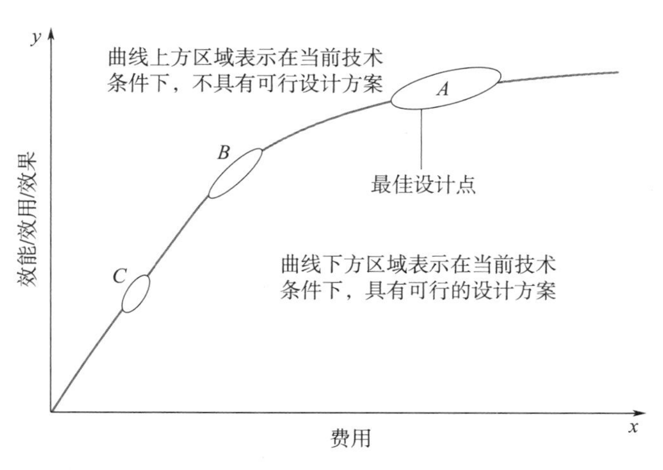

图 1-15　效费比曲线与设计方案选择

工程系统的最初阶段是概念研究阶段。该阶段将利益相关者需求转化成系统技术要求（即系统需求），然后开展系统概念设计。该阶段花费经费不多（例如 8%），但是对系统全寿命周期费用的影响极大（例如 70%），如图 1-16 所示。系统寿命周期成本中的很大一部分在系统概念设计阶段就已确定下来，因此要高度重视这个阶段系统方案的优选问题。后续纠正设计缺陷需要付出的代价极大，例如生产试验阶段要付出 500～1 000 倍的代价。

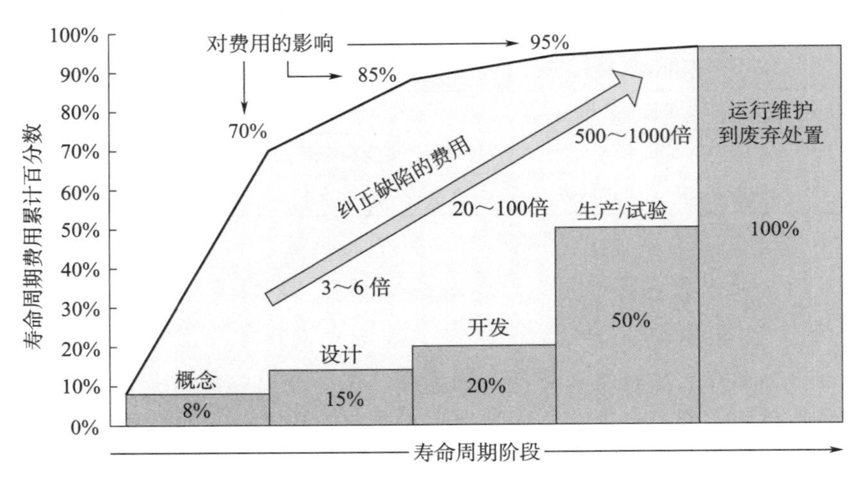

图 1-16　寿命周期成本随寿命周期阶段演进的累积关系

1.7　本章要点

1）系统是由若干元素按一定结构关系组成的整体，通过各元素之间、部分与整体之间、内部与外部之间的相互作用与制约关系，共同完成一个或多个功能目标。

2）系统可看成由结构对象与行为过程组成。对象由元素组成和相互关系来描述其结构特性，过程通过对象流、控制流（触发驱动）、活动程序与资源支撑来描述其行为特性，即工程系统的研制是通过一系列对象的参与、过程的行为来实现的。

3）系统观强调系统的全局性、关联性和发展性，强调在处理系统问题时，要从整体上加以把握、统筹考虑各方面因素、理顺它们之间的关系。系统理论重点研究如何保持系统有序，避免系统无序退化的问题。系统理论认为对系统组成部分规律的认识，仍然无法获得对系统整体的认识，也无法推导系统的整体行为。自组织系统形成的条件是开放系统、非线性作用、系统存在涨落。

4）系统工程是将系统科学和技术应用于复杂系统全寿命周期过程，形成的一套规范化、结构化的跨学科技术实现和工程管理方法。目标是站在系统全局角度，通过迭代与递归、分析与权衡，统筹配置系统元素，协调系统各元素、部分与整体、内部与外部之间的关系，最大程度地满足利益相关者对系统运行的期望，并追求系统自身以及系统全寿命周期过程的最优。

5）系统工程方法是系统全寿命周期各阶段中运用的具体技术实现和工程管理方法，是工程系统承研企业和项目团队中的技术人员、管理人员、产品保证人员实际应用的方法，是关于大型复杂系统的技术实现和组织管理方法，在大型系统研制中起到“穿针引线”的作用。

6）系统设计师要站在系统全局最优角度开展系统架构设计，不仅要确保“系统设计正确”，而且要确保“正确地设计系统”。系统设计师在系统研制过程中，实际上在做一道大型证明题，在设计阶段提供可信的充分证据，证明系统设计正确；在实现阶段提供充分的试验或仿真与分析数据，证明系统建造正确。

7）利益相关者是对拟建设系统拥有共享权利，或者能够影响系统建设和系统运行使用的人和组织。系统运行使用者关心的是系统的使用特性和质量特性，系统建设者关注的是系统的功能特性和物理特性，需将利益相关者需求转变为系统需求。

8）通常在工程系统研制时，项目团队需要面对两类系统，总指挥面对的是管理系统（属于社会系统），总设计师面对的是对象系统（属于工程系统）。在工程系统实施时，需要考虑组织关系、过程活动、所处状态，其中对象系统所处状态采用“技术状态”描述，管理系统状态可用“研制状态”或寿命周期状态描述。

9）系统度量的指标可分成描述系统使用特性的“效能度量指标 MOEs”、描述系统功能与物理特性的“性能度量指标 MOPs”、反映研制进度的“技术性能指标 TPMs”。

参考文献

[1] 谭跃进，陈英武，罗鹏程，等．系统工程原理［M］．北京：科学出版社，2010.

[2] 刘军，张方风，朱杰．系统工程［M］．北京：机械工业出版社，2014.

[3] Systems and software engineering—System life cycle processes：ISO/IEC/IEEE 15288：2015（E）［S］．Geneva：International Organization for Standardization，2015.

[4] DOV DORI. 基于模型的系统工程：综合运用 OPM 和 SysML［M］．杨峰，王文广，王涛，等译．北京：电子工业出版社，2017.

[5] 冯·贝塔朗菲．一般系统论：基础、发展和应用［M］．林康义，魏宏森，等译．北京：清华大学出版社．1987.

[6] 维纳．控制论：或关于在动物和机器中控制和通信的科学［M］．郝季仁，译．2 版．北京：科学出版社，2009.

[7] CLAUDE E SHANNON. The mathematical theory of communication［M］．Springfield：Illinois Press，1963.

[8] 伊利亚·普里戈金．确定性的终结：时间、混沌与新自然法则［M］．湛敏，译．上海：上海科技教育出版社，2009.

[9] 赫尔曼·哈肯．协同学：大自然构成的奥秘［M］．凌复华，译．上海：上海译文出版社，2005.

[10] 爱肯，舒斯特尔．超循环论［M］．曾国屏，沈小峰，译．上海：上海译文出版社，1990.

[11] 钱学森．工程控制论［M］．北京：科学出版社，1980.

[12] 钱学森．论系统工程［M］．新世纪版．上海：上海交通大学出版社，2006.

[13] 许国志，顾基发，车宏安．系统科学与系统工程［M］．上海：上海科技教育出版社，2000.

[14] DAVID D W，GARRY J R，KEVIN J F，et al. Systems engineering handbook - a guide for system life cycle processes and activities［M］．4th ed. New Jersey：John Wiley & Sons，INCOSE - TP - 2015 - 002 - 04，2015.

[15] NASA system engineering handbook［M］．NASA SP - 2016 - 6105 Rev. 2. NASA Headquarters，2016.

[16] Space Engineering - System Engineering General Requirements：ECSS - E - ST - 10C［S］．2009.

[17] 郭宝柱，等．系统工程：基于国际标准过程的研究与实践［M］．北京：机械工业出版社，2020.

[18] 中国航天科技集团有限公司．航天产品技术状态控制要求：Q/QJA 32A—2021［S］．2021 发布.

[19] 中国人民解放军总装备部电子信息基础部．装备技术成熟度等级划分及定义：GJB 7688—2012［S］．2012 发布．

第2章　系统工程方法概述

在工程系统实践中需要一种将系统观、系统理论、系统技术落地的方法，需要一种可操作的、实现工程系统全寿命周期过程的方法。本章重点对这种方法框架进行描述，阐述如何在工程系统的技术实现和组织管理中落实系统工程，如何在技术上从概念提出逐步演变为满足利益相关者需求的最终系统产品，如何进行工程系统的管理，如何将各专业团队或人员融入工程系统开发之中。

2.1　霍尔三维结构模型

1969年美国贝尔实验室的系统工程专家霍尔（A. D. Hall）等人在大量工程实践的基础上，提出了一种适用于硬系统的方法论，称为“霍尔三维结构模型”。它为解决大型复杂工程系统问题提供了一种统一的思路与方法，并在世界各国得到广泛使用，因此运用霍尔三维结构模型的系统工程方法也称为“霍尔系统工程方法”。

霍尔三维结构模型的三个维度分别为时间维度（即时间维）、逻辑维度（即逻辑维）和专业维度（即专业维）。霍尔将系统工程所有过程在时间维度上分为7个阶段，在逻辑维度上分为7个步骤（或过程），同时考虑为完成这些阶段和步骤所需的各种专业技术与管理知识的支撑，如图2-1所示。

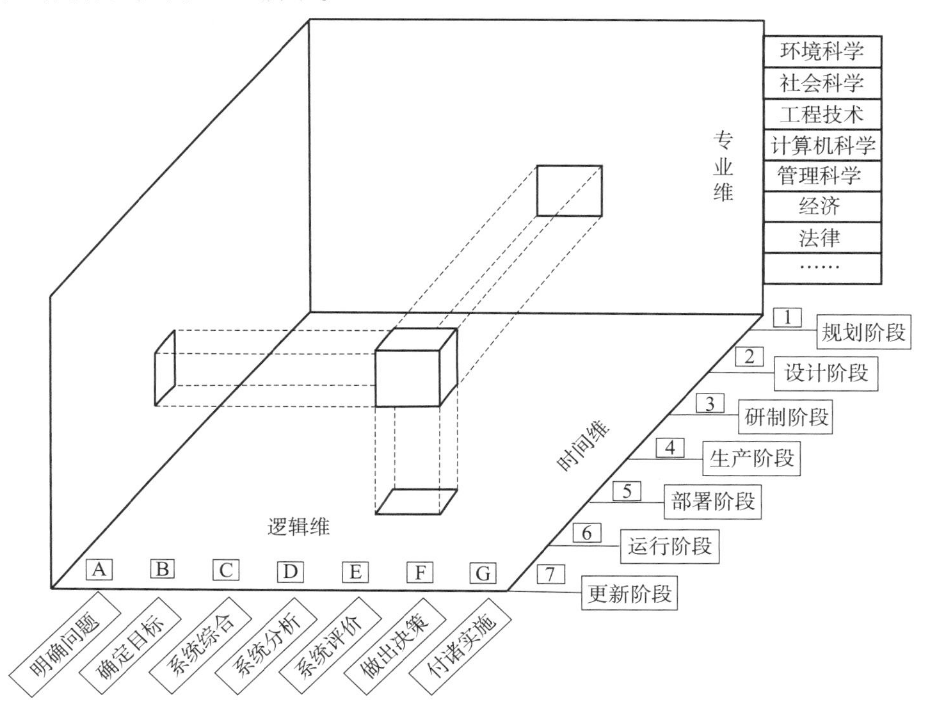

图2-1　霍尔三维结构模型

实例 2.1.1 航天系统的霍尔三维结构模型。按照霍尔三维结构模型的思路，结合航天研制单位的实际，可以绘制如图 2-2 所示的三维结构模型。其中，在时间维度上，分别为寿命周期阶段的划分、系统产品技术状态类别、技术和管理审查里程碑节点；在逻辑维度上，分别为寿命周期每个阶段的技术实现与项目管理过程；在专业维度上，分别将专业工程、组织管理、生产试验相关的工作，嵌入寿命周期过程中的技术实现、项目管理的步骤之中。

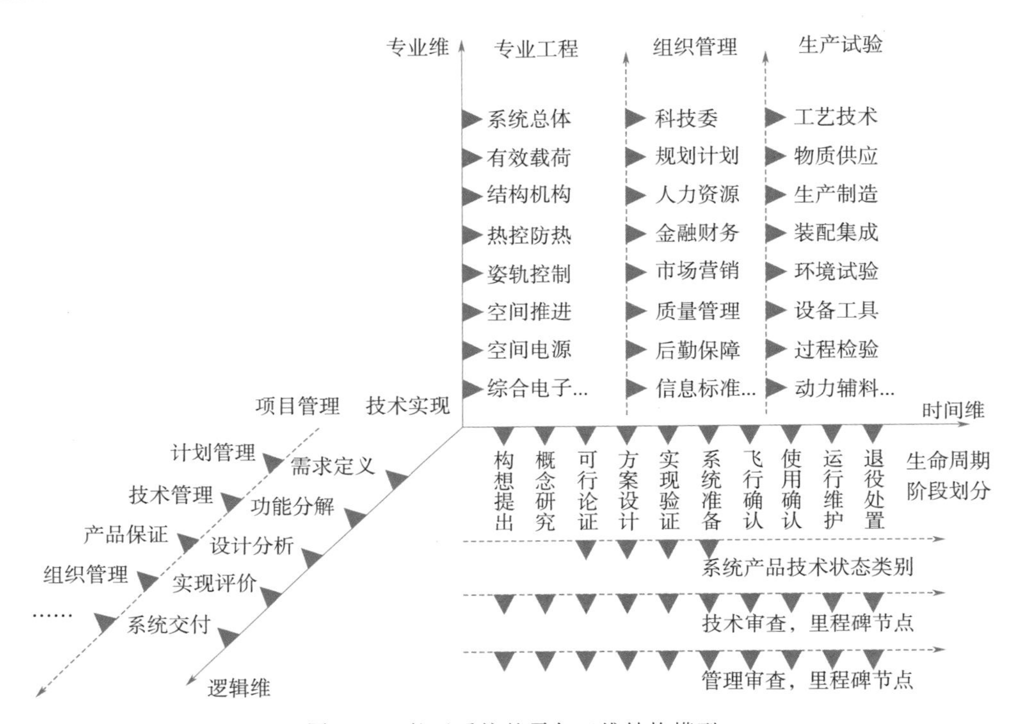

图 2-2　航天系统的霍尔三维结构模型

2.2　时间维度

工程系统从规划到退役的整个过程类似于生物从孕育到死亡的整个寿命周期过程，经历着系统规划、技术开发、系统设计、生产集成、验证确认、发射部署、运行维护、退役更新等寿命周期阶段。为保证由众多组织参与的复杂工程系统的研制获得成功，将复杂的工程系统按时间轴线，划分为多个阶段，循序渐进、步调一致、分阶段推进。每个阶段需明确应完成的主要工作内容，需提供的系统或产品技术状态，并设置关键里程碑控制节点，有序控制各个参与组织的研制进程。

2.2.1 霍尔的时间维

霍尔三维结构模型的时间维指系统从规划阶段到退役阶段，按照时间顺序排列的系统工程全部阶段。霍尔在时间维上，将系统工程全部阶段划分为“规划、设计、研制、生产、部署、运行、更新”7 个阶段[1,2]。

1）规划阶段：制定工程系统的规划与战略。对问题进行调查研究，明确研究目标，提出设想和初步方案，制定活动方针、政策和规划。

2）设计阶段：完成系统设计，并制订具体研制计划。根据规划阶段所提出的设想和若干方案，从技术实现、经济可行，以及政治法律、社会文化等方面进行综合分析，提出优选方案和具体研制实施计划。

3）研制阶段：实施制定的研制计划，并制订生产计划。以研制计划为实施的行动指南，将人、财、物等资源组成一个有机整体，使各个环节、各个部门围绕总目标，实现系统研制方案和研制计划。

4）生产阶段：按生产计划生产出系统组件和整个系统，并制订部署计划，包括生产零部件，将零部件组装为产品，将产品集成为整个系统，并进行验证与确认评估。

5）部署阶段：按部署计划对系统进行安装或部署、调整与测试，并制订系统运行计划。

6）运行阶段：按运行计划实施系统运行，按预期目标提供运行与服务，并通过维护保持系统运行能力。

7）更新阶段：以新系统或改进系统取代原有系统。为更有效地运行，对系统运行效果进行评估，或者针对存在的问题为系统下一个周期的更新研制提供准备。

事实上，针对工程系统研制的时间维度，不同行业组织都根据自身特点制定了全寿命周期阶段模型，并将其作为标准或规范固定下来。寿命周期阶段模型要求划分阶段，明确阶段目标、主要的活动、提供的产品、里程碑控制节点等。共同参与工程系统研制的众多组织均按照这种统一部署节奏一致地相互配合与协同推进工作。下面的 2.2.2 到 2.2.4 节，将以实例形式进行说明。

2.2.2 寿命周期阶段

实例 2.2.1 典型航天组织的寿命周期阶段模型。表 2－1 分别列出了中国航天[3]（第一行适用于导弹武器，第二行适用于卫星等航天器），美国国家航空航天局（NASA）[4]、国防部（DoD）[5]、政府审计局（GAO），以及欧洲空间局（ESA）[6] 和国际系统工程协会（INCOSE）[7] 对系统寿命周期阶段的划分，表中的三角块为工程项目立项决策点。最后一行列出了作者参照技术成熟度分类原则，对航天系统研制阶段划分的建议[8]。

表 2－1　典型航天组织对系统寿命周期阶段划分

<table>
<tr><td rowspan="3">中国航天</td><td colspan="4" rowspan="3">任务需求分析</td><td colspan="2" rowspan="3">可行性
论证</td><td colspan="2" rowspan="3">方案设计</td><td colspan="6">工程研制</td><td colspan="5">设计定型</td><td colspan="2" rowspan="2">试生产</td><td colspan="3" rowspan="2">批生产</td><td colspan="2" rowspan="2">使用改进</td><td rowspan="2">处置</td></tr>
<tr><td colspan="2">初样研制
独立回路</td><td colspan="4">试样研制
闭合回路</td><td colspan="3">验证鉴定
试验</td><td colspan="2">设计工艺
定型</td></tr>
<tr><td colspan="2">初样研制</td><td colspan="4">正样研制</td><td colspan="5">在轨测试</td><td colspan="8">使用改进</td></tr>
<tr><td rowspan="2">NASA</td><td colspan="7">规划</td><td colspan="2">审　批</td><td colspan="18">实施</td></tr>
<tr><td colspan="2">A 前期阶段：
概念探索</td><td colspan="4">A 阶段：
概念研究与技术开发</td><td colspan="2">B 阶段：
初步设计
技术完善</td><td colspan="2">C 阶段：
详细设计
生产制造</td><td colspan="9">D 阶段：
系统组装、集成和试验（AIT）和发射</td><td colspan="5">E 阶段：
运行使用与维护</td><td colspan="3">F 阶段：
退役与废弃处置</td></tr>
<tr><td rowspan="2">DoD</td><td colspan="2">用户需要</td><td colspan="6">前期系统采办</td><td colspan="11">系统采办</td><td colspan="8">保障</td></tr>
<tr><td colspan="2">技术性
机遇与资源</td><td colspan="4">材料解决
方案分析</td><td colspan="2">技术开发</td><td colspan="2">工程与
制造开发</td><td colspan="9">生产与部署
（初始作战能力 IOC）</td><td colspan="8">运行与保障
（最终作战能力 FOC）</td></tr>
<tr><td>GAO
建议</td><td colspan="3">1 阶段：
方案开发</td><td colspan="5">2 阶段：
技术开发</td><td colspan="5">3 阶段：
系统集成</td><td colspan="5">4 阶段：
系统验证</td><td colspan="4">5 阶段：
小批生产与部署</td><td colspan="5">6 阶段：
大批生产作战支持</td></tr>
<tr><td>ESA</td><td colspan="3">0 阶段：
任务分析/需求定义</td><td colspan="2">A 阶段：
可行性</td><td colspan="3">B 阶段：
初步定义</td><td colspan="3">C 阶段：
详细定义</td><td colspan="7">D 阶段：
生产/地面合格鉴定试验</td><td colspan="5">E 阶段：
使用</td><td colspan="4">F 阶段：
处置</td></tr>
<tr><td rowspan="2">INCOSE</td><td colspan="3" rowspan="2">概念阶段</td><td colspan="5" rowspan="2">开发阶段</td><td colspan="7" rowspan="2">生产阶段</td><td colspan="7">使用阶段</td><td colspan="5" rowspan="2">退役阶段</td></tr>
<tr><td colspan="7">保障阶段</td></tr>
<tr><td rowspan="2">总结归纳</td><td>1</td><td colspan="2">2</td><td colspan="2">3</td><td colspan="3">4</td><td colspan="4">5</td><td colspan="4">6</td><td colspan="4">7</td><td colspan="5">8</td><td colspan="2">9</td></tr>
<tr><td>倡议阶段
构想提出
驱动研究</td><td colspan="2">概念阶段
任务分析
预研规划</td><td colspan="2">可研阶段
技术预研
需求制定</td><td colspan="3">方案阶段
技术突破
需求批准</td><td colspan="4">初样阶段
产品验证
系统验证</td><td colspan="4">正样阶段
系统集成
交付准备</td><td colspan="4">试用阶段
小批部署
系统确认</td><td colspan="5">运维阶段
正式部署
运行维护</td><td colspan="2">更新阶段
改进更新
退役处置</td></tr>
</table>

各航天机构寿命周期阶段目标和工作内容可参见文献[3-7]。下面结合中国航天实际，对表2-1中最后一行作者建议的寿命周期阶段划分进行说明。

1）倡议阶段：基于国家/军队顶层战略、商业机遇、科技发展趋势、原有系统存在问题与解决途径研究等，提出新系统建设倡议。阐述系统建设的重要性和迫切性，引起利益相关者重视，触发决策者驱动概念研究。

2）概念阶段：针对系统建设倡议，开展任务分析（或需求分析），完成任务需求审查，提出初步的系统技术指标。需方发布需求，供方组织精干队伍，调研需方的任务需求、使用环境和约束条件；开展任务分析或体系研究，形成《任务需求规范》或《涉众需求规范》文档（含效能度量指标MOEs）；开展系统功能与行为逻辑架构、物理架构研究与设计，以研究报告、仿真分析、模型样机等形式，形成较低研制风险的主选系统方案（可能是1～2个），确认主选系统方案相对于任务需求的满足度，形成《系统需求规范》文档草稿（含性能度量指标MOPs和技术性能指标TPMs）；识别主选系统方案中的“关键技术元素”，规划关键技术预先研究。

3）可研阶段：需方与供方达成初步协议或意向，基于任务需求和系统需求（含技术指标初步要求）并考虑约束条件，开展系统方案的技术先进性与可行性分析、经济效益或投资回收期分析、社会贡献与系统拓展潜力分析、政策法律和负面影响评估，以及研制周期策划和基础配套条件研究。提出可行的系统方案，完成《系统可行性论证报告》的评审。对于宇航型号，一般应开展关键技术指标的可实现性和合理性论证、系统级与分系统级方案可行性论证，以及通用质量特性、技术继承性、外部系统支撑性和关键技术可突破性分析，应与订购方一起形成《系统研制总要求》（草稿）；对于武器型号，一般将武器系统称为1级产品，导弹本体、指控通信、跟踪制导、发射系统、支援设备等称为2级产品，可行性研究阶段后应与需方一起完成并下达1级产品的《武器系统研制总要求》。该阶段应启动关键技术攻关或背景型号预研，由需方形成《立项综合论证报告》，明确项目启动立项时期。

4）方案阶段：供方通过竞标获得需方项目，双方订立正式合约。供方组织项目团队，围绕可行性论证提出的方案，进一步优化各层级系统方案，分解技术指标和各层级任务书，明确接口关系，编制顶层大纲文件；明确研制阶段、研制进度和分工定点，明确各阶段产品技术状态与配套数量、大型试验项目、系统研制经费、使能系统技改经费。供方完成《总体方案设计报告》《分系统方案设计报告》《使能系统方案设计报告》评审，下达《顶层大纲文件》《分系统研制任务书》。该阶段应完成关键技术攻关，需方应正式批准《系统研制总要求》。

5）初样阶段：供方依据《系统研制总要求》（或分系统的研制任务书等）和方案阶段确定的技术状态、合约规定的内容开展研制工作。确定初样技术状态基线，完成系统各层级初样详细设计并通过评审，按技术状态基线进行生产与试验验证。导弹型号针对独立回路弹和地面设备，开展系统和地面设备各层级设计、分析仿真、生产制造、集成测试，成功完成独立回路飞行试验，完成转阶段评审，并明确后续试样阶段的技术状态。宇航型号完成各层级初样设计并通过评审，开展制造集成工艺与材料准备，分别开展力学、热学、电磁学、控制等试验样机产品的生产，开展试验条件准备，完成性能、鉴定、可靠性和寿命、接口匹配性评估试验；完成与使用环境中其他系统的接口协调和合练对接；最后完成《初样研制阶段总结报告》或转阶段评审，明确正样技术状态。

6）正样阶段：武器型号称为试样阶段，主要针对闭合回路弹和地面设备开展研制，依据试样阶段技术状态基线，完成系统各层级设计、生产和集成测试，完成可靠性和环境鉴定试验，完成飞行系统的匹配、性能和验收试验，成功完成闭合回路鉴定试验飞行考核，使用性能得到验证，完成转阶段评审，明确后续设计定型技术状态。宇航型号该阶段称为试样阶段（运载火箭）或正样阶段（卫星等航天器），完成各层次系统的设计，组织制造和集成，如果正样技术状态相对初样状态有较大变化，需补充相关鉴定与接口匹配试验评估；完成飞行系统准备，包括系统集成、性能测试、验收级环境试验、老化筛选试验等，剔除缺陷和偏差产品完成《飞行试验大纲》评审。

7）试用阶段：武器型号对应于设计定型（试验鉴定和工艺定型）阶段和试生产阶段（小批部署），以《系统研制总要求》或《研制任务书》为依据，结合初样与试样工程研制结果，按照设计定型技术状态基线设计产品，按工艺定型规程生产产品，完成各种使用环境和使用场景的地面和飞行鉴定考核，组织设计定型评审；按照定型技术状态，开展小批量系统生产、交付、部署，形成应急作战能力，通过培训、训练、演习和作战，考核实际使用、维护、保障特性的满足度，明确最终大批量部署的技术状态。宇航型号对应于演示验证飞行、鉴定试验飞行或试验试用阶段，组建发射试验队伍，完成运输、发射、飞行鉴定测试和系统试用运行，依据真实环境的飞行试用确认结果，确定最终系统技术状态。

8）运维阶段：依据最终确认的技术状态基线、设计与生产系统、武器进行大批量生产部署，承制方需负责使用操作培训和支持在役装备维护与保障。宇航系统实现正式交付/发射部署，与用户签署交付证明书、在轨管理支持协议，由使用方对产品进行操作和在轨状态监测，由承研方进行故障处理和维护保障。使用方对其产品在使用中的情况进行记录并及时反馈信息给承制方。

9）更新阶段：更新阶段包括在役系统的改造、系统退役处置、准备新一代系统的研制。系统可按照“部署一代、改进一代、升级一代”的螺旋上升思路发展。在役系统改造是对系统产品进行局部改造，改善系统使用特性；系统退役处置依据使用寿命评估，由需方与供方做出延寿使用、降级使用或报废处置的决策，报废时按法律与法规规定处置系统产品；新一代系统研制准备是针对系统使用问题、技术发展和新战略需求，准备新一代系统的研制。

一个新倡议的系统能否批准立项，一个组织能否竞标获得研制机会，对于一个组织的发展来说至关重要。在上述寿命周期前三个阶段中，期望获得承研机会的供方应正确理解需方的需求和约束，参与需方的任务分析和概念研究，按照“技术先进、使用方便、安全

可靠、经济可行、精巧炫酷”原则提供系统方案，应重点从“需求迫切性、技术可行性、各方认可性”这三个角度来审视系统建设和自身的竞争优劣势，如图 2-3 所示。如果某组织处于三圈交叉区域，则工程系统获得立项，以及组织获得工程系统研制机会的可能性就较大。

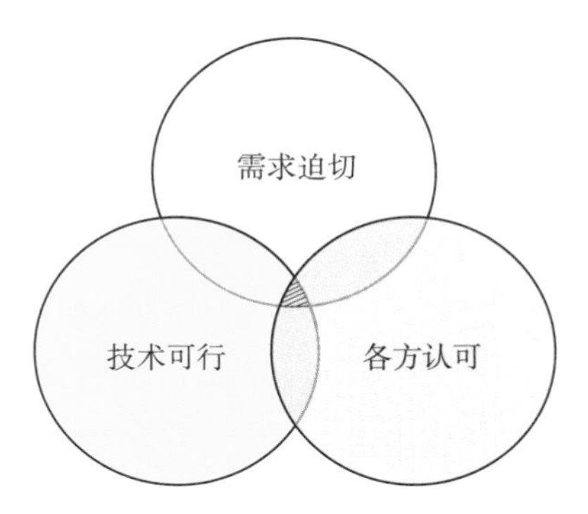

图 2-3　工程系统竞争的三要素

2.2.3　系统产品技术状态类别

系统产品从层次上可分为体系、大系统、系统、分系统、子系统、单机产品、部件、组件、零件、器件和材料等。系统工程师处于不同层级，各层级系统工程师须重点负责本层级产品研制，并协调上层级的需求制订和管控下层级的产品研制。

系统产品从主、辅关系上，可以分成关注系统和使能系统。以航天产品为例，这里关注系统产品是安装在系统上（导弹、火箭、卫星、飞船、深空探测器上）的产品；使能系统产品是支持系统研制、试验、部署、培训等过程的辅助性产品，如地面支持机械设备（GSM）和地面支持电气设备（GSE）等。

（1）新研单机产品的分类

新研产品可按 1.5.4 节中描述的技术成熟度（TRL）来分类，通常分成“技术验证样机（TRL 3）、原理样机（TRL 4）、工程样机（TRL 5）、飞行样机（≥TRL 7）”四类产品。

1）技术验证样机：用于说明产品的技术原理可行性，验证技术功能与性能特性。技术验证样机可以是非完整意义上的产品，例如，电子类产品，可以是在面包板上搭建的产品。

2）原理样机：用于考核产品的功能和性能指标，一般形成了完整的产品。利用原理样机可开展功能和性能试验，甚至典型的环境试验。

3）工程样机：用于考核产品的环境适应性、可靠性、寿命和接口等工程适应性问题。利用工程样机可开展地面鉴定级的环境试验，以及寿命试验、可靠性试验，并组成分系统或系统进行接口匹配性试验（TRL 6）。

4）飞行样机：是正式安装在飞行系统上的产品。可进一步分成演示验证飞行样机

(TRL 7)、小批量部署样机(TRL 8)和大批量部署样机(TRL 9)。

对成熟产品,一旦产品技术状态发生了变化,例如,改变了功能基线与分配基线,修改了技术参数,更换了材料,改进了工艺,或者使用环境与使用寿命要求不同,需要根据技术状态更改情况,按 1.5.2 节所述方法对产品技术状态更改进行分级,确定产品的 A、B、C、D 分类。Ⅰ、Ⅱ类技术状态更改或 A、B 类产品,应看成新产品研制,需要重新进行鉴定试验。定型的型谱产品(或商业货架产品),如果使用环境与寿命在该产品使用环境与寿命包络范围之内,可以直接提供给系统使用;如果在包络之外,需要补充开展相关的试验。

(2)新研系统产品的分类

系统产品一般可分为数字样机,力学、热学、电磁学等试验样机,以及鉴定试验系统,演示验证或飞行系统,数字或实物平行系统等。

1)数字样机:数字样机可以反映系统自身特性和系统工作特性。依据建模粒度和特性,可进一步分类。如反映系统的对象与相互关系的 MBSE 描述性模型,反映系统详细设计与工艺的基于模型设计(Model - Based Design,MBD)的模型,反映动力学过程和运动特性的各类仿真模型,全面反映系统物理与运行特性的数字孪生模型等。

2)力学试验样机:用于系统力学试验,如静力学试验(强度、刚度)、动力学试验(振动、冲击、加速度、噪声)、运动学试验(展开、锁定、分离)、气体动力学试验(升力与阻力、气动热)、水力学试验(流阻损失、流量平衡)等。

3)热学试验样机:用于系统热学试验,如真空环境热平衡试验、大气环境高低温热循环、防热试验(气动热、发动机尾焰)、热控温度特性等。

4)电磁学试验样机:用于系统电磁学试验,如电性能、功耗、信号灵敏度、时序匹配性、电磁干扰/电磁兼容、剩磁试验、耐压与极性试验等。

5)鉴定试验系统:这类系统状态接近于最终使用系统,但是增加了在线状态实时监测点,用于地面鉴定试验考核或按使用过程环境条件进行飞行试验考核,如独立回路飞行和闭合回路飞行的导弹、试验飞行的火箭等。

6)演示验证或飞行系统:为飞行演示验证或正式飞行提供的系统产品。

7)数字或实物平行系统:按实际飞行技术状态研制的地面数字或实物平行系统,用于飞行系统故障定位、机理分析、复现故障和评估解决措施的有效性等。

2.2.4 里程碑控制节点

工程系统的研制是一系列复杂的技术与管理过程。为便于工程管理,一般在各个阶段以及阶段之间,设立若干里程碑控制节点(Milestone Control Point,MCP)进行技术与管理评审控制。决策判断工程系统的某个阶段工作是否已经完成,是否达到预期的要求。决策是进入下一阶段,还是停留在本阶段,或者返回上一阶段。对于风险不可控的研制情况,决策者可以暂停或取消系统研制。一些组织将里程碑控制节点分成“技术评审”和“管理评审”两大类,有些则将技术与管理评审合并实施。

实例 2.2.2 里程碑控制节点的设置。NASA 针对载人航天任务和无人航天任务，分别设置里程碑控制节点，形成了关键评审节点要求，如图 2-4 所示。

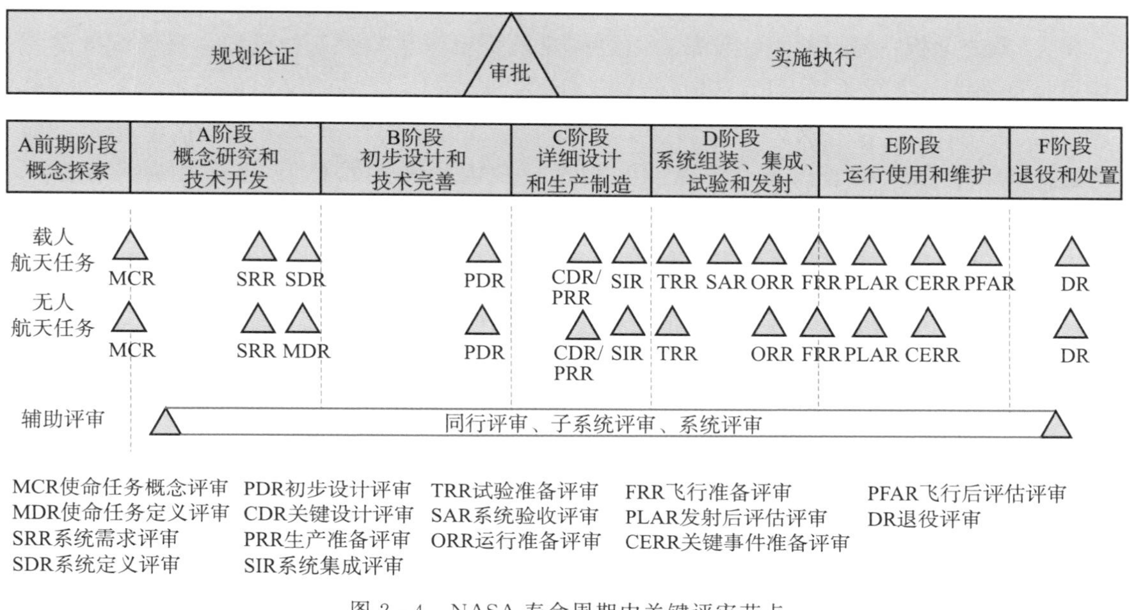

图 2-4　NASA 寿命周期中关键评审节点

评审审查一般输出两大类决策意见，第二类又分解为三种情况：

1）可接受：正常通过审查，可进行系统后续研制。

2）有保留的接受或不接受：

a）Ⅰ类不可接受：需对本阶段工作进行完善，准备就绪后，再重新审查。

b）Ⅱ类不可接受：需退回上一研制阶段，重新做工作。

c）Ⅲ类不可接受：风险不可控，暂停或取消系统研制。

2.3　逻辑维度

2.3.1　霍尔的逻辑维

霍尔逻辑维描述系统寿命周期各阶段所要实施的若干逻辑步骤。霍尔将逻辑维分为7个步骤，首先，明确问题性质，确定期望目标；然后，对候选方案进行分析，在约束条件下优选方案；最后，由决策者选择1或2个方案，实施设计与分析迭代并付诸实施。

1）明确问题：尽可能全面地收集有关资料和数据，通过实地考察、调研、需求分析和市场预测等，把问题的历史、现状、发展趋势和环境因素搞清楚，明确问题的性质和要害。

2）确定目标：明确开发新系统的目的和意义，系统的边界与环境影响，系统开发的约束条件；提出解决问题所要达到的期望目标，制定评价候选方案的标准与指标。

3）系统综合：按照问题性质和预期目标，提出若干候选方案，并对各候选方案进行必要的说明。

4）系统分析：对可选系统方案，通过构建系统模型和专业工程模型，将系统方案与期望目标和评价指标关联起来，进行分析比较。

5）系统评价：在一定约束条件下，对多个候选方案的分析结果进行综合评估，筛选出满足目标要求的若干较优方案（如最优、次优或满意方案），提交给决策者进行决策。

6）做出决策：由决策者根据总体考虑，最后确定实施方案或者做出不实施的决策。

7）付诸实施：对决策选择的方案，进行细化的设计与分析，多轮迭代或递归，再付诸方案的实施。

2.3.2 系统开发的 V 字形模型

工程系统研制在每个寿命周期阶段，在各个系统层次上，均可采用如图 2-5 所示的 V 字形模型来描述顶层逻辑关系。图 2-5（a）在系统不同层级递归使用 V 字形模型，图 2-5（b）在系统相同层级使用 V 字形模型。其中，技术过程呈现为 V 字形，管理过程（含技术管理、计划管理、产品保证管理）呈现为中间的 I 字形，因此严格意义上是 VI 模型。

1）图 2-5（a）的 V 字形左边是从上到下逐级分解的设计过程，从需求分析、系统设计、分系统设计、产品设计到零部件设计，通过每个寿命周期阶段的递归过程，逐步细化设计。图 2-5（a）的 V 字形右边是从下到上的逐级实现与评估（验证与确认）过程，从零部件制造与检验、产品装配与评估、分系统集成与评估、系统集成与评估到系统的转移交付；图 2-5（a）体现了还原论和系统论在工程系统中的综合应用，即先分解，再集成。

2）图 2-5（b）的 V 字形左边是从涉众需求定义、系统需求定义、功能逻辑分解到系统设计方案定义，通过寿命周期各阶段的迭代使用，系统设计状态逐步成熟；在设计阶段转移时，输出技术状态基线数据包；图 2-5（b）的 V 字形右边体现为实施、集成、验证、确认和系统转移交付过程；图 2-5（b）体现了系统以整体为目标的特性。

3）图 2-5 中 V 字形模型中间的 I 是贯穿所有这些技术过程中的技术管理、计划管理和产品保证管理过程，包括制订计划、实施计划、监督执行、处理偏离等。通常在企业组织中，将管理职责分配到部门与项目组来实施，分成部门管理和项目管理。这时将技术 V 字形、项目管理的 I 字形和部门管理的 I 字形合在一起，就形成 IVI 模型，可见下面的 2.3.3 节的描述。图 2-5 还体现了技术与管理、多组织与多专业在系统工程中的结合。

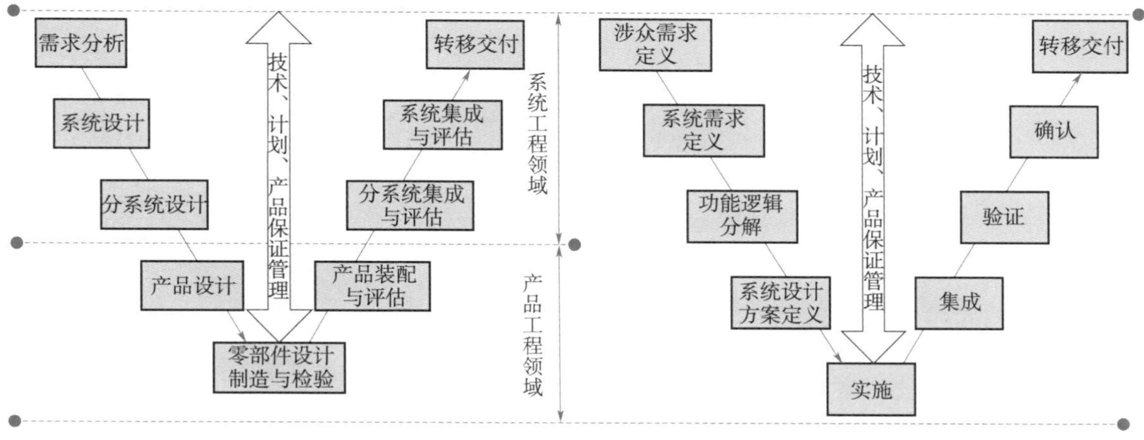

图2-5　工程系统开发的V字形模型

2.3.3　VI模型实例

往往一个企业组织只负责工程系统某个层级部分的研制工作，可用VI模型将其描述为一组技术与管理过程。

实例2.3.1　美军标的系统工程椭圆模型。1974年美军发布系统工程标准MIL-STD-499A，后续经过完善形成了MIL-STD-499B（草案）[10]，尽管因为管理上的原因，最终标准没有发布，但是其内容已成为EIA/IS-632-1994和ANSI/EIA 632-2003标准[10]，形成如图2-6所示的系统工程过程椭圆模型。

该过程椭圆模型包括迭代应用于寿命周期各阶段的"需求分析、功能分析与分配、设计综合"3大设计过程，"需求架构、功能架构、物理架构"3类输出，以及"需求循环、功能循环、设计循环、验证循环"4大验证回路。在每个寿命周期阶段还体现了从任务架构（或能力需求架构）到功能架构，再到物理架构的迭代过程。

实例2.3.2　NASA的系统工程引擎。NASA采用"系统工程引擎"[4]来定义技术过程和技术管理过程，如图2-7所示，分为"系统设计过程、产品实现过程、技术管理过程"3大类过程。其中，系统设计过程和产品实现过程进一步分为5小类共9个过程，技术管理过程又分为4小类共8个过程。

1）系统设计过程：分为"需求定义过程"和"技术方案定义过程"2小类。需求定义过程进一步分为"利益相关者期望、技术需求定义"2个过程；技术方案设计过程又分为"逻辑分解"和"设计方案定义"2个过程。

2）产品实现过程：分为"设计实现过程、评价过程、产品交付过程"3小类。设计实现过程又包括"产品实施执行，产品集成"2个过程；产品评价过程分为"产品验证、产品确认"2个过程；产品交付过程为向上一级系统交付产品，或者向下一寿命周期阶段转移产品。

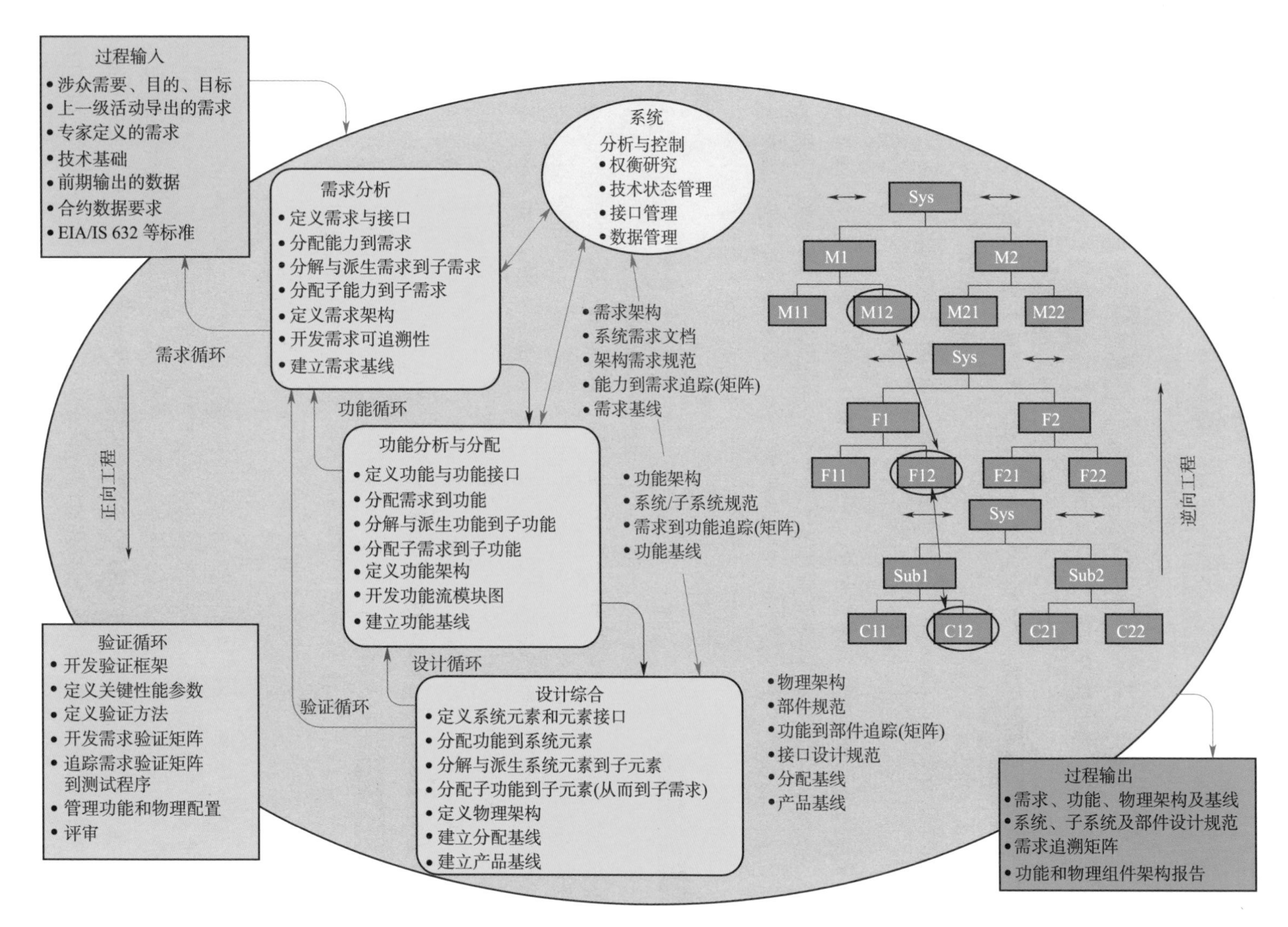

图 2-6 MIL-STD-499B 描述的系统工程过程椭圆模型

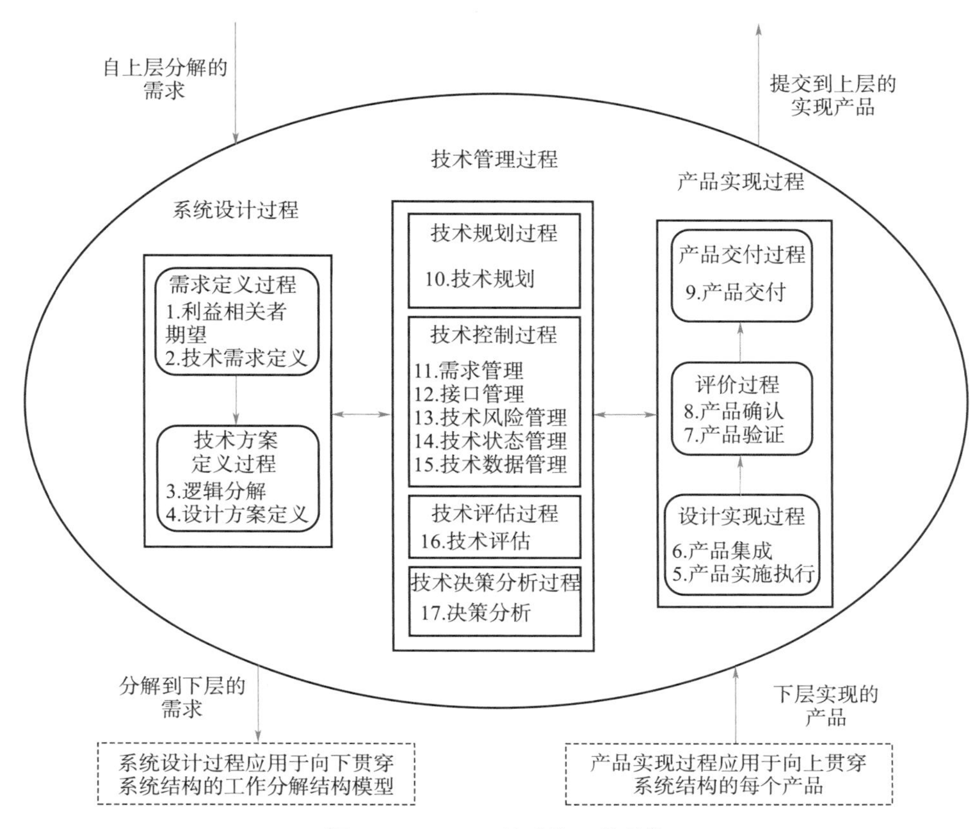

图 2－7　NASA 的系统工程引擎

3）技术管理过程：由“技术规划过程、技术控制过程、技术评估过程、技术决策分析过程”4 小类组成。其中，技术控制过程又包括“需求管理、接口管理、技术风险管理、技术状态管理、技术数据管理”5 个过程。

实例 2.3.3 国际系统工程协会的逻辑过程模型。在前面 1.2.1 节实例中介绍过，INCOSE 将系统工程过程分成“协议过程、组织项目-使能过程、技术管理过程、技术过程”4 大类过程[7]。其中，技术过程相对于 NASA 系统工程引擎更为完整，划分为“业务或任务分析、利益相关者需求定义、系统需求定义、架构定义、设计定义、系统分析、实施、集成、验证、移交、确认、运行、维护、弃置”等 14 个子过程。另外，管理过程也更为完整，包括项目技术管理过程以及组织级的协议过程、组织项目使能过程。

INCOSE 还给出了一种面向对象的系统工程方法框架（Object Oriental Systems Engineering Methods，OOSEM），如图 2－8（a）所示。OOSEM 是一种自顶向下、用例驱动的建模过程方法，它支持 VI 模型中的设计、实现与管理，如图 2－8（b）所示。

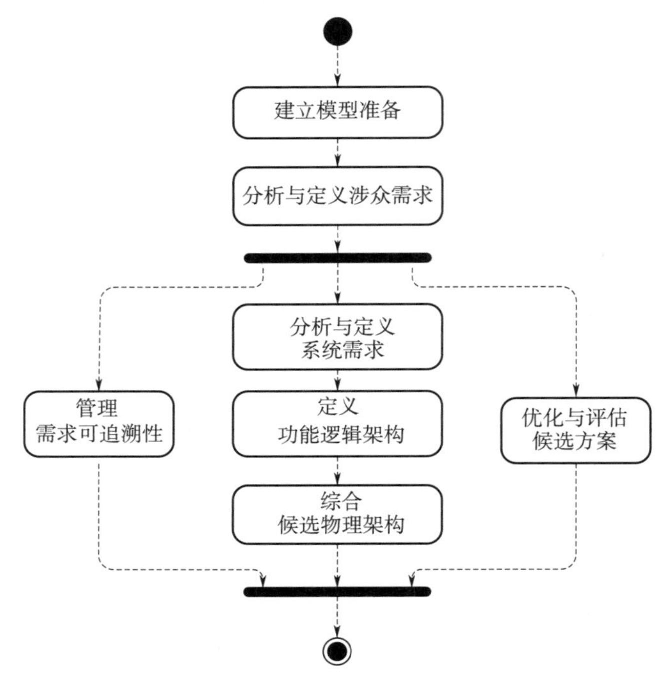

(a) OOSEM方法框架

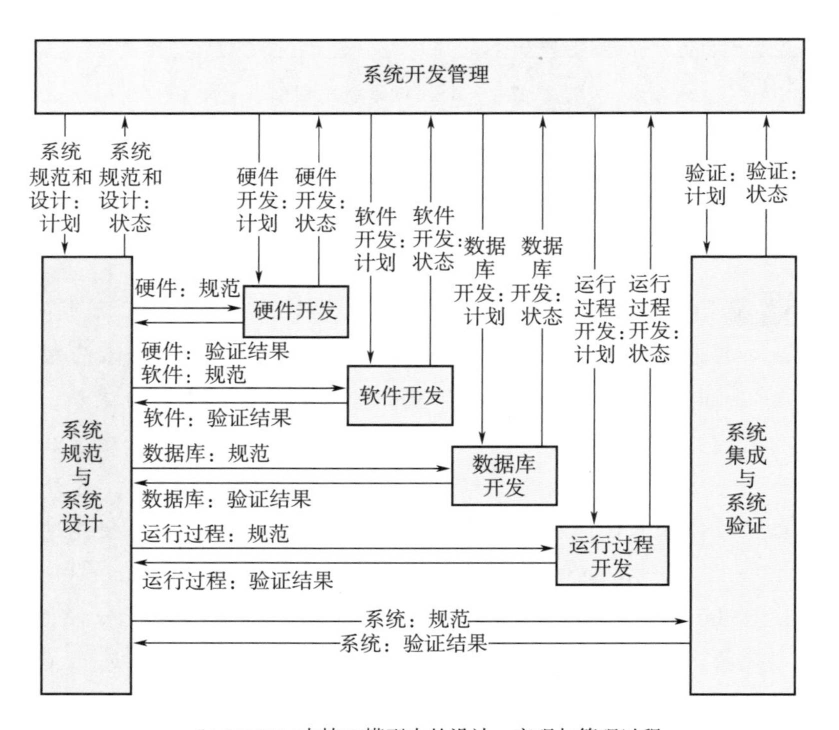

(b) OOSEM支持VI模型中的设计、实现与管理过程

图 2-8　OOSEM 方法说明

实例 2.3.4 IBM 公司的 Harmony SE 模型。IBM Rational Harmony SE 采用系统工程的 V 字形模型，如图 2－9 所示，展示了“集成（硬件）系统/嵌入式（软件）实时开发流程”。Harmony SE 流程包含两个紧密联系在一起的硬件开发和嵌入式软件开发子流程。

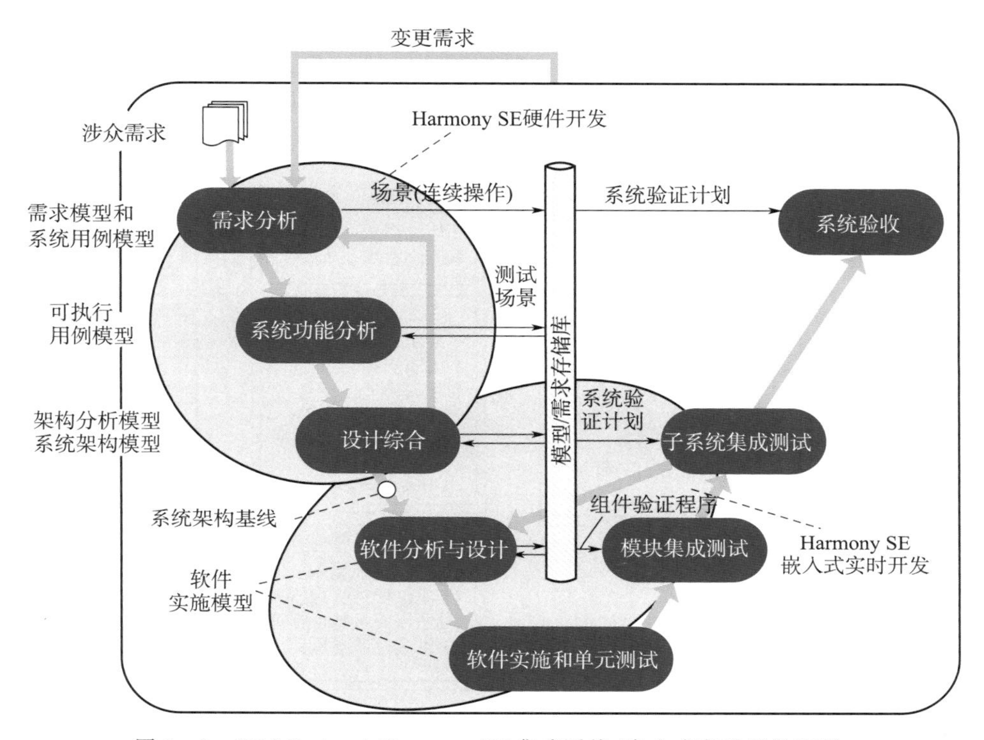

图 2－9　IBM Rational Harmony SE 集成系统/嵌入式实时开发流程

Harmony SE 的硬件开发工作流是增量、迭代、递归式的周期性开发活动流，包括“需求分析、系统功能分析、设计综合”3 个阶段。其中，需求分析模型包含需求模型、系统用例模型 2 类，系统用例模型将需求进行可视化显示；系统功能分析针对功能性需求，对每个系统用例建立可执行的黑盒逻辑模型，通过模型的执行，验证系统需求的正确性和完整性；设计综合包含“架构分析、系统架构”2 个子阶段，架构分析子阶段用于权衡比较多种系统技术实现方案，系统架构子阶段提供可执行的白盒物理模型，一旦其得到验证，可以进入性能和安全性需求分析过程。最后产生的是系统架构基线模型，用于定义后续硬件/软件开发交付物。Harmony SE 嵌入式软件实时开发工作流是软件工程工作流，包含软件分析与设计、软件实施和单元测试、模块和子系统的集成与测试。

参照上述模型，并结合航天工程实际，这里作者将某一层级的系统工程过程定义为如图 2－10 所示的 IVI 模型。其中 V 字形的技术过程分为 5 小类、14 个过程；中间 I 字形是项目的项目级管理过程，包含“计划管理、技术管理、产品保证管理”3 小类、17 个过程；左边 I 字形为项目的“组织级管理过程”，分为 10 个过程，它们对项目起到支撑和约束作用。

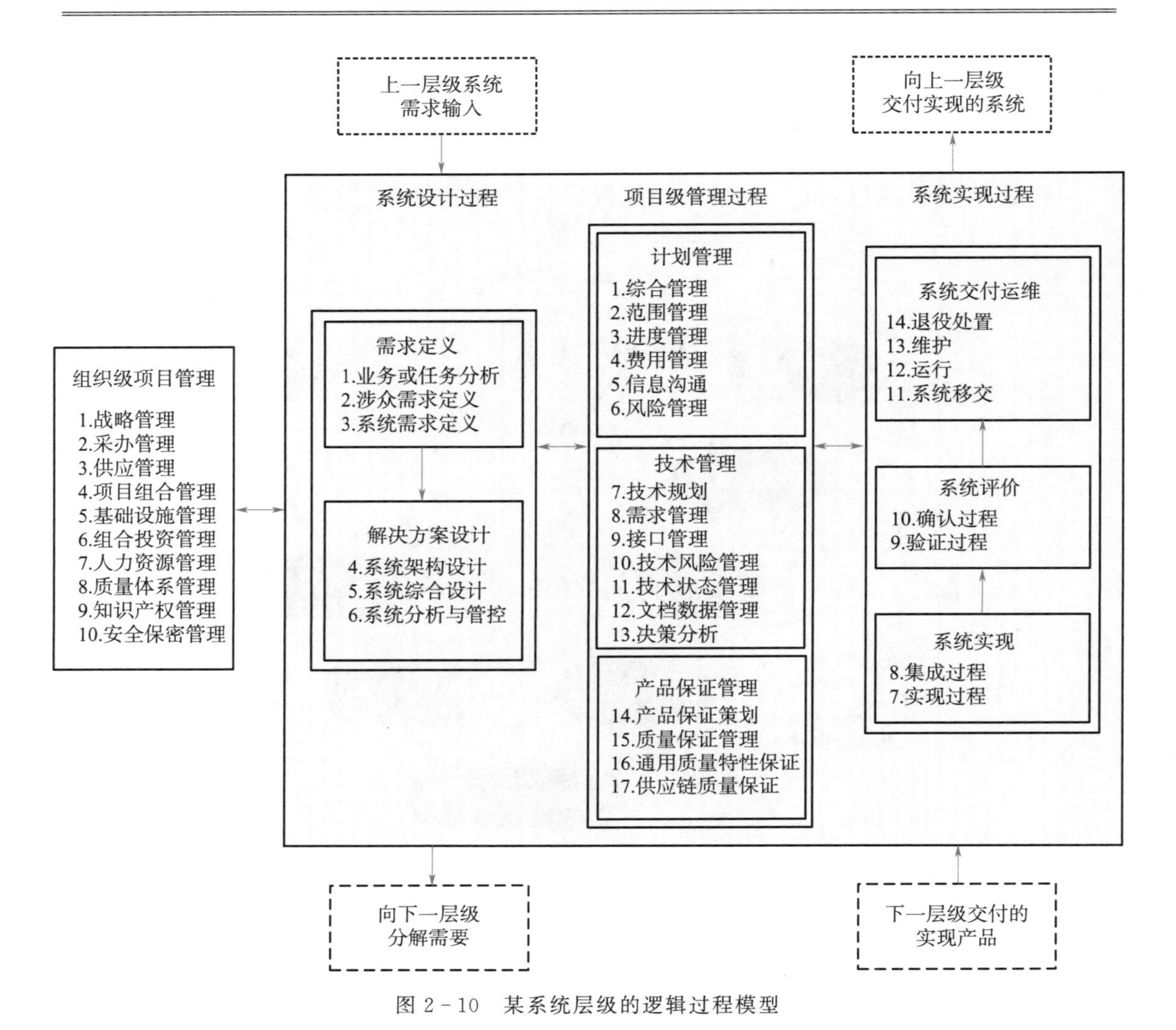

图 2-10 某系统层级的逻辑过程模型

本书第 3 章到第 6 章将对上述这些过程内容进行阐述。事实上，针对系统某个层级，系统工程实施需要考虑 6 个方面的过程：

1）任务分析和系统需求定义。

2）本层级系统和使能系统的设计。

3）本层级系统的实现、评估、移交。

4）本层级的计划管理、技术管理、产品保证管理。

5）本层级的组织级项目管理。

6）下一层级系统的管控。

2.4　专业维度

2.4.1　霍尔的专业维

专业维指完成上述各寿命周期阶段和逻辑维各项工作所需要的各种专业知识和管理知识。霍尔把这些专业知识分为工程、环境、社会、管理、经济、法律、医学、社会和艺术等。实时上，各类工程系统，都需要使用与其相对应的专业知识。

运用霍尔系统工程方法，将时间维的7个阶段和逻辑维7个步骤结合起来，便形成霍尔技术与管理活动矩阵，见表2-2。矩阵中每个阶段与每一步骤所对应的a_{ij}（$i=1$，2，…，7，$j=1$，2，…，7）都代表着一项具体的技术与管理活动（或过程）。矩阵中各项活动相互影响、密切相关，要达到系统整体的最优效果，必须反复进行各阶段、各步骤的活动。不同阶段的特点不同，如在规划和设计阶段，以项目级的管理为主；在研制和生产阶段，以组织级管理为主；在运行和更新阶段，则依据经济规律进行管理。

表2-2　霍尔技术与管理活动矩阵

逻辑维 / 时间维	1明确问题	2确定目标	3系统综合	4系统分析	5系统评价	6做出决策	7付诸实施
1规划阶段	a_{11}	a_{12}	a_{13}	a_{14}	a_{15}	a_{16}	a_{17}
2设计阶段	a_{21}	a_{22}	a_{23}	a_{24}	a_{25}	a_{26}	a_{27}
3研制阶段	a_{31}	a_{32}	a_{33}	a_{34}	a_{35}	a_{36}	a_{37}
4生产阶段	a_{41}	a_{42}	a_{43}	a_{44}	a_{45}	a_{46}	a_{47}
5部署阶段	a_{51}	a_{52}	a_{53}	a_{54}	a_{55}	a_{56}	a_{57}
6运行阶段	a_{61}	a_{62}	a_{63}	a_{64}	a_{65}	a_{66}	a_{67}
7更新阶段	a_{71}	a_{72}	a_{73}	a_{74}	a_{75}	a_{76}	a_{77}

2.4.2　组织对系统开发的支撑和约束

任何工程系统项目都是在一个（或多个）组织内实施，既受到组织中部门的专业支撑，又受到组织规则的约束。

（1）支撑作用

组织为工程系统项目团队提供资源，包括具有相应资质的专业人员、必要的资金投入、必要的场地和设备、需要的材料等。“适时释放可用资源”是组织领导者的主要职责，在系统寿命周期不同阶段、步骤、过程实施时，须要配置合适的人、财、物、料、机、环等资源。如人力资源，在需求分析时需要市场营销人员，在系统设计时需要各专业的设计人员，在系统实现时主要需要各类工艺、制造、装配、检验、试验人员等。

（2）约束关系

组织的约束反映了系统研制必须遵循一定的规矩、标准、规范，来实施工程系统的研制。这些规矩可能是国家的法律/法规约束、行业/企业标准和发展战略、科学/技术规律、以往积累的技术和管理经验等。

系统立项前：重点审查系统建设的社会正/负面作用、法律/法规约束、与国家政策和未来发展战略领域的一致性；系统是否属于组织使命宗旨范畴、是否符合组织的发展战略目标等；经济上是否有合适的利润；设想的技术途径是否可行，技术是否可获得；人才、资金、生产与试验设备等资源条件是否能支撑系统研制；关键材料、配套产品和技术的可获得性等。

系统立项后：重点审查核心项目团队人选、系统开发计划、协作配套单位、重大技术改造方案、经费投入计划、关键技术突破情况、技术状态/技术标准/技术规范/标准产品的采用、里程碑控制节点等。

一个组织往往都同时承担多个工程系统的研制，为了提高组织内部的人、财、物等资源的利用效率，组织一般采用矩阵式的组织结构。如横向为组织的部门处室，纵向为项目团队，形成如 1.3.2 节的图 1－8 所示的矩阵结构关系。

>> 实例 2.4.1 矩阵组织结构实例。组织内部的部门一般可分为“行政管理、研究设计、生产试验”3 大类。某航天企业其行政管理类部门分为行政办公室、规划计划部、人力资源部、金融财务部、科技处、外协外购处、质量管理处、基础设施与技术改造处、后勤保障处以及信息标准等部门；研究设计类部门分为导弹武器、运载火箭、应用卫星、载人航天、深空探测等领域事业部，事业部按照系统产品或服务对象领域划分为项目组 1、项目组 2，……；按专业产品领域分为专业部；生产试验部门分为工艺技术、物质供应、生产制造、装配集成、环境试验、设备工具、动力辅料等部门。企业组织内的各部门存在两类支持项目的方式：一是将系统项目涉及的管理和技术活动内容嵌入到部门工作流程中；二是释放专业人员参加系统项目的短期工作；组织依据“里程碑控制节点”实施项目的管理控制。

一般企业的职能部门承担了项目组合、基础设施、组合投资、人力资源、质量体系、知识产权、安全保密和供应链等管理职责。因此，企业职能部门对项目团队的支撑作用是及时有效地配置资源给系统项目团队，释放专业人员、设备、经费为项目服务，从有效使用资源角度进行控制；项目团队对企业的贡献是从降低项目风险角度，实施工程任务，最终为组织创造效益。给项目配置的资源多，项目完成的风险就小，但是组织付出的成本代价就高；反之，配置资源少，项目实施风险就大。

2.5 全局视图

将系统某层级的系统工程三维结构的所有技术和管理过程汇集在一起，以二维图的形式进行表达，可以得到如图 2－11 所示的系统工程方法的全局视图[8]。

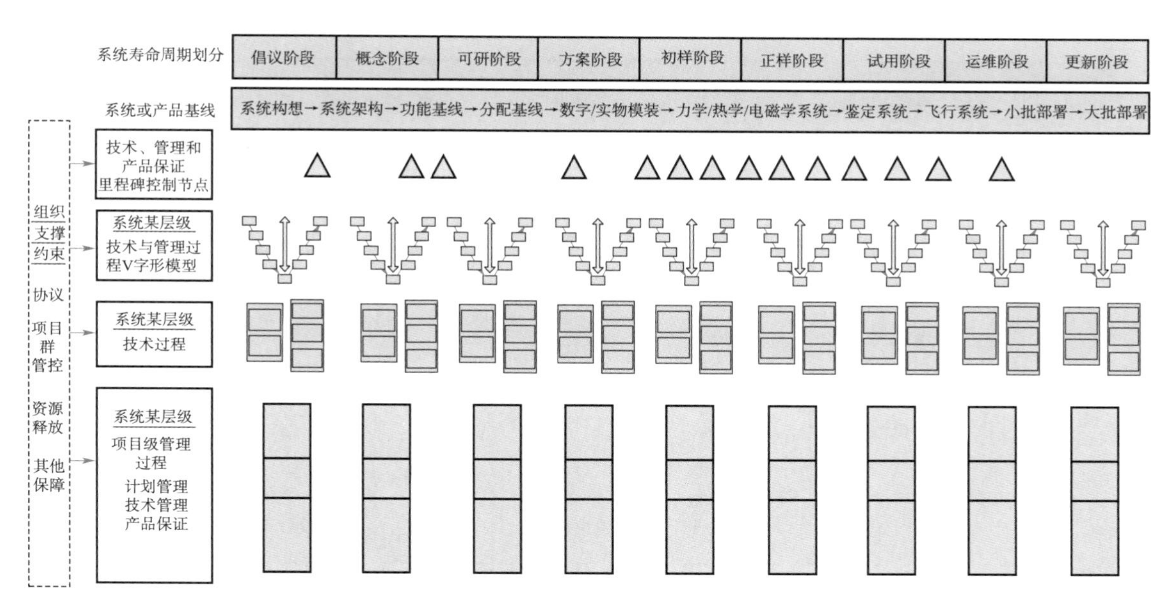

图 2-11　系统工程方法的全局视图

系统开发活动受到组织的支撑和约束。这种支撑和约束，通过各部门在系统寿命周期各阶段、步骤、活动、里程碑控制节点（或相关各阶段内的过程与活动）参与来实现。

1）工程系统实现在时间上按寿命周期规律，是分阶段实施的，如先规划设计，再实施，然后再进行评价与处置。

2）各阶段提供逐步逼近最终的系统基线产品。例如，虚拟数字系统、技术验证样机、原理样机、工程样机、飞行样机、力学/热学/电磁学试验系统、鉴定系统、飞行系统等。

3）工程系统各寿命周期阶段期间和转阶段时，分别设立了里程碑控制节点。在这些里程碑控制节点，开展技术和管理评审与决策。

4）针对每个寿命周期阶段，系统工程活动可采用结构化的 IVI 模型来描述过程，这些过程嵌入了专业技术和管理活动。

5）针对系统某个层级的系统工程过程，需要考虑“上一层级的需求识别、本层级的系统设计、本层级的系统实现与评估、下一层级的系统管控、本层级的项目级与组织级管理、使能产品的设计”6 个方面的工作内容。

2.6　研发管理实例

实例 2.6.1　系统工程在研发管理中的实例。某个跨国大型企业研发部门，承担新产品的研发工作。他们运用系统工程方法，将新产品开发涉及的企业和项目团队的过程活动有机结合，将系统工程内容归纳为“45678”，分解为 260 余项细化的活动与任务，见表 2-3。

表 2-3　某企业的组织与项目交叉管理

寿命周期阶段划分		项目启动	方案研究	方案批准	最终批准	生产批准	项目完成
技术评审			RR　PDR	IDR	CDR	PRR	
管理审查		PI	PL　SB　CD	CA	FA	PA	CT
7个部门的参与	项目管理	初始团队 项目计划	项目团队/范围/计划/管理			启动交付产品活动	
	市场商务	商务要求 投资策略 商业计划 报价测算	报价提交 报价议价 投入协议 服务协议	批准投入	预生产商务活动		
	系统设计	技术要求 产品可选择性	详细要求规范 详细系统设计	工程产品和系统设计	鉴定和飞行产品与系统设计发布	产品、系统设计变化实施	
	工艺设计	制造过程识别	制造过程选择	制造系统设计，工程产品设备工具	鉴定产品设备工具	交付产品涉及的设备工具	
	试验验证		试验验证规划 分析设计证实	设计证实，验证计划批准	设计验证	工艺稳定验证，产品验证	长期稳定试验验证能力
	资源采购	资源可选择性	资源计划，提供开发设计资源	工程样机资源	鉴定产品资源，生产资源	准备组件实施采购	
	制造装配		制造方选择 生产资源规划 原理样机	制造计划 工程样机	制造要求 鉴定样机	计划执行 技改执行 交付样机	启动常规生产制造
产品状态			开发样机	预原型样机	原型样机	预交付样机	

1）4 个产品状态：开发的产品按成熟度递增顺序划分为 4 个产品状态，分别为“开发样机、预原型样机、原型样机、预交付样机”。

2）5 项技术评审：设立 5 个技术评审控制节点，审查前一阶段的技术工作是否完成，为是否进入下一阶段提供依据，以减少项目实施风险。具体分为需求评审（RR）、初步设计评审（PDR）、中间设计评审（IDR）、关键设计评审（CDR）、生产准备评审（PRR）。

3）6 个阶段划分：分为“项目启动阶段，方案研究阶段、方案批准阶段、最终批准阶段、生产批准阶段、项目完成阶段”。

4）7 个部门参与：项目管理部门、市场商务部门、系统设计部门、工艺设计部门、试验验证部门、资源采购部门、制造装配部门。

5）8 项管理审查：管理审查的目的是决策下一阶段是否将资源配置给项目，或者收回资源以终止项目。分为项目倡议审查（PI）、项目启动审查（PL）、项目批准审查（SB）、方案说明审查（CD）、方案批准审查（CA）、最终批复审查（FA）、生产批准审查（PA）、项目完成审查（CT）。

2.7　其他方法

2.7.1　切克兰德方法

英国学者切克兰德（P. B. Checkland）认为霍尔系统工程方法论是一种只适应于“硬系统”问题的方法论，与之相对应，切克兰德提出了一种需要发挥人的主观认知能力的“软系统方法论”来解决软系统问题，该方法分成 7 个步骤，如图 2-12 所示。

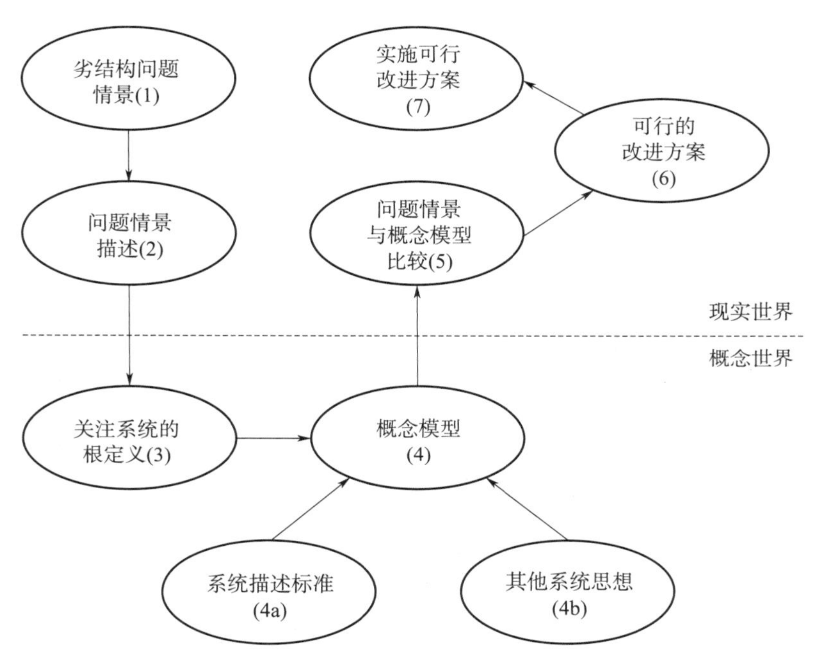

图 2-12　软系统方法论解决问题的步骤

所谓“硬系统”问题是一种目标明确、边界清晰、可良好定义、便于建模与观测的结构化问题，大多数工程系统问题都属于这类问题，硬系统问题属于良结构（Well-structure）问题。与之相反，存在一种非结构化的“软系统”问题，它们难以观测与建模、边界模糊、目标不定、难以定义，社会系统问题、管理问题大多属于这一类问题，软系统问题属于劣结构（Ill-structure）问题[1]。

图 2-12 中第 1、2 步是明确问题情景的结构变量、过程变量以及两者之间的关系，而不是定义问题本身。问题是已能明确下来的某些东西，而问题情景是人们感觉到存在问题，但还不能确切地定义的问题。不同人对问题的看法、视角不一样。第 3 步从某类人（受益者、操作者等）的视角定义关注系统“是什么”，而“不是什么”，这称为“根定义”。第 4 步是建立概念模型，可以依据 4a 的标准建立，也可以依据 4b 的其他系统思想来描述系统。第 5 步将若干个系统概念与当前问题情景进行比较，逐步逼近问题。第 6、7 步是选择可行的系统方案，并付诸实施。由此可见，软系统方法论强调人的主

观认知，通过反复“问题-回答”对话讨论与学习来最终解决问题。

2.7.2 协同设计方法

在系统的概念研究、可行论证、方案设计等早期阶段，可以采用“协同设计”(Concurrent Design) 方法，或者“综合集成研讨方法”来提高工作效率。这种方法将“硬系统方法论”的客观仿真分析和“软系统方法论”的主观认知结合起来，可起到提高效率的作用。

协同设计一般由用户代表、系统设计师、各专业设计师、管理人员等参与，在一个协同设计环境中工作。通过“用户代表与设计师的结合、系统设计师与各专业设计师的结合、设计师与管理人员的结合”，以及仿真工具的使用，通过面对面交流、多重迭代与递归，快速确定系统方案。协同设计一般借助事先开发的、服务于各类设计师和管理者的分析软件工具，实现快速分析和多媒体环境的可视化结果显示，如图 2-13 所示。

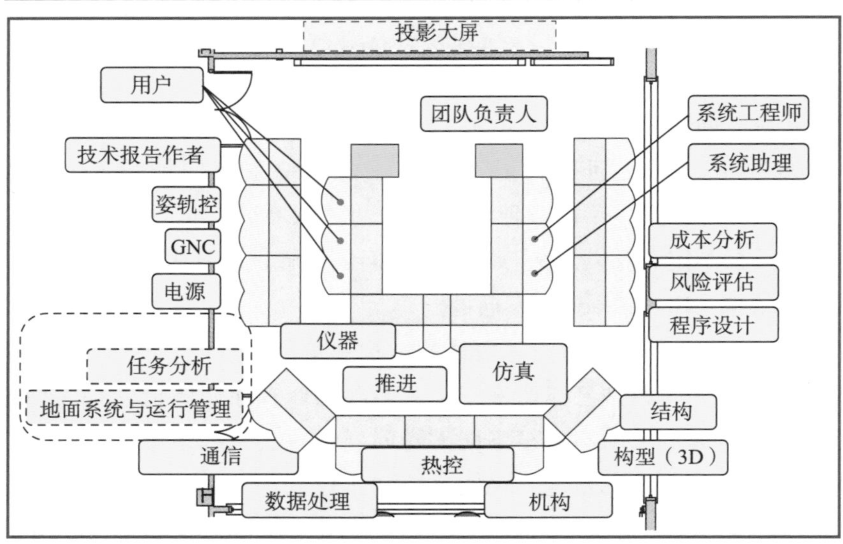

图 2-13 某航天任务的协同设计环境示意图

2.7.3　5W1H8C 分析方法

在利益相关者需求和系统需求分析阶段，可以采用 5W1H8C 分析方法，见表 2-4。5W1H8C 方法运用逻辑思维，对关注的问题进行全面分析，通过回答一系列“为什么”而使对问题的认识得到深化，或者使问题得到初步解答。

表 2-4　5W1H8C 内容要点

项目	含义	如何分析需求
谁使用 Who	谁是需要系统的利益相关人	分析寿命周期不同阶段的：采办者、管理者、使用者、评估者、维护者等
为何用 Why	系统建造的驱动力是什么，顾客为什么提这个需求，问题出在哪里	系统产品与服务的价值所在，解决顾客的痛点问题是什么
用什么 What	最终输出的是什么，提供什么价值	系统输出的是什么
何时用 When	系统的运行时间	何时运行，如季节、每天运行时间
何地用 Where	系统在哪里运行	国家、区域、地点、空间轨道
如何用 How	系统如何运行，或者系统运行的流程	如何使用系统，而不是如何建设系统
8类约束 Constraints	性能-Performance、技术-Technology、成本-Cost、交付时间-Time、可靠性-Reliability、安全性-Security、合规性-Compliance、兼容性-Compatibility	

实例 2.7.1 需求分析实例。建筑公司“收到给我建一个很大房子”的需求，年轻设计师就设计了一个欧式风格，配置全套家具、实木地板、进口电器的房子，结果完全错误。了解顾客期望后，才知道顾客需要的房子是要给动物园的长颈鹿居住的房子。

1）Who：房子的购买者是动物园，管理者是动物园的饲养员，使用者是长颈鹿，评估者是动物管理协会和卫生局。

2）When：建设房子可能是长期供长颈鹿使用的，也可能是春季或夏季供长颈鹿展示使用。

3）Where：这个房子建于动物园的东南角，必须满足动物园的相关规定。

4）What：房子有特定要求，要考虑长颈鹿的高度、围栏高度等因素。

5）Why：可能因为原有的长颈鹿房子破旧了，也可能因为动物园要短期展示长颈鹿。

6）How：长颈鹿每日在房子的生活区域划分，运动空间需要。

8C 方面的系统评价指标：

1）性能（Performance）：例如尺寸规模等。

2）成本（Cost）：实现需求的代价。

3）时间（Time）：什么时候能交付系统。

4）可靠性（Reliability）：系统运行的耐久性和稳定性。

5）安全性（Security）：安全保护能力。

6）合规性（Compliance）：满足行业标准，强制安全规范，法律法规等。

7）技术性（Technology）：采用规定的技术体制。

8）兼容性（Compatibility：与体系中其他系统兼容。

2.7.4 基于模型的系统工程方法 MBSE

2006 年 10 月国际系统工程协会（INCOSE）在 *Systems Engineering Vision 2020* 中正式提出“基于模型的系统工程”（Model - Based Systems Engineering，MBSE）概念[9]。

MBSE 以系统架构模型为对象，是对建模（活动）的形式化应用，以支持系统需求定义、系统架构设计、功能分析、验证和确认等活动，这些活动从概念设计阶段开始，持续贯穿到设计开发以及后来的所有寿命周期阶段。人们最初在头脑中形成一个关于新建系统的全面“概念”（想法、构思、构想），MBSE 可以通过各类模型视图（View）对概念进行描述、表达和具体化，以方便各类人员之间沟通，以及后续逐步深化、细化和优化。

MBSE 是从文字描述性的基于文本系统工程（Text - Based Systems Engineering，TBSE），向模型化、数字化的基于模型的系统工程的演进，可以认为是系统工程方法的 2.0 版。详细的 MBSE 介绍见后面的第 7、8 章。

2.8 本章要点

1）传统系统工程方法是建立在霍尔三维结构模型基础上的，三维结构指时间维、逻辑维、专业维。

2）在时间维上，系统工程将复杂的工程系统按寿命周期时间轴线划分为多个阶段，循序渐进、步调一致、分阶段推进。同时，明确每个阶段需完成的主要工作任务、需提供产品的技术状态，并设置关键里程碑控制节点。

3）逻辑维描述系统各寿命周期阶段，包括相同层级的需求定义与分析、功能逻辑分解、物理架构选择等迭代过程，以及不同系统层级的设计与分析、实现与集成、验证与确认的递归过程。同时，将项目级的计划管理、技术管理、产品保证管理，以及组织级的管理嵌入这些过程之中。这些过程呈现为“IVI 模型”。

4）专业维将多个专业工程技术嵌入系统工程的活动之中，技术上开展专业工程分析，管理上对工程研制起到支撑和约束作用。

5）协同设计方法或者“综合集成研讨方法”可应用于系统寿命周期的概念研究、可行论证、方案设计等早期阶段，提高工作效率。5W1H8C 分析方法可应用于利益相关者需求调研和分析过程。

总结第 1～2 章的描述，作者将系统工程在复杂系统研制归纳为“1 状态、2 系统、3 维度、4 变量”。

1 状态描述研制所处的状态；2 系统指对象工程、研制管理两类系统，这两类系统可以分别用“技术状态”和“研制状态”来描述当前的研制进展情况；3 维度指霍尔三维结构，霍尔三维结构可构成描述研制变量情况的状态空间；4 变量指“目标、对象、过程、评估”四类变量。表 2－5 分别对工程系统和管理系统的四类变量含义进行了描述。将两类系统、四个变量在霍尔三维空间中投影就形成了完整的研制内容，并反映研制所处状态情况。

表 2－5　工程系统和管理系统四类变量的含义

变量	工程系统	管理系统
目标	涉众需求、系统需求、分系统需求等 总体上实现“技术先进、安全可靠、使用方便、经济可行、精巧炫酷”	总体研制计划，阶段研制计划，专项计划等 总体上实现“高质量、高效率、高效益”
对象	系统，分系统，单机，组件，零件，材料、元器件，软件，技术标准，工艺规程等	参研单位、研究室、团队、人员，参研单位职责分配和相互衔接关系
过程	需求分析、功能/逻辑架构、物理架构、设计综合、仿真分析、产品实现，验证、确认和鉴定试验度量	寿命周期过程，工作分解结构，研制计划，资源配置，进展监督，冲突矛盾协调，问题处置，进展度量
评估	评估试验数据、仿真数据、技术风险，里程碑控制节点－技术评审	评估质量、进展、经费、风险等，里程碑控制节点-管理评审

参考文献

[1] 孙东川，孙凯，钟拥军．系统工程引论［M］．4版．北京：清华大学出版社，2019.

[2] 谭跃进，陈英武，罗鹏程，等．系统工程原理［M］．北京：科学出版社，2010.

[3] 中国航天科技集团公司．航天产品项目阶段划分和策划：QJ 3133—2001［S］．2001.

[4] NASA System Engineering Handbook［M］．NASA SP－2016－6105 Rev. 2. NASA Headquarters，2016.

[5] 美国国防部．国防部采办系统运作：DoD 5000.02［R］．2003.

[6] European Cooperation for Space Standardization（ECSS）．Space Project Management：Project Phasing and Planning：ECSS－M－30A［S］．19 April 1996.

[7] DAVID D W，GARRY J R，KEVIN J F，et al. Systems engineering handbook－a guide for system life cycle processes and activities［M］．4th ed. New Jersey：John Wiley & Sons，INCOSE－TP－2015－002－04，2015.

[8] CHEN J，TAN T. An exploration on logical ideas of system architecture modeling［J］．Aerospace China，2021，22（1）：46－58.

[9] International Council on Systems Engineering（INCOSE）．Systems Engineering Vision 2020［M］．Version 2.03，TP－2004－004－02，2007.

[10] Processes for Engineering a System：ANSI/EIA 632—2003［S］．2003.

第二部分

基于文档的系统工程

第3章　需求定义与系统设计

系统设计围绕利益相关者需求展开，其过程涉及需求定义、抽象的功能架构和逻辑架构设计、具象的物理方案选择和综合设计与分析。系统设计须要应对利益相关者看似矛盾的需求、需求的变化和设计者自身不断完善设计的变化，通过反复迭代、递归、权衡分析、特性分析，推导出满意的系统解决方案，把利益相关者对效能、工作模式的要求和约束条件等转变分配到系统结构中。

参照2.3.3节的V字形模型[1-6]，这里将系统设计过程描述为“5-4-5”模型，包含“涉众需求定义、系统需求定义、系统架构设计、系统综合设计”4个反复迭代的过程，以及嵌入这4个过程中的系统分析与管控过程；生成“涉众需求、系统需求、架构方案、设计方案”4类输出；完成“需求确认、架构验证、设计验证、面向系统需求的设计验证、面向涉众需求的设计确认”5个验证与确认回路，如图3-1所示。

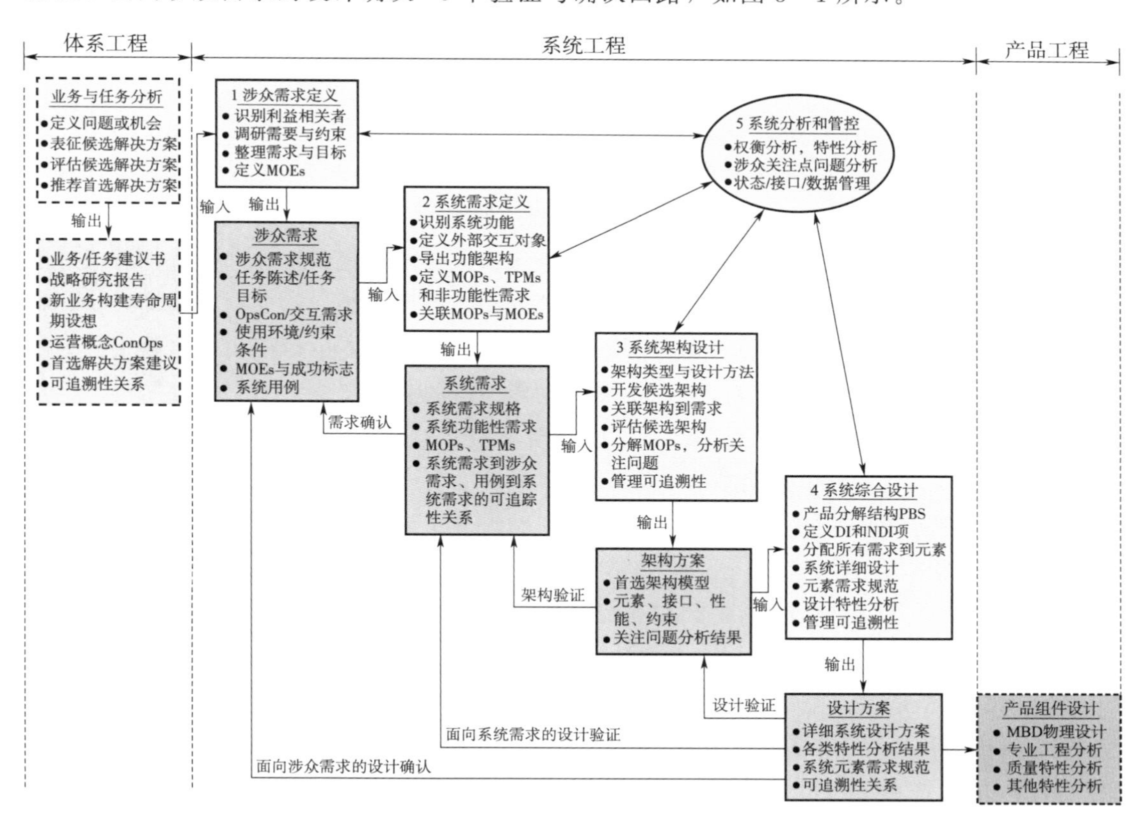

图3-1　系统设计的5个过程、4类输出文档、5个验证与确认回路

1）过程1：涉众需求定义。识别利益相关者群体，开展利益相关者“需要、目的、目

标”和约束调研，定义系统运行概念和成功运行准则。输出涉众需求规范、使命任务陈述、任务目标、系统运行概念 OpsCon、系统用例、接口需求、使用环境、约束条件、成功标志与效能度量指标 MOEs。如果前期已开展过体系研究并识别了能力需求和能力差距，则建立涉众需求到能力需求之间的追溯关系。

2）过程 2：系统需求定义。把涉众需求及约束条件转变为对系统的需求与约束，定义寿命周期各阶段的功能性需求（或系统用例），分解与派生子需求，建立需求树，定义系统性能需求 MOPs、技术性能参数 TPMs。输出系统需求和子需求规范文档，建立系统需求到涉众需求、系统用例到系统需求的可追溯性关系，验证系统需求对涉众需求的满足度。

3）过程 3：系统架构设计。定义系统每个用例的功能流模块图；通过功能流模块图识别实现用例的功能，并识别用例场景；将需求分配到功能模块，分解与派生子功能，将子需求分配到子功能。用活动图、序列图、状态图描述用例的行为，定义每个用例中的每个场景的序列图，通过序列图识别接口需求，并用内部模块图描述接口；综合活动图和序列图信息，定义每个用例的状态图，识别状态进入、退出和触发条件。集成功能模块与行为关系获得功能与逻辑架构，建立寿命周期阶段的候选功能逻辑架构方案。对关键功能的技术实现方式进行权衡分析，形成首选功能与逻辑架构方案。构建系统需求到功能逻辑架构的可追溯关系，验证系统功能逻辑架构对系统需求的满足度。

4）过程 4：系统综合设计。定义系统元素，分配功能逻辑和系统需求到系统元素。对于已有特定功能与接口的非开发项（NDI）组件，收集多种 NDI 实现方案，建立评价准则、指标权重、候选方案指标值计算方法，开展权衡比较与效能分析，优选 NDI 的物理实现方案；对于新研的开发项（DI）组件，将系统需求分配给这些组件，开展物理设计和分析。集成所有物理方案形成物理架构基线，开展相关特性分析；建立系统物理模块、行为关系模型，导出系统派生需求；建立系统综合设计方案到功能逻辑架构的追溯关系，验证系统综合设计方案对涉众需求、系统需求、功能架构的满足度。

5）过程 5：系统分析和管控。针对“涉众需求定义、系统需求定义、系统架构设计、系统综合设计”4 个过程，围绕方案权衡、特性分析、关注问题分析、验证与确认，建立模型，开展相关分析、特性分析、关注点分析、验证与确认评价和效能评估，以及设计过程中的状态、接口和数据管理。

系统设计的输出物为一系列文档，包括系统运营/运行概念、涉众需求规范（Stakeholder Requirement Specification，StRS）、系统需求规范（System Requirement Specification，SyRS）、需求可追溯性与验证矩阵（Requirement Traceability and Verification Matrice，RTVM），接口控制文档（Interface Control Document，ICD）、N^2 图（N 平方图或接口矩阵表）、架构说明文档（Architecture Description Document，ADD）、系统设计规范（System Design Specification，SDS），功能基线、分配基线、产品基线，用例（Use Case）和测试案例（Test Case），各类分析报告（例如，效能、可靠性、可用性、数据吞吐量、响应时间分析）等。

图3-1的系统设计过程可用于各个寿命周期阶段，各阶段设计活动的重点和产生的结果见表3-1。在概念阶段，需增加“业务或任务分析”过程；在系统设计完成后，应开展产品组件的设计。

各阶段设计重点有所不同，如概念阶段聚焦于确定可以列入国家、行业、企业规划的初步概念；可性行研究阶段聚焦于方案比较与优选，并产生能通过立项批准的、合理可行的设计方案；方案阶段聚焦于优选设计方案；初样阶段聚焦于可用于物理实现的详细各层级系统设计；正样阶段等后续阶段聚焦于完善已有的系统设计方案。

表3-1　寿命周期各阶段的设计活动重点

设计过程	概念阶段	可研阶段	方案阶段	初样阶段	正样阶段	试用阶段	运维阶段	更新阶段
业务任务分析	批准							
涉众需求定义		批准						
系统需求定义			批准					
系统架构设计		功能基线	分配基线					
系统综合设计			产品基线	初样 产品基线	飞行 产品基线	小批部署 产品基线	大批部署 产品基线	
系统分析管控	实施	实施	实施	实施	实施	实施	实施	实施

3.1　业务或任务分析

业务或任务分析服务于利益相关者组织，定义存在问题或发现依托关注系统开展新业务或新任务的机会，并定义表征潜在解决方案。分析要做什么事（或改进什么），推导需要建立什么系统来帮助做事。

组织要实现持续发展，须要针对以往存在的问题、竞争环境变化、重大工程机会和科技发展趋势，适时开展对标研究，识别组织或体系的能力需求和存在的能力差距，把握发展机遇。将体系成员系统当成实现业务或完成任务的工具，调整业务模式和创建新系统，识别开发系统的理由，提出多种问题解决方案，并选择满意方案，从而实现组织的发展目标。

业务分析或任务分析属于组织的战略研究范畴，严格上说不属于系统工程范畴，而属于体系工程范畴，但与涉众需求定义密切相关，通常在系统寿命周期的倡议阶段或概念阶段实施分析工作。详细的方法将在第9章和第10章体系工程部分描述，其核心思路是从体系角度，分解组织的业务流程或审视能力需求和能力差距，谋划实现能力或补全能力差距的系统建设方案，帮助用户组织解决问题，并创造发展机会。

业务分析或任务分析过程中的活动如图3-2所示，输入为用户组织的使命/愿景、战略发展目标或市场拓展计划等顶层目标，这些目标为开展业务和任务分析提供指导，提出的解决方案将支撑顶层目标的实现。

1）准备分析工作。收集用户组织的使命/愿景、战略发展目标、市场拓展计划，初步

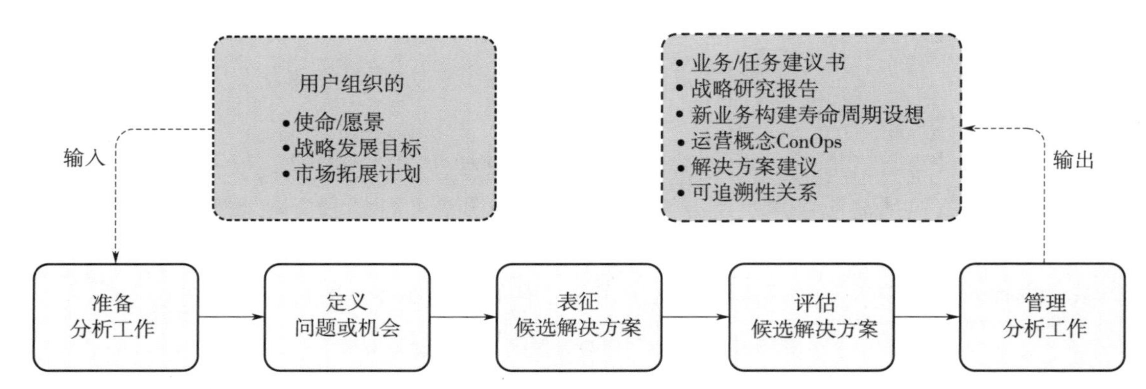

图 3-2　业务分析或任务分析过程

了解原有业务中存在的问题或用户承担任务的机会；明确业务或任务分析方法（例如，采用体系结构方法或任务分析方法）；准备分析所需相关软件工具；取得用户信任，收集相关情况和数据，开展业务分析或任务分析。

2）定义问题或机会。调研解决问题或获取任务应重点考虑的因素。例如，结合 SWOT（优势、劣势、机遇、挑战）分析，识别用户组织相对竞争对手的优势与劣势，发展的机遇与挑战；或者分析原有业务存在问题的具体原因和关键参数，导出解决问题应从哪些方面入手。

3）表征候选解决方案。识别业务或任务的利益相关者，调研他们对系统方案寿命周期阶段（建造部署、运行维护、退役处置）的想法，形成初步运营概念（ConOps）、潜在解决方案的想法；表征候选解决方案，例如，通过能力视点、作战视点、系统视点或服务视点、数据与信息视点、项目视点等描述体系结构（可见第 9 章）。

4）评估候选解决方案。依据用户组织的关注点，建立评估体系的效能标准或准则、准则加权因子和方案评估方法，建模评估多个候选解决方案，显示各候选方案的风险、可行性和价值。推荐供用户决策的满意解决方案。

5）管理分析工作。建立组织使命愿景、战略目标、市场拓展目标、利益相关者需求与首选方案之间的可追溯性关系，维护首选方案技术状态基线和信息文档（包括商业建议书、战略研究报告、初步的 ConOps、首选解决方案建议、寿命周期概念）。

≫ 实例 3.1.1 业务发展规划。某航天研究所确定了自身的使命愿景和战略发展目标，期望成为某个领域的国内领先、国际知名的专业研究所。他们通过分析自身系统产品在“A、B、C、D”四个分领域市场中的占有率情况，发现研究所在四个分领域市场占有率分别为 0%、100%、10%、100%。对于处于弱势的 A、C 领域，他们调研了用户需求，发现竞争对手产品存在的问题，针对用户期望提出了新的解决方案和技术途径，并提前开展了技术研究，突破了关键技术。利用用户新型号发展机会，争取到了新系统的研制项目，通过近 10 年努力，将 A、C 领域市场占有率提升到 30%和 40%，研究所获得了良好的发展效益。

实例 3.1.2 探测森林火灾卫星任务分析。以某森林火灾遥感卫星任务分析为例[7]，图 3-3 给出了任务分析过程。首先对使命任务进行描述，梳理任务目标和约束；然后，提出待分析的任务单元的多种候选实现方案，如多种卫星平台、有效载荷、发射系统（火箭与发射场）、通信与应用系统；接着拟定任务单元组合的多种任务架构设计方案，对方案进行裁剪，以减小分析范围；确定设计主导因素和效能评价指标（MOEs）；评价与选择其中一个方案；最后对任务方案是否满足原始目标情况进行分析。

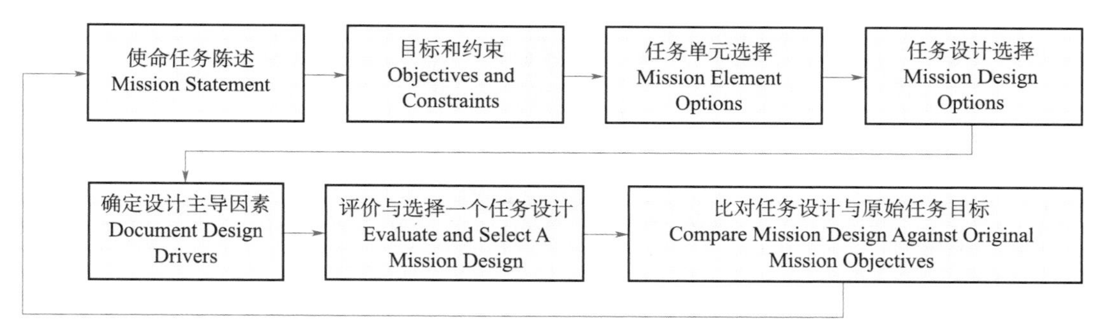

图 3-3　任务分析过程

其中，遥感卫星任务的主导设计因素是“探测目标的遥感方式、运行轨道、测控和运控地面系统、通信与应用系统”单元的选择，它们极大地影响着任务实现的经费、性能、灵活性和长期可用性。定义可选任务架构选择矩阵表，列出并裁剪任务系统中的可选项，列出选择矩阵表，见表 3-2。

a）识别哪几个任务单元项需要折衷考虑。

b）识别每个可选单元项目有哪几个可选方案。

c）构造可选单元项组成的选择树。

d）裁剪选择树中无需选择分析的分支。

e）寻找其他可选的、影响执行任务的方法。

表 3-2　列表分析设计可选择项

任务单元架构	是否折衷选择	原因
0 任务方案	是	选择，以便寻找更多方案，优化系统
1 目标对象	是	研究物理现象异常的遥感探测关系，优选探测物理量
2 有效载荷	是	选择不同复杂程度和谱段的载荷
3 卫星平台	是	考虑载荷布局、功耗和控制精度等，有多种平台选择
4 发射系统	否	对于选择的轨道，最经济的火箭和发射场是显而易见的
5 运行轨道	是	比较低/高轨道，对应不同时空分辨率和卫星数量
6 地面系统	否	共用已有的地面控制站点和通信网络系统；或者建立独立接收系统，直接将数据传给用户
7 通信架构	否	任务操控和地面系统确定后，通信架构已固定
8 任务操控	是	选择任务控制运行的自动化程度

1）构建/裁剪选择树。一般以“系统主导量”为“树根”构建方案选择树，经过初步分析，可以裁减明显不合理的分支。系统主导量为影响性能、经费、进度的重要参量，如卫星数量、轨道高度、有效载荷规模（尺寸、重量、功耗）是可能的主导量。这里将轨道高度作为主导量，它影响卫星数量、卫星规模、运载火箭规模。将主导量放在树的根部，可以构建选择树，如图 3-4 所示。为了减少选择组合，对不可选择项，裁减树的分支。

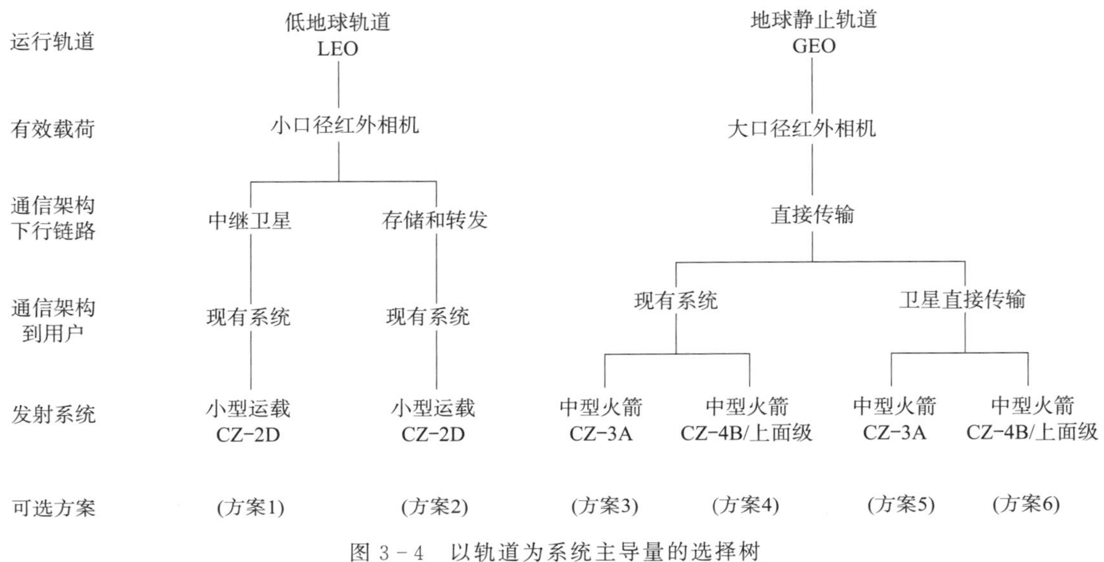

图 3-4 以轨道为系统主导量的选择树

2）表征任务架构。在经过任务树裁减后，初步形成几个待深入分析的方案，就可以开展任务架构的细化表征工作。表征任务架构指定义任务实施方案。这项工作需要较多资源的参与，如需要利益相关者、工程大系统、卫星系统、分系统各方面专家的参与和协同工作，也将耗费较多的时间和经费。如需要选择哪些工作在空间完成、哪些地面完成？但是，任务分析属于前期研究，不需要做过分的细节表征，定义细节的目标是为了评价任务架构的有效度，以便后续开展系统级的比较和折衷优化。

表征任务架构可分成如下步骤：

a）定义初步任务方案。主要涉及遥感数据传输与处理过程、载荷工作规划与操控规则、通信架构、系统建立时间表。

b）定义目标特征。例如，卫星任务大致可以分成通信、导航、遥感任务。这里要定义目标数量、目标位置与范围、发射机 EIRP 值、接收机 G/T 值、频段或波段、时间覆盖或重访周期。

c）确定轨道和星座特征。包括任务轨道、转移轨道参数，推进剂要求，星座特征。轨道几乎影响空间任务和运行所有方面，影响航天器数目、天-地通信覆盖、传感器分辨率、发射功率、数据率、空间环境、航天器生存能力、运载器规模费用等。这里应确定轨道主要参数（包括轨道高度、倾角、偏心率、非圆轨道的近地点幅角、轨道转移的速度增量预算、轨道维持的速度增量预算、姿态控制与飞轮卸载的速度增量预算、控制或不控制轨道、星座轨道面数目和相对夹角、星座每个轨道面上卫星数目和相位)。

d) 确定载荷尺寸和性能。通过目标特性和轨道特性可确定载荷方案。载荷大致可以分观测或遥感、通信、导航、原位采样和观测、采样返回等。载荷主要参数包括,尺寸重量、视场与指向、功率、遥测遥控要求、热控等参数。

e) 选择任务运行方式。包括通信架构(上/下行链路、地面站、中继星、交叉链路、链路预算、数据率)、地面系统、运控系统。

f) 选择或设计航天器平台。航天器与运载器的一个折衷考虑是采用卫星自身推进系统进入轨道,还是采用运载火箭上面级入轨。另外的折衷考虑,是采用航天器作为导航,还是上面级自带导航。这里要给出航天器构型、功能流图、通用质量特性、系统参数、分系统表征。

g) 选择运载器和轨道转移系统。需要选择发射航天器进入轨道的运载与上面级。采用什么运载,通常决定了采用哪个发射场。需要折衷选择一次发射一颗卫星还是多颗卫星。发射多颗卫星涉及进度约束问题。运载主要参数包括:运载类型、运载能力、整流罩尺寸、星箭接口尺寸、入轨精度、每发火箭费用、发射准备时间等。

h) 确定部署、维持、寿命终止策略。在方案阶段要评估全寿命周期费用,包括系统的建造、运行、支持、更新、废弃。对于星座要考虑部署期,报废卫星导致的系统降级因素。评价系统性能最高值和随星座建设的变化情况,考虑轨道碎片问题,包括离轨和钝化问题。

i) 提供经费模型支撑方案定义活动。开发系统单元的费用模型至少有2个用处:寻找最好的任务架构;在系统层级比较任务架构,系统费用模型可以采用参数化的、比对式的或从底向上综合式的模型方案。

j) 形成文件并迭代分析。

3) 确定选择规则。识别技术性能参数(TPMs)。技术性能参数是系统折衷选择时,需要力保满足的参数。TPMs 支配着系统任务设计,需要最大程度地满足。TPMs 与系统主导量是不同的,如遥感卫星覆盖/分辨率是关键要求,轨道高度/相机口径是系统主导量。系统主导量通常不是 TPMs,但是 TPMs 可推导出哪些是系统主导量。对于不同的任务方案,TPMs 是不同的。

4) 评价任务效能。效能分析用定量信息支撑决策。效能分析首先要定义效能参数 MOEs。它反映系统满足任务目标的好坏程度,如5~6 h 内探测到森林火灾的概率,或者采用天基系统后减少大范围火灾损失的程度。MOEs 应该清晰地与任务目标建立关系,决策者易于明白,可以定量化描述,并对系统设计方案敏感。一般 MOEs 的选择:

a) 离散事件的度量:用成功探测的概率。例如,图 3-5 表明森林起火后,6 h 内以 90%概率探测到火灾,需要4颗卫星。

b) 连续事件的度量:用平均观测覆盖时间间隔。

c) 观测质量或信息及时性:用观测分辨率、数据到达的时间延迟来表示。

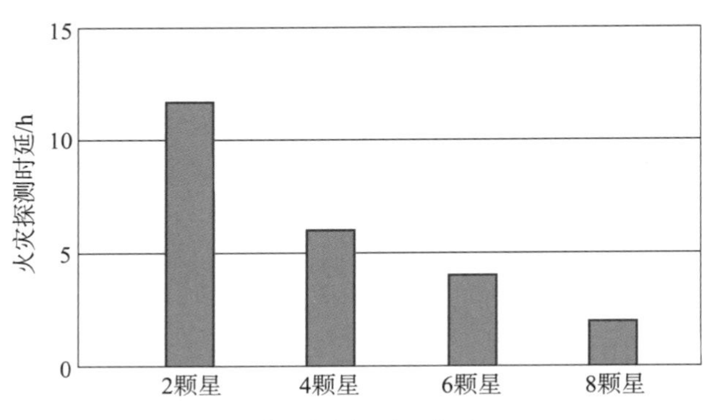

图3-5　探测时间延迟作为MOEs

5）选择任务方案。开展任务方案效能分析，形成效能参数MOEs与系统主导参量（卫星数量、轨道高度、载荷规模）的关系曲线。选择任务方案主要应考虑是否满足所有任务目标或关键要求；技术上是否可行；风险程度是否可接受；进度和预算是否在约束范围内；以及研制基础、基础设施保障条件等。

3.2　涉众需求定义

涉众需求定义过程站在利益相关者角度，考虑使用环境和约束条件，描述开展经营业务或执行特定任务时，需要系统干什么，达到怎样的期望效能。系统设计的第一步就是识别利益相关者对系统功能、质量特性等方面的期望，经各方认可后形成正式的“涉众需求规范”（Stakeholder Requirement Specification，StRS）。

涉众需求的定义过程如图3-6所示。首先须要明确全寿命周期各阶段的各类利益相关者，需要考虑全寿命周期各阶段对系统拥有合法权益的利益相关者，并明确他们中的关键人物，然后调研与挖掘为什么需要该系统、部署位置、运行时间、提供什么价值、如何运行等（参见2.7.3节的5W1H8C）。

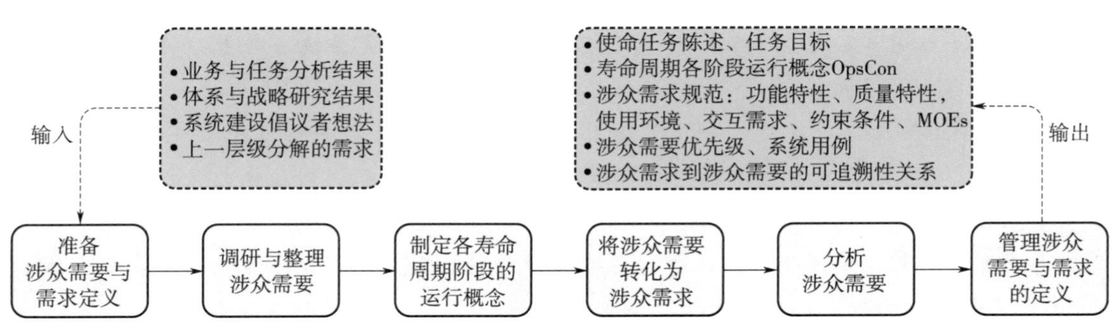

图3-6　涉众需求定义过程

有关需求的几点注解：

1）“涉众需求定义”的重要工作是将利益相关者“需要”转化为“需求”，在系统工程语境（或背景）下，需要与需求存在含义上的区别[9]，表 3－3 说明了这种区别。

表 3－3　“需要”与“需求”的区别

需要(Need)	需求(Requirement)
需要是需求的最初输入内容	需求是需要经过分析后的结果
一个需要可能对应一条或多条需求	需求或需求集合是为了满足某个需要
需要是站在某个利益相关者角度表达的期望	需求必须综合权衡利益相关者群体的意见
需要表达期望，未考虑完整性，可能还有隐含的、未表达的需要	需求必须完整表达，结合语境或背景，挖掘隐含信息、交互需要、约束条件、关键特性
需要表达期望，未考虑冲突、边界	需求要考虑范围边界、冲突消解
需要可能没有经过科学定义与分析	需求必须经过定义与分析，不违背科学原理
需要表达可能不专业、不准确、不严格	需求必须准确，可验证考核
需要可能仅代表主观愿望，未考虑可实现性	需求不仅是主观愿望，还考虑客观可实现性

2）在描述涉众需求时经常出现期望、需要、目的、目标、要求、需求等词汇。在系统工程语境下，“期望”（Expectation）是用户对系统应发挥的作用抱有的期待；“需要”（Need）包含“必须的”和“急需的”两重含义；“目的”（Goal）是长期努力的结果，或者对关注问题的解决；“目标”（Objectives）是具体的、短期可实现的结果；“要求”是强制性的、必须实现的或遵循的内容；“需求”（Requirement）将迫切需要与强制性要求放在一起，通常是经过分析的、正式确认的表达内容。系统工程英文文献中经常将“需要、目的、目标”三个词放在一起，简写为 NGO。

3）在涉众需求或系统需求定义中，经常使用副词“必须（must，have to）”“应该（should）”“可以（could）”，这三者的含义是不同的。“必须”表示强制性的要求，“应该”表示期望，“可以”表示允许。在需求定义中尽量采用“必须、应该”，尽量不用“可以”。

涉众需求规范中通常包括：使命任务陈述（Mission Statement）、任务目标（如科学卫星的科学目标、军事卫星的军事目标、深空探测器的探测目标，以及工程目标、技术验证目标）、约束要求（如运行环境、发射窗口、外部接口、技术成熟度、可用资源、系统交付时间、经费预算、关键指标等）、成功标志或效能指标 MOEs；另外，还包括运营概念与运行概念（可用飞行剖面、工作模式、用例 Use case、场景 Scenario、线程 Thread、时间线 Timeline、设计参考架构 DRA[8] 等方式来描述），或者按寿命周期阶段描述关注系统的功能要求、与环境中其他系统的交互要求、环境适应性要求、法律法规要求、使能系统构想等。涉众需求支配着后续的系统开发。下面对过程进行说明：

1）准备涉众需要与需求定义。明确系统寿命周期各阶段的各类利益相关者，确定他们中的关键人物，并建立沟通关系。利益相关者群体的需要或期望可能存在矛盾冲突，须要建立一套区分需要的重要程度，并达成共识的准则与方法。准备需求分析与管理工具（例如，IBM 的 DOORS）。

2）调研与整理涉众需要。在全寿命周期过程的运营/运行概念（或运行剖面）背景下，明确系统的使用环境，调研显性的需要和效能度量指标，依据专业知识挖掘隐含的需要，讨论与剔除明显不合理的需要；按寿命周期的运营/运行概念记录整理出功能性需要（功能、性能、接口），质量需求（使用寿命、运行环境，可靠性、安全性、维修性、保障性等），与外部系统的交互要求，约束性要求（如须采用的技术、经济可负担性、进度、经费、法规、风险），以及用户的保密或商业秘密要求。对不同利益相关者的各项需要进行优先级划分，明确哪些需要是强制性的、哪些是期望性的，以便后续权衡分析时进行取舍。

3）制定寿命周期阶段的运行概念。在导出系统所需功能时，需要针对“集成测试、发射部署、运行维护、退役处置”全寿命周期过程，审视任务运行中的所需功能、使用环境和人-机交互要求。通常采用情景/场景想定、过程/活动/任务分析，来导出系统所需功能、系统与外部系统的交互（或接口要求）、系统自身特性、工作环境、质量要求、所需使能系统、人员在操作中的作用，并收集系统相关的安全、健康、环境保护等约束性法规与条令。

4）将涉众需要转化为涉众需求。初步整理涉众需要，将按寿命周期和运行过程收集的涉众需要，进行分解或归并、标准化与正规化，初步形成完整系统的、独立单一的（一条需求只描述一项内容，各项需求不能描述同样的内容）、明确可验证的、范围有边界的需求，建立需要/需求与利益相关者名录之间的对应关系。

5）分析涉众需求。对初步梳理的涉众需求，分析其科学合理性，协调解决需求之间的冲突，定义系统效能指标 MOEs。确保需求是明确必要的、独立非耦合的、完整一致的、消除冲突的、技术可行的、经济可负担的、可验证评估的、可追溯来源的。最后的涉众需求应获得利益相关者群体的认可，形成涉众需求规范。

6）管理涉众需要与需求定义过程。与利益相关者之间达成涉众需求分析的协议，保持利益相关者需要与需求的可追溯性，协调消除需求冲突，提供“完整的、正式的、达成一致的”需求基线和配置项。管理需求的相对稳定性（建立了基线的利益相关者需求，如要对需求更改，要得到其他方的协商与认可）。

涉众需求基线的确定，是权衡“宏大愿望”和“现实能力”的过程，应在有经验的系统工程师与利益相关者中的关键人物反复沟通基础上，从理解本质需要出发，考虑科学原理可行性、现有工程技术可实现性和基础条件，剔除不现实的期望，获得可行的需求。

>> 实例 3.2.1 阿波罗计划的使命任务陈述。肯尼迪的描述为“我认为这个国家应对自己作出承诺，在这个十年之内，将人送上月球并安全返回地球”。该表述中包含了两项需求和一项约束条件。两项需求为“将人送上月球、安全返回地球”，一项约束为“在这个十年之内（1969 年 12 月 31 日之前）”。

>> 实例3.2.2 地震监测卫星的使命任务陈述。随着我国重大地震威胁的不断增加，为了保护人民生命财产安全、提高防灾减灾能力，需要逐步建立天基卫星地震预报系统，为地震长期监测与临震预报、损失评估与减灾救援提供信息服务。拟通过XX年时间，开展地震前兆物理信息探测研究，收集异常物理现象与地震之间的可信关系，建立初始地震预报卫星验证系统；再通过YY年时间，建立稳定运行的监测预报系统，以90%可信度实现1年长期预报和1周临震预报。获取的探测信息传递给国家卫星地震预报与监测中心，通过危险度确认和分级处理后，发送给各级防灾减灾中心或地震现场救援指挥中心。

>> 实例3.2.3 美国天基红外预警卫星系统军事目标。美国天基红外系统SBIRS（Space Based Infrared System）的军事目标，不仅能完成导弹预警任务，其使命任务目标定义为四大类。

1）导弹预警：提供战略弹道导弹和战区弹道导弹攻击的及时预警；提供导弹的发射点、导弹类型、弹道走向、弹道落点。

2）导弹防御：探测导弹弹道，为导弹防御系统提供目标信息；提供导弹探测的更大范围，追溯并完成向动能拦截器的预警或制导雷达交班；区分运载火箭和导弹，进行目标识别，评估拦截弹对目标撞击和摧毁程度。

3）技术情报：为技术情报分析提供数据；用多种模式的传感器探测、收集新的威胁；对导弹和其他红外事件、信号和现象进行特征化表征。

4）作战空间描述：向参战人员提供战场的红外图像；提供态势感知、确定目标、评估联合作战行动（命令、控制和执行）的每个环节。

>> 实例3.2.4 某无人火星探测器科学与工程目标。

1）科学目标：探测火星空间磁场、电离层和粒子分布及其变化规律；探测火星大气离子的逃逸率；探测火星地形、地貌和沙尘暴；探测火星赤道区重力场。

2）工程目标：完成探测火星任务；突破火星轨道探测器关键技术；掌握火星探测器深空测控数传和测定轨能力。

>> 实例3.2.5 运营/运行概念。复杂的载人月球探测任务需要初步拟定的运营/运行方案，在方案拟定过程需要根据探测任务规模（例如，是一次还是多次载人探月或者持续往返月球基地的任务）、月面探测着陆点范围选择、安全性/可靠性等要求，优选飞行模式，统筹规划运载火箭、乘员飞行器、轨道转移飞行器、月面着陆器的规模和空间组装方式、飞行轨道等。图3-7表达了一种可行的运营方案。

1）首先通过重型运载火箭，发射轨道转移飞行器和月面着陆器组合体进入近地轨道。

2）然后用大型载人火箭，将乘员飞行器发射到近地轨道。

3）完成两个飞行器的对接组装后，组成月球出发级“组合飞行器”。

4）采用轨道转移飞行器，完成地月轨道转移和近月球轨道制动。

5）采用乘员飞行器实现近月轨道捕获和轨道圆化。

6）采用月面着陆器实现宇航员的月面着陆；采用上升器实现后续返回。

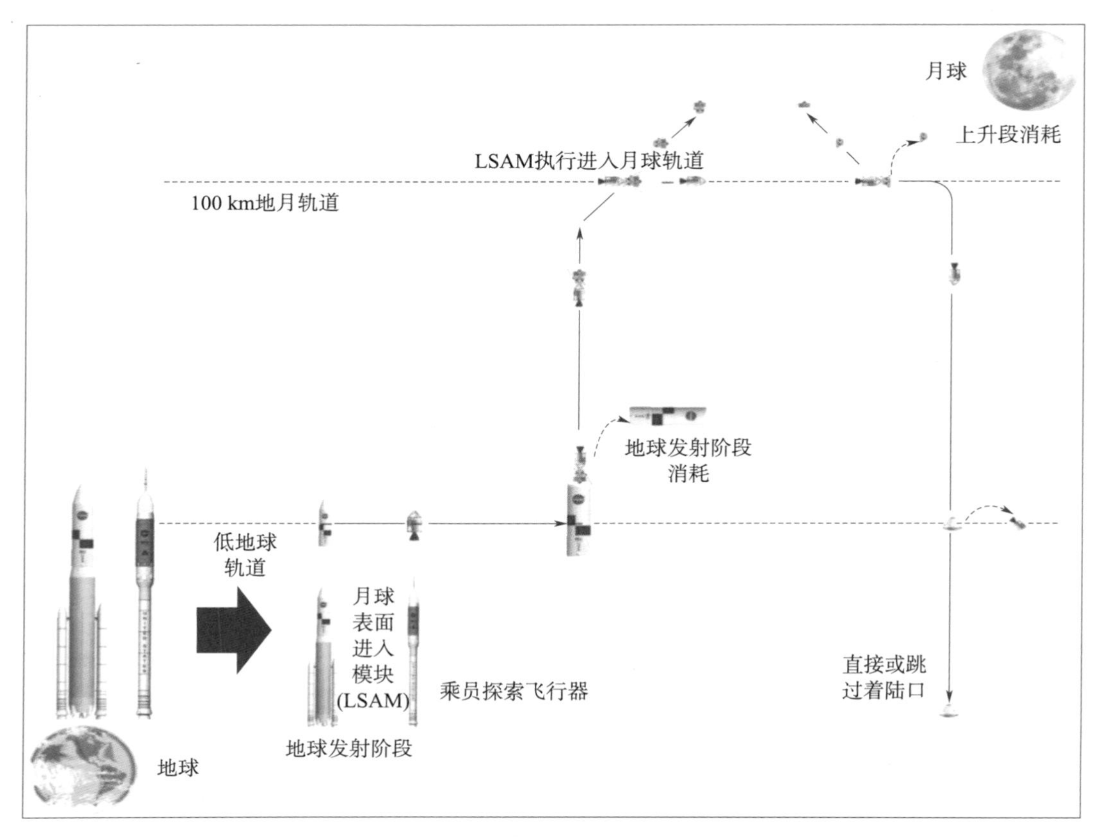

图 3-7 设想的载人探月任务运营概念图

7）将上升器在近月轨道与乘员飞行器对接，实现人员转移。

8）采用乘员飞行器实现月地转移。

9）采用乘员飞行器的返回舱，实现气动减速返回地球。

实例 3.2.6 “涉众需求规范”典型格式[9]。

1）简介：利益相关者目的、系统范围、概况、定义、利益相关方名录。

2）参考标准：引用的标准或文献。

3）业务使用需求：业务环境，需要/目的/目标，业务模型，信息环境。

4）系统运行需求：系统过程，运行规则，运行约束，运行模式与状态。

5）用户其他需求：质量特性期望等。

6）寿命周期概念：运营概念、运行概念、采办概念、部署概念、支持概念、弃置概念。

7）系统项目约束：对设计方案、技术性能、质量、进度的约束。

8）附录：专业名词、缩略语解释。

3.3　系统需求定义

系统需求定义过程站在系统开发者角度，描述系统需求，并保证系统需求覆盖涉众需求。系统需求定义了系统边界（包括人-机界面、系统与外部系统界面），描述系统的功能、性能、接口等使用特性，以及非功能性的设计约束和质量、进度与成本要求。为保证系统需求的完整性，系统需求的导出过程依据寿命周期概念、运营/运行概念或采用系统用例模型（和测试用例模型），并通过"架构设计、系统设计、系统分析"过程的反复迭代和分层递归，形成完整的、完善的系统需求规范（System Requirement Specification，SyRS）文档。

系统需求是后续系统设计，以及集成与验证的输入。系统需求应不暗示、不规定系统具体的实现方式，主要表达需要做什么（功能）、如何做好（性能）。系统顶层需求将派生出下一层级的需求，派生需求时可采用"分解、分配"方法。须建立系统需求到涉众需求、系统用例到系统需求之间的可追溯性关系，确保全面覆盖涉众需求，如图 3-8 所示。

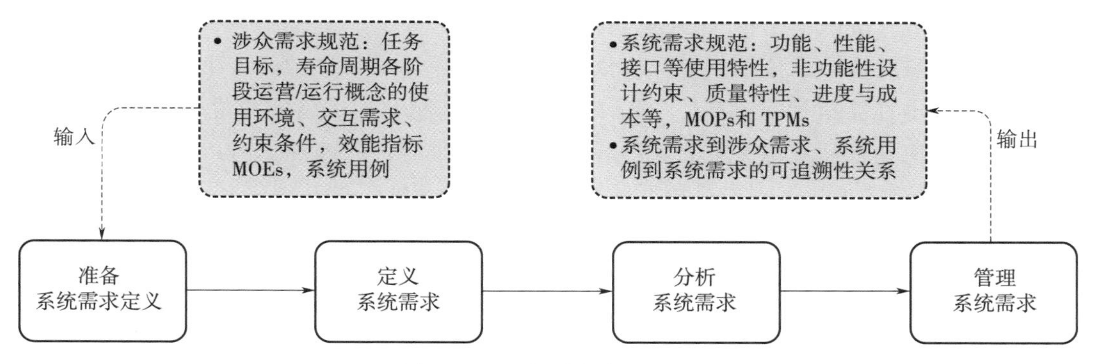

图 3-8　系统需求定义过程

几点说明：

1）功能需求与性能需求：功能需求表征系统需要哪些功能，例如"火箭发射系统应将卫星送入近地轨道"是功能需求。性能需求则对所需的功能进行量化描述，例如"火箭发射系统应将 1 000 kg 卫星送入 300 km 高度和倾角为 28°的圆形近地轨道"。

2）系统用例和测试案例：描述系统与外部角色（人员或外部系统）交互的一系列动作（或操作线程），这些动作包括正常情况操作与异常情况操作（异常操作在功能分析时识别）。系统通过与外部角色交互，提供有价值的功能或服务。在系统设计时，可以将寿命周期阶段、各运营/运行操作需求，转化成一系列的系统用例模型。不同的系统层次可以采用不同层次的系统用例，即系统用例是分层次的。系统用例不揭示系统的内部结构，描述系统用例时，将系统看成黑盒。关于如何用系统用例来描述系统功能，将在第 7 章和第 8 章描述。测试案例表达如何对系统功能与性能进行测试验证。

下面对系统需求定义过程进行描述。

1）准备系统需求定义。审视寿命周期过程的运营概念或运行概念，明确系统的范围与边界，哪些属于系统功能、哪些由人操作来实现、哪些是外部系统范围；明确导出系统需求的方法，例如，采用功能流模块图（Functional Flow Block Diagram，FFBD）；明确系统需求的分析与管理工具，例如，IBM 的 DOORs 工具。

2）定义系统需求。定义每个寿命周期阶段、每个运营/运行过程中，系统与执行者和外部系统的关系，识别正常情况下需要执行的功能、功能执行的程度（性能指标 MOPs）、开始执行功能的条件、停止执行功能的条件。注意一些功能保证了系统的关键质量特性，例如，监测与控制系统状态、高频次的数据备份等。定义对系统方案的约束限制；确定与风险因素、质量特性相关的需求，其中质量特性包括健康、安全、可靠性、维修性、保障性、人因工程等特性；确定其他非功能性的需求，例如，采用的技术、可接受成本、进度等。分解与分配系统功能需求到下一层级，开展性能指标分解，派生出一些新的和更详细的需求。

3）分析系统需求。分析系统需求，确保需求是必要充分的、完整一致的、清晰明确的、非矛盾冲突的、独立非耦合的、技术可行的、可验证的、可追溯来源的、经济可负担的；建立业务或任务效能指标 MOEs 与系统性能指标 MOPs（包括系统、操作者、外部系统）之间的关联关系；保证整体指标与分解指标的非矛盾一致性；确定影响成本、进度或履约风险的技术性能指标（TPMs）。建立系统需求与利益相关者需求之间的可追溯性关系；系统需求应获得利益相关者的认可，形成系统需求规范的基线文档。

4）管理系统需求。管理与维护系统需求工作涉及系统需求基线管理，包含冲突消解、变更管理、各方认可，以及保持系统需求、派生需求与利益相关者需求之间的可追溯性关系。如果采用系统用例描述系统功能，须建立系统用例到系统需求的可追溯性。

高层次系统需求也称为“研制总要求”。系统需求规范描述系统的“功能需求（需要执行什么功能）、性能需求（功能执行到什么程度）、接口需求（机械接口、电接口、热接口、流体接口、数据流接口、人-机接口等）”；描述质量特性的“安全性、可靠性、维修性、测试性、保障性、使用环境、寿命、人因工程要求”；描述约束条件“技术性能参数、设计约束、交付进度、成本费用、应遵循的法规条例”等。

需求应采用不产生歧义的正规语言进行表达，每项需求应采用单个条目形式进行描述，单个需求条目又称为“元需求”，可采用表 3-4 所示格式进行描述。每个条目以“……必须……”或者“……应该……”语气来进行表述，不能采用“最小、最大、快速、界面友好、容易、充分、足够、迅速”等模糊词汇表达。

表 3-4　元需求格式

项目	描述格式	功能
需求标识	Id	为元需求标识、排序、分层、检索服务
需求名称	Text	可以为需求条目定义一个名称
需求内容	Text	说明需求的文字内容或者技术指标
需求类型	Type	类型可分为：功能、接口、性能、物理、约束、质量等

续表

项目	描述格式	功能
依据	注释	注释提出需求的原因
追溯性	关系线	表明高层父需求与低层子需求（派生需求）的关系
所有者	注释	负责编制、管理或批准需求或变更需求的个人或团体
验证方法	注释	明确需求的验证方法（例如，试验、检查、分析、仿真等）
验证责任人	注释	明确负责验证的个人或团体
验证层级	注释	明确验证需求的产品层次（系统级、分系统级、产品级等）

导出顶层系统需求时，应遵循“符合工作原理、覆盖运营/运行过程、保证完整性”三条原则。各层级需求集的定义过程（又称为需求架构定义过程），须要逐步细化系统需求、分系统需求、产品需求，直到底层组件需求。从系统第一层级需求出发，先对层级做出大致划分，再依次导出各层级需求。系统需求的结构，要考虑到它们的连贯性和可追溯性，应当非跨越式地向下传递，例如第 N 层级需求传递到 $N+1$ 层级，$N+1$ 层级的需求传递到 $N+2$ 层级等。最后，形成分层、分类结构的需求条目和各层级的用例模型。

实例 3.3.1 某遥感卫星的“研制总要求”格式。

1）系统使命任务：描述任务或者研制目标。

2）系统使用要求：描述系统的使用功能要求。

3）系统主要技术指标：

a）星地一体化指标：遥感目标、视场范围、重访周期、定位精度、星地数传、测控等指标。

b）卫星主要技术指标：运行轨道和轨道变化能力；姿态稳定方式、姿态确定精确、姿态指向精度、姿态稳定度、姿态机动能力；载荷谱段、瞬时视场、角分辨率等指标；星上数据存储和处理能力指标；卫星发射质量、包络尺寸、寿命与可靠性。

c）地面运控与测控系统指标：描述任务规划系统、指令生成系统、控制指令上行系统、状态信息下行系统、健康状态管理系统的功能与指标。

d）地面应用系统主要指标：数据接收系统、数据储存系统、数据处理系统、信息产品生成系统、数据分发系统，系统寿命和可用度。

e）运载火箭主要技术指标：型号、发射方式、整流罩、入轨轨道和姿态、入轨精度等。

实例 3.3.2 某陆军侦察兵的航空飞行器系统需求描述。

1）飞行器应该设计成可快速、方便地组装和拆卸、包装，以便陆军货车运输。

2）飞行器可以在 1 h 内实现组装，并进入飞行工作状态。

3）飞行器必须设计成能承载重 160 kg 的 2 人飞行，以及足够飞行 200 km 的燃料。

4）在耐久性飞行试验之前，要求飞行器持续在空中不着陆飞行至少 1 h。飞行器应返回起飞点，实现不影响下一次立即飞行的损坏着陆。在这 1 h 飞行期间，飞行器必须无困难完成所有方向的机动，实现全时完好控制和平衡。

实例 3.3.3 不恰当的模糊需求描述。

1）拓展人类在太阳系的存在，在月球和火星上建造自给自足的居民点。

2）太阳粒子事件探测和告警系统应该提供足够的警告，使乘员实现防护。

3）与航天飞机相比，轨道空间飞机应提高在轨机动性。

4）在运输任务中，乘员的伤亡风险应低于航天飞机，并具有较高的置信度。

5）确保火星上的辐射、土壤毒性和尘埃不会对执行任务的人员造成危险。

实例 3.3.4 设计约束示例。一般航天器系统的设计约束包括研制成本、研制进度、运载火箭可用能力、发射窗口、通信可用弧段、能源可用性、任务周期等；载人航天任务约束条件主要与任务持续时间有关，考虑因素包括零重力下肌骨骼的适应性、辐射暴露剂量、心理因素、消耗品。典型空间和外星球表面环境约束见表 3-5，包括热环境、辐射环境、碎片环境、土壤和尘埃特性、真空/大气层特征、光照环境、气象、引力等。系统需求中，性能、进度、成本三角形反映了一定制约关系，如图 3-9 所示。

表 3-5 任务持续时间需考虑空间环境影响效应

空间环境因素	环境影响效应
银河宇宙射线 GeV	单粒子电子器件烧毁、栓锁效应
太阳耀斑粒子	材料位移损伤效应
辐射带粒子 MeV	电离辐射损伤效应，材料内部充电，探测器噪声
高能等离子 keV	带电效应
低能等离子 eV	电流泄露，材料溅射
紫外	高轨卫星须要考虑紫外光辐射损伤效应
原子氧	低轨道卫星须要考虑原子氧因素引起的剥蚀效应
空间碎片	碰撞
尘暴	摩擦、磨损、阻塞、遮蔽
太阳辐射	紫外、高低温
真空	冷焊、污染

实例 3.3.5 预先研究的"研究目标"。在预先研究中，一般要规定类似于系统需求的预先研究目标。典型的描述方式为："针对（或围绕）……问题，开展……研究（列出若干项研究内容），突破……关键技术（列出几项关键技术），实现……技术指标（列出主要几项关键技术指标），形成……成果（例如，技术验证样机，或原理样机，或工程样机，或研究报告/仿真结果），达到……级技术成熟度（按技术成熟度定义），支撑……发展"。

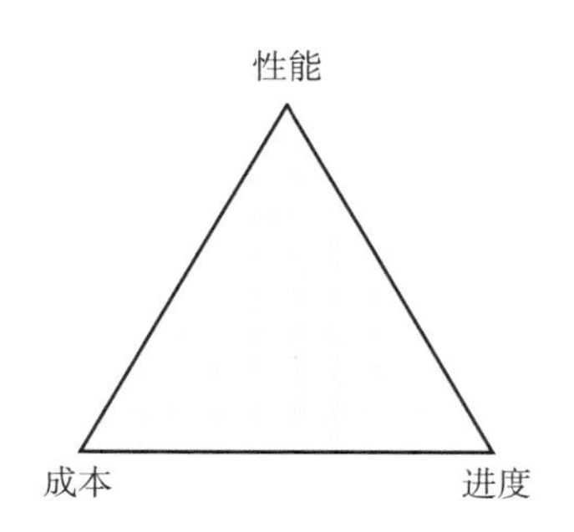

图 3－9　性能、进度、成本三角制约关系

实例 3.3.6 系统用例描述实例。系统用例可采用用例图来描述，有关如何绘制用例图可见 7.3.3 节。对于第 1 章实例 1.1.1 中的全自动洗衣机，至少可分解为“1）安装连接，2）洗涤，3）漂洗，4）脱水，5）烘干，6）设置”6 个用例，如图 3－10 所示。

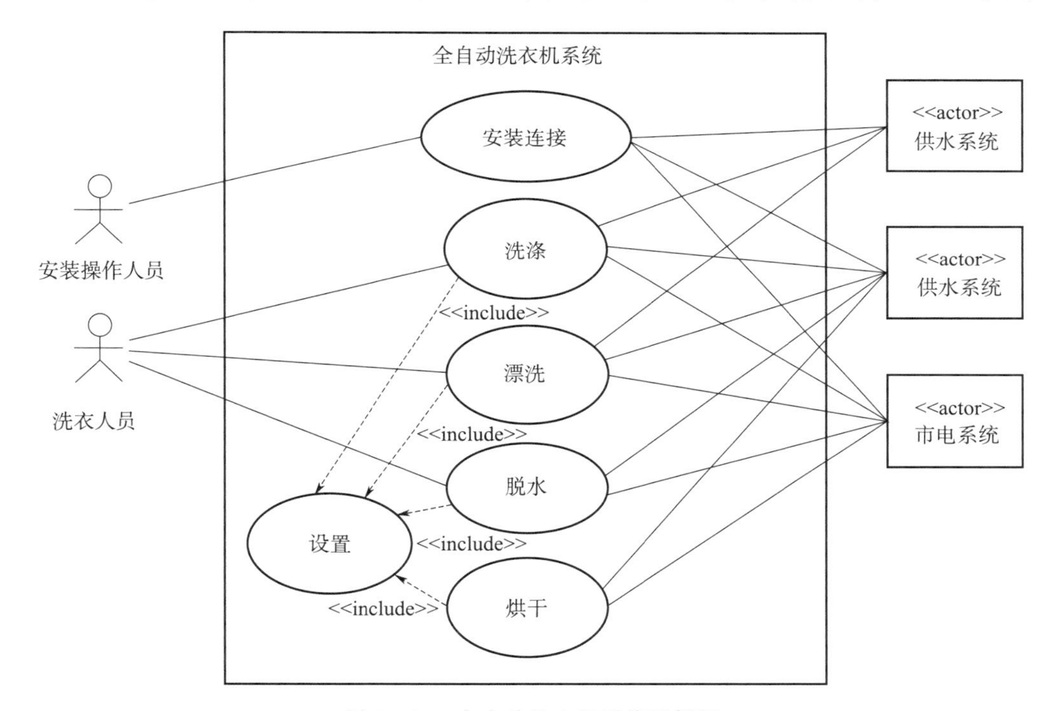

图 3－10　全自动洗衣机系统用例图

同时，可以用文字对每个用例进行说明。例如，描述洗涤用例的内容如下：

1）用例名称：用例 2－洗涤。

2）用例范围：参与用例的实体为洗衣人员、全自动洗衣机系统、供水系统、排水系统、市电系统。

3）主要执行者：洗衣人员。

4）次要执行者：供水系统、排水系统、市电系统。

5）利益相关者：洗衣受益者。

6）前置条件：接通市电，接通供水，确保排水通畅，设置了洗涤衣物类型、电机转速、洗涤时的水温、烘干温度。

7）后置条件：电机停转、安全等待、舱门解锁。

8）触发事件：触发启动按键。

9）成功场景：顺序完成“洗涤、漂洗、脱水、烘干”程序。

10）异常场景：从成功场景分支出来的一系列异常处理步骤。

3.4　系统架构设计

前面的业务与任务分析、涉众需求定义和系统需求定义从“问题域”，分别描述了各寿命周期阶段内各运营/运行过程，需要什么能力、功能或完成什么操作。例如，卫星系统在发射准备阶段须要进行工作模式和接口测试；发射阶段须要为卫星入轨进行状态准备；卫星入轨后须要完成消旋稳定、太阳帆板展开、对准地球/太阳等操作。系统架构设计、系统综合设计、系统分析过程则从解决“方案域”，将所需的功能、性能、接口、物理、约束或非功能性需求，逐步分解与分配给各系统元素，并完成详细的物理设计与分析。

系统架构描述系统结构框架和元素之间作用关系。广义的系统架构包括功能架构、逻辑架构、物理架构，或者硬件架构、软件架构、数据架构等。在系统架构设计中可以笼统地划分为“功能架构、逻辑架构”和“物理架构”三类，前两者属于抽象的概念设计，后者是具象的物理设计。在系统正向设计中，通常将抽象的功能/逻辑架构设计与具象的物理架构设计分开，这样就为物理设计的创新和权衡优化预留了充足空间。例如，安保门禁系统要求采用生物识别功能，功能的物理实现方式可以是人脸识别、指纹识别、虹膜识别等方式，具体选择哪种方式取决于成本、识别准确率、安全性等评价因素。

在架构设计时，首先需要澄清“功能模块”和“实体模块”两个概念的区别，前者描述过程，后者描述对象。在 MBSE 中，功能模块采用活动图中的动作节点表示，实体模块采用以模块类型来定义的其角色（role）或实例（instance）节点。

功能模块：描述一个或一组功能、操作、动作、过程、活动、任务。功能模块可以根据刻划粒度需要，划分得粗一些或细一些，最细的功能模块只有一项操作动作。如果将功能模块按层次关系划分，上层的功能模块较粗和笼统，下层的功能模块较细和具体。通常在划分功能模块时，以独立性、低耦合性、高内聚性作为基本原则。

实体模块：描述系统实体元素（或称为结构模块、物理模块等）。在系统设计时，须要将需求、操作、性能、约束分配给实体模块，或者说系统设计是功能模块向实体模块的映射转换过程。同样，根据刻划粒度需要，实体模块可以划分得粗一些或细一些。在划分实体模块时，一般也以独立性、低耦合性、高内聚性作为基本原则。

架构设计的目标是生成系统架构候选方案，设计者可用图形方式表达架构，并从候选方案中选出一个（或几个）满意的方案，提供给后续的系统物理设计过程进行详细分析与设计，其过程如图 3-11 所示。架构设计须要与物理详细设计过程反复迭代、逐级递归。

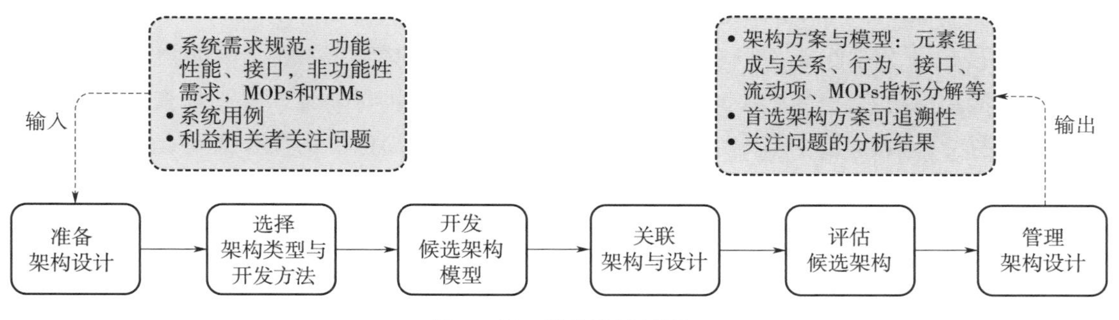

图 3-11　架构设计过程

1）准备架构设计。收集寿命周期各阶段利益相关者的关注问题（或关键要求）和效能度量指标，包括任务目标、系统用例、MOEs、MOPs、TPMs；明确评价架构方案的标准或准则；获得用户认可，开展工作。

2）选择开发架构的类型和方法。依据利益相关者关注点或问题性质以及所属的研制阶段，选择开发架构类型和分析问题的方法。例如，确定是开发功能架构、逻辑架构还是物理架构，是基于功能流还是数据流开发架构。针对关注问题，建立候选方案优选准则和分析问题的语境，准备架构设计的工具手段。

3）开发候选架构模型。依次按寿命周期阶段、运营/运行概念，或者系统用例，以流动项（功能流、任务流、数据流等）为主线分解系统功能元素；以活动图、序列图、状态机图分别描述系统与外部之间、内部元素之间的逻辑行为；聚焦利益相关者的关注点，合理进行功能分散/聚合和行为分配，生成多个候选方案，并不断调整，使候选方案满足涉众需求和系统需求。定义系统边界，系统元素和接口；在系统、外部系统、执行者之间合理分配功能和性能参数。

4）关联架构与设计。建立功能模块、逻辑行为与物理实体的关联，形成物理实体架构，定义物理实体之间接口和交互，验证物理实体架构对需求的满足度。分配系统需求、功能行为、性能参数、约束条件到系统元素，并建立映射关系。

5）评估候选架构。按照利益相关者关注点和约束条件，对关注问题建立模型开展仿真分析；按照评估准则，对候选架构方案进行评估与优选；验证架构对涉众需求和系统需求的满足度。推荐首选架构方案，建立架构基线。

6）管理架构设计。规范架构设计方法、评估策略和人员职责；获得利益相关者对架构的认可；保证架构与所需特性的一致性和完整性；管理架构的演变；保持架构与需求的可追溯性；为基线架构提供完整的信息项。

3.4.1　功能与逻辑分析

架构设计时，首先开展功能逻辑分析或分解。针对每个系统用例（或基于各寿命周期阶段的业务或任务片段)，开展功能识别与分解，获得功能模块组成；随后开展逻辑行为描述，生成活动图、序列图和状态图。

如果将用例功能按不同细化粒度分解，可获得不同层级的系统功能分解结构图(Function Breakdown Structure，FBS)；活动图也称为“功能流模块图”(Functional Flow Block Diagram，FFBD)，可以表达功能模块之间的逻辑串联、并联、条件判断等执行线程，依据活动图可将每个用例分解为正常执行场景和异常执行场景，每个场景都是无分叉的单线程执行过程；序列图采用“泳道图”形式描述多个用例中的操作人员、元素之间的信息交互关系和动作驱动关系，须要对每个用例中的每个场景绘制序列图，通过序列图可识别对象的接口或端口；状态图描述对象的状态(或工作模式)、状态变化转移的触发条件、进入新状态的条件、退出状态的条件，每个用例的状态可综合活动图、序列图的信息而得到。功能分析具体过程可分为如下四步[10]。

步骤1：基于系统用例(或各寿命周期内的运营/运行过程片段)，建立活动图。采用活动图一方面可以分解用例实现所需的功能，另一方面可识别正常场景和异常场景。用例功能模块之间通常包含串联、并发、条件判断分支等情况，用例可以分解为多个场景，场景是按单线程执行的操作序列，分为正常执行线程和异常执行线程(例如，故障处理线程)。

>> 实例 3.4.1 基于任务实施过程的功能分解结构(FBS)。对于探月任务，月球探测器可以根据任务剖面的顺序过程，采用功能流模块图，逐层分解所需的功能，如图3-12所示。功能分解时，以需要完成“什么功能”为重点，而不关注“如何完成”的细节，也不关注功能的持续时间。

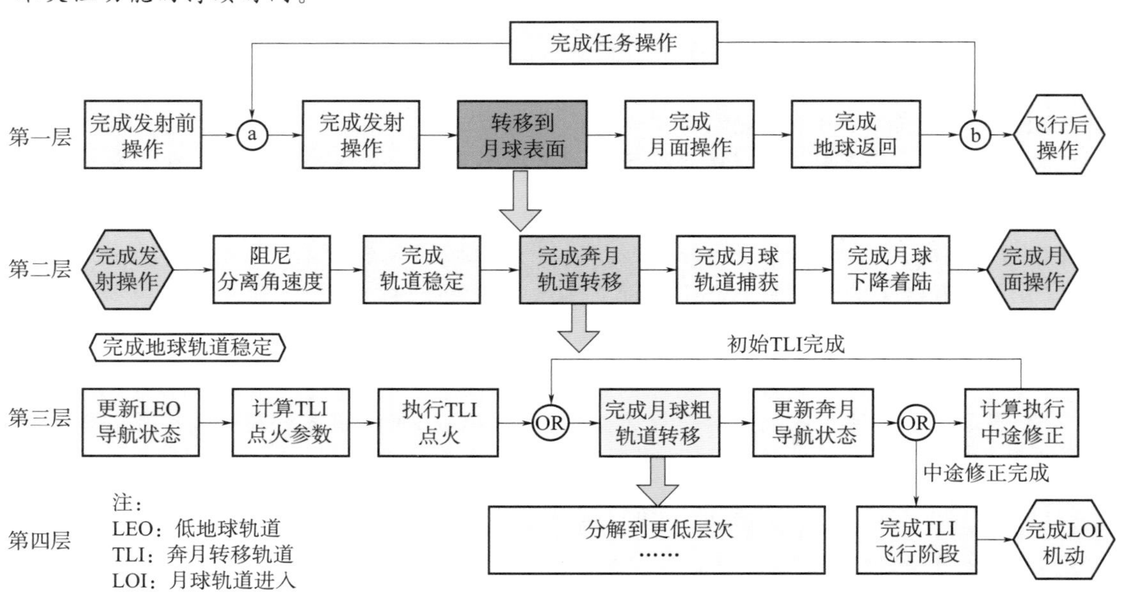

图3-12 基于任务剖面的功能分解

实例 3.4.2 基于数据流的功能分解。对于遥感卫星任务，可以依据数据处理逻辑关系开展功能分解，如图 3－13 所示。图中从图像获取，图像与地理位置配准角度，分解了卫星和地面系统所需的功能。

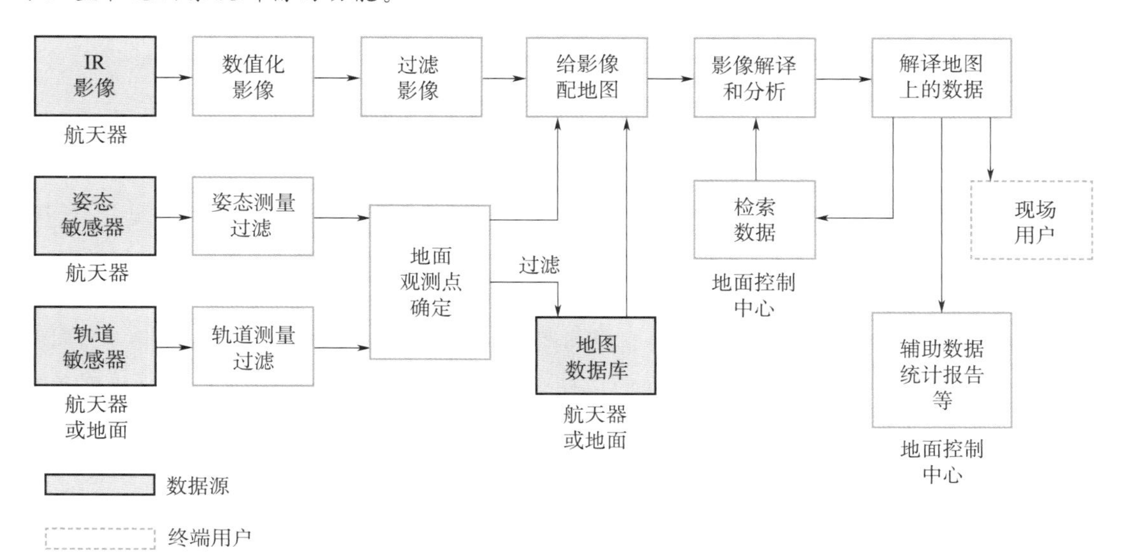

图 3－13　基于数据流的功能分解

实例 3.4.3 “家族树”功能分解结构。家族树分解方法起始于顶层的任务目标，树的分叉都代表了为获得更翔实层次要求的分解过程。重复此过程，直至“功能”分解到可被实施的层次。由于“任务目标和约束条件”是导出其他所有要求的家族树“根”，它们必须保持不变，否则需要重新设计。如果将载人登月“航天员安全返回地球”作为家族树的树根，进行功能分解，结果如下，如图 3－14 所示。

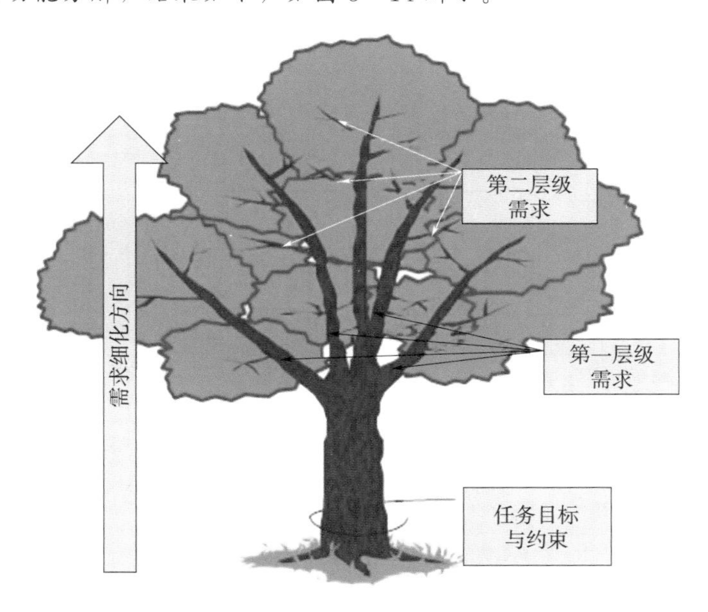

图 3－14　“家族树”功能分解方法

第一层：1.1　上升器从月面发射，与环月器在月球轨道交会

1.2　返回器与环月器分离，返回地球轨道

1.3　返回器直接再入地球大气层，大气减速返回地球，……

第二层：1.3.1　返回器采用气动减速，提供气动升力

1.3.2　返回器具有防热层，……

第三层：1.3.2.1　将防热层固定于地球返回舱结构上

1.3.2.2　采用耐高温连接器，……

>> 实例 3.4.4 用例中的正常与异常场景分解。在 8.3.4 节的实例 8.3.5 中，图 8－17 给出了从用例中如何分解正常执行和异常执行场景的示例。

步骤 2：对用例中的每个场景，绘制序列图。以参与用例的系统元素或执行者为对象（即泳道生命线的头部），定义对象之间的信息交互和生命线上的操作动作，识别出对象之间的接口需求，最后可形成反映对象接口的内部模块图。

>> 实例 3.4.5 用例中场景的序列图。在 8.3.4 节的实例 8.3.5 中，图 8－18 给出了用例正常执行场景的序列图示例。

>> 实例 3.4.6 用例内部模块图的绘制。图 3－15 给出了全自动洗衣机的“洗涤用例”的内部模块图实例，该图反映了参与该用例操作的对象之间的接口关系。

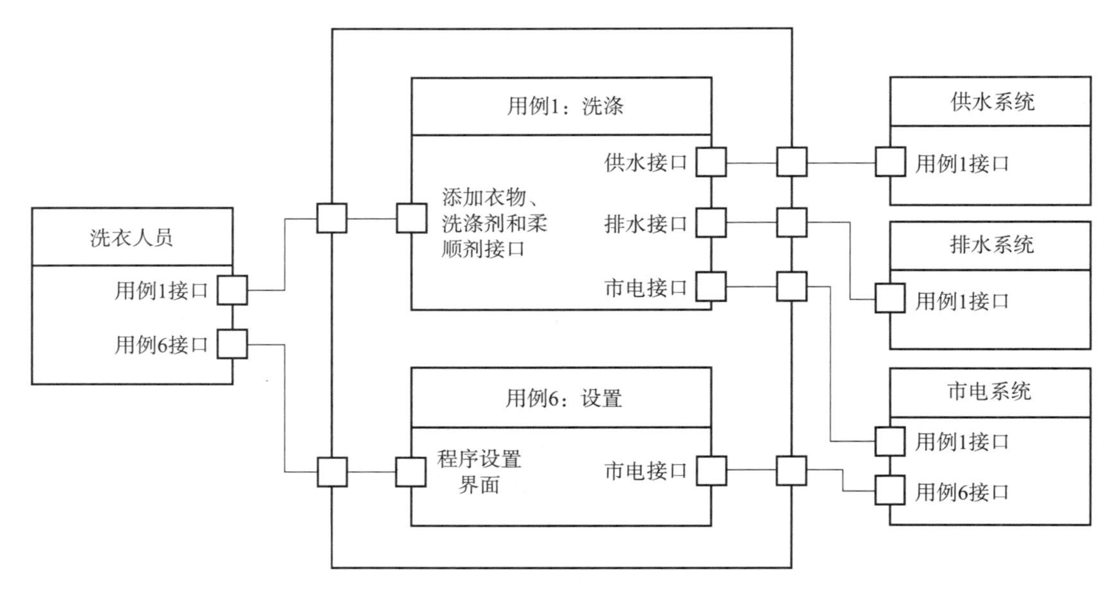

图 3－15　全自动洗衣机的“洗涤用例”内部模块图

步骤 3：综合活动图和序列图的信息，导出状态机图。识别用例所有状态（或工作模式），每个状态的进入条件、退出条件、进入状态的触发条件。用例图是不可执行的黑盒模型，一旦建立了状态图，就构建了可执行的用例黑盒模型。通过模型的执行，就可检查功能、性能、接口、约束条件的匹配性和完整性，可发现问题和帮助解决问题。

实例 3.4.7 状态图的绘制。在第 7.3.9.1 节的实例 7.3.13 中，图 7－51 给出了一个状态图的典型示例。

注 解 在上述步骤 1 到步骤 3 中，活动图、序列图和状态图的绘制顺序，可根据设计者所掌握的信息或者偏好而调整变化。例如，首先绘制状态图，再绘制用例场景序列图，然后定义接口并导出活动图。

步骤 4：对所有的用例、用例中的所有场景执行上述三个步骤，综合获得完整系统功能。完成系统功能/逻辑分析与设计后，可输出修改完善的“系统需求规范”，以及完善的系统用例（这时用例包含了异常情况），并输出“系统接口控制文件”ICD（Interface Control Document）。

上述步骤 1 到步骤 4 可以递归地用于分系统、子系统、产品等系统各层级，直到获得满意结果为止，综合所有功能元素和逻辑行为，构成系统的功能与逻辑架构。在上述功能分配和行为分析中，存在多种功能分解方案、行为执行方式，因此可以形成多个候选系统架构方案。后续，还须要权衡优选架构方案，并在物理实体设计时，将优选方案的功能和行为分配到具体物理实体上。

3.4.2 关键项权衡分析

根据利益相关者关注点，按系统工作原理，列出关键项可选解决方案（或列出功能模块可用技术体制），开展权衡分析优选。例如，安保门禁系统关键点是如何选择生物识别产品（是虹膜识别、指纹识别，还是人脸识别），这是一个权衡分析问题；防空导弹系统的关键点是从初制导/中制导到末制导的交班，这是一个信息链、时间链、精度链的匹配分析问题；洗衣机系统须要围绕洗得干净、不损衣物、满足节水/节电/省时的需求，分析衣物种类与洗涤时间、洗涤剂用量、甩干转速、水量、水温、烘干温度等参数关系，建立辅助用户设置洗衣机状态的关联关系。显然，不同的系统需要分析的关键特性是不同的，需要根据关键内容，建立相应的模型进行分析，或者选择评价准则和加权因子进行方案的权衡优选。

实例 3.4.8 空间堆核电源功能模块可选技术体制实例。在系统设计时，需要权衡功能单元的技术实现体制，首先列出可用技术体制。例如，空间核裂变堆可用于航天器的大功率供电和电推进，是未来大用电需求航天器的发展方向之一。在开展预先研究时，要梳理各功能单元的可选技术方案[11]，如图 3－16 所示。

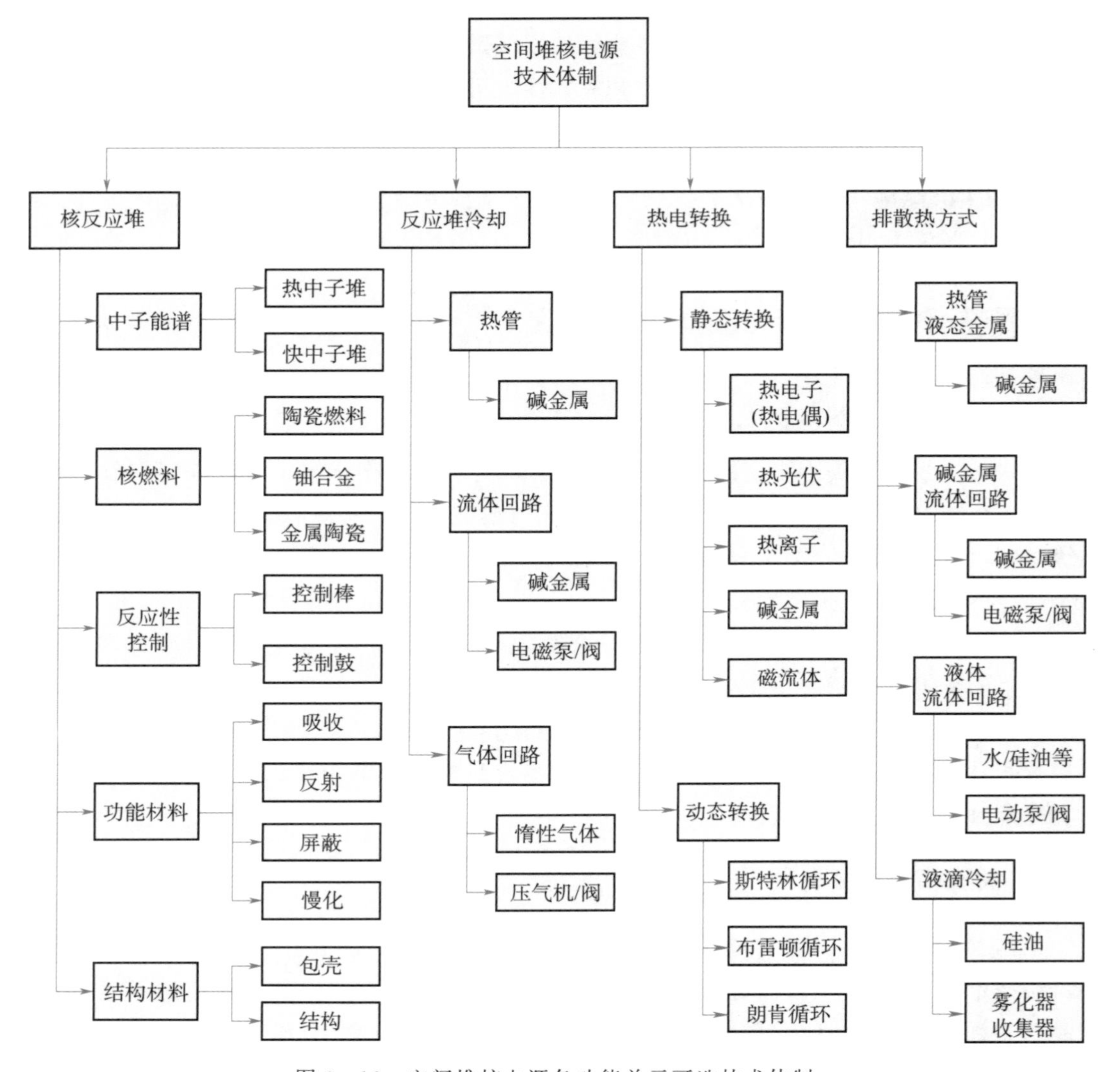

图 3－16　空间堆核电源各功能单元可选技术体制

实例 3.4.9 安保系统生物识别方案折衷选择实例。某安保系统负责管理一个区域，人员进入该区域时需要验证身份，识别身份有“指纹识别、虹膜识别”两种候选技术方案，在系统方案设计时，重点对这两种生物识别方式进行折衷选择[10]，其他的系统元素均采用现有的商业货架产品。优选方案可按如下 5 步实施：

1）确定准则：五项评价准则“精准度、安全性、购买价格、安装成本、维护费用”。

2）分配权重：依据重要性和领域专家意见，对五项准则分配权重，权重分别为（0.3，0.25，0.2，0.15，0.1）。其中，应确保五项权重之和为 1。

3）定义效能：为每项准则定义无量纲的效能函数（MOE）曲线，效能函数按效果较优则 MOE 数值较大的规则建立，并标准化效能函数的取值范围为[0，10]。

4）度量方案：为每种候选方案，计算每个准则下的效能函数值和加权效用值。

5）评估方案：将五项准则的加权度量效用值相加，得到每个方案的总加权值。选取总加权值最大的方案为优选方案。

这里采用线性函数来定义效能函数，两种方案各项准则效用值、加权效能值和总加权效用值计算结果可见表3-6。

表3-6　生物识别方案折衷计算过程，结果表明指纹识别方案较优

候选方案	评价准则										总加权值
	精准度 $W_{t1}=0.30$		安全性 $W_{t2}=0.25$		购买价格 $W_{t3}=0.20$		安装成本 $W_{t4}=0.15$		维护费用 $W_{t5}=0.10$		
	MOE_1	W_1	MOE_2	W_2	MOE_3	W_3	MOE_4	W_4	MOE_5	W_5	
指纹识别	7.5	2.25	8.0	2.0	7.25	1.45	6.0	0.9	8.0	0.8	7.4
虹膜识别	10	3.0	10	2.5	3.75	0.75	2.16	0.324	6.0	0.6	7.174

1）精准度：调研了解到，指纹识别的精准度为每千次有2～3次错误（这里取2.5次错误），虹膜识别的精准度为每千次0.001次错误。这里按（MOE_1＝10－每千次识别错误次数）来定义MOE_1的线性关系。这时，指纹识别MOE_1值为7.5，虹膜识别MOE_1值近似为10。

2）安全性：调研了解到，指纹识别造假相对简单，虹膜识别造假复杂。直接定义指纹识别的安全性MOE_2为8.0，虹膜识别MOE_2为10。

3）购买价格：调研了解到，指纹识别组件购买价格为715元，虹膜识别组件购买价格为1 625元，最高预算购买价为2 600元。定义购买价格效用函数为（MOE_3＝10－10×购买价格/最高预算购买价）。这时，指纹识别MOE_3值为7.25，虹膜识别MOE_3值为3.75。

4）安装成本：调研了解到，指纹识别组件安装成本为390，虹膜识别组件安装成本为764，最大安装预算为975。定义安装成本效用函数为（MOE＝10－10×安装成本/最大安装预算）。这时，指纹识别MOE_4值为6.0，虹膜识别MOE_4值为2.16。

5）维护费用：调研了解到，两种组件均需要维护，虹膜组件对清洁度要求更高，从而维护成本较高。定义指纹识别MOE_5值为8.0，虹膜识别MOE_5值为6.0。

表3-6中的结果表明：指纹识别总加权值为7.4，虹膜识别为7.174，因此指纹识别较优。

3.5　系统综合设计

系统综合设计首先拟定系统实体元素，将功能/逻辑架构设计中获得的“功能、行为、性能、接口、约束”以及系统需求中的非功能性的需求，合理地分配给系统实体元素，形成系统物理架构。然后，开展翔实的设计和特性分析，提供足够翔实的、与物理设计特性相关的数据和信息，并保持物理架构与功能/逻辑架构的一致性。系统综合设计过程可见图 3-17。

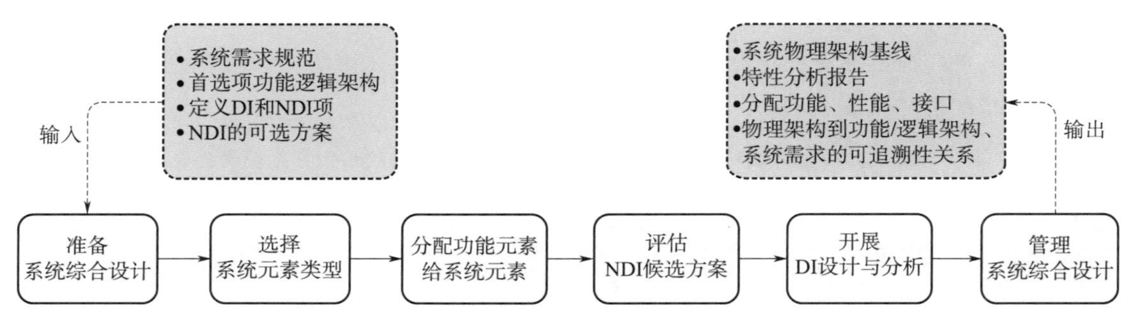

图 3-17　系统综合设计过程

1）准备系统综合设计。明确系统元素所涉及的专业领域范围（例如，机械、热工、电子、控制、软件等）；确定系统设计需形成的结果和需考虑的特征，例如，设计结果包括三维结构形状与布局图，物理特征包括尺寸、体积、质量、功耗，力学特征包括惯量、模态等，质量特性包括安全性、可靠性、寿命、维修性、保障性、人因工程等。定义设计策略，汇集专业人员，准备相应的设计和仿真工具。收集候选系统方案与系统元素方案，收集以往类似设计的报告和模型。

2）选择系统元素类型。在物理实体设计时，首先要确定各系统元素方案，它们是功能的承载结构单元，其结果可形成产品分解结构 PBS（Product Breakdown Structure）。权衡考虑系统元素使用非开发项（NDI），还是开发项 DI。

如何将所需功能分配到系统结构载体上，或者如何设计物理实体元素载体承载功能，是系统设计师可进行创新的重要环节。特定领域的物理实体元素选择通常遵循以往惯例（见实例 3.5.1），这些产品元素都承载了特定的功能、性能和接口。对于创新性的系统或围绕特殊需求，可对功能元素进行重新分配，例如，为了提高军事卫星的抗毁性，提出了弹性抗毁概念，将高价值大型卫星功能进行分散，分配到不同小型卫星载体上。

构建系统物理架构时，大多数系统元素可以利用（exploitation）现成产品/重用产品（例如，占比 80%），只需探索（exploration）研制少量系统元素产品（例如，占比 20%）。现成产品指可直接采购的商业货架产品 COTS（Commercial Off-The Shelf），重用产品指按已有技术状态生产的产品，又称为“型谱产品”。现成产品和重用产品这两者统称为“非开发项”（Non-Development Item，NDI），需要重新研制的产品称为开发项（Development Item，DI）。系统发展实践表明“大量利用 NDI、少量探索 DI”有利于保证系统的成功，否则可能导致系统研制失败。正如自组织生物系统，其基因进化时“大量继承、少量变异”，其中变异部分遵循“适者生存”原则。

实例 3.5.1 光学成像卫星的实体模块。光学成像卫星系统第一层可分为平台和载荷模块。第二层的平台通常分成“结构机构分系统、热控分系统、控制分系统、推进分系统、电源分系统、测控与数管分系统”，有效载荷分为“相机、存储与处理、数据传输”等分系统。第三层的控制分系统分成敏感器、执行器和控制器子系统，推进分系统分成挤压供气子系统、推进剂贮存与分配子系统、推力产生子系统，电源分系统分成电源产生、存储、管控子系统。第四层的控制分成星敏感器、太阳敏感器、地球敏感器、陀螺、飞轮、磁力矩器、控制计算机和软件产品；推进分成贮箱、阀门、推力器、阀门控制器、热控组件、总装直属件；电源分成太阳电池、蓄电池、电源控制器等产品，如图 3－18 所示。

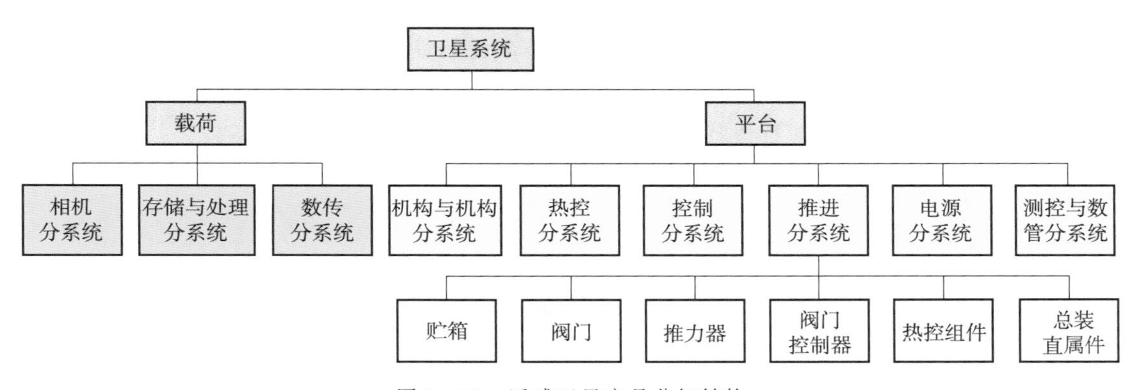

图 3－18　遥感卫星产品分解结构

在分层、分类划分功能与实体模块时，可能会用到如下几个关系概念：

a）泛化关系：表示“一般与特殊”关系或者“超类与子类”关系，超类是更抽象的类别，子类继承了超类的一般特性，但是具有其自身的特性。例如，水果是苹果、梨、香蕉、橘子等的超类，而苹果是水果的子类。

b）关联关系：关联关系是一种强依赖关系，不是偶然性、临时性的依赖，反映对象与接口长期性的依赖。关联关系可包含组合关联关系和聚合关联关系，也可称为组合关系和聚合关系。

c）组合关系：表示“整体与部分”关系，即组成关系。例如，推进分系统整体由贮箱、阀门、推力器等产品组成。

d）聚合关系：是一种弱组合关系。指两个关联对象可以单独存在、具有各自的寿命周期，当它们聚合在一起才能完成规定的功能。

e）依赖关系：表示一个对象使用或调用了另一对象，这种使用是偶然性的、临时性的，是非常弱的关系。

3）分配功能元素给系统元素。将系统需求、功能、性能、接口、约束分配给主选方案和候选方案的系统元素。将系统与系统元素的功能/逻辑架构设计特性（如视图、图表、模型、架构、指标）转变为适当表达的物理设计特征，如形状、材料、尺寸、质量、功耗等，并细化定义系统元素的外部物理接口。

注解 **物理接口。**物理接口是明确了物理实现方式的接口表达。例如，功能/逻辑架构中规定两个功能模块接口之间要传递弱信号数据，物理接口则必须明确规定接插件的型号规格和每根接线的用途。

4）评估 NDI 候选方案。对于 NDI 项系统元素的多个候选方案，评估其适用性，并权衡优选可选的方案。

5）开展 DI 项设计与分析。开展 DI 项的设计，采用适当的模型、方程、算法、计算等形式化表达式，分析系统静态平衡参数关系和动态时间响应特性，分析在操作环境中的关键的力学、热学、电磁学、环境适应、数据处理特性，以及安全性、可靠性、维修性、保障性、人-机友好性、兼容性、可负担性等其他关键特性。

6）管理系统综合设计。将设计特征映射到系统元素上，建立设计特征和系统需求、功能架构之间可追溯性，捕捉设计理由。管理寿命周期的系统物理设计基线。

3.5.1 物理架构设计

系统综合设计方案定义过程的目标是将功能/逻辑架构转变为物理架构和物理设计方案，从抽象的功能/逻辑设计转变为具象的物理设计。该设计过程，考虑技术可行性、继承性和兼容性要求，侧重于折衷选择合理的技术实现方案，需要提供足够翔实的、可实现的系统及其元素物理实现方案和数据信息，包括反映设计特性、系统配置、接口关系的图纸与详细设计说明。

系统元素选配是对功能进行重新聚类与分配，形成系统元素的物理架构设计方案。对于每个关键的 NDI 和 DI，通常给出多个可实现的候选技术方案，然后建立方案评价准则，确定准则的权重，定义每个准则的效能函数，度量每个方案的效能，依据准则效能值的加权之和进行方案优选。其分析过程类似于 3.4.2 节。

集成所有优选过的 NDI 和 DI，描述系统物理架构的结构图和行为图，验证对系统需求的满足度，最后形成基准系统物理架构设计方案。

3.5.2 物理特征分析

针对基准系统物理架构方案，开展详细的系统物理设计和 DI 产品物理设计；开展结构设计和材料选择，形成结构形状、尺寸、重量、功耗、接口等物理特性。

系统设计师往往需要在性能、成本、进度和风险方面进行折衷选择。建立模型，开展静态参数关系、动态时间响应特性分析，形成系统工作特性；开展安全性、可靠性、寿命、维修性、测试性、保障性、环境适应性、人因工程的分析，形成质量特性；开展成本、进度和其他关注特性分析，形成相关结果。

下面对物理设计时，经常用到的设计图形进行说明。

（1）N^2 接口表达方法

N 平方图（或 N^2 图）用于分析系统接口，这些接口可能包括机械接口（标识为 M）、热接口（标识为 T）、电子接口（标识为 E）、支撑服务接口（标识为 SS）、机电支撑服务接口（标识为 EMSS）等类型。系统组件模块放置在对角线上，存在接口关系的各模块之间标注黑点和接口类型的标记，以呈现相互之间的接口关系。

实例 3.5.2 N 平方图接口分析方法。某卫星系统的接口关系可见图 3－19 所示，例如天线 A、B 之间存在电气接口关系，电源变换器与载荷 1 之间存在机械、电气和供给接口，太阳翼与天线 A 之间存在电气、供给接口等。

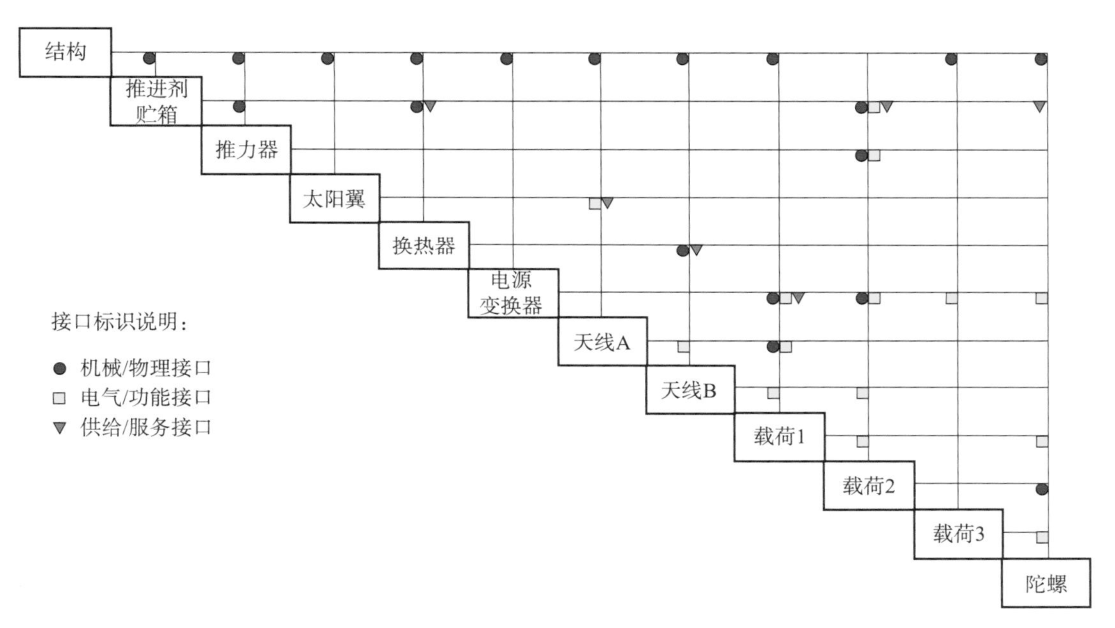

图 3－19　接口分析的矩阵 N^2 图

（2）时间线分析方法

时间线分析方法（Timeline Analysis，TLA）适应于复杂的、与时间相关的系统。它采用直观的时标图，表达多个对象随事件或时间的状态变化关系。事件可以是硬件驱动或软件驱动的事件，时间序列关系上可以是并发、重叠、顺序的关系。时序分析法更适用于线性系统，对于包含反馈、循环、多路径和其组合关系的系统，更好的描述方法是状态分析法。

实例 3.5.3 时序分析实例。在外出差住宿宾馆时，通常使用插卡开门锁，图 3－20 按时序关系给出了用户、访问卡、开门可访问的时序关系。这样的时序关系如果采用文字描述相当复杂，但是用时序图描述则简单清晰。

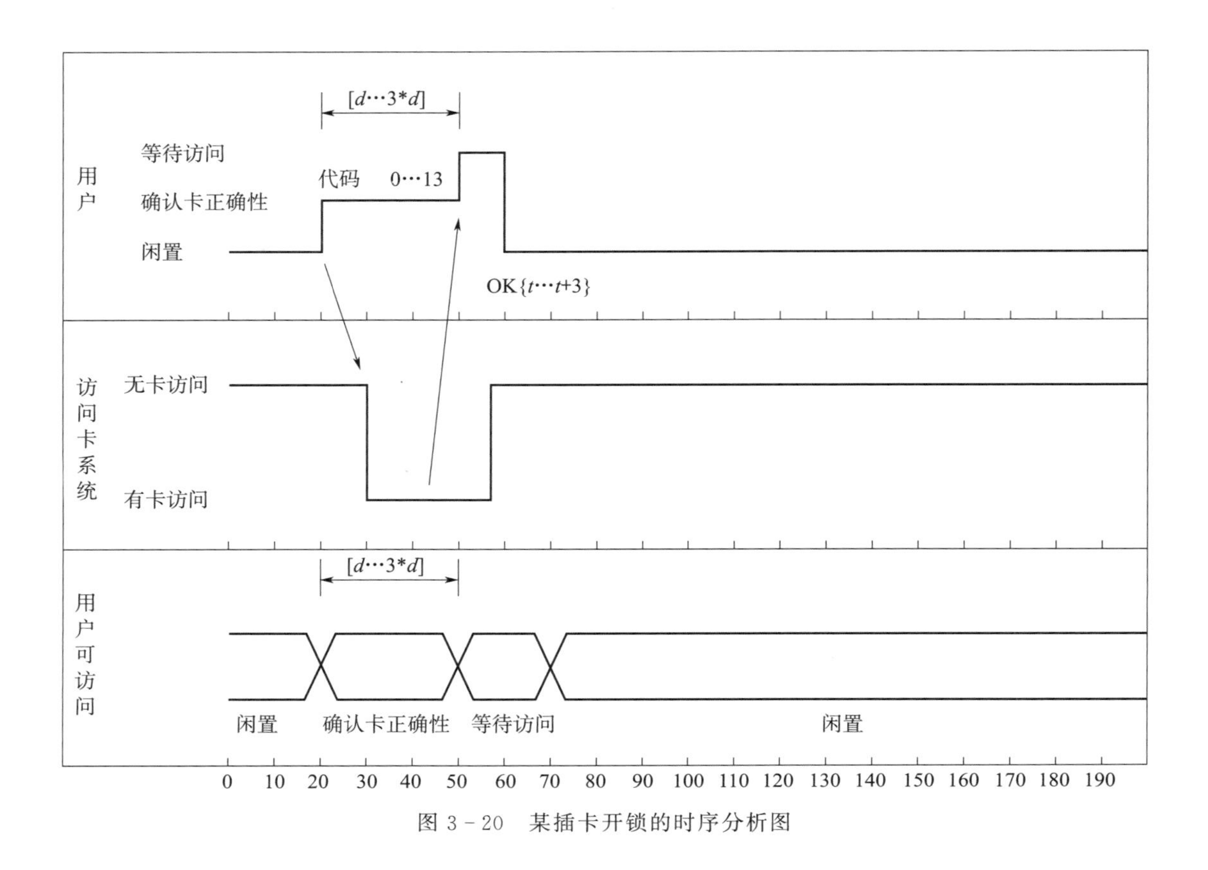

图 3-20 某插卡开锁的时序分析图

（3）状态分析方法

状态分析法（State Analysis，SA）是灵活性更大的方法，可描述非线性系统的复杂时间关系，例如，可用于描述迭代、循环和决策过程事件。状态图可表达不同输入条件下的系统响应。状态图通过把复杂的系统响应，分解成较小的、容易理解的响应，可以开发系统详细的设计要求，以及表征系统模块与时间相关的性能。

实例 3.5.4 状态分析实例。图 3-21 为某空间望远镜的指向转向指令状态图，其中椭圆表示系统的状态，弧线表示触发状态变化事件，以及系统对事件的响应或者输出。状态分析图中允许系统存在自我循环。当状态图用于表达“状态机”时，这种状态机没有记忆功能，它的输出只依据当前的输入来确定。状态转移图模拟了这种基于事件、时间相关的系统行为。

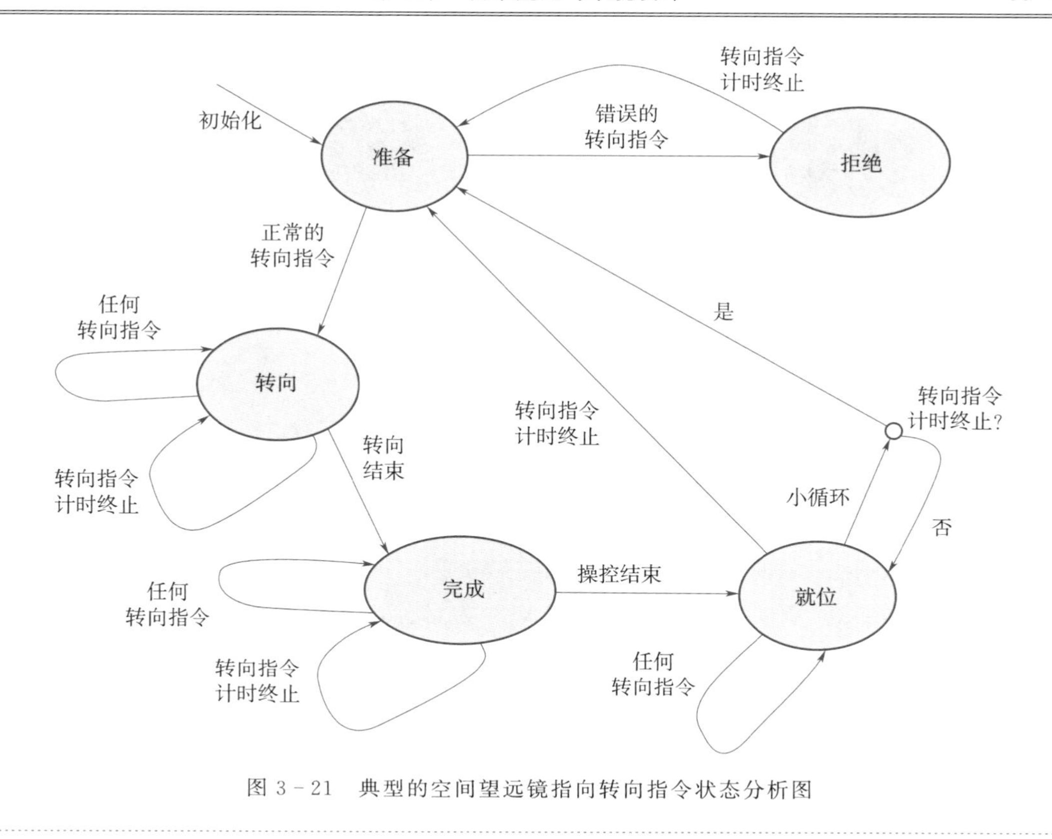

图3-21 典型的空间望远镜指向转向指令状态分析图

3.6 系统分析和管控

系统分析和管控的目标是嵌入了专业维度的工程分析方法，对关注的各类问题进行分析，以严格的数据信息提供对系统方案实现的信心，或者有助于寿命周期阶段的决策。

系统设计分析主要划分为“权衡折衷分析”和“设计特性分析”两大类。权衡折衷分析主要围绕技术实现方案和物理实现方案开展；设计特性分析，依据不同粒度的分析要求，基于数学建模分析仿真方法，对相关特性或用户关注点开展分析。它广泛地用于业务与任务分析、涉众需求定义、系统需求定义、需求冲突消解、系统架构设计、系统综合设计和工程可行性评估等方面，包括分析技术性能、行为响应、技术可行性、经济可承受性、质量特性、研制风险、参数敏感度等。其结果还可支撑对系统本体、实现过程和组织管控关键点的识别。

系统分析过程可参见图3-22。

1）准备系统分析。确定需要系统分析回答的问题或利益相关者关注的问题，如技术性、功能性和非功能性问题，其中非功能性问题包括质量特性、成熟度、风险等问题；依据分析的广度（或范围）、深度（或粒度）、精度（或准确度）要求，选择合适的分析方法，如专家调查（Dephi）法、Excel表格计算、历史数据和趋势分析、工程模型数字仿真等；制定分析策略，准备模型和软件工具，收集所需数据。

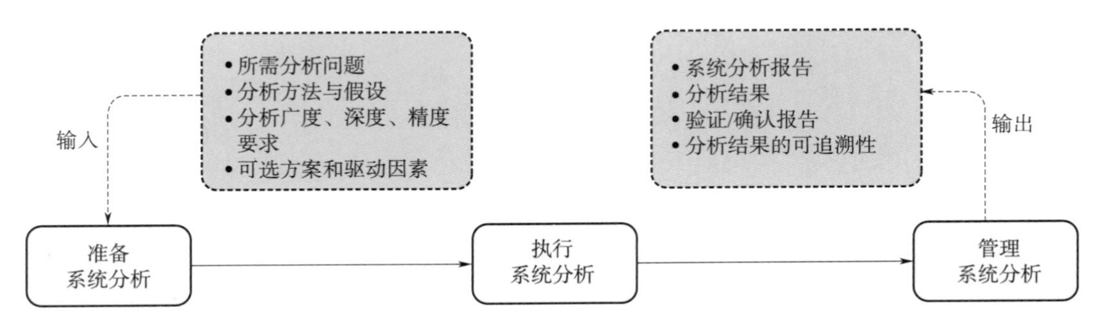

图 3-22 系统分析过程

2）执行系统分析。确定分析前提条件或假设；应用所选的分析方法进行分析；复核/复算分析结果的有效性；将分析结果与以往相关结果进行对比；形成明确结论和建议。

3）管理系统分析。建立分析结果的可追溯性，为基线选定方案提供配置项（Configuration Item）和信息项（Information Item）。

系统设计师要以“确定系统最终技术状态”为目标，不断识别技术风险和关注点问题，拟定技术措施，减缓与控制风险；通过“需求-设计-分析-评估”迭代与递归，不断细化和完善设计方案。

工程设计上，需要重点考虑工作模式、使用环境、寿命、接口要求，以及可靠性、安全性、测试性、维修性、保障性等质量特性要求，证明设计上具有的安全、可靠、可维修、保障方便的特性；需要考虑工程实现偏差和使用环境偏差，应具有合理的裕度，有应对偏差的健壮性；设计应具有一定冗余，能一定程度地容忍故障。设计阶段还应对实现阶段的验收与确认试验评估进行规划。工程系统研制经验表明，充分的试验评估（和数值仿真评估）是保证系统成功的基础。

>> 实例 3.6.1 二次设计过程。设计过程实际上是“需求—设计—分析—评估”的螺旋改进过程。按寿命周期阶段，通过里程碑控制节点来进行控制，逐步收敛获得系统的最终技术状态。系统物理单元优选后，得到的系统设计方案，还需逐步考虑各项工程因素，开展细化设计分析，形成完整设计数据包，这是一个不断迭代、递归的逐步细化的设计过程。

详细设计至少可分成两次设计：

1）第一次设计：构建一个初步的系统设计方案，注重基本的功能、性能、接口的设计，并辅以专业工程设计，如采用表 3-7 列出的典型分析与仿真方法。

表 3-7 一次设计-典型的分析与仿真方法

资源	分析与仿真方法
体积，相互干涉情况	3D-CAD 模型，Pro/E 模型
质量	质量预算表
功率	功率预算表

续表

资源	分析与仿真方法
接口	系统接口图
推进剂用量	ΔV 预算表，STK 分析报告
成本	资源预算表，基于 WBS 分解
结构力学	NASTRAN
热控	SINDA
轨道几何	轨道图，STK
可靠度分析	概率分析

2）第二次设计：着重考虑质量特性方面，包括安全性、可靠性、测试性、维修性、保障性等质量特性，不断核实或修改设计方案。工程详细设计必须考虑故障情况的处置，系统实现、部署、维护的接口，具有容忍工程偏差、环境偏差、一定范围故障的健壮性。图 3-23 列出了一般可靠性设计应考虑的因素。

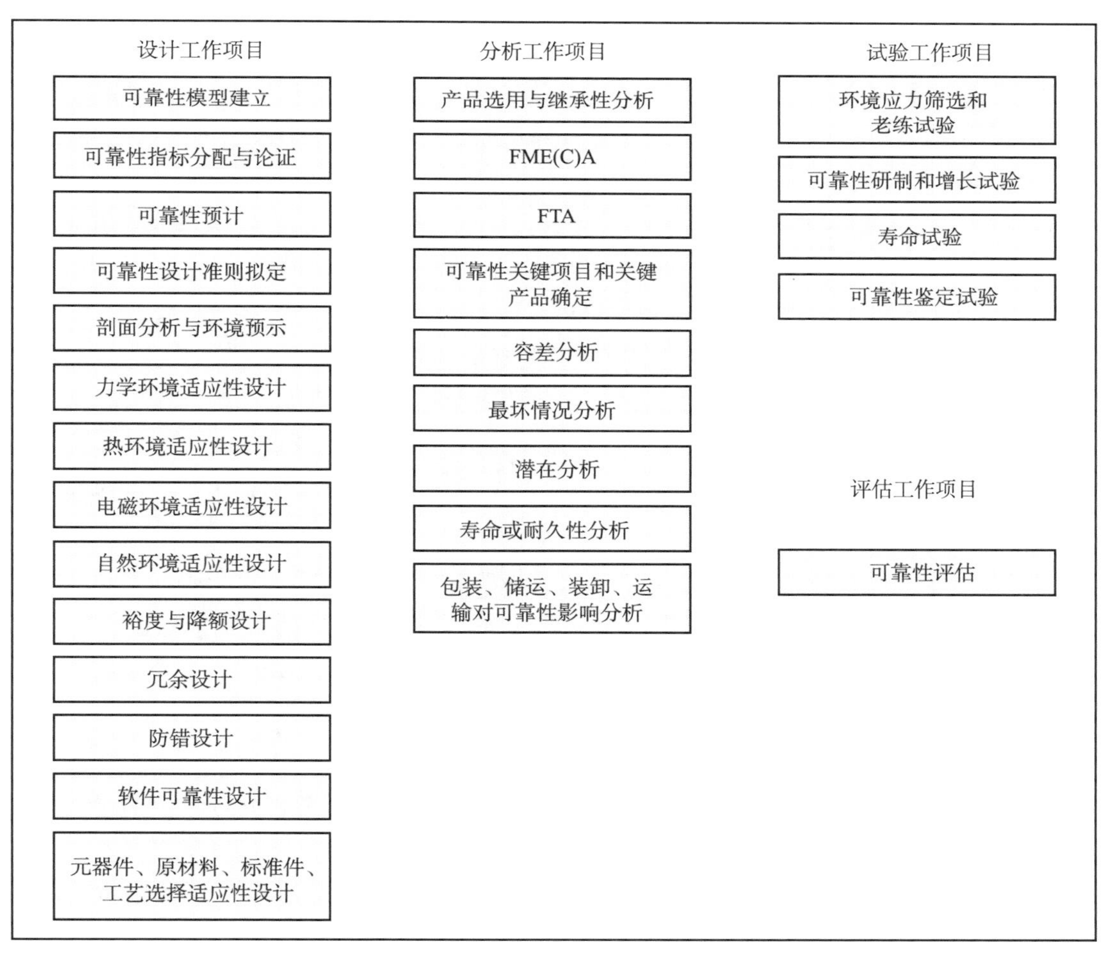

图 3-23　二次设计-可靠性设计应考虑的因素

3.7　本章要点

1）业务分析或任务分析过程是围绕经营业务或任务，根据制定的战略发展规划、最新的科学技术发展趋势、存在的突出问题，定义新体系、新系统或新产品，表征业务或任务所需要的能力并识别能力差距，明确系统发展机会。

2）系统设计过程包含“涉众需求定义、系统需求定义、系统架构设计、系统综合设计、系统分析和管控”五个反复迭代、分层递归的过程。工程项目设计过程应针对项目特点，合理裁剪所涉及的过程。

3）涉众需求定义过程站在利益相关者角度，描述开展经营业务或特定任务时，在使用环境和约束条件下，系统需实现的能力，达到怎样的期望效能。涉众需求的确定是折衷“宏大愿望”和“现实能力”的过程，需要通过经验丰富的系统工程师与利益相关者中的关键人物反复沟通，剔除不现实的期望，获得可行的需求。

4）系统需求定义过程站在系统开发者角度，描述系统需求，并保证系统需求覆盖涉众需求。系统需求定义了系统边界（人-机界面、系统与外部系统界面），描述系统的功能、性能、接口，以及非功能性的设计约束和质量、进度与成本要求。系统需求应不暗示、不规定系统具体的实现方式，主要表达需要做什么（功能）、如何做好（性能）。系统需求将利益相关者业务需求或任务需求，转换为系统过程与本体需求，应尽量采用可度量指标（MOPs、TPMs）描述系统需求，用户操作过程可采用系统用例和行为图方式描述。

5）系统架构设计的目标是生成系统架构候选方案，用图形方式表达架构，并从候选方案中选出一个（或几个）满意的方案，提供给后续的系统物理设计过程进行详细分析与设计。在系统架构设计中可以笼统地划分为“功能架构、逻辑架构”和“物理架构”三类，前两者属于抽象的概念设计，后者是具象的物理设计。在系统正向设计中，通常将抽象的功能/逻辑架构设计与具象的物理设计分开，这样就为物理设计的创新和权衡优化预留了充足空间。

6）系统综合设计首先拟定系统实体元素，将功能/逻辑架构设计中获得的“功能、行为、性能、接口、约束”以及系统需求中的非功能性的需求，合理地分配给系统实体元素，形成系统物理架构。然后，开展翔实的物理设计和特性分析，提供足够翔实的、与物理设计特性相关的数据和信息，并保持物理设计与功能/逻辑架构的一致性。

7）系统设计分析和管控目标是嵌入了专业维度的工程分析方法，以严格的数据信息提供对系统方案实现的信心，或者有助于寿命周期阶段的决策。系统设计分析主要划分为“权衡折衷分析”和“设计特性分析”两大类。权衡折衷分析主要围绕技术实现方案和物理实现方案开展；设计特性分析，依据不同粒度的分析要求，基于数学建模分析仿真方法，对相关特性或用户关注点开展分析。

8）系统设计师要以“确定系统最终技术状态”为目标，不断识别技术风险和关注点问题，拟定技术措施，减缓与控制风险；通过“需求-设计-分析-评估”迭代循环与递归细化和完善设计方案。

9）工程设计上，需要重点要考虑使用环境、寿命、接口、工作模式要求，以及可靠性、安全性、测试性、维修性、保障性等通用质量特定要求；证明设计上具有的安全、可靠、维修、保障方便的特性；需要考虑工程实现偏差和使用环境偏差，应具有合理的裕度，有应对偏差的健壮性；设计应具有一定冗余，能一定程度地容忍故障。

参考文献

[1] Processes for Engineering a System：ANSI/EIA 632—2003 [S].

[2] DAVID D W，GARRY J R，KEVIN J F，et al. Systems engineering handbook - a guide for system life cycle processes and activities [M]. 4th ed. New Jersey：John Wiley & Sons，INCOSE - TP - 2015 - 002 - 04，2015.

[3] NASA System Engineering Handbook [M]. NASA SP - 2016 - 6105 Rev. 2. NASA Headquarters，2016.

[4] Systems and software engineering—System life cycle processes：ISO/IEC/IEEE 15288：2015（E）[S]. Geneva：International Organization for Standardization，2015.

[5] 栾恩杰．航天系统工程运行 [M]. 北京：中国宇航出版社，2010.

[6] Systems Engineering Fundamentals [M]. Defense Acquisition University Press，2001.

[7] WERTZ J R，LARSON W J. Space Mission Analysis and Design [M]. 3rd ed. Springer，1999.

[8] DRAKE B G. Human Exploration of Mars [M]. Design Reference Architecture 5.0，NASA Johnson Space Center，2009.

[9] 郭宝柱．系统工程：基于国际标准过程的研究与实践 [M]. 北京：机械工业出版社，2020.

[10] 霍夫曼．基于模型的系统工程最佳实践 [M]. 谷炼，译．北京：航空工业出版社，2014.

[11] 陈杰，高劭伦，夏陈超，等．空间堆核动力技术选择研究 [J]. 上海航天，2019，36（6）：1-10.

第4章 系统实现与运维

系统实现过程从V字形模型的底部逐步向上移动，是促进系统从设计转变为实际产品的过程。系统实现阶段分为“实现过程、集成过程、验证过程、移交过程、确认过程”五个过程；在运维与退役阶段，还有“运行过程、维护过程、退役过程”三个过程[1-3]，如图4-1所示。

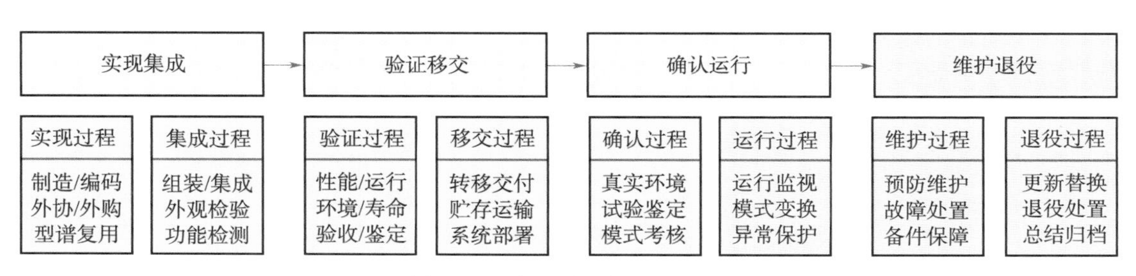

图4-1 产品实现与运维退役

系统实现的核心是实现、集成、验证、移交、确认。系统的实现与集成是分层级的，每一层级的系统元素（系统产品）的获取都需在“全新研制、货架采购、型谱复用”三种方式中进行权衡选择。对于全新研制的产品，硬件需要完成生产制造，以及组装、集成和测试（Assemble，Integration and Test，AIT）；软件产品需要完成编码和集成测试。对于货架采购、型谱复用产品需要分析其使用环境、寿命、接口等特性的适用性。

系统评估包含验证和确认。验证的依据是系统需求，主要通过试验室模拟环境，证明系统是否建造正确，即是否满足功能、性能、接口、环境、寿命和通用质量特性要求；确认是依据涉众需求，主要通过真实环境试验，考核是否建造了正确的系统，是否满足利益相关者使用期望。每一层系统产品完成实现与评估后，再向上一级系统移交；每一个寿命周期阶段的系统产品完成研制后，再向下一阶段移交。对于处于概念、可研、方案阶段的系统，实现过程提交的系统产品可能是虚拟的数字模型，通常采用复核复算、数值仿真进行验证；对于处于工程阶段的系统，提交的产品是实体硬件和软件产品，采用试验进行评估。每个层级系统产品完成AIT和评估后，再向上一个层级系统进行移交交付或者向下一个寿命周期阶段移交，直至最后系统的交付、安装、部署。

对于实现过程中发现的异常故障产品，应进行技术与管理归零，并及早在低层次产品上采取纠正措施，迭代完善设计。对初样后期、试样/正样阶段的系统产品，如果完善设计发生了技术状态变化，应执行技术状态更改的五条原则。

技术归零：定位准确（判断故障位置），机理清楚（识别故障机理），故障复现（按照定位与机理，让故障再出现一次，证明定位和机理的正确性），措施有效（制定有效的改进措施），举一反三（对所有同类型或相同技术特征的产品都要完成改进）。

管理归零：过程清晰（描述出现故障的过程），责任明确（识别导致故障发生的主/次责人员），措施落实（保证改进措施的落实），严肃处理（严肃处理有规章不循的人员），完善规章（完善规章，补全漏洞）。

技术状态更改五条原则：论证充分（论证必要性、技术更改的影响范围）、各方认可（利益相关方认可）、试验验证（补充所需的相关试验）、审批完整（审批修改相关的技术文件）、落实到位（确保更改影响范围的技术状态都修改和验证到位）。

在运行、维护阶段应重点监视系统运行状态；根据运行使用需求，适时调整系统运行状态；如出现系统运行异常故障情况，应首先对系统进行安全保护，然后再实施故障异常处理；对正常运行的系统，应根据策划进行预防性维护，并保障维护所需备辅件的供给；对寿命末期或已不满足利益相关者需求的系统，要做好更新换代和退役处置的策划，更新换代时以不中断服务为前提、退役处置时以不影响环境和安全为准则实施相关活动。

4.1 实现过程

实现过程的目标是系统元素的实现，将系统设计转换成满足系统需求的系统产品。在概念、可研、方案等寿命周期早期阶段，实现的系统可能是模型、图纸、方案等虚拟产品，在初样、试样/正样等工程研制阶段，实现的系统是真实物理产品。实现过程涉及准备、实施、管理三项活动。

（1）准备

系统产品可以通过自行研制或委托研制、购买商业货架产品或复用标准型谱产品而获得。需要制定实现策略，权衡选择哪种实现方式。对于购买产品，需评估其适用性、可获得性和稳定一致性；对于研制产品，需考虑原材料/元器件等资源的可获得性、实现技术对需求/设计特征/约束的满足度，还需考虑使能系统准备情况。

（2）实施

依据制定的实现策略，实施系统产品的实现过程，如制造硬件、编码软件、委托研制、采购产品等。在实现过程中进行检验与检测，对生成的产品进行评估，确保系统产品符合设计特性和通用质量特性要求。对实现的系统产品进行包装和存储，记录整理系统产品满足系统需求的客观证据。

（3）管理

记录实现结果和遇到的任何异常情况，对出现故障的产品完成故障纠正或改进措施（技术归零和管理归零）；保持实现的系统元素与系统需求、功能/物理架构、设计方案、接口要求之间的可追溯性；按照技术状态基线，开展技术状态管理。

>> 实例 4.1.1 航天工程产品实现过程要点。

1）对于自研硬件/软件产品，前期准备工作至关重要。准备工作需要考虑“人、机、料、法、环、测”六个方面，即人员的技术交底准备，制造、装配相关特种设备工具的准备，检验合格的原材料、3E 元器件、外购或外协件、标准件或标准产品汇集准备，制造图纸、数控编码或工艺文件的准备，制造环境的准备，测试调式设备工具的准备。对于制造实现过程，根据关键特性，设置过程检验/检测点，对制造质量进行过程控制，其中一些检验点设为强制检点，需要有设计人员或用户对质量进行确认。软件编码准备则包括评审过的设计方案、需求规范、接口要求，验证过的开发环境，以及软件测试用例的准备。

2）对于采购商业货架与标准型谱产品，审查产品规范和产品适用性非常重要。审查内容包括产品功能与性能特性、适用环境、寿命和接口的适用性，以保证获得的产品能满足系统需求。在制订外协外购合同时，可制定技术要求与管理要求文档，应阐明产品的验证和确认要求。对交付的产品，需方应参与关键过程的检验/检测和产品的验收。选择合适的供方是保证产品质量的关键，应对其资质、能力、服务和质量控制方式进行审查，以建立合格供方目录，确保其交付产品的质量可信度。对于外协供方，应明确产品验证和确认要求。在质量控制上，可设立关键评审节点，对于关键过程设立强制检验点进行控制，要求提供证明产品的过程质量的产品数据包等。对于不能覆盖任务环境与寿命要求的产品，要补充环境、寿命试验和开展真实任务环境的确认试验。

4.2 集成过程

集成过程是将一组系统元素集成到系统中，确保满足系统需求。集成是从低层到高层逐级进行的，例如从组件到产品、从产品到分系统、从分系统到系统等。集成过程中，需要特别关注接口的验证，借助于使能系统来验证接口和互操作功能。集成过程涉及准备、实施、管理 3 项活动。

1）准备：集成准备主要涉及使能系统准备（包括人员、集成设备/测试设备/工具与量具、辅料、工艺文件、场地与环境）、低层级产品准备（经检验/检测和评估过的产品）。重点是定义集成策略（或工艺）、识别关键过程特性、合理设置过程控制点和检验/检测方式，以将集成风险降至最低。

2）实施：按预定时间线获得检验/检测与评估过的系统元素；按工艺文件，组装系统元素，过程中对功能、性能、接口、物理特性进行检验/检测，记录证明质量证据（数据记录，或集成过程的多媒体记录）。对集成产品包装与存储，用于后续高层级系统的集成；完成本级系统的过程检验/检测；数据包的整理，包括配置清单、质量证明文件、过程记录等，完整的系统文件可能还包括使用操作和维护手册。

3）管理：记录集成过程的异常情况，对异常情况完成故障纠正措施的落实（如技术与管理归零）；保持系统元素与需求（系统需求、集成工艺要求）之间的可追溯性，建立集成系统基线数据包。

>> 实例 4.2.1 不可检、不可测项目的量化过程控制。集成过程应尽量采用量化测量

控制手段，并高度关注过程中的不可检/不可测项目。例如，紧固件的拧紧状态事后无法检测，可采用控制力矩扳手，实现拧紧操作的量化控制；如果工件结构复杂，无损检测难以评判质量焊接质量，需要在正式焊接之间制作工艺件，通过对焊缝的解剖和金相分析，评估焊接参数和环境控制的有效性，后续焊接时，对影响焊接质量的焊接参数和环境等因素进行间接量化控制。一些装配过程容易出现人为操作失误，事后无法检测，需要采用视频记录方式记录操作过程。

航天系统高度关注检验/检测验收的有效性、测试覆盖性、试验充分性。通过数字化、网络化、信息化工具为手段，用过程数据来支撑符合性证据收集。对于不可检、不可测项目落实“测试不到验收到、验收不到工序检验到、工序检验不到工艺保证到、工艺保证不到人员保障到”的措施。

4.3　验证过程

系统验证过程是提供满足特性需求的客观证据，证明系统“系统建造正确”。验证过程（或验证试验）依据系统需求，在试验室模拟环境下进行。验证试验需制定试验矩阵，试验矩阵的横坐标为寿命周期阶段、纵坐标为试验项目（如力学、热学、电磁学、环境适应性、接口匹配性试验等）和试验类型（验收试验、鉴定试验等）。

验收试验：验收试验目的是发现与剔除产品制造缺陷。试验载荷强度为低量级（验收级），应以不破坏产品结构完整性、不影响寿命为准则，同时要便于激发制造缺陷。

鉴定试验：鉴定试验目的是对某技术状态（或批次产品）的适用性进行考核。试验载荷强度为高量级（鉴定级），证明产品在规定环境条件下，其功能、性能、寿命、接口和环境适应性符合技术要求。

验证实施过程通常在需方参与下组织实施。验证过程随着寿命周期过程演进，针对的产品从初期的概念方案、数字样机，逐步到技术验证样机、原理样机、工程样机、鉴定样机和飞行产品。在设计阶段，通过分析、仿真进行验证，并采用复核复算手段。在产品制造和集成阶段，着重于目视检验和功能性检测；对终端产品着重于验收试验以剔除制造缺陷产品，以及抽样鉴定试验证明某技术状态的批次产品对技术要求的符合性，在试验室环境模拟条件下进行验证。因此，验证方法可以是仿真、检验/检测、验收试验、鉴定试验、寿命试验。验证过程输入是需验证的产品、验证计划与实施细则、技术要求文件，以及实施产品验证所需的设备。输出包括验证报告与符合性说明，差异报告与原因分析，过程产品的状态说明。验证过程分为准备、实施、管理三项活动。

（1）准备

验证策划侧重于最大程度地减少成本、时间和风险。包括，确定验证内容与活动，识别关键特征和属性，确定验证方法（可以是同行评审、检查、分析、试验），权衡可能制约活动的技术可行性、费用、时间、设施、人员和可接受的风险，制定可行的验证计划，为每一项验证活动准备产品、试验大纲与细则、操作人员、使能设备。准备阶段重点审查如下内容的准备情况：

1）产品准备：验证产品技术状态的符合性。

2）文件准备：包括试验主要目标和次要目标、过程要求等验证试验细则。

3）设备准备：验证产品的所需的设备、试验环境、测量设备、设备标定情况。

4）人员准备：相关操作人员的培训，试验特点的掌握。

5）应急预案：对试验过程中可能出现的安全事故和异常情况，制定预案和措施。

6）成功标志：包括试验成功的合格判定标志。

（2）实施

根据验证计划，开展验证活动；记录验证试验结果；处理验证时出现的异常问题，任何验证异常、变化和失控状态，要分析故障原因，是产品原因、试验条件超限、操作失误，还是地面设备导致；对于产品原因，要分析是技术状态问题还是制造缺陷。如果未能通过验证试验，并且属于系统产品问题，要采取故障归零方法对薄弱环节进行改进设计，并重新进行验证试验评估。将获得结果与需求进行比对分析，确认数据结果的一致性、有效性，对存在数据存在差异的情况需要分析问题原因或者采取归零措施。

（3）管理

记录验证结果和遇到的异常处理情况，督促纠正或改进措施的落实；维持系统元素与验证试验之间可追溯性，说明满足验证策划和系统需求，提供基线数据包。

实例 4.3.1 验证策划。验证过程的合理安排能够提高验证产品利用率和效率。在实际系统验证试验中，经常出现因产品本身原因，或者地面设备原因，或者试验操作失误等，导致某个试验失败。这时验证试验面临需终止的尴尬局面。为了提高验证试验效率和效益，可实施如下操作，继续试验：

1）更换和修复产品：为了在一次持续的试验中，发现多处系统薄弱环节，可对失效产品实施更换和修复，进一步实施试验验证。

2）隔离失效产品：如果系统有多个功能路径，可隔离失效产品环节路径，继续实施其他功能路径的试验。

但实施上述处理，必须记录失效前的产品和地面测量数据，正确判断失效原因，确保失效产品不会对系统、地面设备、人员产生安全性的影响。否则，需要重新构建系统产品，再进行验证试验。

实例 4.3.2 航天类的工程系统的验证过程。在鉴定试验、寿命试验和可靠性试验之前，一般先开展验收试验，防止因产品制造缺陷，导致对产品环境适应性和寿命的评估的错判。可靠性试验往往抽取一定产品子样与鉴定试验结合进行（可靠性定义为在规定的条件下和规定的时间内，完成规定功能的能力）。

从实验室产品到工程可用的产品，两者之间的主要差别是通用质量特性（这里指广义的六性，包括可靠性、安全性、维修性、保障性、测试性、环境适应性等）和寿命耐久性。实验室产品仅关注功能和性能的实现，工程产品需要在实际使用环境条件和寿命要求下，具备功能性能的健壮性（鲁棒性）。

无数次成功与失败的经验表明，充分的地面试验保证是航天系统成功的基础。即使采用已经飞行成功的产品，如果任务执行过程中，产品的使用环境、工作条件、寿命要求发生了变化，产品也有可能失效，必须重新（或者补充）进行覆盖环境条件和寿命要求的试验。

对于不同类型的产品，例如，机械类、电子类、流体动力类，验证试验类型不同，表4-1列出了典型的验收试验项目，表4-2则列出了典型验证类型。

表 4-1　典型验收试验项目

类型	具体项目
力学试验	质量、质心、惯量，静力强度，模态与共振，正弦振动、随机振动，冲击、跌落，噪声，加速度，机构展开运动学特性
热学试验	热平衡，热真空，热循环，高热流防护
流体试验	耐压，检漏，流阻，阀门动作响应时间
电磁特性	功耗、电磁兼容/电磁干扰，静电防护，剩磁，绝缘电阻，耐压，极性，数据传输率、数据/控制接口，时序匹配性与时序冲突
地面环境	潮湿、盐雾、霉菌、淋雨、干燥、灰尘、低气压
空间环境	真空、失重、单粒子辐照、表面与深层充放电、原子氧、紫外、材料质损放气/污染、羽流力/热/污染效应
寿命试验	工作寿命，循环工作次数，疲劳，老化，材料相容性

表 4-2　典型验证试验类型

验证类型	类型说明
复核复算 数值仿真 半实物仿真	复核复算是委托有专业工程经验的第三方，开展的设计校核工作，依据产品设计要求、产品使用特点、行业设计标准与规范实施。采用的方法包括核对设计特性与采用标准规范的合理性，分析和计算数据的准确性，以及通过数值仿真验证环境适应性、寿命耐久性等设计特性和通用质量特性。如果有条件，应开展半物理仿真验证
检验与检测	检验与检测是对产品实现过程的目视检验和测量检测。检验一般用来验证产品物理设计功能或特定的标识，发现与剔除外观缺陷产品；检测主要对产品各项功能、性能、接口实施检测，制造过程中对未达要求的产品，可重新加工、调试或者报废
验收试验	验收试验是发现剔除制造缺陷产品的过程。试验载荷强度的选择，应以不破坏产品结构完整性、不影响寿命为准则，同时要便于激发制造缺陷。对于无把握的产品，需全部进行验收试验，既进行全检，否则可以抽检。例如，环境应力筛选（ESS）、老化试验、跑合试验，可归类为验收试验，它们目标也是激发、发现、剔除薄弱失效产品
鉴定试验	鉴定试验是对技术状态的适用性的考核，试验载荷强度按鉴定级设置，证明产品在规定环境下，其功能、性能和寿命符合技术要求。由于实际产品制造过程中存在偏差，因此，首先应通过验证试验剔除缺陷产品，然后进行在批次生产产品中随机抽样进行鉴定试验，给出某技术状态产品是否满足技术要求的结论。产品技术状态发生变化后，包括使用环境变化、寿命要求变化、设计更改、工艺更改、原材料元器件来源变化等，都应重新开展鉴定试验

4.4　移交过程

移交（Transfer）过程是将系统部署在运行环境中，保证与运行环境中的其他系统相兼容，并减少对正在运行业务的干扰，为利益相关者提供期望的服务。广义的移交过程还包括向上一层级系统交付，或者向下一个寿命周期阶段研制交付。

移交过程用于将供方得到验证的系统，转移交付并部署给需方。系统移交之后，就实现了责任从一个组织向另外一个组织、或从一个阶段向另一个阶段的转移。移交过程应在供需双方监视下进行。广义的移交会出现在系统寿命周期的所有阶段，在早期阶段，移交的产品是文件、模型、研究结果和报告。随着研制阶段推进，将移交为硬件和软件实物产品。移交过程涉及准备、实施、管理三项活动。

（1）准备

策划移交过程，包括从明确包装运输、安装调试、培训、现场交付活动，以及不中断业务替代原有系统的方式。明确所需使能条件，包括场地、设施、合格人员、附带文件和配套产品等。重点关注以下内容：

1）移交系统：移交系统可具有多种形式，可以是单机产品、子系统和系统，可以是硬件或软件，可以是新购买系统产品，可以通过与其他系统产品集成形成较高级别的系统产品。文件和软件产品可以通过网络提交，硬件产品应履行签字确认手续，同时提供贮运设施，应对操作使用产品人员进行培训。

2）附带文件：通常包含质量符合性证明文件；货架产品通常都会附一份制造商的产品技术规范或情况规范；终端产品文件中也可能包括设计文档、操作手册、安装说明、后续操控说明等文档。

3）使能产品：使能产品包括存储、装卸和运输设备，以满足特定的运输、装卸、存储要求。

（2）实施

根据要求准备操作场地与环境，将系统按期运输到安装位置，将系统安装在运行位置、联接与环境中其他系统的接口，安装软件配置数据，演示证明系统功能，审查系统的运行准备情况。

系统产品的移交要考虑可运输性、环境适应性、可维护性、安全性、保密性等方面因素。硬件产品的运输性要考虑不同运输工具对产品尺寸、重量的约束，设置合理的包装物、吊装装卸方式、储存运输方式、规范和配套的操作设施。应监控运行和部署过程，避免人为操作和环境对系统产品质量的影响；软件产品可以通过网络提交，重点关注双方版本的一致性和信息保密性。

（3）管理

记录移交活动和出现的异常，对异常事件进行处理并追溯其解决效果，保持移交过程与移交策划之间的可追溯性，提供为数据包。

实例 4.4.1 导弹预警卫星系统的部署。这里以美国导弹预警卫星（Defense Support Program，DSP）轨道部署和退役策略为例，说明航天系统的部署和退役问题。导弹预警卫星是通过弹道导弹尾焰的红外特征来探测和追溯弹道导弹，DPS 卫星为处于赤道上空的地球同步静止轨道（GEO），第一颗 DSP 导弹预警与 1970 年卫星发射，经历了 5 个阶段更新，整个系统运行历程长达近 50 年。

（1）部署轨道的选择

DSP 卫星星座轨道部署的选择是在多次探索尝试基础上形成的，其定点位置不仅取决于其作战使命，而且与地面站具有相互牵制关系。先后建立了 3 个地面站，第一个是位于澳大利亚（Nurrungar）的海外地面站（OGS）；第二个是美国本土地面站（CGS），它位于科罗拉多州施里弗（Schriever）空军基地，用来控制大西洋和太平洋上空的卫星；此后，为了控制欧洲上空的卫星，建立了第三个地面站（EGS），它位于德国的 Kapaun。

早期，卫星星座的部署位置为 69°E、68°W 和 135°W。由于 68°W 和 135°W 卫星靠得过近，这种布局造成了卫星星座系统的覆盖特性上很大的缺陷。在系统部署中期，星座的部署位置作了如下调整：69°E 的卫星不动，68°W 的卫星调整到 35°W，135°W 的卫星先调整到 155°W，最终调整到 165°W。由于在经度 35°W 到 165°W 之间就是美洲大陆，认为基本不存在美国的敌对国家，并且在美国本土的两侧还有比尔和科德角的预警雷达，因此拉开美洲大陆上空两颗卫星的距离。

在星座扩充期，扩充到 4 颗卫星。新卫星增定位点为 8°E，这样在系统完成部署后，5 颗卫星分别定点在 8°E、69°E、105°E、35°W 和 165°W，并且形成稳定态势，如图 4-2 所示。

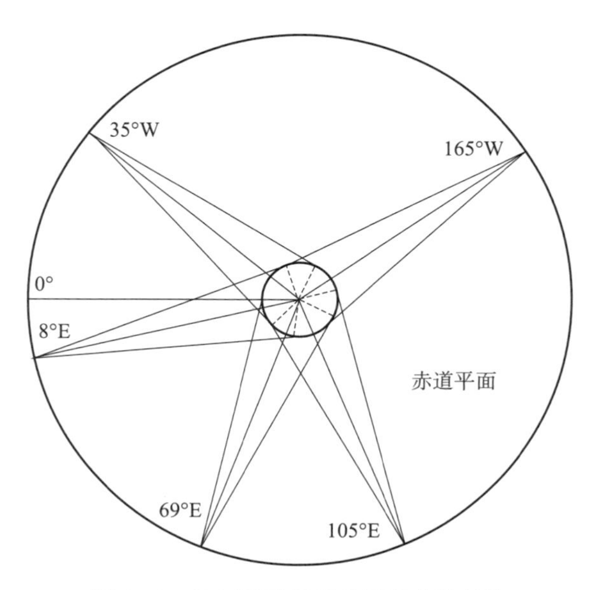

图 4-2 卫星系统星座最后形成的态势

(2) 卫星的运行状态

在轨的DSP卫星具有4种状态：工作状态、备份状态、退役状态和报废状态。

1) 工作状态：卫星严格保持定点位置，及时进行轨道修正和姿态调整，红外探测系统开机工作，与地面站既保持测控通信，又保持持续数据通信，及时将红外探测数据传回地面站。

2) 备份状态：与地面站只保持测控通信，不占用地面站数据通信资源。一旦由备份状态转为工作状态，只需恢复对地面站的数据通信即可。

3) 退役状态：卫星定时进行轨道修正，红外探测系统关机，但进行定时测试维护，与地面站随时保持联络对话通信，一旦由退役状态转为备份状态，需要重新启动红外探测系统。

4) 报废状态：卫星利用最后的一点燃料作轨道机动，进入比地球静止轨道更高的废弃轨道。

(3) 星座系统在轨备份

星座的5颗卫星中，有4颗属于工作星、1颗为备份星，备份星定点位置为69°E。将备份星定位在东经69°E，原因是它处于整个星座的中间位置，向东机动可以替代105°E卫星和165°W卫星，向西机动可以替代8°E卫星和35°W卫星。一旦8°E卫星和105°E卫星发生故障，69°E卫星马上可以接过任务，恢复备份星与地面站的数据通信链路，使得任务的执行无中断和延误。如果是35°W卫星和165°W卫星发生故障，则必须借助于原来处于退役状态的、还具有工作能力的卫星恢复服役，直至备份星定点到位。

在东经75°E附近存在一个地球“引力槽”，在靠近引力槽经度处，地球的半径较大，引力较强，定点于0°E到135°E之间的卫星都会受到它的影响，在此范围之内卫星势能的最小点为75°E，也是卫星的稳定平衡点。备份星定位在引力槽附近的东经69°E，可以节约燃料，提高使用寿命。备份星定位于东经69°E，能够同时保持与欧洲地面站和海外地面站的通信，如图4-3所示。

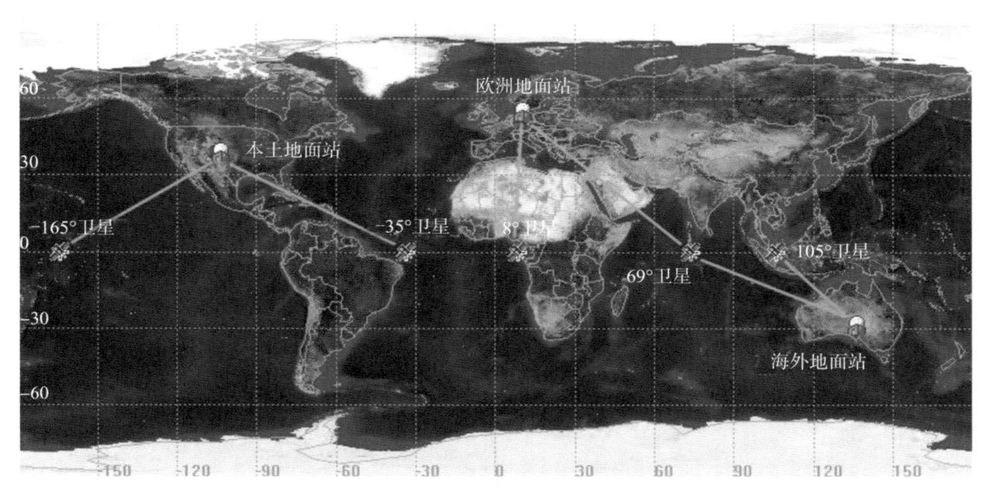

图4-3　DSP卫星轨位和覆盖状态

4.5 确认过程

确认过程的目标是提供客观证据，证明该系统在使用时能够满足利益相关者的业务需要或任务目标，在预期的运行环境中实现预期用途，表明“建造了正确的系统”。

实物系统的确认试验，依据利益相关者需求，在真实使用环境进行。试验应覆盖真实使用的环境条件、工作模式、运行状态，考核系统对利益相关者业务或任务执行的有效性和适用性。国内军工行业将确认试验又称为“系统试验鉴定”。

在利益相关者需求向系统需求转化过程中，可能存在完备性的缺陷，同时可能存在试验室模拟条件无法完全替代真实环境的问题。因此，应以确认过程是否通过，作为评价系统产品的最终依据。反之，尽量做到系统需求规范涵盖涉众需求规范，试验室环境模拟条件尽量覆盖真实环境条件。因此，“需方对供方的要求，不能停留在通过了验证过程就万事大吉，应以通过确认试验，甚至全寿命运行考核为准则”。确认过程包含准备、实施、管理三项活动。

（1）准备

策划确认试验，识别利益相关者关注的关键特性，明确参与试验的系统技术状态，权衡确认试验技术、经费、时间约束和容忍的风险，选择合适的试验方法、范围和活动，评估度量准则和方法，准备试验大纲和细则，准备使能场地、设施、工具、软件等，制定确认试验计划与细则。

（2）实施

定义确认程序、操作、预期结果；在规定环境下，实施确认试验；使用使能资源记录过程结果，将测量的结果与预期结果进行比较，判断是否满足涉众需求。对试验出现的异常情况进行分析，对故障进行归零，迭代改进系统。

（3）管理

记录确认结果和异常情况，记录活动过程和问题，并追溯其解决过程，维持系统确认试验与确认试验策划、涉众需求的追溯性，输出基线数据包。

≫ 实例 4.5.1 典型的防空武器装备和航天器的确认。典型防空武器的确认试验包括热区与寒区、高原与海洋、储存与运输。航天器的确认试验，一般通过演示验证飞行或者试验试用过程。

4.6 运行过程

运行过程目标是利用系统为利益相关者提供所需的服务。该过程涉及安排人员操作系统，并监测系统运行状态，处置异常情况。

系统运行涉及任务规划、操控指令准备、任务执行结果反馈等。任务规划包括接受用户请求、选择任务执行时期、任务执行时序拟定；操控指令是将拟定的任务执行时序，以控制指令形式发送给任务系统（或执行存储在控制计算机中的指令）；任务执行结果反馈是对执行任务数据的返回，生成数据产品。系统准备和执行任务时，首先将系统调整到执行任务状态，随后执行任务，并监测判断其健康状态和变化趋势，同时对其控制和管理，使其处于最佳工作状态。

（1）准备

策划运行策略，包括运行方法、计划、资源；明确系统服务的可用性，以及与体系中其他系统的协同关系；明确操作人员配置；明确正常运行模式、应急运行模式，故障处置预案、安全运行条例；准备运行所需的使能系统，培训操作人员。

（2）运行

在预定的运行环境中运行系统，监控系统运行状态，记录与报警系统异常情况，必要时转入应急运行状态（或者安全运行状态），等待后续实施故障处置。

（3）支持

根据客户需要，提供咨询服务、协助异常情况处理、开展系统健康变化趋势分析；分析运行结果，提高系统服务满意度。

（4）管理

记录运行结果和异常情况；记录事件和问题，并追溯其解决情况；保持运行结果与涉众需求之间的可追溯性；提供运行数据包。

实例 4.6.1 航天器的发射运行。航天宇航领域系统的移交部署和运行维护过程涉及发射前操作、发射入轨操作、在轨运行管理和退役处理过程，如图 4－4 所示。这里对航天器的发射部署和运行维护过程进行简要描述。

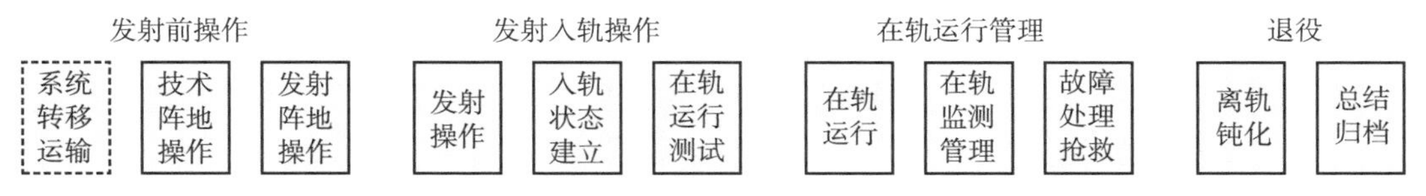

图 4－4　典型航天器系统发射部署和运行维护过程

（1）发射前操作

航天系统发射前的操作包括转移运输、技术阵地和发射阵地的操作。发射前操作和发射操作都涉及与发射基地的过程对接问题。过程中要准备操作过程文件，保证操作的有效性，测试覆盖性和操作安全性。测试覆盖性应覆盖集成系统内部接口、各大系统接口和飞行控制程序。

运输过程：运载火箭和大型航天器在向发射基地转移运输过程中，由于运输包络尺寸的限制或者由于其中一部分由不同的承制方研制，一般采用分段包装运输，需要在发射基地最终完成系统的集成。除产品运输到达基地外，还包括现场操作程序文件和地面设备

(地面电气设备、地面机械设备)、配附件和消耗品。

技术阵地操作：主要涉及分系统测试、系统集成和测试及推进剂加注。

1）分系统测试：到达技术阵地的系统产品与从承制方出厂后的系统产品区别，主要是中间经历了运输环境过程。为了确认产品的完好性，可以安排分系统的功能和性能测试，如展开机构的展开测试、压力容器的检漏、电导通测试、极性测试、模拟飞行的指令发送和反馈信号检测、相机的定标等。对于分系统测试和系统集成测试过程发现的问题，需要进行故障归零。发射前必须完成归零，或者具有故障不影响发射和运行成功的结论，否则需要延迟发射，甚至将系统产品撤回，取消发射。

2）系统集成测试：对于分段运输的产品，需要在技术阵地完成系统的最终集成。集成后需要对系统接口测试、系统功能和性能进行测试、模拟飞行测试、大系统接口对接测试等，证明其完好性。系统集成时，航天系统状态若与发射状态相同，可以提高发射可靠性。例如，航天器在系统集成、测试、向发射阵地运输和吊装时，一般处于与发射状态一致，但是在进行机构开展测试时，为了模拟失重状态，可以倾侧航天器。目前，大型运载火箭普遍都在发展“三垂发射模式”，即垂直总装、垂直测试、垂直运输（到发射阵地），以代替原有的在技术阵地水平测试，到发射阵地才实现垂直系统集成和测试的模式。

3）推进剂加注：航天器一般在技术阵地完成推进剂加注过程，运载火箭一般在发射阵地加注。一旦进入推进剂加注，发射就进入不可逆过程。

发射阵地的操作：除了“三垂发射模式”外，运载火箭和航天器需要在发射阵地（发射塔架）完整集成和测试。其操作内容包括，系统内部产品接口测试、大系统接口对接测试、系统功能和性能测试、模拟飞行测试、基准对准等，以证明满足任务期望的完好性。最后，要完成运载火箭推进剂的加注。

（2）发射入轨操作

发射前的过程包括准备飞行过程、故障处理预案等。

发射操作：发射操作为运载火箭遥控、遥测、外测、安全控制以及航天器的管路放气等操作。遥控用于上注指令，遥测用于监测航天系统状态，外测用于火箭弹道的外部监测，安全控制在火箭轨迹或姿态超出门限后实施自毁。为保证安全，一般应避免在发射期间给航天器加电。国内发射测量与控制的分界面为：发射前的测控将由发射场大系统负责，发射后由测控大系统负责。

入轨状态建立：发射入轨状态建立涉及航天器消旋、机构展开、对日和对地姿态建立，启动载荷工作准备等。一些航天器进入轨道就可以工作，另外一些航天器需要等待一定时间（若干圈的运行）才能进入工作状态。例如，产品微波放大器放气和卫星达到热平衡。

在轨运行测试和系统交付：在轨运行测试一般按照航天器任务期望，执行一组典型任务操作（例如，完成一组典型成像），证明航天器在轨工作状态的完好性，以及航天器与测控系统、运控系统、地面应用系统衔接完好性。完成在轨测试的系统可以办理向用户的交付手续。

4.7 维护过程

维护过程目标是保持系统提供持续服务的能力。该过程监测、记录系统状态和异常事件和变化趋势，采取预防性行动、纠正性措施（或故障处置）或者依据自适应能力，恢复或保持服务能力。维护过程涉及准备、实施、保障、管理四项活动。

1）准备：策划维护活动，定义预防性维护和纠正性维护预案、方法、可替换单元、物质资源、使能系统。

2）实施：监测异常事件或趋势，采取预防性或纠正性维护行动；记录维护过程，追溯其解决情况；实施纠正行动时，首先将系统调整到安全模式或应急模式，准确定位问题，采用可更换模块实施单元更换，确认系统恢复状态。

3）保障：执行保障性采购，通过物流补充可更换单元；监测保障物资的存储状态，调整保障需求。

4）管理：记录维护行动，并追溯解决情况；记录维护过程和物流保障的异常情况；保持维护过程对维护策划的可追溯性；提供数据包；监控客户对维护保障的满意度。

>> 实例 4.7.1 卫星故障的抢救。

1）故障现象：某近地太阳同步轨道卫星，姿控推力器一直在喷气，卫星快速旋转，电源系统逐渐失去能源，星体冷却到－15 ℃左右，只能接收间断的遥测信号、推进管路上的压力传感器遥测值为零、卫星失效。

2）故障定位：各利益相关方立即成立故障调查组，对卫星故障前后的遥测数据进行时序比对判读，发现故障起因为陀螺出现问题，故障传导机制为“陀螺故障、GNC误判姿态、驱动推力器喷气修正姿态、始终无法完成姿态修正、可能导致贮箱‘肼’推进剂消耗殆尽、卫星快速旋转、太阳翼无法对准太阳、蓄电池能源用完、热控系统无电源供给、星体冷却”，由于卫星处于旋转状态，可接受间断的太阳光照射和间断电能供给，所以只能接受间断的遥测信号。

3）判断能否抢救：推进分系统分析了故障前后的遥测数据，判断主份推进系统两个贮箱的推进剂已消耗殆尽，判断备份两个贮箱应该还有推进剂，因管路中肼推进剂已结冰（肼的冰点为1.4 ℃），导致管路上安装的压力传感器遥测压力值为零。明确了只要还有推进剂，卫星就还有救。

4）制定抢救策略：a）应用间断供给的少量电源，遥控关闭所有耗电设备；b）所有电源只提供给耗电极少的磁力矩器工作，逐步降低卫星旋转速度；c）对轨道上卫星的光照变化进行分析，发现三个月后卫星光照条件变好；d）查阅资料发现，肼推进剂结冰时体积收缩、融化时体积膨胀（正好与水的特性相反）；如果有电源，不能给管路加热融化冰，因为加热不均，管路可能出项所谓“肠梗阻”现象（一些地方融化了，一些地方没有融化），推进剂融化后的体积膨胀可能会涨破与管路连接的传感器等薄弱结构，导致推进剂泄漏。因此，抢救策略是推进剂管路应让其缓慢自然恢复温度。

5）抢救结果：三个月后卫星旋转慢下来了，光照条件也变好了，卫星自然温度恢复到达到 4～5 ℃。这时，推进剂已全部融化，发送遥控指令驱动推力器工作，通过推力器几个脉冲的工作，就实现了卫星的姿态稳定和对日/对地定向，卫星抢救获得圆满成功。

4.8 退役处置

退役过程目标是终止一个存在的系统，用新系统替换其服务功能，或者废弃系统并适当处置废弃的系统。处置废弃系统时，要遵循相关的政策、法律、环境保护、安全保障和安保要求，尽量以无害环境的方式销毁、分解或回收废弃的系统。退役过程涉及三项活动：

1）准备：策划退役与处置策略，包括更新替换系统，或永久终止系统，将废弃系统转变为可接受的状态，从而避免对环境产生不利影响，处置活动需考虑健康、安全、安保条件；准备使能系统。

2）处置：停用系统，如断开电源或排除燃料等；以新系统接替原有系统，实现升级换代；将系统从使用状态过度到处置状态；通过拆分、回收、销毁等措施处置系统；记录相关操作。

3）管理：确认退役处置后，不存在对健康、安全、安保和环境的长期危害影响；记录退役和处置过程，建立退役处置过程与策划之间的可追溯性；对所有系统文件归档，完成系统总结。

≫ 实例 4.8.1 航天系统的退役处置。航天器退役的第一项操作是离轨。对于地球静止同步轨道 GEO 卫星，可将轨道提升 100～500 km 以上，进入“坟墓”轨道，让出日益紧张的轨位资源。低地球轨道 LEO 卫星一般通过降低轨道，利用稀薄大气阻力实现离轨，使其（受控或不受控地）尽快进入大气层烧毁。航天器退役的第二项操作是钝化，将推进剂、高压气体释放，关闭电源和实施电源放电，避免航天器之间撞击引起的爆炸，产生大量碎片。

导弹武器类等地面航天装备系统，处置原则是不产生安全、环境影响问题。退役系统的再利用是值得深入研究的问题，目前正逐步得到关注。

4.9 本章要点

1）在系统研制实现阶段，分为“实现过程、集成过程、验证过程、移交过程、确认过程”五个过程；在运维与退役阶段，还有“运行过程、维护过程、退役过程”三个过程。其中，系统产品实现可以采用“全新研制、货架采购、型谱复用”三种方式。

2）实现过程的目标是将系统设计转换成满足系统需求的系统产品。在概念、可研、方案等寿命周期早期阶段，实现的产品可能是模型、图纸、方案等虚拟产品。在初样、正样等工程研制阶段，实现产品是真实物理产品。

3）集成过程是将一组系统元素集成到系统中，确保满足系统需求。集成是从低层到高层逐级进行的，如从组件到产品、从产品到分系统、从分系统到系统等。

4）验证过程是提供满足系统需求特性的客观证据，证明系统“建造正确”。验证试验依据系统需求，在试验室模拟环境下进行。验证方法包括仿真分析、检验/检测、验收试验、鉴定试验、寿命试验。

5）验收试验目的是发现与剔除产品制造缺陷。试验载荷强度为低量级（验收级），应以不破坏产品结构完整性、不影响寿命为准则，同时要便于激发制造缺陷。对于无把握的产品，需全部进行验收试验，即进行全检，否则可以抽检。环境应力筛选（ESS）、老化试验、跑合试验，可归类为验收试验，它们目标也是激发、发现、剔除缺陷产品。

6）鉴定试验目的是对产品技术状态的适用性进行考核。试验载荷强度为高量级（鉴定级），证明产品在规定环境下，其功能、性能、寿命、接口符合技术要求。由于实际产品制造过程中存在偏差，因此应首先通过验收试验剔除缺陷产品，再开展鉴定试验。产品技术状态发生变化后，包括使用环境变化、寿命要求变化、设计更改、工艺更改、原材料元器件来源变化等，都应重新开展鉴定试验。

7）可靠性试验往往抽取一定数量的产品子样与鉴定试验结合进行。实验室产品（或预研产品）仅关注功能和性能的实现，工程产品需要具备实际使用环境条件和寿命要求下，功能、性能、接口的可靠性与健壮性。

8）移交过程是将系统部署在运行环境中，保证与运行环境中的其他系统兼容。广义的转移过程还包括向上一层级系统交付，或者向下一个寿命周期阶段研制交付。

9）确认过程的目标是提供客观证据，证明该系统在使用时能够满足利益相关者的业务需求或任务目标，在预期的运行环境中实现预期用途，表明“建造了正确的系统”。确认试验依据利益相关者需求，通常在真实使用环境中进行。

10）运行过程的目标是利用系统为利益相关者提供所需的服务。维护过程目标是保持系统提供持续服务的能力。退役过程目标是终止一个存在的系统，用新系统替换其服务功能，并适当处置废弃的系统。处置废弃系统时，要遵循相关的政策、法律、环境保护、安全保障和安保要求，尽量以无害环境的方式销毁、分解或回收废弃的系统。

参考文献

[1] DAVID D W, GARRY J R, KEVIN J F, et al. Systems engineering handbook - a guide for system life cycle processes and activities [M]. 4th ed. New Jersey: John Wiley & Sons, INCOSE - TP - 2015 - 002 - 04, 2015.

[2] NASA System Engineering Handbook [M]. NASA SP - 2016 - 6105 Rev. 2. NASA Headquarters, 2016.

[3] Systems and software engineering—System life cycle processes: ISO/IEC/IEEE 15288: 2015 (E) [S]. Geneva: International Organization for Standardization, 2015.

第5章　项目管理

项目管理是管理者通过实施计划、组织、领导、协调、控制等手段，对工程项目实施的管理活动，是系统工程方法在具体工程项目管理中的应用。

这里将项目管理划分为项目级的管理和组织级的管理。项目级的管理是由项目团队实施的项目管理，项目级的管理可进一步划分“计划管理、技术管理、产品保证管理”三部分内容；组织级的管理是将一些项目管理要素划分给组织中的职能部门来完成。将项目级的管理与组织级的管理集成，可以形成系统工程管理计划（Systems Engineering Management Plan，SEMP）。

对于航天领域，项目级的管理由项目总指挥（或项目经理）负责，其中副总指挥负责计划管理；技术管理由总设计师（或技术经理）负责；产品保证管理（简称“产保管理”）由产品保证师负责（或副总设计师兼任）。

5.1　项目管理总览

项目：项目是一个组织为实现既定目标，在限定条件下（时间、人力、资源），为完成特定目标而进行的一次性任务。

项目具有如下特征：

1）一次性、唯一性：项目有明确的起点和终点，没有可以完全照搬的先例；每个项目都是独特的，其提供的产品或服务有自身的特点，其时间和地点，内外环境，自然和社会条件有别于其他项目；一次性的项目与重复性的作业的区别可见表5-1。项目可以是一个工程系统研制的某一阶段任务或某个专项工作。

表5-1　一次性项目与重复性作业的区别

一次性项目	重复性作业
一次性	重复性
有限时间	无限时间
革命性的改变	渐进式的改变
目标之间不均衡	均衡
多变的资源需求	稳定的资源需求
柔性的组织	稳定的组织
效果性	效率性
以达到目的、实现目标为宗旨	以完成任务、指标为宗旨
风险和不确定性	经验型

2）目标性、多目标性：项目有明确的目标，例如提供某种特定的产品、服务或成果；总目标是单一的，但具体目标可能有多个，需协调多目标之间关系，实现整体优化。

3）约束性：项目有时间、费用等约束，例如在规定的时段内或规定的时刻之前完成任务，不超过规定的费用等约束；其他约束还包括技术竞争、政治法律、社会文化等因素。

4）临时性、开放性：项目实施者组建临时团队，随项目进展，其项目组织结构、人员组成、职责分工可能都在不断变化。

5）整体性、寿命周期特性：项目中的一切活动都相互联系并构成一个整体，需要统一管理；项目按寿命周期阶段展开，逐步投入资源、持续积累交付成果。

5.1.1 项目管理概念

项目管理：项目管理是在有限资源和时间约束条件下，通过一个临时性的柔性组织，运用专门的知识、技能、工具和方法，进行高效的计划、组织、指导和控制活动，最大程度地实现项目目标的一次性任务。

（1）项目管理特点

1）项目管理目标：缩短研制周期、节省研制经费、保证研制质量、降低研制风险。

2）项目管理对象：项目或被当做项目处理的作业。

3）项目管理思想：全过程都贯穿系统思想或系统工程方法。

4）项目管理组织：按任务而不是按职能来组织实施，组织具有临时性，人员具有互补性。

5）项目管理体制：以项目经理负责制为基础的目标管理，基于团队管理的个人负责制。

6）项目管理方式：是一种目标管理。

7）项目管理要点：是创造和保持一种使项目协调进行的环境。

8）项目管理方法：采用一系列先进、开放的方法、工具与手段。

（2）项目管理发展

古往今来数千年，人类祖先依据本能潜意识就开始了项目管理实践，如埃及金字塔的建设、中国万里长城的修建，但是当时没有形成一套系统的项目管理思想和方法。

传统项目管理最早起源于建筑行业[1]。20 世纪初到 50 年代，诞生了传统项目管理思想，主要标志是甘特图的发明和应用。1917 年第一次世界大战期间，亨利 · L. 甘特发明了“甘特图”（Gantt Chart）用于计划、监督和控制工程项目，但其管理思想不够系统、方法比较单一。

项目管理因在国防军工行业的广泛应用才真正促进了其发展，标志性的事件是实施“曼哈顿”计划时，提出了项目管理概念。20 世纪 50 年代到 70 年代，传统项目管理思想得到传播，主要标志是开发和推广了网络计划技术。第二次世界大战后，美国军方和各大型企业探寻更为有效的项目管理方法。1957 年杜邦公司在化工项目中应用了关键路径方法（Critical Path Method，CPM）；1958年美国海军在潜射北极星导弹研制项目中开发和应用了计划评审技术（Program Evaluation and Review Technique，PERT）；1966年普利茨克尔等在PERT基础上增加决策节点和随机性提出了图形评审技术（Graphic Evaluation and Review Technique，GERT）；1970年美国陆军研制出应用网络技术的MathNet计算程序。这期间网络理论和技术的应用，使项目管理的内涵变的更加充实和完善。同时，项目管理在美国阿波罗登月项目中取得巨大成功，由此风靡全球。

20世纪70年代后，项目管理应用领域不断扩展，形成了多学科交叉的现代项目管理知识体系。这期间项目管理从国防、航天、航空、建筑、化工行业拓展到各行各业，计算机技术、价值工程和组织行为学在项目管理中得到应用。

传统项目管理仅站在研制方角度，重点在技术、进度、成本三者之间进行综合权衡。现代项目管理站在利益相关者的市场竞争角度，对制约项目成功的多因素进行权衡，实现最大程度地满足利益相关者需求。目前，国际上逐渐形成了两大项目管理的研究体系，其一是以欧洲为首的国际项目管理协会IPMA（International Project Management Association）推行的IPMP（International Project Manager Professional）认证体系，其二是以美国为首的项目管理协会PMI（Project Management Institute）推行的PMP（Project Management Professional）认证体系。

事实上，项目管理以“计划、执行、检查、处理”（Plan、Do、Check、Action，PDCA）循环为核心，以高质量/效率/效益为目标，明确范围、制定计划，分配任务、组织实施，监控状态、发现问题，协调资源、管控短线。

>> 实例5.1.1 质量、效率、效益保证措施。质量上“一个人可以犯错，但是一个组织不能犯错”；效率上“快速迭代纠正错误”；效益上“以高性价比拓展市场、获得效益”。

项目管理需考虑的几个重要环节：

1）目标与期望：规定目标和期望要求，折衷不同利益相关者的需求和期望，控制目标和期望的变更。

2）项目实施环境：项目执行得好坏受环境变化的影响。包括内部环境（组织架构、文化氛围、人事变动）、外部环境（国际与国内政治、法律、经济、社会文化因素）。表5-2反映了矩阵式组织架构对项目的影响。

3）利益相关者：包括“直接当事人”和“间接相关人”，如图5-1所示。

a）直接当事人：包含顾主、项目经理与团队、投资方、贷款方、承包商、供货商、设计方、监理方、咨询顾问等。

b）间接相关人：包含政府部门、社会公众、新闻媒体、竞争对手、家属。

4）可用资源：人、机、料、法、环及资金、信息、专利等。

表 5－2 各类组织结构对项目影响

影响	(1)职能式	(2)矩阵式			(3)项目式
		弱矩阵	平衡矩阵	强矩阵	
项目经理权限	很少或没有	有限	小到中等	中等到大	很高甚至全权
全职工作人员比例	几乎没有	0%～25%	15%～60%	50%～95%	85%～100%
项目经理投入时间	兼职	兼职	全职	全职	全职
项目经理常用头衔	项目协调员	项目协调员	项目经理	项目经理	项目经理
项目管理行政人员	兼职	兼职	兼职	全职	全职

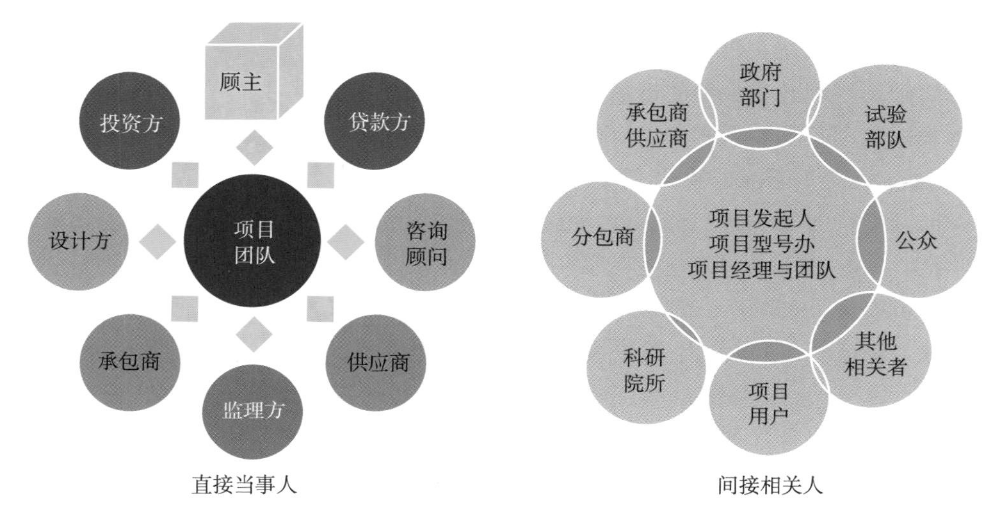

图 5－1 项目的当事人和相关人

5.1.2 项目管理术语

在前面的第 1.3.3 节中已描述了项目组合（Portfolio）、项目群（Program）和项目（Project），项目管理其他术语如下。

1）任务（Task）和子任务（Sub－task）是分解项目工作内容所形成的任务和子任务。

2）工作包（Work Package，WP）是项目工作分解结构的最小任务单元。一般遵循 80 h 准则，即工作周期小于 2 周，具有明确交付成果，分解到具体责任人。

3）工作分解结构（Work Breakdown Structure，WBS）是以可交付成果为导向，对项目要素工作内容进行分组定义。WBS 归纳和定义了项目的整个工作范围，按层级分解工作内容，其中低层级分解内容是更详细的工作内容。

实例 5.1.2 某企业各类项目与人员职责基本关系如下：

1）多项目组合：由企业负责人负责，由规划计划部门组织。

2）项目群：由企业副职负责，由各科研部门组织。

3）系列项目：由系列项目经理负责，由科研部门的处室组织。

4）单个项目：由项目经理负责，项目办具体负责组织。

5.1.3　项目管理五过程

项目管理过程可分成“启动、规划、执行、监控、收尾”五个过程（见图 5－2），在工程项目或者项目寿命周期阶段反复实施这五个过程，获得对项目范围、进度、成本、质量、风险、资源、沟通、采购等要素的控制。

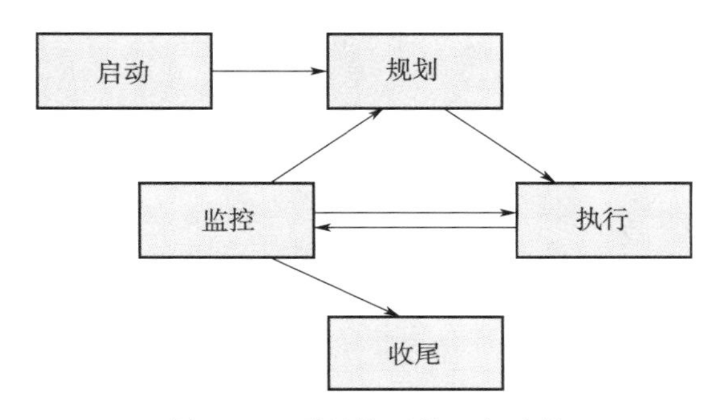

图 5－2　项目管理的 5 个过程

1）启动过程：获得授权启动项目，开始项目工作的一组过程。包括定义一个新项目，或者已有工程项目的寿命周期新阶段，任命项目经理、组建项目团队。

2）规划过程：明确项目范围，制定与优化行动方案的一组过程。例如，制订项目工作目标，明确范围任务和分工职责，制定计划、成本、质量、采购、风险等控制计划。

3）执行过程：完成项目管理计划中规定的工作的一组过程。例如，协调资源，实施质量保证，进行采购等。

4）监控过程：追溯、检查项目进展，适时做出变更调整的一组控制过程。例如，监测项目进展，分析差异原因，采取纠正措施，实施整体变更控制等。

5）收尾过程：正式结束项目（或阶段工作实施）的一组过程。例如，项目与成果的移交、项目与合同收尾等。

5.1.4　项目管理九要素

国际上，项目管理过程通常包括如下九个要素[1]。

1）项目综合管理（Project Integration Management）：为确保项目各项工作有机地协调配合所展开的综合性和全局性的项目管理工作和过程。核心内容是项目管理的整体策划、计划的集成、计划的执行和变更控制。

2）项目范围管理（Project Scope Management）：收集项目需求、明确目标，对项目的工作内容进行分解与控制的管理工作和过程。包括定义项目范围，创建工作分解结构

WBS，明确分工职责，控制范围变更。

3）项目时间管理（Project Time Management）：为确保项目最终按时完成，实施的一系列管理过程。包括定义活动、活动排序，估算活动时间、制定进度计划，识别所需资源，监控进度等。进度计划主要依据工作分解 WBS 和技术过程来制定。

4）项目成本管理（Project Cost Management）：为保证完成项目的实际成本费用不超过预算，所实施的管理过程。包括识别资源需求，估算成本费用，监控成本等；成本预算可采用类比法、参数法和分层累计法，成本决算可采用记账统计法。

5）项目质量管理（Project Quality Management）：为确保项目达到规定的质量要求，所实施的管理过程。包括质量规划、质量保证和质量控制。全要素的质量管理称为产品保证，其内涵为质量管理、通用质量特性管理、供应链管理等。

6）项目人力资源管理（Project Human Resource Management）：为保证项目实施所需人力资源，所实施的管理过程。包括人力资源计划、组建团队、团队建设、团队管理等。

7）项目沟通管理（Project Communication Management）：为确保项目信息的有效收集和传输，所实施的管理过程。包括与利益相关者制定沟通计划，发布信息和报告绩效等。

8）项目风险管理（Project Risk Management）：为应对项目可能遇到各种不确定因素导致的风险，所实施的管理过程。包含制定风险管理策略、风险识别、风险分析、风险应对、监控风险。

9）项目采购管理（Project Procurement Management）：为项目实施获得所需的外部资源或服务，所采取的一系列管理措施。它包括规划外协外购、实施采购、监控采购进度与质量、组织验收等。

实例 5.1.3 项目管理成熟度模型。某航天组织对项目管理成熟度进行分级管理，表 5-3 给出了项目管理成熟度等级划分的定义。该组织按年度，定期对下属企业的典型工程项目管理情况进行评估，通过评估促进项目管理落地和项目管理成熟度等级的提升。

表 5-3　提高项目管理成熟度等级水平

等级	名称	描述	典型特征	标志性文档
A	初始级	因人而异的经验式或个性化的管理	无统一的管理规范和要求	无统一的标志性文档
B	系统策划级	有意识的管理 管理有计划	全面的管理策划，全面的计划管理 全寿命期动态策划，任务明确、责任落实、措施有保障	项目管理计划
C	整体规划级	全面规范化的管理	强调提高项目管理成熟度等级体系的完整性，职责定义规划化，管理过程规范化，方法与工具规划化，文档规范化	项目管理手册

续表

等级	名称	描述	典型特征	标志性文档
D	量化控制级	精细化的管理（可量化、可追溯、可预测、可控制）	决策有依据，经验有积累，应变有预案，检查有标准，控制有措施，有项目管理信息系统支持	项目管理辅助数据（知识）库
E	持续改进级	动态优化式的管理	项目管理改进工作制度化，关注变化，动态评估和改进管理，关注项目特性，创新最佳实践	项目管理指南

同时，该组织还建立了科研项目管理体系框架，如图5-3所示。该框架考虑了“多项目组合、项目群、单项目”三个管理层次，“启动、计划、执行、控制、收尾”五个过程、“集成、范围、进度、质量、经费、人力资源、沟通、风险、采购”九个要素。这些管理建立在“文化与理念、经验与教训、领导与目标、组织与职责、流程与规范、方法与工具、团队与人员”管理载体上，并通过“协调调度、信息沟通、监督检查、考核激励、持续改进”五大机制来保证。

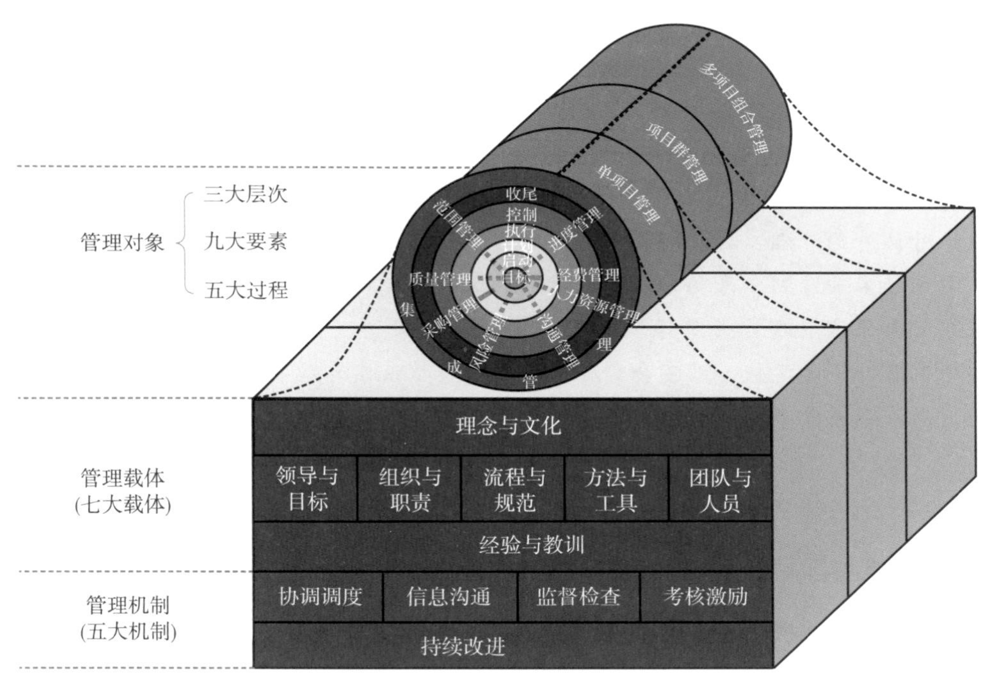

图5-3　航天科研项目管理体系框架

实例5.1.4 典型航天组织的项目管理12要素。

1）项目综合管理：为确保项目各项工作有机地协调配合所展开的综合性和全局性的项目管理工作和过程，包括项目集成计划的制定与实施，项目变动的总体控制等，项目规划、启动、转阶段、大型试验等。

2）项目范围管理：为实现项目的目标，对项目的工作内容进行控制的管理过程，包括范围的界定、明确分工合作职责与变更控制等。

3）人力资源管理：为保证所有项目相关人的能力和积极性都得到最有效地发挥与利用所做的一系列管理措施，包括组建团队、人员选聘、团队建设等。

4）技术状态管理：以可追溯方式识别、描述和控制系统技术状态的管理过程，包括技术状态标识、技术状态控制、技术状态记录、技术状态审核等。依据寿命周期阶段分别确定功能基线、分配基线和工程系统产品基线等。

5）计划进度管理：为确保项目最终按时完成实施的一系列管理过程，包括具体活动界定、排序，时间估计，进度安排与监督控制等。

6）经费成本管理：为保证完成项目的实际成本费用不超过预算的管理过程，包括资源的配置，成本费用预算及成本监督控制等。

7）产品保证管理：为确保项目达到客户所规定的质量要求所实施的管理过程，包括产保规划、控制和质量保证等。

产品保证＝质量保证（贯彻要求＋质量归零＋软件＋工艺＋标准化＋型谱产品化）＋通用质量特性（六性）＋ 供应链保证（3E 元器件＋材料/标准零部件＋外协）

8）沟通文件管理：为确保项目信息的合理收集和传输所实施的一系列管理，包括沟通规划、信息传输和进度报告等。

9）项目风险管理：涉及项目可能遇到各种不确定因素，包括风险识别，风险量化，制订对策和风险控制等。

10）外协外购管理：为从项目实施组织之外获得所需资源或服务所采取的一系列管理措施。它包括采购计划、采购与征购、资源的选择及合同的管理等。

11）安全保密管理：为确保项目实施的一系列安全、保卫、保密管理，包括密级制定、外场试验、产品运输、涉密会议等保密安全措施落实与控制等。

12）产权成果管理：涉及项目知识产权和成果管理内容，包括知识产权申报策划、成果策划。

5.1.5 项目管理工具方法

项目管理工具方法体现了多学科知识在管理技术上的应用。随着计算机技术的不断发展，项目管理软件工具发展较快。目前国内外供各个行业所使用的各类项目管理软件有 Microsoft Project、MyToDoList PHP、Google Spreadsheets、百会 PM、Zoho PM 等。主要方法有工作分解结构（WBS）、甘特图（Gantt Chart）、计划评审技术图（PERT Chart）、关键路径法（CPM）、投资回收期、净值分析法（偏差分析法）、成本效益分析法、内部收益法、效益分析法、加权分析法、层次分析法、网络节点图、头脑风暴法、专家评判法（Dephi 法）、类比法、参数计算法、费用/效用曲线、模板法、不确定性分析、环境影响评价、里程碑计划、责任矩阵、并行工程、数理统计、决策树、鱼骨图、直方图等。

下面仅对“工作分解结构、甘特图、计划评审技术图、关键路径法、投资回收期、净值分析法”这几种常用的方法进行说明。

（1）工作分解结构（Work Breakdown Structure，WBS）

工作分解结构是以可交付物为导向，对完成项目所需开展的所有工作进行层次分解。WBS不仅分解项目所需完成的技术工作，还要分解项目所需的管理工作。工作分解结构可以先按可交付产品的分解结构（Product Breakdown Structure，PBS）为索引进行编制；然后对项目管理、设计分析过程、AIT过程、下一层级系统管控过程、使能系统研制工作进行分解。

工作分解结构内容可按寿命周期阶段、系统层次分别进行分解，再汇总集成。每一层级按“研制管理、系统设计、组装/集成/测试（AIT）、下一层级系统研制管控、地面系统研制（即使能系统研制）”五类工作进行分解。每项工作又逐步细化为任务、子任务、工作包（统称为活动），并明确完成活动标志性的可交付物、负责活动的组织（或参与人员）、活动所需的时间和资源（设备、经费）等。

实例 5.1.5 某卫星系统工作分解结构，层次分解框架可如图5-4所示。

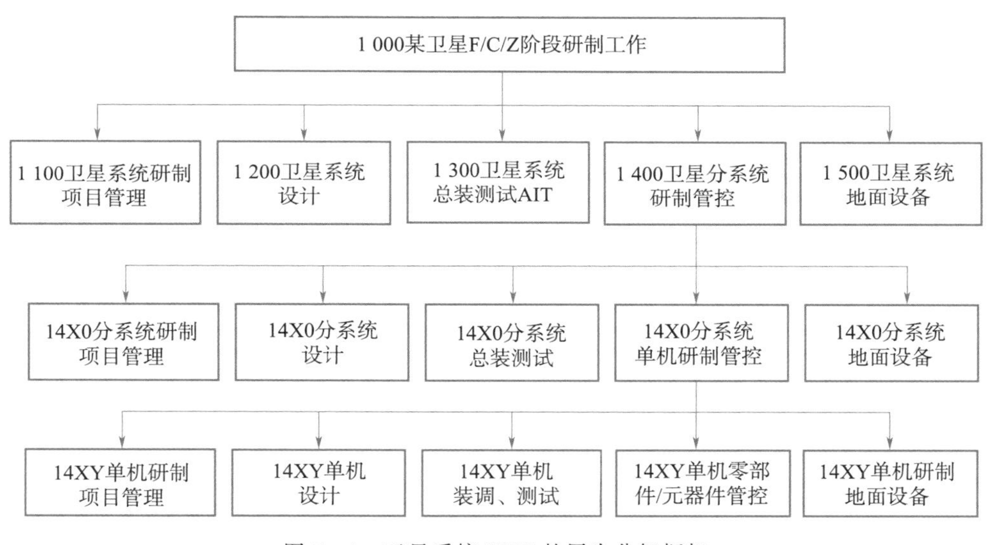

图5-4　卫星系统WBS的层次分解框架

（2）甘特图（Gantt Chart）

甘特图的横向坐标为时间、纵向坐标为各项活动，图中以横道条状线表示各项活动开始与终止时间，因此甘特图又称为横道图或条状图。甘特图可用于安排研制生产计划，并显示研制进度，表示项目中各项活动起止与持续时间、各项活动之间时序关系、里程碑控制节点，以及负责活动的组织或人员、活动所需的经费等信息。典型的甘特图如图5-5所示。

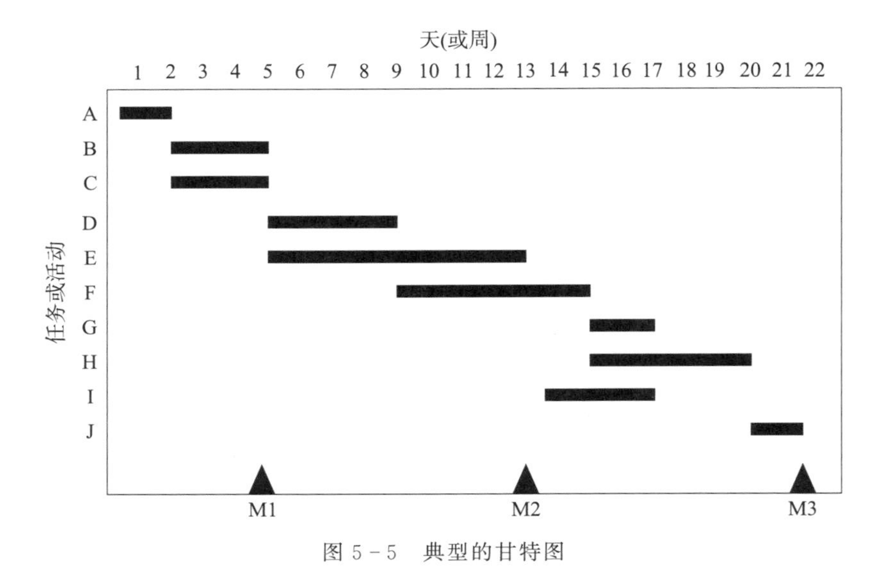

图 5-5　典型的甘特图

甘特图可以反映活动之间的多种衔接关系，例如，图 5-5 表明：

1）开始-开始关系（SS）：活动 B 与活动 C 同时开始。

2）结束-开始关系（FS）：活动 D 在活动 C 结束时开始。

3）结束-结束关系（FF）：活动 G 与活动 I 同时结束。

（3）计划评审技术图（PERT Chart）

计划评审技术图是采用网络图来表达项目中各项活动之间相互关系和进度的图形。借助该图形并结合数学上的网络分析技术，可进行关键路径分析、工程时间估计、时间不确定性分析、工作计划的统筹安排等，以达到缩短研制时间和减少资源消耗的目标。

图 5-6 为典型的 PERT 图，矩形 A～J 为分解的活动，矩形中数字表示活动持续的时间（天数），矩形之间的连线表示活动之间的顺序衔接关系。另外，也可以采用矩形表示里程碑节点，线段表示活动与持续时间。依据图形可制定人力、物质、时间、资金的安排计划。

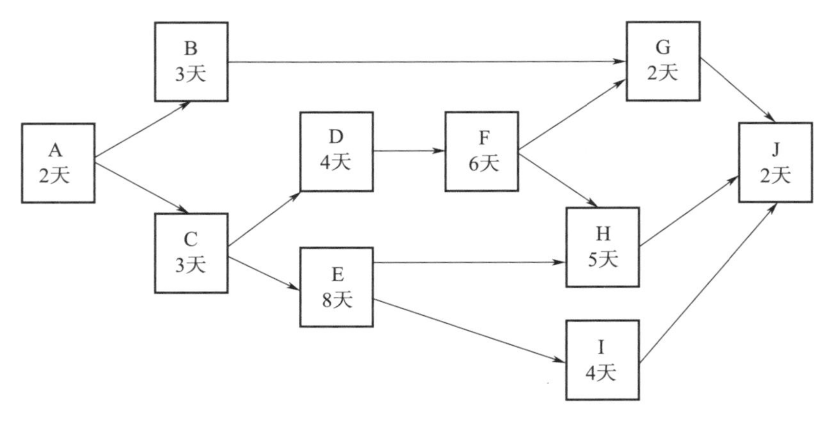

图 5-6　典型的计划评审技术图

(4) 关键路径法 CPM (Critical Path Method)

关键路径是项目中从输入到输出经过的最长时间路径。关键路径可以通过分析 PERT 图，寻找最长时间活动序列，该序列中任何一项活动的延迟，都会导致整个项目计划的延迟，如图 5-7 中的红线标注的路径。如果活动时间发生了变化，关键路径可能发生变化，与此相关的两个概念为某项活动的“自由浮动时间 (Free Float)”和“总浮动时间 (Total Float)”。

自由浮动时间：允许某个活动时间延迟，而不会导致后续活动启动时间推迟的最长延迟时间。例如，图 5-7 中从 B 到 G 路径没有活动，中间不需要花费时间；从 C 到 G 路径有 D、F 活动，中间需要花费 10 天时间，B 活动最长可延迟时间为 10 天，不会导致后续 G 活动的延迟，因此“B 活动的自由浮动时间为 10 天”。

总浮动时间：允许某个活动时间延迟，而不会使该活动所处的路径成为关键路径的最长延迟时间。例如，图 5-7 中 A—B—G—J 路径，中间的 B、G 活动需要花费 5 天时间；关键路径 A—C—D—F—H—J，中间的 C、D、F、H 活动需要花费 18 天时间，B 活动最长可延迟时间为 13 天，而不会导致 A—B—G—J 路径变为关键路径，因此“B 活动的总浮动时间为 13 天”。

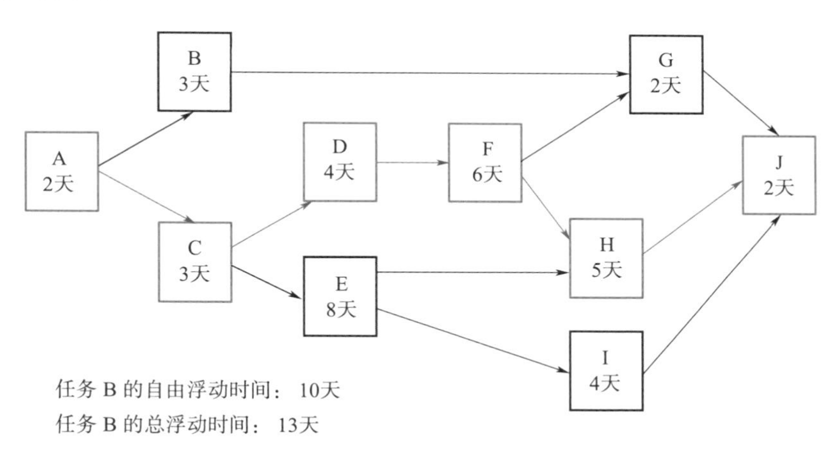

图 5-7　关键路径法分析图

(5) 投资回收期

投资回收期分为静态投资回收期和动态投资回收期。静态投资回收期不考虑资金的时间价值，静态投资回收期指以投资项目经营获取的净现金流抵偿原始总投资所需的时间（或销售产品数量）。相应地，考虑资金时间价值的称为动态投资回收期。采用投资回收期，可计算投资回报率和分析投资价值和风险。如果动态投资回报率远高于银行存款利息，则投资具有较高的价值。

>> 实例 5.1.6 采用静态投资回报曲线测算盈亏平衡点。某商业火箭公司，原始固定总投资为 300 万美元，生产 1 发小型火箭的成本为 50 万美元，销售发射 1 发火箭的收入

为 100 万美元，不考虑资金的时间价值，可以绘制如图 5-8 所示固定投资费用、可变生产成本、销售收入的比对曲线。图中表明，销售 6 发火箭，该公司可实现盈亏平衡；销售大于 6 发火箭，则可产生利润。

如果考虑资金的时间价值，投入的资金需按 $(1+a)^n$ 计算成本。其中 a 为银行存款的平均年利率，n 为资金投入的年度数。假设 a 为 6%，原来固定投资 300 万美元，5 年后的动态价值就为 401.5 万美元。

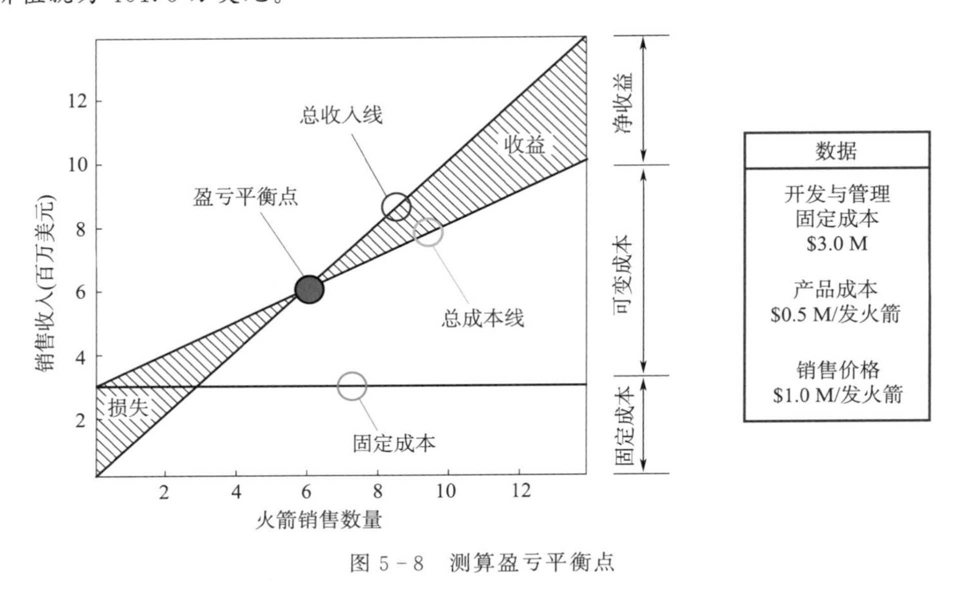

图 5-8 测算盈亏平衡点

(6) 净值分析法 (Earned Value Method)

净值分析法是对项目进度和费用进行综合分析与控制的一种有效方法。它定义了三个基本参数和两个偏差值：

1) 计划工作量的预算费用 BCWS (Budgeted Cost for Work Scheduled)：BCWS 指项目实施过程中，某阶段计划要求完成的工作量所需的预算费用，除非合同发生变化，其值一般保持不变。

$$\text{BCWS}=\text{计划工作量}\times\text{预算定额}$$

2) 完成工作量的预算费用 BCWP (Budgeted Cost for Work Performed)：BCWP 指项目实施过程中，某阶段按实际完成工作量和预算定额计算出来的费用，BCWP 也称为净值。

$$\text{BCWP}=\text{完成工作量}\times\text{预算定额}$$

3) 完成工作量的实际费用 ACWP (Actual Cost for Work Performed)：ACWP 指项目实施过程中，某阶段实际完成的工作量所花费的费用。

4) 费用偏差 CV (Cost Variance)：CV 指检查期间 BCWP 与 ACWP 之间的差异，计算公式为 CV=BCWP-ACWP。如果 CV<0，则项目执行效果不佳，实际费用超过预算费用；如果 CV>0，表示执行效果较好；如果 CV=0，表示实际费用等于预算。

5）进度偏差 SV（Schedule Variance）：SV 指检查日期 BCWP 与 BCWS 之间的差异，计算公式为 SV=BCWP−BCWS。若 SV>0，表示进度提前；若 SV<0，表示进度延迟；若 SV=0，表示实际进度等于计划进度。

净值分析的两个绩效指标如下：

1）费用绩效指标 CPI（Cost Performed Index）：CPI 指净值与实际费用值之比，计算公式为 CPI=BCWP/ACWP。若 CPI>1，表示实际费用低于预算费用；若 CPI<1，表示实际费用超过预算费用；若 CPI=1，表示实际费用等于预算费用。

2）进度绩效指数 SPI（Schedule Performed Index）：SPI 指项目净值与计划值之比，计算公式为 SPI=BCWP/BCWS。若 SPI>1，表示进度提前；若 SPI<1，表示进度延迟；若 SPI=1，表示实际进度等计划进度。

≫ 实例 5.1.7　典型欧洲航天企业的管理。国外公司一般采用“工作陈述”（Statement of Work，SOW）管理文件描述其管理要求，文件包括如下核心内容。

1）划分产品技术状态：对系统选用的产品状态划分 A、B、C、D 四级，并评审产品技术状态划分的正确性。对 C、D 类状态的产品可简化管理程序，对 A、B 类状态的产品需强化管理。

a）A 类：新研制产品，或功能基线与分配基线发生变化的产品。

b）B 类：产品功能基线与分配基线未发生变化，但是制造工艺和控制过程发生变化，或零部件/材料进行了更改。

c）C 类：产品以前已经通过鉴定，其设计、制造和控制过程以及零部件材料不需更改，仅完善了文件或标注。

d）D 类：产品无技术状态变化（但可能经历更严酷的环境和耐久性条件）。

2）明确责任：供方责任涉及设计、开发、元器件和材料采购、组件模块制造、单机或系统装配、测试、储运全部责任。

3）新研产品开发需要历经四类样机：

a）面包板样机（BB）：采用一般器件的单机，用于研究性能或接口特性。

b）工程样机（EM）：验证零部件和分系统性能和接口（另外，可进一步分成功能样机 FUMO，它类似 EM 但只有代表性的布局、冗余、零件和组件）。

c）工程鉴定样机（EQM）：为关键设计评审（CDR）前的鉴定试验提供的样机。

d）飞行样机（FM）：用于飞行（另外，还有一类原型飞行样机 PFM，是用于系统鉴定的演示验证样机）。

4）开展九种技术评审类型：初步设计评审 PDR、关键设计评审 CDR、制造准备评审 MRR、最终设计评审 FDR、设备鉴定状态评审 EQSR、鉴定结果评审 QR、试验准备评审 TRR、试验后评审 PTR、可交付评审 DRB。

5）建立产品技术状态与需开发样机类型的关系，见表 5-4。

表 5-4　产品技术状态与需开发样机类型的关系

产品技术状态	需要开发样机类型			
	BB	EM	EQM	PFM/FM
A	×	×	×	×
B		×	×	×
C				×
D				×

6）建立产品技术状态与评审类型关系，见表 5-5。

表 5-5　产品技术状态与评审类型关系

产品技术状态	需要执行的评审类型						
	PDR	CDR	MRR	FDR/EQSR	QR	TRR	PTR/DRB
A	×	×	×	×	×	×	×
B	×	×	×	×	×	×	×
C			×	×		×	×
D				×		×	×

7）项目管理：关注管理策划、过程管理的组织、进展报告（对每类产品各阶段应提交的进展报告进行了规定）、进度管理、产品保证、评审检查、会议管理、合同变化管理，重点对变化进行控制。

8）设计活动：重点关注设计和鉴定评审（初步设计评审、鉴定状态评审、关键设计评审、最终设计评审）；设计分析和研究报告（包含一般要求、一般报告要求、报告更新、报告分发要求）。

9）制造和测试活动：包括制造准备检查（检查文件、制造准备评审），测试检查（测试准备检查、测试后检查、测试文件控制）。

10）储存和交付：关注要求、包装、发运、交付文件、交付后检查、储存要求。

11）交付后活动：关注服务、修复、担保。

5.2　计划管理

这里将 5.1.4 节所述的项目管理九要素进行分解，将其中的质量管理纳入产品保证管理范畴，将人力资源管理、外协外购管理、保卫保密管理、产权成果管理纳入组织级管理范畴，将技术状态管理纳入技术管理范畴，其他内容则纳入计划管理范畴。

5.2.1　综合管理

综合管理是项目中综合性和全局性的管理工作，以最大程度地满足利益相关者需求为目标，统筹协调各寿命周期阶段的项目范围、进度、成本、产保、人力、供应、风险、沟通等管理要素。

综合管理在思路上强调将“复杂事情简单化、简单事情数量化、量化事情专业化、专业事情模块化”。

综合管理核心内容是项目管理的制定计划和执行控制。制定计划时需要考虑做什么（技术目标）、如何做（WBS）、何人做（权责分配）、何时做（时间进度）、花多少（成本预算）。执行控制时需要考虑监控进展、偏差纠正、变更控制。

综合管理在启动阶段聚焦于项目团队组建（特别是选择项目经理、计划经理、技术经理、产保经理）、寿命周期阶段项目目标的确立、范围管理（做什么、不做什么）；在计划阶段聚焦于各管理要素计划制定、成本控制、风险识别、信息沟通；在执行阶段聚焦于人力资源配置、信息沟通、质量管理、采购供应、风险处置和冲突消解；在监控阶段聚焦于进度监测、变更调整、沟通协调。

5.2.2　范围管理

项目范围是完成项目最终产品或服务所需要做的各项具体工作。项目范围管理是确定成功实现项目目标，需包含且仅需包含的工作范围。范围管理需要明确项目目标、工作分解结构、里程碑控制节点和分工定点职责，并对范围进行有效的管理与控制。

项目范围管理需要编制项目范围管理文档，其前提条件是技术上已明确了项目技术流程、交付物（产品配套表、投产配套表、投产技术状态）、技术工作内容（大型试验项目、试验矩阵表、地面设备配套表）、项目责任策划（研制分工责任矩阵、里程碑控制节点），同时需指定范围变更控制办法。

项目范围管理的核心是制定工作分解结构（WBS），既要考虑管理工作，又要考虑技术与产品保证工作。一般分为“管理、设计、AIT、下层级系统管控、使能系统”五大类工作，对项目各项工作进行分解。制定工作分解结构WBS，以产品分解结构（PBS）为核心，对项目包含的全部工作进行系统层次的分解，直到分解到最底层的工作包，最后形成分层次的树状分解结构，为计划管理、资源配置等奠定基础。

>> 实例5.2.1　项目范围管理文档实例。

（1）项目范围内涵

项目范围管理是为交付产品或服务所必须完成的所有工作。这些工作内容既包括设计分析、制造集成、试验评估等技术工作，还包括相关的项目管理工作。项目范围管理通过启动、计划、执行、监控、收尾过程，保证项目工作内容包含且仅包含所有为顺利完成项目目标所需要的工作内容。项目范围管理主要包括两部分内容，定义项目工作和控制范围变更。范围管理是项目管理的基础，是后续项目管理的基础，可用于确保型号项目在各阶段的工作内容完整、范围明确、职责清晰、变更受控，以实现研制高质量、成本受控和进度计划顺利的目标，并促进项目相关方对项目内涵的理解达到共识，控制项目内容的随意改变。

(2) 范围管理内容

1）确定项目范围：分析项目特征、编写项目范围说明。

2）项目工作结构分解（含技术工作和管理工作）：分解项目工作，编制WBS词典。

3）范围管理计划的制定与控制：编制项目范围管理计划，核实项目范围（包括会签、评审），控制范围变更。

(3) 范围管理的交付物——项目管理计划

1）项目范围管理计划。

2）项目范围说明。

3）WBS图/表/说明词典。

4）相关支撑文件：研制技术过程和整体计划、产品配套表、产品投产配套表和投产产品技术状态、大型试验项目（和试验矩阵）表、地面设备配套表、研制分工责任矩阵、范围变更控制过程与表格。

(4) 项目范围管理计划格式示例

1）项目概述。

2）研制阶段工作、系统组成、飞行剖面、技术状态说明。

3）分系统和单机产品配套说明。

4）专项大型地面试验和产品配置要求说明。

5）工作项目分解WBS。

6）范围核实程序。

7）范围变更控制程序。

8）WBS词典（或WBS说明表）。

9）附录：变更申请单。

(5) 工作分解结构分类

1）纲要分解结构：某项目WBS的框架。

2）合同分解结构：为合同服务的WBS。

3）基准分解结构：某时段为基准的详细的项目范围WBS。

多维度项目范围分解：

1）时间维：全寿命周期的可研/综合立项、方案、初样、正样、出厂、发射测试、交付、运行服务、收尾；日历周期：年、季、月、日。

2）层次维：大系统、系统、分系统、设备/单机、零部件、元器件/材料。

3）专业维。机械、电磁、热学、光学、管理。

（6）如何保证 WBS 分解合理

每一层次的分解细化内容是不同的。分解到任务，可以确定责任方、分配周期、交付成果；分解到内容，可独立计算成本，识别出重要交付成果的里程碑。

（7）工作分解结构层次

1）重点：从系统起步，采用系统工程的 V 字形模型。

2）第 0 层：系统产品。1 000，卫星××阶段研制工作。

3）第一层：

a）1 100，研制项目管理。

b）1 200，系统设计。

c）1 300，总装测试 AIT。

d）1 400，分系统研制。

e）1 500，地面设备。

4）第二层，1 100，研制项目管理：综合管理、范围管理、人力管理、技术状态管理、时间管理、费用管理……

5）第二层，1 200，系统设计：用户和其他系统要求协调、任务分析和设计、构型布局和设计、参数分配和预算、设备技术要求与接口协调、对大型试验要求（与用户和其他系统接口协调），任务分析和设计（轨道/星座/载荷、平台/分系统选择、建造规范、飞行剖面/模式，构型布局和总装设计），总体参数分配和预算（重量、功率、推进剂、指向精度和稳定度、射频链路等），电缆网设计，对分系统要求，方案/参数/接口协调，对大型试验要求（力学、热、电磁、其他试验）。

6）第二层，1 300，总装测试 AIT：总装、电测、力学环境、热环境、相容性试验、接口对接、其他大型试验合练等。

7）第二层，1 400，分系统研制管控：下达分系统研制任务书（功能性能要求，接口要求，验证要求），设计建造规范、产品保证规范等，时间进度要求，研制成本约束等（航天器平台分系统包含结构机构、热控、姿控轨控、推进、电源、测控、星务，数传、总体电路、太阳翼等）。

8）第二层，1 500，地面设备（GSE）研制：GSE 设计、部件制造与采购、GSE 装调测试（地面设备 GSE 类别包含设计类、生产装配类、调试检测类、环境试验类、运输储存类、交付使用类）。

5.2.3　进度管理

进度是项目各项工作活动实施的时间进展。项目进度管理主要涉及制定进度计划和控制进度两项工作，具体内容包括活动定义、活动排序、工期估计、制定计划、控制进度。目标是按规定的工期完成项目工作、实现项目目标。

1）活动定义：依据项目目标，确定进度管理目标、原则、方法与工具；基于 WBS，定义或确认项目各要素过程中所需的活动（可利用 WBS 的结果）、里程碑控制节点要求。

2）活动排序：依据活动清单，分析确定各项活动的先后次序、前置条件等逻辑关系，采用串/并联方式为活动排序，绘制项目活动网络图（PERT 图）。

3）工期估计：按照类比法或分析法，在资源约束条件下，对每项活动的工期进行估计，并由此估计整个项目所需的总工期。

4）制定计划：在上述工作基础上，对项目活动顺序、工期、资源等因素进行分析、统筹，细化和优化进度网络图，制定项目进度计划。

5）控制进度：在项目实施中，对项目进展进行监测记录，对冲突进行协调，进行变更控制或修订项目进展计划。

5.2.4　费用管理

项目费用是项目寿命周期各阶段发生的费用，例如研制费、生产购置费、使用保障费、退役处置费。费用一般采用货币或用（人·时）单位进行度量。费用估算可以采用类比估算法、参数估算法、专家估计法等方法。

项目费用管理内容，包括制定资源计划、费用估算、费用预算、费用控制。费用管理的目标是在预算经费条件下，确保项目保质、按期完成。

1）资源计划：依据项目需求，制定资源供给计划。资源需要考虑人力资源、通用与专用设备资源、通用与特殊材料资源、通用与特殊工艺与工装资源、生产与装配场地与环境、测量设备与工具等。例如，基于 WBS 列出每项工作占据的资源和占据的时间，为估算费用奠定基础。

2）费用估算：预估寿命周期各阶段、各项工作所需的资源费用值。采用定性与定量相结合，综合运用类比法、参数法、工程估算法、项目管理软件来估算费用，对不确定因素和灵敏度进行分析，管理工程实施过程中的变更。

3）费用预算：基于 WBS，将总费用分配到项目各项任务的工作包中，建立费用管理基线和绩效考核基准。

4）费用控制：指努力将项目的实际费用控制在项目费用预算范围之内所实施的管理工作。可以采用净值分析法对费用（或进度）进行分析和控制。

5.2.5　信息沟通

项目信息指项目实施过程中形成的文字、图表、数据、声像等静态与动态信息，包括研究报告、技术文件、设计图、仿真与试验数据、会议纪要、协调纪要、视频与照片等。这些信息需要收集、整理和标注，并进行沟通、交换、存储和查询。信息管理是对项目实施过程中产生信息的管理活动，主要包括采集、处理、传输、运用四个环节。

1）信息采集：明确各类信息的采集责任人、方法以及收集的及时性要求。

2）信息处理：明确各类信息的收集存储、整理、编码、处理要求。

3）信息传输：明确各类信息的推送分发、查询引用、信息安全性要求。

4）信息运用：明确各类信息对项目管理、技术质量、计划进度、成本费用的作用。

当前，所有的项目信息的采集、处理、传输、运用普遍借助于信息化工具手段，并向数字化、网络化、智能化方向发展。

项目管理中，要实现科学组织、指挥、协调和控制，就必须实现有效的沟通，并及时解决冲突。沟通管理目标是确保及时、正确地进行沟通，收集和发布解释项目所需信息；冲突管理是项目管理者对项目中出现的不协调现象进行处置和预防的过程。有效的沟通和冲突消解涉及思想、观念、感情、意志的人文关系的相互作用，是基于职权和人格魅力的一门艺术。

5.2.6 风险管理

风险（Risk）是可能发生的问题[2]，偏离原决策期望，由不利事件的发生概率和后果导致。风险管理涉及识别风险项、评估风险发生概率与后果严重程度，制定风险减缓措施和候选方案预案，监控与记录风险。项目中风险主要由技术、进度、费用、管理、社会等风险因素组成。

1）识别风险：基于项目规划、新技术应用、能力基础并参考历史资料，对寿命周期各阶段、各类别主要风险项目进行识别。

2）评估风险：分析各风险项的发生概率与后果严重程度，对风险项划分等级进行排序。

3）应对风险：对风险项，特别是概率大、后果严重的风险项，采取预防、减缓、回避、转移等措施，使其落入可接受范围。

4）监控风险：持续监控风险项，预警和及时采取纠正行动。

5.3 技术管理

技术管理过程用于建立技术规划、实施计划、评估执行效果、处理异常事件。根据项目的风险和复杂性，各寿命周期阶段和系统层级，都需要采用相应的技术管理过程。技术管理与项目管理、产品保证密切相关。

具体的技术管理可分成七项内容：技术规划管理、技术需求管理、技术风险管理、技术状态管理、技术信息管理、技术评估与控制、技术分析与决策[3-4]。

5.3.1 技术规划

项目的技术规划过程是确定技术活动的范围、活动可交付项、所需的资源、执行活动时间计划，目的是编制和协调有效和可操作的技术计划。一般按照寿命周期阶段进行定期修改。

技术规划要求明确技术活动目标和时间计划；定义实施活动的团体或人员角色和职责；识别实现目标所需资源。输出内容为技术流程图、计划时间表、产品配套表、使能设施配套表、大型试验表等。主要过程涉及：

1）定义项目中的技术项：依据项目目标和约束、研制所处的寿命周期阶段和系统层次，识别相匹配的技术工作内容，定义需要提供的产品、产品技术状态和数量。一般通过工作分解结构来定义技术项目活动范围、目标和约束，其中活动范围与寿命周期工作内容相对应，约束为履行的质量、成本、时间和客户满意度；定义维护计划、执行评估和控制计划采取的措施；定义活动采用的过程。

2）制定技术项实施计划：根据技术项目活动工作量估计和资源配置情况，制定活动逻辑关系和时间表，确定里程碑节点，进行工作串/并行、关键路径、里程碑控制节点规划，编制技术过程图（采用 PERT 图、GANTT 图等方式）；为项目管理中的经费管理和计划管理提供依据，包括需要的产品配套表，人力、基础设施、采购、所获服务和使能系统成本预估以及用于风险管理的预算准备金；为管理提供依据，包括采购计划，使能设施建设计划等。

3）实施技术项计划：获得启动技术项目的授权；申请技术项目执行所需资源，并获得授权；按技术活动内容和顺序关系，执行活动，监控进展，处理异常事件，提供交付物，组织里程碑控制节点评审。

技术过程编制受到寿命周期阶段、项目进度、费用预算和技术风险的制约。寿命周期阶段规定了工程系统在某阶段应解决的技术问题，也决定了研制产品数量和状态。例如，初样阶段需要提供一些可靠性子样的产品，开展环境试验、寿命试验，还需要提供参加分系统级、系统级力学、热学、电磁学和鉴定试验等系统。进度紧张的项目，需要采用并行技术流程；预算受限的项目，需要减少产品数量，如力学试验系统和热学试验系统串行，或者合并到（串行到）鉴定系统中；技术风险较大的单机应同时实施多个方案等。

5.3.2　需求管理

技术需求管理是对自顶向下的各层技术需求进行控制，包括追溯来源和变更控制。技术需求包含各类技术需求，分成涉众需求，系统需求，功能逻辑分解派生的需求，物理架构设计、工程设计与特性分析派生的需求，递归与迭代过程中派生的需求。

技术需求管理活动涉及需求管理准备，建立需求来源的可追溯性，制定需求的变更措施，管理与传递变更文档信息。输出的结果为需求文档，或经过批准的需求变更文档。

5.3.3　接口管理

接口需求规定了系统（或系统元素）边界的接口需求。涉众需求规范和系统需求规范中，定义了顶层系统的一些接口要求，分系统、单机中则包含系统元素的接口。接口一般采用“接口控制文档”（Interface Control Document，ICD）或接口数据单（Interface Data Sheet，IDS）来进行定义和说明。接口管理是定义与维护系统内/外边界的物质、能量、信息流和安装物理特性，并保持一致性、协调性的管理过程。

5.3.4　技术风险管理

技术风险由技术不成熟、不配套、市场预测不充分引起，是不利事件的不确定性对目标产生的影响。典型的风险包括技术风险、进度风险、成本风险、安全风险、环境影响风险等，这里主要考虑技术风险管理。

风险管理涉及制定风险管理计划、识别风险项、分析风险、处理风险、监控风险。

1）制定管理计划：制定风险管理策略，包括风险识别、管控措施、减缓活动、风险可接受程度规则；建立风险的评估方法，包括发生概率、影响程度和风险可接受阈值。

2）识别评估风险：识别风险项；预估各风险项的发生概率和后果影响程度；根据风险阈值评估各项风险；对于超出风险阈值的各项风险，要制定风险处理和监控措施。风险很难完全消除，只能采取措施进行减缓，主要方法是降低发生可能性或影响的严重程度。

3）制定处理措施：对风险项（特别是发生概率较大、后果较严重的风险项），采取预防、减缓、回避、转移等措施，使其落入可接受范围。

4）持续监控风险：持续监控所有风险出现的环境是否有变化，并在出现变化时评估风险减缓措施的有效性；持续监控寿命周期内是否出现新风险来源。根据需求定期向利益相关者提供相关风险状况报告。

5.3.5　技术状态管理

技术状态管理的目标是管控各寿命周期阶段的系统元素/产品的配置与技术状态，并保证技术状态清晰一致。技术状态是在产品技术状态信息中，规定产品（硬件/软件）达到的功能特性和物理特性[5-6]。这里的技术状态信息指技术文件或数据模型，功能特性指产品的功能、性能、接口和设计约束，如飞行速度、入轨精度和可靠性、安全性、维修性、保障性等；物理特性指产品的形体特性，如组成、尺寸、重量、形状、表面状态、配合公差等。

技术状态管理（Configuration Management，CM）是识别和记录系统产品的功能及物理特性，控制这些特性的更改，记录并报告更改过程和实施状态，以及验证是否符合协议和文件。使所有执行者在产品寿命周期的任何时刻，都应使用相同的状态文档。技术状态管理涉及技术状态管理准备、确定阶段技术状态控制基线、管理技术状态变更、维护技术状态文件、进行技术状态审核、获取技术状态控制下的系统产品。

技术状态基线（Configuration Baseline，CB）：是在某一时间点建立并经批准的产品技术状态信息，作为系统产品整个寿命周期内活动的参考基准，如图 5-9 所示。

技术状态项目（Configuration Item，CI）：指需要进行技术状态管理与控制的产品，或者产品的组成部分。

技术状态记录（Configuration Status Accounting，CSA）：是对产品技术状态信息建议的更改状况和已批准更改的实施状况所做的正式记录和报告。

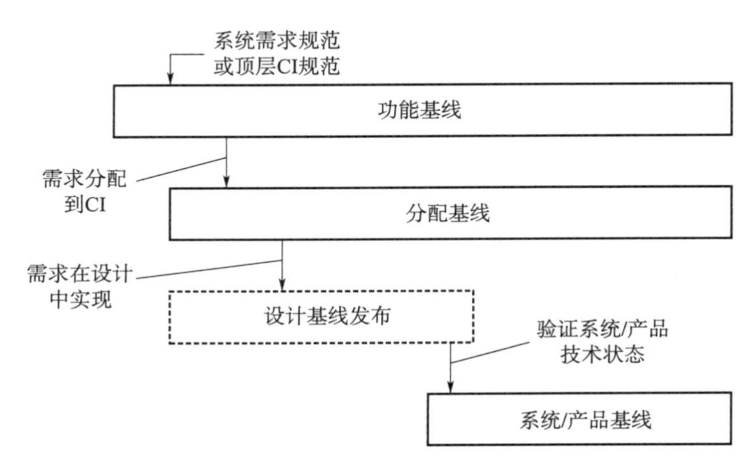

图 5-9　技术状态基线

图 5-10 给出了技术状态管理模型，技术状态管理涉及的活动如下：

1）技术状态管理规划：主要内容包含技术状态管理的目的和范围；系统层状态控制项的简要描述；计划的适用阶段；引用规范/标准/指南和文献；技术状态管理活动涉及的组织；阶段技术状态控制基线；状态控制项；技术状态控制委员会的组成；功能和物理技术状态审核过程；技术状态的数据管理、接口管理、里程碑评审管理；确保分包商/供货商满足技术状态管理的措施。

2）识别技术状态项目：识别技术状态项目指识别系统产品状态量属性的过程。其活动包括选择状态控制项；确定变更控制权限；为状态控制项分配唯一标识；建立技术状态控制基线；发布技术状态文件。状态控制基线主要有五种，顶层功能控制基线、功能分配基线、系统/产品设计基线、系统/产品生产基线、系统部署基线。

3）实施变更与差异管理：变更管理是在建立基线后，对基线变更进行的管理，包括协调、评估、处置变更或差异请求，差异请求也称为偏离或让步接受。涉及变更或差异的提出、变更论证和评估、变更实施。其中影响外部接口的变更必须获得各受影响方的认可。

4）评估追溯变更与差异：通过评审过程，验证技术状态是否在相关文档中落实，是否满足所需系统产品的功能、性能和接口要求。包括审查变更和差异影响范围；分析变更或差异的影响作用；履行审批程序；追溯管理已批准的变更请求和差异请求；记录所有变更理由；审查验证基线与图纸、接口控制文件以及其他协议要求的符合性。对变更影响持续追溯。

5）记录与发布技术状态基线：依据职责履行批准发布手续，例如开发并维护技术状态基线和版本的信息管理系统，以提供准确、及时、完整、更新的当前技术状态信息，以及更改前的状态信息。

图 5-11 为不同寿命周期阶段，识别与管理技术状态的重点内容。

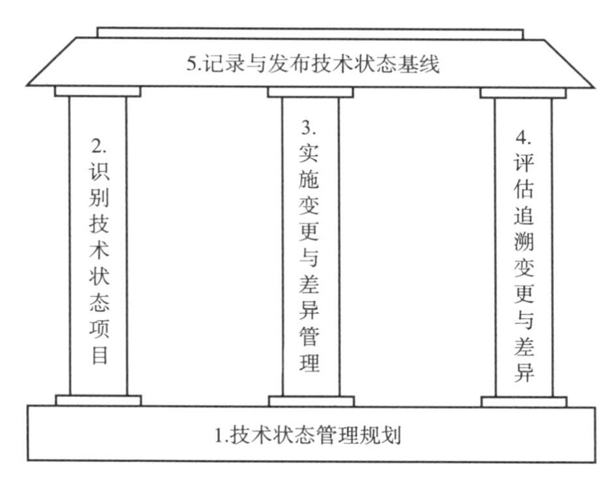

图5-10 技术状态管理模型

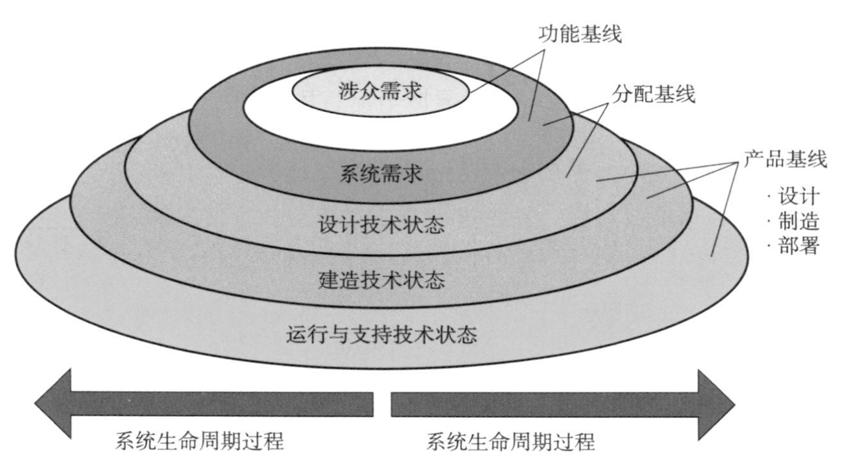

图5-11 不同寿命周期阶段，识别技术状态项目的重点内容

5.3.6 文档数据管理

“技术信息”指不依赖某种格式或方法的信息记录，是系统工程过程用于设计开发、制造集成、试验评估、运行维护和退役处置过程产生的技术数据和文档，包括图纸、照片、计划、指令和文档等。另外，“信息”是按一定目的处理过的数据。“数据包”指支持系统开发、采购、生产和保障的产品技术数据描述，是技术数据的一个子集，包括图纸，清单，规范，标准，功能和性能说明，质量保证证明，产品包装、运输贮存、使用说明等。

信息管理过程旨在为指定的利益相关者生成、获取、确认、转移、保留、检索、传播和处理信息，为利益相关者提供明确、完整、可验证、一致、可修改、可追溯和可呈现的信息。技术信息管理活动包括：

1）准备执行信息管理：定义信息管理或信息维护操作策略；定义信息管理项，以及信息项的内容、格式和结构；指定信息管理的权限和职责。

2）执行信息管理：获取或转移已识别的信息项；保存信息项及其存储记录，并记录信息状态；向指定的利益相关者发布、分发或提供对信息和信息项的访问；存档指定信息，处置不需要的、无效的或未经验证的信息。

5.3.7 决策分析

（1）技术评估

技术评估过程的目的是评估计划是否具有可行性，确定技术状态、评估技术过程履行情况，确保符合技术目标、进度预期、经费预算等，并对偏差和差异进行识别，对是否进行下一阶段研制给出技术结论。

技术评估一般按里程碑控制节点，组织同行专家实施评审，用于控制项目进展、技术状态和技术风险。评估需提供的信息为技术计划过程、技术进展报告（含风险、费用和进度）和成果展示。评估活动包括技术评审准备（报告，测试结果与意见和相关资料），遴选评审专家，召开评审会，形成评审意见。输出评审结论和建议，追溯意见落实情况。

技术评估涉及的主要活动包括：

1）制定评估计划：依据寿命周期模型或项目特点确定评估时期。

2）实施评估：评估项目目标、计划进度与成本费用执行情况和差异；评估责任单位/人员责权适宜性；评估资源的充足性和可用性；给出是否实施下一阶段项目工作的结论和建议。

3）控制项目：对于不满足进展的情况，启动问题处理流程；必要的话，变更计划；授权向下一个里程碑控制节点推进。

（2）技术决策

技术决策用于帮助评估技术体制和技术方案等。决策管理过程的目的是提供便于分析的构架，以便在寿命周期阶段的任意时刻，客观评估一组决策候选项，确定相应特性并选择最有利的行动步骤。当需要对参数进行选择评估时，往往通过分析过程进行评估。

技术决策的输入包括待决策技术事项或技术方案；高层目标和约束。技术决策过程的输出包括方案建议，决策依据，决策风险。

技术决策管理涉及的活动如下：

1）管理准备：技术决策方法的准备；定义候选技术方案；明确方案中待决策问题；选择评价方法和工具；使用建立的准则方法/工具评价候选方案；推荐方案建议，形成报告。

2）分析决策信息：选择决策策略，确定选择标准，确定折衷选择方案。依据标准评估各个可选方案，包括开展敏感性分析。

3）管理决策：确定各个决策的优选项，记录决策原因和前提条件。

5.4　产品保证

5.4.1　产品保证策划

产品保证专注于提升满足产品质量要求的信心。产品保证为确保项目达到利益相关者期望和系统要求所实施的全要素质量管理过程，包括产品保证规划、质量保证管理、通用质量特性保证管理、其他质量保证管理四项内容。

产品保证要求明确组织和人员的职责，严格执行寿命周期过程活动，将管理活动延伸到每个供应商和分包商（即全级次供应链），提供必要的检验与检测、验证与确认、关重件/关重项的过程监控，尽量采用标准产品、成熟工艺过程，执行里程碑控制。

1）产品保证规划是对所有影响系统/产品通用质量特性的因素，进行全面管控策划，并通过产品保证大纲和计划文档的编制落实到研制计划中。

2）质量保证管理是对系统产品满足系统需求规范度量和过程活动的管控，主要包括检查质量管控要求的落实，工艺、软件、标准化要素的落实与管控，度量过程管理以及出现偏差与异常的管控，故障质量归零和举一反三措施的落实。

3）通用质量保证管理是对安全性、可靠性、测试性、维修性、保障性、环境适应性的措施的落实管理，一些项目还涉及人因工程因素。

4）供应链质量保证包括3E元器件、材料/标准零部件、外协外购供应链的管控。

5.4.2　质量保证管理

质量保证是依据输入要求，执行组织的质量管理要求，识别关重件、关重特性/过程，严格监控要求的执行，报告偏差情况，处理不合格事件。其中，质量保证管理的输入要求，来源于系统/产品设计、通用质量特性分析（包括FMEA、FTA）、参数敏感性分析等。

质量保证过程包括“准备、执行、评估、处理”四项活动。准备活动识别关重件和关重过程，收集适用的标准、规范和要求，确定必要的检验与检测、验收与确认项目和方法；执行活动则按策划度量系统/产品是否符合既定的法规、标准、规范、合同要求；评估活动主要评估系统/产品的符合性和工程项目进展的一致性；处理活动主要对“不符合项”进行处理，包括记录、分析或归零处理。

质量保证执行活动需要运用度量过程，度量过程旨在收集、分析和报告系统产品客观数据和信息，以支持有效管理并证明系统/产品实现过程的质量。度量过程需要确定度量信息项，确定或开发出一套基于信息需求的适当方法。收集、验证和存储所需数据，分析数据，解释结果，获取信息。度量过程活动包括：

1）准备度量：明确度量策略，选择满足需求的度量方法，定义数据收集、分析、访问和报告格式，定义信息项和度量过程的标准，确定并规划要使用的使能技术和设备。一些系统产品在形成产品后，无法进行特性的度量，需要在过程中进行度量；一些过程中也无法度量，需要依靠工艺过程保证或设计保证。

2）执行度量：将数据生成、收集、分析和报告程序整合至相关过程；收集、存储和验证数据；分析数据获得信息项；记录结果并通知度量参与用户。对于度量发现的偏差和异常，需要按照规范进行处理，如让步接受、技术和管理归零等。

采用标准型谱产品、严格执行限用和禁用工艺可极大提高系统/产品实现的质量和减少隐患。因此质量保证还包括工艺、软件工程、标准化等内容。

5.4.3 通用质量特性保证

这里的通用质量特性内涵包括“安全性、可靠性、测试性、维修性、保障性、环境适应性”（六性），对于一些系统还要考虑人因工程等其他特性。本节仅以可靠性和安全性为例进行说明。

（1）可靠性保证

工程系统的可靠性可分为基本可靠性和任务可靠性等。基本可靠性指系统产品在规定条件下和规定的时间内，无故障工作的能力或概率；任务可靠性指系统产品在规定任务剖面内，完成规定功能的能力或概率。基本可靠性反映了产品可用性或完好性，对于可修复产品基本可靠性反映产品对维修性资源和保障性资源的要求；任务可靠性反映系统产品执行任务成功性。

可靠性设计是在系统功能性能设计基础上，实施的第二次工程设计，只有考虑了可靠性的设计才是工程化的设计。可靠性工作的核心是识别系统的使用环境、寿命和健壮性要求，通过合理的设计裕度和冗余措施，保证要求的落实；通过验证试验，证明其要求可以得到满足。可靠性保证是产品保证的一部分。其目标是通过规范化的工程与管理活动，使产品满足规定的可靠性要求，满足产品可用性和任务成功性，降低对维修人力和使用保障要求，减少寿命周期费用。

实例 5.4.1 某典型航天企业的可靠性通用保证大纲内容。保证活动包含 35 项内容，见表 5-6。

可靠性工作的基本原则如下：

a）从需求出发，满足使用效能原则。产品应满足需方使用、维护、保障三方面需求，体现安全可靠、维护简便、保障完备，实现可用性、任务成功性、固有能力的三者综合最佳。将可靠性、安全性、维修性、保障性要求综合考虑，统一策划，协调开展，并纳入研制计划。

b）遵循成熟、简化的可靠性设计基本原则。尽量采用成熟定型产品，控制新技术在型号中所占的比例；实施模块化设计和简化设计；分析已有类似产品在使用可靠性方面的缺陷，采取有效的改进措施，以提高其可靠性。

表 5－6　典型可靠性工作项目

序号	工作项目	方案阶段	初样阶段	正样阶段	发射阶段	在轨运行
1	制定可靠性保证大纲或实施细则	√	√	√	×	×
2	制定可靠性工作计划	√	√	√	×	×
3	对供方监督控制	△	√	√	×	×
4	可靠性评审	√	√	√	×	×
5	可靠性信息管理	√	√	√	√	√
6	制定可靠性设计准则	√	√	△	×	×
7	可靠性模型建立	√	√	△	×	×
8	可靠性指标分配与论证	√	△	△	×	×
9	可靠性预计	√	√	√	×	×
10	剖面分析与环境预示	√	√	√	×	×
11	力学环境适应性设计	△	√	√	×	×
12	热环境适应性设计	△	√	√	×	×
13	电磁环境适应性设计	△	√	√	×	×
14	空间环境适应性设计	△	√	√	×	×
15	裕度与降额设计	△	√	√	×	×
16	冗余设计	△	√	√	×	×
17	防错设计	△	√	√	×	×
18	活动部件可靠性设计	△	√	√	×	×
19	软件可靠性设计	△	√	√	×	×
20	元器件、原材料、工艺选择适应性设计	△	√	√	×	×
21	产品选用与继承性分析	√	√	△	×	×
22	FME(C)A	△	√	△	×	×
23	FTA	△	√	○	×	×
24	可靠性关键项目和关键产品确定	×	√	√	×	×
25	容差分析	×	√	√	×	×
26	最坏情况分析	×	√	√	×	×
27	潜在分析	×	√	√	×	×
28	寿命分析	×	√	√	×	√
29	包装、贮存、装卸、运输对可靠性的影响分析	×	√	√	×	×
30	环境应力筛选和老炼试验	×	√	√	×	×
31	可靠性研制与增长试验	×	√	√	×	△
32	环境与可靠性试验	△	√	√	×	×
33	寿命试验	△	√	△	×	×
34	电磁兼容试验	△	√	√	×	×
35	可靠性评估	×	△	√	×	√

注：√—适用；△—可选用；○—仅设计更改时适用；×—不适用。

c）突出预防为主，抓设计源头，保证固有可靠性原则。从设计源头抓起，把预防纠正设计缺陷作为工作重点，识别技术风险项目，提炼设计关键特性和关键件、重要件，并加以重点控制。技术上，一是依据任务剖面和使用环境，正确识别各类应力、环境和寿命要求；二是实施量化设计，保证设计有合理裕度；三是预防引起任务失败的系统接口故障，功能有冗余、无单点故障，接口协调、防止交叉故障；四是根据承受应力、环境和寿命要求，合理选择元器件、原材料和制造工艺。

d）抓产品实现过程，控制偏差，保证实际可靠性原则。在产品实现过程中，控制产品实现偏差，保证交付产品实际可靠度。识别产品实现的风险因素，提炼出关键件、重要件和制造关键特性、过程关键特性，并加以重点控制。做好元器件、原材料、标准件、外协外购件量化复验把关和缺陷产品剔除，以及制造、装配、调试、测试、试验、贮运、服务等工艺过程和工艺参数等不可靠性因素的控制。

e）抓产品试验过程，评估可靠性，剔除缺陷产品原则。研制过程中，要根据产品继承性，确定需开展鉴定试验的产品。抽取一定子样，开展覆盖极限工况、环境条件和寿命要求的鉴定试验。工作寿命较长、环境难以完全模拟、进度经费受限的产品，可结合分析方法，定量评估交付产品的可靠度。对交付产品，要开展验收试验、筛选和老练试验，剔除缺陷产品。

f）抓可靠性管理，控制节点，工作不到位不放行原则。一是从人员素质源头抓起，把提高全员可靠性工程素质作为重点；二是工作策划上，将重点放在早期投入上，同时做好研制全过程策划，与研制同步实施可靠性工作项目；三是在各研制阶段设计完成和转阶段过程，设置里程碑控制节点，开展可靠性专项评审，做到工作不到位、研制不放行。

（2）安全性保证

安全性保证工作是应用系统工程化方法、专业技术和知识，通过策划与实施一系列管理、设计与分析、验证与评价等方面的工作，识别、消除危险或减缓安全风险。

实例 5.4.2 典型安全性保证活动可见表 5－7。

表 5－7　典型安全性保证工作项目

工作项目		方案阶段	初样阶段	正样阶段	发射试验	在轨测试
安全性管理	制定安全性保证大纲/细则	√	√	√	×	×
	制定安全性保证工作计划	√	√	√	×	×
	对供方的安全性监督和控制	√	√	√	×	×
	危险追溯与风险处置	√	√	√	×	×
	安全性培训	√	√	√	√	×
	试验的安全控制	×	√	√	√	×
	安全性评审	√	√	√	√	×
	安全性信息	√	√	√	√	√

续表

工作项目		方案阶段	初样阶段	正样阶段	发射试验	在轨测试
安全性分析与设计	制定安全性设计准则	√	△	△	×	×
	安全性要求分解	√	△	△	×	×
	初步危险分析	√	△	×	×	×
	系统危险分析	×	√	√	×	×
	安全性设计(含软件)	√	△	△	×	×
	安全性关键项目的确定与控制	√	√	√	×	×
	使用和保障危险分析	×	√	√	×	×
	职业健康危险分析	×	√	√	×	×
安全性验证与评价	安全性验证	×	√	√	×	×
	安全性评价	×	√	√	×	×

注：√—适用；△—可选用；×—不适用。

5.4.4　供应链质量保证

供应链涉及3E元器件、原材料、标准件、标准产品与零部件、外协外购产品等。保证外协外购系统/产品质量是产品保证极为重要的环节。主要通过“合格供方管理、系统/产品的验收与确认、关键过程质量监控”三方面的措施实施。

1）合格供方管理：一般在组织级管理中建立合格供方名录，定期进行第二方质量体系检查，将质量标准、规范、通用要求传递给供方。

2）验证与确认管理：依据情况对交付的产品进行验收检验，或者批次抽样进行鉴定试验，包括无损检测、原材料理化分析、元器件的DPA检测，明确参与确认试验的要求。

3）关重件/关重过程监控：明确对关重件、关重过程的强制性检验要求，参与过程质量监督。

5.5　本章要点

1）项目是一个组织为实现既定目标，在限定条件下（时间、人力、资源），为完成特定目标而进行的一次性任务。项目具有一次性/唯一性、目标性/多目标性、约束性、临时性/开放性、整体性/寿命周期的特性。可将项目类别分成项目组合、项目群和项目。

2）项目管理是在有限资源和时间约束条件下，通过一个临时性的柔性组织，运用专门的知识、技能、工具和方法，进行高效的计划、组织、指导和控制活动，最大程度地实现项目目标的一次性任务。

3）项目管理以缩短研制周期、节省研制经费、保证研制质量、减低研制风险为目标，是一种以项目经理负责制为基础的目标管理。

4）项目管理过程可分成启动、规划、执行、监控、收尾5个过程，重在计划与监控状态，获得对项目范围、进度、成本、质量、风险、资源、沟通、采购等要素的控制。

5）一般项目管理主要涉及综合管理、范围管理、进度管理、费用管理、人力资源管理、产保管理、采购管理、沟通管理、风险管理 9 个要素，一些组织则考虑更多的项目管理要素，一些组织将项目管理分解为项目级管理和组织级管理工作，项目级的管理工作可分为“计划管理、技术管理、产品保证管理”。

6）确定项目目标、负责人、规划工作内容、里程碑控制节点是启动新项目工作的重点。

7）确定技术流程、产品配套表、大型试验项目是制定 WBS 的基础，而范围管理中的工作分解结构 WBS 是开展项目管理工作的基础；制定 WBS 可基于 PBS，按管理、设计、AIT、下层级系统管控、使能系统 5 大类，对项目各项工作进行分解。

8）技术规划、技术状态、技术评估管理是技术管理的核心；产品保证管理为全要素的质量管理，主要包括质量保证（含贯彻质量要求、工艺、软件、标准化、型谱化）、通用质量特性保证、供应链质量保证。

参考文献

［1］ 沈建明，关保昌，等．现代国防项目管理（上、下册）[M]．北京：军事科学出版社，2011.

［2］ 沈建明．项目风险管理［M]．北京：机械工业出版社，2010.

［3］ NASA System Engineering Handbook [M]． NASA SP-2016-6105 Rev. 2. NASA Headquarters，2016.

［4］ Systems and software engineering—System life cycle processes：ISO/IEC/IEEE 15288：2015（E）[S]．Geneva：International Organization for Standardization，2015.

［5］ 全国质量管理和质量保证标准化技术委员会．质量管理　技术状态管理指南：GB/T 19017—2020 [S]．北京：中国标准出版社，2020.

［6］ 中国航天科技集团公司．航天产品技术状态管理：QJ 3118—99［S]．1999.

［7］ 中央军委装备发展部．技术状态管理：GJB 3206B—2022［S]．北京：国家军用标准出版发行部，2022.

第 6 章　组织管理

工程系统项目是通过一系列组织的参与来完成，同时一个组织内部往往承担了多个工程项目[1-4]。组织内部通常采用矩阵管理模式，按纵向为项目、横向为部门的矩阵架构来实现多项目的管理。

一个工程项目在组织中实施时，可以将 5.1.4 节所述的项目管理九要素内容分解成的项目级的管理和组织级的管理内容。这里考虑组织级的管理负责“战略管理、采办管理、供应管理、项目组合管理、基础设施管理、组合投资管理、人力资源管理、质量体系管理、知识产权管理、安全保密管理”十个要素。

6.1　组织管理的作用

6.1.1　组织的战略管理

组织要为社会创造效益，在国家、区域、领域需要确定自己的定位、使命宗旨。战略管理包括明确组织的使命宗旨；面对重点发展领域，明确自身的细分市场；制定进入市场和退出市场的策略；拟定（或改进）企业组织的职能架构和职责分工；规划与实施资源配置；建立和维护市场用户和合作伙伴的良好关系。

1）组织的使命宗旨是组织给自身所涉足领域一个文化理念上的基本定位。

>> 实例 6.1.1 组织的使命宗旨示例。某航天研究所期望成为国内领先、国际先进的专业领域研究所，为此制定了“不断研制品质一流、满足顾客需求的××系统及其相关产品，并保持研究所持续发展的能力”的企业宗旨。

2）组织通过制定发展战略，实现对中长期发展进行规划。发展战略研究须要基于国家政策、行业标准、新技术概念对组织发展的影响、对行业的发展趋势的研究，对标自身的优势与劣势，明确未来发展的机遇与挑战，拟定进入、拓展（或退出）细分市场领域的策略，选择重点发展项目和拟定发展路线图，布局开展前期关键技术攻关，并制定资源保证策略。战略规划按一定周期滚动制定，例如，五年为中期发展战略、十年以上为长期发展战略，期间可根据内部或外环境变化适时滚动调整。

3）为满足组织新的战略发展目标，组织应建立适应外部市场环境条件、有利于内部高效运行的组织环境，并实施持续监控与改进。组织环境指组织内部的组织结构和业务流程，例如，部门设置、临时组织建立、部门职能定位和相互关系及项目寿命期划分和项目管理方法等。

4）特定市场领域涉及特定的外部用户和协助配套关系。市场营销活动目标是建立、维系良好用户和合作伙伴关系，规划与推介符合用户需求的技术与产品，它对组织发展具有重要价值。同时，需要建立与用户良好的信息沟通机制。

5）根据项目运行情况，维护系统寿命期模型的合适性和有效性。

6.1.2　组织对项目的作用

一般组织按矩阵结构来构建相关职能（见1.3.2节），横向部门一般分成综合管理部门、技术设计部门、生产试验部门三大类，在实施项目时横向部门主要起支撑作用。具体作用包括：

1）制定组织发展战略：承担的工程项目应与组织发展战略相衔接，否则组织需要决策是否实施该项目。

2）寿命周期阶段管理：工程项目的寿命周期阶段划分、关键里程碑控制节点的设置、系统产品状态划分等都属于组织通用的寿命周期管理规范。

3）项目资源的释放：组织需要选择合适时期、释放合适资源给项目，包括团队人员、预算经费、设备资源、技术资料等。

4）支撑项目组工作：完成利益相关者沟通，控制外协、外购点的选择等。

5）控制技术状态：督促项目采用组织内/外可用的、成熟的技术和标准产品。

6）决策控制：通过里程碑控制节点，实施项目的决策控制，评估与控制项目风险，包括技术质量风险、时间进度风险、经费预算风险等。

>> 实例6.1.2　组织部门设置。表6-1为某航天组织的三大类典型部门的设置，表6-2为职能部门对工程项目所起的支撑作用。

表6-1　组织架构中典型部门设置

综合管理部门	技术设计部门	生产试验部门
董事会、总经理办公室	总体事业部1	事业部1：制造/总装
科技委	总体事业部2	事业部2：制造/总装
规划计划	……	……
人力资源	研发中心	工艺技术
金融财务	有效载荷	物质供应
研发管理	结构机构	生产制造
科研管理	热控防热	装配集成
国资技改	GNC控制	过程检验
质量管理	空间推进	环境试验
安全、保密、后勤	空间电源	设备工具
情报、档案、标准	综合电子	动力辅料

表 6-2 各职能部门与工程项目的关系

部门	支撑作用
董事会	使命宗旨、战略规划、重大投资决策
总经理办公会	战略规划落实，审查寿命周期阶段规范、批准项目启动与转阶段
科技委	技术状态审查、里程碑控制节点评审、技术发展规划制定
规划计划	组织编制发展战略，项目综合计划，监督计划执行
人力资源	人力资源的招聘、培训、管理
金融财务	负责预先研究、工程系统所需经费的筹措
研发管理	组织研究具有竞争力的先进技术和产品
科研管理	市场营销、项目群/项目管理
质量管理	质量体系维护，通用产品保证规范，组织故障归零
……	
技术设计部门	领域系统总体技术、专业技术和专业产品研制
……	
生产试验部门	制造、组装、总装、试验验证的专业保证

6.2 项目的协议过程

协议过程规定了组织与供方和需方组织达成协议的过程，包括用于获取产品或服务的采办过程和提供产品或服务的供应过程。

6.2.1 采办管理

采办过程是根据组织的需求获取产品或服务，也就是外协、外购过程。执行采办过程包括发出采购信息、选择一个或多个供应商、达成协议、监督关键过程、评估产品或服务。

1）准备采购：定义采购策略，例如，考虑关键技术自主可控、维系良好的战略合作关系等；准备发出标书和要求，着重考虑合格供应商名录和信誉履历。

2）发出采购信息，选择供应商：向潜在供应商发出采购信息，比较质量、价格、交付时间等条件，选择一个或多个供应商。

3）达成协议：与供应商达成协议，包括技术要求、进度要求、验证/确认要求，异常情况处理要求（如故障归零处理要求）、关键过程监督要求、协议变更程序等。

4）监控协议：评估执行情况，监督关键过程，对异常情况进行处理。

5）验收产品或服务：确认所交付的产品或服务符合协议要求，提供付款和其他商定的注意事项，终止协议。

6.2.2　供应管理

供应过程是为需方提供产品或服务，也称为协外过程。供应过程的执行包括确定采购者（或需方）、对采购者需求进行响应、与采购者达成协议、交付产品或服务产品。

1）准备供应：充分理解需方需求；定义供应策略，例如，知识产权保护策略、竞争报价策略等。

2）投标准备：评估需求，确定如何回复；编制可以满足需求且具有竞争力的投标书。

3）达成协议：与需方达成协议，包括提供产品与服务的状态、时间进度或里程碑控制节点、质量要求与验收条件、异常处理、协议程序与责任、付款时间。

4）履行协议：履行协议，邀请需方参与监督关键过程控制点的检验与检测；准备最终证明产品功能、性能、物理、质量特性的数据文件；履行异常处理程序。

5）交付产品或服务，按协议提供后续支持：根据协议要求交付产品或服务，向需方提供相关支持，移交产品与服务责任，终止协议。

6.3　组织级项目管理

组织级的项目管理过程是组织中的部门协助参与的项目管理过程，包括项目启动、项目监控管理、决策支持、资源配置等。具体为项目组合管理、基础设施管理、组合投资管理、人力资源管理、质量体系管理、知识产权管理、安全保密管理。

6.3.1　项目组合管理

（1）项目组合管理

项目组合管理是组织对项目组合和项目群实施的管理过程。例如，通过规划计划部、科研部门来实施管理，包括制定年度考核计划、实施月度检查、针对问题及时调配资源等。

（2）寿命周期管理

寿命周期模型管理过程是定义行业或领域普遍适用的寿命周期过程，并维持其有效性。包括建立适用管理、技术和产品保证的寿命周期模型和过程；评估寿命周期模型和过程的有效性；改进模型与过程。对应活动包括：

1）建立过程模型：建立与组织战略相符合的寿命周期过程模型；定义组织中项目与部门在过程中的职责；定义控制过程进程的标准；定义里程碑控制节点。

2）评估过程模型：监控组织内过程模型的执行情况，提供最佳实践范例，通过评估确定改进需要。

3）改进过程模型：确定改进机会，并制定改进计划，与相关利益相关者沟通获得对改进的认可。

6.3.2 基础设施管理

基础设施泛指是设施、工具、硬件、软件、服务和标准。基础设施管理目标是为项目提供使能基础设施和服务。包括定义项目基础设施要求；确定和指定基础设施元素；提前开发（或采购）基础设施；使用基础设施。相关活动为：

1）建立基础设施需求：定义项目基础设施要求，确定获得所需基础设施资源的方法。例如，经常需要使用的基础设施采用技术改造获取，偶尔使用的设施可租用外部组织的设施。

2）维护基础设施：评估所交付基础设施资源满足项目需求的程度；项目要求变更时，确定基础设施资源的变更项。

6.3.3 组合投资管理

组合投资管理是组织依据战略目标，通过必要与充分的先期投入，获取和持续保持组织的竞争力。主要包括技术研发投资、基础设施投资、人力资源投资等。

研发投资是创新发展型组织的主要投资内容。研发投资管理包括识别市场机遇和关键技术项目；排定项目优先级顺序；为优先项目分配资源和预算；定义项目管理责任；监控与评估项目进展；终止不符合需要的项目。具体活动包括：

1）定义项目和授权开发：通过战略研究分析，确定新的项目；排定优先顺序，授权研发；定义项目责任人权限与责任；确定项目的预期目标和结果；分配实现项目目标所需的资源；监控项目执行情况。

2）评估项目：评估项目持续开展的必要性和可行性，持续支持或者调整项目；继续那些已取得满意进展的项目，或通过重新导向获得满意进展。

3）转移或终止项目：对取得预期成果的项目，将技术或产品转移到工程研制；取消或暂停那些风险超过收益的项目。

6.3.4 人力资源管理

人力资源管理目的是为组织提供必要的人力资源，以便维持组织的竞争力和满足业务需求。过程活动包括确定未来项目所需的技能，向项目提供必要的人力资源，引进、培养提高人员的技能，解决多项目资源需求方面的冲突。

1）确定技能：根据当前或预期项目，确定技能需求；确定和记录员工的技能。

2）培养技能：确定技能培养策略；获取培训教育导师资源；提供有规划的技能培养活动；保留技能培养记录。

3）获得技能：获取合格员工；管理项目所需的技能员工；根据项目和员工发展需求，进行项目人员分配；通过职业发展和奖励机制等方式调动员工积极性；解决多项目对优质员工需求的冲突。

6.3.5　质量体系管理

组织质量体系管理是围绕不断提高顾客满意度目标，整体提升组织的质量管理水平。组织为此需要建立质量管理体系，通过不断识别薄弱环节，实现质量体系的持续改进。项目质量管理与组织的质量管理体系密切相关。

质量管理体系包括，建立质量政策与方针、标准与过程，明确质量目标，定义明确的责任和授权体系，监视顾客满意度情况，对组织运行的项目进行评估，对改进建议及时响应，持续改进体系。组织质量管理体系活动包括：

1）制定质量目标：执行ISO 9000系列标准，建立组织的质量管理政策、目标和程序；定义质量管理履行活动的责任和权限；定义质量评估标准和方法；提供质量管理所需的资源和信息。

2）评估质量管理活动：根据规定的标准收集和分析质量保证结果；评估客户满意度；对项目质量保证活动进行定期审查；监控程序、产品和服务的质量改善状态。

3）采取改进和预防活动：当质量管理目标未实现时，开展改进活动；若质量管理活动无法实现时，制定预防活动方案；监控执行。

6.3.6　知识产权管理

知识产权与科研成果是组织的软资产，可形成使组织可重复利用的知识。知识产权管理是对知识利用范围的控制。知识与产权管理涉及应用知识分类，形成组织的知识资产，定义一般知识与产权知识，保护产权知识。具体活动为：

1）制订知识管理方案：定义组织知识管理或知识产权管理策略，确定控制管理知识产权的方法。

2）在组织内分享知识：建立组织内部知识的分类法；建立组织内知识分享系统；通过知识资产应用，获得竞争性的项目。

3）管理知识资产：储存知识，监控和记录知识，定期重新评估知识资产的技术应用情况和市场需求。

6.3.7　安全保密管理

项目安全管理是指在工程项目实施过程中保护人员的安全与健康、保护设施不遭受意外损坏、保护环境不受污染破坏，从而使得项目进度、质量和费用等目标得以实现的管理活动。安全管理内容涉及确定安全管理目标、制定安全管理计划、建立安全保障体系、识别评估危险源、管控危险源。

1）确定安全管理目标：依据安全法规、环境因素、产品与操作活动特性，以“安全第一、预防为主”原则，确定组织特定阶段的安全目标。

2）制定安全管理计划：围绕历史经验教训，产品与过程特点，制定有针对性的安全管理计划。

3）建立安全保障体系：建立组织的安全技术保障体系、运行保障体系、信息保障体系和安全制度体系，建立专业队伍，并对操作人员进行培训。

4）识别与评估危险源：围绕各项目收集的信息，识别危险项目、分析危险出项条件，划分风险等级、估计发生可能性，评估危险源。

5）管控危险源：采用警示、检测导致危险发生的因素，采取技术管控措施，管控风险发生。

无论军工企业还是商业公司都涉及保密问题，军工企业泄密会导致国家安全利益受损，商业公司泄密会导致商业利益的危害。承担军工项目的企业，通过军工科研生产单位保密资格论证后，才能获生产许可证。具体保密管理主要内容为四项：

1）涉密人员教育：对接触密级载体和参与密级活动的人员进行分类管理，对涉密人员进行保密培训教育，确保掌握防泄密、防窃密知识，以及须要遵循的保密制度。

2）涉密载体管理：对涉密载体建立管控制度，包括制作标注、使用接触、保存登记、传递携带、复制追溯、销毁解密、加密防窃，以及失控追责制度。

3）涉密场所管理：对涉密场所建立管控制度，包括标识范围、授权进入、专职守卫或技防措施。

4）涉密活动管理：对涉密活动建立管控制度，包括人员交往、学术交流、新闻报道、出版物、会议、试验活动的保密组织、活动报批、责任人员、人员进入、摄像记录等应遵循的纪律与守则。

6.4　组织管理实例

实例 6.4.1 某航天组织的职责分解。

（1）部门管理职能关系

1）规划计划部（多项目组合管理）：责任令管理、科研生产综合计划、季度检查、年度评估和考核。

2）科研部（领域项目管理）：落实型号抓总的统一协调、综合平衡职责。抓技术状态、进度、经费、质量的协调平衡；领域项目共用设施的统筹；商务和市场开发；调控费的管理；建议项目分工定点。

3）其他支持部门：办公室、财务、人力、质量、研发、物质、运保、审计等，负责项目启动、报审价、成本、分工、物质采购、质量控制、工艺保障、产品运输、大型试验设施、后勤、安全保卫保密、行政事务等。

（2）项目人员职责关系（见图 6－1）

1）项目两总：组织实施具体型号的项目管理。在授权范围内统筹人、财、物资源；策划工作并获得批准；细化工作计划；偏差追溯改正验证；报告进展信息。

2）项目办：是型号全周期、全要素管理的具体实施机构。在两总组织下，策划各项管理计划；按照批准的计划组织承制单位或专项工作组开展项目活动；检查指导监督执行；每月提交进展报告。

3）承制单位：按照项目办要求完成项目任务；接受过程监督和指导；提交进展报告。

4）专项工作小组：由多部门人员参与的临时工作小组（例如，关键技术攻关、质量归零、经费报审价、关键短线协调）。

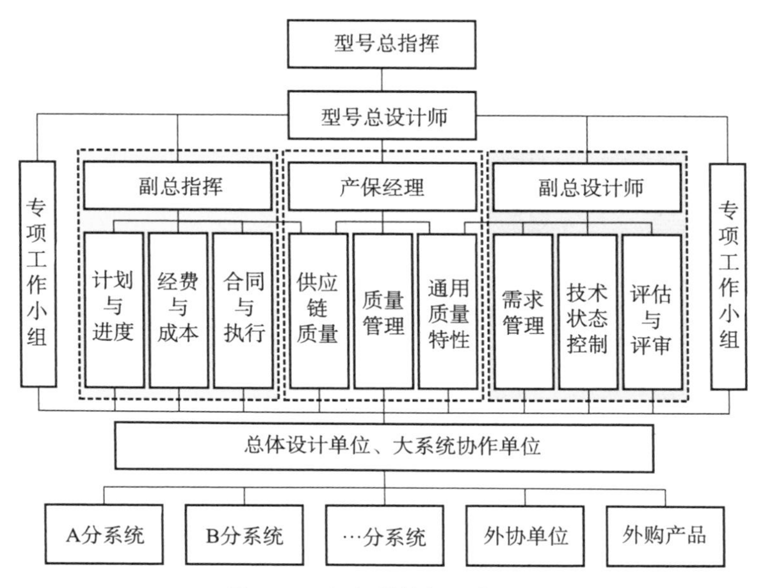

图6-1 组织结构与职责关系

（3）项目综合论证及投标

1）确定项目负责人：单位副职提出建议。

2）成立综合论证组：科研部门协助单位副职提出建议。

3）新领域：研发部门负责组织。

4）现有领域拓展：由科研部门负责组织。

（4）项目启动与策划

1）类型：国家正式立项项目、上级单位立项项目、本单位自主立项项目。

2）时序：两总→型号办→分工定点→研制队伍→研制策划计划（技术、计划、经费预分、物质、关键技术）形成工作基准→启动会→下达工作令。

3）项目评估与考核：项目组通报季度进展和质量情况；规划计划部负责年度评估和考核、最佳实践总结、薄弱环节改进。

4）项目收尾管理：原则上项目完成后6个月内应实现收尾，包括项目总结、资料归档、人员释放、物质与设备转移、经费结算、成果申报。

实例6.4.2 某航天组织的研发体系建设。某航天组织为加强科技创新在发展中的作用，对组织内部的科技创新体系进行了重塑。原来科技创新活动与研制生产活动在一个部门中混线运行，存在的问题是一旦型号研制任务比较紧张，就会挤占预先研究资源，导致科技创新效果不突出。

经过分析科技创新与研制生产的特征，调研国内外创新组织[5-8]，他们发现科技创新与研制生产存在明显的差异，具体表现为：

1）科技创新主要面对关键技术按期突破的压力，需要开拓创新型的进取型人才，需要组织超前布局和主动投入，本质上是花钱的部门；而研制生产主要面对“质量、进度和效益”的压力，需要工程经验丰富的稳健型人才，本质上是赚钱的部门。

2）科技创新和研制生产均需要参加市场营销活动。前者，侧重于用户中远期的先进技术，侧重于“营”；后者，侧重于用户近期所需系统产品，侧重于“销”。

3）对于新体制的产品与系统研制，应由科技创新体系实施，聚焦于创新突破；对于老产品改进，应由研制生产体系实施，聚焦于产品的型谱化改进。

4）研制生产体系在老产品的改进中，可能会提炼共性的新技术和新产品需求，须要反馈到科技创新体系，供科技创新体系来研究和开发。

因此，该组织认为需要将负责预先研究的科技创新体系与负责型号研制的研制生产体系进行分割，形成如图 6－2 所示的关系。

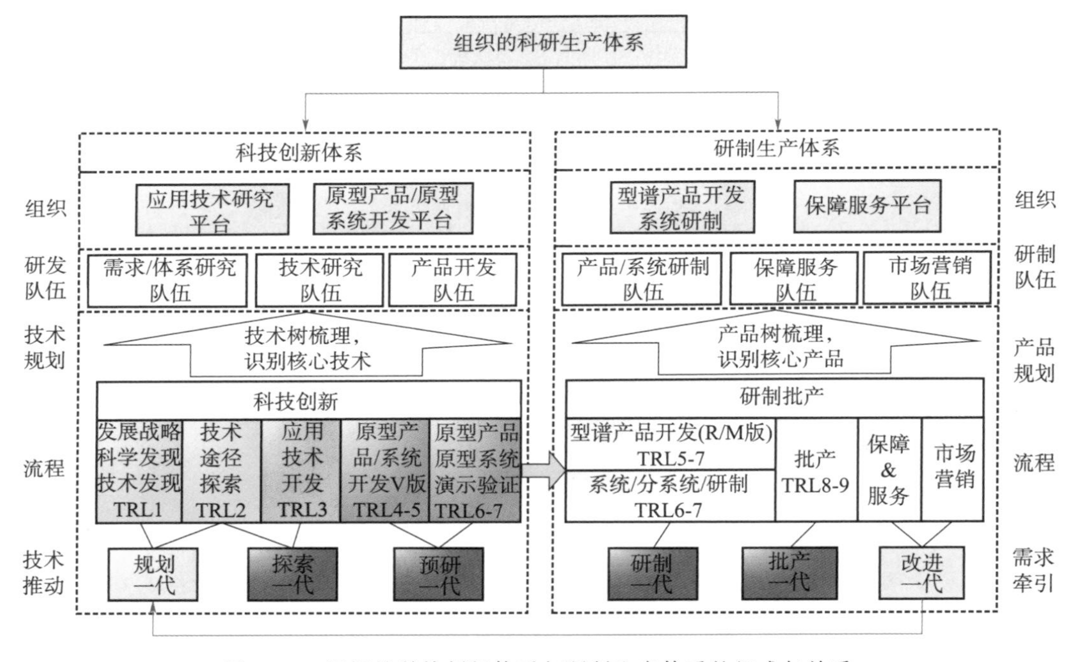

图 6－2　组织的科技创新体系与研制生产体系的组成与关系

分割两个子体系后，还需要处理好两者之间的衔接关系，构成完整的科研生产体系。具体措施为：

1）科技创新子体系主要承担“规划一代”“探索一代”和“预研一代”的职能，具体可以细分为如下工作：

a）技术梳理发现：发现用户需求、修订组织发展战略、技术树梳理、技术发展趋势分析、关键技术识别、制定技术发展路线图。

b）技术途径探索：体系研究、概念研究、技术“卖点”分析、实现路径优选。

c）应用技术开发：核心与关键技术自主开发，一般与共性技术外包研发。

d）原型产品开发：原型产品与原型系统开发（原型产品与系统称为V版）。

e）原型系统验证：开展地面模拟环境或真实环境下的演示验证。

f）远期技术营销：开展技术营销，引导用户需求。

2）研制生产子体系主要承担“研制一代”“批产一代”和“改进一代”的职能，具体可以细分为如下工作：

a）型谱产品开发：型谱发布版（R版）产品开发或定制产品开发（M版，M版产品是在R版产品基础上做了不影响本质技术特性的修改定制）。

b）装备型号研制：型号系统研制，以及在役装备改造、产品升级换代研制。

c）型号装备批产：批产的组织管理。

d）售后维护保障：保障与服务，航天器的在轨监测与服务。

e）近期市场开拓：组织行政、技术力量进行市场开拓。

3）两个体系的衔接：两个体系通过真实环境演示验证过的V版产品进行衔接，这样能够保证预先研究工作落实到位，型号研制采用预先研究技术不会产生颠覆性的问题。

6.5　本章要点

1）一个工程项目在组织中实施时，可以将项目管理九要素内容分解成的项目级的管理和组织级的管理内容。一个组织内部往往承担了多个工程项目。组织内部通常采用矩阵管理模式，按纵向为项目、横向为部门的矩阵架构来实现多项目的管理。在实施项目时横向部门主要起支撑与约束作用。

2）战略管理包括明确组织的使命和宗旨；面对重点发展领域，明确自身的细分市场；制定进入市场和退出市场的策略；拟定（或改进）企业组织职能架构和职责分工；规划实施资源配置；建立和维护市场用户和合作伙伴的良好关系。

3）采办过程是根据本组织的需求获取产品或服务，也就是外协/外购过程。供应过程是根据其他组织的需求，为其提供产品或服务，也称为协外过程。

4）项目组合管理是组织对项目组合和项目群实施的管理过程及寿命周期模型管理过程，包括定义行业或领域普遍适用的寿命周期过程并维持其有效性。

5）组合投资管理是组织启动和维持必要、充足的先期投入，这些投入符合组织的战略目标，目标是获取和持续保持组织的竞争力。主要包括研发投入、基础设施投入、人力资源准备。

6）基础设施泛指设施、工具、硬件、软件、服务和标准。基础设施管理目标是为项目提供使能基础设施和服务。

7）人力资源管理目的是为组织提供必要的人力资源，以便维持组织的竞争力和满足业务需求。

8）质量体系管理要为不断提高产品的顾客满意度而建立。组织为此需要建立质量管理体系，同时不断识别薄弱环节，实现体系的持续改进。

9）知识产权与科研成果是组织的软资产，可形成使组织可重复利用的知识；安全保密是确保不出现“机毁亡人”安全事故的管理过程；保密管理是保护知识产权的活动。

10）大型企业中可将研发与研制分开管理，通过原型产品/原型系统作为中间的衔接环节，这样在管理上效果或效率具有一定的优势。

参考文献

[1] 沈建明，关保昌，等．现代国防项目管理（上、下册）[M]．北京：军事科学出版社，2011.

[2] 沈建明．项目风险管理 [M]．北京：机械工业出版社，2010.

[3] NASA System Engineering Handbook [M]． NASA SP-2016-6105 Rev. 2. NASA Headquarters，2016.

[4] Systems and software engineering—System life cycle processes：ISO/IEC/IEEE 15288：2015（E）[S]． Geneva：International Organization for Standardization，2015.

[5] 周辉．产品研发管理 [M]．北京：电子工业出版社，2012.

[6] 冷立强．制胜：航天与华为创新管理 [M]．北京：经济管理出版社，2012.

[7] 蒲小勃，许译．波音鬼怪工厂 [M]．北京：航空工业出版社，2013.

[8] 聂海涛，桑建华．臭鼬工厂传奇 [M]．北京：航空工业出版社，2011.

第三部分

基于模型的系统工程

第 7 章　MBSE 概念与建模语言

基于模型的工程方法首先在机械工程、电子工程、软件工程等领域得到应用。例如，机械工程从最初从手工绘图转变为计算机二维或三维计算机辅助设计（Computer Aided Design，CAD），电子工程采用电子设计自动化（Electronic Design Automation，EDA）；软件工程采用图形化统一建模语言（Unified Modeling Language，UML）进行软件抽象设计，并自动开发代码。随着计算机技术上的进步，这些基于模型设计（Model - Based Design，MBD）方法在多学科得到广泛应用，为系统工程从基于文档的方法转变到基于模型的系统工程方法奠定了坚实的基础。

Wayne Wymore 于 1993 提出基于模型的系统工程（Model - Based Systems Engineering，MBSE）概念[1]，系统国际工程协会（INCOSE）于 2007 年在“系统工程远景 2020”[2] 中提出在系统工程领域推广 MBSE 的愿景和路线图。

7.1　MBSE 概念与内涵

研制工程系统时，人们需要在头脑中构建该系统完整的概念与想法，并通过草图、文字、表格、图片、实物等模型形式表达出来。随着系统复杂性增加、开发质量要求的提升、设计周期的缩短，系统设计师迫切需要一种辅助工具来帮助表达系统模型与模型构件（Artifacts），从而 MBSE 应运而生。

INCOSE 对 MBSE 的定义[2]：基于模型的系统工程是对建模（活动）的一种形式化应用，用于支持系统需求、设计、分析、验证和确认活动，这些活动从概念设计阶段开始，贯穿整个开发过程及后续的寿命周期阶段。

MBSE 通过各类模型视图来表示系统架构模型（System Architecture Model），对人们头脑中的系统抽象概念进行具象描述，方便各类人员之间的交流沟通，服务于后续系统设计的深化、细化、优化和决策。这种系统架构模型，类似于描述建筑楼宇的立面图、管道图、电气图、楼层分布图等，这些视图之间须相互关联、保持一致。实施系统工程的关键是构建一个系统架构模型。

系统架构：指系统的元素组成和值属性，元素之间的连接方式和系统运行方式，或者反映系统的组成与相互作用关系、运行流程与驱动方式等。

系统架构模型：是对系统架构的完整与相互关联描述，相当于通常所说的总体设计方案，系统架构模型可通过一组视图来描述。

（1）传统系统工程的做法与存在的问题

传统系统工程是基于文档的系统工程（Text - Based Systems Engineering，TBSE），

虽然 TBSE 是严格的，但在保证设计信息的有效性、完整性、一致性方面存在先天缺陷，在需求、设计、分析和验证信息之间缺少关联性的联系，越来越难以应对复杂系统的设计挑战。

传统系统工程设计活动产出的是一系列用自然语言描述的、以文本格式为主的文档，包括文档（Word）、图表（Visio）、电子表格（Excel）、CAD 图、演示报告（PowerPoint）和项目计划（Project）等系统设计与管理文档。系统需求和设计信息表示在分散的文档中，并以拷贝电子文件的方式在客户、用户、开发者和测试者之间进行信息交换。一旦在研制过程中，对某项需求或设计进行了修改，系统设计师需要在分散的文档中找到所有需要修改的地方进行修改，很难保证修改的实时有效性、整体完整性和关联一致性。随着系统规模的扩大，参与系统研制的人员和组织层级的增多，这些问题就愈发突出。

≫ 实例 7.1.1 传统系统工程中的系统模型由“一大摞”各类文档组成。如运载火箭的总体布局方案、弹道方案、分离方案、推进系统方案、控制系统方案等。把这些文档汇集起来的是一系列定性描述的技术要求及定量描述的技术指标。各专业设计与分析人员，必须从这些文档中提取定性要求和定量指标，进行相关的设计与分析计算，丰富系统的设计、修改不合理地方，再将结果编写成文档，提交给其他相关专业人员。因此，这些要求、指标和设计，通过文档相互“流转”。在传统系统工程过程中，文档信息的控制和技术状态的管理非常重要，在寿命周期阶段将花费很大成本来维护这些彼此分立输出物的一致性和关联性，系统工程的主要工作就是“抓总和协调”，并控制这些分立文档的实时有效性、整体完整性和关联一致性。

（2）基于模型系统工程的做法与优势

MBSE 方法产出物的是集中存储、清晰一致的系统模型。借助相关的软件工具环境，系统模型保存在一个共同的数据模型仓库中，基于该系统模型可自动生成图表和文档输出物。这些图表和文档输出物只是底层系统模型的视图。一旦在研制迭代过程中需对系统进行修改，修改的是系统模型中的某个模型元素，修改后所有后续自动生成的输出物就都修改了。

MBSE 方法中采用面向对象、图形化、可视化的系统建模语言。首先，从需求出发，逐层向下分解功能、细化运行逻辑、描述系统的各层级元素，进而逐层向上组成子系统和系统，构建集成化、具象化、可视化的系统架构模型。这种方式增加了对系统描述的全面性、准确性、关联性和一致性[3]。系统模型涵盖文本需求、用例和测试案例、模型结构元素和行为关系，或者包含系统需求规范、设计分析和评估信息。各个学科的专业工程师和管理人员，都可以基于这个系统架构模型来开展工作，从共同的数据模型仓库中提取架构模型与参数，并运用专业的模型和软件工具来对系统有关问题进行分析。如图 7-1 所示，一个系统模型主要包含需求、结构、行为和参数。

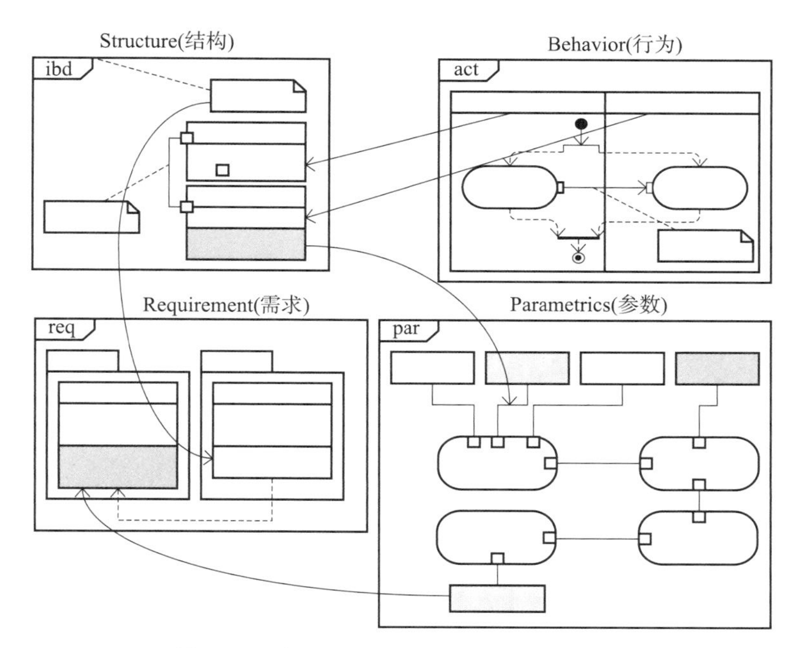

图7-1 在SysML中，系统模型表示示例

MBSE和TBSE的区别在于构建系统模型的方法、语言和工具的不同，以及由此带来的系统设计工作模式和设计流程的较大差异。采用MBSE最大好处一方面是方便人员之间的沟通，避免不同人员理解上的差异；另一方面是在应对不断变更的设计时，保持设计的有效性、完整性和一致性。在系统开发中，采用MBSE的价值在于保证设计质量、提高工作效率、节省研制成本，最终为组织带来效益和提高竞争力。

MBSE的系统模型的建立从文本格式的自然语言转向了图形化的建模语言。MBSE并不是完全抛弃过去的文档，而是从过去“以文档为主、模型为辅”向“以模型主、文档为辅”的设计范式转变。因此，MBSE是传统的TBSE向模型化、数字化系统工程的演进，可以认为是系统工程方法论的2.0版，如图7-2所示。然而，系统设计师初始采用MBSE时，不仅不会减少工作量，还会增加创建系统架构模型的工作量。MBSE对设计有严格的要求，为设计良好的系统，创建出在“广度、深度、精度”方面良好的模型，需要花费大量时间和精力，并遵循一定的规则。

MBSE相对TBSE的优势表现为：

1）提高沟通效率：在整个开发团队和其他利益相关者之间，共享对于系统的理解，从多个视角集成描述系统；系统模型具有直观、准确、唯一、结构化的优点，可以准确无歧义地描述系统的各个方面，对整个系统内部与外部各个细节进行描述，容易形成统一的理解。

2）提高设计质量：系统模型提供了一个覆盖系统全寿命周期的、完整的、信息关联一致的、可追溯的系统设计方案，避免各组成部分之间的设计冲突，降低了不一致性的风险。生成完整、无歧义、可验证的需求；随时进行需求验证和设计验证；保证需求、设

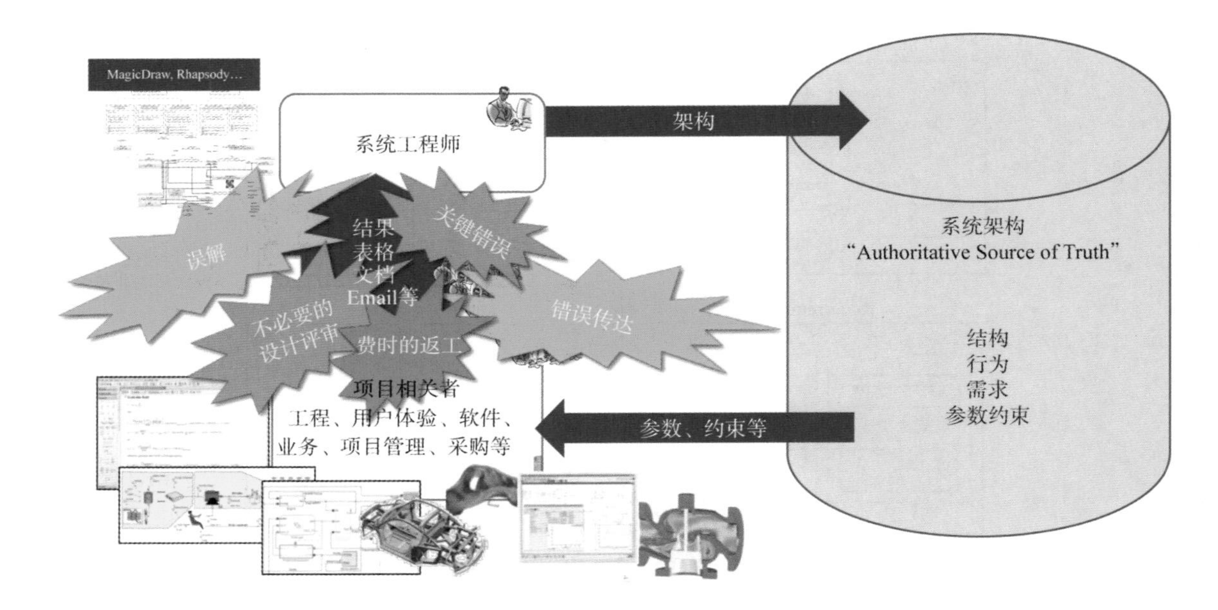

(a) TBSE存在的问题

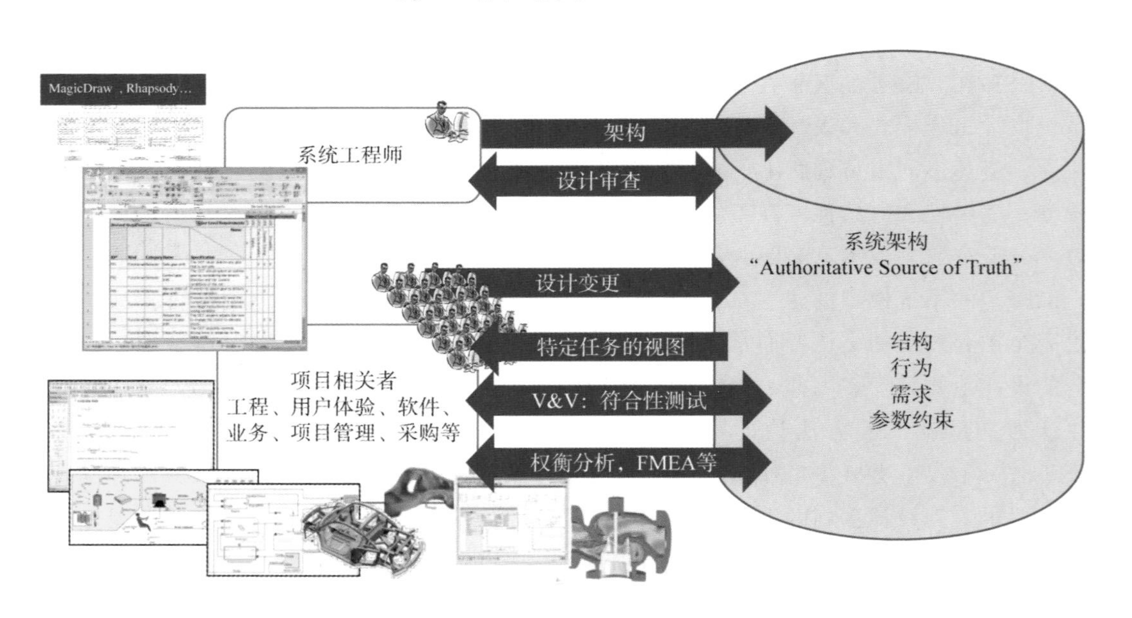

(b) MBSE的作用

图 7-2　从 TBSE 到 MBSE

计、分析和测试之间严格的可追溯性；增强设计的完整性；方便处理复杂系统问题。

3）提高设计效率：需求变更和设计变更的快速影响分析；权衡方案的浏览；重用已有的模型，支持设计快速迭代；减少集成和测试过程的错误，以及错误的修改时间；修改后，自动生成文档。

4）提升知识积累：项目知识以系统模型的形式表达与存储；存储在数据仓库中的模型数据，可以方便后续的查询、理解和重用，大幅度提高重用性。

5）及时仿真验证：利用系统建模语言和相关的软件工具，可以建立系统静态和动态的仿真模型，可对系统进行早期仿真、随时仿真和全周期仿真，及时发现设计中存在的问题，并加以修改。

6）全寿命周期运用：MBSE 不仅可以用于设计过程，也可以用于管理过程，例如，开发更准确的成本预估模型；支持对操作者进行系统使用的培训，支持系统的诊断和维护等。

（3）MBSE 与专业工程模型的关系

系统模型是各专业工程开展工作的数字中枢。MBSE 主要服务于系统工程师，它不能代替专业工程师的工作，不抛弃各专业工程原来所使用的模型，而是通过系统模型这个数字中枢，来沟通各专业工程。例如，运用机械与力学、传热与燃烧、流体与液压、电磁学、控制等专业模型进行系统分析时，系统模型可看成集中存储系统架构与参数的数据银行（Databank，Repository），专业设计师可以从系统模型中直接提取相关的架构和参数，对专业领域所涉及的系统或部件进行设计、分析、优化，优化后将修改的结果实时存储在系统模型中，其他人员可以实时获取唯一性的数据，如图 7－3 所示。

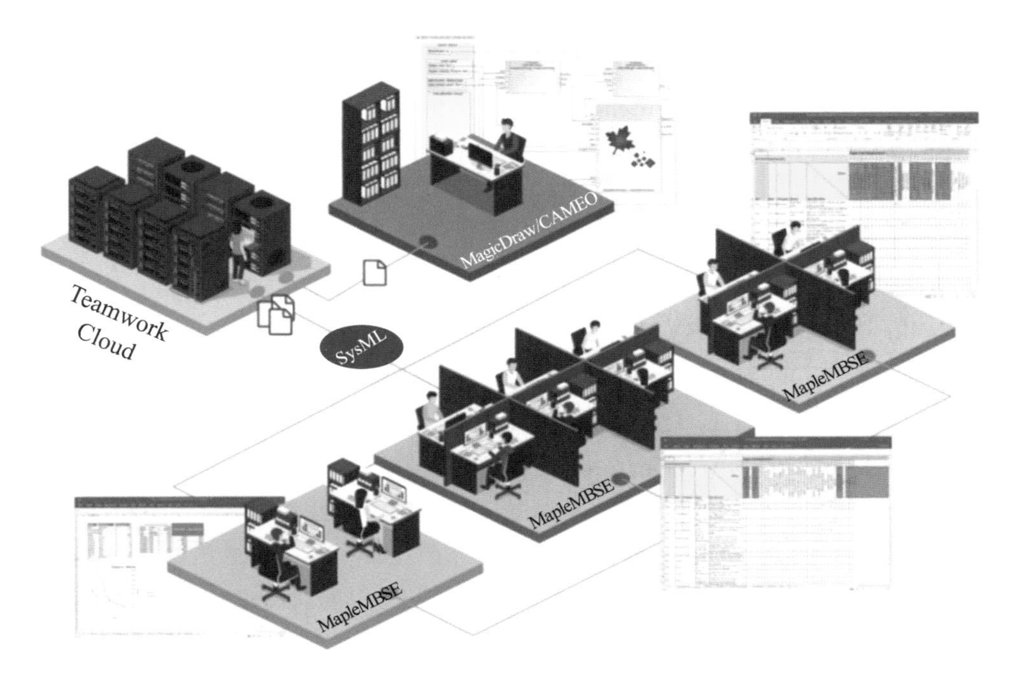

图 7－3　MBSE 的系统架构模型是数据中枢

综上所述，MBSE 相对于 TBSE 所具有的优势主要表现为四点。一，MBSE 避免了 TBSE 很难解决的设计信息及时有效性、整体完整性和关联一致性问题；二，MBSE 通过系统模型的数据银行，将“涉众需求、系统需求、功能/逻辑/物理架构、约束参数、分析验证”等信息进行了关联，解决了追溯性问题。后续的系统分析与控制（包括需求验证、权衡研究、技术状态管理等）各项工作，就更加容易和便利；三，MBSE 本质上是一种基于系统模型近乎并行工作的方法，相较于 TBSE 的需要从系统、到子系统、到产品的串行工作方法，效率更高；四，项目管理等模型软件也可以接入系统架构模型，提取数据，产生工作包数据，可提高研制效率。

7.2 建模方法、语言与工具

设计师实施 MBSE，除了须熟知关注系统（SoI）专业知识外，还需要熟知如下三者：

1）建模方法：如 OOSEM，Harmony SE。

2）建模语言：如 SysML。

3）建模工具：如 MagicDraw。

7.2.1 MBSE 建模方法

MBSE 建模方法是一组相关的活动、技术和约定，描述如何开展设计建模活动、如何开发模型构件。MBSE 方法是设计师进行系统设计活动的指南，不同行业、不同产品在研制方面都有其特殊方法，因此存在不同的选择。在实际项目中选择哪一种方法或者对已有的方法做哪些裁剪，需要具体问题、具体分析。目前常用 7 类不同 MBSE 方法：

1）INCOSE 的 Object - Oriented SystemsEngineering Method（OOSEM）[4]。

2）IBM 的 Rational Telelogic HarmonySE[5-6]。

3）IBM 的 Rational Unified Process for Systems Engineering（RUPSE）[7-8]。

4）NoMagic 的 MagicGrid[9]。

5）Vitech 的 Model - Based Systems Engineering（MBSE）Methodology[10]。

6）Weilkiens 系统建模（SYSMOD）方法 [11]。

7）Dori Dov 的 Object - Process Methodology（OPM）[12]。

8）JPL 的 State Analysis（SA）Methodology[13]。

9）Thales 公司提出的 Arcadia/Capella 方法。

建模方法是共同构建模型的方法，它类似于路线图，是建模团队创建系统模型要执行的一系列设计任务和产生的模型，是确保团队中所有人都协调一致的方法。没有这种方法的指导，团队中每个成员构建的系统模型，就会在模型广度、深度、精度方面存在巨大差异。

虽然人类在建模语言上可以达成一致，但是不能在建模方法或过程上达成一致。目前主要存在三种典型建模过程：瀑布过程、增量过程、迭代过程。

1）瀑布过程：事先明确了全部需求，一次完成整个系统的建模，从开始到结束建模活动作为整体即只执行一次。这种过程只适合简单系统的建模。

2）增量过程：每个周期只完成一个功能需求的建模，增量式完成建模。例如，第一次建模处理 1/4 的需求，然后再做另外 1/4 需求的第二次增量等，最后进行模型集成。

3）迭代过程：不要求一次完成整个系统的建模，从简到繁、从抽象到具体，分阶段迭代式完整建模。迭代开发的好处符合人类的认识规律。

大多数 MBSE 建模方法采用“从上到下、用例驱动”的增量过程，再结合迭代过程来丰富和完善设计建模。建模方法与过程的简要描述见第 8 章内容。

7.2.2　MBSE 建模语言

模型是用抽象概念对真实物理世界的一种表示。一个模型的关键特征是能对关注领域进行一种抽象或具象的表示。模型可以分为两类，一类是描述性的模型，另一类是分析模型。模型可以通过采用正规的数学和逻辑方式，或者半正式的自然语言方式，来表示抽象概念和更具体的物理原型。系统模型是一种描述性的模型，描述系统架构，即系统的元素组成和相互关系；专业工程模型一般是分析模型，用于开展静态分析和动态分析。系统模型中抽象的表达形式可以是一组图形化、表格化标识的组合，例如，表示对象/活动/控制节点的各种矩形/圆形/椭圆形符号，表示相互关系的各种线段与箭头，以及表格、矩阵、注释文本等。

建模语言：是一种半正式的语言，定义了语言的词汇和语法规则。建模语言定义模型中的元素种类、以及元素之间的关系。

图形化建模语言：是采用一系列图形标识法（graphic notation）和表格标识法，在图表中显示元素和元素之间关系。

MBSE 建模语言是图形化的建模语言，将物理世界简化为图形，定义各种节点模块、线条、箭头、端口等图形元素，整个图形组合就可以表达系统整体的设计意图，便于人类理解。经计算机编译后，就可以形成便于计算机理解的数据模型。通过元数据交换（XMI）标准[14]、产品模型数据交换标准[15]（STEP AP233，ISO 10303）和图形交换标准[16,17]，就可以实现系统架构模型数据与各专业领域模型的对接，如机械、电子、软件等专业模型。

建模语言会定义语法，明确特定模型的表达形式是否良好的一系列规则，但是不会规定如何、何时使用语言来创建模型，也不会指定任何特定的建模方法。一般建模语言需要满足多层次的需要（如描述需求、行为、结构、参数、辅助分析），需要直观、全过程可度量和可控制，需要满足多学科、多领域的（用户、设计、管理、制造、服务等人员）协同，需满足扩展性强、支持多种工具的需要。

（1）SysML 建模语言

为了支持 基于模型的系统工程（MBSE），国际系统工程协会（INCOSE）和对象管理组织（Object Management Group，OMG）基于 UML，提出一种通用的针对系统工程的标准“系统建模语言”（Systems Modeling Language，SysML），其最新版为 V1.6[18]。SysML 是统一建模语言（Unified Modeling Language，UML）的一个子集和扩展，如图 7-4 所示。SysML 模型图与 UML 模型图存在共用交叉部分，交叉部分是 SysML 继承

UML 的图，浅色部分是 SysML 基于 UML 扩展而来的特有图。SysML 依据配置文件包(Profile)，通过定义基于元类型（megaclass）的构造类型（stereotype），实现建模语言的扩展，如扩展定义了模块类型、值类型等。SysML 对 UML 的扩展包括：

1）模型元素 Model Elements：扩展支持视图与视点，以及其他通用的建模机制。

2）需求 Requirements：扩展支持文本需求，以及各需求之间、需求与模型间的关系。

3）模块 Blocks：扩展表达系统结构和属性。

4）活动 Activities：扩展支持连续的行为。

5）约束模块 Constraint blocks：扩展支持建模约束和参数模型，支持工程分析。

6）端口与流 Ports and Flows：扩展支持元素之间的信息、物质和能量流。

7）分配 Allocation：扩展支持模型元素的关系映射。

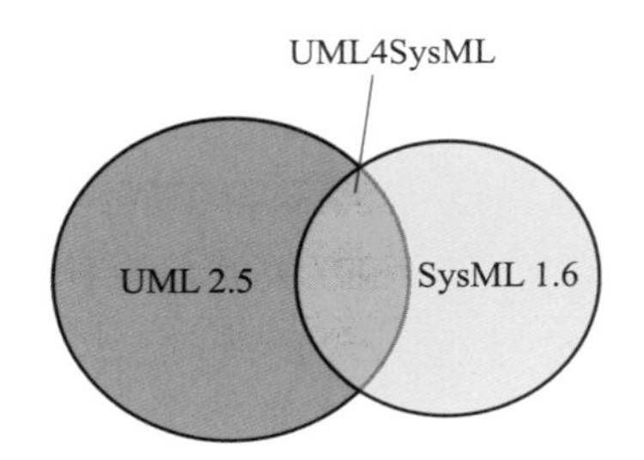

图 7-4　SysML 与 UML 的关系

SysML 语言是目前 MBSE 领域主流的系统设计语言。SysML 可以表示系统分层与分类的概念和物理实体的组成、互联关系，基于功能、消息和状态的行为，物理性能属性上的约束关系，行为、结构和约束之间的分配关系，需求与其他需求、设计元素和测试用例的关系。SysML 系统建模语言是一种图形化的建模语言，用于创建系统结构、行为、需求、约束参数模型，支持复杂系统的规格说明、设计、分析、验证和确认，系统中可包括硬件、软件、数据、人员、过程、设施等人工或自然元素。

SysML 并不是唯一的建模语言，对于特定领域的系统工程师，如体系、软件、硬件等都有自己可用的建模语言，它们许多是图形建模语言，例如 UML（统一建模语言，适用于软件领域）、UPDM（体系架构建模语言，是基于 SysML 的建模语言）、BPMN（业务流程建模语言）、MARTE（嵌入式实时系统的建模分析语言）、SoaML（面向服务的架构建模语言）、IDEFx（集成化建模语言）等；还有一些是文本建模语言，例如 Verilog（数字系统硬件描述语言）、Modelica（开放式物理建模语言）等。

SysML 建模语言用各类矩形/圆形/椭圆等图形描述模型元素节点，用各类线条和箭头描述模型元素之间关系。SysML 的图模型可以概括为“3 大类、9 类型”，如图 7-5 所示。SysML 的 3 大类图为“行为图、需求图、结构图”，9 类型视图分别为“需求图，用例图、活动图、序列图、状态机图，包图、模块定义图、内部模块图、参数图”。相对于 UML 的图，SysML 舍弃了一些图类型，新增了 2 种图类型、修改了 3 种图类型、继承了 4 种图类型。

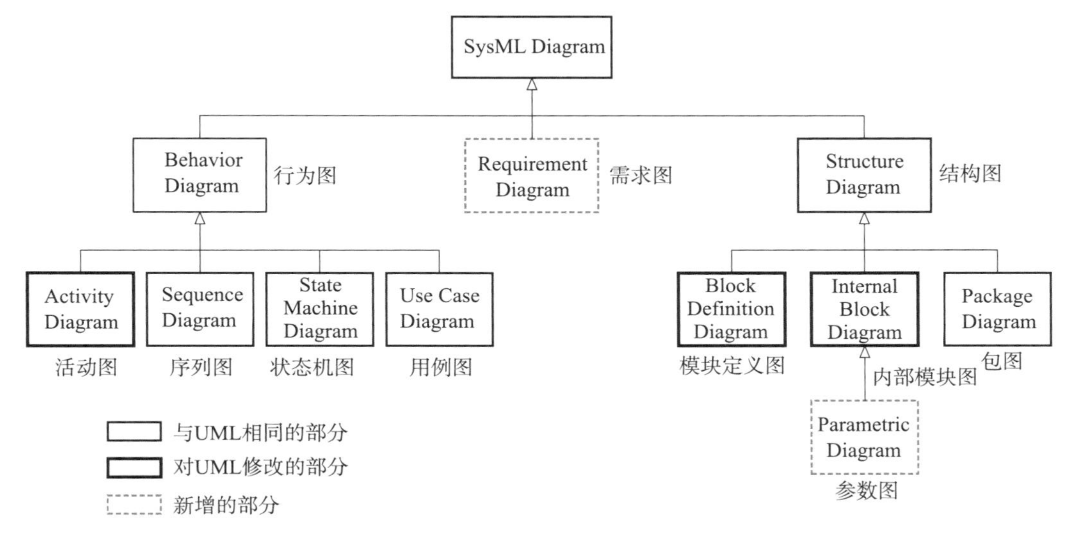

图 7-5　SysML 图分类

1）包图：主要用于表示模型层级结构的组织关系，包图中可显示多个包元素（以后简称包）和其他模型元素，以及模型元素之间关系。

2）需求图：用于表示基于文本的需求规范与单个需求条目，以及需求之间、需求与模型元素之间的关系，以支持需求之间、模型元素与需求之间的可追溯性。

3）用例图：用于表达外部实体（参与者）如何使用系统，表示系统对外呈现的功能或目标集合。用例图是在参与者协同下，系统执行任务的黑盒视图。

4）模块定义图：用于定义结构元素、组成属性和类型，以及这些元素之间的关系。这些关系通常用于表示系统的层级关系和分类。

5）内部模块图：按流动项表示模块内部组成部分实例之间的互联与接口。

6）参数图：用于表示模块的值属性或约束模块的参数属性之间的绑定关系，用来支持工程分析。

7）活动图：用于表达行为动作次序，描述通过一系列动作将输入转换为输出的过程，以及控制动作执行的逻辑。

8）序列图：用于表达对象（系统或组成部分）实例之间的一系列驱动行为的消息交互和操作调用，消息交互分为同步消息和异步消息。序列图通常用作详细设计工具，精确地描述一种行为，序列图也常用于描述用例场景和测试案例。

9）状态机图：用于描述模块实例的一系列状态，描述状态和状态之间的转换条件，以及触发状态转换的事件。状态机图和序列图都可以精确说明对象实例的行为。

（2）OPL 建模语言

对象过程方法（Object - Process Methodology，OPM）[12] 认为系统是由对象和过程组成的，对象是可能存在的概念或实体、过程是变换对象的过程或活动。过程创建对象、或者消耗对象、或者改变对象状态。OPM 模型可用图形和文字双重方式等效地描述系统对象与过程，用对象过程语言（Object - Process Language，OPL）来进行具体描述，图形与文字两者存在一一对应关系。OPM 建模工具为 OPCAT。

例如，“车辆乘客”对象采用矩形图描述，“车辆事故自动响应系统”过程采用椭圆形图描述。OPL 语言“车辆事故自动响应系统影响车辆乘客”，采用图 7 - 6 进行描述。图形除了可以表述陈述句，还可以表述对象-过程-对象状态-环境的复杂链接关系、逻辑关系等。

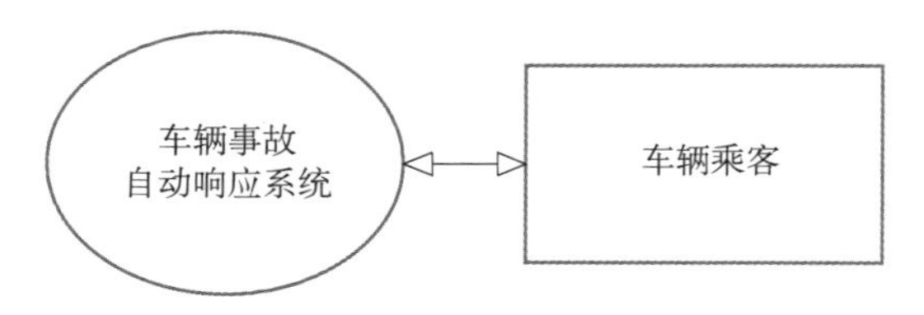

图 7 - 6　OPM 描述 OPL 语句实例

7.2.3　MBSE 建模工具

系统建模工具是一类特殊的工具，其遵循一种或多种建模语言规则，帮助创建系统良好的模型。使用建模工具创建系统模型，需要一系列描述系统模型的视图，这些视图描述了模型元素以及模型元素之间的关系。在建模工具中修改图的元素时，实际上是修改底层模型元素自身，建模工具会自动更新所有显示了该模型元素的图。

由于认识到在未来工业体系发展中，基于模型的系统工程方法将会发挥重要牵引作用，一些工业软件公司分别自主研发或直接收购一些 MBSE 工具软件，如工业软件公司达索系统收购了 No Magic 公司的 MBSE 产品 MagicDraw，西门子公司收购了 Thales 公司的 MBSE 产品 Capella。随后经过达索和西门子公司的逐步融合与发展，形成了更加完善的应用生态，预计他们在未来将逐步占据市场主导地位。表 7 - 1 列出了几类主要 MBSE 建模方法与相应的建模工具。

表 7 - 1　主要 MBSE 建模方法与建模工具

	MBSE 方法	提出者	支持语言	支持工具	应用情况
1	OOSEM	INCOSE	SysML	需要联合使用需求管理工具、通用 SysML 建模工具（Raphsody、CSM、SparxEA、Visual Paradigm）和 PLM 工具	理论研究较多，实际应用案例较少
2	Harmony SE	IBM		Raphsody - SE	嵌入式软件系统
3	RUP - SE	IBM		Raphsody - SE	以软件为主的系统
4	MagicGrid	No Magic		Cameo System Modeler MagicDraw w/t SysML	航空、航天、汽车、医疗等，大量应用
5	VitechMBSE	Vitech	MBSE SDL	CORE Suite	Vitech 自身产品
6	SA 法	JPL	状态模型	状态数据库	JPL 自身项目
7	OPM	Dov Dori	OPL	OPCAT	医疗设备和汽车领域，案例较少
8	ARCADIA	Thales	DSML	Capella	电子产品领域，应用较少

当选择建模工具时，一个重要方面是系统模型与各种软件工具之间应具有信息交换能力，这要求兼容元数据交换标准格式 XMI[14]。这时，当变更建模工具时，不至于陷入死局。另外，为了防止国外 MBSE 软件禁用，应高度重视国产自主 MBSE 软件工具的开发。

7.3 SysML 建模语言简介

SysML 是一种通用的图形化建模语言，支持复杂系统的建模，包括需求规范、设计、分析、验证和确认。这些系统可以包含硬件、软件、数据、人员、过程、设施和其他人工元素和自然系统。SysML 可以表示系统、组件等实体的如下内容：

1）结构的组成、互联关系以及分类。

2）基于功能、消息、状态的行为。

3）物理和性能属性上的约束。

4）行为、结构和约束之间的分配。

5）需求之间，需求与模型元素和测试用例之间的关系。

SysML 与自然语言（例如：汉语、英语）一样，都有语法和词汇。词汇是图形标识法，它可以实现系统设计的可视化，并用于沟通；语法指一幅图的含义，并有一系列判断模型是否良好的规则。

SysML 每幅图都描述一个模型元素所包含的内容，该模型元素称为该图的拥有者，实例可见图 7－7。每幅图都由外框、头部和内容区域组成。图的外框是外部的矩形；内容区域是外框内部的区域，显示模型元素和元素之间的关系；头部位于图的左上角，其右下角被截掉一部分，头部信息格式为：

<diagram Kind> [<model Element Type>] <Model Element Name> [<Diagram Name>]

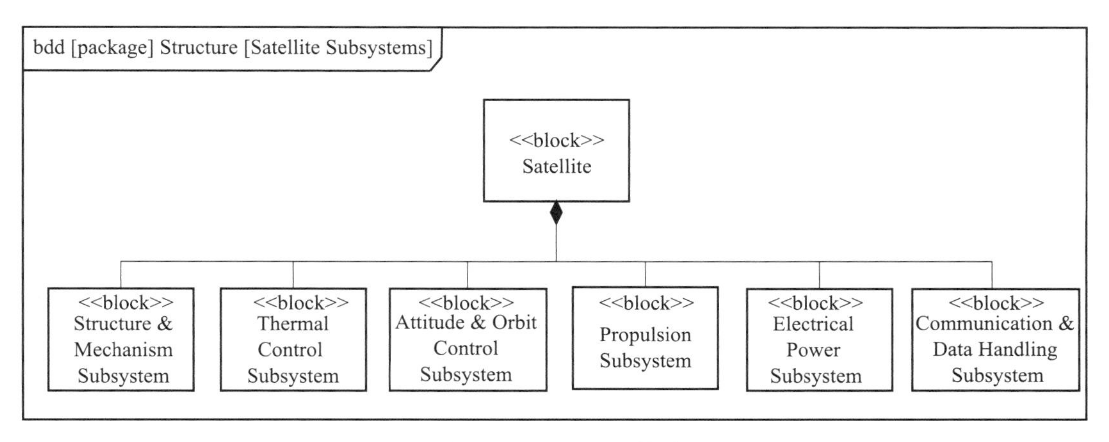

图 7－7　SysML 示例图

1）图类型（diagram Kind）：如图 7－7 中的 bdd 表明图的类型是“模块定义图”。SysML 定义图的类型只有九种（模块定义图 bdd、内部模块图 ibd、参数图 par、包图

pkg、用例图 uc 、活动图 act、序列图 sd、状态机图 stm、需求图 req)。

2) 模型元素类型 (model Element Type):模型元素类型是图拥有者的类型(每种图可表示的模型元素类型见表 7-2),拥有者是在系统模型某处已经定义的模型元素,也即该图描述拥有者的细节。图 7-7 中表明模型元素类型为“包”(package)。

表 7-2 每种图可表示的模型元素类型

图类型	可表示的模型元素类型(即拥有者类型)
包图 pkg	模型、包、模型库、视图、配置文件
需求图 req	模型、包、模型库、视图、需求
用例图 uc	模型、包,模型库、视图、模块
模型定义图 bdd	模型、包、模型库、视图、模块、约束模块
内部模块图 ibd	模块
参数图 par	模块、约束模块
活动图 act	活动
序列图 sd	交互
状态机图 stm	状态机

3) 模型元素名称 (Model Element Name):图 7-7 中模型元素名称为“结构”(Structure),其含义是图中表示的模型元素处于系统模型“结构”包层级下。

4) 图的名称 (Diagram Name):如图 7-7 中,图的名称为“卫星分系统”(Satellite Subsystem)。这是设计者为图的类型自定义的名称。

注释 1 图表的英文表达。由于主流的 SysML 建模工具只能识别图表中的英文字体,因此本书图表中的内容主要采用英文来表述,读者可查阅中英文词典理解含义。例如图 7-7 的模块定义图表示某卫星类型由五类分系统类型所组成,分别为结构与机构分系统 (Structure & Mechanism Subsystem)、热控分系统 (Thermal Control Subsystem)、姿态与轨道控制分系统 (Attitude & Orbit Control Subsystem)、推进分系统 (Propulsion Subsystem)、电源分系统 (Electrical Power Subsystem)、通信与数管分系统 (Communication & Data Handling Subsystem)。为方便理解,其中一些图中采用括号中的中文说明,正式建模时不应出现这些中文。

注释 2 模型元素与图类型的区别。“包、需求、用例、模块、活动”与“包图、需求图、用例图、模块定义图、活动图”是不同的概念,前者是模型元素(也可称为包元素、需求元素、用例元素、模块元素、活动元素),后者是表达多个模型元素与相互关系的图形。

注释 3 命名空间和容器。一些图的拥有者所代表的模型元素形成容器(或称为容器元素),容器元素为图中所显示的模型元素定义了“命名空间”。在该命名空间中,各模型元素必须具有唯一的名称,名称仅在该模型元素结构层次下才有效。在命名空间可以引用其他命名空间中的模型元素,可采用以“::”符号表示的限定名称字符串等标识法(见 7.3.1 等章节的描述)。容器可以删除或复制,此时包含在容器中的模型元素也随之删除或复制。

建模语言并没有规定如何构建模型，如何使用建模语言构建系统模型由建模方法来指导，这将在第 8 章中描述。另外，需要注意的是模型图永远不是模型本身，只是模型的一种视图。本节描述 SysML 语言，说明相关概念，文中图形示例主要引用自文献 [3，19]。

实例 7.3.1 关于模型的说明。如果将系统模型比喻成一组山峰。一个人从横向拍照，就创建了一幅从横向观测的视图，从侧向拍照就获得了侧向照片。所谓"横看成岭侧成峰，远近高低各不同"。不管是否有人拍照片，山峰都会存在，所谓"您见，或者不见我，我就在那里，不悲不喜"。

一幅图只能显示出一些系统特性，但不会显示系统全部特性。您可以在任何时候向模型中添加新的特性并修改模型，或者从模型中删除现有的特性。当修改现有的特性时，修改就会立刻反映到显示特性的视图上。当您从模型中删除特性的时候，马上就会从显示特性的所有图上消失。每张图都不能说明系统的所有细节，而只能专注于系统的某一方面。不能因为某个特性在一幅图中没有出现，就断定其不存在；它可能会在模型的另一幅图中出现，也可能根本就没有。

7.3.1　包图与模型的组织

包图主要用来描述模型的组织结构。通常在 MBSE 软件工具中，创建一个 SysML 新系统项目时，会自动创建一个顶层模型（model）包，称为模型根包。然后，再在模型根包下添加其他包元素，或者创建包图，形成系统模型元素的分层和分类容器组织。包形成了系统模型组织的层次结构树，它们类似于 Windows 中的目录结构。包是模型的容器空间和命名空间，建模时必须在已创建的各层次包下添加相应的 SysML 图表，来逐步构成系统模型。

包图（pkg）在绘图区域的包标识法是一个文件夹符号，在其左上角带有一个矩形标签区，包图的绘图区可以显示包元素和其他模型元素，以及各元素之间的关系。包图外框表示的模型元素类型可以是"包 package、模型 model、模型库 modelLibrary、视图 view、配置文件 profile"共五种，其中后四种类型是特殊类型的包。包是其所包含模型元素的容器，即容器是父元素，包所包含的模型元素是子元素。当容器被删除或复制时，包含的模型元素也被删除和复制。子元素可以是包，从而构成模型元素层次关系。

（1）包（package）

形成一个模型元素容器，构建模型层级关系。例如，图 7－8 的上图表示 ACME 公司监视系统（Surveillance Systems）的顶层模型包，它包含组件（Components）、标准定义（Standard Definitions）两个模型库包，一个产品（Products）包和一个配置文件（Profile）包。图 7－8 下图表示第二层级中的产品包（Products）包含"监视系统（Surveillance Systems）、监视网络（Surveillance Network）、摄像头（Cameras）、需求（Requirements）"四个包，而这四个包又各自包含（或内嵌）若干个包。因此，图 7－8 实际上是类似于 Windows 目录的图 7－9 所示模型层次结构树的另一种表示形式。

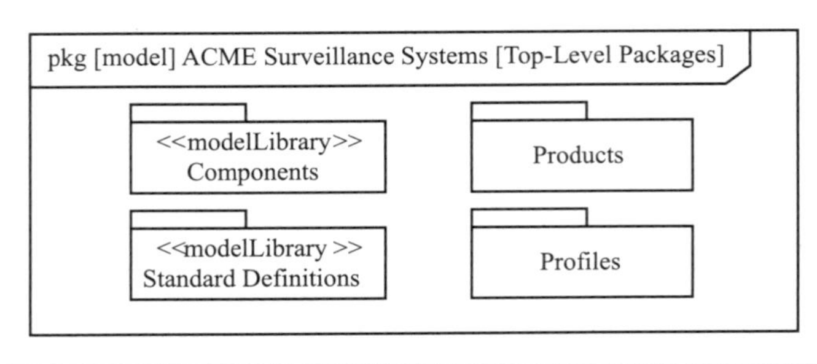

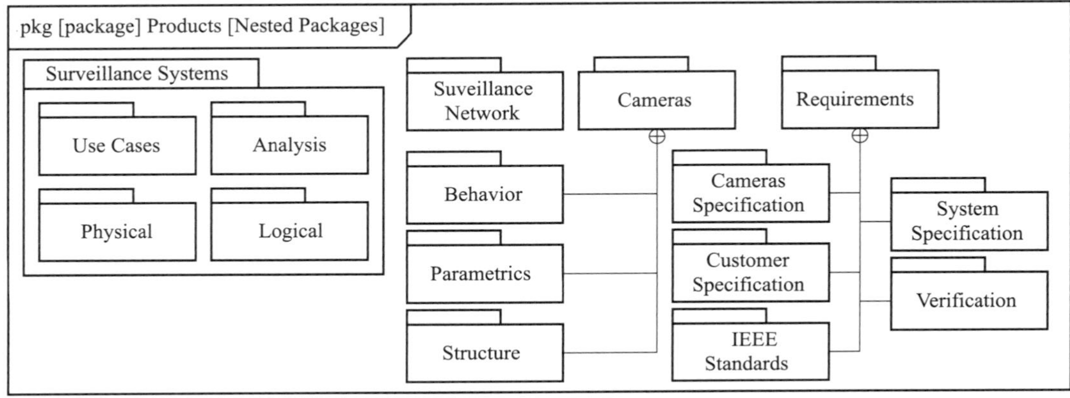

图 7－8　系统模型顶层根包和产品包的内嵌包

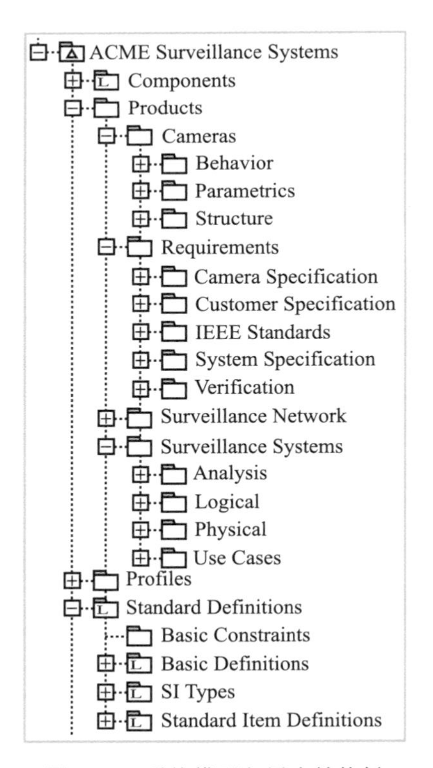

图 7－9　系统模型包层次结构树

（2）模型包（model）

模型包是模型层级关系中的根包（或者称为顶层包）。模型包标识法在名称前有关键词＜＜model＞＞，或者在文件夹符号的右上角有一个小三角形，如图 7－10 中右图所示。图 7－9 表明其模型根包为 ACME Surveillance Systems。

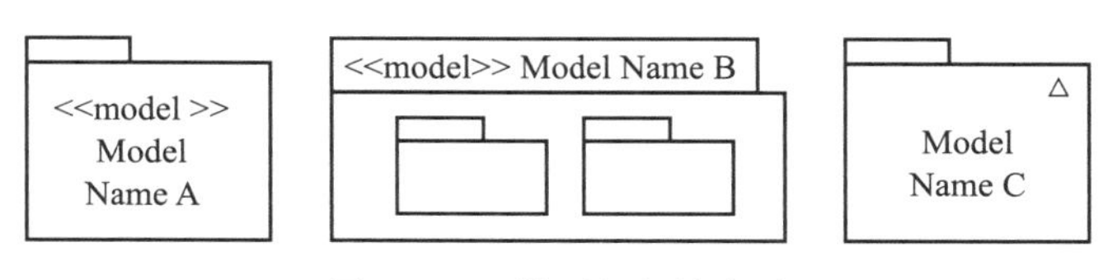

图 7－10　模型根包的表示

在项目开始第一次创建模型包结构时，在模型根包下，先初步创建关于任务和支撑元素的一系列包。随着寿命周期阶段的演进，更高层次的结构元素将分解成更低层次的结构元素，这时将向模型结构中添加新的包，以包含那些更低层次的、新的结构元素。当大幅度修改模型结构时候，也需要创建新的包。

（3）模型库包（modelLibrary）

模型库包是包含一系列要在多个模型中重用的模型元素。模型库包标识法是在名称前带有关键词 ＜＜modelLibrary＞＞ ，如图 7－8 的上图所示。常见的模型库包为低层级的硬件和软件组件模块、值类型和约束模型，图 7－11 显示了组件模型库包。

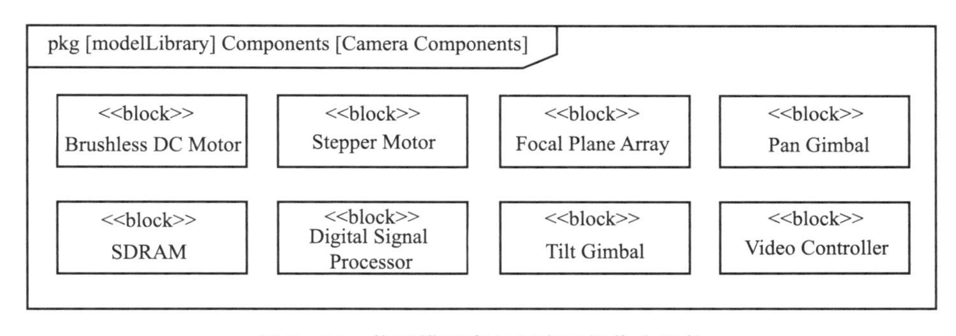

图 7－11　使用模型库包图表示摄像头组件

（4）配置文件包（profile）

对象管理组织（OMG）采用元对象机制（MOF）[20] 来定义一种建模语言，其核心是采用元模型（metamodel）来描述语言的抽象语法（即语言中的概念、特征和相互关系），例如，UML 语言就是采用元模型来定义的（见图 7－12 左图的元模型定义片段），而 SysML 是 UML 的子集与扩展（见图 7－12 右图中定义的配置文件包）。在一种语言中，采用元类型（metaclass）来描述语言中的个体概念和关联关系。每种元类型具有一组属性（property）集来描述语言概念和约束集，约束集为作用在属性值上的规则。一种语言的元类型可以扩展，扩展的类型称为构造类型（stereotype），例如，SysML 的模块、值类型就是分别从 UML 的元类型的类（Class）和元类型的数据类型（Data Type）扩展而来。

建模者可以采用配置文件包，通过构造类型进一步扩展 SysML，以适应特定工程领域的应用。

配置文件包包含一系列基础的元类型（metaclass）、扩展的构造类型（stereotype）和关联关系的分组包。配置文件包的标识法在名称带有关键词＜＜profile＞＞。当创建一个配置文件包时，实际上定义了一种新的建模语言。创建配置文件，扩展元类型到构造类型，属于高级建模，通常由专业人士或软件工具服务商来完成。

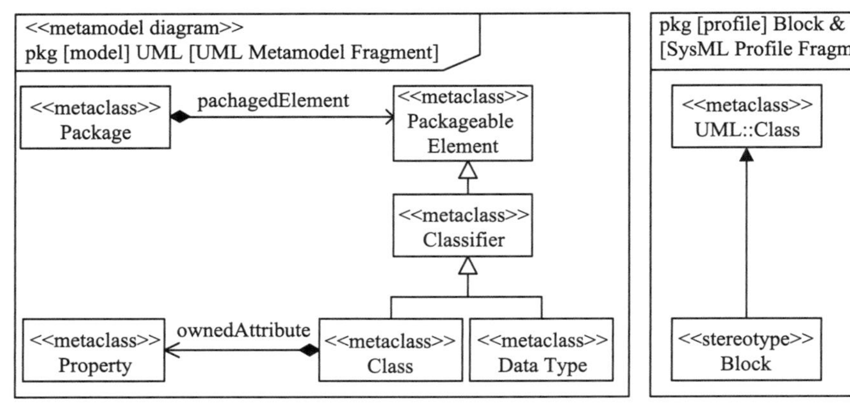

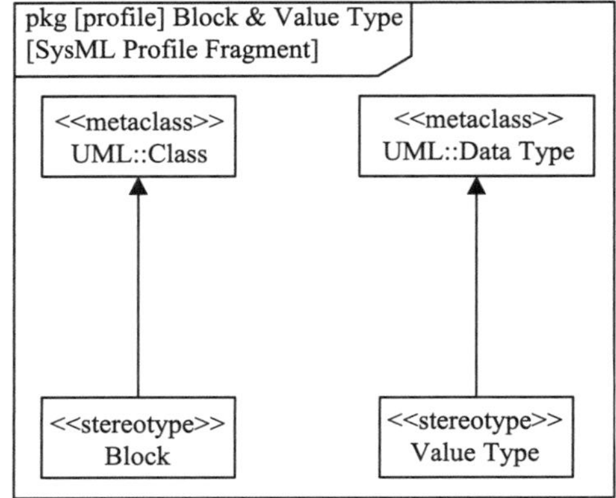

图 7-12　UML 元模型片段和 SysML 配置文件片段

（5）视图包（view）与视点（viewpoint）

视图包是经过过滤后的模型子集包，视图包有选择地导入（import）系统模型中的其他包、元素和图，将其重新组合起来，来表示特定利益相关者的关注点。

视点是一种包含如下 5 种属性的模型元素：

1）利益相关者（stakeholders）：以字符串列举利益相关者。

2）关注（concerns）：以字符串说明利益相关者关注的一些问题。

3）目的（purpose）：以字符串说明定义这个视图的原因。

4）语言（languages）：以字符串说明在视图中将会使用的建模语言。

5）方法（methods）：以字符串规定构建视图时需要遵循的一系列规则。

视图包与视点的示例可见图 7-13。可靠性视点（Reliability Viewpoint）模型元素显示了上述五个属性；可靠性视图包（Reliability View）导入了其他命名空间中的“可靠性需求、可靠性测试案例、卫星约束、结构、可靠性马尔科夫模型”一组包图，来创建过滤后的系统模型子集包，回答视点关注的问题。图中还显示“可靠性马尔科夫模型包”应用（apply）了 SysML4Modelica 配置文件，这表示“可靠性马尔科夫模型”可以包含“SysML4Modelica”建模语言中定义的新模型元素。

包头部命名的模型元素是图中模型元素的默认命名空间，内容区域显示的所有元素只在该空间有效。命名空间只对系统模型有意义，对系统实例没有意义。包图中包之间存在如下四种关系：

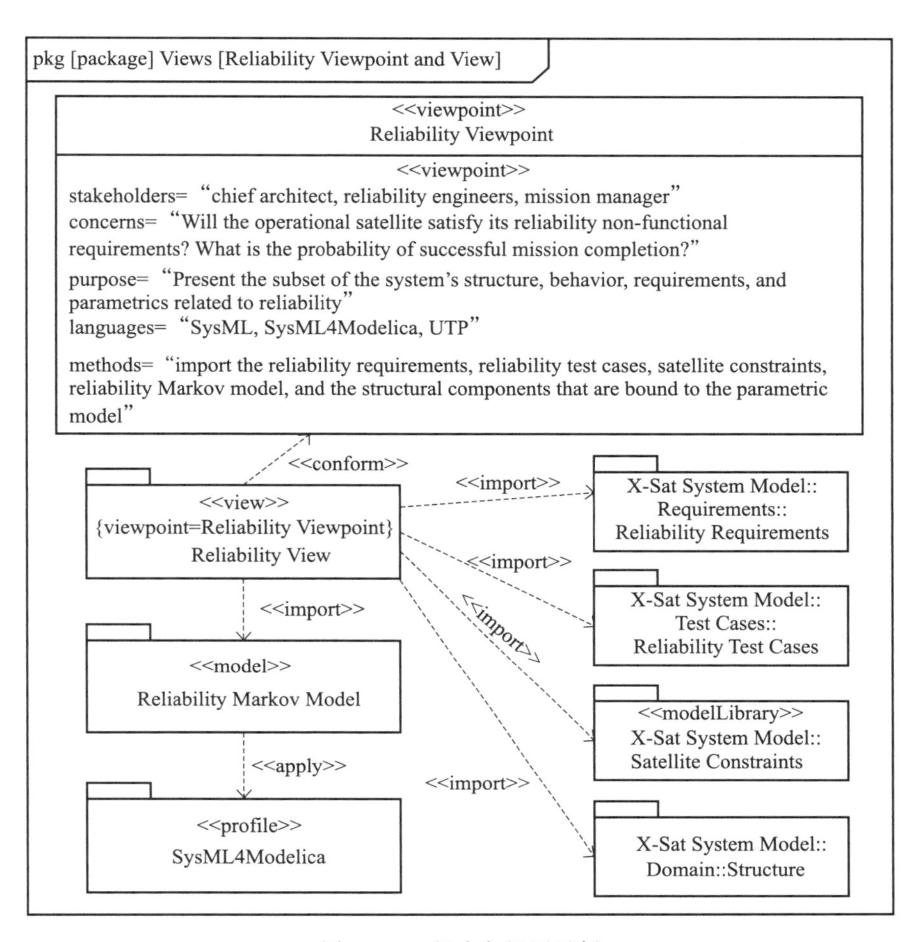

图 7－13　视点与视图示例

（1）包含关系（include）

SysML 提供了“十字准线、嵌套、限定名称字符串”三种标识法来显式地表达包含关系。一个包是它内部元素的一个默认命名空间，一旦这三种标识法在图中的出现，会覆盖图的头部所显示的默认命名空间。

1）十字准线标识法：该标识法以圆圈内带有十字符号的实线表示。例如，图 7－14 中表示“Structure 包”包含在“Domain 包”中，而不属于这幅图的默认命名空间。

2）嵌套标识法：是内部嵌套包的标识法。如图 7－14 中“Behavior 包”嵌套包含制造/发射/运行 3 个用例包，“Structure 包”嵌套包含 6 个分系统包和 1 个传感器模型库包。使用嵌套标识法时，SysML 要求在文件夹符号的标签上显示上一级包的名称。

3）限定名称字符串标识法：图 7－14 中，Domain::Actors 是限定名称字符串的示例。双冒号表示“Actors 包”包含在“Domain 包”中。如果限定名称字符串从图的拥有者名称开始，如 X－Sat System Model::Domain::Actors，就称为完全限定名称；如果限定名称字符串没有从模型名称开始，如 Domain::Actors，就称为相对限定名称。限定名称标识法

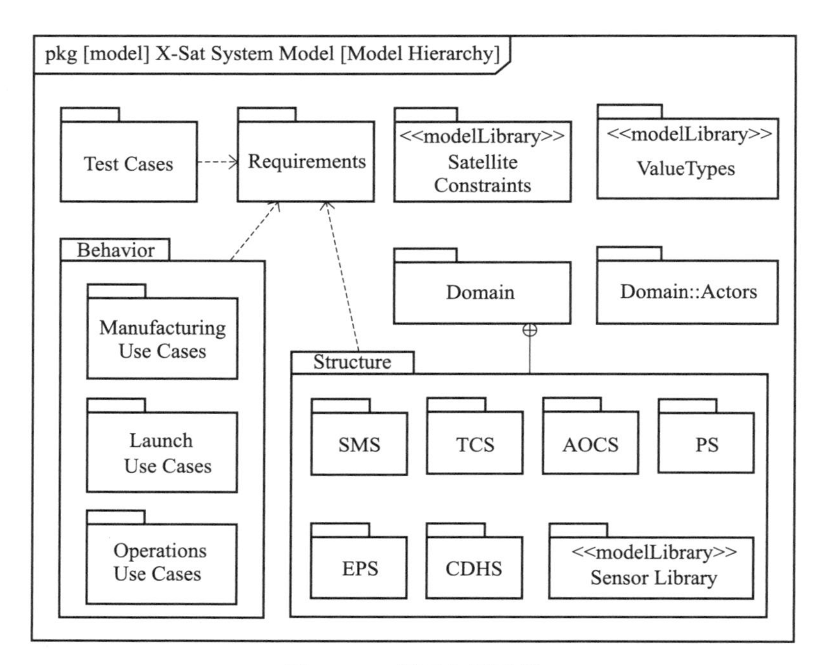

图 7－14 模型包图示例

表明了模型元素的路径，例如，图 7－14 表明“Actors 包”包含在“Domain 包”中，而“Domain 包”包含在“X－Sat System Model 包”中。通常当元素没有显示在同一幅图上的时候，才使用限定名称字符串。

>> 实例 7.3.2 包图中的默认命名空间。图 7－14 中显示的是名称为“某卫星系统模型”（X－Sat System Model）的模型包，显示了系统模型有 18 个包。这 18 个包中，“测试案例（Test Cases）、需求（Requirements）、卫星约束（Satellite Constraints）、值类型（Value Types）、行为（Behavior）、域（Domain）”这 6 个包包含在默认命名空间 X－SAT System Model 包中，另外的 12 个包没有包含在默认命名空间中。

（2）依赖关系（dependency）

依赖关系用带有开口箭头的虚线标识，其含义是提供方元素（箭头方）的变化可能会导致客户端（尾端）的变化。多级依赖关系具有传递性。图 7－14 中显示 Requirements 包中内容的变更，可能会导致 Test Cases、Behavior 和 Structure 包中内容的变更。

（3）导入关系（import）

创建模型时，可能需要重用以前在其他模型中创建的模型，这时可用导入关系，将以前所建模型包导入系统命名空间中，以集成一系列前面已建立的模型。导入关系标识法是带有开放箭头的虚线，在线附近带有关键字＜＜import＞＞。例如图 7－15 中显示 X－Sat System Model::Value Type 包导入了 Libraries::Value Type 包中的内容。

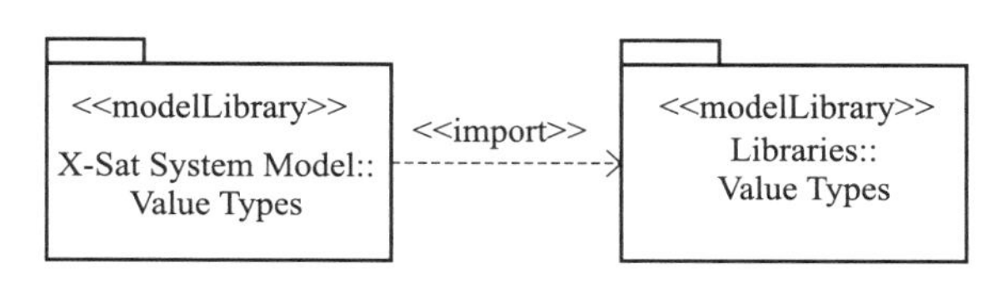

图 7－15　包导入关系

导入关系一般将所有源命名空间的元素集导入目标命名空间中，这时可能存在元素名称重名冲突问题。为了防止名称冲突，对于仅有单元素重名情况，可对导入元素采用别名方式导入，即为重名元素提供一个替代名称；另一种方式是运用 public（公有）或 private（私有）可视性属性。＜＜import＞＞仅导入 public 属性的元素，而不导入 private 属性元素；以关键字＜＜access＞＞标识的导入，将 public 源元素导入目标空间中，并转换为 private 属性，具体细节可参见文献 [3]。

（4）符合关系（conform）

符合关系是一种特殊的依赖关系，其标识法是带有开口箭头的虚线，并且在线附近带有关键字＜＜conform＞＞，如图 7－13 所示。图中表示可靠性视图（Reliability View）依据可靠性视点（Reliability Viewpoint）中方法（Methods）属性列举的规则构建。

（5）应用关系（apply）

采用带有开口箭头的虚线标识，在线附近带有关键字＜＜apply＞＞。可以通过应用关系将配置文件应用到包、模型包或者模型库包中，如图 7－13 所示。这意味着包可以应用配置文件中的新模型元素。

7.3.2　需求图与关系建模

SysML 需求图可用于建模基于文本的需求，并关联需求到其他需求或关联需求到模型元素。需求管理工具（如：IBM DOORS）只能建立需求与需求之间的关联关系，而 SysML 需求图更为重要的是还能建立需求与设计元素之间的关联关系。系统的设计工作从定义“涉众需求”和“系统需求”开始，通过自定义的构造类型可增加需求的附加属性和约束（例如，增加风险属性、验证方法等），从而生成新的需求子类型，如功能需求＜＜functionalRequirement＞＞、接口需求＜＜interfaceRequirement＞＞、性能需求＜＜performanceRequirement＞＞、物理需求＜＜physical Requirement＞＞、设计约束＜＜designConstraint＞＞等，见表 7－3。

表 7－3　通过自定义构造类型来定义带更多属性的需求类型

构造类型	基础类	属性	约束	描述
＜＜extended Requirement＞＞	＜＜requirement＞＞	source：String risk：RiskKind verifyMethod：VerifyMethodKind	—	附加的需求构造类型，它添加了属性和约束（风险、验证方法）到通用基础类需求

续表

构造类型	基础类	属性	约束	描述
<<functional Requirement>>	<<extended requirement>>	—	通过一个操作或行为来满足	附加的需求构造类型，必须执行一个系统或系统部分的一个指定操作或行为
<<interface Requirement>>	<<extended Requirement>>	—	通过一个端口、连接器、流动项和（或）约束属性来满足	附加的需求构造类型，指定端口对应于连接、流动项或贯穿连接器和/或接口的约束
<<performance Requirement>>	<<extended Requirement>>	—	通过一个值属性来满足	附加的需求构造类型，指定系统或系统组成部分功能或条件的数值属性
<<physical Requirement>>	<<extended Requirement>>	—	通过一个结构元素来满足	附加的需求构造类型，指定系统或系统组成部分的物理特征和/或约束
<<design Constraint>>	<<extended Requirement>>	—	通过一个模块或一个组成部分来满足	附加的需求构造类型，指定一个系统或系统部分执行的约束，例如“系统必须使用一个商业现成组件”

传统系统工程，采用基于文本的需求规范来表示需求，并经常采用“用例”来表示功能性的需求，采用约束表达式来表示非功能性的需求。SysML 需求图支持需求规范和单个需求条目的表达，以及需求之间、需求与其他模型元素之间关系的建立。借助于需求管理软件工具等，还可以将文本需求导入 SysML 建模工具中，形成 SysML 需求图。

需求图的缩写是 req，图外框头部代表的模型元素类型可以是包（package）、模型（model）、模型库（modelLibrary）、视图（view）、需求（requirement）。头部的模型元素是显示在内容区域中元素的默认命名空间。实际上，当向系统模型中添加新模型元素时，需要建立模型元素与需求之间的可追溯性关系，这贯穿于整个设计和开发活动的过程。

需求图中需求标识法是一个矩形，名称前有关键词<<requirement>>。矩形中代表的需求可以是原子需求、复合需求或整个需求规范。其中，原子需求代表一个无法再分解的需求，带有需求名（name）和两个字符串属性：唯一标识编号（id）和需求内容（text）；复合需求代表可以分解的需求；整个需求规范可以使用包或矩形标识来表达，也可使用表格来表示。如图 7－16 中，S1 为复合需求，S1.2 为原子需求。

table [package] System Specification [Decomposition of top-level requirement]

id	name	text
S1	Operating Environment	The system shall be capable detecting intruders 24 hours per day, 7 days per week, under all weather conditions.
S1.1	All Weather Operation	The system shall be capable detecting intruders under all weather conditions.
S1.2	24/7 Operation	The system shall be capable detecting intruders 24 hours per day, 7 days per week.
S2	Availability	The system shall exhibit an operational availability (Ao) of 0.999 over its installed lifetime.

图 7－16　原子需求与复合需求图表

当向系统模型中添加新模型元素时，需要建立模型元素与需求之间的可追溯性关系，这贯穿于整个设计和开发活动的过程。需求图中可采用“十字准线标识法、限定名称字符串标识法”来直接表达需求元素之间的包含关系，从而形成需求树层次结构。除了包含关系之外，在需求与需求之间可以存在“派生、复制”2 种关系、需求与模型元素可以存在“追溯、改善、满足、验证”4 种关系，这些 6 种可追溯性关系都是依赖关系。如果在模型中建立了这些依赖关系，就可以借助模型工具自动生成需求追溯和验证矩阵（RTVM）。当某项需求发生变更时，借助于 RTVM 可自动执行需求变更影响分析，从而节省修改设计的大量时间和成本。

》实例 7.3.3 需求图实例。图 7－17 中的需求图名为“霍曼转移需求可追溯性（Hohmann Transfer Requirement Traceability）”。这幅图描述存在于系统模型某处的 Requirements 包。Requirements 包是显示在内容区域中模型元素的默认命名空间。实际上，图中只有两个模型元素 Stakeholder Requirements Specification 和 X－Sat System Requirements Specification 处于默认命名空间 Requirements 中，其他元素都嵌套在模型层级关系的其他位置，不属于默认命名空间。

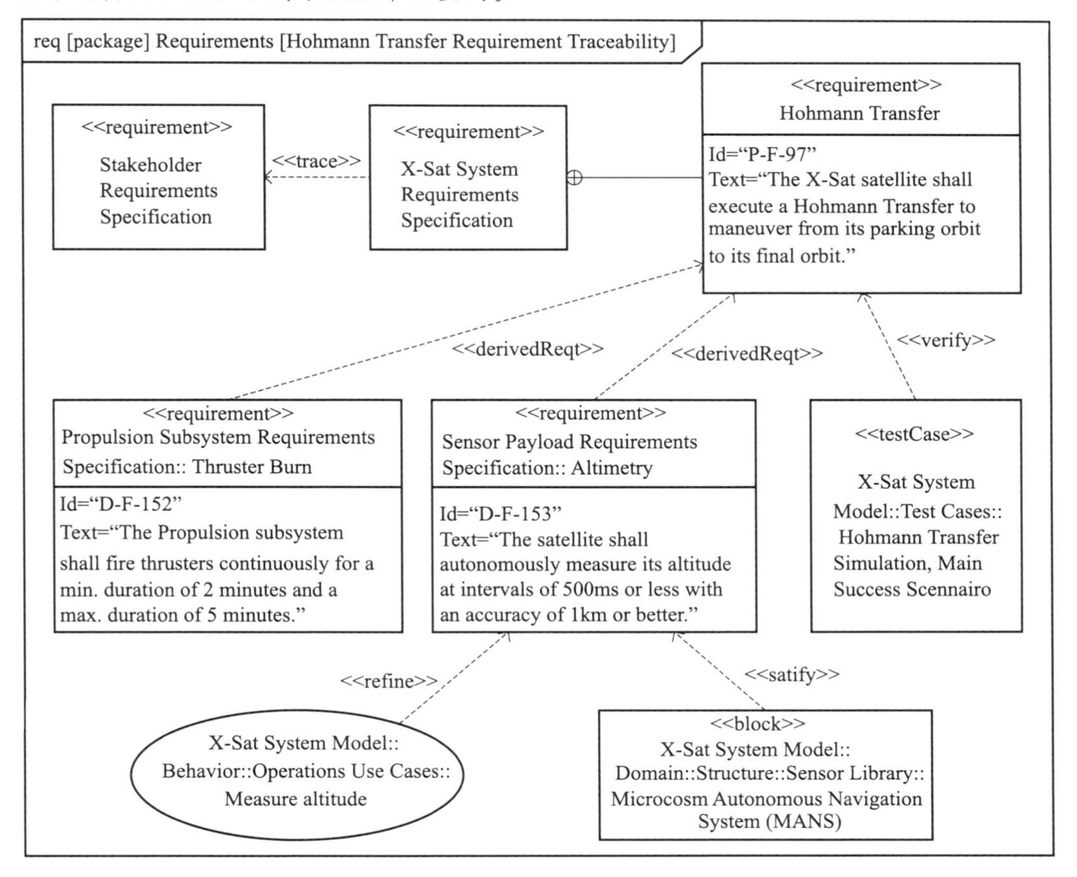

图 7－17　需求图示例

图 7－17 显示了五个需求，其中霍曼转移（Hohmann Transfer）、推力器点火（Thruster Burn）、测高（Altimetry）三个需求是原子需求（注：霍曼转移是两个圆轨道之间最节省燃料的轨道转移方式），另外涉众需求规范（Stakeholder Requirements Specification）和某卫星系统需求规范（X－Sat System Requirements Specification）是完整的需求规范。图中使用十字准线标识法来表示 X－Sat System Requirements Specification 元素包含 Hohmann Transfer 需求，使用限定名称字符串标识法表达推进分系统需求规范（Propulsion Subsystem Requirements Specification）包含了 Thruster Burn 需求条目，传感器载荷需求规范（Sensor Payload Requirements Specification）包含了 Altimetry 需求条目。这两个限定名称字符串是完全限定名称字符串，路径从其他需求图的命名空间开始。

1）包含关系：一个需求可以包含且只能包含其他需求，需求图中包含关系可以采用直接的十字准线（实线）标识法和限定名称字符串标识法来描述。需求不能采用嵌套标识法，因为需求没有图形化的分割框。包含关系会覆盖原来的默认命名空间。

2）追溯关系：追溯关系是一种依赖关系，依赖关系是可传递影响的关系，表明对提供方（箭头段）元素的修改，可能导致客户端（尾端）元素需要修改，所有依赖关系均采用带有开口箭头的虚线表达，追溯关系在线段旁带有＜＜trace＞＞关键词。

3）派生关系：需求的派生关系也是一种依赖关系，带有＜＜deriveReqt＞＞关键词。派生需求关系两端必须都是需求，可以是上层需求派生出下层需求，也可以是同一层级的抽象需求派生出具体的需求。派生需求关系表示客户端（尾端）的需求从提供方（箭头段）的需求派生出来。多级派生需求关系是合法的，派生关系属于依赖关系是可传递的，因此如果上游需求发生变更，那么会贯穿影响下游的整个派生需求关系链。

4）改善关系：改善关系也是一种依赖关系，带有＜＜refine＞＞关键词。改善关系表示客户端（尾端）的元素要比提供方（箭头段）的元素更加具体，或者提供方元素更抽象。改善关系对两端元素类型没有限制，一般采用用例对文本功能性需求进行改善或精确化。

5）满足关系：满足关系也是一种依赖关系，带有＜＜satisfy＞＞关键词。提供方（箭头端）必须是一个需求，客户端元素通常是模块（也可以是其他模型元素）。满足关系是一种没有包括证明的断言，表明客户端模块实例会满足提供方的需求。满足关系只是一种向结构分配需求的机制，需求分配到结构不用 allocateTo 而用 satisfy，满足关系的验证需要通过验证。

6）验证关系：验证关系也是一种依赖关系，带有＜＜verify＞＞关键词。提供方（箭头端）是一个需求，客户端（尾端）元素通常是测试案例（也可以是其他模型元素）。测试案例是在模型某处定义的一种行为，通过“观测、分析、演示和测试”等方法，验证是否满足分配给结构的一个或多个需求。验证可用测试案例或采用行为图来描述。

7）复制关系：复制关系也是一种依赖关系，带有＜＜copy＞＞关键词，两端都是需求，表示复制原始需求到需求中，以支持需求的重用。复制时需求文本不变，但重新定义 id。

上述 6 种依赖关系，除了可采用开口箭头线段加上关键词的直接标识法外，还可采用“分割框标识法、插图标识法、矩阵和表格”多种可选标识法，需要针对具体情况灵活使用。

1）分隔框标识法：所有可以显示属性分割框的模型元素都可以使用分隔框标识法来显示需求之间关系或模型元素与需求之间的关系。每种关系都显示在单独的分割框中，分割框名称指定关系的类型和方向。这种标识法比直接标识法和插图标识法更紧凑，可以显示多个需求关系，所有关系都在一个元素的边界之内，如图 7－18 所示。

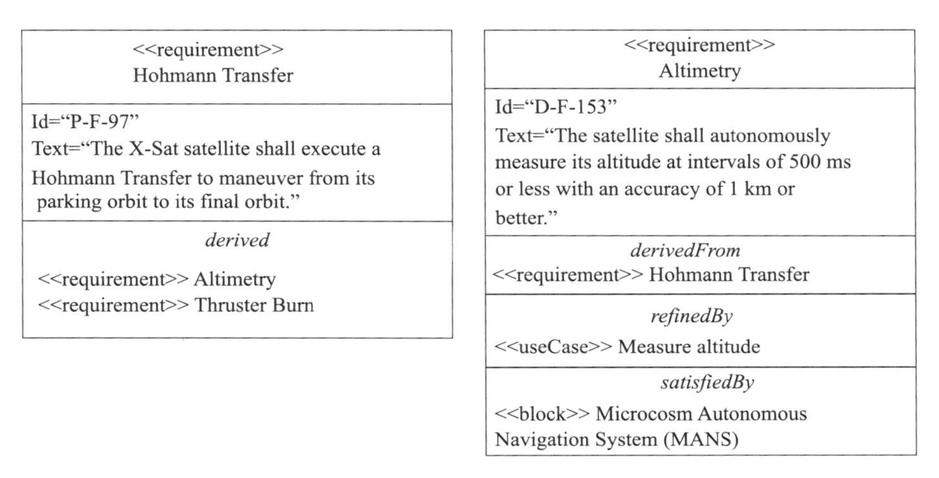

图 7－18　使用分割框标识法显示需求关系

2）插图标识法：插图标识法是关联到一个模型元素上的注释，是一种最灵活的标识法，如图 7－19 所示。插图标识法的内容和分割框标识法的内容相同，只要都属于同一种关系，单独的插图可以列举多个元素。

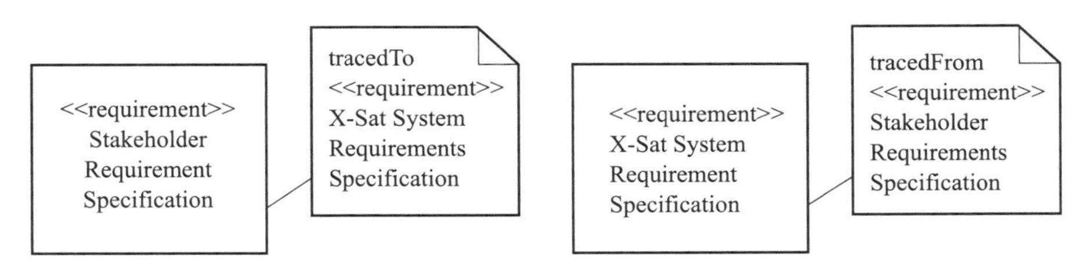

图 7－19　使用插图标识法显示的需求关系

3）矩阵：矩阵在系统工程文档中经常出现，矩阵虽然不是图形标识法，但是 SysML 支持它，矩阵以最少图幅面表示多种关系。图 7－20 矩阵说明了系统需求与用户需要之间的派生关系，用例与用户需要之间的改善关系。

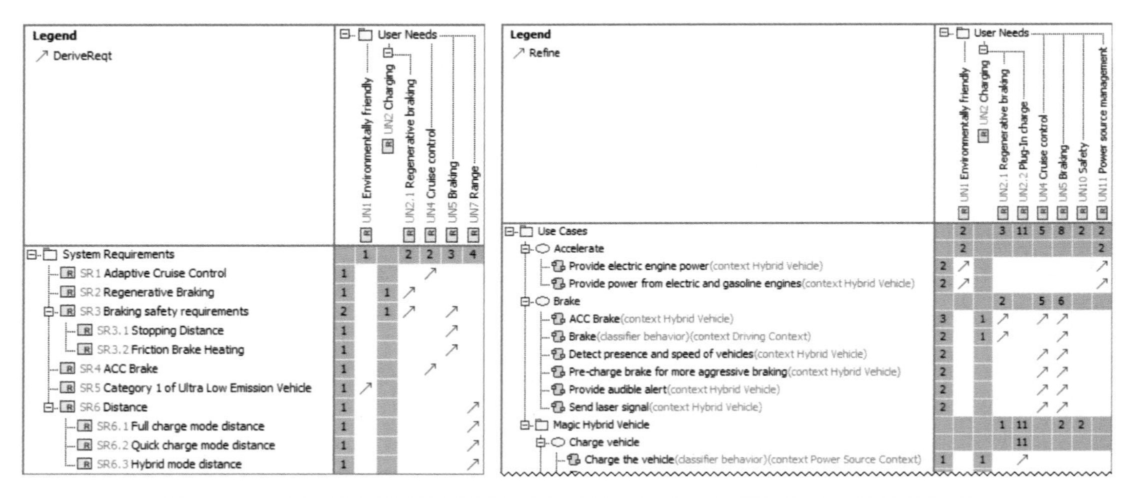

图 7-20 使用矩阵标识法显示需求之间派生关系，用例与需求之间改善关系

4）表格：SysML 也支持表格，表格可以显示元素的属性，也可以显示它们之间的关系，如图 7-21 所示。表格虽然没有矩阵紧凑，但是除了 id、text 外还可以显示更多属性。

table [package] Relation between Elemets [Multiple Relations Table]

id	name	relation	id	type	name
SyRS-1081	X-Sat System Requirements Specification	trace	StRS-1016	requirement	Stakehoder Requirements Specification
P-F-97	Hohmann Transfer	verifiedBy		testCase	Hohmann Transfer Simulation, Main Success Scenario
D-F-152	Thruster Burn	deriveReqt	P-F-97	requirement	Hohmann Transfer
D-F-153	Altimetry	deriveReqt	P-F-97	requirement	Hohmann Transfer
		refinedBy		useCase	Measure Altitude
		satifiedBy		block	Microcosm Autonomous Navigation System(MANS)

图 7-21 使用表格显示需求之间和需求与元素之间关系

5）基本原因：可采用一种特殊的注释来记录基本原因。基本原因标识法是在注释体前面带有关键词＜＜rationale＞＞的笔记符号，如图 7-22 所示。可以把基本原因附着在任何类型元素以及两个元素之间的关系类型上。

7.3.3 用例图与概念建模

用例图（Use Case）从系统外部视角描述系统可提供的功能或服务，以及触发用例执行的执行者或外部系统。用例图是系统的一种黑盒视图，通常用于捕获利益相关者对系统功能性的需求，描述系统在外部环境中怎样使用。一般在系统运营与运行开发阶段，创建

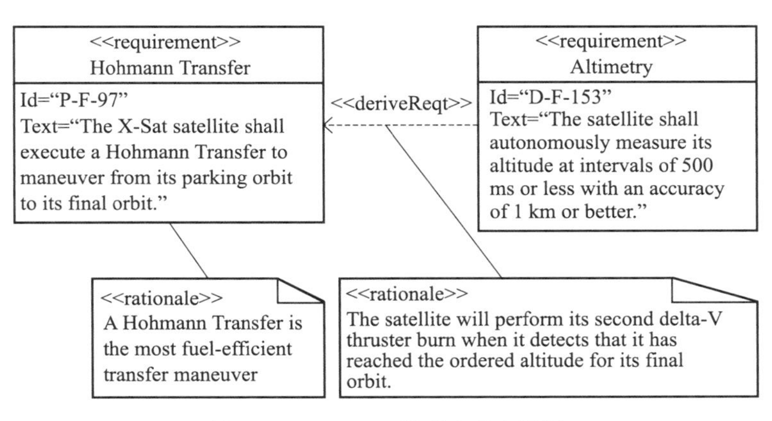

图 7－22　SysML 模型中基本原因

用例图，并枚举各种任务使用场景。系统设计师首先建立系统级别的用例，然后再逐步导出分系统、组件的用例，以此类推，形成层次化的用例。系统所执行的所有行为并非都是用例，用例只是外部执行者能够直接触发的系统行为子集。

用例定义：用例是一系列正常运行动作和异常处理动作，在用例中外部对象可以通过与系统交互来执行这些动作，以提供有价值的服务。

实例 7.3.4 传统“用例规范”的文本描述。用例规范是传统的文字文档，传达主要执行者触发用例时发生的情况。典型用例规范格式如下：

1）用例名称：采用一个动词短语。

2）用例范围：参与用例的实体（例如，人员/组织、系统/子系统/组件的名称）。

3）主要执行者：触发用例的执行者，用例代表该执行者的目标。

4）次要执行者：为系统提供服务的执行者，它参与到用例的执行动作中。

5）利益相关者：与系统行为有关的利益关系人或物　。

6）前置条件：用例开始的时候，必须为真的条件。例如，初始化系统。

7）后置条件：用例结束的时候，必须为真的条件。例如，关闭系统。

8）触发事件：触发用例开始的事件。例如，小偷入侵。

9）主要成功场景：没有出现任何错误的场景或一系列步骤。

10）扩展分支：从主要成功场景分支出来的一系列异常（或错误）处理步骤。

11）相关信息：项目为得到额外信息，而需要的内容。

实例 7.3.5 SysML 用例图。图 7－23 中的用例图的名称是“系统用例”。这幅图的拥有者是系统模型中的行为包，行为包是图中所显示用例的命名空间。也可以用别的方式来组织系统模型，如“制造用例包”“发射用例包”“运行用例包”，可将该用例放在“运行用例包”中。当飞行控制人员（Flight Controller）触发“执行霍曼转移”时，会执行“发送命令（Send command）”用例。

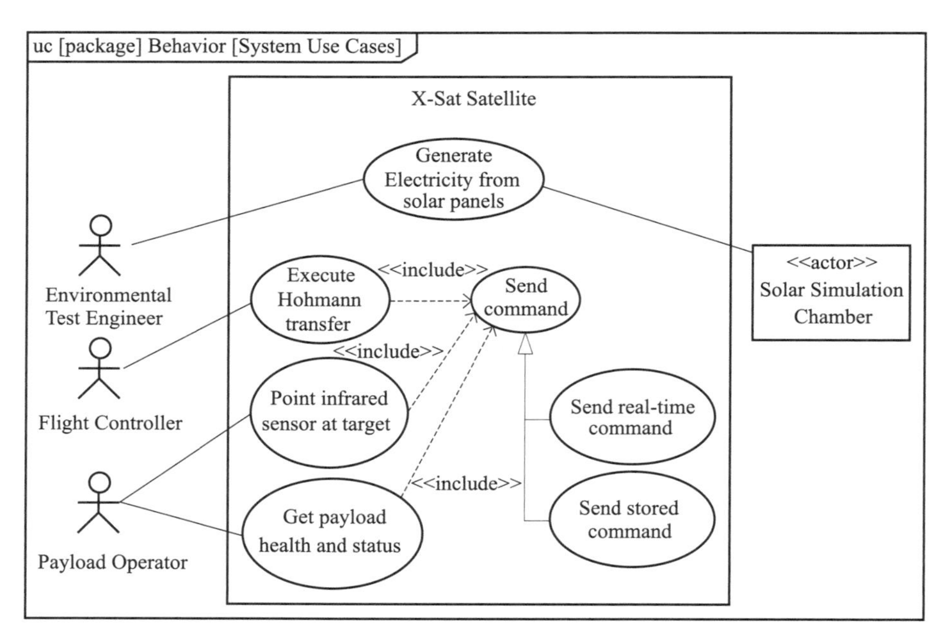

图 7-23　用例图示例

注解 用例（Used Cases）和场景（Scenarios）的不同含义。用例从开始到结束的每条路径是一个独立的场景。用例至少包含 1 个正常成功场景，通常还包含若干个其他可选执行场景（或异常处理场景）作为成功场景的分支。用例常用活动图进行描述，而单个场景常用序列图描述。

用例图是对传统文档式用例规范的一种图形化表示，比传统文字描述更简洁直观。用例图的类型缩写是 uc，图的拥有者可以是“模型 model、包 package、模型库 modelLibrary、视图 view、模块 block”。在绘图区域中，用例图标识法是一个椭圆，椭圆内部显示用例的名称，名称采用动词短语。图中呈现主要执行者、次要执行者，正常情况的基础用例、共享的包含用例、异常情况的扩展用例等信息；用例开始的前置条件和触发条件、结束的后置条件不在用例图中表示，它们可以采用行为图（活动图、序列图、状态机图）来描述。

用例图中包含系统边界、执行者、用例和关系。用例可分成基础用例、包含用例、扩展用例、泛化用例。用例图中的关系有包含、扩展、泛化，其中包含与扩展关系不是依赖关系。

1）系统边界：用例图中系统边界的标识法是围绕用例的矩形框，代表拥有并执行图中用例的系统。系统边界内部也称为主题（Subject），主题的名称显示在矩形的顶部，也就是关注系统。不同层级的用例，关注系统可能是系统、分系统、组件等，因此称为主题更为恰当。

2）执行者：执行者（actor）是与系统交互的角色，可以是人与组织，也可以是其他外部系统。执行者有两种标识法，一种是火柴人，另一种是名称前面带有关键词<<actor>>的矩形。通常，火柴人代表人与组织，矩形标识法代表外部系统。执行者与用例之间的关联关系采用实线连接，其含义为执行者与系统之间存在交互，执行者触发并参与到用例行为中。在执行者和用例端可以带有多重性，注意不能在参与者之间或用例之间创建关联关系。执行者之间或用例之间分别可建立泛化关系，但不能在执行者和用例之间建立泛化关系。

3）基础用例：通过执行者与基础用例的关联关系，可描述主要执行者的目标。例如，图 7－23 中显示了四种基础用例，即“从太阳能帆板发电（Generate electricity from solar panel）、执行霍曼转移（Execute Hohmann transfer）、红外传感器指向目标（Point infrared sensor at target）、获取载荷健康状态（Get payload health and status）”。

4）泛化关系：泛化关系表示超类与子类或抽象与特殊关系。特殊用例继承了抽象用例的所有结构和行为，以及与执行者的关联关系。泛化关系采用空心三角箭头实线标识，子类位于尾端，超类位于箭头端。图 7－24 显示了执行者之间和用例之间的泛化关系示例。

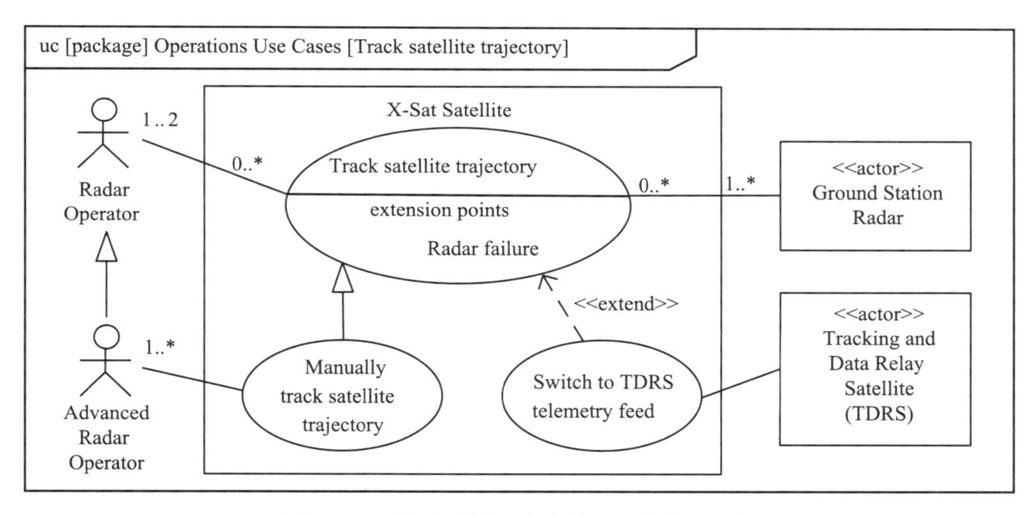

图 7－24　扩展用例、多重性和泛化关系示例

5）包含用例：包含用例完成基础用例的一部分共有行为。包含关系的标识法是带有箭头的虚线，线旁有关键词<<include>>。尾端为基础用例，箭头端为包含用例，表示的是当尾端基础用例触发时，目标端的包含用例也会执行。例如，图 7－23 中执行者触发了“执行霍曼转移”，也会执行“发送命令”用例。如果需要描述包含用例的细节，可采用文字描述、活动图或者序列图。只能从一个用例（一般从基础用例）到另一个用例使用包含关系，不能在执行者与包含用例之间建立包含关系，执行者只能与基础用例建立关联关系。一般初始创建用例模型时，只创建基础用例，当发现多个基础用例包含相同的行为时，就可以把那些通用的行为重构出来，创建包含用例。

6）扩展用例：描述基础用例异常情况行为的用例，它不直接支持基础用例目标的实现，如图 7－24 所示。扩展关系的标识法是带有＜＜extend＞＞箭头的虚线，尾端为扩展用例，箭头端为基础用例。其含义为当触发箭头端用例时，尾端的扩展用例可能选择性地执行。

7.3.4 模块定义图与结构建模

模块定义图（BDD 图）是 SysML 中最常见的一种图型，可以定义模块、约束模块、值类型、参与者、流规范、接口等模型元素类型。这些模型元素可包含属性实例，模型元素之间可以存在“关联、泛化、依赖”等关系，以说明系统的结构信息。

BDD 图类型缩写为 bdd，图的拥有者可以是“模型、包、模型库、视图、模块、约束模块”五种类型，通常在包元素下创建模块图，拥有者元素是图中显示的其他模型元素的命名空间。例如，图 7－25 中 BDD 图的名称是“X－Sat 卫星结构与属性”，它在系统模型某处定义的结构（Structure）包下创建，结构包是图中显示元素的命名空间。

7.3.4.1 模块

在 SysML 中，模块（Block）是描述系统结构的基础单元，可以定义系统内部或外部任意概念或实体类型，如系统/子系统/设备/部件/组件/零件，硬件/软件/数据，人员/自然环境，事件/能量/数据等流动实体。

模块标识法是一个直角矩形，内部划分为一系列分隔框。最上面是带有元类型＜＜block＞＞的模块名称分割框，如“X－Sat Satellite”。模块还可有几个可选分隔框，以显示模块的特性（Features），特性可划分为结构特性与行为特性。特性包含一系列属性（Property），结构特性包含结构分隔框、组成部分属性、引用属性、值属性、约束属性、端口和流属性等，行为特性则包含操作属性、接收属性。这些属性赋值后，代表该模型元素类型的具体实例（Instance）。属性实例由名称和类型组成，两者之间用冒号分隔，如 eps ：Electrical Power Subsystem 表示实例名为 eps，类型为 Electrical Power Subsystem 的模块。

（1）结构分隔框

结构分隔框是显示在 *structures* 分割框中的内容，是一种图形分隔框。在该分隔框中可显示类似于内部模块图的模块内部结构，但不列举任何属性。建模者一般不使用该分隔框。

（2）组成部分属性

组成部分属性是显示在 *parts* 分隔框中的属性，代表模块下一层级由哪些部分组成，表示一种整体与部分的分层结构关系，或隶属关系。

1）在硬件领域：隶属关系通常指物理组成关系。如图 7－25 中卫星“通信与数管分系统”模块由“主份和备份-飞控计算机、调制器、解调器、发射机、接收机、天线”所组成。

2）在软件领域：隶属关系通常指一个对象负责创建和销毁另一个对象。当为模块对象分配内存时，也为每个组成部分分配内存；同样，当为模块对象释放内存时，也为每个组成部分释放内存。

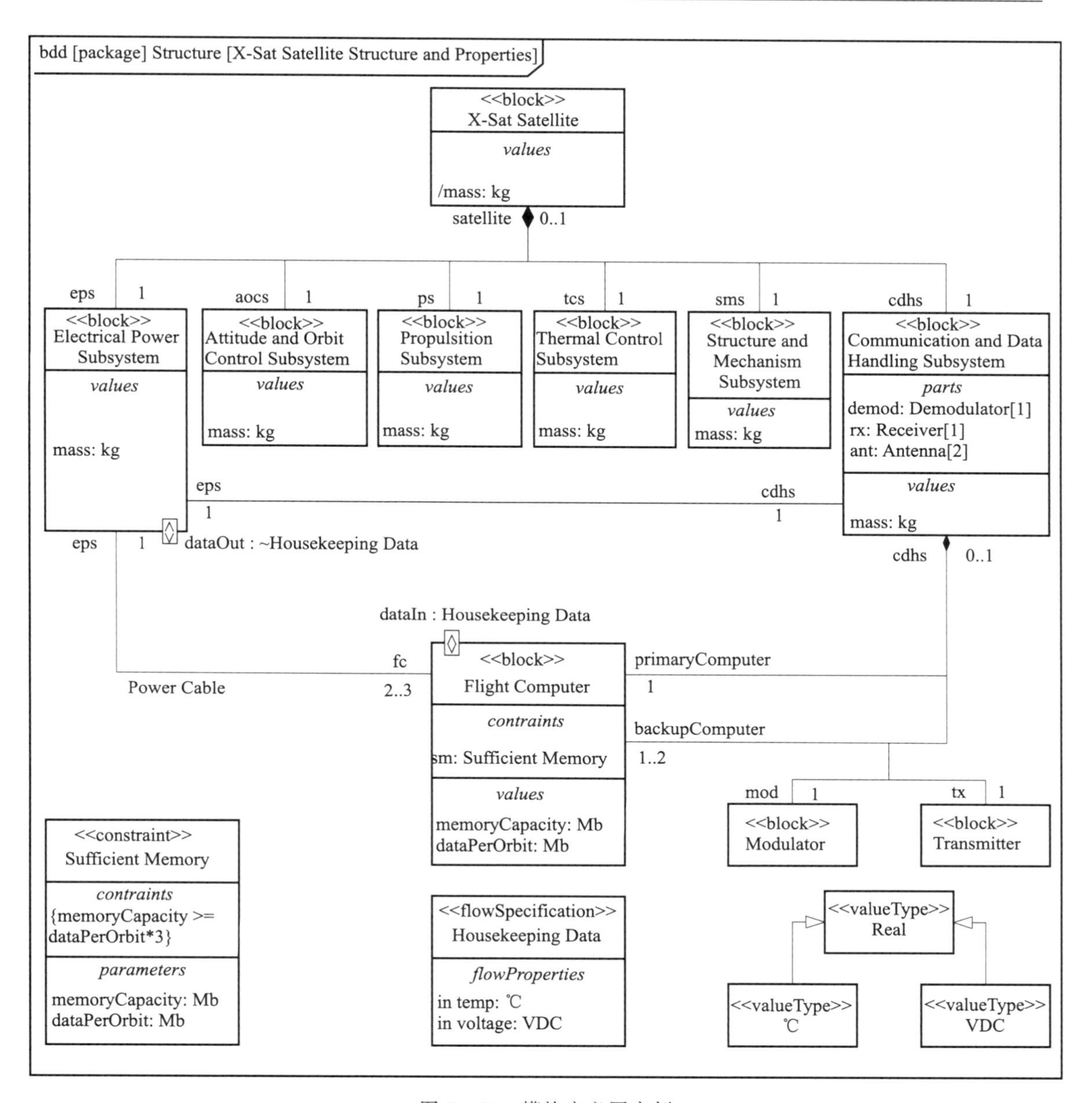

图 7－25　模块定义图实例

组成部分属性以字符串格式＜part name＞：＜type＞［＜multiplicity＞］来表达。其中，组成部分名称＜part name＞由建模者自定义，类型＜type＞一般是系统模型某处创建的模块的名称，多重性＜multiplicity＞是限制组成部分属性实例数量的一种约束。如果组成部分属性代表任意数量的实例，可以把多重性设置为 0..＊，或者简写为＊；如果组成部分属性没有设置任何多重性，默认值就是 1（等同于 1..1）。SysML 中默认多重性的设置几乎总是 1。

（3）引用属性

引用属性是显示在 *references* 分隔框中的属性，代表模块引用外部模块。引用属性是一种需要关系，即需要其他模块为其提供服务，例如，交换事件/能量/数据等。引用属性以字符串格式<reference name>：<type>[<multiplicity>]来描述。其中，类型<type>必须是系统模型某处创建的模块名称，或者执行者名称。

（4）值属性

值属性是显示在 *values* 分割框中的属性，可以代表某种类型的数值或者布尔值、字符串，其格式字符串为<value name> ：<type>[<multiplicity>]=<default value>。通常为值属性赋予一个数值或某种概率分布；类型 <type> 通常表达单位，必须是系统模型某处创建的值类型的名称；<default value> 是可选项，代表所属模块实例第一次创建时赋予的值。值属性与约束属性相结合，可以构建系统的数学模型。如果值属性是计算得到的，需要在它的名称前放置一个斜杠（/），计算数学关系需要使用模型某处定义的约束表达式。

（5）约束属性

约束属性是显示在 *constraints* 分隔框中的属性，一般代表一个等式或者不等式的数学关系，数学关系中会使用一些值属性。约束属性的可采用两种表达方式：

1）采用格式字符串 <constraint name> ：<type>，其中类型 <type> 是系统某处创建的约束模块名称，约束模块封装了可重用的约束表达式。这种方式是建模中常用的方式。

2）如果无需在不同模块中重用约束表达式，可采用在{}中直接列出约束表达式。

（6）端口与接口

端口可以显示在 *ports* 分割框中，也经常用小方块形式显示在模块边框上。端口是一种对象令牌的交互点，模块通过交互点可与外部实体实现信息与流动的交互。例如，功能上的提供或请求服务、交换事件/能量/数据，物理硬件上的阀门、HDMI 接口，物理软件上的 TCP/IP 接口、图形化的 UI 界面等。

当为模块添加端口时，从模块外部来看，模块被当成一个黑盒（Blackbox），模块内部的结构对客户是隐藏的。客户只知道模块所提供或请求的服务，以及能够流入/流出的事件、能量和数据的类型。端口将客户端与模块内部实现方式实现了解耦，这种解耦方式有很大好处，适应客户需求经常变更情况，如果端口不发生变化，重新设计模块内部实现方案，不影响系统其他部分的设计，这样就可大幅减少修改设计所需花费的时间和成本。

SysML V1.2 以及更早版本定义了标准端口、流端口，SysML V1.3 以及后续版本舍弃了标准端口、流端口与流说明，定义了非元类型端口和元类型的“完全端口、代理端口”。

1）标准端口（standard port）：标准模块是描述模块边界交互点上提供服务、请求服务的模型。端口通常用模块边界上一个“小方块”表示，与小方块连接的“实线-圆头”

表示提供接口（provided Interface），与小方块连接的“实线–半圆”表示请求接口（required interface）。标准端口标识法可显示端口名称、提供服务接口类型、请求服务接口类型。其中，接口也是一种模型元素。例如，图 7–26 左边表示电源分系统模块拥有 sp _ cdhs 名称的标准端口，端口上拥有“Power Generation”类型的提供接口和“Status Reporting”类型的请求接口，这两种接口类型需要在系统模型某处定义。

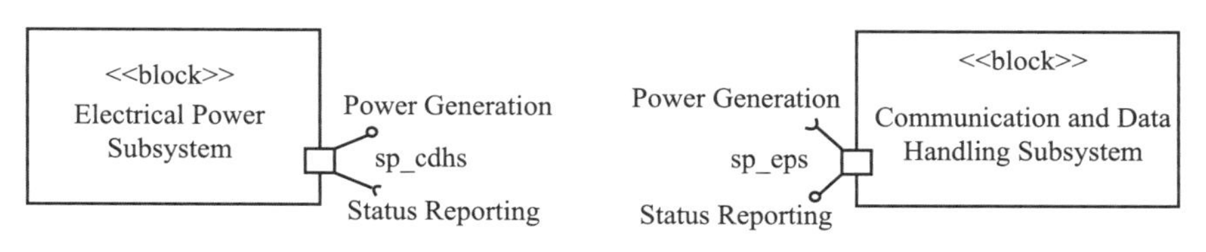

图 7–26　标准端口示例

2）接口（interface）：接口也是一种模型元素，它定义了一系列操作与接收信息，可在 BDD 图中采用带关键词＜＜interface＞＞的模块来定义接口，模块中可带有多个分隔框，例如图 7–27 定义了图 7–26 中的 Power Generation 和 Status Reporting 两个接口。

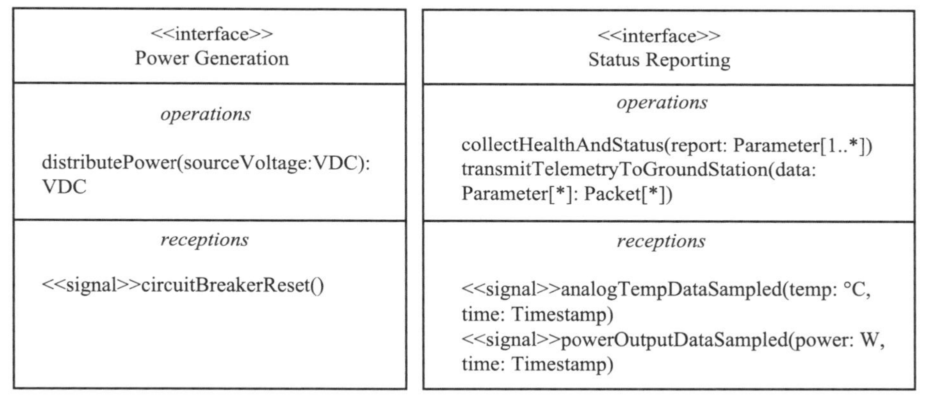

图 7–27　接口定义示例

3）流端口（flow port）：流端口为边界交互点流入或流出模块的事件、能量或数据建模。流端口分为非原子流端口和原子流端口，前者小方块内带有＜＞ 符号，后者小方块中带有方向指针。流端口的字符串描述格式为＜flowPortName＞:＜type＞，其中 type 为流类型，需要在系统模型某处采用“流规范”＜＜flowSpecification＞＞来定义，见图 7–25 中的 Housekeeping Data。

当需要为流入/流出的多个流动项建模时，就为模块添加非原子流端口；当需要为单一类型流动项建模时，就为模块添加原子流端口。如图 7–28 表明飞行计算机模块拥有名称为 dataln、类型为 Housekeeping Data 的非原子流端口；电源分系统模块拥有名为 dataOut 的非原子流端口，其～Housekeeping Data 类型表示与 Housekeeping Data 流动方向共轭反转。图 7–28 表明调制器模块拥有名称为 couler、类型为 Radio Frequence Cycle、方向为流出的原子流端口，而发射器模块则拥有同样名称、类型的流入原子流端口。

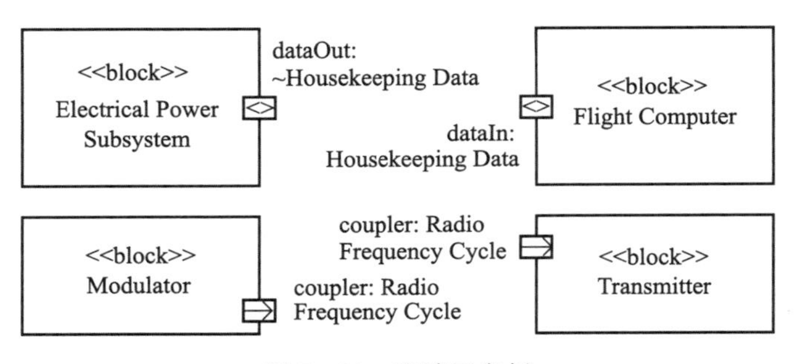

图 7-28　流端口实例

4）非元类型端口：SysML V1.3 及后续版本将标准端口和流端口合二为一，构成非元类型端口。任何非元类型端口都可以在所属模块的 *flow properties* 分割框中来描述流属性，也可以指定提供与请求服务的端口。SysML V1.3 中另一项改变是引入了端口嵌套能力，可以在一个端口边界上显示另外一个端口。图 7-29 中显示 X-Sat Satellite 拥有 2 个太阳翼阵列（solarArray）端口，solarArray 端口又包含 5 000 个电池片的 cells 端口，solarArray 端口类型为 Solar Panel（太阳帆），cells 端口类型为 Photovoltaic Cell（光伏电池）。

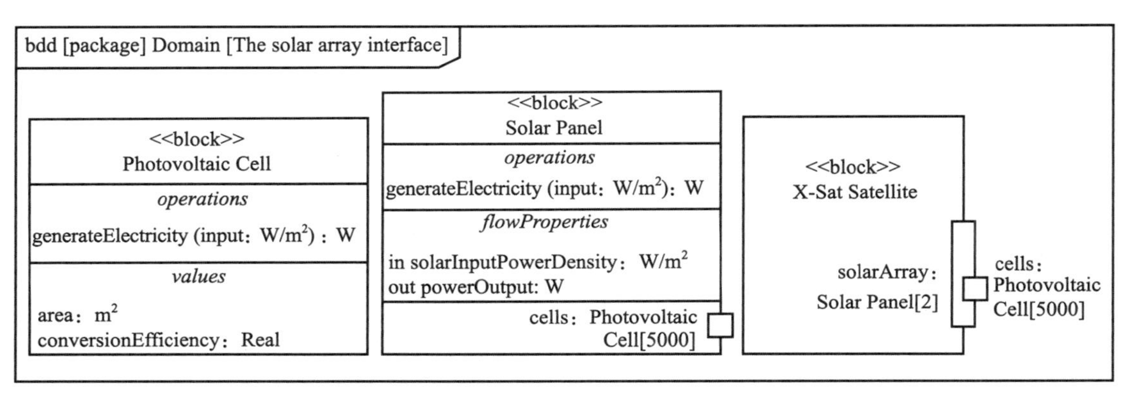

图 7-29　带有嵌套的端口，以及端口类型

SysML V1.3 除了非元类型端口，还导入了两种元类型端口，即完全端口与代理端口。元类型端口通常用于更高精确度或保真度的端口描述。完整端口在名称字符串前带有元类型＜＜full＞＞，代理端口则带有元类型＜＜proxy＞＞。

5）完整端口（full port）：完整端口的类型由模块来定义，实际上是该模块位于边界上的组成部分属性。完整端口可以拥有行为、内嵌组成部分属性。图 7-30 表明 xs:X-Sat Satellite 拥有名为 solarArray、类型为 Solar Panel，多重性为 2 的完整端口。图 7-31 表明 solarArray 完整端口拥有 Solar Panel 中 GenerateElectricity 操作，该完整端口可以从外部环境中接收值类型为 W/m^2 的实例，并输出值类型为 W 的值给卫星的电源总线。

6）代理端口（proxy port）：代理端口与完整端口不同，不执行行为，也没有内部结构，只是位于模块边界上的门户，通过该门户模块可以与外部模块交换服务与流属性的子集。在图 7－30 中 p _ solarArray 代理端口只是定义了一个位于一个外部对象（太阳模拟舱）和一个卫星对象（太阳翼阵列）之间的交互点。代理端口的输入/输出流动项为 W/m^2，输出路由到 solarArray 组成部分属性。代理端口本身无法以任何方式对那些实例做出响应。端口的触发行为实际上是 solarArray 组成部分属性执行的。代理端口的类型用"接口模块"来定义，接口模块是名称前面带有元类型＜＜interfaceBlock＞＞的模块。图 7－31 中的 BDD 图中显示了一个名称为 Light Source Interface 的接口模块，这个接口模块指定在代理端口可访问的 Solar Panel 模块中显示的特性的子集，即一个操作和一个流属性。

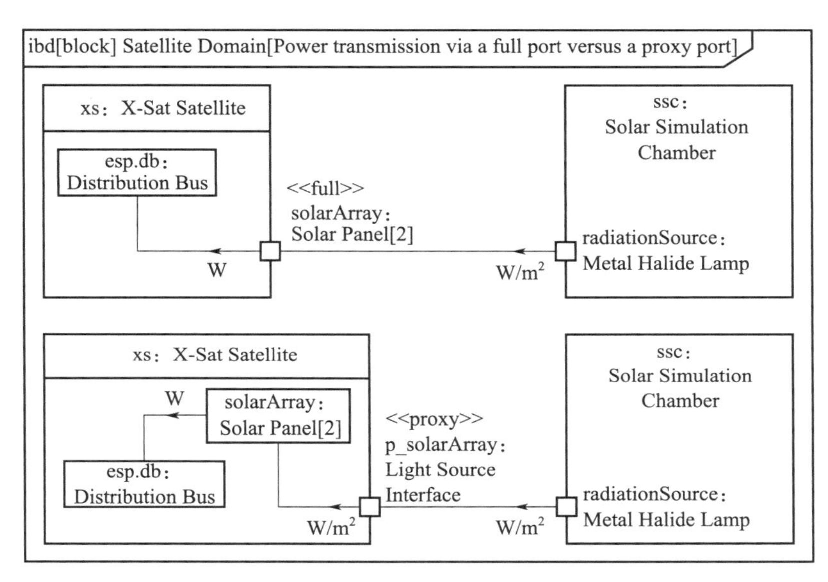

图 7－30　完整端口与代理端口示例

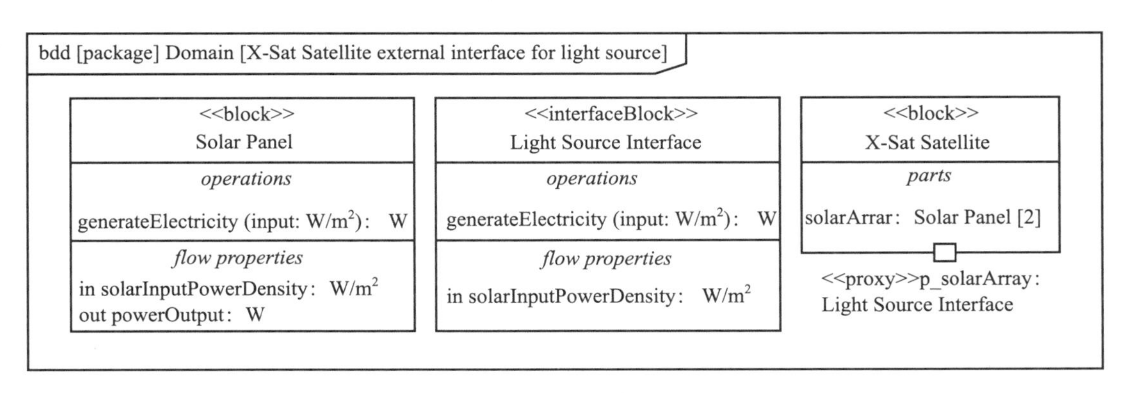

图 7－31　接口和代理端口

（7）流属性

SysML V1.3 及后续版本不再支持流端口和流规范，而在模块定义中增加了流属性 *flow properties* 流属性分割框，以描述模块边界上的流动属性。属性字符串格式为＜direction name＞:＜type＞。其中，direction 为方向，可以是 in、out、inout；type 为值类型或模块类型。图 7－31 左边，给出了模块 Solar Panel 流属性描述示例。

（8）操作

操作显示在 *operations* 分割框中，操作是由调用事件（CallEvent）触发的，代表外部客户端调用模块时，模块所执行的行为。操作通常是一种同步行为，调用者会一直等待行为结束，然后再继续自身后续的执行。操作属性描述的字符串格式为 operation name (<parameter list>):<reture type>[<multiplicity>]。操作名称由建模者定义，参数列表中可以拥有零个或多个参数，多个参数之间用逗号分隔，返回值必须是系统模型中某处创建的值类型或者模块的名称，多重性约束操作完成时返回的实例数量。参数列表中的参数代表操作的输入/输出，方向用 in、out 或 inout 表示，格式为<direction> <parameter name> : <type> [<multiplicity>] = <default value>。操作实例可见图 7－31。

（9）接收

接收显示在 *receptions* 分割框中，接收名称必须与模型中触发它的信号名称匹配，显示格式为<<signal>><reception name>(<parameter list>)。元类型<<signal>>为接收名称的前缀，在参数列表中可以显示任意多个参数，每个参数格式为<parameter name>:<type>[<multiplicity>]=<default value>。

当外部客户端发送信号（signal）来触发接收时，模块就执行这种接收行为。接收和操作之间的关键区别在于，接收总是代表一种异步的行为，外部客户端发送信号后会触发接收，然后外部客户端立刻继续自身的后续操作，不等待接收完成。接收无法拥有返回值，接收的参数只能是输入而无输出。为了表达接收信号类型，需要构建信号模块，信号模块实例如图 7－32（b）所示。

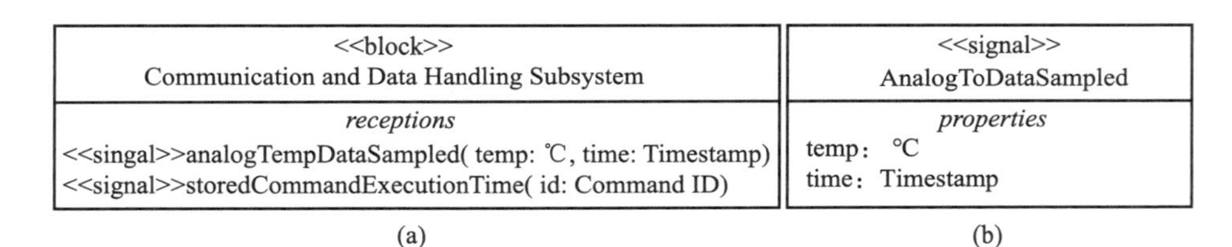

图 7－32　模块接收属性与信号属性示例

7.3.4.2　约束模块

约束模块定义了一种布尔型的约束表达式，其结果或为真，或为假。BDD 中约束模块的标识法是名称前面带有元类型<<constraint>>的直角矩形（见图 7－33）。在约束属性 *constraints* 分隔框中，或者在花括号 { } 内呈现约束表达式，约束表达式是一个等式或不等式，用于在设计阶段进行工程分析；或者以字符串<constraintName>:<type>描述约束属性，其中 type 为约束模块类型名称。在参数 *parameters* 分隔框中，以字符串<parameterName>:<type>描述约束参数名称和值类型。

>> 实例 7.3.6 约束模块实例。图 7－33 显示约束模块 Hohmann Transfer 由两个约束属性 ttof 和 tos 组成，这代表分别对约束模块 Transfer Time of Flight 和 Transfer Orbit

Size 的使用。这里实际上将复杂的约束模块 Hohmann Transfer，分解为两个简单约束模块 Transfer Time of Flight 和 Transfer Orbit Size，其意图是可由初始轨道半径（initialOrbitRadius）、最终轨道半径（finalOrbitRadius）和万有引力参数(gravitationalParameter)，求取霍曼轨道转移飞行时间（timeOfFlight)。

7.3.4.3　值类型

值类型是一种定义的模型元素，通常可以在系统模型中定义三种值类型：原始值类型、结构值类型和枚举值类型。

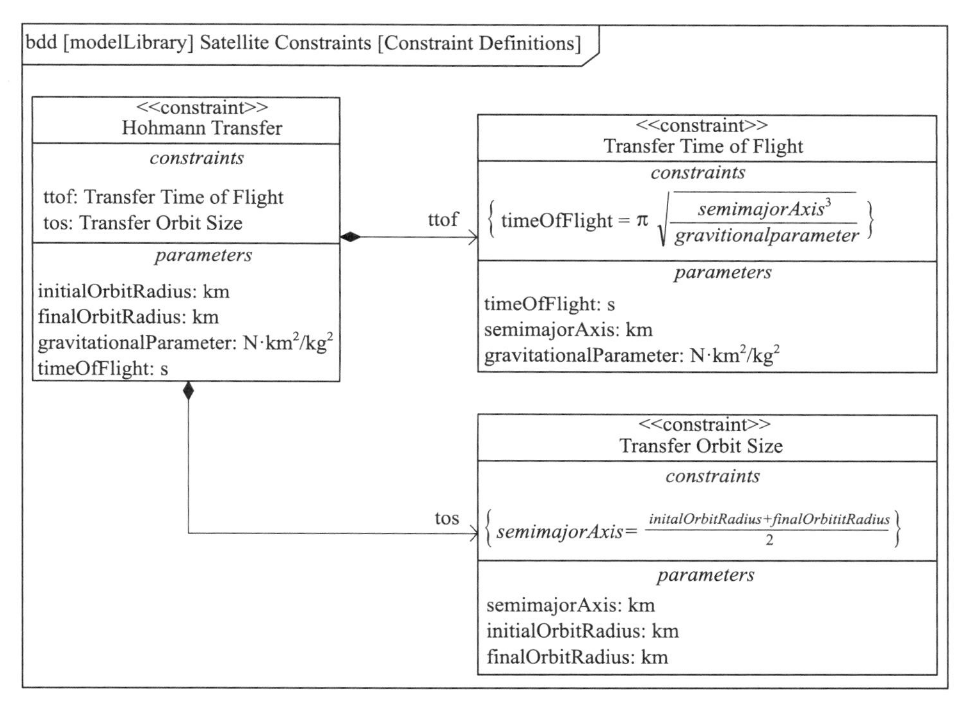

图 7-33　约束模块示例

1）原始值类型：原始值类型没有值属性，标识法是名称前带有元类型＜＜valueType＞＞的矩形。SysML 定义了四种原始值类型：String、Boolean、Integer 和 Real，也可以自行定义原始值类型，作为特殊子类型。例如，图 7-34 自行定义了 5 种值类型（°、V、℃、VAC、VDC)，它们都是 Real 型的子类型。值类型层级结构可以通过值类型之间的关系泛化关系来表达。图 7-34 表示值类型 VDC 和 VAC 是继承 V，进而继承 RealReal 的子类型。

2）结构值类型：结构值类型一般拥有两种或多种值属性。SysML 定义了一种结构值类型 Complex，其结构包括复数的两个值属性实部（realPart）和虚部（imaginaryPart），二者都是实数（Real）类型。一种结构值类型会是另一种结构值类型的值属性类型。这样，可以创建值类型任意复杂的值类型。图 7-34 中自定义了一种结构值类型 Attitude，它包括 3 个值属性。

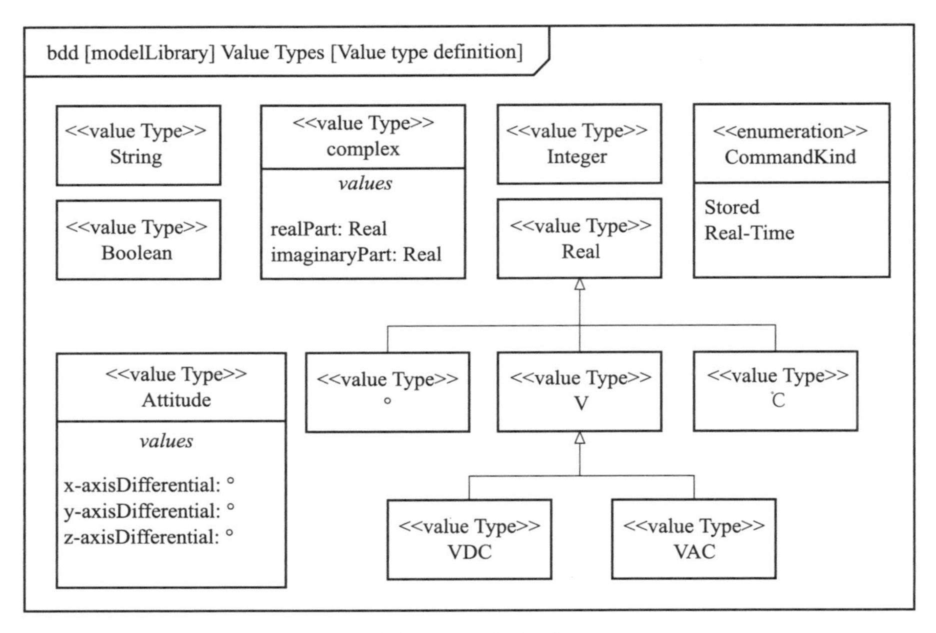

图 7-34　值类型

3）枚举值类型：枚举值类型只定义一系列的数值。图 7-34 的 BDD 图中显示了名为 CommandKind 的枚举值类型，它定义了两个值存储指令（Stored）和实时指令（Real-Time）。

7.3.4.4　其他类型模块

（1）执行者

执行者（actor）或参与者代表某人/某组织、或者外部系统在与关注系统交互时所扮演的角色。SysML 定义了两种标识法，一种是火柴人，另一种是在名称前面带有关键字＜＜actor＞＞的矩形。通常采用前者代表人，后者代表系统。偶尔会在参与者之间建立泛化关系，但是不能在参与者和模块之间建立泛化关系。前面例图部分已给出了执行者的示例。

（2）流规范

流规范模块的名称分隔框带有元类型＜＜flowSpecification＞＞和类型名称，表达能够通过流入/流出流端口的流动项类型。流规范分隔框中可定义多个流属性，采用字符串＜direction name＞:＜type＞来定义流属性，如图 7-35（c）所示。每个流属性都有其自身的方向、名称、类型，方向可以是 in、out 或 inout，名称由建模者定义，类型必须是已在模型层级关系中某处创建的值类型、模块或者信号的名称。

（3）接口

接口的名称分割框带有元类型＜＜interface＞＞和类型名称，可以拥有操作（*operations*）和接收（*receptions*）分割框，是接收方与提供方需要遵循的行为契约。图 7-35 用这种标识法显示了 Power Generation 和 Status Reporting 接口。

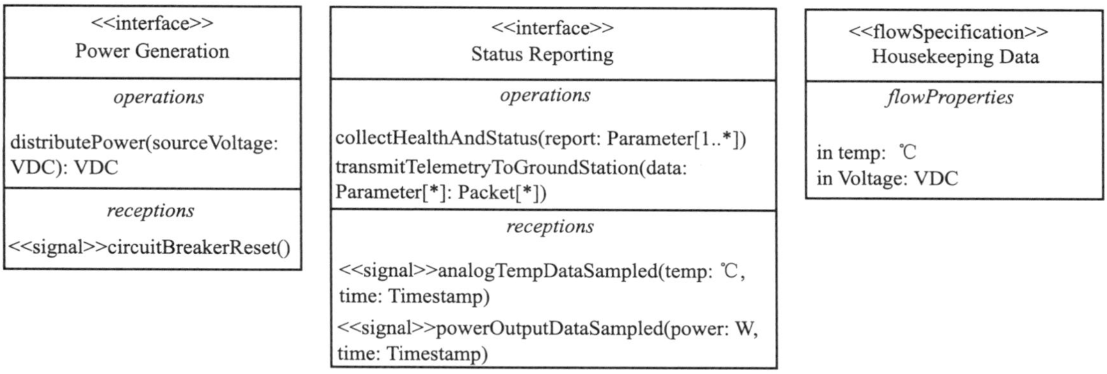

<<interface>>
Power Generation

operations

distributePower(sourceVoltage: VDC): VDC

receptions

<<signal>>circuitBreakerReset()

(a)

<<interface>>
Status Reporting

operations

collectHealthAndStatus(report: Parameter[1..*])
transmitTelemetryToGroundStation(data: Parameter[*]: Packet[*])

receptions

<<signal>>analogTempDataSampled(temp: ℃, time: Timestamp)
<<signal>>powerOutputDataSampled(power: W, time: Timestamp)

(b)

<<flowSpecification>>
Housekeeping Data

flowProperties

in temp: ℃
in Voltage: VDC

(c)

图 7 - 35　接口与流规范示例

（4）信号

信号的名称分割框带有元类型＜＜signal＞＞和类型名称，在属性（*properties*）分隔框中显示格式＜parameter name＞：＜type＞［＜multiplicity＞］＝＜default value＞，如图 7 - 32（b）所示。

7.3.4.5　元素之间的关系

模块是系统结构化模型的重要部分，而模块之间的关系同等重要。在模块之间主要存在关联（Association）、泛化（Generalization）、依赖（Dependency）三种关系类型。其中，关联关系又分为组合关联和引用关联。

1）引用关联：引用关联表示一个模块实例需要与其他外部模块连接，以实现某种目的互相访问。引用关联标识法为两个模块之间的实线，一端有开口箭头表示单向访问，两端都无箭头则表示双向访问。可以选择在线中间位置显示关联名称，在线两端可显示引用属性名称和多重性。引用关联也可以采用模块分隔框来表示，这时需注意引用属性是指对外部模块的引用属性。

例如，图 7 - 36 的 BDD 中表明电源分系统模块与飞行计算机模块之间的引用关联，引用关联的名称是功率电缆（Power Cable），角色名称 eps 是隶属于飞行计算机模块的一个引用属性，角色名称 fc 是隶属于电源分系统的引用属性，多重性与同一引用属性的多重性相关。图 7 - 36 的上图与下图两种表示法是等价的。

2）组合关联：模块之间的组合关联表示结构上的分层分解关系，其含义为组合端的模块实例由一些组成部分端的模块实例组合而成。组合关联的标识法是模块之间的实线，在组合端有实心的菱形，在组成部分端有箭头表示从组合端对组成部分的单向访问，如果没有箭头则表示双向访问。组合关联也可用组成部分属性分隔框来描述。

例如，图 7 - 25 中就显示了 X - Sat Satellite 模块与“电源分系统、姿态与轨道控制分系统、推进分系统、热控分系统、结构与机构分系统、通信与数管分系统”的组合关联关系。需注意，组合关联的组合端默认多重性是 0..1，这不同于一般多重性默认值

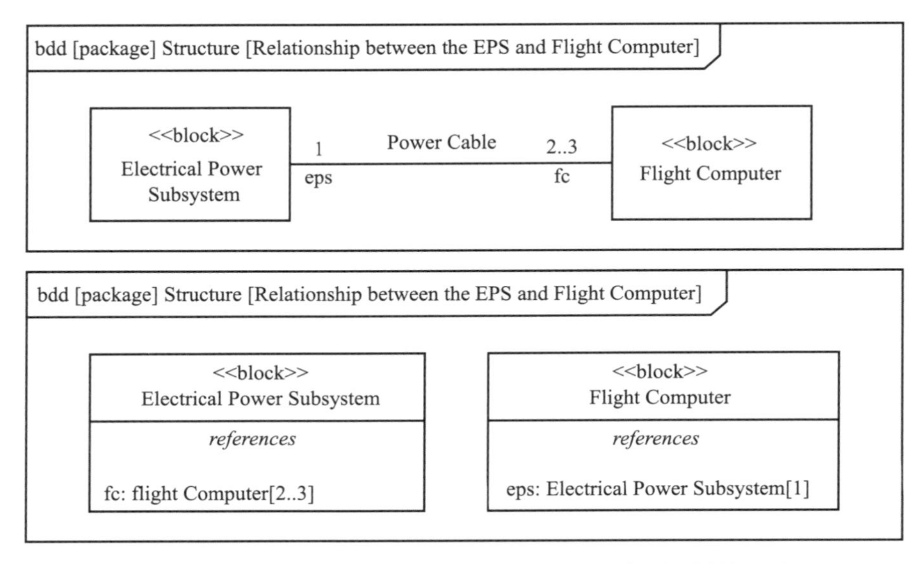

图 7-36　两种等价表示方法：引用关联（上）与引用属性（下）

为 1。根据定义，一个组成部分一次只能属于一个组合体，因此组合端的多重性的上限必须总是 1；多重性的下限为 0，表示组成部分可以从组合结构中移除，下限为 1 则表示不能移除。

3）泛化关系：泛化关系表示两种元素之间的继承关系，抽象元素端称为超类，具象元素端称为子类。子类是超类的一种特殊情况，子类继承超类的所有结构化特性和行为特性，子类还可拥有超类所不具备的其他特性，一旦修改超类的特性所有子类就会马上更新。使用泛化可以在系统模型中创建层级关系，泛化是可传递的，因此模型层级可达任意程度。泛化的标识法是一条实线，在超类的一端带有空心的三角箭头。示例可见图 7-37。

4）依赖关系：依赖关系的标记是带有开口箭头的虚线，箭头方向从客户端指向提供者，表示涵义是当提供者（箭头端）元素发生改变时，客户端（尾端）元素可能也需要改变。通常为了确立可追溯性，在两种模型元素之间创建依赖关系，当对设计做出变更时，依赖关系可以使用模型工具来追溯修改的影响范围，在前面的包图和需求图中已经给出了依赖关系的示例。

5）注释：注释是右上部有折角的文本框中的字符串，可以不受约束地表达一些建模信息，以说明原理或缘由等内容。图 7-37 显示了注释的实例。

7.3.5　内部模块图与接口建模

内部模块图（IBD）用于描述单个模块的内部结构，被描述模块名称显示在 IBD 头部中。IBD 与 BDD 互相补充，按流动路径重点描述模块的组成部分属性和引用属性实例的连接，通过连接器、流动项、端口来描述流动的事件、能量和数据，或者所提供的和请求的服务。内部模块图类型缩写是 ibd，唯一允许的拥有者是模块，通常在模块元素下建立 IBD 图。

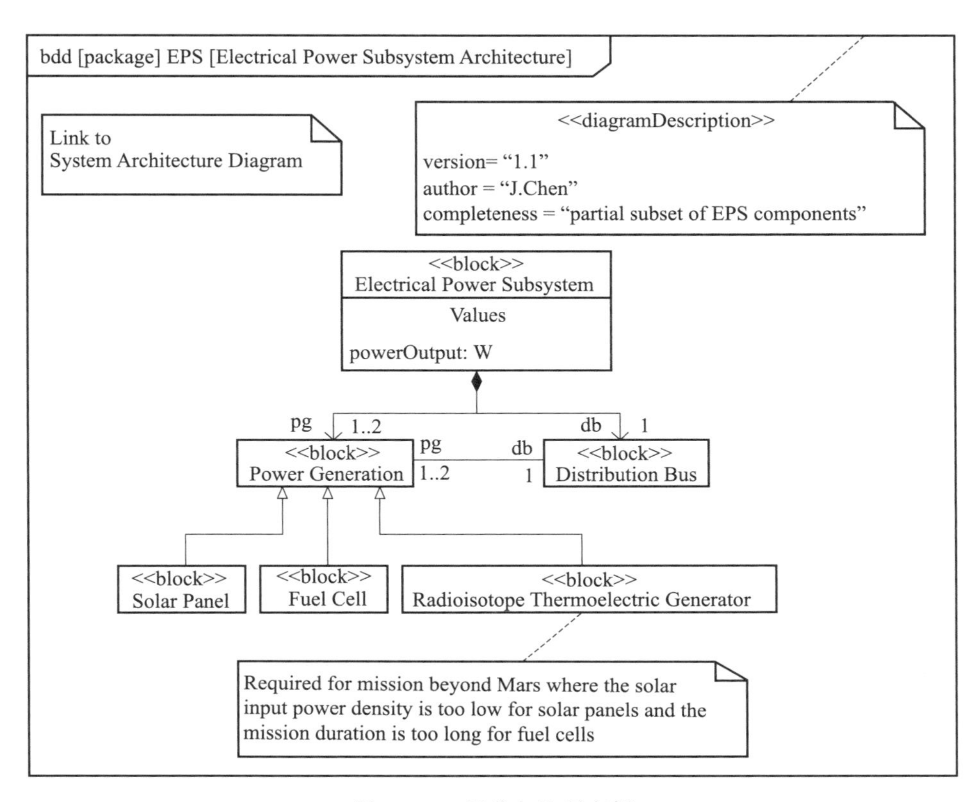

图7-37　泛化与注释实例

1）IBD图中的组成部分属性：IBD图中的组成部分属性标识法是带有实线边框的矩形，它与BDD中对应模块的*parts*分隔框中的组成部分属性含义相同，名称字符串格式也相同<part name>:<type>[<multiplicity>]。但是，可以选择在矩形右上角显示组成部分属性的多重性，而不是在字符串末尾的方括号中显示多重性。在创建模型时，建议统一使用其中一种多重性标识法。

2）IBD图中的引用属性：IBD图中引用属性标识法是带有虚线边框的矩形，见图7-38中的eps引用属性。它与BDD中的对应模块的*references*分隔框中的引用属性含义相同，名称字符串格式也相同<reference name>:<type>[<multiplicity>]，可以选择在矩形的右上角显示引用属性的多重性。

实例7.3.7 IBD图示例。图7-38名称是“面向流动的视图（Flow-Oriented View）”，该图描述前面定义系统模型（图7-25）中的通信与数管分系统（Communication and Data Handling Subsystem）模块。由图7-25可知，通信与数管分系统模块包含7个组成部分属性：解调器（demod）、接收机（rx）、天线（ant）、主计算机（primaryComputer）、备份计算机（backupComputer）、调制器（mod）和发射机（tx）以及1个引用属性电源分系统（eps），这8个属性也同样出现在图7-38所示的IBD图中。BDD与IBD两幅图中8

个属性的名称、类型和多重性都是相同的，它们形成互补的视图。IBD 还能够表示属性之间的流动项（item flow），以及属性通过连接器（connector）彼此调用的服务。

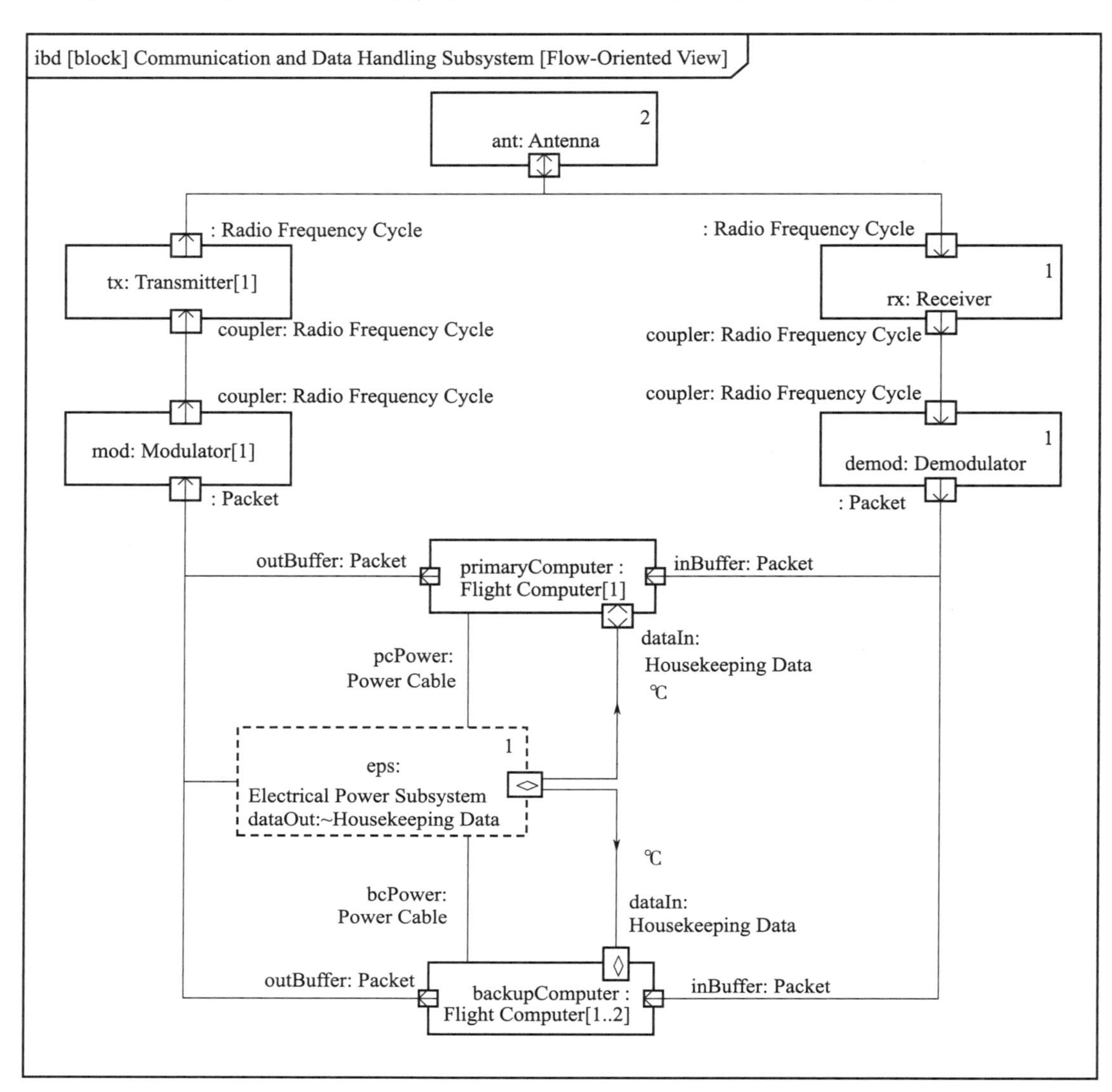

图 7－38　内部模块图示例

3）连接器：连接器（Connector）提供两个组成部分属性或引用属性之间的连接访问，用连接两个属性的实线来表示。可以有选择性地定义连接器的名称和类型，格式为＜connector name＞:＜type＞。其中，连接器实例名称由建模者定义，类型是系统模型某处创建的类型，并与连接器两端端口的类型兼容。如果两个相互连接属性有相同的端口（例如都是标准端口、原子流端口等），就可以将连接器与那些端口连接，而不是与属性连接，表示属性是与边界特殊交互点连接的；如果通过流端口连接两个属性，就可以表达属性之间流动的事件、能量或者数据的类型；如果通过标准端口连接两个属性，就可以表达提供服务与请求服务信息。另外，可以在 IBD 的外框上显示端口，代表模块边界上的交互点，也可以把外框上的端口和组成部分属性的一个端口连接起来。

针对 X - Sat Satellite 模块，图 7 - 39 中的连接器通过标准端口来交换服务，连接器将 cdhs 组成部分属性与 eps 组成部分属性相连接。通信与数管分系统的提供接口为 Status Reporting，请求接口为 Power Generation 接口；电源分系统的提供接口为 Power Generation，请求接口为 Status Reporting 接口。另外，eps 组成部分属性通过 solarPanel 标准端口与 X - Sat 卫星模块的边界相连，边界端口拥有请求接口 Light Source，表明卫星模块的电源分系统需要一个光源。多重性表明卫星模块通过边界上的两个太阳帆与卫星相连接。

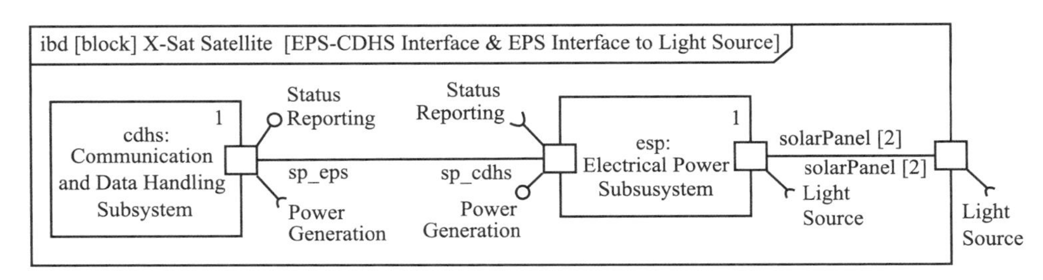

图 7 - 39 连接标准端口和边界端口的连接器

4）流动项：流动项（Item Flow）代表在系统中两个属性之间流动的事件、能量或者数据类型。IBD 中流动项的标识法是实心的三角箭头，箭头代表流动方向，位于两个流端口的连接器上，流动项的类型显示在箭头旁，类型必须是系统模块中某处已定义的模块、值类型或信号类型。流动项类型和方向必须与连接器两端流端口类型相匹配，如图 7 - 40 所示。

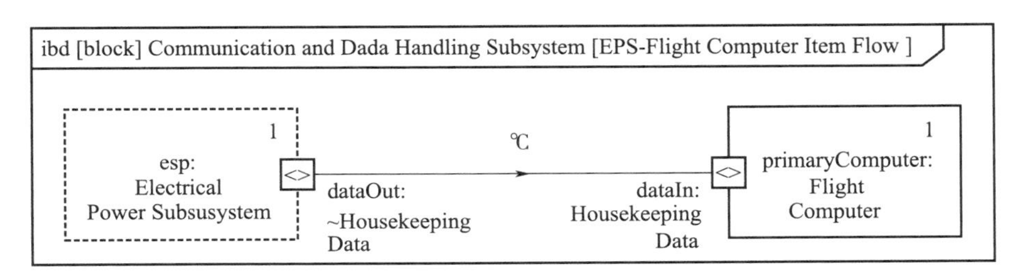

图 7 - 40 连接器上的流动项

5）内嵌标识法：内嵌标识法可以在单个 IBD 图中表示系统结构的多个层级。IBD 中对属性可以进行多层内嵌，图 7 - 41 里带有内嵌属性的 IBD 示例图。图中表明 X - Sat Satellite 模块拥有实例名为 cdhs，类型为通信与数管分系统的组成部分属性。而 cdhs 组成部分属性拥有实例名为 primaryComputer 和 backupComputer 的内嵌组成部分属性。

当您需要为内嵌属性添加连接器的时候，一般先在边界定义端口，再通过端口进行连接，图 7 - 41 显示了 eps 与 cdhs 内嵌属性的连接。虽然也可以直接跨越封装内嵌属性的边界来定义连接器，如图中 sensorPayload 与 cdhs 内嵌属性的连接，但是这种连接破坏了模块的独立封装特性，一般不推荐使用，仅用于需要很高实时性的嵌入式系统。

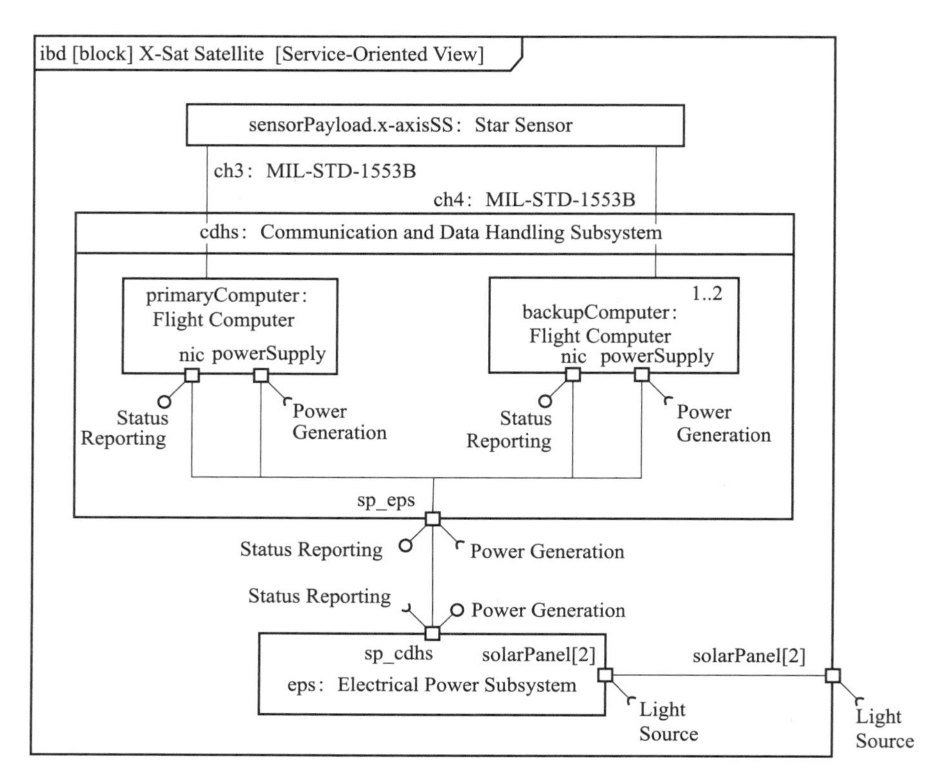

图 7-41　带有内嵌属性的 IBD

6）内嵌属性的点标识法：点标识法提供了另一种表达内嵌属性的方式，如图 7-41 中字符串 sensorPayload. x-axisSS ：Star Sensor 表示 X-Sat 卫星模块拥有名为 sensorPayload 的组成部分属性，sensorPayload 组成部分属性又拥有名为 x-axisSS 的组成部分属性，x-axisSS 属性的类型由 Star Sensor 模块来定义，x-axisSS 的多重性是默认值 1..1。

7.3.6　参数图与约束建模

参数图类型缩写是 par，图外框代表的模型元素类型可以是模块或约束模块。参数图是一种特殊类型的内部模块图，可以显示模块的内部结构，但重点在于建立值属性与约束参数之间的绑定关系。约束参数是出现在约束模块参数分隔框和约束表达式中的参数，值属性可能是属于模块自身或者属于模块的组成部分属性值，或者属于模块外部的引用属性。

（1）约束模块对应的参数图

实例 7.3.8 依据约束模块，构建参数图示例。前面图 7-33 曾定义了三个约束模块，即霍曼转移（Hohmann Transfer）、转移轨道尺度（Transfer Orbit Size）和转移飞行时间（Transfer Time of Flight）。其中，Hohmann Transfer 约束模块由两个约束属性组成，一个名为 ttof、类型为 Transfer Time of Flight，另一个名为 tos、类型为 Transfer Orbit Size，并包含 4 个约束参数初始圆轨道半径（initialOrbitRadius）、最终圆轨道半径（finalOrbitRadius）、万有引力参数（gravitationalParameter）、飞行时间（timeOfFlight）。约束模块类型 Transfer Orbit Size 和 Transfer Time of Flight 各自都封装了约束表达式，两个约束表达式都分别包含三个约束参数（timeOfFlight，semimajorAxix，gravitationalParamenter）和（semimajor，initialOrbitRadius，finalOrbitRadius），它们在 *parameters* 分割框中显示了约束参数的名称与类型，约束参数的类型都是系统模型某处定义的值类型，例如，轨道半长轴 semimajorAxis 的类型为 km。

但是，图 7－33 中并没有表达两个约束表达式是如何彼此连接的，而参数图可以实现这方面的表达。针对图 7－33 的约束模块 HohmannTransfer 可以建立如图 7－42 所示的参数图。当用参数图表达约束模块时，图中只显示约束属性的约束参数以及约束属性之间的约束参数与外部值属性（模块边界上）的绑定关系。

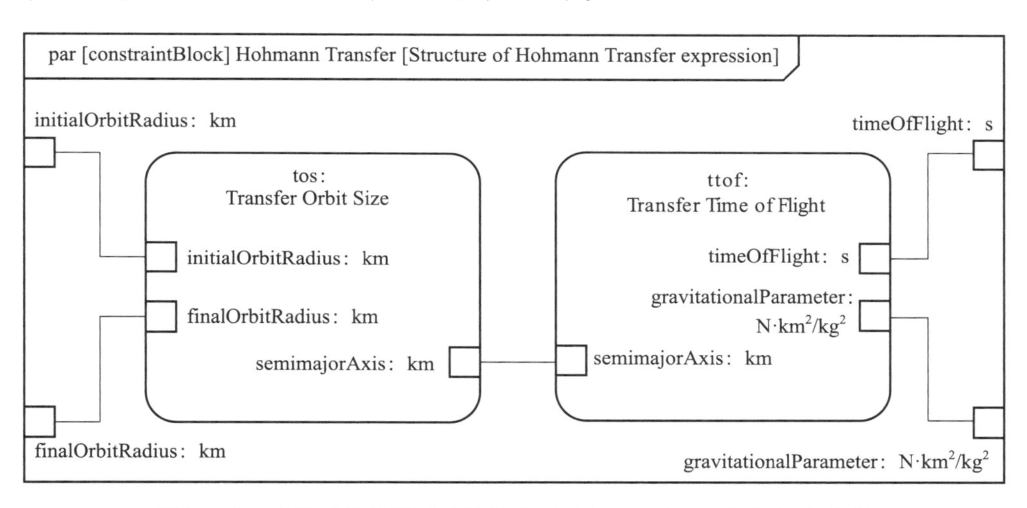

图 7－42　对应于霍曼转移约束模块（Hohmann Transfer）的参数图

（2）分析语境模块对应的参数图

在系统建模时，常常需要围绕某一类关注的工程问题开展分析。这时可首先建立分析语境模块定义图，围绕关注问题对不同容器或命名空间中定义的模块、约束模块等模型元素进行重组，建立关联关系，形成分析语境模块，然后再生成相应的参数图。

实例 7.3.9 依据分析语境模块，构建参数图示例。如果用户关注霍曼转移所需时间，依据前面章节描述，可建立如图 7－43 所示的转移时间分析（Transfer Time Analysis Context）语境 BDD 图。该图中采用自定义的构造类型 <<analysisContext>> 来表示转移时间分析模块，并定义了值属性 timeOfFlight ：s。分析模块组合关联约束模块 Hohmann Transfer，引用关联模块 Gravitational Body 和模块 X－Sat Satellite，因为需要它们的值属性 gravitationalParameter 和 currentOrbitRadius，同时还需要 Transfer Command 模块的值属性 orderOrbitRadius，其中 orderOrbitRadius 值属性存在复杂的内嵌关系。因此，该图实际显示了约束模块所需绑定的值属性来源。依据顶部模块生成的参数图为图 7 - 44，它说明了值属性和约束参数的绑定关系。图 7 - 44 分别采用内嵌标识法和点标识法，显示了组合和引用模块值属性的内嵌关系。

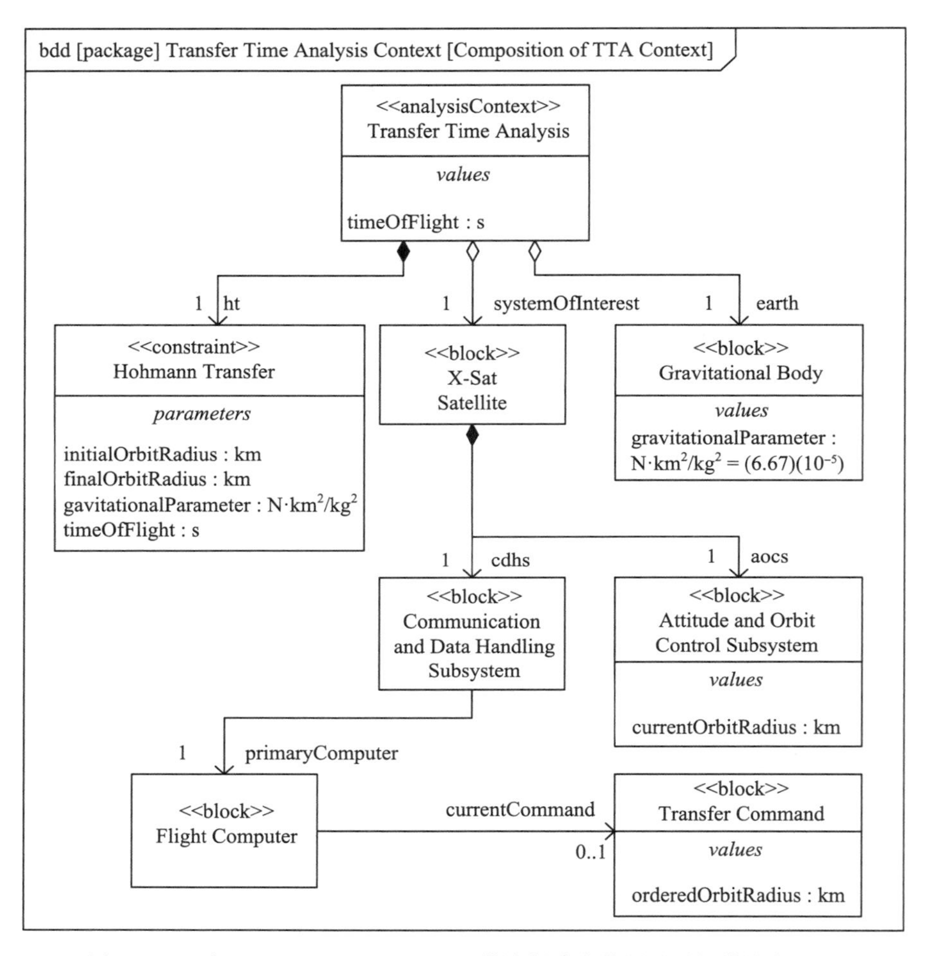

图 7 - 43 为 Transfer Time Analysis 模块创建参数图所需的模块定义图

7.3.7 活动图与行为流建模

活动图、序列图和状态机图属于 SysML 描述系统动态行为的三种图，都可以表达随着时间演化的行为与事件。活动图表达从输入到输出的一系列动作，常用于功能分解。活动图可采用两种方式绘制，一种是类似于传统功能流模块图（FFBD），另一种是类似于分区泳道图。活动图可以通过对象节点对流动建模、通过控制节点对动作进行控制、通过分

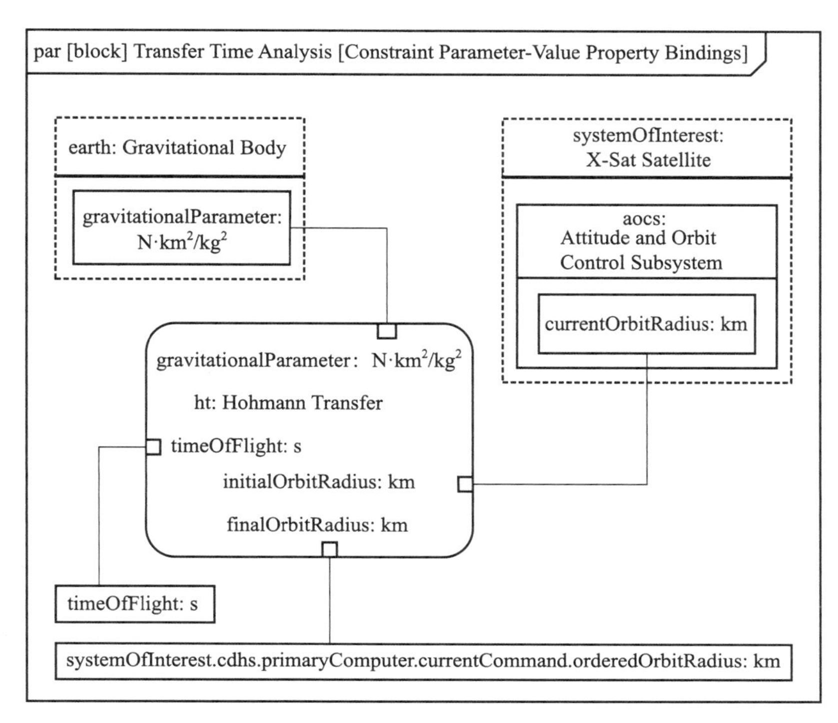

图 7-44　转移时间分析（Transfer Time Analysis）参数图

区为系统结构分配动作。活动图更善于表达对象的流动，以及动作之间的复杂控制逻辑关系，并且是唯一一种能够说明连续流动行为的图。活动图的缺点是无法描述哪个结构触发了哪个动作。通常在定义问题、捕获系统所需行为和说明用例时，建模者会使用活动图；而在系统详细设计时，建模者将采用序列图和状态机图。

活动图的类型缩写是 act，图唯一拥有者是活动（activity），即活动图的外框内部描述在系统模型某处已定义的某个活动。活动是一种模型元素，也是一种命名空间，可以包含一系列系统层级关系中已经命名的元素，例如节点、边线等。活动图中涉及令牌、动作、节点、边线、分区等概念。

实例 7.3.10　活动图示例。图 7-45 的头部信息表明，活动图外框内表达模型层级关系中某处的“执行霍曼转移”活动，图的名称是“用例规范”，即描述用例涉及的动作。

7.3.7.1　令牌

活动建立在令牌流概念上，令牌流与动作、节点和边线的定义紧密相关。令牌流是一种抽象的概念，它不是模型元素，也不显示在活动图中。令牌分为对象令牌和控制令牌两种类型。令牌流可想象为在动作之间流动的卡片，它沿边线传递，从一个节点到另一个节点。一个动作的执行，可以有多个令牌流过。每个令牌都有自身的类型和状态，它定义动

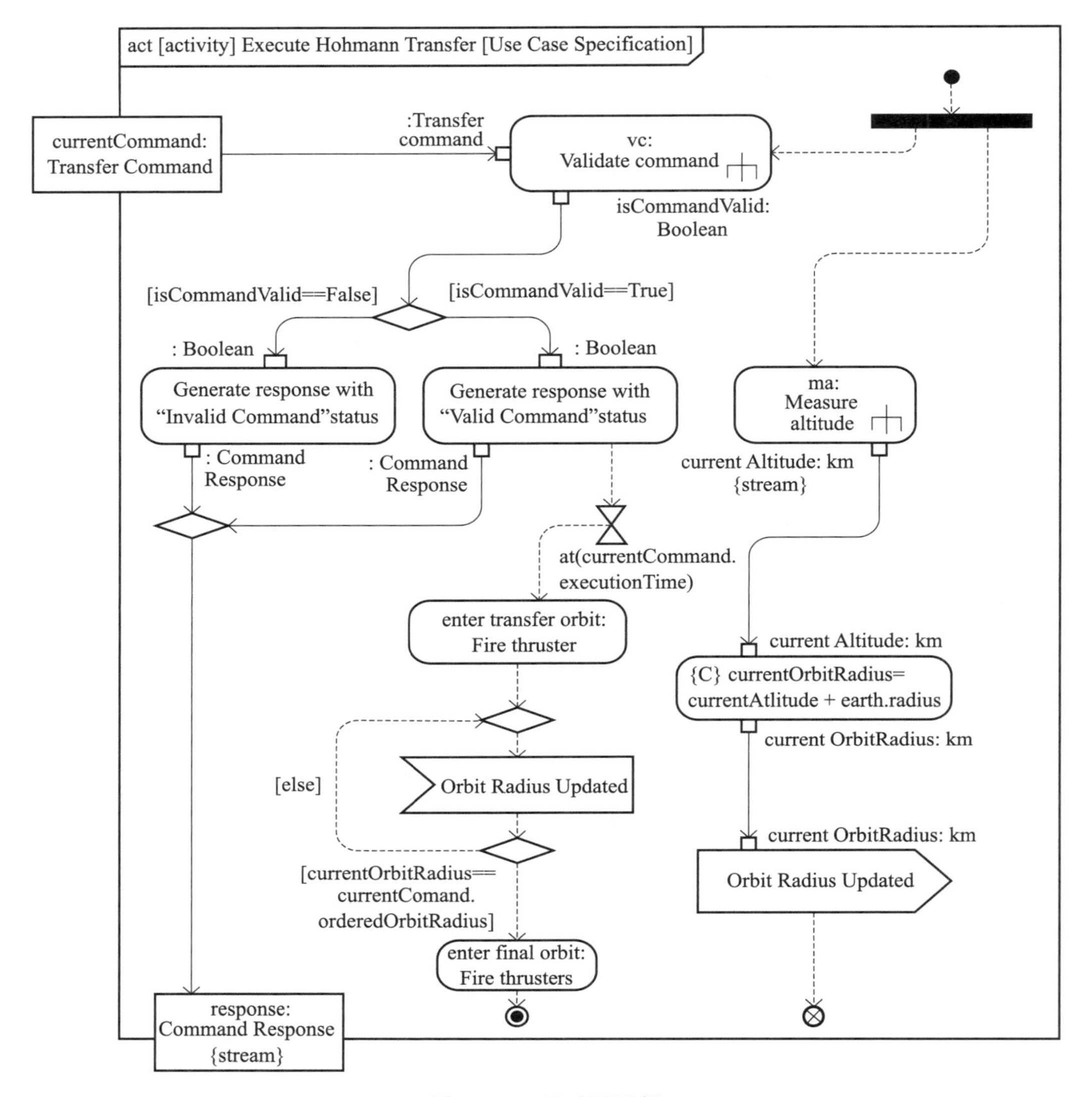

图 7-45　活动图示例

作、控制逻辑，以及发生的事件。令牌可以构建活动图中动作执行的前置条件、后置条件和触发事件。

1）对象令牌：对象流承载着对象令牌，对象流有名称、类型和多重性，代表动作中流动的事件、能量或数据，或一个动作到另一个动作的输入或输出。一个对象流类型代表在模型层级关系中某处创建的模块、值类型或者信号。可能会有多个对象令牌流过单个动作。

2）控制令牌：控制令牌没有类型，只表示活动中的哪个动作在活动执行的特定时刻处于启用状态。可能会有多个控制令牌流过活动中的多个动作，也就是活动中的多个动作同时处于启用状态。

7.3.7.2　动作节点

动作（action）是一种存在于活动（activity）之中的节点，是活动的基本功能单元节点。活动通常包含多个动作，采用边线（线段）来连接活动中的动作，边线会定义动作的串联或并联序列，通过对象流表达动作的输入与输出，从整体上描述这个活动。一个动作代表某种处理或者转换，它会在动作触发时执行。一个动作要启动，需要同时满足三个条件：1）拥有动作的活动正在执行；2）所有输入的控制流上都有控制令牌到达；3）所有输入的对象流上都有足够数量的对象令牌到达，并满足最低多重性要求。需要注意的是多个输入令牌之间的关系是“与”关系，而不是“或”关系。动作可分为“基本动作、调用行为动作（可以分解的动作）、发送信号动作、接收事件动作、等待时间动作”五种类型。

1）基本动作（atomic action）：基本动作（或原子动作）是不可分解的动作，其标识法是圆角矩形。动作应该采用清晰唯一的动词短语字符串来描述，如图7-45中的Generate response with“Valid Command”status，应避免将多个动词放在一个动作中。圆角矩形中还可以使用正规的编程语言（如C、Java、Verilog或者Modelica语言）来描述基本动作，使用花括号来指定语言，这称为使用“不透明表达式”来表示动作的执行，如图7-45中由C语言编写的表达式为{C} currentOrbitRadius＝currentAltitude ＋ earth.radius。

2）调用行为动作（call behavior action）：调用行为动作是一类特殊的动作，在启用的时候会触发另一种行为。调用行为动作可以把一个高层次的行为分解成一系列低层次的行为，可以使用调用行为动作把出现在多个地方的通用功能模块抽取出来，在单独的行为中定义它，可以在多个地方调用它。调用的行为可以是活动、交互或状态机等。调用行为动作的标识法和基本动作的标识法相同，都是圆角矩形，但是带有名称字符串格式：<action name>:<Behavior Name>，并在右下角带犁耙⋔符号。如图7-45中的vc：Validate command和ma：Measure altitude活动。

3）发送信号动作（send signal action）：工程系统中经常采用分布式的并发系统，须要使用并发机制来传递事件、能量和数据，多个接收端可以并行地操作各类动作。此时，可以使用发送信号动作和接收事件动作，为这类系统行为建模。发送信号动作启用时会异步地（不等待后续执行的回应）生成信号实例，并把它发送到目的地。其标识法是形状类似于道路标识的五边形，见图7-45右下部的Orbit Radius Updated动作。其中，动作字符串为模型某处定义的信号类型，发送信号动作将把信号实例中的属性数据发送给接受事件动作实例。

4）接收事件动作（accept event action）：接收事件动作在异步行为中是发送信号动作或时间事件的接收方，它表示动作执行之前，必须等待一个异步事件的发生，另外，接收事件动作还可以接收异步时间事件的发生。接收事件动作的标识法是矩形一边有一个三角凹槽的五边形，表示接收事件动作会等待与其名称匹配的信号实例的到达，当其到达接收事件动作就会完成，控制流会前进到活动中的下一个节点，见图7-45中下部的Orbit

Radius Updated 动作。接收信号实例的接收事件动作和生成该信号的发送信号动作，可能会出现在同一个活动中，或出现在单独的不同活动图中，这样可为两个不同的系统行为之间的异步通信建模。

5）等待时间动作（time event）：等待时间动作是一种特殊类型的接收事件动作，它等待时间事件发生。其标识法是一个沙漏斗形状的符号，下面有时间表达式。可以指定绝对时间事件，也可以指定相对时间事件。绝对时间事件表达式以关键字 at 开始，如 at（1430 GMT）或 at（transferStartTime），相对时间事件表达式以关键字 after 开始，如 after（50 ms）或 after（timerCount）。如见图 7－45 中的等待时间动作，它会等待一个绝对时间事件的发生。在时间表达式中使用点标识法表示 executionTime 值属性嵌入在 currentCommand 对象中。当控制令牌到达这个等待时间动作的输入控制流，它就会启动。如果绝对时间事件已经发生，那么等待时间动作就会立刻完成，并在其输出控制流中提供控制令牌。

7.3.7.3　对象节点与控制节点

活动图中除了动作节点外，还可以有对象节点、控制节点。另外，基本动作、调用行为动作、发送事件动作、接收事件动作的节点上可附着引脚，活动图外框上可附着活动参数；引脚与活动参数可有“流”与“非流”行为。

1）对象节点（object node）：对象节点在活动图中采用直角矩形来标识，内部带有名称字符串＜object node name＞：＜type＞[＜multiplicity＞]，其中 type 为模型层级关系某处定义的模块、值类型或者信号名称，多重性默认值为 1..1。对象节点通常位于两个动作节点之间，可用于建模对象令牌流，表示第一个动作节点会输出这些对象令牌，第二个动作会将这些对象令牌作为输入。图 7－46 中的活动片段显示了名为 currentAltitude 的对象节点，它有值类型 km 的实例对象令牌，字符串末尾的多重性表示，第一个活动只会产出 1 个对象令牌作为输出，而第二个动作只需要 1 个对象令牌作为输入。对象节点还可用分隔框表示其内部属性。

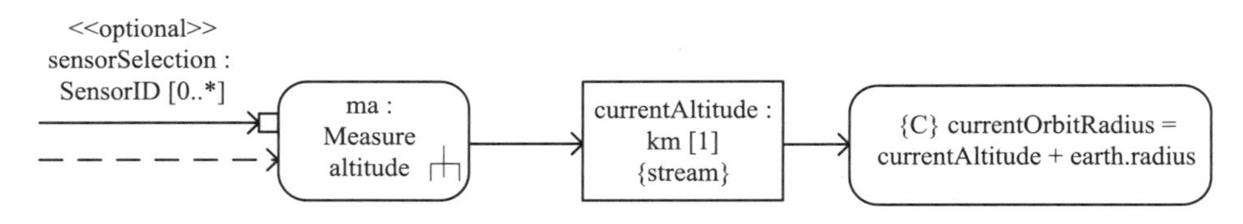

图 7－46　两个动作之间的对象节点标识法

a）引脚（pin）：引脚是一种特殊类型的对象节点标识法，引脚标识法是附着在动作边界上的小方块，方块内部可以带有流动方向指针，表示动作的输入或输出。引脚的名称字符串与对象节点一样。需注意，当引脚的多重性下限是 0 的时候，需使用＜＜optional＞＞元类型。图 7－47 是等效于图 7－46 的引脚标识法实例。

b）活动参数：活动参数是一种附加到活动图外框上的特殊类型的对象节点，表示对活动图整体的一种输入或者输出。一般将输入活动参数放在外框的顶部或左边，输出活动

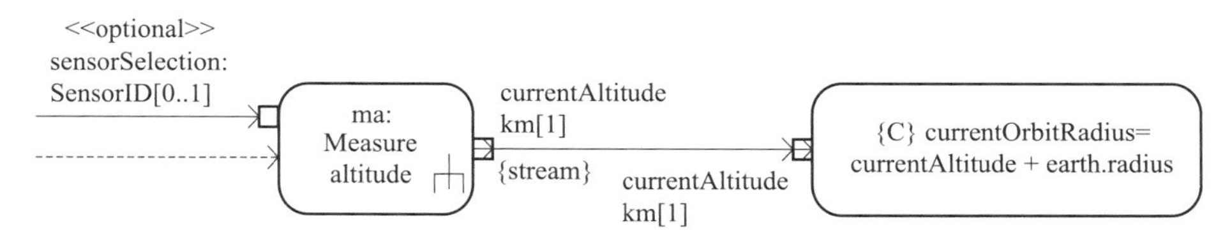

图 7-47　带有引脚的动作标识法

参数放在外框的底部或右边。类似于引脚，当活动参数拥有的最低多重性是 0，这时在活动参数名称前面需引用元类型＜＜optional＞＞。图 7-45 中呈现了一个输入活动参数 current Command：Transfer Command 和一个输出活动参数 response：Command Response {stream}。

c）流与非流：默认情况下，动作和活动开始执行时才会消费输入对象令牌，在完成执行时才会交付对象令牌，这称为离散的非流（Non-streaming）行为。对于非流行为，如果第一个输入对象令牌到达，动作开始执行，同时又有一个输入对象令牌到达，则需要等待第一个动作完成后，第二个令牌对应的动作才会被执行。对于连续执行的流（streaming）行为，在名称字符串后面标记 {stream}，这时即使前面到达的对象令牌已经开始执行，这时到达流输入对象令牌也会马上为动作所用，会持续产生输出令牌，不需要等待动作完成。

2）控制节点（control node）：使用控制节点可以引导活动沿着特定的路径执行，而不只是简单的顺序执行。控制节点可以指引活动中的控制令牌流，也可以指引活动中的对象令牌流。控制节点可分为“初始节点、活动终止节点、流终止节点、决策节点、合并节点、分支节点、连接节点”共 7 种类型。可以使用这些节点的组合，在活动中定义复杂的控制逻辑功能。

a）初始节点（initial node）：初始节点采用实心小黑圆标记活动的起点，控制令牌流从该点开始。需注意，活动不一定需要初始节点，控制令牌流可以从没有输入的边线开始，对象令牌可以从输入活动参数开始。

b）活动终止节点（activity final node）：活动终止节点的标识法是包含小实心圆的圆圈，当控制令牌到达活动终止节点的时候，整个活动都会结束。

c）流终止节点（flow final node）：流终止节点的标识法是包含 X 的圆圈，当控制令牌到达流终止节点的时候，该令牌会销毁，标记一个控制流的结束

d）决策节点（decision node）：决策节点的标识法是一个空心的菱形，决策节点拥有唯一的输入边、拥有两个或多个输出边，标记可选动作分支的开始。每个输出边会带有显示为方括号中间的布尔表达式，称为“守卫”（或“监听”），例如，图 7-45 中的 [isCommandValid==True]。各条输出边的守卫是互相排斥的，此时当一个对象令牌或控制令牌到达决策节点时，令牌会提供给守卫布尔值的那条输出边。

e）合并节点（merge node）：合并节点标识法也是空心菱形，拥有两条或多条输入边，只拥有一个输出边，标记可选动作序列分支的结束。当一个对象令牌或控制令牌通过

任意一条边到达合并节点时，令牌马上就会提供给输出边，将合并节点和决策节点组合起来使用，可对循环、可选异常情况等建模，合并节点也可用于并发流动的合并。

f）分叉节点（fork node）：分叉节点标记活动中并发序列的起点，标识法是一条黑色粗线段，拥有唯一一条输入边，拥有两条或多条输出边。当一个对象令牌或控制令牌到达分叉节点的时候，它会被复制到所有输出边上。分叉节点与决定节点的区别是每个分叉没有守卫。

g）连接节点（join node）：连接节点标记活动中并发序列的结束，标识法是一条黑色粗线段，拥有两条或多条输入边，而只有唯一一条输出边。只有当每条输入边的对象令牌或控制令牌到达连接节点的时候，才会有单个令牌提供给输出边，并发序列结束。

7.3.7.4 边线

边线用于连接节点，从而在活动中形成有序的对象流或控制流。

（1）对象流

对象流是传输对象令牌的边线，通过模块、值类型、信号来表示事件、能量或者数据的实例，从一个节点向另一个节点流动。对象流的标识法是带有开口箭头的实线。通常对象流的两端是两个对象节点（或者引脚），这两个对象节点的类型必须相同，或者下游是上游的子类型。对象流其中一端还可以是决策节点、合并节点、分叉节点和连接节点。

（2）控制流

控制流是一种传递控制令牌的边线。控制令牌的到达，可以启动等待它的动作。控制流标识法一般采用带有开口箭头的虚线，以区分控制流和对象流。

7.3.7.5 分区

活动图可以分成两类，一类是不带分区的活动图，另一类是带分区的活动图。不带分区的活动图描述从输入到输出，须要执行哪些动作，以及动作的顺序；带分区的活动图不仅可以表达活动中动作的顺序，还可以表达哪个结构执行了哪个动作，或者为动作分配结构。活动分区的标识法是一个包含一个或多个节点的大矩形，在每个分区用头部表达结构。头部内容通常代表存在于系统模型某处的一个模块或者一个组成部分属性。分区方向可以是水平的，也可以是垂直的，图 7-48 表达了一种垂直活动分区，它将图 7-45 活动图中动作分配给“微型自主导航系统、推进分系统、飞行计算机”三个结构元素。

7.3.8 序列图与交互建模

序列图与活动图一样也是一种表示系统行为的动态图，序列图重点描述系统元素之间的随时间推移的交互和时间约束，因此又称为交互图（Interaction）。序列图在系统开发初期，可以用于说明关注系统与其环境中的执行者之间可能发生的交互，通常使用序列图对用例的单一场景和测试案例进行说明；在详细设计阶段，序列图可对结构实体的行为进行精确描述，可以精确呈现图形建模语言自动转化成源代码的三类信息：行为执行的顺序、哪个结构会执行哪个行为、哪个结构会触发哪种行为。

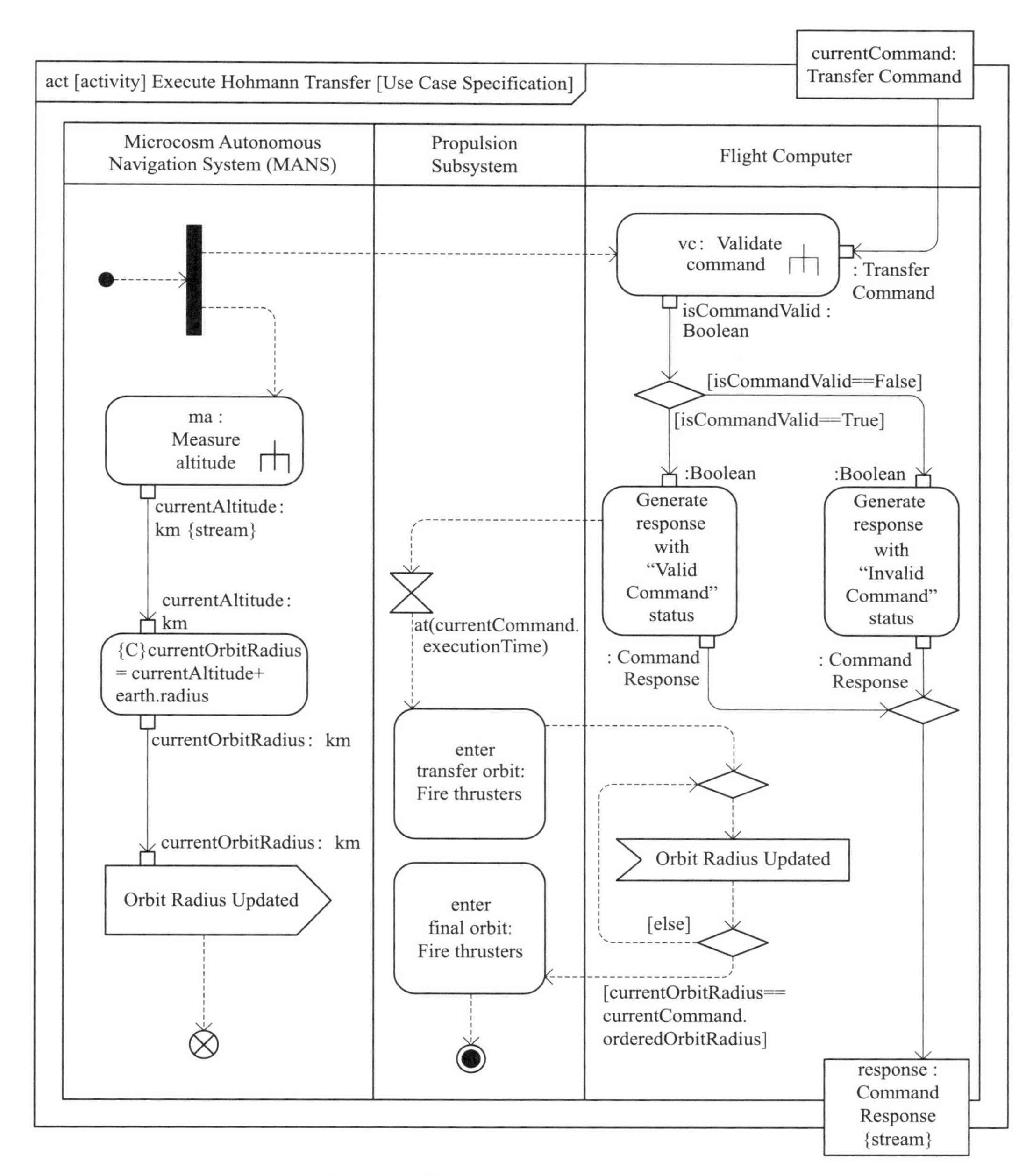

图 7-48 采用活动分区把动作分配给结构

序列图类型缩写是 sd，图中唯一表达的模型元素是交互，外框表示在系统模型某处定义的一个交互。交互是一种模型元素，也是一种命名空间，可以在模型层级关系中包含一系列命名的元素，例如生命线、事件和消息等。参与交互的系统元素通过生命线表达，交互是生命线之间发生的事件。在生命线上可以出现“消息发送、消息接收、生命线创建、生命线销毁、行为执行开始、行为执行结束”6 种类型的事件。

实例 7.3.11 序列图示例。图 7－49 的外框代表名为 Execute Hohmann Transfer, Main Success Scenario 交互，是图 7－48 活动图中 Execute Hohmann Transfer 中主成功场景行为的说明。图 7－48 和图 7－49 这两幅图都显示了类似的行为，但是序列图比活动图的描述更为精细。序列图的缺点是图形更复杂、可读性方面较差。

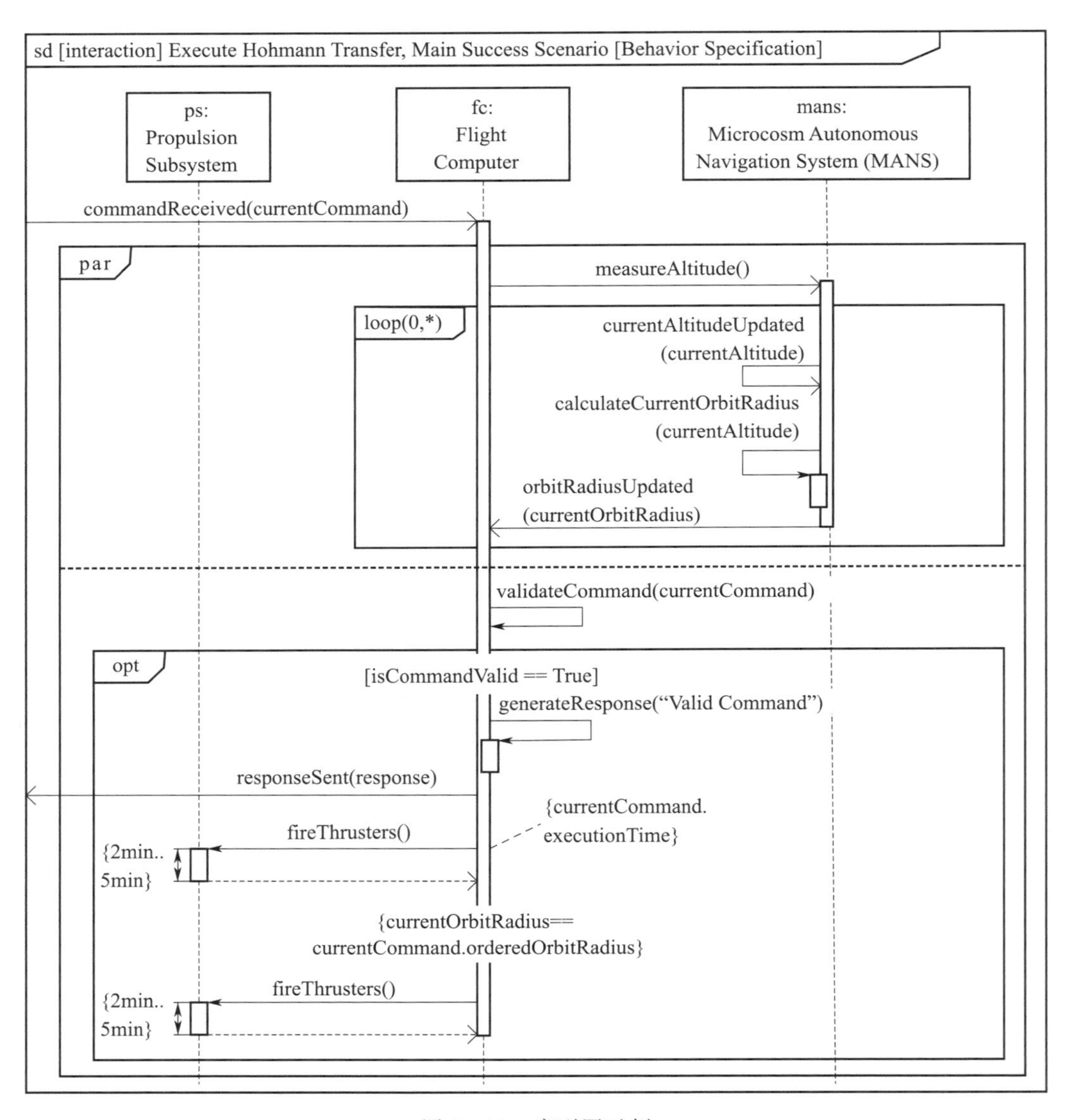

图 7－49　序列图示例

序列图中包含生命线、消息、行为执行、约束、组合片段等概念，下面对这些概念进行说明。

7.3.8.1　生命线

序列图中通常包含多条生命线，每条生命线都代表参与数据交互的某个元素实例。生命线的标识法是一个头部为矩形并附有向下延展的虚线（例如沿时间方向向下的生命线）。矩形框内包含了一个名称字符串，标识在模型层级关系中的某处已对其定义过的、参与交互的模块组成部分属性的实例（也可以是执行者），其格式为＜part property name＞[＜selector expression＞]:＜type＞。其中，选择器表达式是可选部分，显示在方括号中，代表属性中的特定实例，如星敏感器的[x-axisSS]。时间沿着生命线向下，先发生的事件显示在较高位置，后发生事件显示在较低位置，仅表达事件发生的先后时间顺序，两个事件发生之间的距离没有实际意义。

1）生命线创建事件：生命线创建事件代表在原序列图中创建与增加一个新交互对象实例，该实例之后会参与到交互通信过程中。通过一个创建消息（用虚线开口箭头表示）来启动创建事件，消息的尾端为发送生命线，箭头段连接被创建的生命线头部，见图7-50中的mansdd：MANS Device Driver。

2）生命线销毁事件：用于生命线销毁事件（或者称为析构事件）代表生命线的结束，并在系统中析构该实例。对于软件对象，析构一般指释放分配给对象的内存；对硬件对象来说，析构可能指从系统中移除一个物理对象。销毁事件的标识法是“X”形状，位于被销毁的生命线底部，析构事件可以不附加任何消息，表示在该时间点，生命线已经结束。析构事件也可能会与带析构消息消息的箭头连接，表示在接收特定类型消息后产生析构事件。

7.3.8.2　消息事件

交互的6种事件类型中，消息发送事件和消息接收事件称为消息事件。当创建从一条生命线到另一条的消息时（或者从一条生命线到其自身的消息时），就为消息发送事件和消息接收事件建模。消息事件没有单独的标识法，在消息的尾端与生命线交点隐含存在消息发送事件，在消息的箭头端与生命线交点隐含存在消息接收事件。一般在交互中，会出现“异步消息、同步消息、回复消息、创建消息、析构消息”5种类型（另外，SysML还定义了“找到的消息和丢失的消息”2种类型，但是很少使用），发送消息实际是行为的触发事件。

1）异步消息：发送方会在发送消息之后立即继续自己的执行，不等待接收方行为被触发，也不等待接收方完成行为后发送回应。异步消息的标识法是带有开口箭头的实线，在线段上有一个标签，其格式为＜message name＞(＜input argument list＞)。其中，消息名称和可选输入参数名称必须与接收生命线的相应名称匹配；输入参数列表是可选的，反映消息携带的输入或输出参数，格式为＜input parameter name＞=＜value specification＞。如果选择不显示参数，可以为一个空括号，或者什么都不显示。

2）同步消息：发送方会等待接收方完成被触发行为的执行，并收到接收方发送的回复消息后，然后才会继续自身的执行。同步消息的标识法是带有实心箭头的实线，同步消息的标签和输入参数列表与异步消息相同。

3）回复消息：代表一种标记同步调用行为结束的通信，从执行行为的生命线发送到触发行为的生命线。回复消息的标识法是带有开口箭头的虚线，并紧跟在相应的同步消息之后。可以选择性地在回复消息上显示一个标签，以说明执行结果返回值，其格式为＜ assignment target ＞ ＝ ＜ message name ＞（＜ output argument list ＞）：＜ value specification＞，其中输出参数列表可显示多个参数，参数之间以逗号隔开。注意，回复消息可选择是否显示，建模者通常会忽略回复消息，以节省序列图空间，当不显示时，是被隐藏了。

4）创建消息：前面已描述过，创建消息用于生命线创建事件，代表在系统中创建新的通信实例。创建消息的标识法是带有开口箭头的虚线。消息尾端与发送生命线连接，箭头端与被创建的生命线的头部相连，发生在生命线头部交点处。创建消息与生命线创建事件同时发生。

5）析构消息：前面已描述过，析构事件的标识法是“X”形状，位于被销毁的生命线底部，析构事件可以不附加析构消息，也可能会附带析构消息。如果附带析构消息，用指向 X 符号的实心箭头与实线表示。析构消息不能发送或接收任何信息。

7.3.8.3　行为执行

行为执行开始事件一般隐藏在生命线接收同步消息或异步消息的地方，行为执行结束事件一般隐藏在生命线发送回复消息的地方。

执行说明标识法：显式地表示行为在生命线的何处开始和结束，以消除不确定性。执行说明的标识法是一个狭窄垂直的矩形，在一段时间内覆盖生命线。矩形的顶部会显式地标记行为执行开始事件，通常与消息接收事件相关联；矩形的底部会显式地标记行为执行终止事件，对于同步消息通常与发送回复消息相关联。有时一条生命线将执行内嵌的行为，这时可在同一条生命线上显示重叠的执行说明。执行说明示例可见图 7－49。

7.3.8.4　约束

序列图可以指定各种类型的约束，约束是一个布尔表达式，一般显示在花括号｛｝中。在交互中通常使用时间约束、期间约束、状态约束 3 种约束类型。可以用约束（也可以用后面组合片断中的守卫）表达行为的前置条件、后置条件。

1）时间约束：时间约束指定单个事件发生的时刻。时间约束的示例可见图 7－49 中的｛currentCommand. executionTime｝。图中 fc 在 executionTime 时间点（是 currentCommand 的部分属性），发送同步消息 fireThrusters（）给 ps 生命线，触发推进分系统的推力器点火。

2）期间约束：持续的期间约束会指定两个事件发生所需的时间间隔。这里时间间隔可能是某一时间值，也可能是时间值的属性，只有事件发生时间恰好落在约束所指定的时间间隔内才是有效的。图 7－49 中的约束｛2 min..5 min｝是期间约束的例子，表明 ps 执行 fireThrusters（）行为持续的时间在 2 分钟到 5 分钟之间。

3）状态约束：状态约束是附着在生命线上的，在花括号｛ ｝中呈现一个状态条件布尔值表达式，当状态条件为真时，后续的事件才会发生。例如，图 7－49 中的｛currentOrbitRadius＝＝

currentCommand. orderedOrbitRadius}。另外，还有一种适用于状态机情况的标识法，它使用圆角矩形显示状态名称、而不是状态条件表达式，表明系统到达该状态时，生命线后续事件才会发生。

7.3.8.5　组合片段

组合片段可以向交互添加控制逻辑（如决定、循环、并发行为等），表达成组的行为。组合片段的标识法是序列图外框内某处的一个矩形，位于在一条或多条生命线之上，并封装那些生命线之间传递的一条或多条消息。在矩形左上角的头部框中显现交互操作符，来指定特定类型控制逻辑，5 种常用的交互操作符是 opt、alt、loop、par、ref。

（1）可选操作符 opt

opt 交互操作符组合片段是带有守卫（guard）的可选事件，只有一个操作区域。守卫是显示在组合片段顶部附近方括号中的一个布尔表达式。如果守卫值为真，就会执行组合片段框中包含的一系列事件。如果守卫值为假，那么就会完全跳过包含事件。

（2）替换操作符 alt

alt 交互操作符的组合片段代表两个或多个可替换的事件，必须拥有至少两个或多个操作区域，区域之间通过水平虚线分隔，每个操作区域都有自己的守卫。各区域的守卫之间是互斥的逻辑关系，也就是只有一个守卫的值为真，该守卫下的操作区域事件会执行，其他操作区域事件被完全跳过。

>> 实例 7.3.12　alt 组合片段示例。如图 7－50，当 mansdd 生命线向 fc 生命线发送 initialize () 回复消息的时候，该消息的返回值存储在 sensorStatus 属性中（它可能是 fc 生命线的一种属性，也可能是交互模块的属性）。然后，会读取这个属性，并对 alt 组合片段第一个操作区守卫估值。如果那个守卫为真，那么 fc 生命线就会发送 initializeMANS () 回复消息，返回值是 Ready，并跳过在另一个操作区中的所有事件；如果那个守卫为假，那么 [else] 守卫的估值会是真，会执行第二个操作区域中的事件。

（3）循环操作符 loop

loop 交互操作符的组合片段代表可以在交互的一次执行过程中发生多次一系列事件。loop 组合片段也只有一个操作区域，紧挨着 loop 交互操作符可以指定最小和最大的迭代次数范围，格式为 loop (min，max)。需注意的是，最小与最大范围值没有指定执行过程会发生多少次迭代，只约束能够发生的循环迭代次数。如果 min 与 max 相等，可以只显示一个数字。为了指定任意次迭代都是有效的，可把范围设置为默认值（0，*）。在 loop 组合片段中顶部可以指定一个守卫，表示在 loop 至少循环迭代了 min 次之后，才会对守卫进行估值，一旦该值为真 loop 就会继续，直到守卫值为假或者循环迭代到达 max 次。

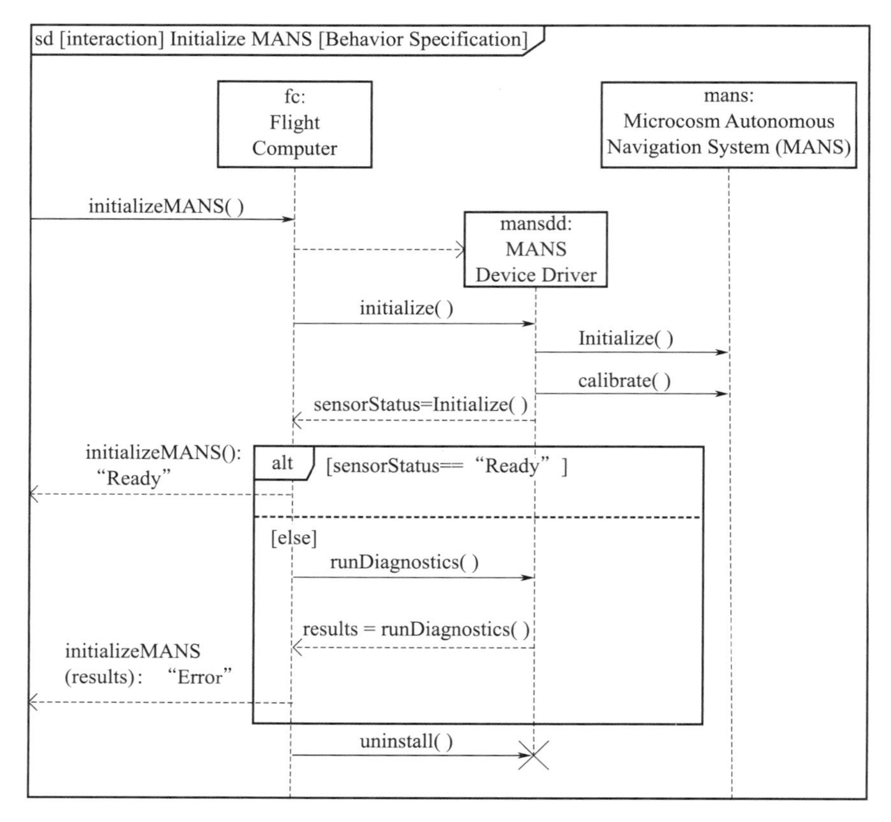

图 7-50　交互中的 alt 组合片段

（4）并行操作符 par

带有 par 交互操作符的组合片段代表两个或多个并行执行的事件。par 组合片段有两个或多个并行系列事件的操作区域，区域之间通过水平虚线分隔。显示在 par 组合片段同一个操作区域的事件，沿生命线从上到下的事件顺序发生；出现在 par 组合片段的不同操作区域的事件，事件发生顺序无法判断。可以为 par 组合片段的每个操作区域选择指定一个守卫，只有守卫值为真时，那个区域中的事件才会发生。

（5）交互使用 ref

带有 ref 的交互操作符组合片段可以把高层次的交互活动分解为低层次的交互行为，通过交互使用（interaction use）元素触发行为。交互使用的标识法是一个矩形，它会出现在序列图的外框之内。矩形左上角头部框包含字符串 ref，表示这个交互使用是对模型层次关系中某处定义的另一个交互的引用，被引用的交互的名称显示在矩形之中，并位于应用交付的生命线上。一般建模者为了重构对于几个高层次的交互通用事件的子集，以及把复杂的事件系列（高层次交付）分解为更为可读的低层次交互序列，才需要构建交互使用。如果有消息进入或者离开交互使用，那么引用的交互必须有相匹配的消息从引用外框进入或者输出。

7.3.9 状态机图与行为状态建模

状态机图与活动图、序列图一样也是一种动态行为图，状态机图通常以结构模块（系统、子系统、产品等）为对象，描述对象的状态和事件触发的状态转移。如果结构模块可以定义状态，则状态机图相对于序列图，更适合作为详细设计的交付物，它可以对行为做出更为精确、清晰的描述，可自动生成符合高质量要求的软件源代码。状态机图的缺点是只适用于状态行为的描述。

状态机图（State Machine）的类型缩写是stm，外框中唯一可表示的模型元素类型是在系统模型中某处已经定义的状态机状。状态机是一种模型元素，也是一种命名空间类型，因此可以包含模型层级关系中一系列命名的元素（如状态、转换等）。

7.3.9.1 状态

一个系统（或者系统中一部分）有时会拥有一系列状态（或工作模式），在系统运行过程中，可以处于其中某个状态。例如，洗衣机有开机与关机两种状态（on和off），on状态下还有洗涤、漂洗、脱水、烘干等状态。其中，off是简单状态，on状态是复合状态，洗涤、漂洗、脱水、烘干状态只有在on状态条件下才有意义。另一种常用的状态类型是用作控制逻辑的伪状态。

1）简单状态：简单状态的标识法是一个圆角矩形。一个状态必须至少显示一个表示状态的名称的字符串分隔框；它还可能会显示第二个分割框，列举它的内部行为和内部转换。SysML定义了“entry、do、exit”三种可执行的内部行为，三个关键词（entry、do、exit）后面是一条斜杆，之后带一个不透明的表达式，或者系统模型某处创建的行为名称。不透明表达式是对行为的声明，行为可以是“活动、交互、状态机”三者之一。

entry行为是进入状态执行的第一个行为，是不可中断的原子行为，在状态机处理后续事件之前，必须保证它执行完成。exit行为是离开状态的最后一个行为，也是原子行为。在转移到新的状态之前，一个状态机可能会在一段不确定的时间里，停留在某种entry与exit之间的特定状态下。do行为不是原子行为，在进入状态执行entry后开始执行，do行为的执行可能会被某事件中断，导致转移到某个新状态，这时do行为被取消，然后执行exit行为。如果输出转换到新状态需要触发器，那么状态机可能会停留在exit后的状态，等待触发事件发生；如果有一个输出转换不需要触发器，那么状态机就会立刻转换到新状态。状态机图中可以通过entry行为定义前置事件，exit行为定义后置事件。

2）复合状态：复合状态的标识法也是圆角矩形。复合状态除了拥有名称分割框与可选的extry、do、exit行为分割框之外，还有第三个分割框用于显示内嵌的子状态。当复合状态处于非活动状态时，所有的子状态都是非活动的；当复合状态是活动的，那么子状态之中会有一个是活动的。在活动状态下，复合状态会对事件发生做出响应，从一种子状态转换到另一种子状态。复合状态可能从其边界跳出，也可能从特定的内嵌子状态中跳出。

实例 7.3.13 状态机图示例。图 7－51 给出了状态机图示例，图中的头部表明外框内描述系统模型中的某处定义的名为“Attitude Control”（姿态控制）状态机。显示在外框中的元素在模型层级关系中都包含在这个状态机中。图中 Orbit Insertion、Acquisition、Slew 和 Safe Mode 都是简单状态；On－Station 为复合状态，它拥有两个子状态 Have Comm Link 和 No Comm Link。当 On－Station 活动时，会对 commLinkRestored 和 commLinkLost 事件做出响应，在两个子状态之间转移。

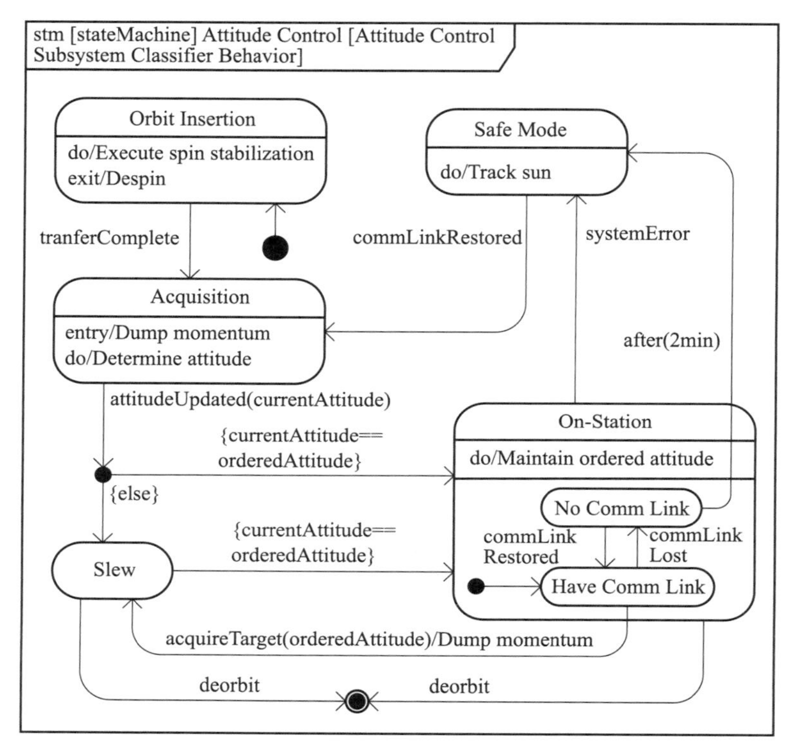

图 7－51 状态机图示例

3）伪状态：状态和伪状态二者之间的区别是，状态可以在状态中停留，但是无法在伪状态中停留，引入伪状态概念是为方便表达状态转换的控制逻辑。向状态机中添加伪状态，是为了在状态之间的转移上指定控制逻辑。SysML 定义了 9 种伪状态。然而，通常只使用初始伪状态和连接伪状态 2 种。图 7－52 为状态机中的伪状态示例。

a）初始伪状态：表示状态机开始执行的第一个状态，标识法是一个小型黑色实心圆，不允许拥有任何输入状态，输出的转移也不允许拥有触发器或者守卫，但可以拥有一个影响（effect）。

b）连接伪状态：可以把状态之间的多个转移组合成一个的复合转移，标识法也是一个小型实心圆（小于初始伪状态的黑圆）。与初始伪状态不同的是，连接伪状态必须拥有多个输入转移，或者多个输出转移。带有多个输入转移的连接伪状态，可以从多个源状态节点合并转移。带有多个输出转移的连接伪状态可以作为决策节点，导向多个可选目标状态中的一个，此时每个输出转移都必须拥有一个指定的守卫。当触发事件发生时，守卫值为真的转移就是将被触发的那个。如果所有守卫都为假，那么状态机就会保持当前的状态，可以选择在一个转移上指定守卫 else，以确保每次做出决定的时候都会触发一个转移。

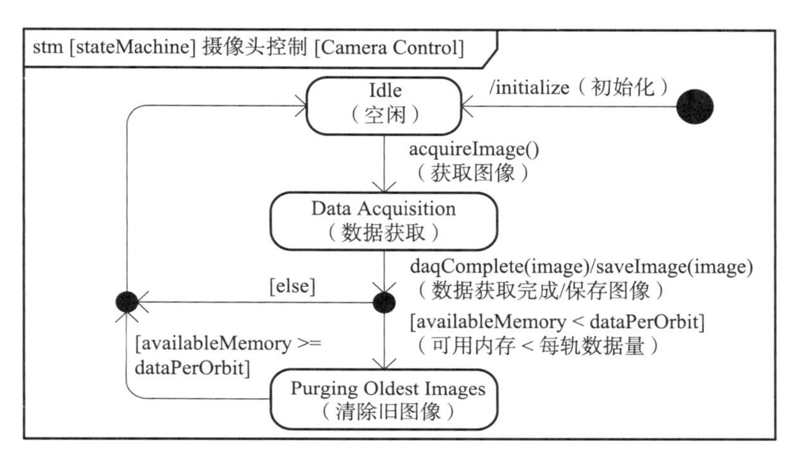

图 7－52　状态机中的伪状态示例

4）最终状态：最终状态的标识法是一个大圆圈包围的小黑实心圆，代表状态机行为的完成，以后不会对新的事件做出响应。例如，图 7－50 中的 Attitude Control 状态机，如果 Slew 或 On－Station 状态下发生了 deorbit 事件，那么状态机就会转换到最终状态。

7.3.9.2　状态转移

状态转移是从一种状态向另一种状态的改变。状态机存在外部转移、内部转移、自我转移三类。外部转移指状态转向外部；内部转移发生在复合状态内部；如果源节点和目标节点是状态自身，就称为自我转移。转移的标识是带有开口箭头的实线，从源状态指向目标状态，源状态和目标状态可以是状态也可以是伪状态。每个转移都通常可以指定三种可选信息：触发器（trigger）、守卫（guard）和影响（effect），这些信息片段显示在一个字符串中，其格式为<trigger>[<guard>] /<effect>。

（1）触发器（trigger）

触发器必须与系统模型中定义的事件名称相匹配，SysML 中定义了“信号事件、调用事件、时间事件、改变事件”四种事件类型。在状态机图中，事件的发生会触发状态转换。

1）信号事件：信号事件代表能够接收信号实例的目标结构接收信号的过程，要求目标结构具有相同的接收信号名称。如图 7－53（左图）拥有信号事件触发器的两个转移 transferComplete 和 commLinkRestored。这要求在接收信号实例的目标结构 Attitude Control Subsystem 模块接收（receptions）分隔框中有 <<signal>>transferComplete()

和<<signal>> commLinkRestored()。如果接收信号右边的括号中带有参数，这些参数可以传递到状态机的守卫和行为中。

2）调用事件：调用事件代表从调用结构发送请求，以触发目标结构中的一项操作(operations)，要求目标结构拥有相同的操作名称。如图 7－53（中图）中具有调用事件触发器 acquireTarget (orderedAttitude)，该触发器拥有参数，参数名称为 orderedAttitude。对应的目标结构模块（右图）中的 operations 分隔框中必须拥有操作 acquireTarget (orderedAttitude：Attitude)。参数值可通过调用事件传入到状态机中，可以为状态机的守卫和行为所用。调用事件触发器和信号事件触发器看起来完全相同，要区分两者需要查看目标结构的 BDD 图的行为属性。

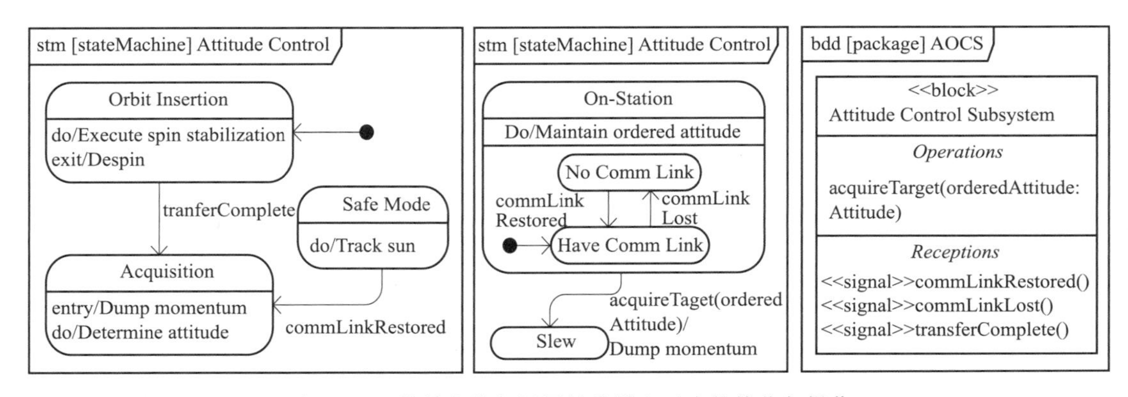

图 7－53　信号事件与调用触发器和对应的接收与操作

3）时间事件：时间事件表示当时刻到来时，（状态转换）事件就发生了。时间事件有相对和绝对两种类型，相对时间事件触发器以关键词 after 开头，绝对时间触发器以关键词 at 开头。两种类型后面跟着括号中的时间表达式，如 at（3：00 am GMT）、after（1 min）所示。需注意，do 行为可能会被时间事件中断，entry 行为则不会被时间事件的发生所中断；外部转移会重置所有的相对时间事件计数器，内部转移则不会。

4）改变事件：改变事件以关键词 when 开头，后面的括号中为一个布尔表达式，当布尔表达式从假切换为真的时候，定义好的改变事件就会发生。布尔表达式可以包含通过其他事件发生传入到状态机的参数，也可以是状态机本身拥有的属性，或者执行状态机的模块所拥有的属性。改变事件触发器在内部转换或外部转换上都可以使用。例如，某状态拥有一个内部转移的改变事件触发器 when（availableMemory ＜ dataPerOrbit）/ purgeOldestImages，当表达式 availableMemory ＜ dataPerOrbit 从假变为真的时，改变事件就会发生，状态转移的影响行为 purgeOldestImages 就会被执行。

（2）守卫（guard）

守卫是一个显示在触发器后方括号内的布尔表达式。当状态机接收与触发器匹配的事件时，这时当守卫为真时，才会执行状态转移；如果守卫为假，会屏蔽触发事件，不会对状态产生任何影响。

（3）影响（effect）

影响是状态转移过程中执行的行为，影响可以是一个不透明表达式，或者是系统模型中某处定义的行为名称。从源状态转移到目标状态，行为的执行顺序为：源状态的 exit 行为、转移的 effect、目标状态的 entry，这三个行为都是原子行为，可看成瞬时完成，都不能中断，必须执行到完成（run-to-completion）。

7.3.9.3　并发分区

类似于活动图和序列图，状态机可以通过划分多个区域表示并发行为，分区标识法是用虚线分割状态机图内容区域。在系统运行时，每个区域都必须只拥有一个活动状态，状态机在多个状态中并发，一个事件发生也可能会导致多个区域的转换被触发，但是每个区域最多只有一个转换被触发。

7.3.10　分配与交叉关系建模

在系统设计过程中经常需要为结构分配需求、为结构元素分配行为、为物理结构分配逻辑功能、在管理上为结构元素分配资源（人力、设备、场地、成本、工作时间等）等。分配关系是一种多功能的、横跨模型元素使用的关系。

（1）行为分配

行为分配是指为结构元素分配行为元素。通常，为模块分配一个活动、交互或者状态机行为，或者在活动图中为模块组成部分属性分配一个动作。行为分配关系的标识法采用带有＜＜allocate＞＞元类型的开口箭头与虚线。其中，接受分配的结构元素在线的箭头段，被分配的行为元素在线的尾端。

实例 7.3.14　行为分配示例。图 7-54 中的 BDD 图表示将测量高度 Measure altitude 活动和确定姿态 Determine attitude 活动分配给微型自主导航系统 Microcosm Autonomous Navigation System（MANS）结构模块。图中采用了活动模块的构造类型＜＜activity＞＞。分配后这个模块的所有实例都可以执行这两种活动行为。

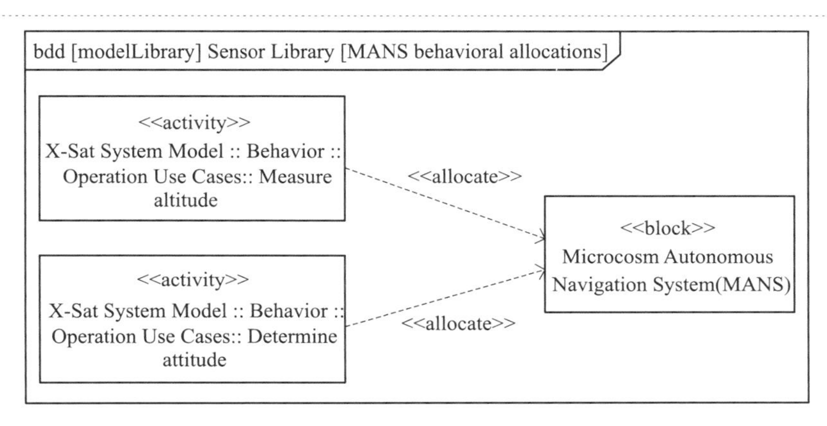

图 7-54　为模块分配活动

（2）结构分配

结构分配是指为一个结构元素分配另一个结构元素的活动。例如，为物理模块分配功能/逻辑模块，为硬件属性分配软件属性等。在系统设计时，一般先定义功能/逻辑架构，以说明系统必须做什么/如何做，然后再定义一种或多种候选的物理架构，以说明系统具体实现。使用分配关系，可以将功能/逻辑架构元素映射到物理架构中相应的元素上，或者将软件组件嵌入硬件模块中。例如，图 7-55 为硬件分配软件配置项，其中＜＜software＞＞和＜＜hardware＞＞是自定义的构造类型。

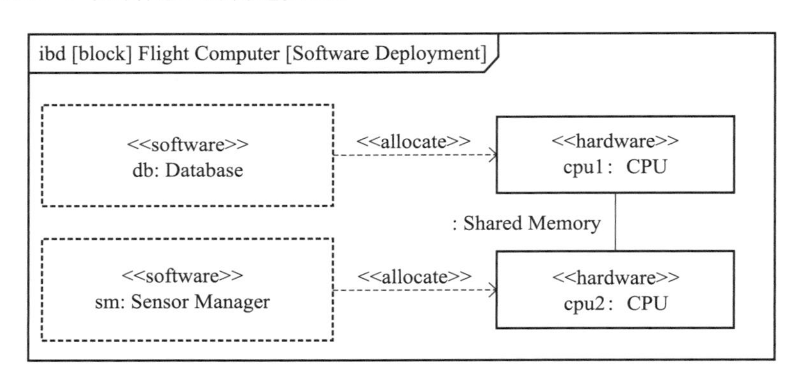

图 7-55 从软件到硬件的结构分配

（3）需求分配

需求分配是为结构分配需求的活动，这时，可采用满足关系＜＜satisfy＞＞来描述。满足关系在需求图中进行过说明，是一种依赖关系。模块与需求之间建立满足关系实际上是断言模块的所有实例都会满足那个需求。

（4）分配关系标识法

分配关系标识法可采用前面已描述过的直接标识法、分隔框标识法、插图标识法、矩阵标识法、表格标识法、注释标识法，还可以采用分配活动分区方法。

1）直接标识法：图 7-54 和图 7-55 所示的就是直接标识法。这种标识法只能在同一幅图的模型元素关系中使用，缺点是无法表达跨越不同图的模型元素分配关系。

2）分隔框标识法：适用于所有能够显示分隔框的模型元素类型。如果分割框的名称是 *allocatedTo*，那么分隔框中列出元素都位于分配关系的箭头端；如果分隔框的名称是 *allocatedFrom*，那么分隔框中列出的元素都位于分配关系的尾端。示例如图 7-56 所示。该标识法的优点是一次可列举多个元素，缺点是仅可用于能够显示分隔框的元素，例如模块、组成部分属性、活动等。对于那些无法显示分隔框的元素，例如执行者、流动项（Item Flows）等，无法使用该标识法。

3）插图标识法：附着在一个模型元素上的、以笔记本符号呈现的注释，并分别带有关键词＜＜allocatedTo＞＞和＜＜allocatedFrom＞＞。

4）矩阵与表格标识法：矩阵标识法和表格标识法类似于需求图中对应的标识法，但在关系属性栏中采用关键词 allocate，在端属性栏中采用 to 或 from。

5）基本原因注释：类似于需求图，可以灵活采用笔记本符号注释基本原因（或缘

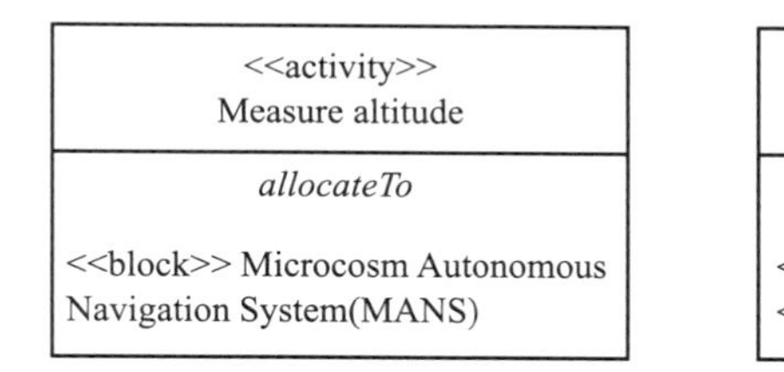

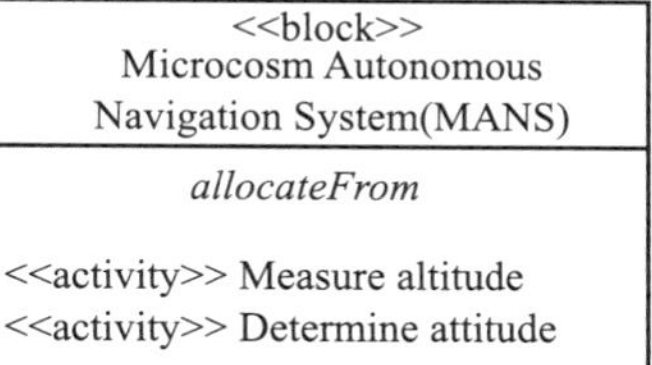

图 7－56　使用分隔框标识法显示分配关系

由），并在注释体前面加上<<rationale>>元类型，从而为系统模型中任意类型元素或者关系附加基本“原因/理由/缘由”，以方便后期的回顾，或重新评估当时的决定。

6）分配活动分区：活动分区可以为行为元素分配结构元素，标识法是在活动图中为每个结构分区分配活动，分区结构头部名称前带有<<allocate>>元类型。

>> 实例 7.3.15 分配活动分区示例。图 7－57 显示了改变卫星姿态的活动分区部分内容，以表示系统中的哪个结构负责活动的哪个节点。活动被分成四个分区，第一个分区为反作用飞轮驱动装置；另外三个为组成部分属性 x－axisMC、y－axisMC、z－axisMC，分别代表 $x/y/z$ 三个轴的电机控制器。

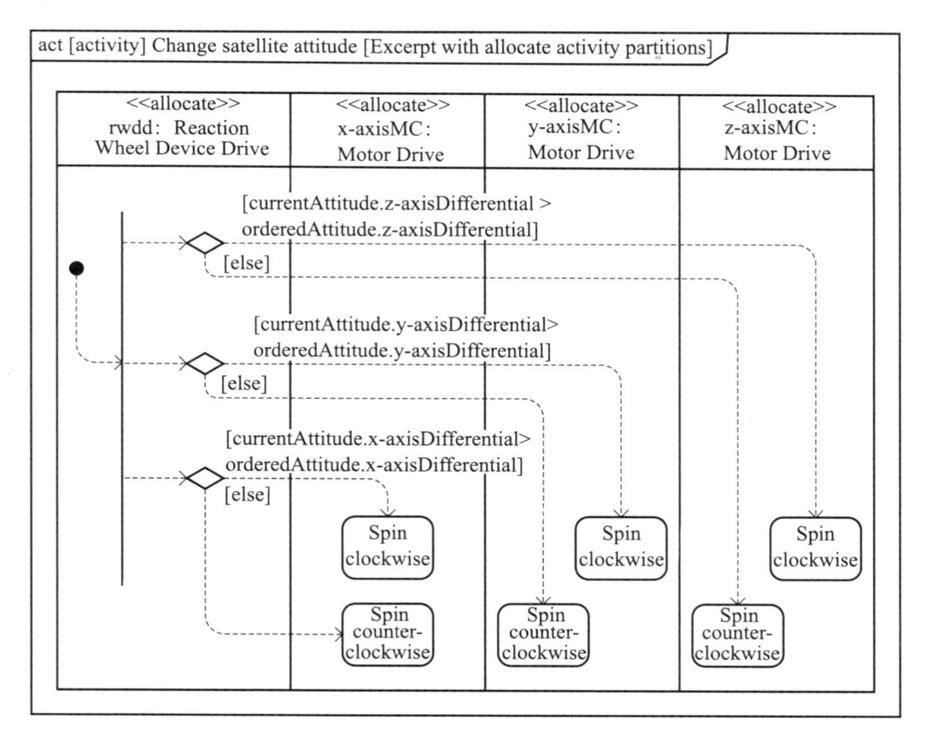

图 7－57　使用分配活动分区显示分配关系

7.4　本章要点

基于模型的系统工程是对建模活动的一种形式化应用，用于支持系统需求、设计、分析、验证和确认活动，这些活动从概念设计阶段开始，贯穿整个开发过程及后续的寿命周期阶段。

MBSE 通过系统架构模型对人们头脑中的系统概念进行描述和具体化。系统架构模型描述包括系统元素对象、元素对象之间的连接方式，如何实现相互作用与驱动实现系统的运行。

采用 MBSE 好处一方面是方便人员之间的沟通，另一方面是应对不断变更设计的需求时保持设计更改的及时有效性、整体完整性和关联一致性。采用 MBSE 在系统开发中的价值在于保证质量、提高效率、节省成本，最终为组织带来效益和提高竞争力。MBSE 具有信息表达唯一性、一体化设计、知识积累和沉淀、早期系统仿真等优势。推广 MBSE 涉及建模方法、建模语言、建模工具三方面。

SysML 是一种通用的图形化建模语言，支持复杂系统的分析、规范说明、设计、验证和确认。SysML 包括“行为图、需求图和结构图”3 类图和 9 种类型描述系统的图，分别为需求图，用例图、活动图、序列图、状态机图，包图、模块定义图、内部模块图、参数图。

参考文献

[1] WYMORE W. Model - Based Systems Engineering [M]. Boca RatonFL: CRC Press. 1993.

[2] International Council on Systems Engineering (INCOSE), Systems Engineering Vision 2020, Version 2. 03, TP - 2004 - 004 - 02, 2007.

[3] SANFORD FRIEDENTHAL, ALAN MOORE, RICK STEINER. A Practical Guide to SysML: The systems Modeling Language [M]. 2nd ed. Boston: Morgan Kaufmann OMG Press, 2014.

[4] LYKINS, FRIEDENTHAL, MEILICH. Adapting UML for an Object - Oriented Systems Engineering Method (OOSEM), Proceedings of the INCOSE International Symposium [C]. Minneapolis, July 15 - 20, 2000.

[5] DOUGLASS BRUCE P. The Harmony Process [Z]. I - Logix Inc; March 25, 2005. white paper.

[6] Hoffmann, Hans - Peter, Harmony - SE/SysML Deskbook: Model - Based Systems Engineering with Rhapsody, Rev. 1. 51, Telelogic/I - Logix white paper, Telelogic AB, 2006.

[7] Cantor Murray. RUP SE: The Rational Unified Process for Systems Engineering, The Rational Edge. Rational Software, 2001.

[8] Cantor Murray. Rational Unified Processfor Systems Engineering. RUP SE Version 2. 0, IBM Rational Software white paper. IBM Corporation; 2003.

[9] https: //docs. nomagic. com/display/MD190SP4/MagicDraw. MagicDraw 19. 0 LTR SP4. User Manual. No Magic, Incorporated, a Dassault Systèmes company. 2020.

[10] Long James E. Systems Engineering (SE) 101, CORE: Product & Process Engineering Solutions. Vienna, VA: Vitech training materials, Vitech Corporation. 2000.

[11] WEILKIENS TIM. Systems Engineering with SysML/UML: Modeling, Analysis, Design [M]. Boston: Morgan Kaufmann OMG Press, 2008.

[12] DORI DOV. Object - Process Methodology: A Holistics System Paradigm [M]. New York: Springer Verlag, 2002.

[13] INGHAM MICHEL D, RASMUSSEN ROBERT D, BENNETT MATTHEW B, et al. Generating Requirements for Complex Embedded Systems Using State Analysis [J]. Acta Astronautica, 2006, 58 (12): 648 - 661.

[14] Object Management Group, MOF 2. 0/XMI Mapping XMI Metadata Interchange Specification, available at http: //www. omg. org/spec/XMI/.

[15] Technical Committee on Industrial Automation Systems and Integration: ISO TC - 184, SC4 (Subcommittee on Industrial Data Standards): ISO 10303 - 233 STEP AP233 [S]. available at http: //www. ap233. org/ap233 - public - information.

[16] Object Management Group. Diagram Definition, available at http: //www. omg. org/spec/DD/.

[17] World Wide Web Consortium（W3C）. Scalable Vector Graphics（SVG）at http：//www. w3. org/ Graphics/SVG/.

[18] http：//www. omgSysML. org. OMG Systems Modeling Language v1. 6.

[19] Lenny Delligatti. SysML Distilled：A Brief Guideto the Systems Modeling Language [M]. Addison - Wesley，2013.

[20] Object Management Group. Meta Object Facility Core Specification. available at http：//www. omg. org/spec/MOF/.

第 8 章　MBSE 方法与工程应用

8.1　MBSE 在航空航天领域的应用概况

自从 2007 年 INCOSE 发布 MBSE 发展愿景和 OMG 发布 SysML V1.0 后，欧美航空航天界所属研究机构和公司在 MBSE 应用方面开展了广泛的研究与实践。如美国 NASA 多个研究中心针对毅力号火星探测器、猎户座绕月航天器、木卫二轨道器等研制项目开展了 MBSE 的应用；欧洲的空客公司在 A350 系列飞机的开发中全面采用 MBSE，在飞机研制中逐层细化需求，并进行功能分析和设计综合；美国的洛克希德·马丁公司采用 MBSE，统一进行需求管理和建立系统架构模型，并延伸到机械、电子设备以及软件等的设计与分析之中；波音公司构建了以任务与需求定义、功能逻辑分解与集成、架构设计为核心的、覆盖产品全寿命周期的 MBSE 过程，这些过程从运营/运行概念到需求、需求到设计、设计再到生产；NASA 喷气推进实验室（JPL）构建了如图 8-1 所示的 MBSE 建模工具环境（或建模生态环境）。

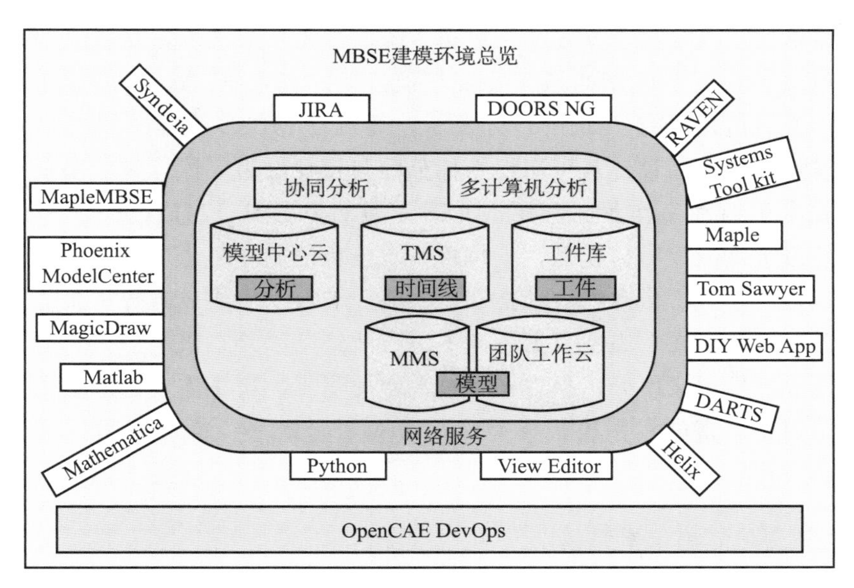

图 8-1　NASA-JPL 构建的 MBSE 建模工具环境

近几年 MBSE 在国内航天、航空、电子等行业也得到广泛的关注，各行业所属重点研究所应用相关建模工具来拓展 MBSE 在行业中的应用。例如，中航成飞 611 所早在 2008 年就开始探索 MBSE，近期结合新型无人机的研制工作，从飞控、机电、航电三大关键专业开展应用，取得显著效果；中航工业第一飞机设计研究院采用 Rational DOORS 进行需求管理，并按照 Harmony - SE 流程，采用 Rhapsody 工具完成空中交通防撞系统，以及航电系统的系统分析、设计与建模；中国商飞目前在 C919 研制流程中，已广泛采用 MBSE 方法。中国空间技术研究院 501 部在空间站和小天体探测器研制、嫦娥五号在轨飞行阶段采用 MBSE 方法和数字孪生技术，提高了设计效率、降低了设计风险。

8.1.1 典型航天总体单位应用情况

国内航天企业在 2015 年前后陆续开展了对 MBSE 的探索应用工作。例如，某总体设计单位强化全员 MBSE 战略共识，形成 MBSE 工作目标，组建 MBSE 核心团队，确立了实施路径。通过与型号深度融合，以某运载火箭和航天器型号为试点牵引，探索研制模式向 MBSE 转型。该总体单位联合高校和知名企业建立了 MBSE 生态联盟，推动了 MBSE 的研究和应用。

该单位参照 MagicDraw 建模工具提供的标准建模过程，对运载火箭总体设计过程进行初步的建模，采用由达索公司提出的“需求、功能、逻辑、物理”(RFLP) 方法论，针对每一个节点选取 SysML 建模元素来表达，形成一个可以完整描述运载火箭系统特性的模型，指导后续的物理实现设计。基于上述方法论，运载火箭系统架构设计从利益相关方分析开始，通过需求分析与设计、功能分析与设计、逻辑架构设计，将相关要求分解传递至分系统，形成了如图 8 - 2 所示的运载火箭总体架构建模过程。

此外，该单位还以某火箭型号增压输送系统研制工作为试点，开展了基于 MBSE 的可靠性应用研究，分别就可靠性指标分配与预计、FMEA/FTA、故障诊断与健康管理等方面的工作开展应用研究，如图 8 - 3 所示。通过在 MBSE 工具中集成 Matlab 工具插件，使产品设计师的产品设计与可靠性指标分配与预计融为一体，显著降低了可靠性分配与预计的技术门槛和工作量。利用 MBSE 工具自动生成 FMEA/FTA 一体化故障模型，可建立任意节点的故障树模型，支持跨系统分析的故障树全局图。通过 MBSE 工具实现了设计过程故障分析信息的自动推送，并能一键自动生成故障分析报告。通过基于模型的集成分析工具，在非完备数据条件下进行故障网络路径概率分析，并自动生成基于统计推断的故障发生概率分析报告。经过数年的积累，该总体单位形成了参数化建模机制，构造了内容丰富的实例模板模型库，为 MBSE 进一步推广应用打下了良好的基础，如图 8 - 4 所示。

8.1.2 典型航空总体单位推进情况

中航工业某研究所发布了《MBSE 方法论综述》，成立了由领导和型号总师组成的领导决策组，以及由科研管理部、项目负责人、专业研究部、信息技术部等组成的推进管理组。研究所通过 MBSE 建设，实现了系统工程业务覆盖、系统工程模型数据管理、需求驱动的全寿命周期追溯、数据交换、技术状态控制等上下游业务的协同。他们将 MBSE 推进工作分为“导入、试点、推广”三个阶段。

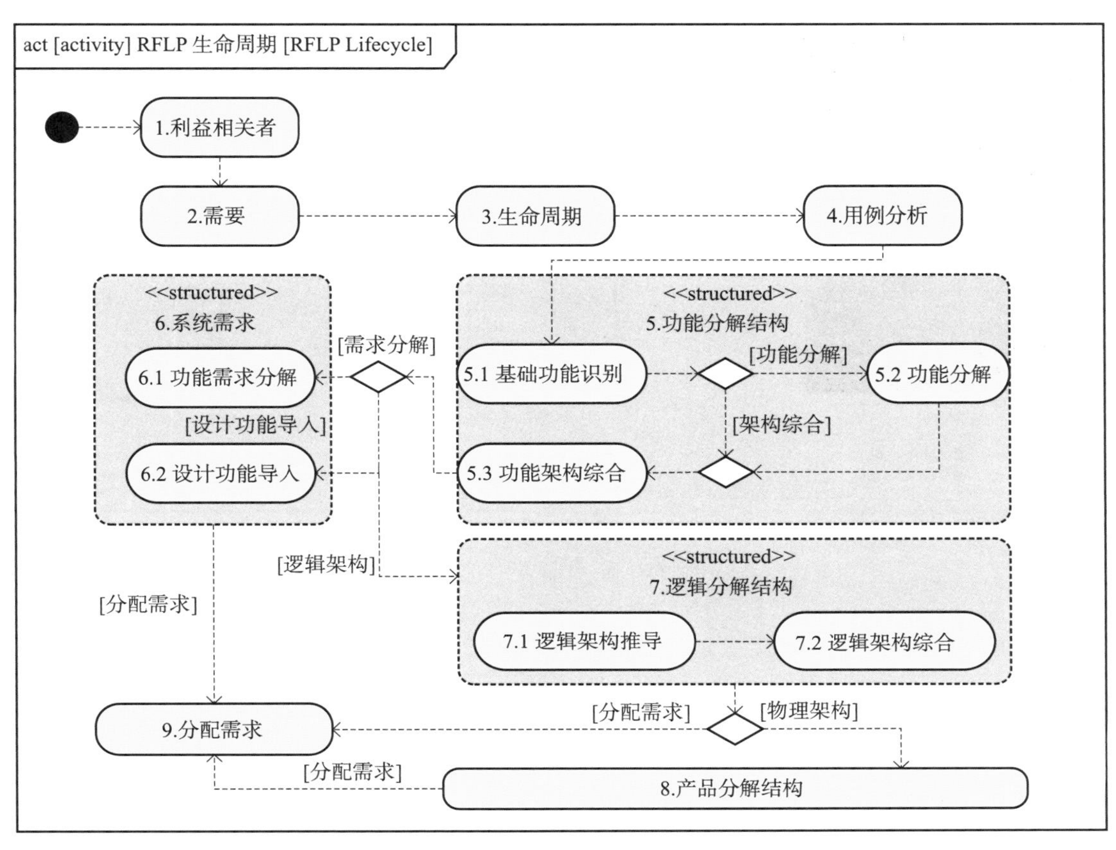

图 8-2　运载火箭总体架构建模过程

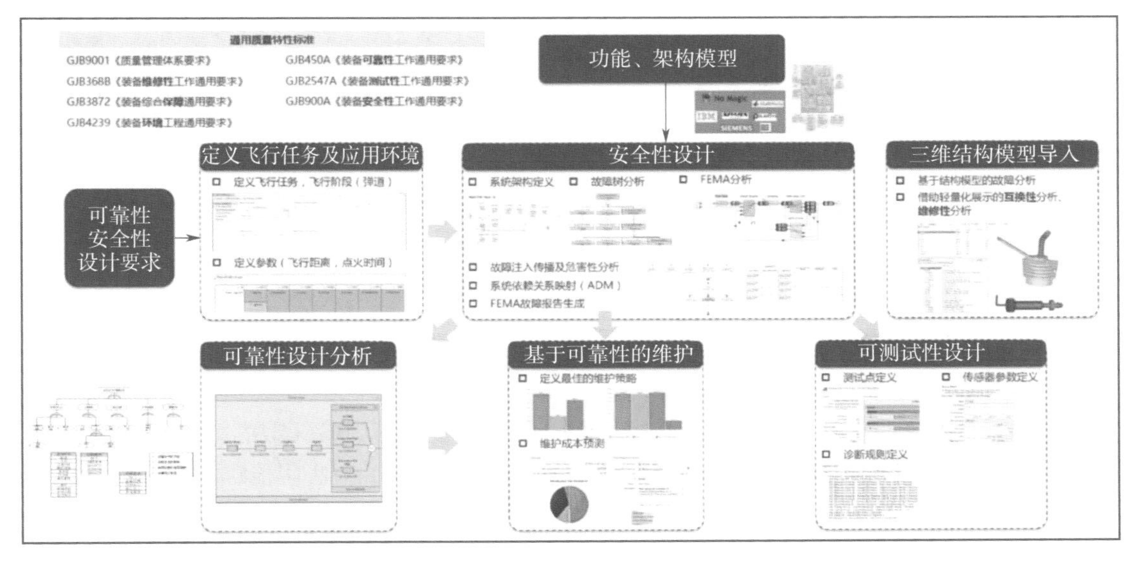

图 8-3　MBSE 方法在航天某型号的可靠性设计中的应用

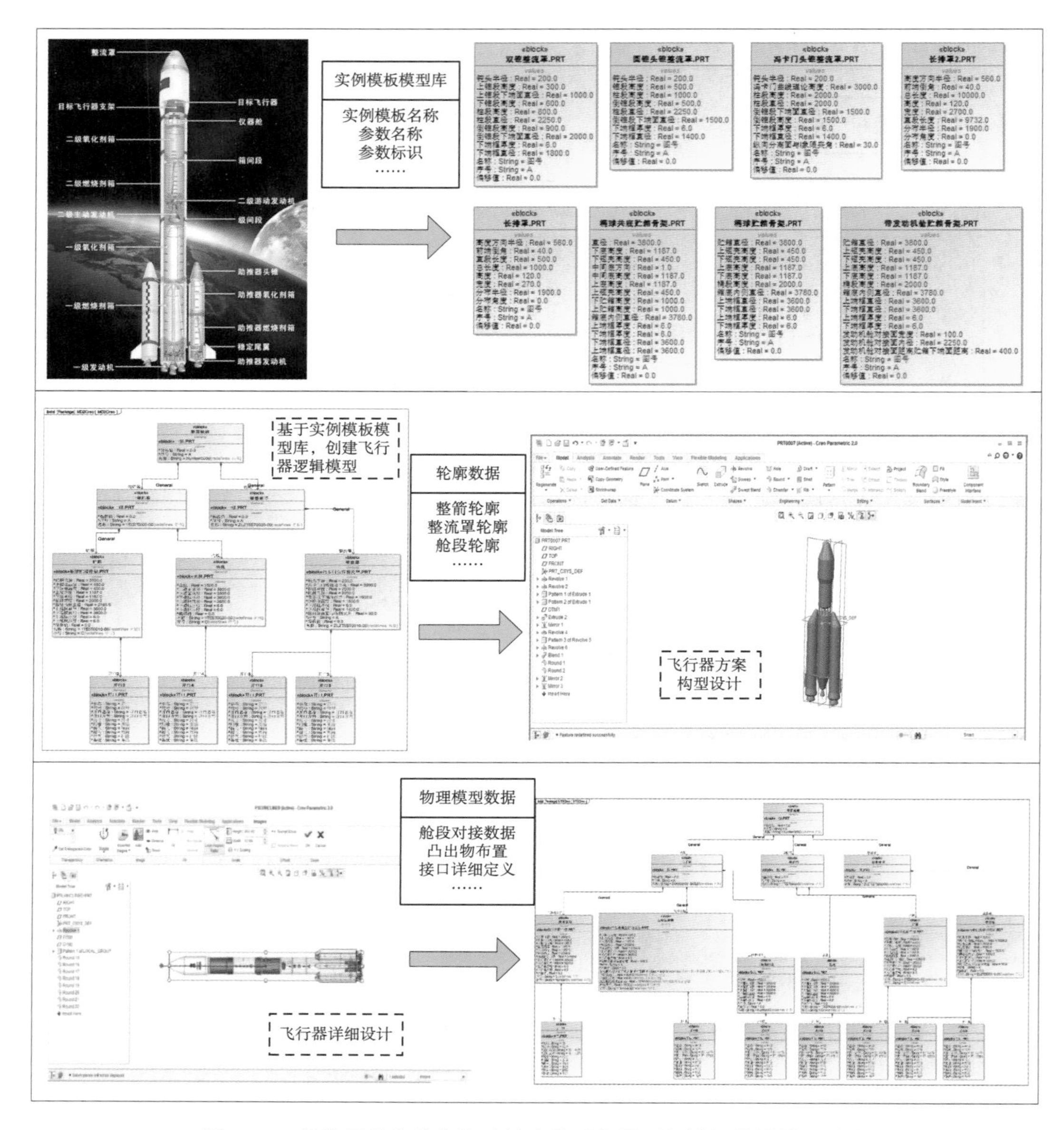

图 8-4　某航天总体单位构建的火箭系统模型与详细设计模型联动

1）方法导入阶段：重点研究 MBSE 理论、工具和最佳实践。选择原来用 TBSE 完成的某个项目，利用 MBSE 方法对原项目进行复盘验证。在实施该过程中，一方面培养 MBSE 骨干技术人员，深刻理解了 MBSE 方法论，熟悉了 MBSE 工具集；另一方面证明了 MBSE 方法在飞机研制中的可行性和有效性，同时还发现了一些用传统方法尚未发现的问题，或者很晚才能发现的问题。

2）工程试点阶段：该研究所对某型飞机从系统、分系统到子系统开展多层级建模，模型涵盖了用例、活动、场景等。飞控、机电、航电三大专业联动开展 MBSE 建模工作，取得了明显的效果。在该阶段，试点团队参照 Harmony SE 方法形成了自己的 MBSE 标准规范、建模指南等一系列指导性文件。

3）型号推广阶段：针对选定的新型号，逐步推广应用 MBSE 方法和工具。通过推广应用获得几点体会：a）应用 MBSE 方法可以发现潜在的、用传统方法未必能发现的问题，可能要到实物阶段才暴露的问题；b）对于总体单位来说，MBSE 在描述状态行为方面有明显优势；c）对于飞控与机电专业，MBSE 在需求变更追溯、功能前期验证方面有明显优势；d）MBSE 方法能够提升需求驱动的正向设计能力，减少歧义，支持持续验证，可缩短研制周期，降低成本。同时，他们也发现在推行 MBSE 最初几年里会增加设计工作量，但是后期可降低设计反复所额外产生的工作量和成本。

8.2　MBSE 建模方法

前面第 7 章重点介绍了系统建模语言 SysML，仅描述了系统建模可用的图形、表格等标识法，并没有对如何运用 MBSE 开发系统的方式进行描述，本节对多种建模方法进行描述。

8.2.1　OOSEM 方法

面向对象的系统工程方法（OOSEM）是一种典型的“自顶向下、用例驱动”的建模方法。该方法由洛克希德·马丁公司和系统与软件联盟共同开发[1]，经过方法的试用，验证了其可行性。后来得到 INCOSE OOSEM 工作组的不断完善和发展，目前 OOSEM 在许多领域得到广泛应用。

OOSEM 利用面向对象概念和建模技术，使用 SysML 语言构建灵活、可扩展的系统模型，支持系统需求规范描述、问题分析、设计与验证，并适应不断变化的技术与需求。在 OOSEM 方法中，系统模型是主要输出物。系统模型可表示系统的多个方面，如系统的需求、行为、结构和参数，可描述系统工程活动，如需求分析、架构设计、权衡分析、分析与验证。

MBSE 可用于完整的系统工程寿命周期过程，这些过程包括概念提出、设计、开发、生产、部署、操作、支持、退役等。以系统全寿命周期过程中的系统开发过程为例[2]，图 8-5 给出了 OOSEM 框架。系统开发过程的目标是构建系统模型，是一个得到虚拟验证与确认的模型，该模型应满足系统的操作功能需求，以及后续的生产、部署、支持和退役寿命周期操作需求。图 8-5 中的活动框架突出了系统工程 VI 模型中的“系统开发管理、系统规范与设计、系统集成和验证，以及下一层级子系统的开发”。这里假设下一层级子系统包括硬件、软件、数据库和操作过程的开发。这个过程可以递归应用到系统的多个层级，每一层级的过程应用将形成对下一层级的规范与验证，例如，体系级的开发形成系统级的规范与验证，系统级的开发形成元素级的规范与验证等。

1）系统开发管理：包括项目计划，根据计划控制工作的执行。控制工作包含监测成本、计划进度和度量性能，将监测结果用于评估风险，并控制技术状态基线的变更。

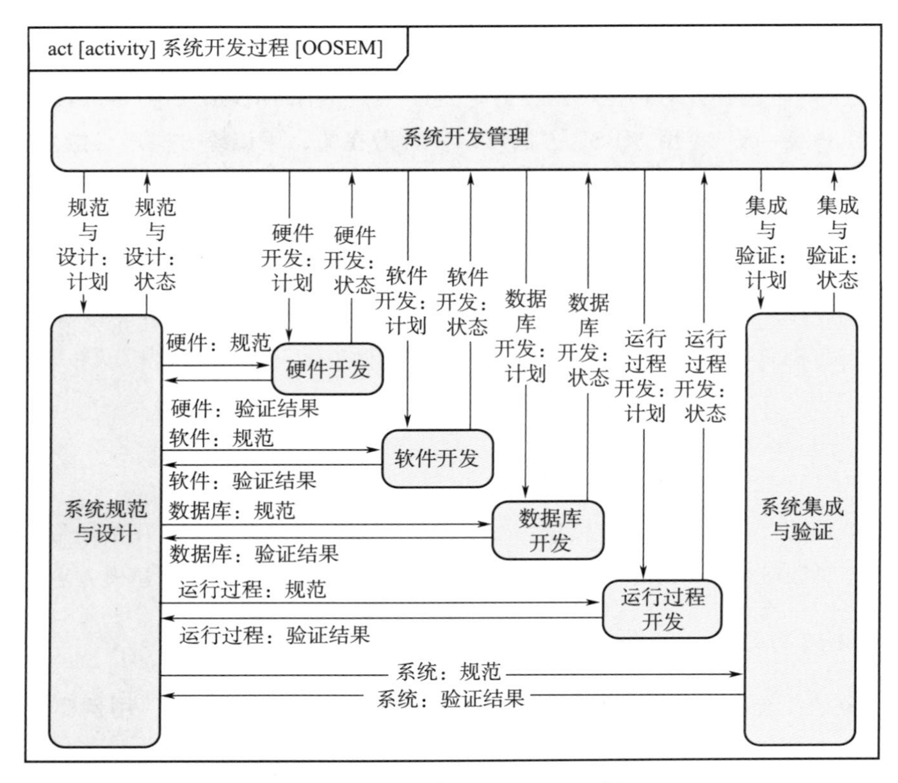

图 8-5　系统开发过程 OOSEM 框架

2）系统规范与设计：执行设计开发活动，分析系统需求、定义系统架构、指定下一层次的设计需求。对下一层级的设计，应遵循需求规范进行设计；通过验证证明设计需求得到满足，或者须要变更需求，同时对需求变更进行管理。

3）系统集成和验证：包括集成下一层的元素或组件，围绕测试案例执行验证，证明元素或组件集成后，在系统层级满足需求。在基于模型的方法中，在还未形成实物产品的早期阶段，针对虚拟产品，就可以在系统中开展集成和验证，更早地获悉系统、分系统、组件对需求的满足情况。

4）下一层级系统的开发：形成下一层级的需求规范和验证，直到最低组件级。对于硬件组件，通过制造或采购完成；对于软件组件，实施软件编码。通常系统与组件层级之间还有多个中间层级（如分系统、产品），须要将开发过程递归应用到每个中间层级。

图 8-5 中左边为系统规范与设计过程，可进一步抽象为图 8-6 所示的 OOSEM 的过程。

1）建立模型准备：确定建模范围，设置建模语境和条件，包括建立模型向导模板或组织模型；例如，采用包元素，建立模型的组织结构。

2）分析与定义涉众需求：描述当前系统存在的局限，以及潜在可以改进的方面；定义系统未来必须支持的任务需求。

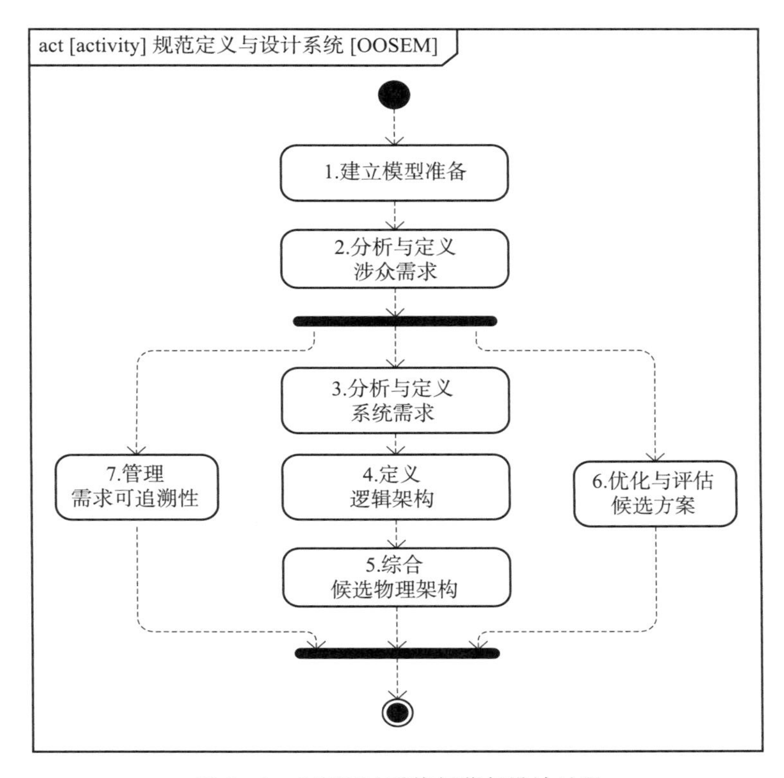

图 8-6　OOSEM 系统规范与设计过程

3）分析与定义系统需求：定义支持任务需求的系统需求，依据输入和输出关系，定义系统黑盒功能特性。

4）定义逻辑架构：分解系统功能，形成逻辑组件，并定义逻辑组件之间如何相互交互实现系统需求。

5）综合候选物理架构：分配逻辑组件到物理组件，形成可实现的硬件、软件、数据和过程实体。

6）优化与评估候选方案：在整个过程中，开展工程分析、系统设计权衡分析和设计优化。

7）管理需求可追溯性：管理需求的可追溯性，从任务层级的需求直到组件需求。

8.2.2　Harmony SE 方法

IBM 公司针对硬件中带有嵌入式软件的系统，提出了如图 8-7 所示的集成系统与实时嵌入式软件开发过程方法[3,4]，可称为 IBM Rational Harmony 方法。该方法适用于将硬件与实时嵌入式软件的开发流程集成在一起，它也是“自顶向下、用例驱动”的开发方法。图 8-8 是从图 8-7 提取的适用于硬系统开发的 Harmony SE 流程细节，它由“需求分析、基于用例的系统功能分析、设计综合（含架构分析和架构设计）”三大过程构成。

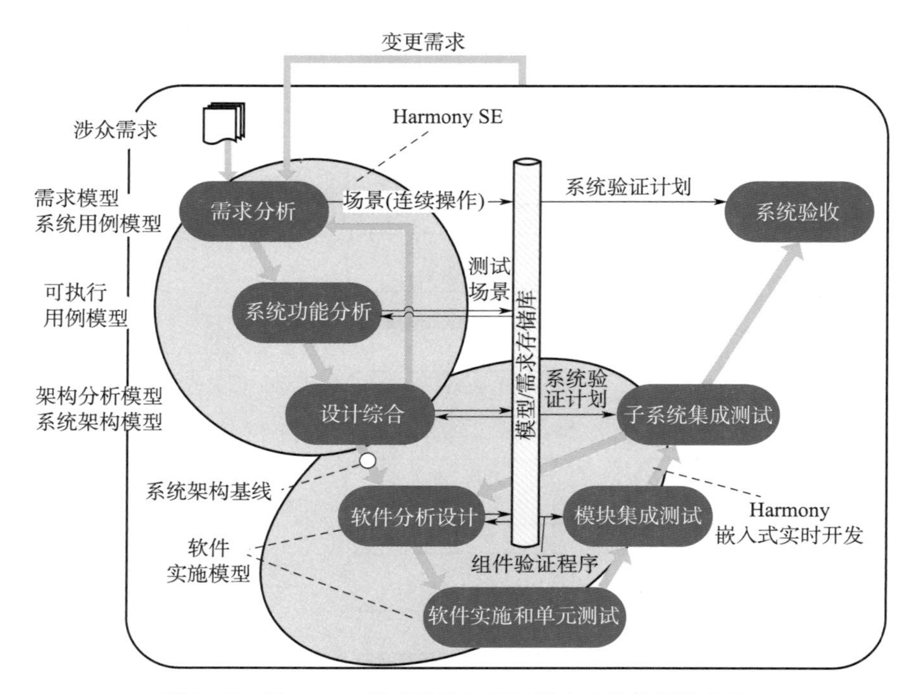

图 8-7　Harmony 集成系统与实时嵌入式软件开发方法

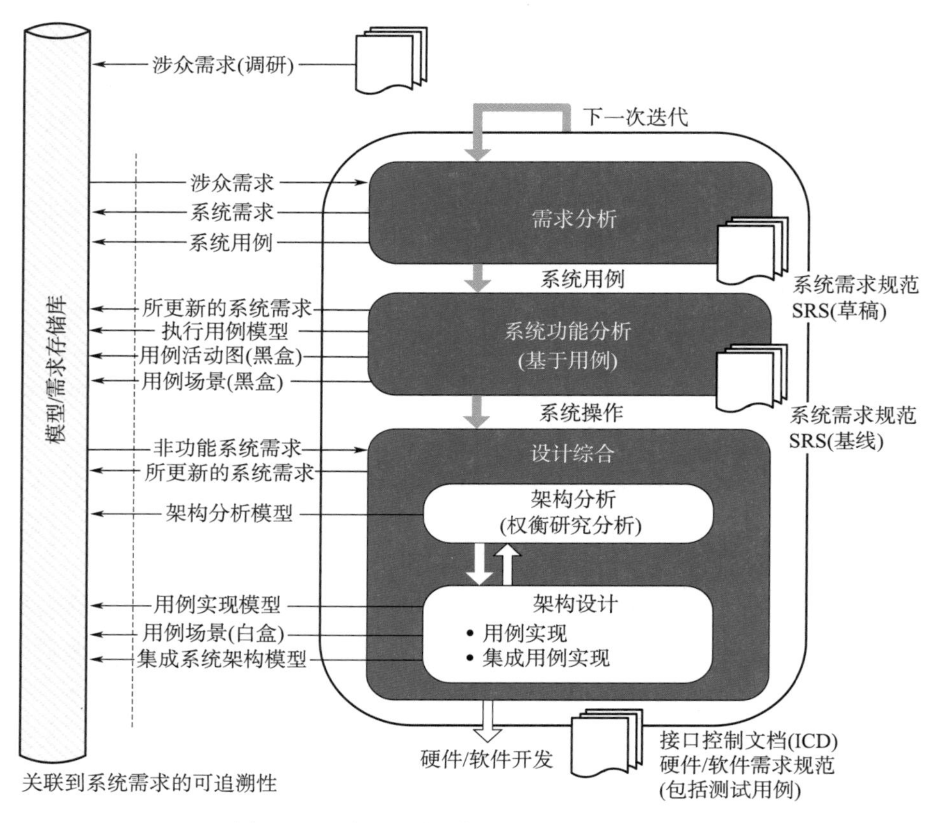

图 8-8　适用于硬系统的 Harmony SE 方法

8.2.3　RFLP 方法

需求、功能、逻辑与物理（Requirements/Functional/Logical/Physical，RFLP）方法主要服务于设计开发过程，涵盖需求分析、功能架构设计、逻辑架构设计、物理架构设计，以及验证过程。RFLP 是一个不断迭代和反复验证的过程，每个阶段都要经过验证，才可以继续开展下一阶段的工作，如图 8-9 所示。

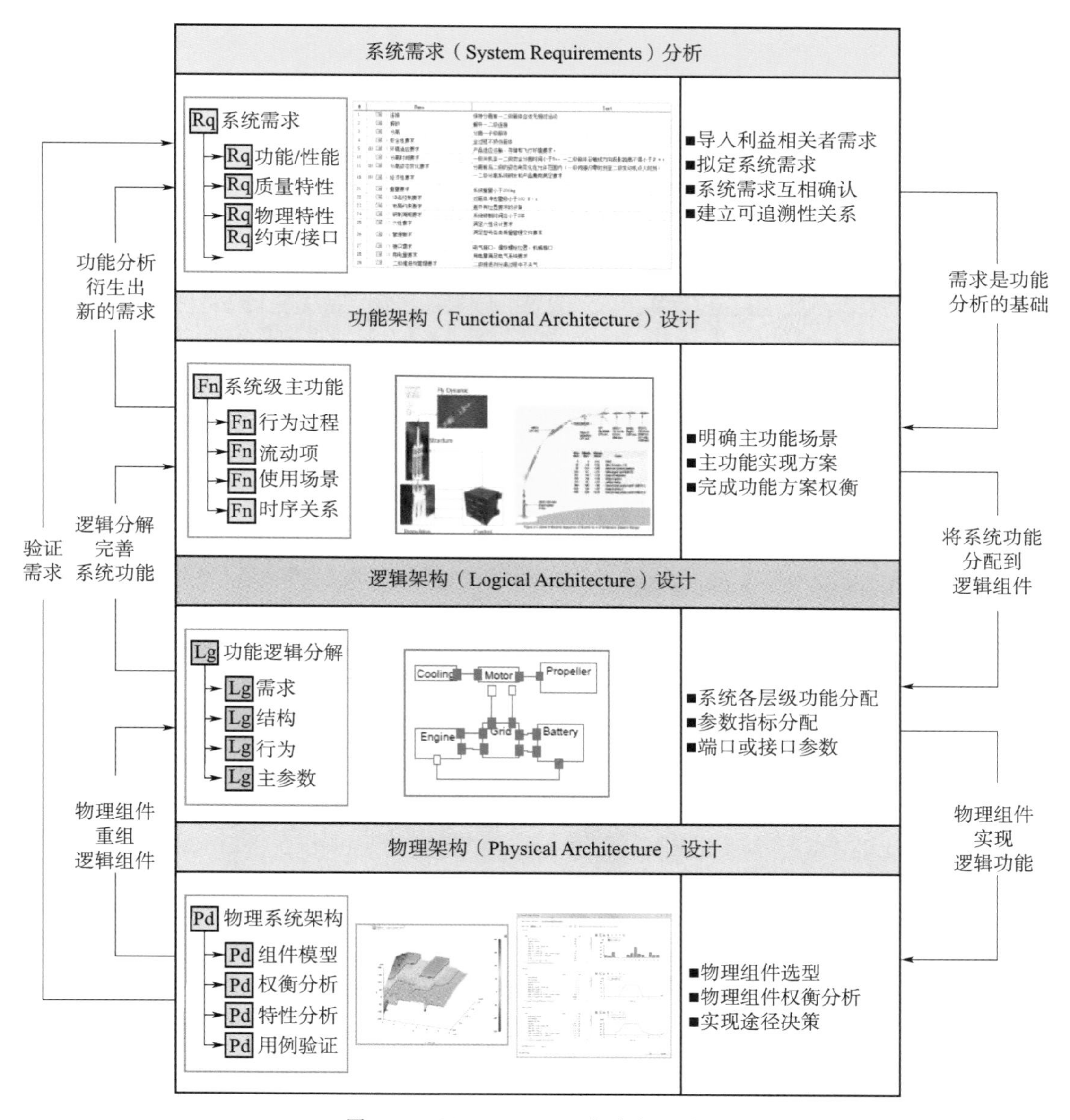

图 8-9　MBSE-RFLP 方法实现过程

8.2.4 八过程方法

参考 OOSEM 方法、Harmony SE 方法、RFLP 方法，以及第 3 章提出的 5－4－5 模型，这里提出适用于设计开发过程的 MBSE “八过程方法”[5,6]。该方法分别针对“任务层、系统层、元素层、物理层”四个层次，采用黑盒模型、灰盒模型（或可执行的黑盒模型）与白盒模型，拟定了八个过程，见表 8－1。该方法的描述详见 8.3 节。

注 释 黑盒/灰盒/白盒模型。黑盒（Black Box）模型是依据外部观测到的输入/输出行为关系所建立起来的模型，不呈现系统的内部结构。与之对应，白盒（White Box）模型是对内部物理实现方式有清晰认识的模型。在黑盒与白盒模型之间还存在一种灰盒模型（Gray box），这里特指已构建了功能/逻辑架构模型，但是还未明确物理实现方式，在一些文献中将灰盒模型称为“可执行的黑盒模型”。

表 8－1　MBSE 设计开发过程的八过程方法

序号	阶段名称	建模层级	主要工作	模型类别
过程 1	系统建模准备	—	确定建模目标/范围/方法/计划、组织模型包	—
过程 2	涉众需求分析	任务层-任务元素	涉众需求、任务用例、外部接口关系、MOEs	黑盒
过程 3	系统需求定义	系统层-功能级	从涉众需求导出系统功能性需求、系统用例、MOPs	黑盒
过程 4	功能逻辑分析	各用例/各层级-功能/逻辑级	用例功能模块和逻辑驱动过程分解	灰盒
过程 5	功能实现权衡	各用例/各层级-物理级	功能聚合/分散与关键功能方案的权衡	灰盒或白盒
过程 6	物理架构设计	各用例/各层级-物理级	集成各用例模型，形成物理架构基线	白盒
过程 7	物理详细设计	系统层-物理级	各层级物理方案的详细设计与分析	白盒
过程 8	专业工程分析	各层级-功能级/物理级	权衡分析、各类工程问题的专业仿真	仿真分析模型

8.3 MBSE 建模八过程方法

8.3.1 系统建模准备

系统建模准备涉及的工作为：1）定义建模目标，明确满足目标的模型范围；2）选择建模语言、建模工具和建模方法，准备建模工具环境和约定标准；3）制订建模工作计划，分配建模人员责任；4）对建模人员进行必要的培训；5）建立模型包组织结构；6）自定义构造类型、模型库和引用标准。

建模约定标准是对模型中表达样式一致性的规定，例如，实例/类型/端口/接口的英文字母名称中大小写和空格的规定，需求/行为/结构名称的名词和动词的命名规则；准备模型中要用到的构造类型，典型构造类型见表 8－2；准备模型库，模型库表达可重用组件、值类型和约束模型。

合理地组织模型包，可以方便后续的模型导航查询，协同开发时的模型管理和实现模型的重用。首先，构建新项目模型顶层根包；然后，定义各分层和分类包。

实例 8.3.1 模型包的组织方式。模型包的组织方式可以采用如下任意一种方式或组合方式来建立模型组织结构。

1）按系统层级（如：任务层、系统层、分系统层、组件层等）。

2）按寿命周期过程，每个包代表寿命周期过程一个阶段（如：需求分析、系统设计、制造生产、集成与验证、发射部署、运行维护、退役处置等）。

3）按建模工作团队（如：需求分析团队、系统设计团队、产品集成团队等）。

4）按支持重用的模型元素的组合（如：组件模型库）。

5）按可能一起更改的模型元素。

6）其他某种逻辑组合方式。

表 8-2　特定领域配置文件中自定义构造类型

自定义的构造类型(prototype)	基础类
<<document>>	Block
<<configuration item>>	Block,Property
<<file>>	Block,Part Property
<<system of interest>>,<<store>>	Block,Part Property
<<hardware>>,<<software>>,<<data>>	Block,Part Property
<<operator>>,<<procedure>>	Block,Part Property
<<functional>>,<<logical>>,<<physical>>	Block,Part Property
<<moe>>,<<mop>>,<<tpm>>	Property
<<status>>,<<store>>	Property

如果模型包按任务层、系统层、元素层、组件层来组织，包的组织结构可见图 8-10。每一层级都可分别建立内嵌的包图，例如，需求包、行为包、结构包、参数分析包、外部系统包，其中，适用于各层级的接口、类型（预先定义的构造类型）、量纲/单位、视图与视点等元素包可统一放任务顶层。

图 8-11 显示了另外一种模型包组织方式。其中，左图是一个包图片段，这个包图呈现了航天器使命任务语境（Spacecraft Mission Context）包的内嵌包层次，从右图对应的浏览器目录树可以看出，该包内嵌在 data 根包之下。

复杂大系统的设计与建模工作，一般分解到多个责任主体，以项目包形式来完成建模工作，每个项目都单独建立包图，生成的模型将存储在相应层次的包结构之中。在各系统层级，如果包含用例，也可以归类放置在相应的需求包中。后续在整个建模过程中，须持续维护系统需求到涉众需求、系统用例到系统需求、设计元素到系统需求的可追溯性。这

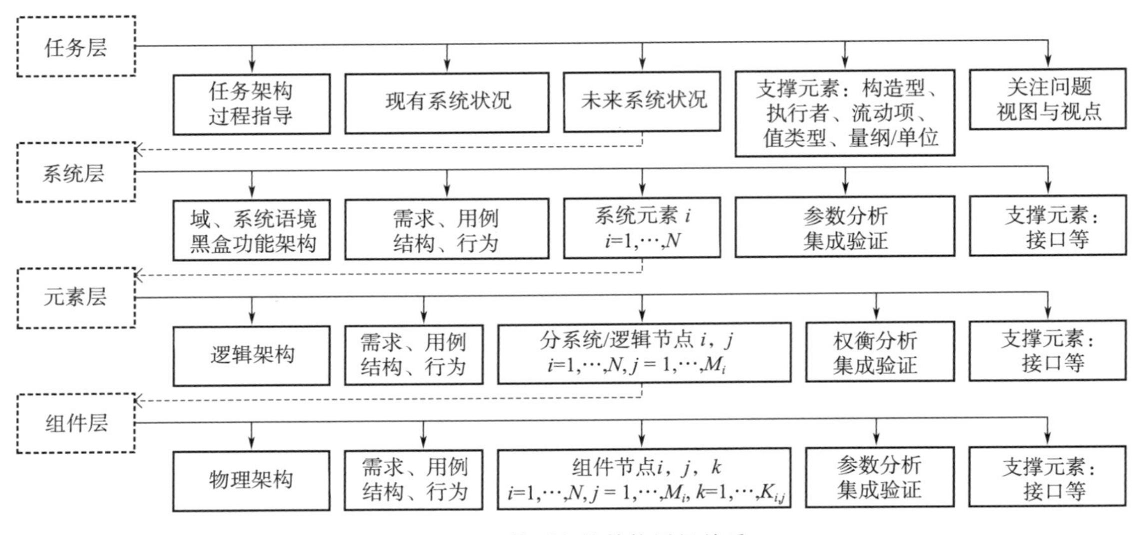

图 8 - 10　模型包的结构层级关系

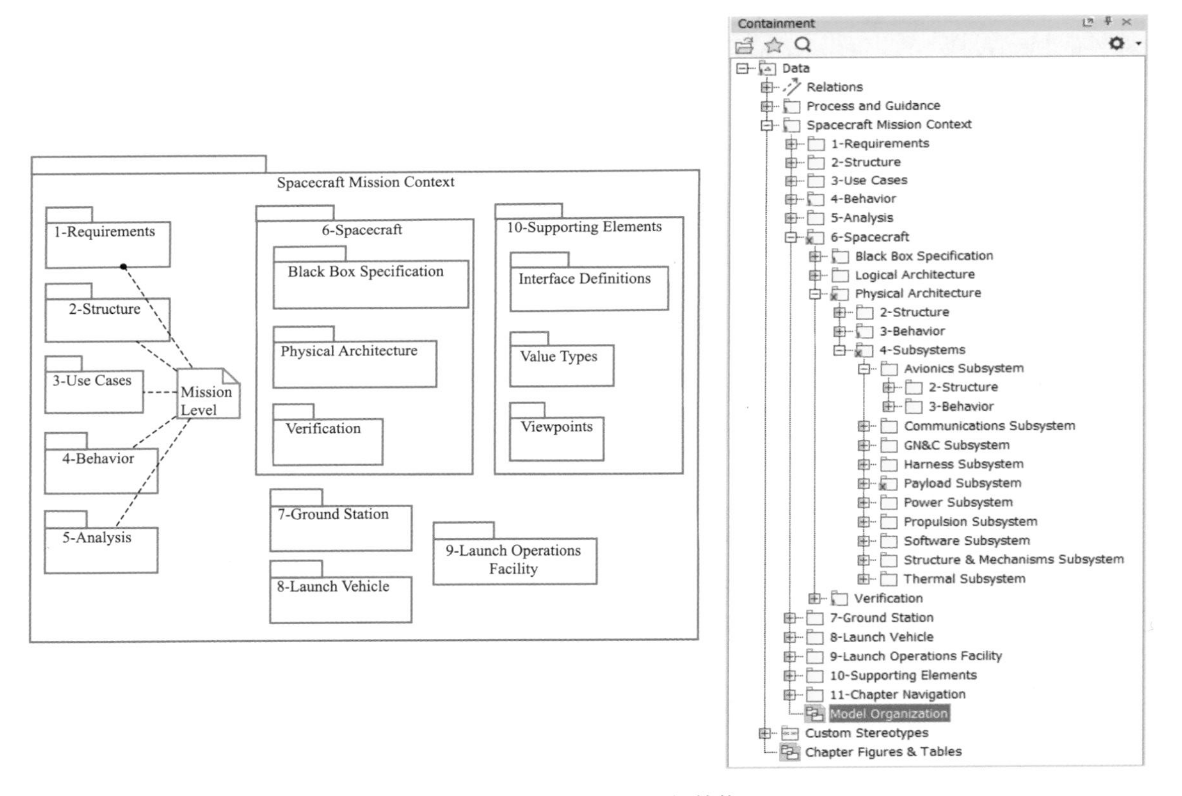

图 8 - 11　模型包的组织结构

些可追溯性关系主要有派生（deriveReqt）、满足（satisfy）、改善（refine）、验证（verify）、追溯（trace）、复制（copy）等关系，它们都是依赖关系，需求或设计发生变化时，须根据依赖关系开展变化影响分析。

>> **实例 8.3.2** MagicDraw - SysML 建模工具内置 MagicGrid 建模方法[7]，该方法按表 8-3 所示的结构来组织模型包。

表 8-3　MagicGrid 建模方法

领域	支柱			
	需求	行为	结构	参数
问题域	B1 - W1 涉众需求	B2 用例	B3 系统语境	B4 - W4 效能评价指标 MOEs
		W2 功能分析	W3 逻辑分系统交互	
求解域	S1 系统需求	S2 系统行为	S3 系统结构	S4 系统参数
	SS1 分系统需求	SS2 分系统行为	SS3 分系统结构	SS4 分系统参数
	C1 组件需求	C2 组件行为	C3 组件结构	C4 组件参数
实现域	P1 物理需求	机械动力、电子电器、控制软件		

8.3.2　涉众需求分析

涉众需求分析站在任务业务层级（或企业/体系层级），分析在任务执行中需要关注系统（SoI）提供什么能力，或者如何借助于未来建造的关注系统来更好地执行特定任务（或者提供业务服务）。关注系统只是任务语境中的一个元素，其他元素包括各类执行者、外部系统、物理环境。

涉众需求分析通过“运营/运行概念”对涉众需求提出背景进行描述，例如描述相关领域的现状与存在的问题，以及解决问题应该采取什么措施。建模者可以开展利益相关者需要的调研或者任务分析，明确利益相关者需要解决的问题。建立分析语境（Analysis Context）对特定关注问题进行分析，也可通过鱼骨图、故障树图对问题原因进行分析。例如，某门禁安全系统销售不佳，原因分析鱼骨图[2] 可见图 8-12，其中细化的每根鱼骨均可定量度量。依据分析结果，导出解决问题的措施，形成涉众需求条目（$StRS_i$，$i=1, \cdots, N$）和效能评价指标 MOEs。

典型地，可以采用第 9～10 章的体系结构方法来识别涉众需求。也按如下步骤顺序绘制 SysML 模型图，来辅助涉众需求分析。

1）定义涉众需求。用 req 图，定义涉众需求图。调研每个利益相关者关注的“需要/目的/目标”（NGO），并对利益相关者的多项需求的重要程度进行加权，作为后续权衡分析问题时的加权因子。

2）建立运营/运行概念模型，描述领域的现状。

a）用 bdd 图，定义关注系统的运营/运行构想所涉及的元素，这些元素包括关注系统、执行者、外部系统、物理环境。

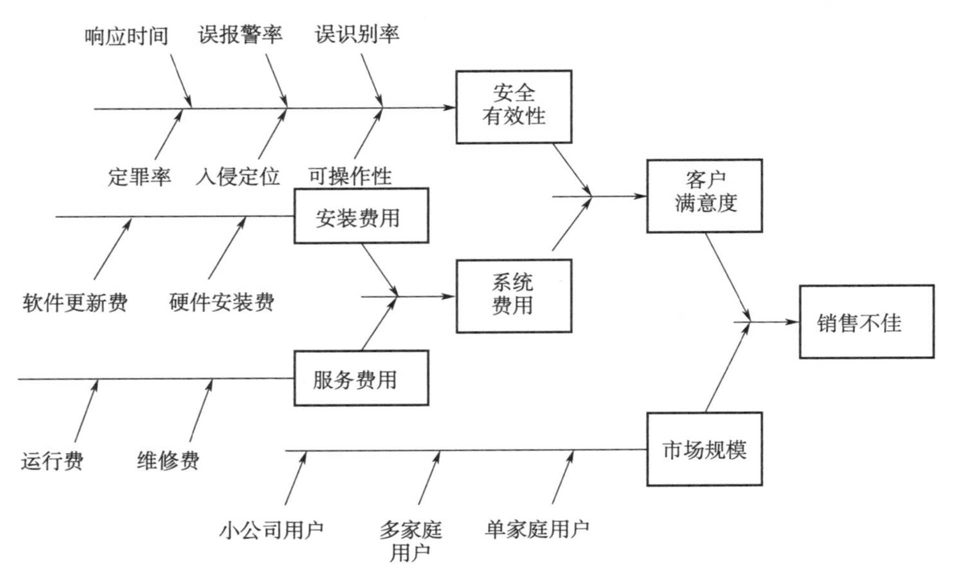

图 8-12 门禁安全系统销售不佳原因分析鱼骨图

b）建立与 bdd 图关联的 ibd 图，呈现不带流动项的端口、接口和连接器。

c）用任务用例 uc 图，定义系统运营/运行现状。

d）用 act 图（或 sd 图，或 stm 图），定义运营/运行构想中的活动、活动之间驱动关系、状态转移触发事件。识别活动模块、活动模块之间的信息、事件与对象流动项。

e）修改前面定义的 bdd 图、ibd 图，增加流动项类型和端口、接口、连接器上的流动项。

3）现有问题分析，导出系统效能评价指标 MOEs。

a）针对存在的问题，开展调研、因果分析、时间线分析等，导出解决问题的思路。

b）用 bdd 图，定义利益相关者每项关注问题的分析语境，并通过约束模块定义约束关系和约束参数。

c）用 par 图，对每项关注问题，定义约束模块与约束参数的绑定关系。

d）调用分析工具，执行问题分析，显示分析结果，建立相对于涉众需求目标的效能指标 MOEs。

4）描述未来系统的运营/运行概念模型。修改原来运营/运行模型的 bdd 图，描述未来系统的任务/业务运行概念；修改相应的 ibd、act/sd/stm 图、任务用例 uc 图和 req 图；在 req 图中描述任务用例到涉众需求之间的改善（refine）关系。

>> 实例 8.3.3 利用 SysML 的用例图和序列图分析任务行为。这里以某火灾监测卫星为例，通过用例图和序列图描述任务运行概念中的参与者、执行过程、事件、时间线，如图 8-13 所示；类似地，也可以建立集成/验证/确认、发射部署、运行操作、退役处置的用例和序列图（这里没有呈现），描述任务运营概念。

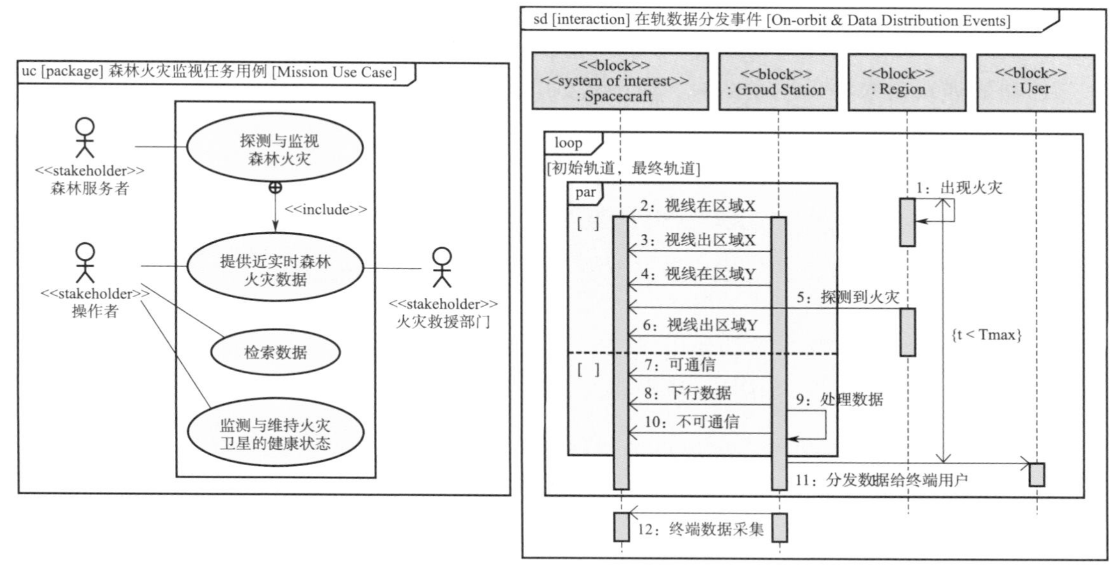

图 8-13　某火灾监测卫星任务分析的用例图和序列图

8.3.3　系统需求定义

系统需求定义过程的输入是涉众需求、系统运营/运行概念和 MOEs，输出是系统需求、系统用例、分解 MOEs 形成的系统性能指标 MOPs（并建立 MOPs 与 MOEs 协调匹配关系），此时系统需求是初步定义的系统功能性和非功能性的需求。其中，非功能性需求包括可用性需求、使用需求和设计约束等。后续伴随着系统设计与建模，将不断演进或衍生出新的系统功能、性能、接口、物理等需求。因此，设计与建模过程中，需要实施需求管理，对不断演进更新的需求，时刻保持需求与设计元素的可追溯性。

大多数 MBSE 方法采用从上到下、用例驱动的增量式设计方法。用例反映了利益相关者对系统能力、功能、运行模式的期望，用例驱动的设计方法体现了时刻紧扣用户需求。因此，首先须定义系统用例。同时，对用例的重要性排序，作为增量开发的顺序，同时当设计过程中发现不可调和的冲突时，作为取舍的依据。后续的设计与建模工作，将主要依据系统用例并辅助采用系统需求作为输入，通过从上到下分层递归到最底层的可实现单元，不断迭代完善系统设计和系统模型，获得均衡的系统设计方案。

系统需求定义阶段还要建立起系统用例与系统需求、系统需求与涉众需求的可追溯性关系，具体可建立多个需求追溯表，分别显示系统需求与其他需求的可追溯性关系。保证涉众需要、系统用例、系统需求三者之间的关联一致性。当一个需求发生变化后，借助于追溯关系可以辅助开展需求变化的影响分析。

系统需求定义过程的具体步骤如下：

1）定义系统需求。由系统设计与建模者，依据涉众需求和 MOEs，从系统“功能、接口、性能、物理、设计约束、扩展、使用、可用性”角度初步拟定系统需求，从系统“运营/运行概念”导出寿命周期各阶段的系统用例。

原始的涉众需求是采用非结构、非正式的自然语言描述的，为便于在 MBSE 中运用系统需求，系统需求须进行结构化改造，将系统需求以非正式的结构化文本条目进行描述，最好采用正式的数学等式或不等式来描述。每个条目仅包含一个需求，采用结构化的“…应该…”的陈述句。每个文本条目至少划分为三部分“序号（ID）、名称字符串（Name）、内容字符串（Text）”，也可增加其他属性描述。依据描述的内容，系统需求文本条目可分类为“功能的、非功能的”需求，或者“功能需求、接口需求、性能需求、物理需求、设计约束、扩展需求、使用需求、可用性需求”等，见表 8-4 和图 8-14 中的示例。设计约束一般指对设计方案选择空间的约束，例如，某设计方案必须采用某特定的设计方案。

表 8-4 系统需求条目

序号(ID)	名称字符串(Name)	内容字符串(Text)
FN - SyRS 1. X	{功能需求 1.. * }	“…应该…”
IF - SyRS 2. X	{接口需求 1.. * }	“…应该…”
PR - SyRS 3. X	{性能需求 1.. * }	“…≥…”
PH - SyRS 4. X	{物理需求 1.. * }	“…≤…”
DC - SyRS 5. X	{设计约束 1.. * }	“…应该…”
EX - SyRS 6. X	{扩展需求 1.. * }	“…应该…”
BS - SyRS 7. X	{使用需求 1.. * }	“…应该…”
UR - SyRS 8. X	{可用性需求 1.. * }	“…应该…”

2）关联系统需求到涉众需求。借助建模工具，可建立系统需求到涉众需求的追溯（trace）关系，并采用建模工具辅助检查系统需求对涉众需求覆盖率，确保系统需求完整覆盖涉众需求；如果没有覆盖，则表明系统需求不够完整，后续须补充完善。

3）定义系统用例。用 uc 图，描述系统用例。一个系统可能包含多个用例，用例可以分层级，系统顶层通常有 5～25 个用例。图 8-15 中描述了某门禁安全系统，最初识别出系统包含“Uc1 -进门控制”和“Uc2 -出门控制”两个用例[5]。

4）关联系统用例到系统需求。借助建模工具，可建立系统用例到系统需求的改善（refine）关系。也可显示追溯性关系表格，并辅助检查需求覆盖率，确保系统用例完整覆盖系统功能和性能需求。如果没有覆盖，则表明还要增加系统用例。

后续系统设计与建模过程中，如果系统需求发生变更，也需要执行上述 2）～4）步骤。另外，可以借助建模环境中的需求管理工具（例如，DOORS）和建模工具的数据导入功能，将 Word 或 Excel 中的文本涉众需求和系统需求，导入建模工具，建立需求关联关系，分析需求之间的覆盖性。这里不赘述，可参见相关文献[5,7]。

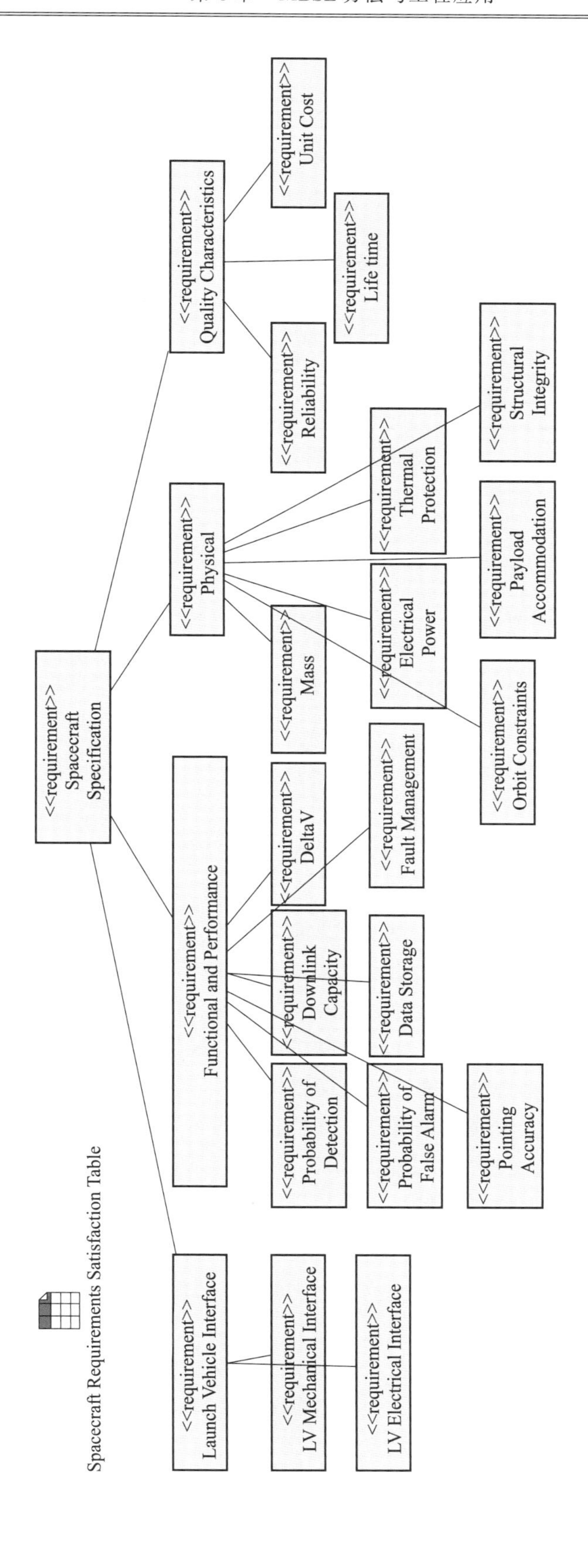

图 8－14　采用包含关系对系统需求进行分类和分层

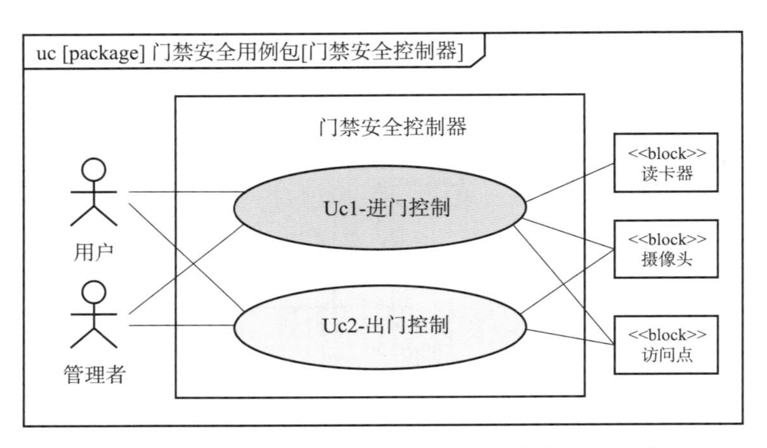

图 8－15 门禁安全系统最初识别出包含的两个用例

8.3.4 功能逻辑分析

功能逻辑分析聚焦于系统内部的功能，采用从上到下、用例驱动的建模方法，将系统用例转化为功能流分解 act 图，再将用例功能流图转化为正常情况和异常情况的场景 sd 图、定义端口/接口的 ibd 图和 stm 图，stm 行为图构成了功能级的可执行模型。通过模型的执行来检查相关需求的满足度，并验证系统模型的正确性和完整性。在功能流分解、场景和状态描述时，可能会衍生出新的系统需求、异常情况的用例与场景，须补充完善系统需求。

前面“涉众需求分析”和“系统需求定义”过程绘制的 uc 用例图是不可执行的系统黑盒模型，它们仅从系统输入/输出角度描述系统能力。只有细化描述系统内部结构和相互关系时，才得到可执行的黑盒模型（这里称为灰盒模型）。

功能逻辑分析的输入条件为系统用例和初始的系统需求，输出结果为连贯协调一致的系统功能模型。该过程可先用 bdd 图定义用例执行语境和外部系统/执行者角色，采用 act 图描述功能流，采用 sd 图描述交互信息和事件，采用 stm 图描述状态转移和触发事件，通过 ibd 图描述执行用例的系统与外部元素的端口/接口，采用 par 图描述约束模块参数与其他模块值属性的绑定关系。功能逻辑分析所生成的模型元素，可以放置在功能逻辑分析包中。功能逻辑分解可以按如下步骤开展。

1）定义系统用例模型包。

a）对每个系统用例，分别在功能逻辑分析包结构层次中建立用例分析包。例如，对于图 8－15 所示门禁安全系统，可分别建立的“Uc1－进门控制”和“Uc2－出门控制”功能逻辑分析包。

b）用 bdd 图，定义用例的系统语境（System Context）。该图反映系统整体模块的值属性和行为特性、系统外部模块与属性、系统整体模块与外部模块的聚合关联关系（可采用空心菱形实线表示）。

c）用 ibd 图，定义各用例执行时系统模块与外部模块的初步关联端口、接口或连接器。此时，还无法准确识别接口和连接器上的流动项类型。

实例 8.3.4 门禁安全系统的“Uc1 -进门控制”用例功能流图。

以门禁安全系统的“Uc1 -进门控制”用例为例，图 8 - 16 所示的 bdd 图描述了系统语境，包括关注系统“门禁安全控制器”（其内部包含“Uc1 -进门控制、Uc2 -出门控制”组成部分），以及“用户、管理员”2 个执行者、“读卡器、摄像头、访问点”3 个外部系统模块。ibd 图描述了系统语境中模块的接口关系。

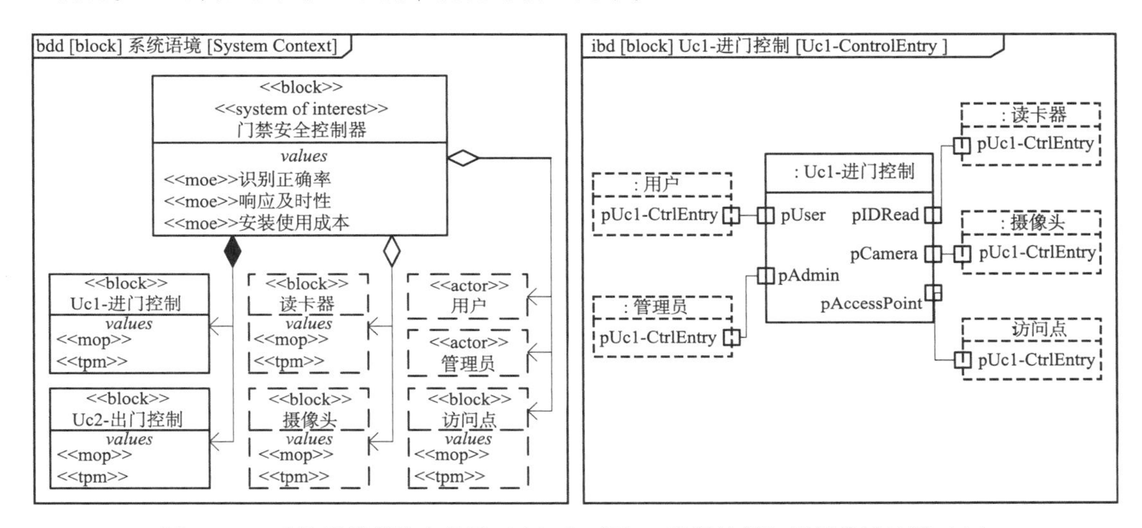

图 8 - 16　系统语境模块定义图（左）和“Uc1 -进门控制”用例的接口图（右）

2）分解每个用例功能流。

a）用 act 图，分解用例的功能流图。分解用例所需的所有功能性的动作，包括“调用行为、发送信号、接收事件、时间等待”等动作；如果动作需要外部输入/输出对象流，用附着在动作上的引脚来表示。

b）建立用例内部动作的顺序关系。采用控制节点表达活动的启动、终止或中断，以及逻辑执行路径，示例可见图 8 - 17。建立正常情况的动作执行路径和异常情况处理分支，并建立判断正常与异常的规则。

3）导出正常情况与异常情况场景。

a）分解 act 图，生成多个 sd 场景图。按系统、外部系统、执行者、外部环境划分活动分区，并建立动作与对象之间的交互关系。遍历 act 图中的正常执行路径情况和各种异常执行路径情况，生成多个场景 sd 图。可以借助建模工具提供的辅助功能，导出多个场景 sd 图；也可以人工分别绘制多个场景 sd 图。在人工绘制 sd 图时，须关联与修改完善第（1）步定义的 bdd 和 ibd 图。

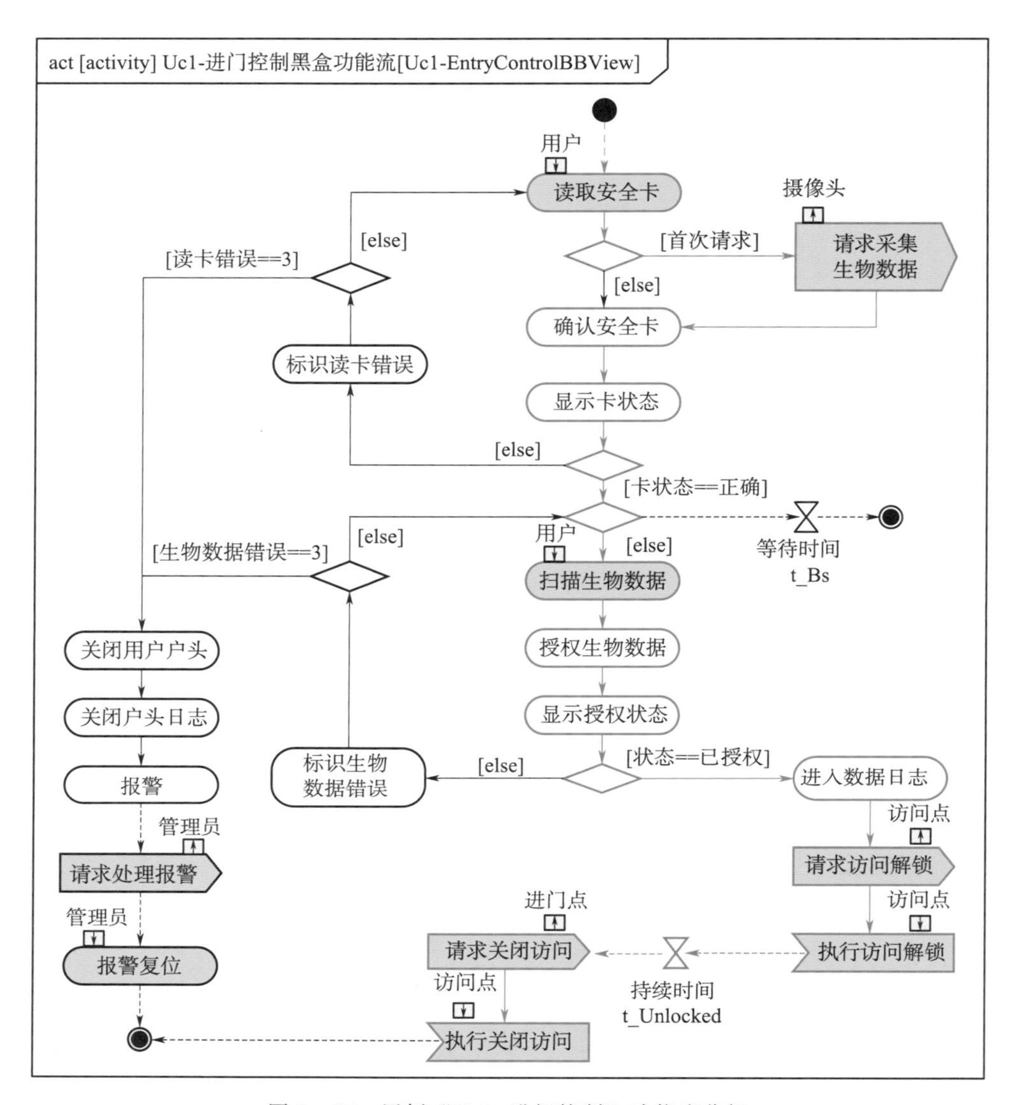

图 8－17　用例"Uc1－进门控制"功能流分解

实例 8.3.5 门禁安全系统的"Uc1－进门控制"用例，正常执行场景的导出。图 8－17 中标注橘红色加粗边框的动作模块、控制节点以及橘红色加粗的执行路径，组成了一个正常执行的场景。图 8－18 是该场景 sd 图（图中中文是为了说明含义才标注上去的，正式图中没有这些中文字）。类似地，可导出"读卡错误（错误次数小于 3 次）、读卡错误（错误次数等于 3 次）、生物数据错误（错误次数小于 3 次）、生物数据错误（错误次数等于 3 次）"四种异常场景的 sd 图（这里没有绘制）。

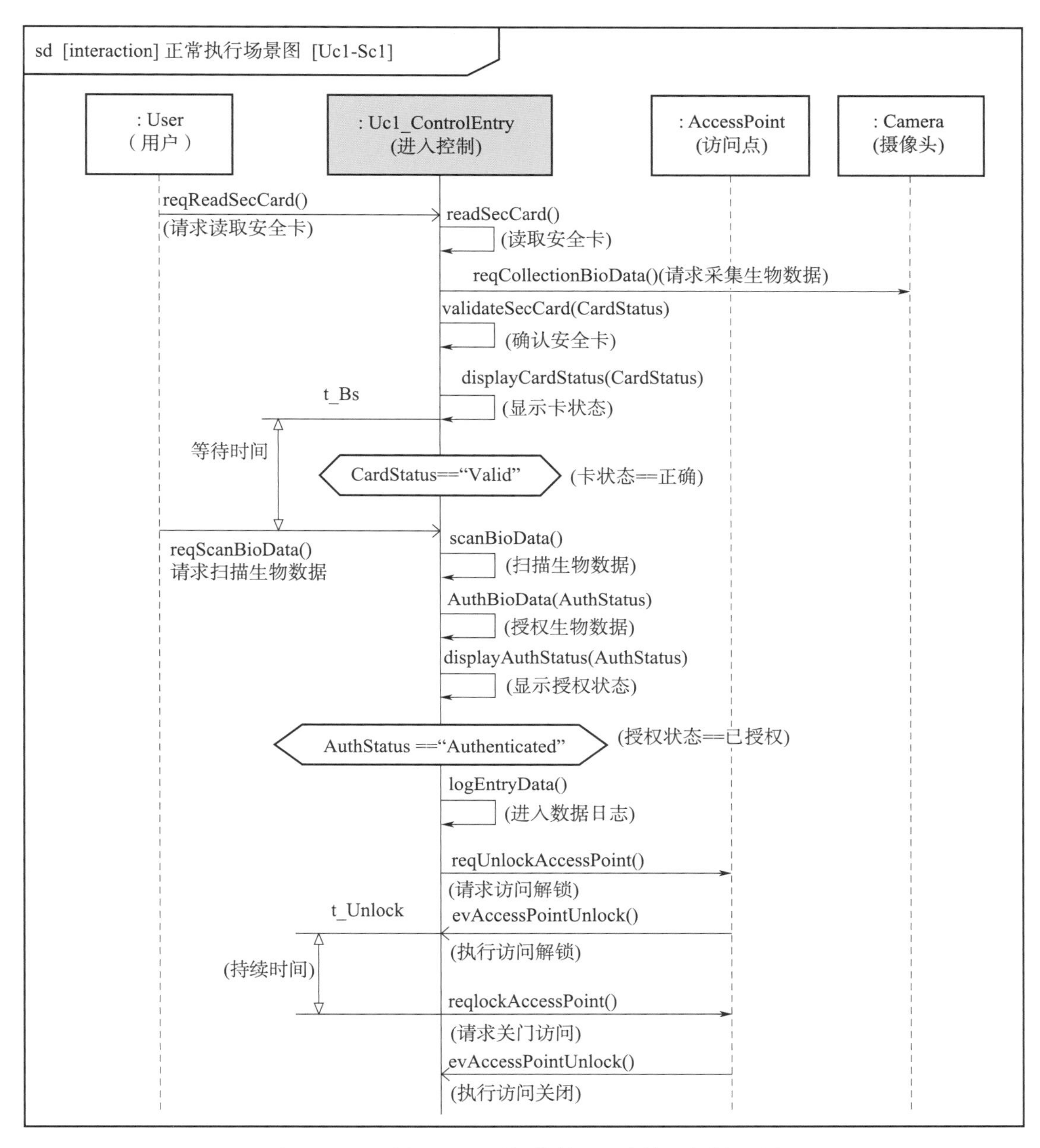

图 8-18 用例“Uc1-进门控制”正常情况场景 sd 图

b）所有场景图生成后，须对场景图与活动图的一致性进行检查。可以实施人工检查，也可以借助建模工具辅助检查。必须确保 act 图中每个动作至少在场景 sd 图中出项一次；反之，场景 sd 图中的每个动作至少在 act 活动图中出项一次。如果存在不一致问题，须进一步补充完善场景图或活动图。

c）在绘制 act 和 sd 图过程中，可能会衍生出新的功能模块、新的端口/接口/连接器、新的流动项和新系统需求。为此，须修改上述 1）中初步定义的 bdd 图和 ibd 图，例如，增加新的外部系统和流动项类型，对衍生出来的新系统需求，须修改系统需求（或暂存到“衍生需求”包，以后再统一修改系统需求）。

4）细化 bdd 和 ibd 图。

a）依据上面分解获得功能流 act 图、场景 sd 图，细化系统语境 bdd 图与 ibd 图。例如，调整外部系统的定义。在 bdd 图中，增加引用关系、值类型、构造类型、量纲与单位；在 ibd 图中，增加端口、接口、连接器和流动项。可以人工绘制细化的 ibd 图，也可采用建模工具辅助功能从 sd 图中自动产生。必须检查 bdd、sd 与 ibd 图端口、接口和连接器的一致性。

b）可采用建模工具中的接口控制文档（Interface Control Document，ICD）通信表格（或者 N^2 表），描述所有功能模块端口/接口之间可视性通信关系。

5）定义状态行为图。

a）用 stm 图，以用例系统、外部系统、执行者为对象定义状态机图和状态转移触发条件。可以人工定义，也可以通过 act 图和场景 sd 图由建模工具提供的辅助功能辅助完成。

b）人工定义时，首先须识别“初始状态、等待状态和行动状态”；然后从初始状态开始，将等待状态和行动状态连接起来，在状态之间增加转移条件和判断依据，形成用例顶层状态转移图。

c）同时，针对用例系统、外部系统、执行者定义子状态图。

d）stm 图定义完成后，须检查状态图表现的行为，是否与期望的行为一致。

实例 8.3.6 “Uc1 -进门控制”用例状态图的导出。

图 8 - 19 左图为“Uc1 -进门控制”用例顶层状态机图，右图为处理生物数据子状态机图。其中，Uc1 -进门控制”状态机图的初始状态为“等待进门请求”；第一个子状态为“处理安全卡数据”，其触发条件为“请求验证进入请求”。“处理安全卡数据”子状态内部包含“等待读卡、处理卡数据、标记卡错误次数”三个状态（这里没有绘制）。图 8 - 19 右图显示了细化的“处理生物数据”子状态机图，该子状态内部包括“等待生物扫描、处理生物扫描数据、生物扫描失败”三个状态。类似地，可以细化“解锁与锁闭访问点”状态。由此，可见状态机图也是分层次的。

6）验证用例模型。

a）执行用例模型，检查模型执行逻辑的正确性。运用建模工具的模型执行功能，目视判断模型执行过程中逻辑的正确性，类似于软件调试“执行一步、检查确认，再执行一步”的过程。通过模型执行结果正确性的判断，达到对模型正确性和完整性的验证。

b）一些建模工具提供了两种模型执行验证方式，一种方式是执行 stm 状态图，一步一步地动态显示执行结果，人工判断状态行为的正确性；另一种方式，通过建模工具自动生成场景序列图，然后与原始场景序列图比较，识别结果的不一致性，包括信息丢失、信

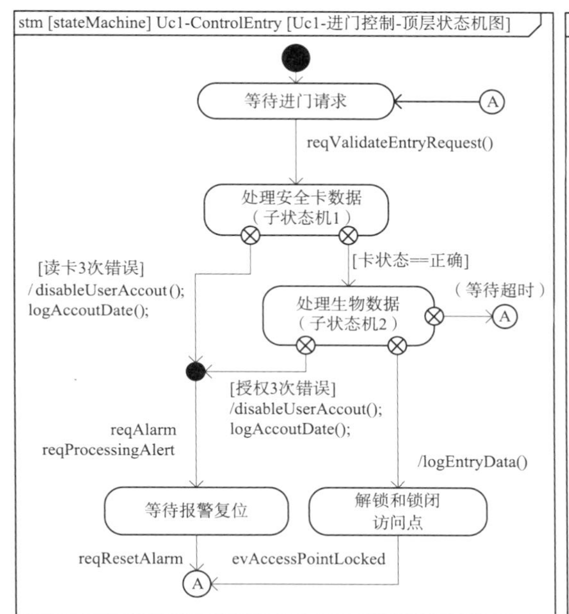

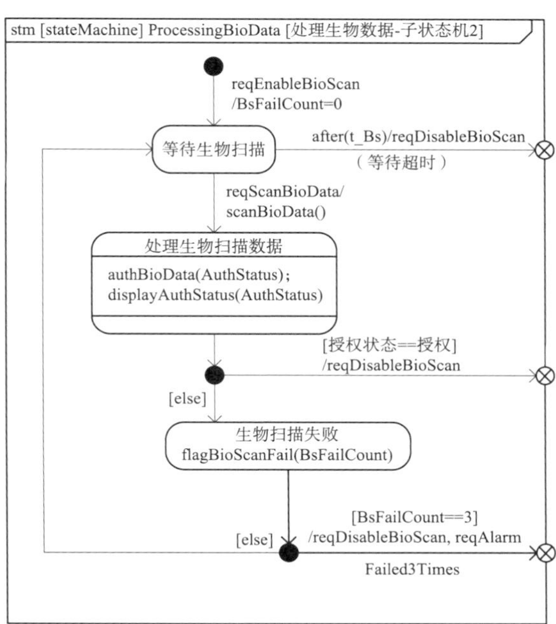

图 8-19　用例顶层状态机图和处理生物数据子状态机图

息不一致、时序不同、信息不在功能模块中等问题。对发现的问题，须完善模型。

7）建立模块属性与需求的关联关系。完善前面建立的系统需求 req 图。例如，针对“Uc1-进门控制”用例，导出和完善后的系统需求可见表 8-5。在模型验证后，可建立功能模块属性到系统需求的满足（satisfy）关系。通过人工方式，也可以通过建模工具的辅助功能来建立这种关系。同时，生成需求验证矩阵表，可视化地显示这种关系。

8）重复以上步骤 2）～7），对所有用例进行功能建模并对所有场景进行建模，合并系统模块的操作、事件、属性、端口/接口/连接器/流动项。完善系统需求，保证系统功能和属性到系统需求的覆盖完整性，形成协调一致的系统需求和系统功能模型。

另外，该阶段还涉及性能指标分析问题，可以构建分析情景 bdd 图、约束模块和 par 图，开展相关性能参数分析。这时须借助第 8.3.8 节描述的分析模型，以验证上一过程分解的 MOPs 指标的可实现性。

上面第 2）～4）步骤中，先构建 act 图，再构建 sd 图、ibd 图和 stm 图。事实上，构建系统功能模型，可采用三种顺序[5]，如图 8-20 所示。

a）活动图→序列图→内部模块图→状态机图。

b）序列图→活动图→内部模块图→状态图。

c）状态图→序列图→内部模块图（这时可省略活动图）。

其中，第 a）种顺序是常用的顺序。

表 8－5　“Uc1 -进门控制”用例导出的系统需求

ID 编号	需求名称 Name	需求文字说明 Text	类型 Type
SyRS1.1	三次用户工号进入尝试	用户进入,应具允许三次安全卡/工号卡识别尝试机会	功能型
SyRS1.2	三次生物识别进入尝试	用户进入,应具允许三次生物数据识别尝试机会	功能型
SyRS1.3	禁用用户账号	三次尝试安全卡或生物识别进入错误后,将禁用用户账号	功能型
SyRS1.4	拒绝进入通知	任何拒绝访问的尝试,应记录账户信息并发送给管理员	功能型
SyRS1.5	过期安全卡	应拒绝过期安全卡的进入,并标注为失效卡	功能型
SyRS1.6	授权安全卡-进入	持有有效期的安全卡,才允许进入安全区域	功能型
SyRS1.7	两个独立的安全检查	安全区域应通过两个独立的安全检查进行保护	功能型
SyRS1.8	报警-进入	拒绝进入时,应发出报警信号	功能型
SyRS1.9	用户工号卡识别-进入	应通过检查用户安全卡,进行进入安全区的检查	功能型
SyRS1.10	工卡状态可视化-进入	用户通过视觉方式,可获悉其工卡检查状态	功能型
SyRS1.11	安全卡信息	安全卡仅包含员工的姓名和工号	功能型
SyRS1.12	可视生物数据检查状态	用户通过视觉方式,可获悉其生物数据检查状态	功能型
SyRS1.13	生物数据的批准	不允许用户访问,除非识别了其生物数据	功能型
SyRS1.14	生物特征扫描	应进行生物识别的第二次独立检查,才能进入安全区域	功能型
SyRS1.15	图像捕获	用户在初始访问时,应捕获用户生物特征数据	功能型
SyRS1.16	进入时间	应给予用户足够的时间,进入安全区域	非功能型
SyRS1.17	两次独立检查之间时间	两次独立检查之间时间不得超过配置的时间	非功能型
SyRS1.18	处理用户请求	系统一次只能处理一个用户的请求	非功能型
SyRS1.19	生物特征数据存储	生物特征数据应存储在系统数据库中,不能储存在安全卡上	非功能型
SyRS1.20	自动保护安全区-进入	一旦用户进入安全区域,系统应自动保护自身	功能型
SyRS1.21	配置进入到离开时间	用户进入到离开安全区域的时间可定制	非功能型

8.3.5　功能实现权衡

功能实现权衡过程有两个目标：一是依据合理“聚合、解耦与分配”原则，对系统功能分析中识别出来的功能，合理聚合或者解耦，形成多个功能模组，这些功能模组原则上与物理结构组件（分系统、子系统、产品）相对应；二是对多个功能模组的物理实现方式，开展权衡分析，确定最佳的实现方式。例如，生物数据的获取功能模组，可以采用指纹识别、人脸识别、虹膜识别等多种物理实现方式。这里将须权衡分析物理实现方式的功能模组，称为“关键功能模组”。

该阶段生成的模型可放置在“功能实现权衡”包中，主要工作内容为明确关键功能模组，定义实现每个关键功能模组的候选方案，定义评估准则、效能函数、分配准则权重，获得每个方案的各准则的效能值，加权获得综合结果，决策最优方案，合并所有功能模组（和功能模块）获得系统功能架构方案。

功能实现权衡的具体步骤如下：

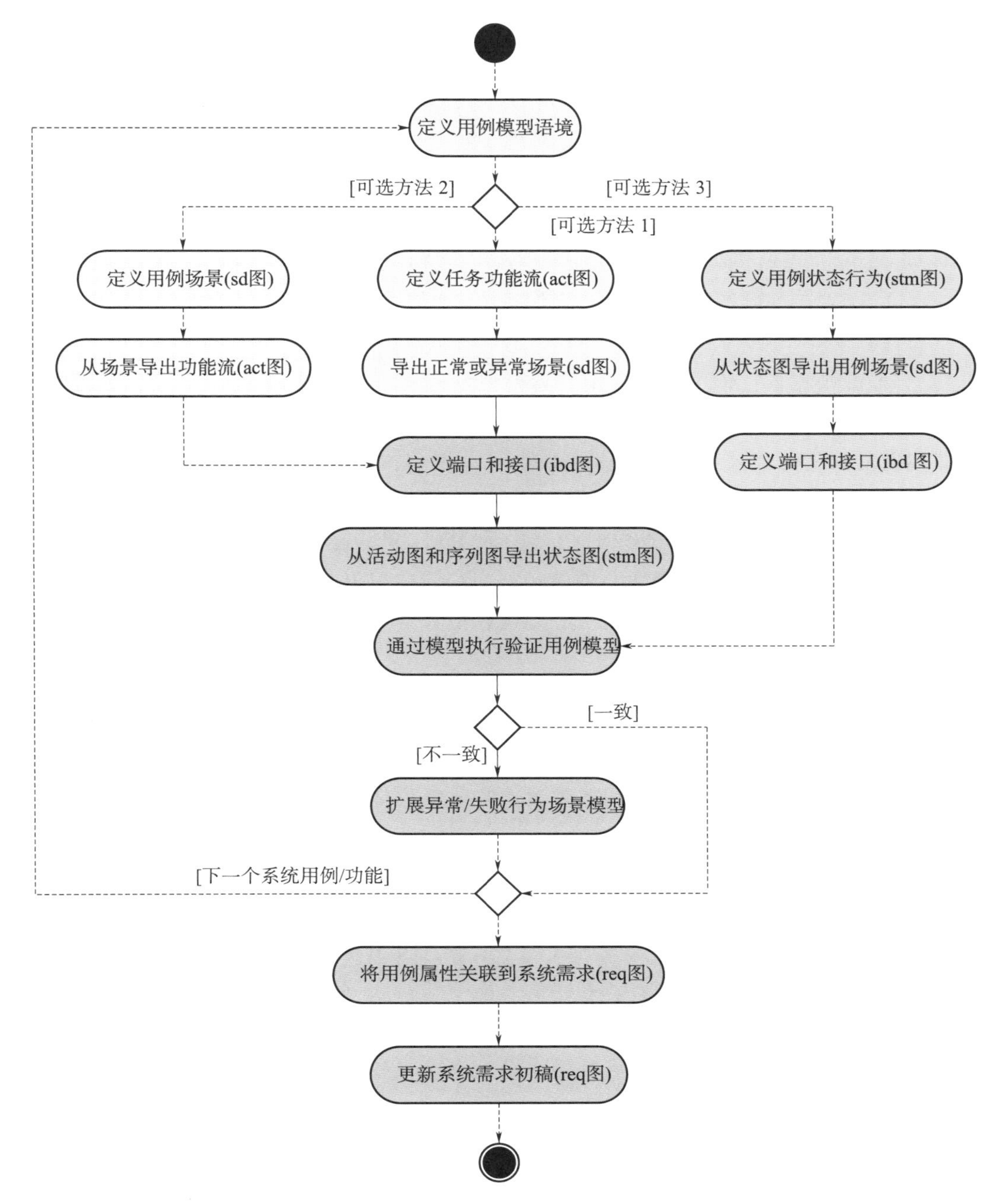

图 8-20　构建可执行用例功能模型的三种可选方法

1）定义关键功能模组：对功能分析中识别出来的所有动作，依据合理“聚类、解耦与分配”原则，将关联多、耦合性强的动作聚类为功能模组，将关联少、耦合性弱的动作解耦成不同的功能模组，功能模组尽量与物理实物具有的功能相对应；合理“分配”是对功能实现方式进行仔细斟酌，明确到底通过“软件还是硬件、系统内部还是外部、集中式还是分布式”来实现功能。例如，分布式信息处理可设计为集中处理（或云上处理）、当地处理（或边缘处理）、原位处理（或设备端处理）。在 act 图中划分一组动作（或操作）到某功能模组中，功能模组就是对应系统内部的分系统、子系统或产品组件。

2）定义候选方案：对于须做权衡分析的关键功能模组，拟定所有可选的方案，剔除明显不合适的方案。用 bdd 图，建立关键功能模组与各候选方案的泛化关系图，并将方案纳入权衡分析包图中。

3）定义评估准则：依据利益相关的关注点，定义评价准则。定义构造类型<<moe>>（stereotype），并在 bdd 图关键功能模组属性中，增加以<<moe>>为前缀的评价准则效能指标属性。

4）分配准则权重：依据评价准则的重要性，分配权重，并确保各项效能指标权重之和为 1。权重值可以通过标签（tag）附着在关键功能模组的每个<<moe>>属性上。并将这些属性复制到每个候选方案模组属性中。

5）定义效能函数：通常采用一个取值范围为［0，10］的线性函数，来定义每个准则对应的标准效能函数 $MOE = 10 \times (1 \pm x/y)$。其中，$x$ 为某方案、某准则的度量值，y 为最大度量值范围。如果度量值越大，效能越好，公式中应取加号；如果度量值越小，效能越好，公式中应取减号。这样可以统一将效能函数设计成“效能越好、效能值越大”。

≫ 实例 8.3.7 效能函数实例。针对某产品购买价格评价准则的效能函数，因购买价格越低，效能越好，公式取减号，如果利益相关者最大心理可接受价格为 400 元，效能函数为 $MOE = 10 \times (1 - x/400)$。若某方案产品的购买价格 x 等于 250 元，其效能函数值 MOE 为 3.75。

6）计算候选方案的效能值：针对每个候选方案，调研每个评价准则的度量值，按上述效能函数，计算获得效能值。修改 bdd 图中的候选方案模组的属性，将各候选方案模组属性中的效能初始值修改为相应计算获得的效能值。

7）优选解决方案：加权分析可以通过建模工具外面的 Excel 实施，也用建模工具提供的权衡分析功能或者约束模块和参数图来辅助完成。最终选择效能加权值最大的方案为最优方案。

8）形成系统基准功能架构：对多项关键功能实施与 2）～7）类似的分析。最后，选择各项功能模组实现的最佳方案，汇总到系统功能架构模型中。

8.3.6 物理架构设计

物理架构设计将对每个用例分析获得的系统操作、属性、事件分配给系统内部的物理分系统等结构组件，并将非功能性需求也分配给结构组件。该过程所有步骤与 8.3.4 节中的功能逻辑分析步骤类似，只是将系统替换成了多个系统内部物理结构组件，生成的模型可以存储在各用例物理架构设计包中，具体步骤如下。

1）定义用例物理架构结构图：复制用例功能逻辑分析中创建的 bdd 和 ibd 图到用例的物理架构设计包。对 bdd 图和 ibd 进行修改，用物理组件代替用例对应的系统模块。

2）定义用例物理架构 act 图：修改 act 图，增加泳道分区，用物理组件来确定泳道分区；分配动作、事件、属性到物理部件，识别出物理组件的“操作（operations）、接受（receptions）”行为特性，以及“组成部分属性、引用属性、值属性、端口”等结构特性。

3）从用例 act 图导出场景 sd 图：从活动图导出正常情况和异常情况的用例场景 sd 图。

4）修改 ibd 图中的端口、接口和连接器、流动项：依据 act 图和 sd 图，修改已定义 ibd 图和对应的端口、接口和连接器、流动项，生成 N^2 接口关系表。

5）建立 stm 状态机图：分别建立各物理结构组件，外部系统、执行者等角色的状态机图。可以先复制功能逻辑分析过程形成的 stm 图，进行修改。

6）验证用例模型：通过模型的运行和目视检查验证用例模型正确性和完整性。

7）建立物理组件与需求的关联关系：该阶段，除了给物理组件分配功能性的需求之外，还要分配非功能性需求到每个物理组件（例如，可靠度），并建立物理组件与所有系统需求的可追溯性满足（satisfy）和验证（verify）关系。

物理架构模型还需要对用例模型合并集成，以及对集成模型执行验证与确认，最终形成可交付到下一层级系统、或者下一轮迭代设计的基线系统物理架构模型。模型合并时，往往容易出现重名问题和未合理建立关联性问题。模型合并具体步骤如下。

（1）合并用例模型的准备工作

各用例的物理模型可能由不同建模团队开发。在合并用例模型之前，必须保证所有模块的功能、需求与操作的对应关系。可依据如下原则进行：

1）描述相同的功能、关联相同的系统需求的两个不同名称的模块操作，实际上是同一个操作，操作名称应该统一。

2）描述不同的功能、关联相同的系统需求的两个不同的名称的模块操作，实际上是两个不同的操作，系统需求应该分开（例如，建立子需求）。

3）描述不同的功能、关联相同的系统需求的两个相同的名称模块操作，实际上是两个不同操作，操作名称应该分开，系统需求也应该分开。

（2）创建集成架构模型

创建一个系统物理模型集成架构包，其内部嵌套需求、物理架构、执行者、接口、构造类型包。首先，将第一个用例模型复制到该包中。将需求、执行者、物理架构、接口、构造类型分别移入新的内嵌对应包中，并删除设计与建模中间过程产生的模型包（例如，功能架构包等）。

（3）逐个合并用例模型

对第2、3…个用例模型逐个合并，分别合并模块、端口和接口、行为图，以及执行者。

(4) 用例集成验证

对集成模型执行“测试用例”，对每个场景进行运行验证，验证合并模型的正确性和完整性。

(5) 形成可交付的基线系统物理架构模型包

将集成后的基线系统物理架构模型，交付到系统下一层级或者下一迭代阶段，以便于开展递归和迭代开发。集成模型包将内嵌需求包、物理架构包（含 bdd/ibd 结构图、act/sd/stm 行为图、par 参数图），以及执行者包（含操作者、外部系统等）、接口包、构造类型包，如图 8-21 所示。

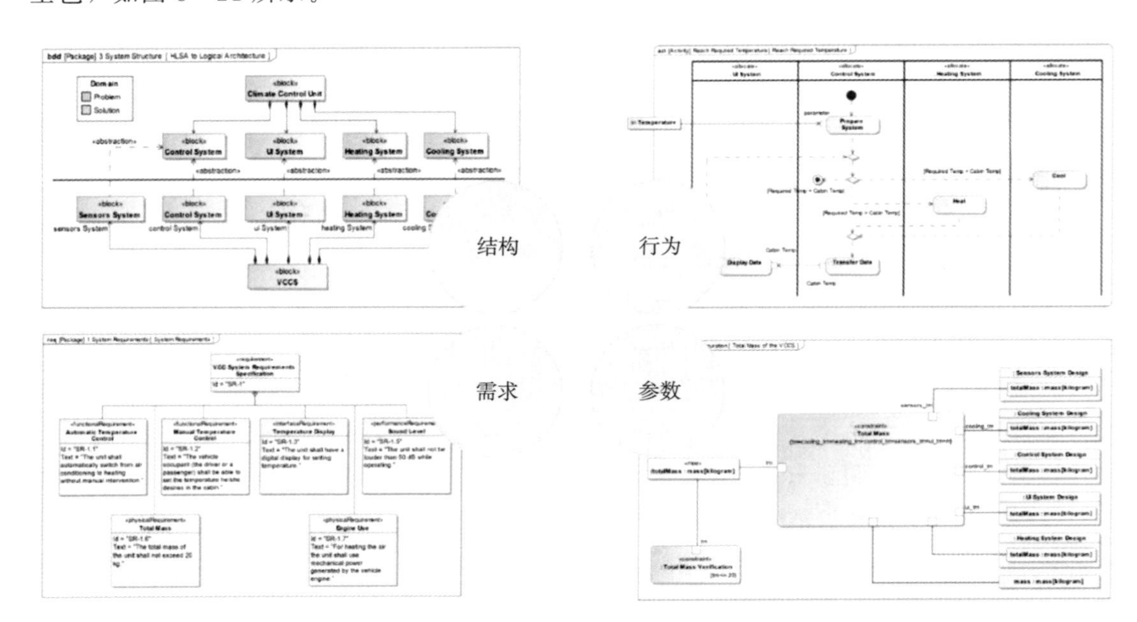

图 8-21　完整的系统物理架构模型包

8.3.7　物理详细设计

物理详细设计是针对首选系统方案，开展基于模型的设计（Model-Based Design，MBD），生成系统、元素、组件等相关的图表，开展工程分析或数字孪生仿真（Digital Twins，DT），揭示各类参数关联关系。同时，还需要开展必要的工程质量特性分析等，这属于传统工程设计范畴。

8.3.8　专业工程分析

在前面已经阐述过，系统模型属于“描述模型”，是对系统结构、行为和关联关系的描述，描述模型通常无法直接执行仿真分析。另一类广泛使用的模型是支持仿真的“分析模型”，包括静态分析模型或动态分析模型，例如，0—1 维分析模型或 2—3 维分析模型。系统设计过程，须将这两类模型进行有机结合，最终实现基于模型的设计（Model-Based

Design，MBD）。目前，针对各类专业工程的分析模型已有多类商业软件，例如适用于结构、传热、流动、燃烧、电磁学、控制等专业工程建模。系统建模集成环境，以系统建模工具为中心，集成其他相关的描述模型和分析模型，构成集成系统开发环境[2,7]，如图 8-22 和图 8-1 所示。

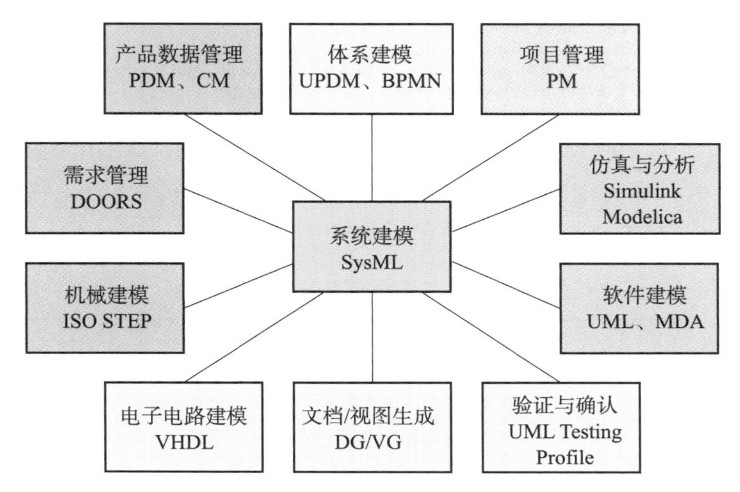

图 8-22　集成系统开发环境包含的各种建模与分析工具

在系统设计与建模中，经常用到方案权衡分析和各类工程分析，其中工程分析广泛用于性能分析，重量、功耗分析，方案优化决策，进度、成本分析，可靠性/安全性等通用质量特性分析等方面。下面的章节对方案权衡分析方法，以及关联系统建模工具、工程分析工具模型与数据的方法进行描述。

（1）方案权衡分析方法

1）定义的一组关键功能 $CF_i(i=1, \cdots, m)$，这里假设包含 m 个关键功能。

2）针对每个关键功能，依据专业技术知识，识别出的若干个可选解决方案 $SA_{i,j}(i=1, \cdots, m; j=1, \cdots\cdots, n_i)$。

3）分别针对各关键功能 CF_i 建立的一组评估准则 $SC_{i,k}(i=1, \cdots, m; k=1, \cdots, p_i)$ 和加权权重 $Wt_{i,k}(i=1, \cdots, m; k=1, \cdots, p_i)$。评估准则与加权权重通常建立在涉众需求和专业团队技术认知基础上。例如，评估准则依据“技术先进、使用方便、安全可靠、经济可行、精巧炫酷”五类来建立；加权权重依据重要性来分配，确定权重可以采用定性与定量相结合的方法，如专家调研法或者其他一些数学方法，权重 $Wt_{i,k}$ 处于 [0，1] 之间，需保证针对某关键功能的所有评价准则的权重之和为 1，即 $\sum_{k=1}^{p_i} Wt_{i,k}=1$。

4）针对每个关键性能的每个评价准则，定义取值范围为 [0，10] 的线性无量纲标准效能函数（或效用函数）$MOE=10\times(1\pm x/y)$，其中 x 为某方案、某准则的度量值，y 为最大度量范围（或允许范围）；如果度量值越大，效能越好，公式中 $\pm$ 应取加号；如果度量值越小，效能越好，公式中 $\pm$ 应取减号。这样可以统一将效能函数设计成“效能越好、效能值越大”。确定各关键功能、各候选方案、各评价准则的效能度量值 $MOE_{i,j,k}(i=1, \cdots, m; j=1, \cdots, n_i; k=1, \cdots, p_i)$。根据实际情况，这里效能函数也可以是非线性指数形式，效用值也可由专业人员依据专业判断主观地确定。

5）计算获取每个关键性能的每个评估准则的加权值 $W_{i,j,k}=MOE_{i,j,k}\times Wt_{i,k}$，对所有评估准则加权值求和，计算每个关键功能的每个方案的总加权值 $TW_{i,j}=\sum_{k=1}^{p_i}W_{i,j,k}$。

6）选取 $TW_{i,j}$ 最大值对应的方案 $SA_{i,j}$，作为关键功能 CF_i 的最佳方案。

7）将优选出的各项关键功能最佳方案 $SA_{i,j}$ 集成到系统方案中，获得最佳系统功能架构方案。上述过程可见表 8 - 6。

表 8 - 6 系统功能权衡方案优选

关键功能 CF_i 候选架构方案 $SA_{i,j}$	关键功能 CF_i 的评估准则 $SC_{i,k}$						加权求和
	准则 $SC_{i,1}$ $Wt_{i,1}$		…		准则 SC_{i,p_i} Wt_{i,p_i}		
方案 1 － $SA_{i,1}$	$MOE_{i,1,1}$	$W_{i,1,1}$	…	…	$MOE_{i,1,p_i}$	$W_{i,1,p_i}$	$TW_{i,1}=\sum_{k=1}^{p_i}W_{i,1,k}$
…	…	…	…	…	…	…	…
方案 n_i － SA_{i,n_i}	$MOE_{i,n_i,1}$	$W_{i,n_i,1}$	…	…	MOE_{i,n_i,p_i}	W_{i,n_i,p_i}	$TW_{i,n_i}=\sum_{k=1}^{p_i}W_{i,n_i,k}$

（2）关联系统模型与分析模型

系统建模工具主要表达描述性的系统模型，系统模型包含系统的行为、结构和参数模型。但是，系统模型通常不能执行分析（或者只能执行简单的分析），须将系统模型和数据导出到另外一个可执行分析的模型，才能执行分析。系统模型为仿真和分析提供了设计信息，仿真模型则执行分析，通过属性值可以将分析结果反馈到系统模型中。其中，系统模型中的模块定义图、内部模块图、参数图和状态机图，可以转换到分析模型（例如，Matlab/Simulink、Modelica），以实现问题的仿真分析。例如，利用定义在 SysML 配置文件的标准构造型，将外部分析工具中的模型导入 SysML 系统模型中；采用 SysPhs 规范[8]（用于物理交互和信号流模拟的 SysML 扩展），实现将 SysML 模型导出到外部分析工具（Simulink 和 Modelica）中，通过分析工具执行相关分析，提供分析结果到属性值，反馈到系统模型中。

在一个系统开发环境中，完成建模工具和分析工具之间的模型与数据交换，可以使用如下的三种机制。

1）手工交换。依据建模工具建立的模型和数据，采用人工方法在另一个分析模型工具中重新输入模型和数据。完成仿真分析后，再将生成的结果人工输入系统模型中。显然，这是相互解耦的交换数据方法，效率非常低。

2）文件交换。大多数系统建模工具提供基于可扩展标记语言（XML）的元数据标准交换格式（XMI）[9]，或者基于 STEP 数据交换标准的应用协议 AP 233[10]（它特别适用于机械、电子工程分析领域），来实现系统模型与分析模型之间的模型导出和数据传输。实际上，这种交换模式在两种模型之间须建立一个中间构件（可以认为是翻译器，如 SysPhs 规范），实现从一种模型到另一种模型的变换。具体操作时，可以通过对模型导出对话框的设置来实现将系统模型导出到分析模型，或者通过对模型导入对话框的设置来实现分析模型导入系统模型。

例如，从 SysML 系统模型导出到 Simulink 分析模型，SysML 模型中可能要增加 SysPhs 构造型的模块、常量、变量和端口说明，规定模块对应于 Simulink 模型库等效组件的完全限定名称、哪些参数是变量/哪些是常量、端口类型，导出时还要选择仿真时间范围，计算步长，并对模型做出部分调整，具体可参见建模工具使用手册[7]。需注意存在一些限制，例如，不能导出活动图和序列图，不能对双向端口导出，只能导出多个 IBD 图中的第 1 个图等。

3）应用程序接口 API 交互。基于一个模型工具到另一个模型工具的应用程序接口（API），不需要一个中间构件，可以实现第一个模型工具对第二个模型工具数据的读写调用，从而可以实现工具之间的直接数据交换。API 在传递模型数据方面非常有效。但是，目前没有对应的 API 的互换标准，许多模型工具都有自己的模型对模型的应用程序接口 API。

8.4　MBSE 卫星建模框架实例

8.4.1　项目背景

这里以无线电极光探测立方体卫星（后续简称立方星）为例[11,12]，说明 MBSE 在卫星领域的应用。立方星是由边长 10 cm 的标准尺寸正立方体为基本单元，组合构建的微纳卫星，一般通过火箭搭载方式发射。

某无线电极光探测器（Radio Aurora Explorer，RAX）系统由两颗立方星“RAX - 1、RAX - 2”执行相同的任务。这里以 RAX - 2 为例，构建 SysML 模型。构建的模型将用于描述卫星任务、轨道、与外部实体（如地面站和目标对象）的接口、关键的卫星硬件（如系统、分系统、组件）行为、关键的卫星约束和效能度量指标。

RAX 任务目标：研究场对齐等离子体不规则性（Field - Aligned plasma Irregularities，FAI）在低极区电离层（80～300 km）的形成机制。FAI 是密集的电子云，尺度从厘米到公里不等，会干扰地面站对航天器的跟踪与通信。由于极区难以收集高度倾斜地球磁力线的垂直后向雷达散射，卫星任务期望获得高纬度极区的高分辨率 FAI。

RAX 概念方案：采用了双基地雷达方案，即地基雷达和卫星接收机。实验区是一个圆锥体，圆锥顶点是地面通信雷达站，RAX - 2 卫星位于 410 km×820 km 和 101.5°倾角轨道上，如图 8－23 所示。科学试验中，星载雷达接收机接收散射信号并存储在内存中，星载 GPS 接收机提供准确的空间和时间信息。RAX－2 大约在 5 min 内通过实验区上空，通过对数据进行采集、处理、压缩并传回地面。在一年的任务周期内，每天重复这一系列事件。RAX 主地面站和运控中心位于某大学内，负责接收有效载荷数传和平台遥测数据。

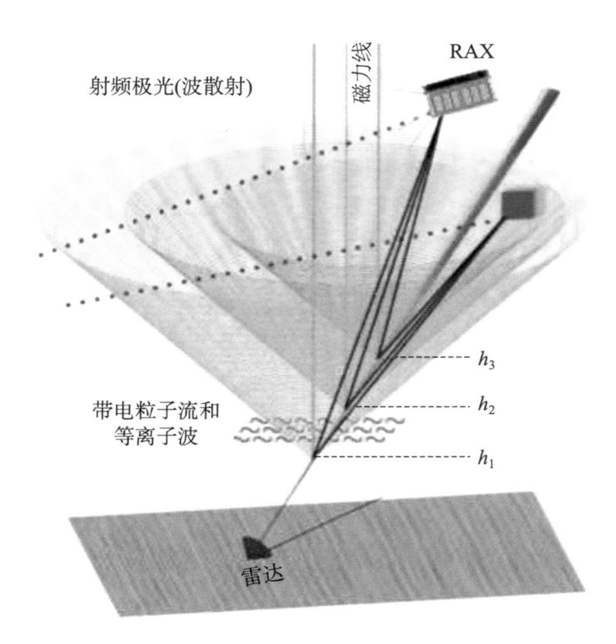

图 8－23 RAX 任务数据收集环境

8.4.2 建模准备

（1）需求建模

系统工程工作的一个重要方面是建立用于设计、分析、验证、确认和运行系统的需求规范。在基于文档的系统工程中，通过自然语言、图表说明和分析，来获取需求规范。在 MBSE 范式中，通过行为交互和性能模型得到正式的需求规范，描述性的需求仅用于无法用行为表达的内容，例如，“系统 80％组件要采用国产部件”等。

（2）元模型术语与建模框架

表 8－7 列出了立方星与 SysML 专业术语（SysML 元素、SysML 图类型）的对应关系，例如，卫星系统、分系统等组件用 SysML 模块和模块组成部分表达；功能指组件依据输入/输出状态改变组件的状态，其中输入是影响组件状态的变量值，输出变量值是对组件状态影响结果的报告；状态是特定时间段描述组件状态的变量值，分系统具有按状态运行的功能；接口是组件上的一个与外部发生交互作用的区域，需要在连接的接口保持一致性（或标准化）才能正常工作；场景是完成任务目标的一系列功能。

表 8-7　立方星与 SysML 专业术语

立方星	SysML 概念	
	SysML 元素	SysML 图类型
组件(分系统、系统等)	模块、模块组成部分	ibd，bdd
功能(输入、输出)	操作(输入参数:参数类型，输出参数:参数类型)	bdd，sd
状态	值属性	bdd
接口	流端口，流规范	bdd
场景	交互	sd

使用上述 SysML 术语可以构建立方星系统的建模框架，如图 8-24 所示。系统模型是描述系统如何将输入转变为输出的一组要求，如所有立方星部件应具有功能，应至少有一个接口，以便将输入转换为期望的输出。模型的构建框架是描述系统概念和关系的集合。通过建模框架，可以用一致、连贯的方式，精确地捕获立方星的需求规范。

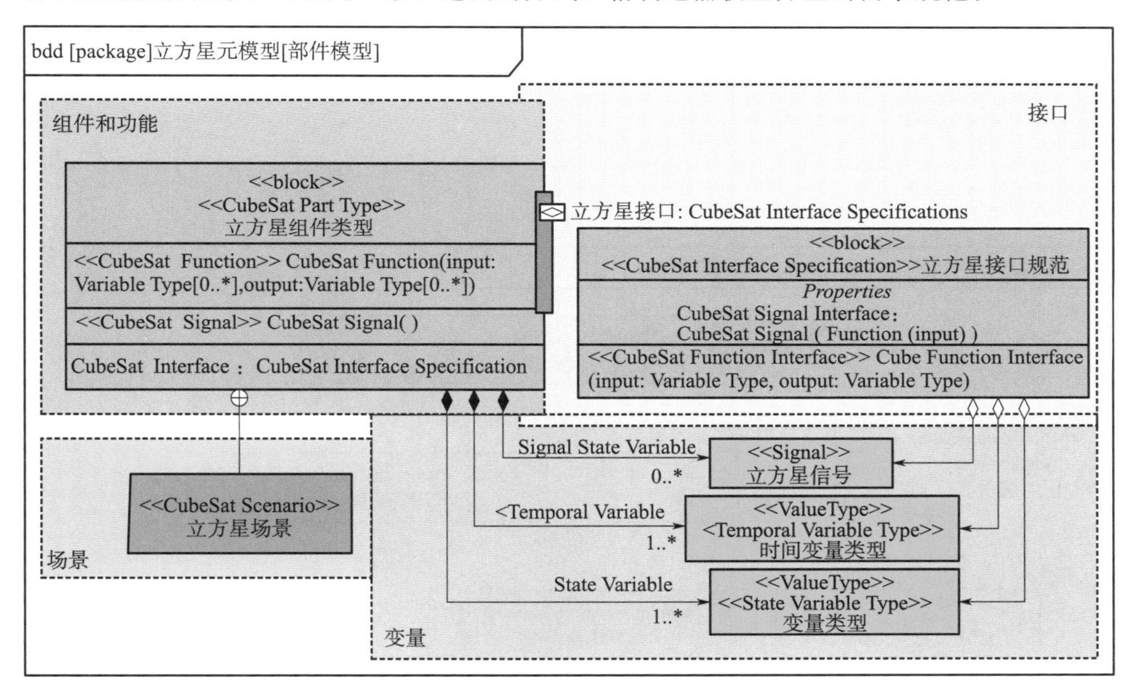

图 8-24　立方星建模框架

(3) 立方星建模方法

这里采用面向对象的系统工程建模方法（OOSEM），结合元模型构建立方星系统模型。立方星建模提供“任务、任务元素、任务目标、任务环境、飞行系统与分系统、地面系统与分系统”的结构和行为描述。OOSEM 用“域”（Domain）描述任务，将任务分解为任务元素，任务元素对应特定的任务目标，任务目标由用例描述，见表 8-8。任务模块捕获需建模的所有内容，包括系统模型、系统运行环境模型，以及立方星系统与其他系统交互的模型。

表 8-8　立方星概念到 OOSEM 的概念映射

立方星概念	OOSEM 概念
任务	域
任务目标	用例
任务环境	环境
飞行系统，地面系统	关注系统，逻辑系统，物理系统
分系统	逻辑系统

在任务元素分解过程中，识别出须要飞行系统和地面系统，飞行与地面系统进一步可分解为逻辑模型和物理模型。立方体卫星设计按功能划分成分系统，分系统对应于逻辑模型。逻辑模型描述不同概念所需的行为，物理模型则侧重于描述实现功能的有形实体"硬件与软件"。借助于逻辑模型和物理模型，系统工程师可分别设计"需要什么功能"和"如何实现功能"。

8.4.3　任务框架

立方星任务建模，以结构和行为术语，从定义任务架构开始。图 8-25 中的模块定义图说明了如何将立方星任务分解成任务元素、空间环境和一组任务目标。

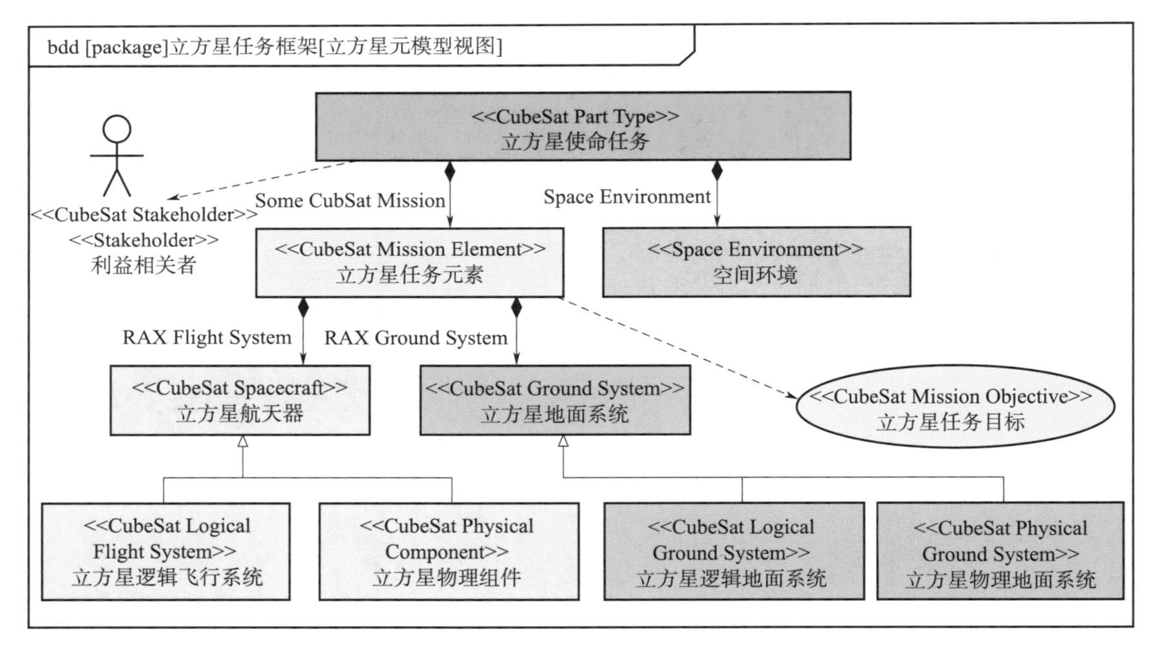

图 8-25　立方星任务环境

将任务域分成任务元素和空间环境，分离每个元素的关注点，任务目标采用用例建模；识别任务域中的关键元素，对每个关键元素的功能建模，描述性能和交互。这样就可以理解航天器与环境的接口，以及航天器的功能与性能。例如，对 RAX 任务建模，可以定义如图 8-26 所示的 RAX 任务元素和地球轨道空间环境。

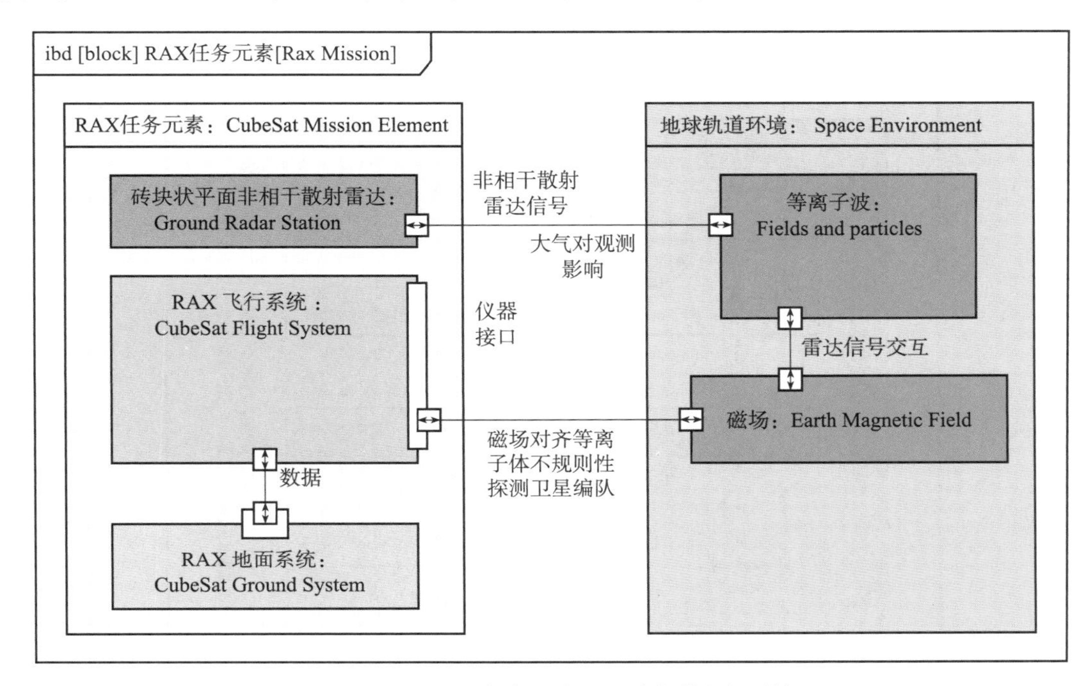

图 8-26　RAX 任务元素和地球轨道空间环境

RAX 任务单元由立方星飞行系统和地面系统组成。地球轨道空间环境包括大气密度、地球磁场和太阳辐射效应构成的 RAX 轨道环境，以及 RAX 研究的低轨极区 FAI 科学现象。任务元素以多种方式与地球轨道空间环境相互作用。其中，飞行系统与空间环境直接相互作用，体现在科学任务方面，以及航天器利用与容忍空间环境方面；地面系统与飞行系统的通信与空间环境现象相互作用；地面系统不受空间环境的直接影响，只需要建模地面系统的指挥控制部分。

8.4.4　空间环境框架

RAX 是一项科学探测任务，立方星建模框架中，为空间环境建模提供了基础模块。对于 RAX 任务，通过 GPS 获得轨道位置，采用磁力矩器和重力梯度实现姿态控制，因此重力场和磁场对卫星位置和姿态控制的建模至关重要。地球电离层在模型中也很重要，因为它是科学任务的主要目标。图 8-27 所示的 SysML 内部模块图为电磁波传播的建模框架，电磁波受到地球低层大气、对流层大气、电离层和地磁场捕获带电粒子的影响。

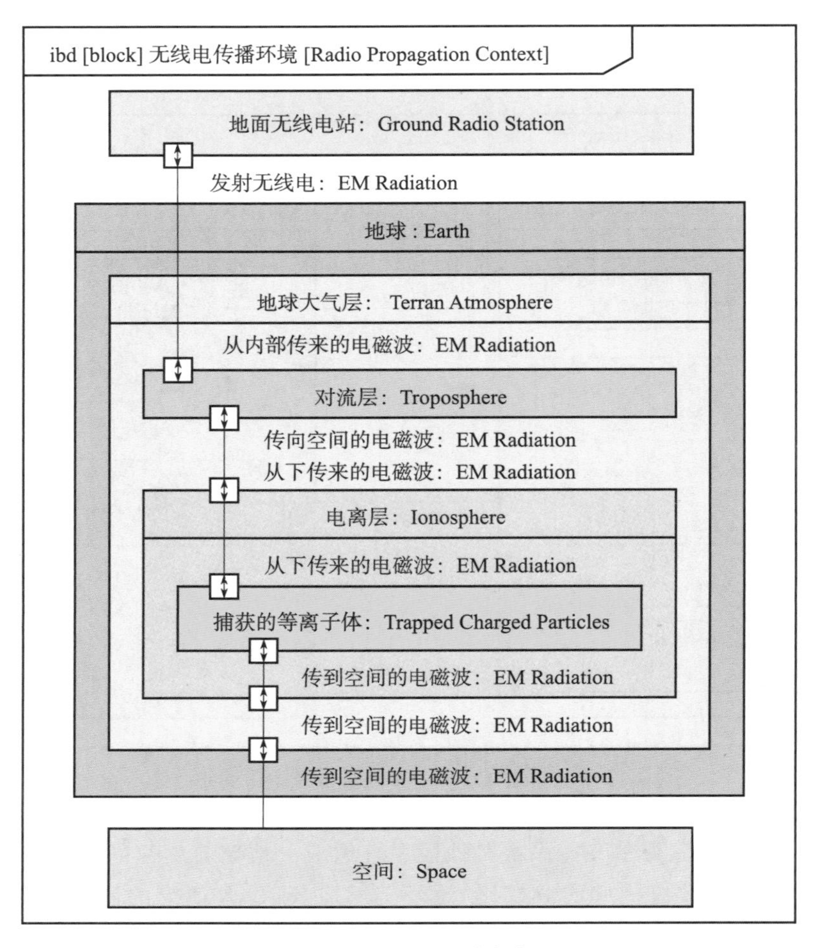

图 8-27　空间环境框架

地球大气对电磁波的传播存在多方面的影响，例如主要集中在对流层的水汽，吸收各种频率的电磁波；电离层存在与电磁波相互作用的带电粒子。水汽和带电粒子都会影响卫星和地面站之间的通信信号传输，研究捕获形成的等离子体是 RAX 任务的主要科学目标。

8.4.5　任务元素框架

对任务元素进行分解细化，得到如图 8-28 所示的模块定义图。发射服务指在特定时刻、特定发射基地，采用特定运载火箭，将卫星安装在标准部署装置上，搭载发射 RAX-2 卫星。

8.4.6　地面系统框架

图 8-29 将立方星地面系统分解为逻辑组件和物理组件，将两者区分开来，有利于探寻功能实现的多种方式。

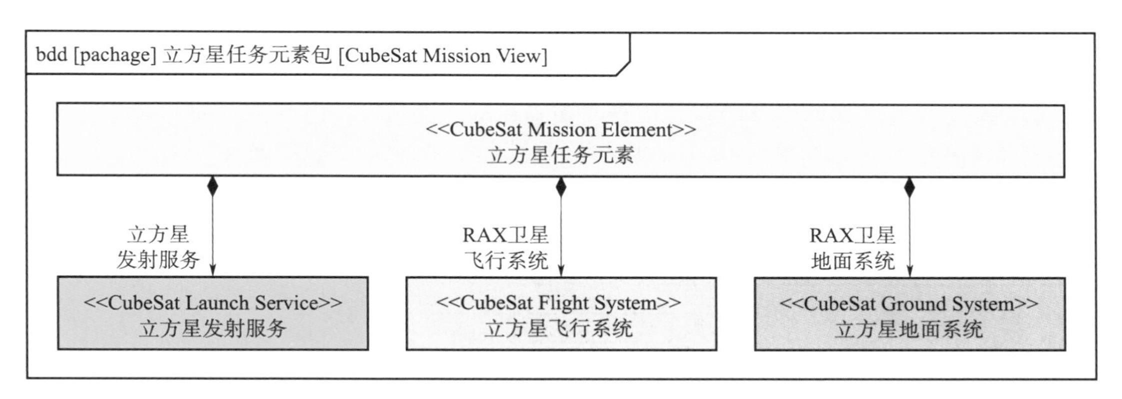

图 8-28　立方星任务元素细化

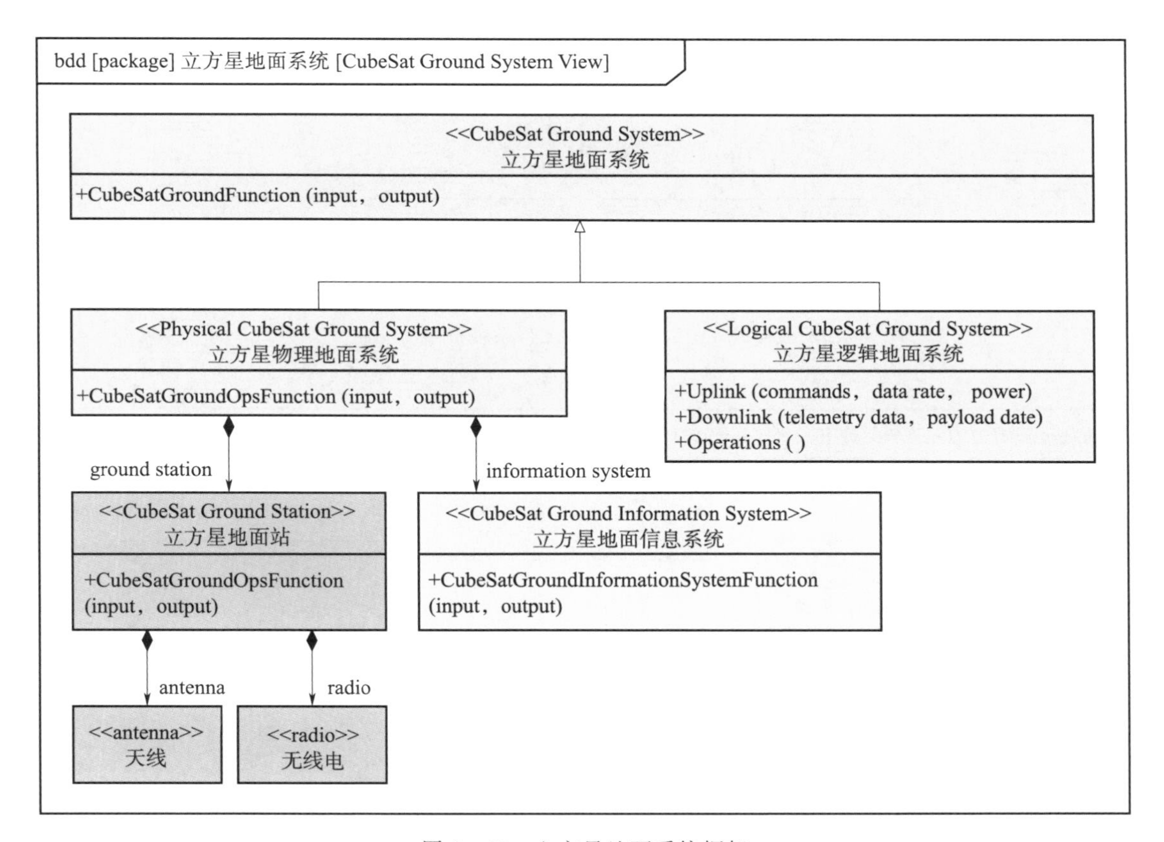

图 8-29　立方星地面系统框架

支撑 RAX 任务的地面系统由全球协同地面站组成，每个地面站由天线、无线电、地面站计算机和软件组成，地面站之间互相联网。通常每隔 20 s，RAX 通过 UHF 频段遥测数据链路发送信号，全球任何地面站都可以接收信号。当 RAX 卫星过顶地面站时，下传科学数据与健康监测数据，使用地面站软件对信号解码，并将数据发送给 RAX 团队。

8.4.7 飞行系统建模框架

立方星飞行系统同样划分为逻辑模型与物理模型，如图 8－30 所示。逻辑模型定义完成任务目标所需的功能分系统（或组件），例如，能源收集与控制、热确定与控制、姿态确定与控制等分系统，如图 8－31 所示。物理模型则指定实现功能的具体物理组件。

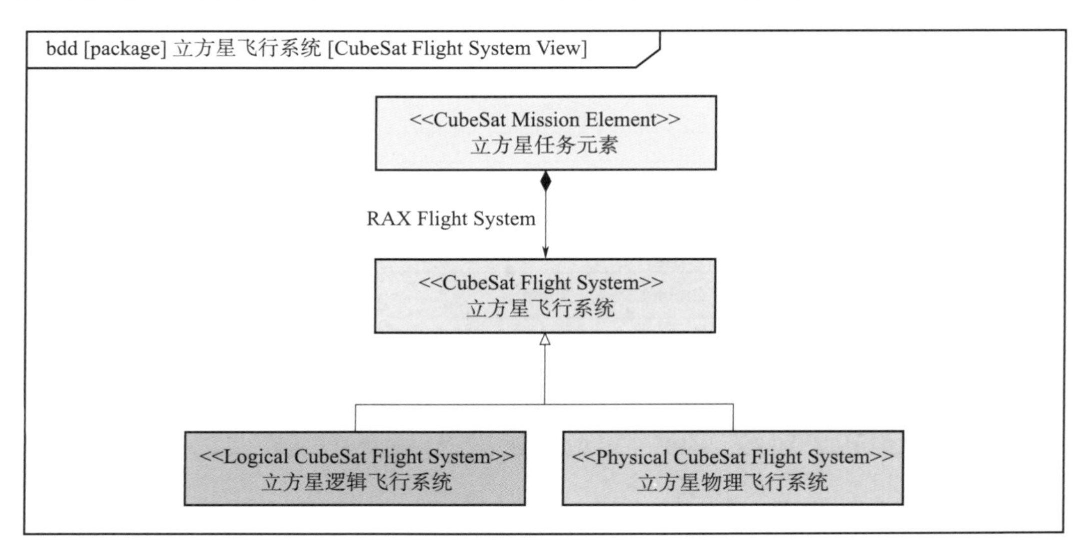

图 8－30 立方星飞行系统框架

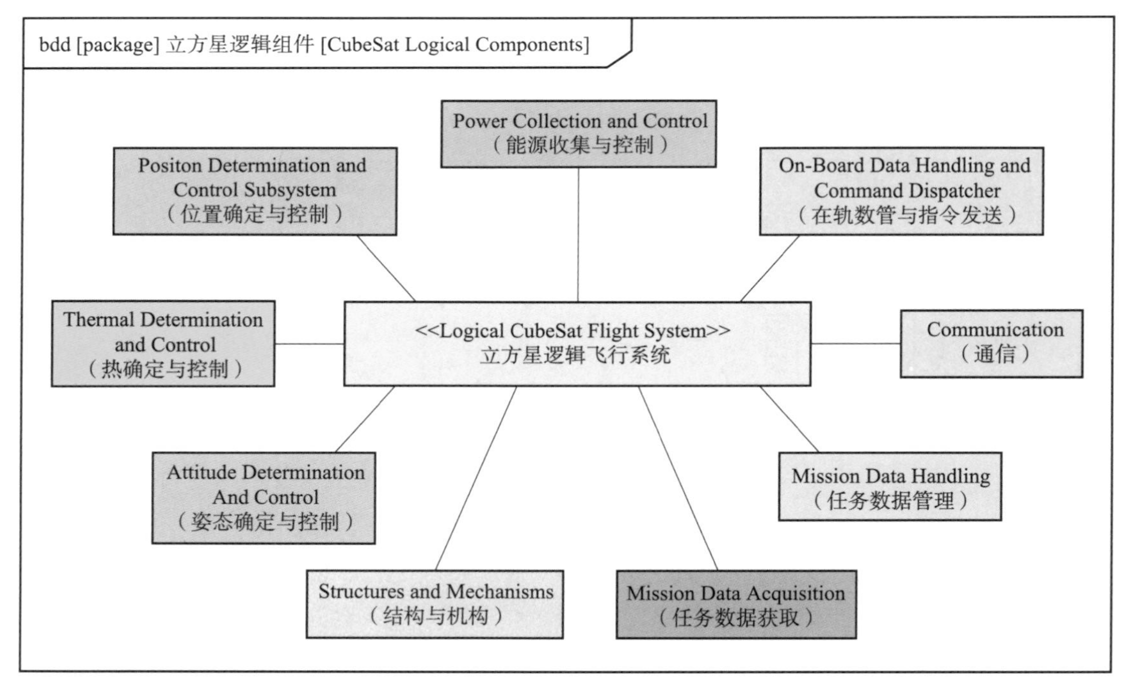

图 8－31 立方星飞行系统的逻辑分系统组件

对概念方案建模，能够提供更为清晰和准确的描述功能。对逻辑组件和物理组件分别建模，可分别关注于系统期望做什么和候选系统如何做，并在任务空间和解决方案空间，客观地评价和权衡候选功能架构方案。

分系统运行在特定状态下实现功能，将输入状态转换为输出状态。例如，立方星的状态包括卫星位置和姿态、星上存储的能量和数据、卫星热状态（各位置温度）。这些状态通过分系统功能的运行而交互。

表 8-9 描述了各逻辑分系统功能以及输入和输出，此表是由模型生成的。例如，位置确定与控制分系统，其功能之一是确定位置。

表 8-9　逻辑分系统组件的功能

序号	系统逻辑组件	功能（输入：数据类型，输出：数据类型）
1	结构与机构	分系统的操作（控制：Controls，机构状态：Mechanism States） 位置与高度的惯性控制（力：Force，力矩：Moment，位置：Position，姿态：Attitude） 位置与高度的质量控制（力：Force，力矩：Moment，位置：Position，姿态：Attitude）
2	能源收集与控制	调节能量（太阳功率：Power，蓄电池电功率：Power） 收集能量（太阳功率：Power，蓄电池电功率：Power） 储存能量（太阳功率：Power，蓄电池电功率：Power）
3	位置确定与控制	确定位置（位置参考：Position Reference Data，能量：Energy，位置信息：Position） 控制位置（期望轨道：Orbit，能量：Energy，位置调节力：Force）
4	数管与指令发送	发送指令（地面任务指令：Commands，分系统指令：Commands）
5	任务数据管理	处理数据（能量：Energy，任务数据：Mission Data，处理过的任务数据：Mission Data） 压缩数据（能量：Energy，任务数据：Mission Data，处理过的任务数据：Mission Data） 删除数据（能量：Energy，任务数据：Mission Data，处理过的任务数据：Mission Data） 滤波数据（能量：Energy，任务数据：Mission Data，处理过的任务数据：Mission Data）
6	任务数据获取	收集指定任务数据（能量：Energy，任务数据：Mission Data）
7	通信	发送遥测（飞行计算机遥测数据：Data Rate，飞行计算机任务数据：Data Rate，功率：Power，地面站遥测数据：Data Rate，地面站任务数据：Data Rate） 接收操作指令（地面站数据：Data Rate，功率：Power，飞行计算机操作指令：Data Rate）
8	姿态确定与控制	确定姿态（姿态参考：Attitude，能量：Energy，滤波姿态测量：Attitude，传感器测量：Attitude Sensor） 控制姿态（能量：Energy，期望姿态：Attitude，姿态扭矩：Torque）
9	热控	测量温度（热参考：Thermal Data，热状态数据：Thermal Data） 控制温度（当前温度：Temperature，温度控制指令：Commands）

（1）RAX 场景

立方星的任务目标是收集地球北极低轨道电离层的密集电子云散射的雷达数据，可用立方星的 SysML 模块定义图和序列图相结合，构建关键 RAX 任务场景，如图 8-32、图 8-33 所示。

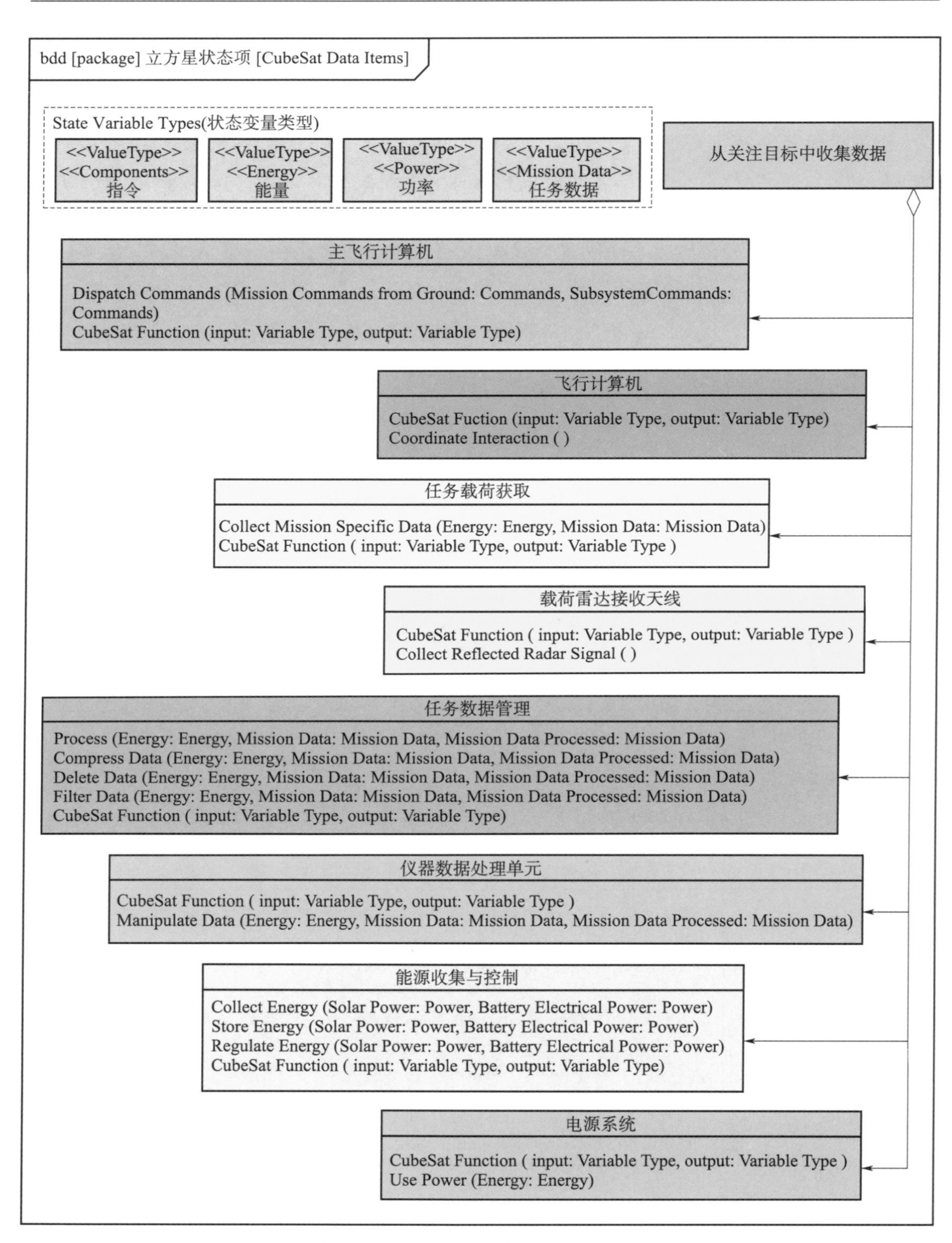

图 8-32　FAI 数据采集场景 bdd 图

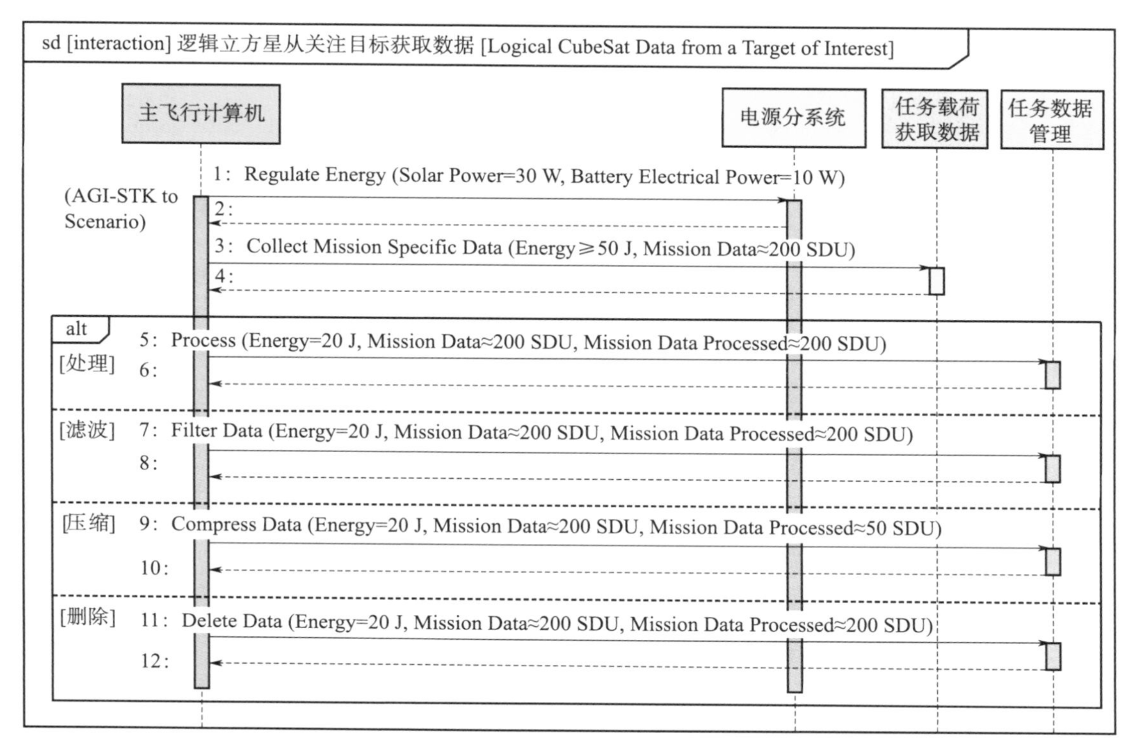

图 8-33　逻辑分系统序列图：FAI 数据采集场景

任务场景中涉及多个分系统。例如，任务有效载荷分系统和有效载荷雷达接收天线收集关注目标的数据；任务数据处理分系统负责处理、滤波、存储或删除数据；经过处理和压缩的数据由通信分系统下行到地面站；有效载荷飞行计算机和主飞行计算机提供总体控制；在整个场景中，消耗的电功率由电源分系统提供等。

图 8-33 是 SysML 的交互序列图，图中显示了从关注目标收集数据时，所涉及的逻辑组件之间的交互。电源分系统在整个场景中，调节能量并向各个分系统提供电功率；任务数据管理分系统负责处理、滤波、压缩和删除数据；主飞行计算机协调各分系统之间的交互，所有功能调用均源自该分系统；对逻辑分系统组件的每个功能调用都包含特定的瞬时值类型和数据类型，这些值类型和数据类型传递的信息见表 8-10。

表 8-10　数据交换：收集场景中的 FAI 数据

功能	输入/输出	值类型	状态变量类型
(电源分系统) 调节能源	太阳能(输入) 蓄电池电功率(输入)	30 W 10 W	功率 功率
(任务载荷获取数据) 收集数据	能量(输入) 任务数据(输出)	50 J 200 SDU	能量 任务数据量
(任务数据管理) 处理数据	能量(输入) 任务数据(输出)	20 J 200 SDU	能量 任务数据量

续表

功能	输入/输出	值类型	状态变量类型
(任务数据处理) 滤波数据	能量(输入) 任务数据(输入)	20 J 200 SDU	能量 任务数据量
(任务数据处理) 压缩数据	能量(输入) 任务数据量(输入)	20 J 200→50 SDU	能量 任务数据量
(任务数据处理) 删除数据	能量(输入) 任务数据(输入)	20 J 200 SDU	能量 任务数据量

(2) 飞行系统的物理组件

立方星建模框架包含通用硬件和软件的物理组件类型库，飞行系统的物理部件实现分系统定义的功能。在图 8-34 和图 8-35 示例中，它们组织成分系统包的框架形式，图中分别给出飞行系统的典型物理硬件部件和软件部件。

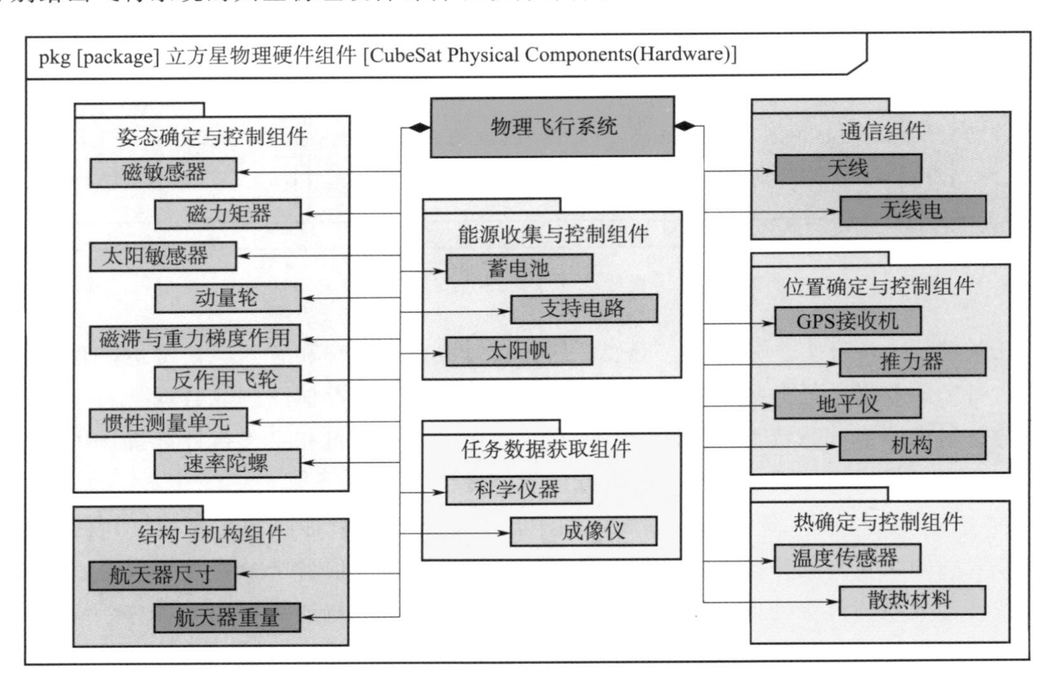

图 8-34　物理飞行系统组件（硬件）

图 8-36 说明了如何将姿态确定与控制分系统的功能分配给实现与执行该功能的物理部件。图 8-37 为所有物理系统的总览图。

8.4.8　SysML 与 STK 的接口

AGI-STK 为空间、空中和地面运行操作提供商业分析与可视化软件，该软件组件是一系列低层级的类库，可提供对特定分析和可视化的访问能力。动态几何库可提供飞行器精确运行时间与位置建模和传感器建模，可对航天器相互之间的位置、定向、可视间隔进行计算，并对航天器区域动态覆盖性进行计算。

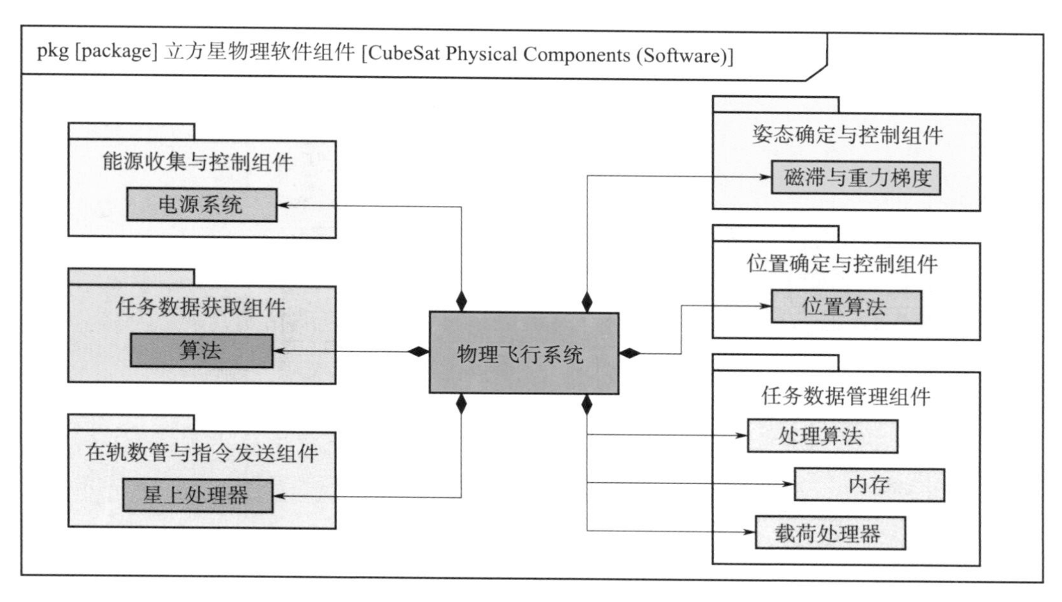

图 8-35　物理飞行系统组件（软件）

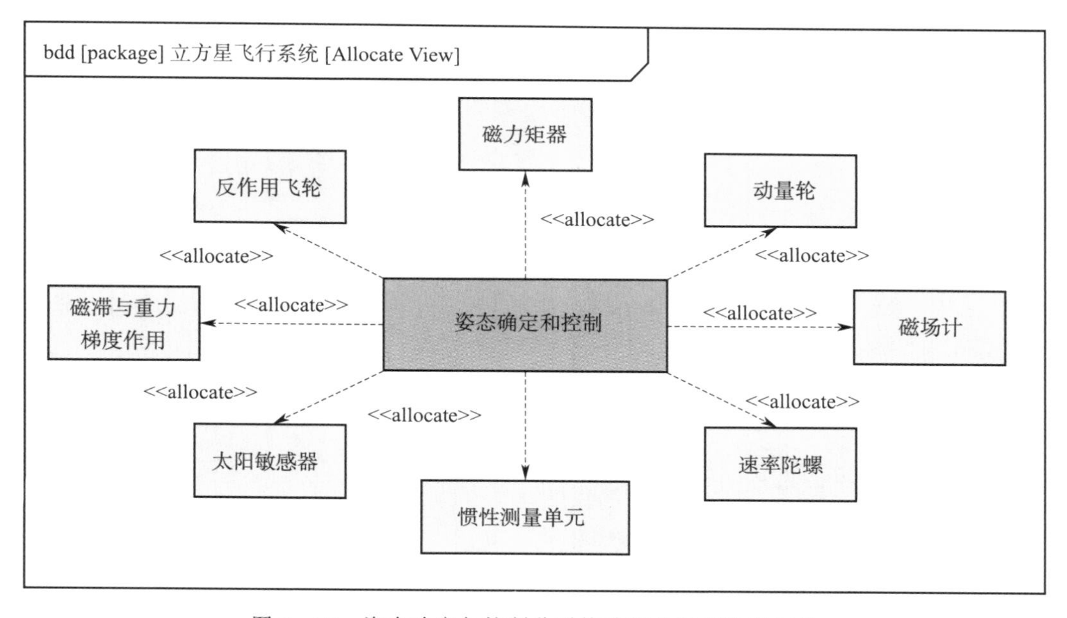

图 8-36　姿态确定与控制分系统功能分配到物理组件

利用 SysML 的交换数据，用户可以单独开发 SysML 与 AGI-STK 专业分析模型的接口（或利用商业开发软件提供的功能）。通过接口可以将 AGI-STK 模型作为模型元素嵌入 SysML 模型中。此时，SysML 模型可建立包含卫星和地面站的场景模型。这里使用 AGI-STK 组件计算卫星与地面站之间的可访问性；采用可视化显示可访问性；采用 SysML 模型报告可访问性。SysML 建模采用 No Magic 公司开发的 MagicDraw 工具，并使用 InterCAX 公司开发的 ParaMagic 作为与 AGI-STK 组件的接口。

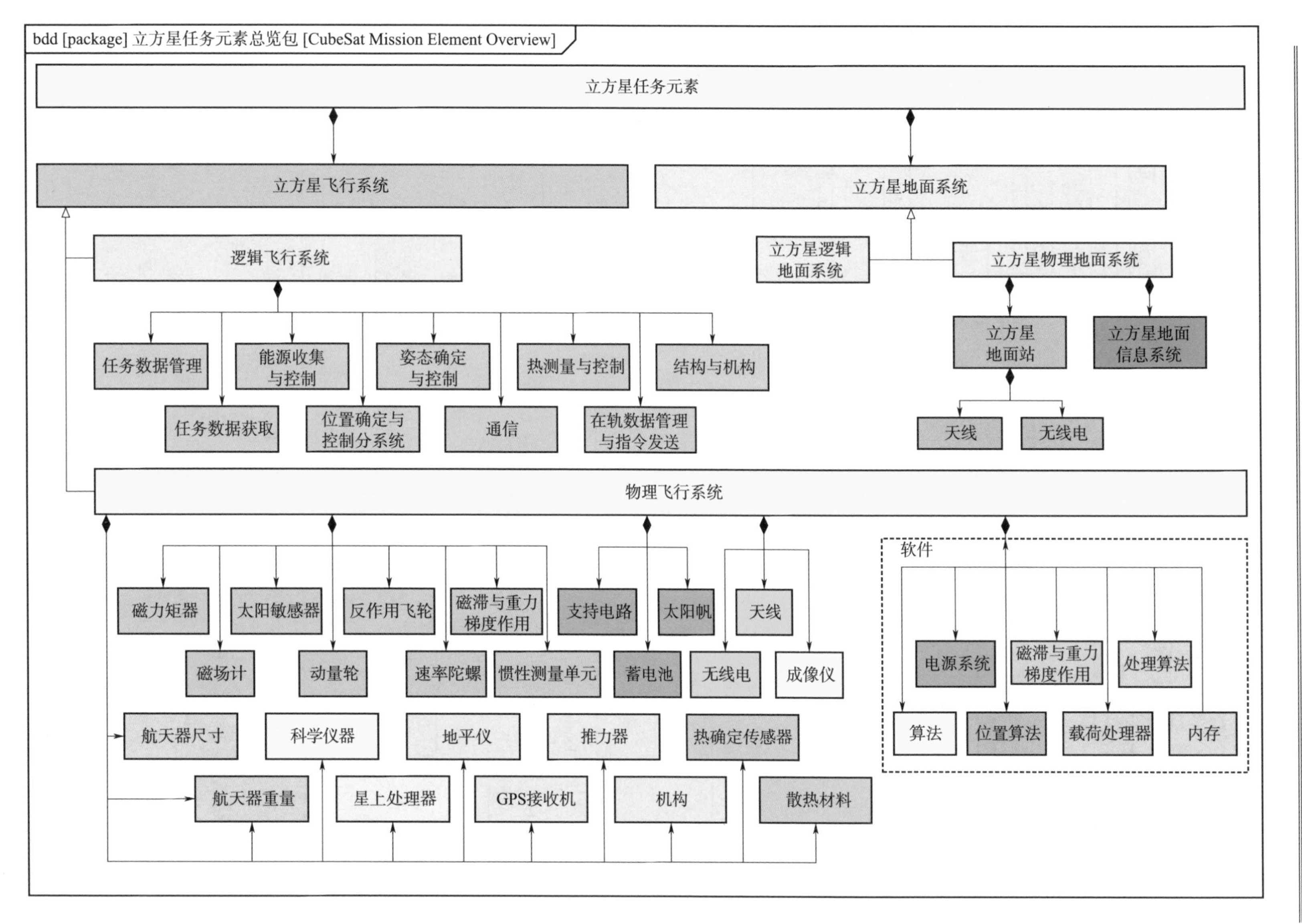

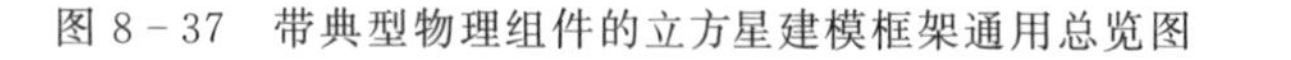
图 8－37　带典型物理组件的立方星建模框架通用总览图

8.5　MBSE 火箭建模框架实例

本节以运载火箭一、二级分离子系统为例，开展构建 MBSE 模型实践。采用 MBSE - RFLP（需求、功能、逻辑、物理）建模方法，参考传统工程设计、管理文件和三维产品模型协同设计规范，探索从传统系统设计生成物到 MBSE 系统模型的映射关系，形成适用于运载火箭 MBSE 建模的方法流程，并逐步完善模型框架体系。

在建模实践过程中，首先开展需求模型设计，然后开展功能分析、逻辑架构定义和物理架构设计，最后开展基于专业工程的多物理场建模分析，在过程中不断和反复确认，形成较为完善的最终系统物理架构方案和技术指标。在过程中，需考虑全寿命周期、所有利益相关者、全任务剖面的需求，以及全系统层次的方案与分析，如图 8 - 38 所示。

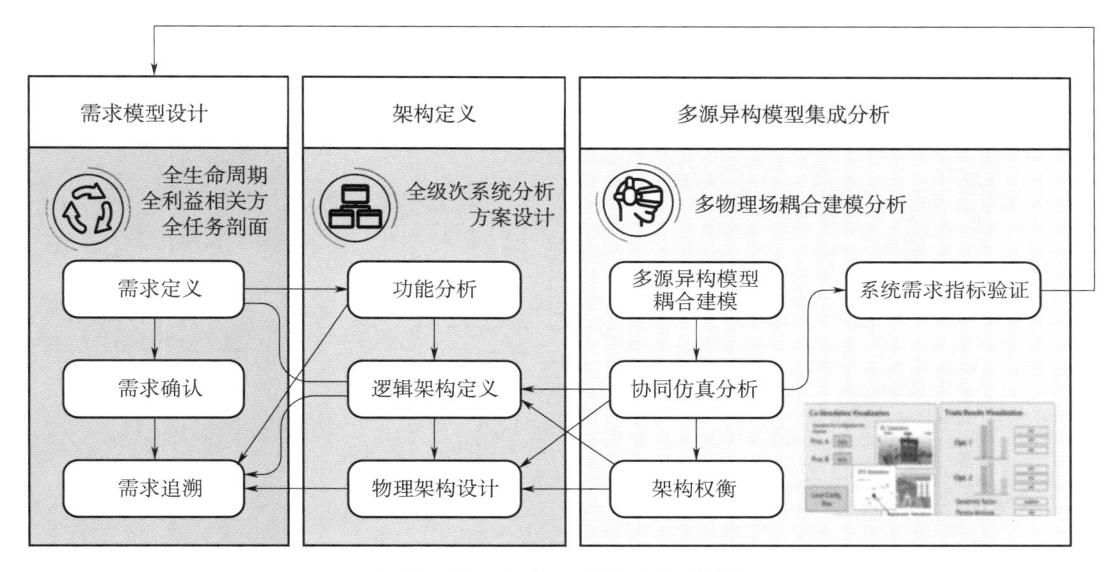

图 8 - 38　MBSE - RFLP 方法框架

过程中采用 SysML 语言和 MagicDraw 建模软件工具，对一、二级分离子系统进行建模。其一，在需求域导入系统使用需求，包括功能性需求、非功能性需求，以及设计约束（不等式）；其二，在功能域基于需求开展功能分析，通过行为图分析导出系统级功能结构图，并派生出需求；其三，在逻辑域基于系统级的功能结构图，对每项系统级功能进一步开展逻辑功能分解或分配，导出组件级的功能模块；其四，在物理域通过重组组件级功能模块形成物理模块，并对物理模块方案的选择进行权衡分析，获得几个候选方案，同时建立功能模块与物理模块之间的映射关系；其五，在物理域基于专业工程软件工具，开展多物理场耦合建模分析，确认候选方案的可行性，并优化技术指标。所有这些过程，要反复迭代与递归，火箭一二级分离 MBSE - RFLP 的具体实现过程如图 8 - 39 所示。

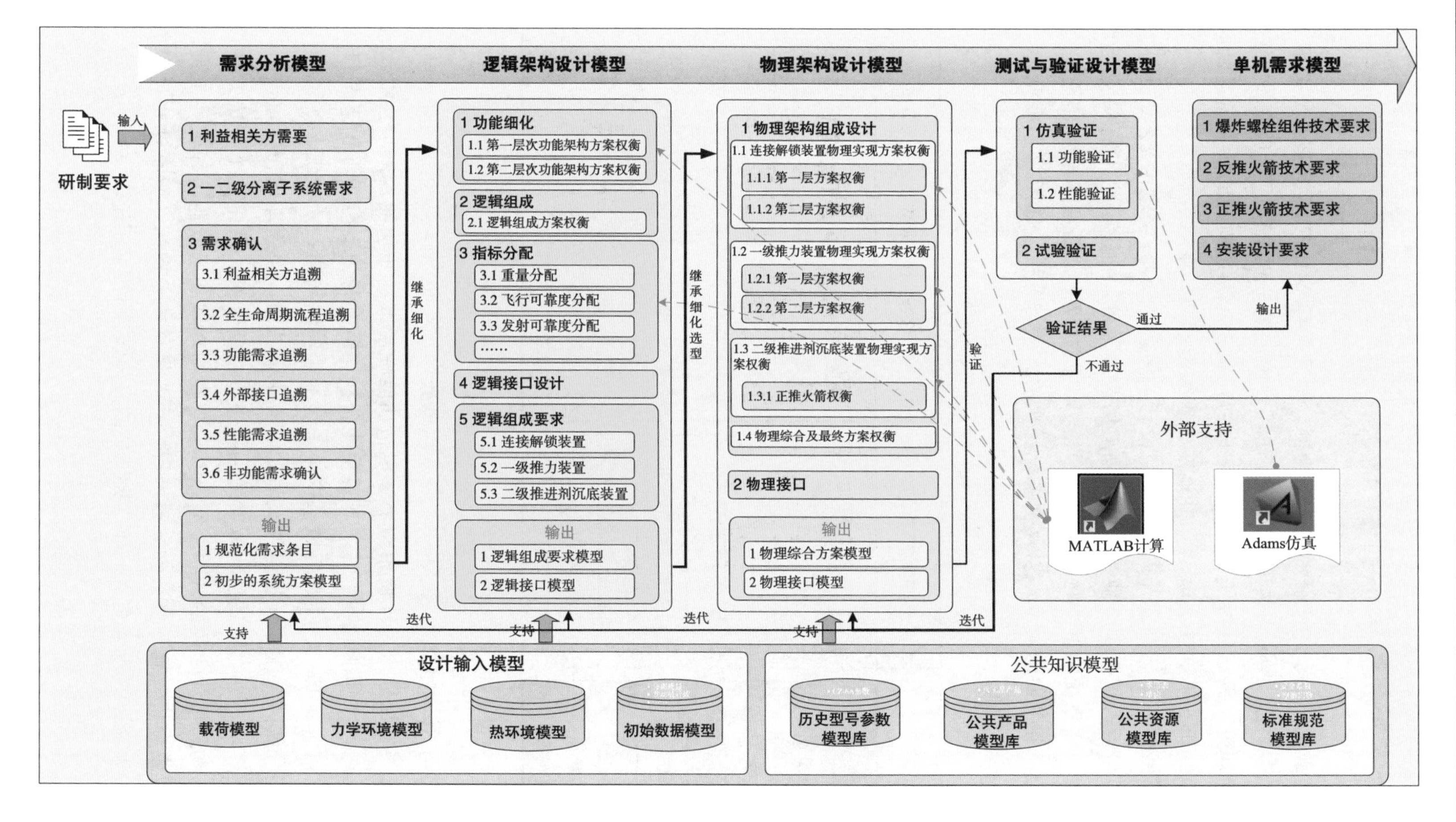

图 8-39　火箭一二级分离 MBSE-RFLP 具体过程

8.5.1　需求捕获与定义

需求分析工作贯穿于系统全寿命周期过程，涉及所有的利益相关者。在新系统设计过程中，其一，全面收集“利益相关者、任务使用、寿命周期过程、功能场景、系统接口、性能指标等”方面的需要或需求，并以条目（id，text）形式描述这些需求；其二，将这些需求转化成系统需求（初稿），后续在设计过程中会派生出新的需求，过程中需要不断完善系统需求；其三，分别建立这些需求与系统需求的可追溯性关系，进行多维度需求的确认。需求捕获与定义过程可见图 8－40。

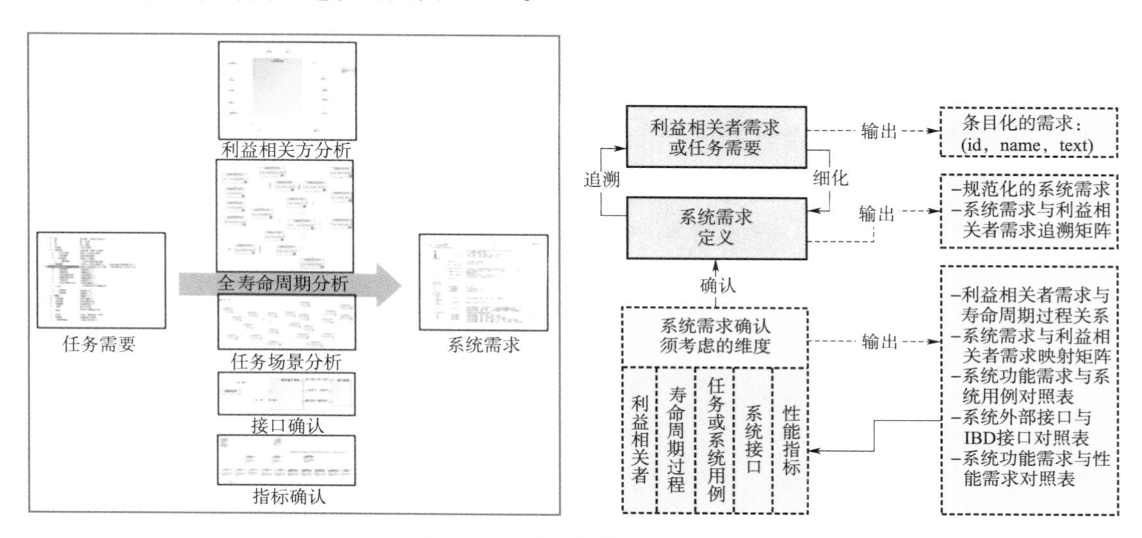

图 8－40　需求捕获与定义过程

上述利益相关者，需要考虑法律法规与管理人员需求，以及测试、储存、翻转、结构、动力、控制、电气、生产、试验、运输、发射测控等人员对系统操作与运行的需求。上述系统需求可进一步分类成：法律与法规要求、标准与规范要求、功能要求、性能要求、接口要求、六性要求（或通用质量特性要求）、经济性要求、设计约束、物理约束和其他非功能性要求等。例如，图 8－41 给出了功能元素到系统需求的满足（satisfy）关系，接口之间的分配（allocate）关系，以及性能到功能的改善（refine）关系。

类似地，可利用需求图和交叉分配关系，分别建立任务元素、利益相关者、寿命周期过程、性能与系统需求的追溯关系，或者需求相互之间的追溯关系，审视系统需求的完备性、准确性和非冲突性。

另外，在需求捕获与定义过程中，初始捕获的需求一般比较笼统，需要进行细化。例如，针对一二级火箭分离最小间隙要求，初始的要求为“系统应保持两个分离体在分离过程中，间隙大于 100 mm”。但是，一二级火箭起爆解锁与施力分离过程中，可能存在质心偏移、角度偏移、一级火箭发动机后效冲量，这些因素会影响分离最小间隙，针对这些因素的影响，可利用 SysML 需求图细化“分离最小间隙要求”，如图 8－42 所示。

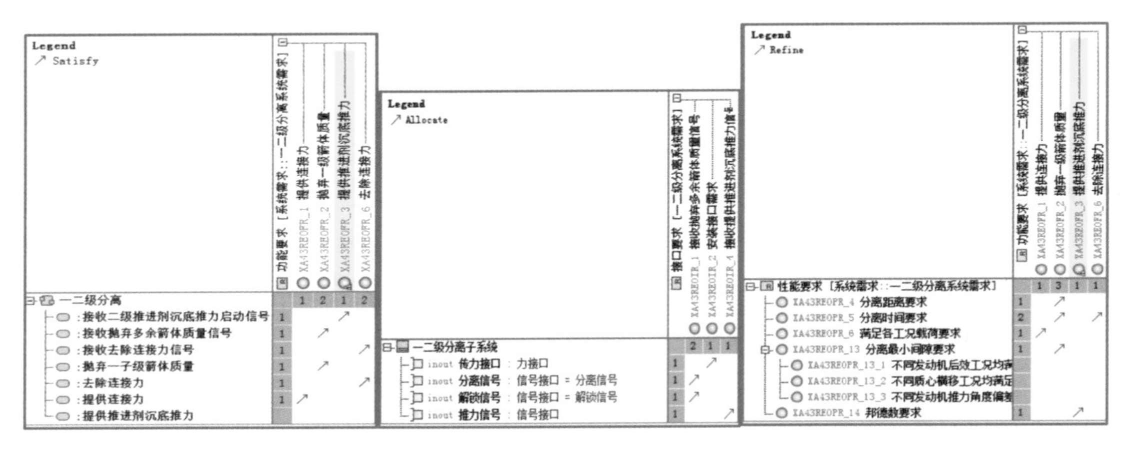

图 8-41　功能元素到系统需求满足关系、接口之间的分配关系、性能到功能的改善关系

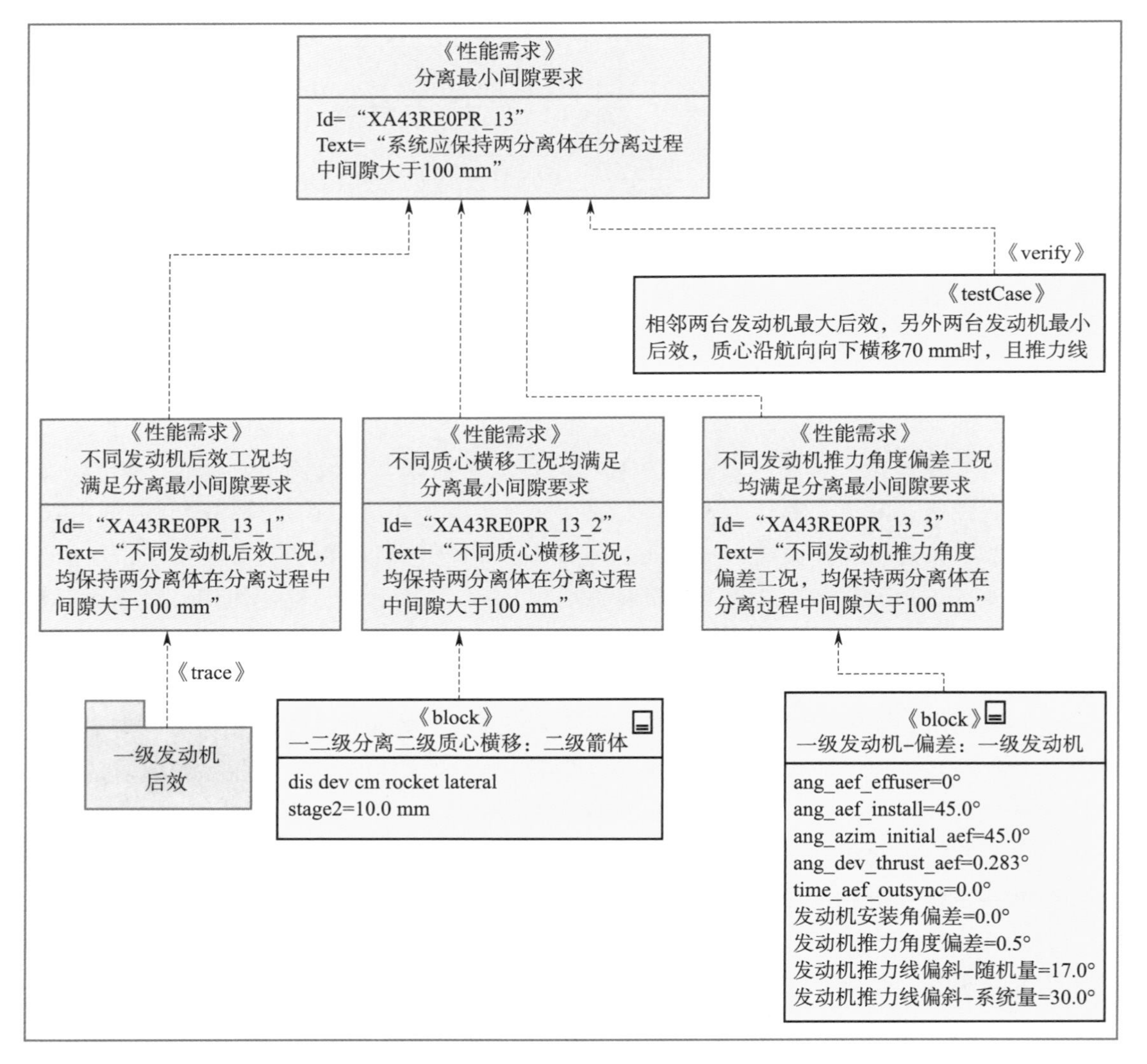

图 8-42　分离最小间隙要求的细化

8.5.2　功能架构设计

功能架构设计的重点是拟定系统运行所需的功能，描述多个实现方式的系统级功能场景，并对多个功能架构方案进行权衡分析。

需要注意，其一，在功能架构设计阶段，主要围绕系统级的主功能场景，采用黑盒行为图，描述系统需要做什么；其二，系统功能实现可能存在多种系统级的方案，需要给出多种功能架构实现方案；其三，需要对多种功能架构方案开展权衡分析，包括拟定评价准则和加权因子，制定各方案、各准则的效用函数和计分值，对每个方案、每个准则的计分值加权求和，从而获得分数较高的功能方案。

例如，运载火箭一二级分离所需的分离力可以来源于一级，或者二级，或者一二级都提供分离力。一二级分离时，一级贮箱推进剂已接近消耗完，结构质量较轻，因此由一子级提供分离力应该更小，方案也应该更优。图 8－43 中的活动图给出了一二级分离的功能分解活动图［图 8－43（a）］，以及分离力来源的选择活动图［图 8－43（b）］。

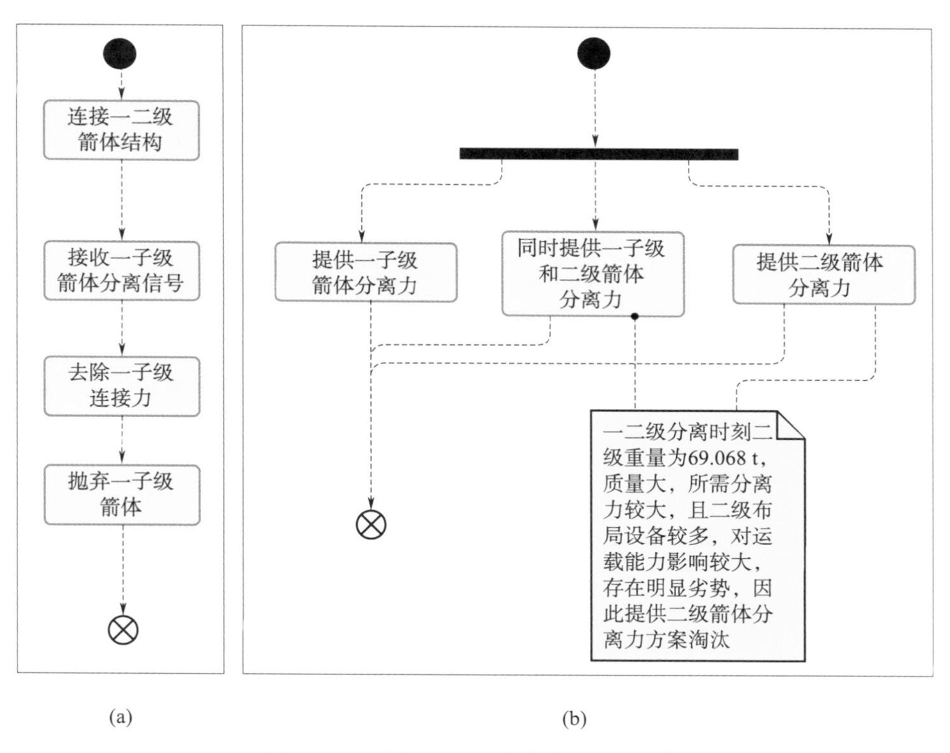

图 8－43　火箭一二级分离力来源的选择

8.5.3　逻辑架构设计

逻辑架构设计阶段的重点是针对初步选择出来的系统级功能架构设计方案，分解细化各层级功能，开展逻辑组成定义、参数定义、指标分配和接口设计，形成系统各层级的逻辑功能，直到满足需要为止。同时，还需要对不同层级的逻辑架构进行权衡分析，验证和完善逻辑架构设计。

需要注意，其一，在逻辑架构设计阶段，须围绕系统全层级功能，采用行为图，描述系统怎么做，或者系统各层级的功能组成、参数、接口和行为逻辑；其二，系统各层级的功能分配和逻辑实现方式可能存在多种方案；其三，需要对各层级多种功能分配和逻辑实现方式开展权衡分析，获取较优方案。逻辑架构设计过程可见图 8-44。

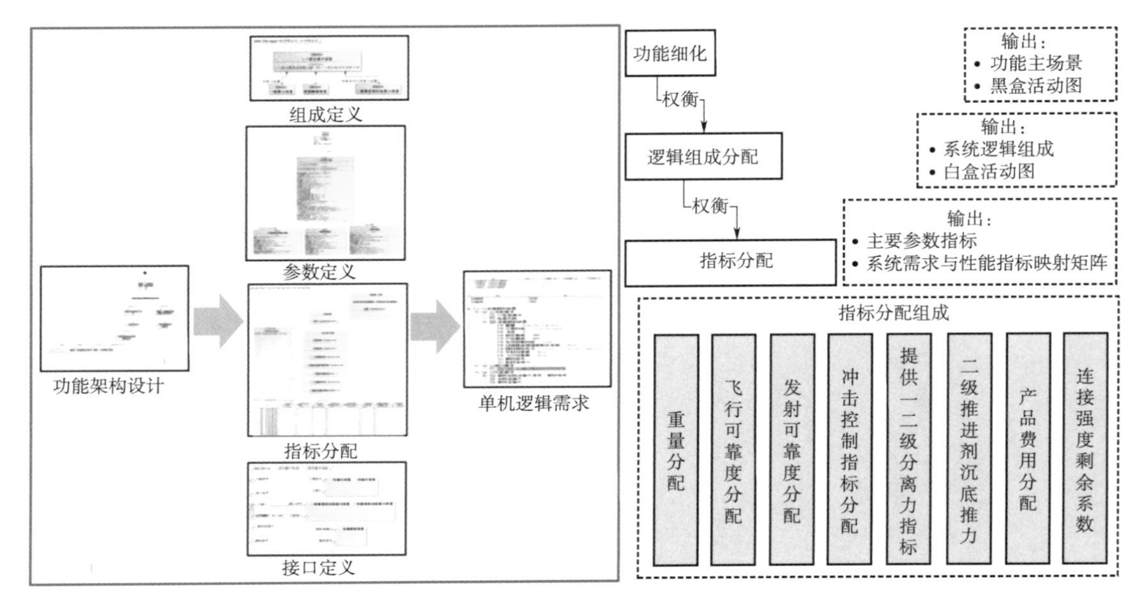

图 8-44　逻辑架构设计过程示意图

例如，在选择了一子级火箭提供分离力方案后，首先，对第一层级系统功能进行细化，发现有两种分离方案，即二次分离的“01 一二级分离系统组成方案”和一次分离的“02 一二级分离系统方案”，图 8-45 和图 8-46 分别为它们的逻辑组成模块定义图。图 8-47 为逻辑模块参数图。

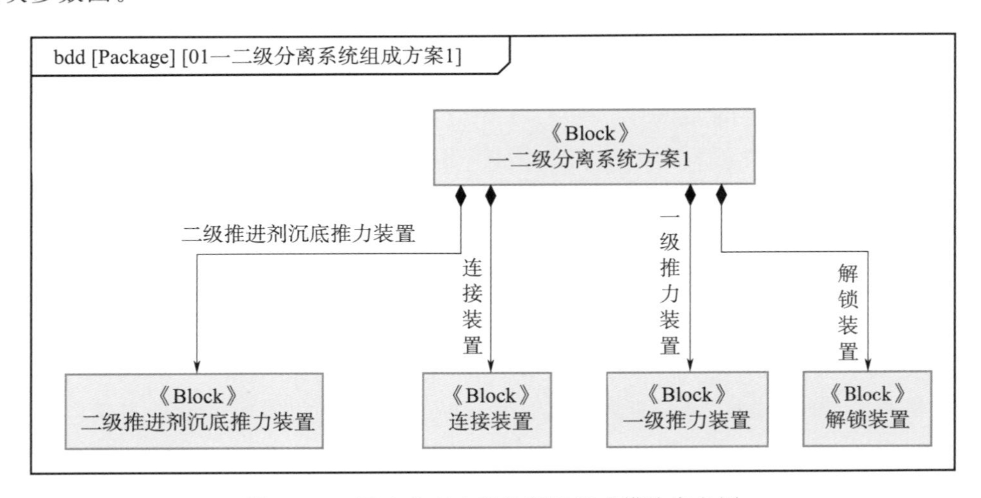

图 8-45　两次分离方案的逻辑组成模块定义图

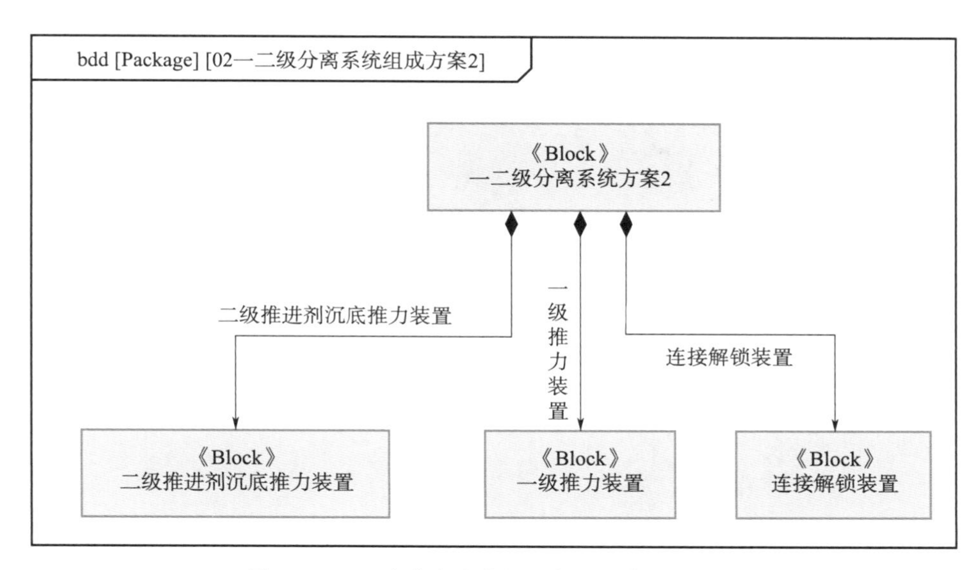

图 8-46　一次分离方案的逻辑组成模块定义图

利用定义的模块参数，采用七个评价准则，可对两种分离方案进行权衡评价分析。火箭分离两种候选方案的权衡选择如图 8-48 所示，评价结果见表 8-11。表 8-11 表明"02 一二级分离系统方案"加权分数较高，即方案较优。类似地，可以进行各层级逻辑架构的选择和权衡分析。

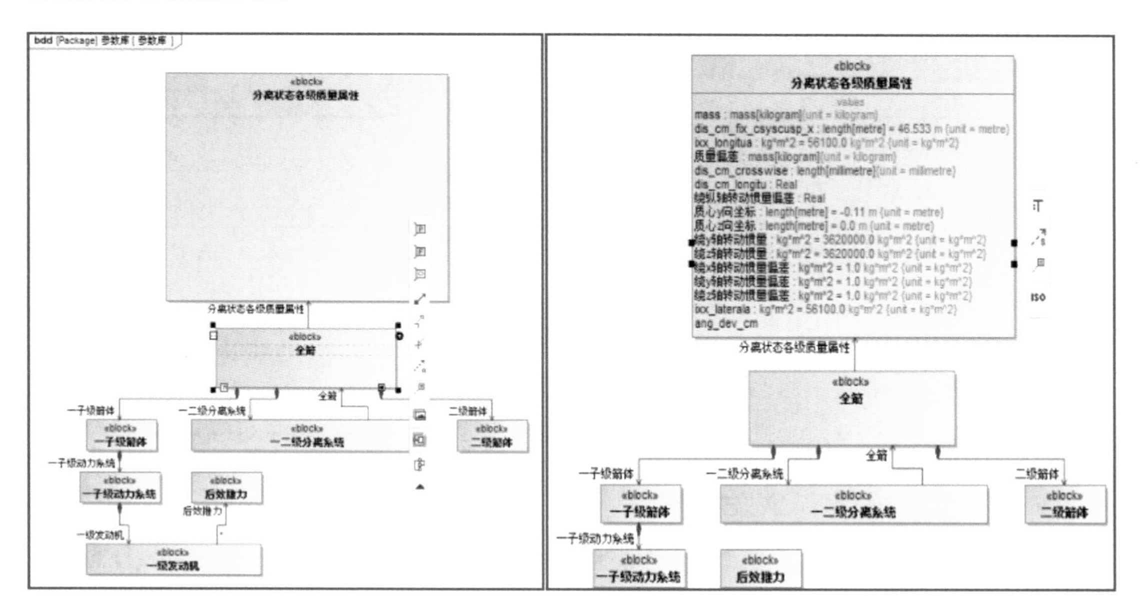

图 8-47　逻辑模块参数图

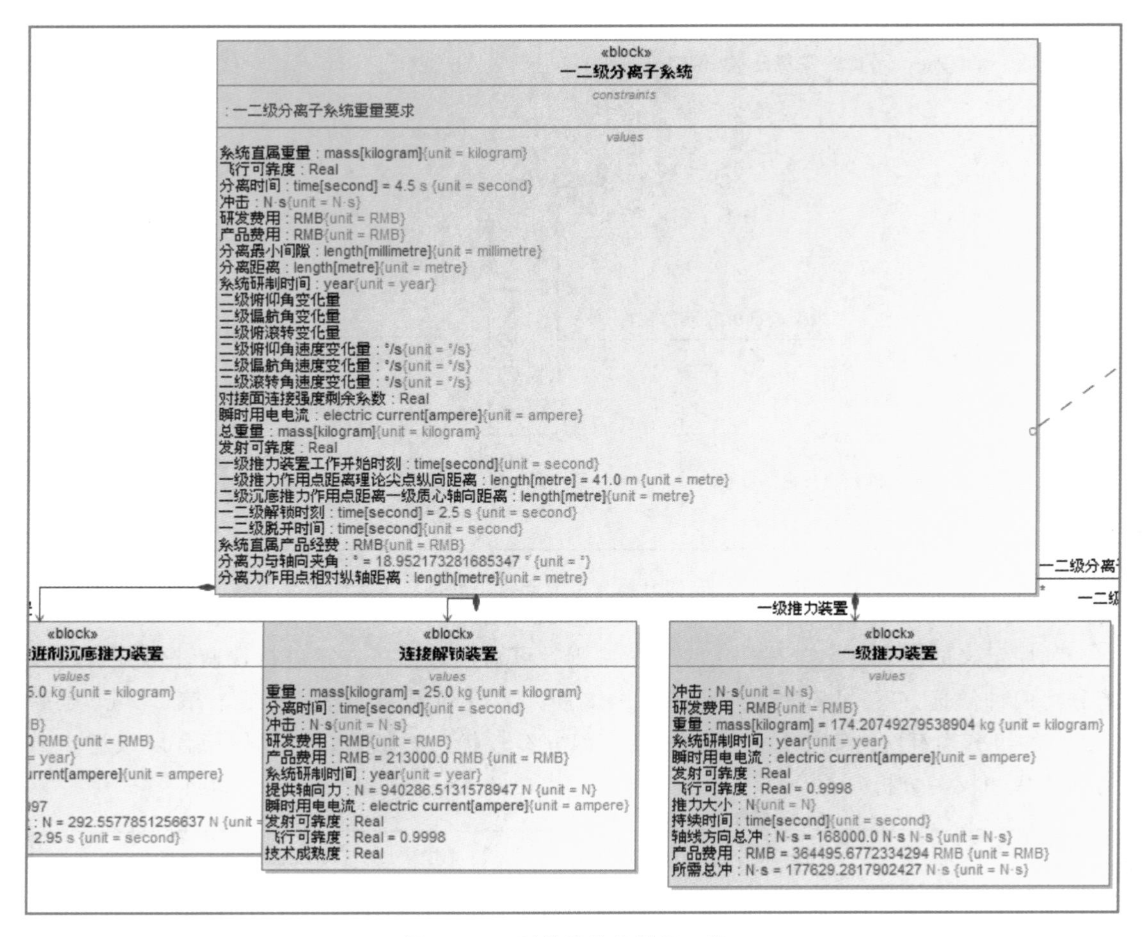

图 8-47　逻辑模块参数图（续）

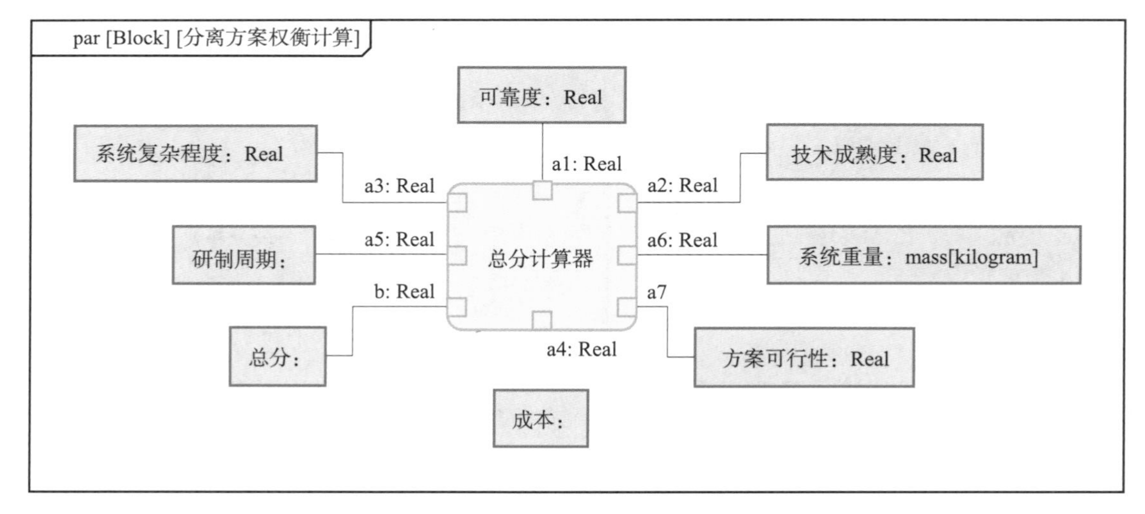

图 8-48　火箭分离两种候选方案的权衡选择

表 8-11　两种分离候选方案的比较

序号	名称	总分计算	可靠度	技术成熟度	系统复杂程度	成本	研制周期	系统重量	方案可行性
1	01 方案	两次分离方案	0.999 2	2	6	200	60	200	1
2	02 方案	一次分离方案	0.999 5	4	4	120	30	190	1
3	权重	$\sum = 1.0$	0.3	0.2	0.1	0.1	0.1	0.1	0.1
4	计算说明	加权和$\sum$	可靠度×权重	技术成熟度/9×权重	(1－复杂度/最大复杂度)×权重	(1－成本/最大成本)×权重	(1－周期/最长周期)×权重	(1－重量/最重重量)×权重	可行性×权重
5	01 方案分	0.444 20	0.299 76	0.044 44	0.000 0	0.000 0	0.000 0	0.000 0	0.100 00
6	02 方案分	0.622 07	0.299 85	0.088 89	0.033 33	0.040 00	0.050 00	0.005 00	0.100 00

8.5.4　物理架构设计与选型

物理架构设计与选型重点是将功能与逻辑架构映射为物理产品。一是对功能逻辑架构重新聚类，将功能逻辑架构映射物理产品；二是决策每个产品的实现方式，是开展新研产品研制，还是选择现成产品；三是选择每类产品多个候选方案，对多个候选方案选型进行权衡分析，集成选择的各产品，获得系统集成综合方案；四是开展物理接口定义和仿真验证，验证与完善物理架构设计。物理架构设计与选型过程，可参见图 8-49。

例如，对于连接解锁装置，存在气动连接解锁、爆炸螺栓解锁、线性连接解锁三种方案；对于一子级分离力推力装置，需要权衡反推火箭方案，这里选择固体火箭方案为最佳方案；对于二级推进剂沉底需要权衡正推火箭方案。各层级的物理实现方案的选择，可参见图 8-50。经选择表明爆炸螺栓解锁是最佳方案，但是下一层级还有两种部件方案，即"爆炸螺栓选型 01"和"爆炸螺栓选型 02"，需要进一步开展权衡分析。过程如图 8-51～图 8-53 所示。

8.5.5　候选方案多学科分析

在上述多方案的权衡分析中，以及方案集成后的验证过程中，需要专业工程仿真工具的辅助，涉及多源异构模型的集成与仿真问题。这里以 Matlab 软件工具作为转换接口或中间件，来实现 SysML 模型与专业仿真模型（例如，ADAMS 模型）集成验证。这里以 SysML 的软件工具 MagicDraw 与专业仿真软件 Adam 为例说明打靶分析过程（参见图 8-54）。

1）从 MagicDraw 到专业仿真软件的过程：从 MagicDraw 模型模块中提取参数，通过接口模型（见图 8-55），将模型参数和打靶变量按约定格式写入 Matlab 可读取的文件中，通过 Matlab 转换，生成专业仿真软件可读取的输入参数文件；同时 Matlab 输出启动 AMPSS 脚本的命令；专业仿真软件用输入参数文件和启动脚本命令，修改脚本插件的调

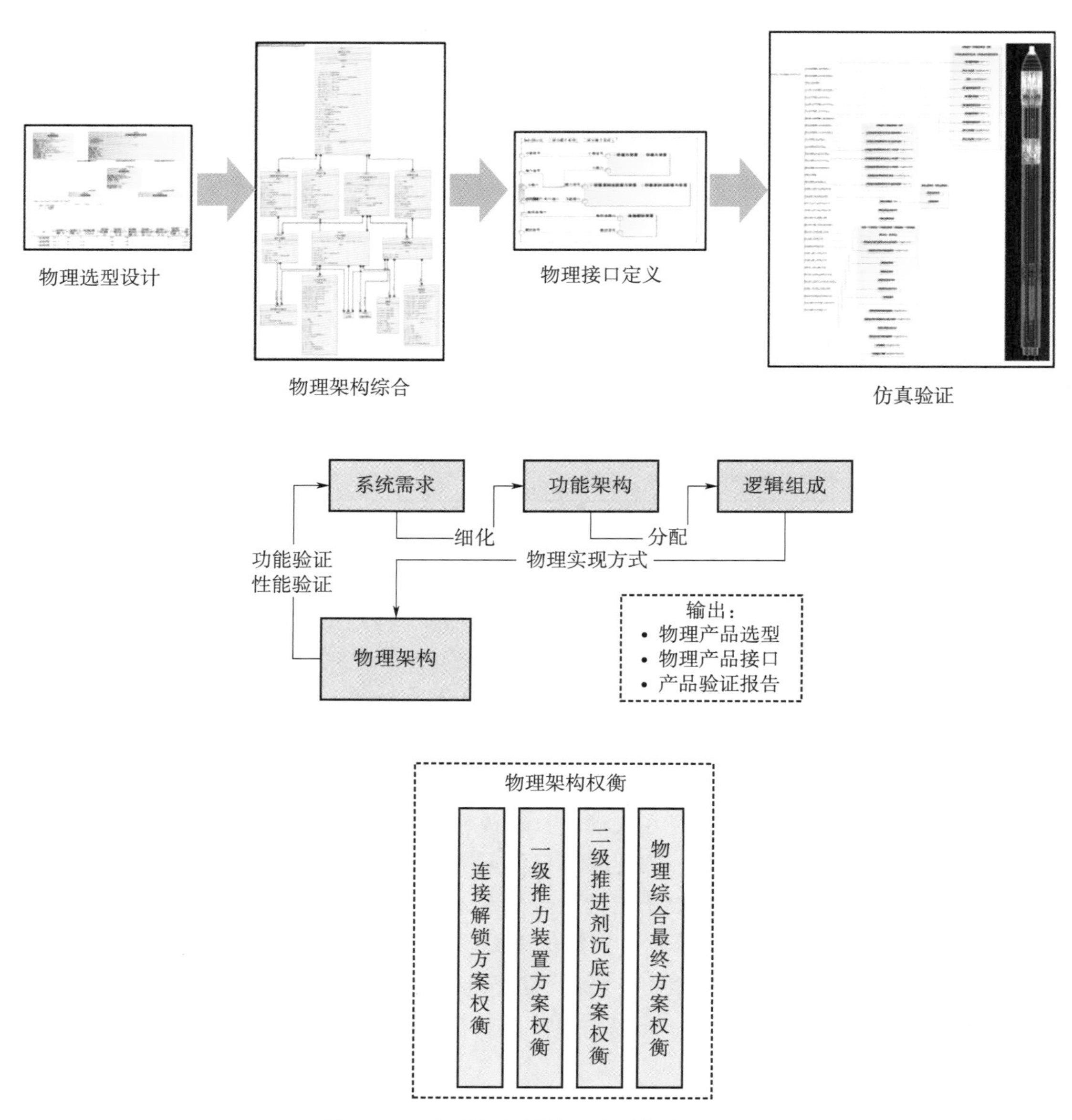

图 8-49　物理架构设计、选型与验证过程

用参数控制文件，插件中包含启动 Adam 的代码和控制输出的代码，从而实现 Adam 的自动调用和结果后处理。

2）从专业仿真软件到 MagicDraw 的过程：从专业仿真软件的后处理脚本中提取结果，形成 Matlab 可读取的文件；Matlab 依据规则，从结果文件中挑选数据返回给 MagicDraw 中的接口。

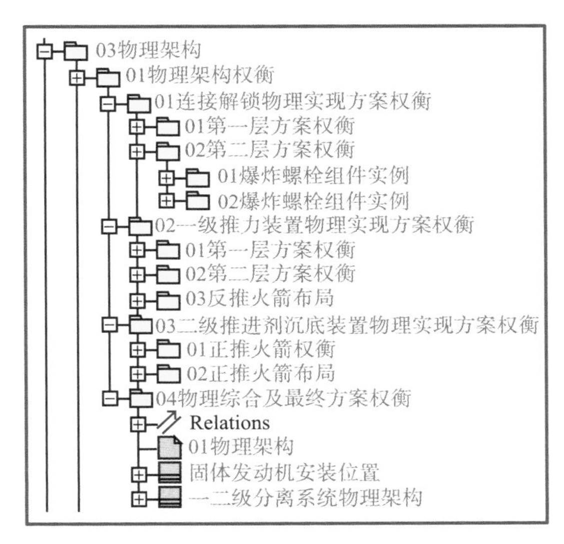

图 8-50　各层级的物理实现方案的选择

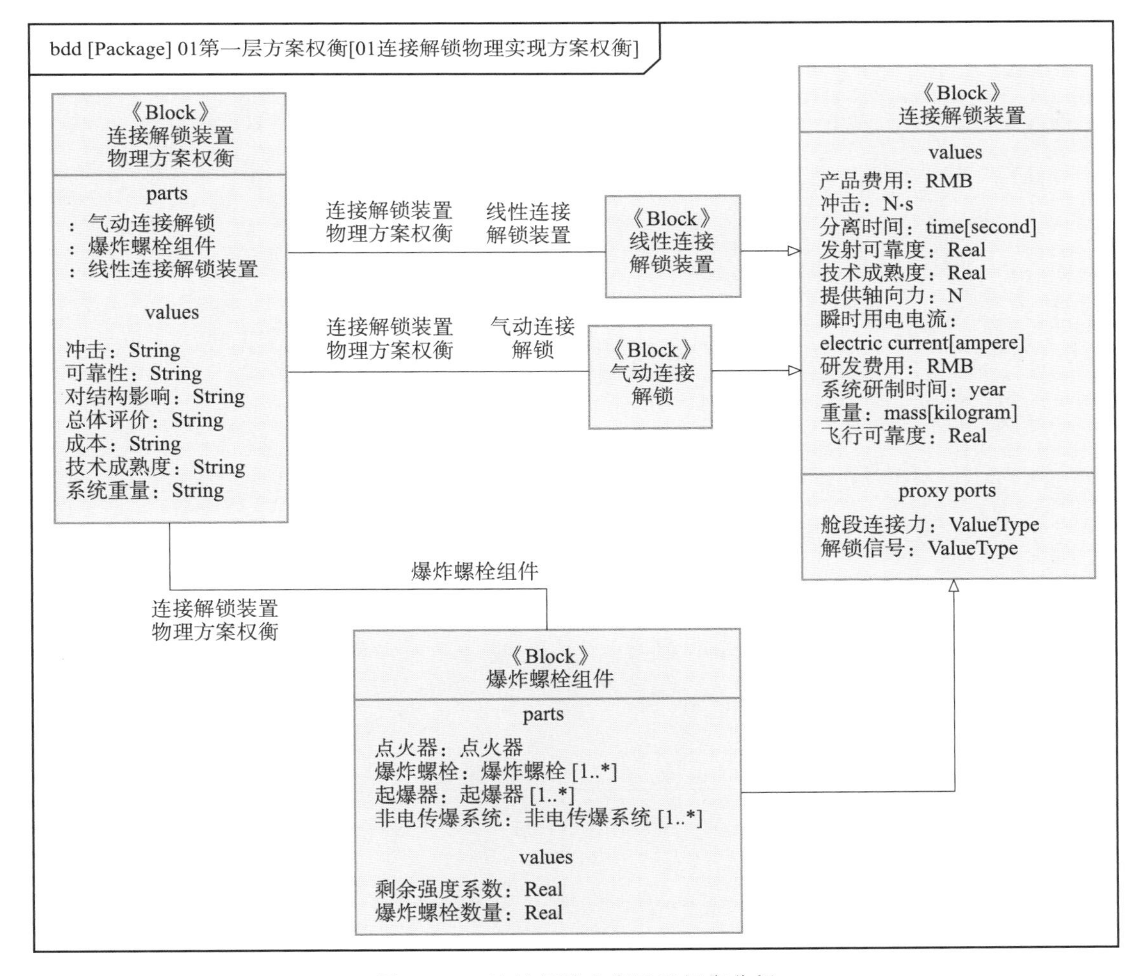

图 8-51　连接解锁方案选型权衡分析

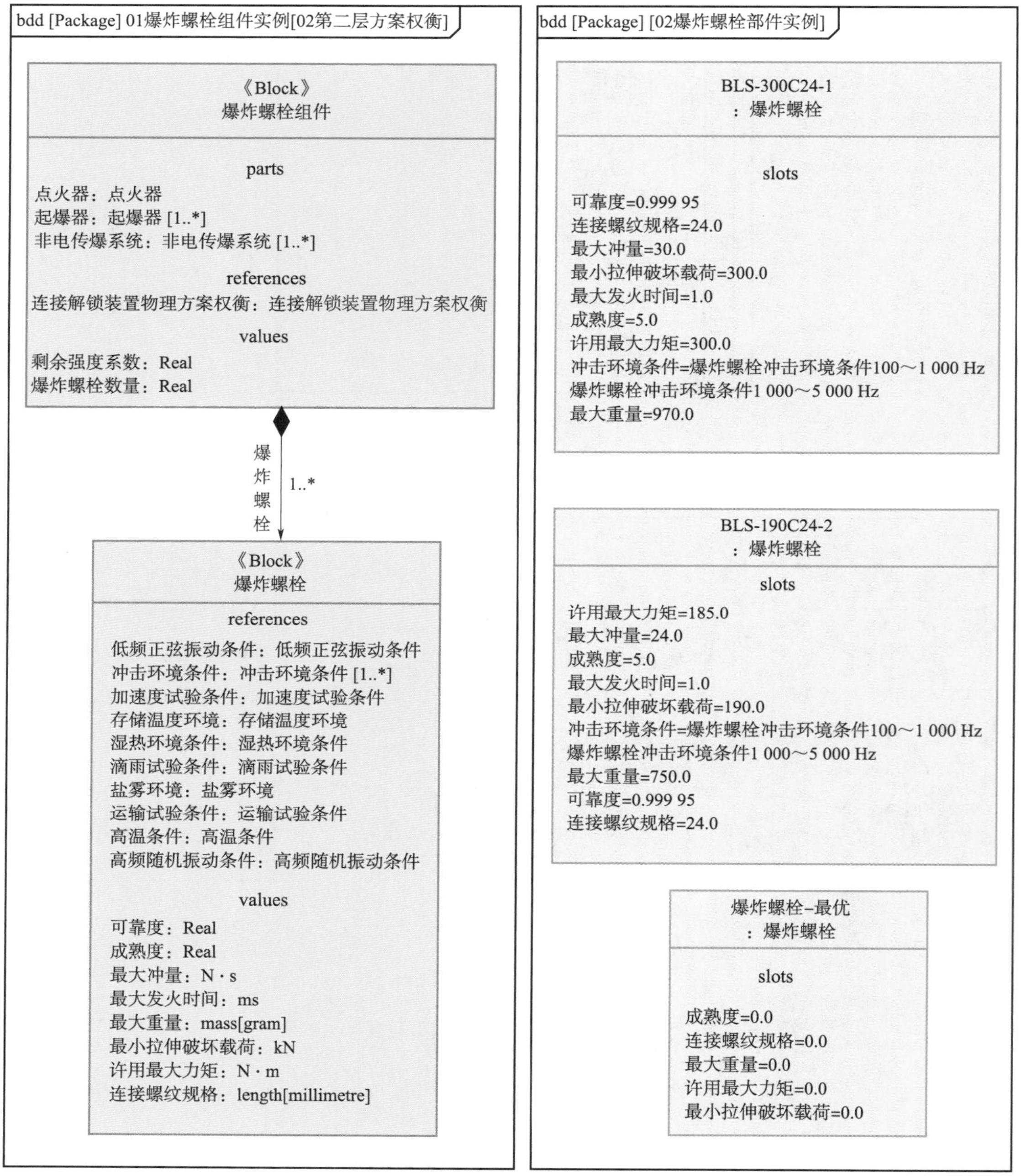

bdd [Package] 01爆炸螺栓组件实例[02第二层方案权衡]

《Block》
爆炸螺栓组件

parts
点火器：点火器
起爆器：起爆器 [1..*]
非电传爆系统：非电传爆系统 [1..*]

references
连接解锁装置物理方案权衡：连接解锁装置物理方案权衡

values
剩余强度系数：Real
爆炸螺栓数量：Real

爆炸螺栓
1..*

《Block》
爆炸螺栓

references
低频正弦振动条件：低频正弦振动条件
冲击环境条件：冲击环境条件 [1..*]
加速度试验条件：加速度试验条件
存储温度环境：存储温度环境
湿热环境条件：湿热环境条件
滴雨试验条件：滴雨试验条件
盐雾环境：盐雾环境
运输试验条件：运输试验条件
高温条件：高温条件
高频随机振动条件：高频随机振动条件

values
可靠度：Real
成熟度：Real
最大冲量：N · s
最大发火时间：ms
最大重量：mass[gram]
最小拉伸破坏载荷：kN
许用最大力矩：N · m
连接螺纹规格：length[millimetre]

bdd [Package] [02爆炸螺栓部件实例]

BLS-300C24-1
：爆炸螺栓

slots
可靠度=0.999 95
连接螺纹规格=24.0
最大冲量=30.0
最小拉伸破坏载荷=300.0
最大发火时间=1.0
成熟度=5.0
许用最大力矩=300.0
冲击环境条件=爆炸螺栓冲击环境条件100～1 000 Hz
爆炸螺栓冲击环境条件1 000～5 000 Hz
最大重量=970.0

BLS-190C24-2
：爆炸螺栓

slots
许用最大力矩=185.0
最大冲量=24.0
成熟度=5.0
最大发火时间=1.0
最小拉伸破坏载荷=190.0
冲击环境条件=爆炸螺栓冲击环境条件100～1 000 Hz
爆炸螺栓冲击环境条件1 000～5 000 Hz
最大重量=750.0
可靠度=0.999 95
连接螺纹规格=24.0

爆炸螺栓-最优
：爆炸螺栓

slots
成熟度=0.0
连接螺纹规格=0.0
最大重量=0.0
许用最大力矩=0.0
最小拉伸破坏载荷=0.0

图 8-52　爆炸螺栓部件的选型权衡分析

#	Name	重量 : mass[kilogram]	产品费用 : RMB	飞行可靠度 : Real	技术成熟度 : Real
1	气动连接解锁	70 kg	500000 RMB	0.999	3
2	爆炸螺栓组件	25 kg	213000 RMB	0.9998	6
3	线性连接解锁装置	45 kg	129000 RMB	1	4

#	Name	数量计算.提供轴向力 : N	数量计算.爆炸螺栓.最小拉伸破坏载荷 : kN	数量计算.爆炸螺栓数量 : Real	数量计算.爆炸螺栓 : 爆炸螺栓
1	爆炸螺栓选型01	940286.5132 N	300	10.4476	BLS-300C24-1 : 爆炸螺栓
2	爆炸螺栓选型02	940286 N	190	16.4962	BLS-190C24-2 : 爆炸螺栓

图 8-53　权衡分析所用到的参数

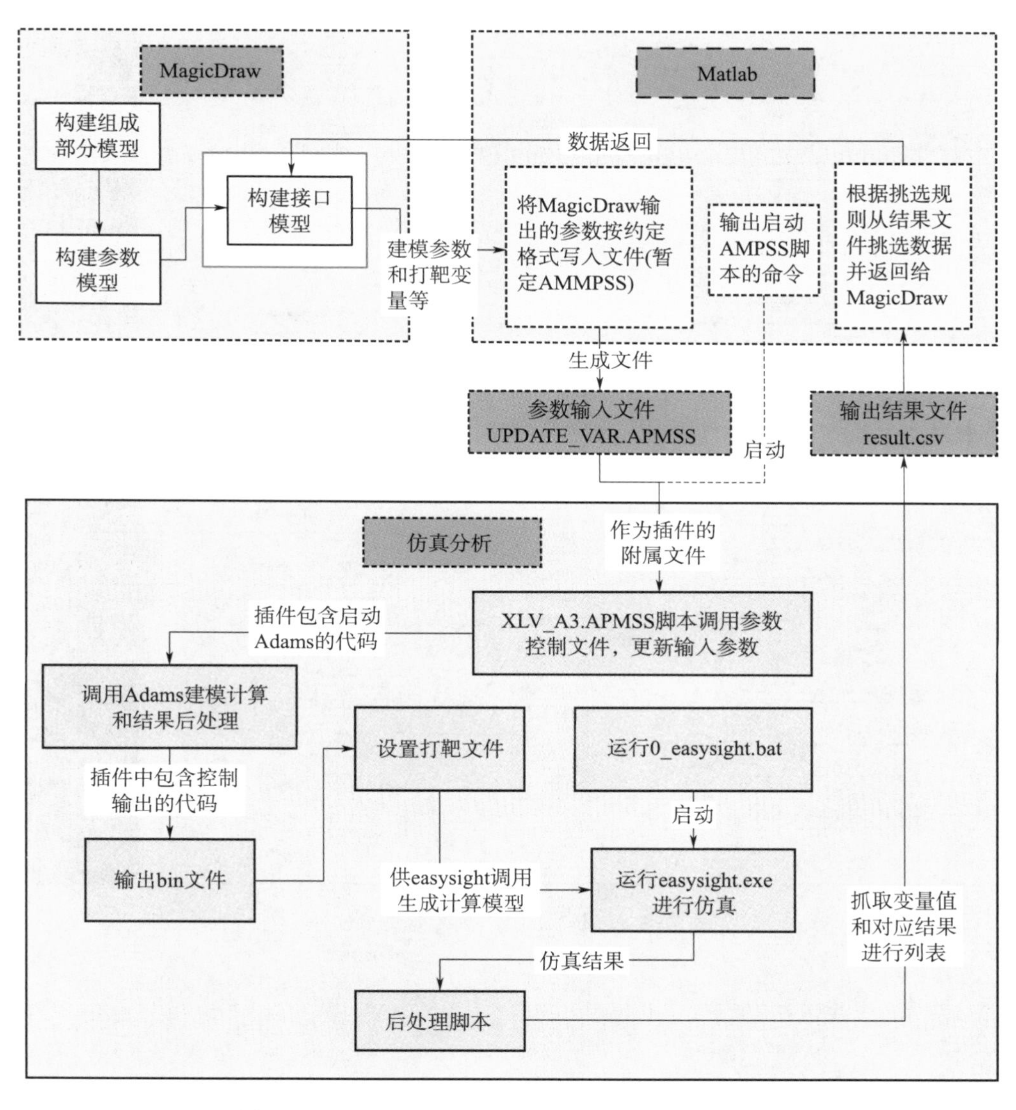

图 8-54　SysML 模型与多源异构模型的集成与验证

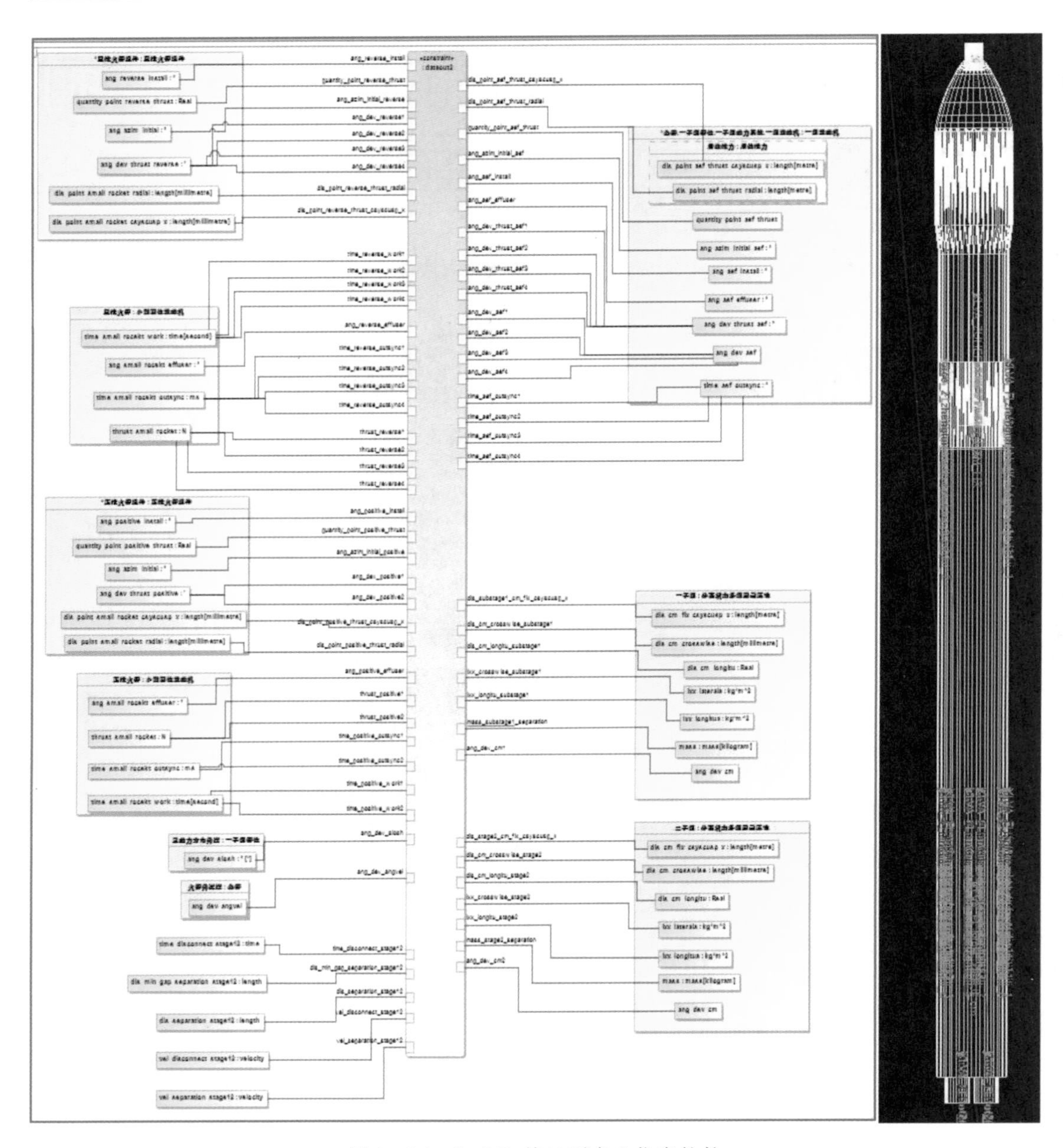

图 8-55　SysML 接口到专业仿真软件

8.6　本章要点

应用 MBSE 方法可以发现潜在的、用传统方法未必能发现的问题，可以发现用传统方法直到实物阶段才暴露出的问题。对于系统工程师，MBSE 在描述状态行为方面有明显优势。对于专业工程师，MBSE 在需求变更追溯、前期功能验证方面有明显优势。MBSE 方法能够提升需求驱动的正向设计能力，减少歧义，支持持续验证，可缩短研制周期，降低成本。在推行 MBSE 最初阶段里会增加设计工作量，后期可降低设计反复所额外产生的工作量和成本。

运用“从上到下、用例驱动”的 MBSE 方法开展系统设计，可将系统设计与建模过程分为八个过程，分别为：1）系统建模准备；2）涉众需求分析；3）系统需求定义；4）功能逻辑分析；5）功能实现权衡；6）物理架构设计；7）物理详细设计；8）专业工程分析。这八个过程各有工作重点，总体上按照逻辑演绎、创新与权衡，逐步逼近满意的设计结果。

系统建模准备需要定义“关注系统”的建模范围，明确建模语言、建模工具和建模方法，准备建模约定与标准，制定建模工作计划，明确建模人员责任，对建模人员进行必要的培训；建立模型包图组织结构，对特定领域建立构造类型和模型库。

涉众需求分析站在任务/业务层级（或者企业/体系层级），分析在任务执行中需要关注系统（SoI）提供什么能力，或者如何借助于未来建造的系统来更好地执行特定任务（或者提供业务服务）。关注系统只是任务语境中的一个元素，其他元素包括各类执行者、外部系统、物理环境。

系统需求定义过程的输入是涉众需求、系统运营/运行概念和 MOEs，输出是系统需求、系统用例、分解 MOEs 形成系统性能指标 MOPs（并建立 MOPs 与 MOEs 协调匹配关系），此时系统需求是初步定义的系统功能性和非功能性的需求。其中，非功能性需求包括可用性需求、使用需求和设计约束等。后续伴随着系统设计与建模，将不断演进或衍生出新的系统功能、性能、接口、物理等需求。因此，设计与建模过程中，需要实施需求管理，对不断演进更新的需求，时刻保持需求与设计元素的可追溯性。

功能逻辑分析可以看成系统设计的一个中间阶段，聚焦于系统内部的功能，采用从上到下、用例驱动的建模方法，将系统用例转化为功能流分解 act 图，再将用例功能流图转化为正常情况和异常情况的场景 sd 图和 stm 图，这些行为图构成了功能级的可执行模型。通过模型的执行来检查相关需求的满足度，并验证系统模型的正确性和完整性。在功能流分解、场景和状态描述时，可能会衍生出新的系统需求、异常情况的用例与场景，须要补充完善系统需求。

功能实现权衡过程有两个目标：一是依据合理“聚合、解耦与分配”原则，对系统功能分析中识别出来的功能模块，合理聚合或者解耦，形成多个功能模组，这些功能模组原则上与物理实现方式相对应；二是对多个功能模组的物理实现方式，开展权衡分析和参数分析，确定最佳的实现方式。

物理架构设计将对每个用例进行分析获得的功能模组分配给系统物理组件，并将功能性和非功能性需求分配给组件结构。物理架构设计还需要对用例模型进行合并集成，以及对集成模型执行验证与确认，最终形成可交付到下一层级系统或者下一轮迭代设计的基线系统物理架构模型。

物理详细设计是针对首选系统方案，开展基于模型的设计（Model - Based Design，MBD），生成系统、元素、组件等相关的图表，开展仿真，研究参数关联关系或数字孪生仿真（Digital Twins，DT），同时开展必要的工程质量特性分析等。

参考文献

[1] LYKINS, FRIEDENTHAL, MEILICH. Adapting UML for an Object - Oriented Systems Engineering Method (OOSEM), Proceedings of the INCOSE International Symposium [C]. Minneapolis, 2000.

[2] SANFORD FRIEDENTHAL, ALAN MOORE, RICK STEINER. A Practical Guide to SysML: The Systems Modeling Language [M]. 2nd ed. Boston: Morgan Kaufmann OMG Press, 2014.

[3] DOUGLASS BRUCE P. The Harmony Process [Z]. I - Logix Inc. March 25, 2005. white paper.

[4] HOFFMANN, HANS - PETER. Harmony - SE/SysML Deskbook: Model - Based Systems Engineering with Rhapsody, Rev. 1. 51, Telelogic/I - Logix white paper, Telelogic AB, 2006.

[5] 霍夫曼．基于模型的系统工程最佳实践 [M]. 谷炼，译．北京：航空工业出版社，2014.

[6] CHEN JIE, TAN TIANLE. An Exploration on Logical Ideas of System Architecture Modeling [J]. Aerospace China, 2021, 22 (1): 46 - 58.

[7] MagicDraw 2021 × Refresh 2, SysML Plugin. User Manual. No Magic, Incorporated, a Dassault Systèmes company. 2021. available at https: //docs. nomagic. com/display/ SYSMLP2021 × R2/ SysML+Plugin+Documentation.

[8] SysML Extension for Physical Interaction and Signal Flow Simulation, formal 1. 1, May 2021. available at https: //docs. nomagic. com/display/SYSMLP2021 × R2/SysML + Plugin + Documentation.

[9] Object Management Group, MOF 2. 0/XMI Mapping XMI Metadata Interchange Specification, available at http: //www. omg. org/spec/XMI/.

[10] ISO TC - 184 (Technical Committee on Industrial Automation Systems and Integration), SC4 (Subcommittee on Industrial Data Standards), ISO 10303 - 233 STEP AP233; available at http: // www. ap233. org/ap233 - public - information.

[11] J CUTLER, H BAHCIVAN, J SPRINGMANN, et al. Initial Flight Assessment of the Radio Aurora Explorer [C]. Proceedings of the 25th Small Satellite Conference, Logan, Utah, August 2011.

[12] SARA C SPANGELO, et al. Applying Model Based Systems Engineering (MBSE) to a Standard CubeSat [C]. 2012 IEEE Aero space Conference Proceedings.

第四部分

体系工程方法

第9章 体系结构理论与方法

在第三次科技革命推动下，人类逐步从机械化、电气化时代进入信息化时代，信息化时代以数字化、网络化、智能化为特征，信息使得系统之间的联系变得愈发便捷，交互变得愈发频繁。

人类往往将最先进的理念或高新科技应用于战争，战争乃生死存亡之地，面对的是激烈博弈对抗。例如，海湾战争拉开了现代化战争的序幕，美军首次采用信息化的联合作战来提升作战能力，后来相继提出了陆空和空海一体战、网络中心战和多域战等多种联合作战概念。现代联合作战需要各军兵种之间的协同，需要通过信息来关联众多的武器装备，它们共同构成完成作战使命任务的系统集，或更准确地说是体系（System of Systems，SoS）。人类借助系统只能完成特定的某项工作，借助体系能完成一系列相互关联的任务。

类似的情况也出现在众多民用和商业领域，例如，软件操作系统、人工智能、集成电路、新能源汽车、无人驾驶汽车等领域的技术开发和市场培育，涉及政策法令、风险投资、开发制造、推广应用等商业生态（Business Ecosystem），这种生态也是一种体系。

为了满足体系发展与应用需求，仅采用系统工程的方法已经不能满足要求，需要采用新概念和新方法，从而诞生了体系工程方法。体系概念是系统概念的拓展，体系本质上虽然仍然具有一般系统的共有特性，但是有其自身的独特特征。体系工程逐渐成为系统工程、管理科学等诸多领域新的研究领域。

9.1 体系与体系工程

体系一词最早出现在1964年BERRY B. J. L. 的一篇讨论城市系统的论文中[1]。体系源于系统科学，是系统科学关于软系统和硬系统研究的综合。体系概念的演化发展是系统科学发展过程的分叉与融合过程[2-4]，如图9-1所示。

系统方法论最初的研究对象是目标与边界清晰的简单人工系统，强调系统的定量建模、优化分析，产生了霍尔系统方法论，后来称之为“硬系统方法论”。20世纪80年代后，系统工程方法论开始应用于社会、经济、管理等众多领域，这些领域存在较多的不确定因素和人为因素，从而出现了切克兰德“软系统方法论”。软系统方法论采用概念模型，强调定性研究、持续改进，不追求最优解，只探寻满意解。同时发现，现实世界中需要实现顶层的工程、经济、军事、社会等目标，往往需要集成众多人员（或组织）和众多系统（大规模复杂系统），通过人员与系统的集成和协同才能实现目标，从而提出了体系概念。

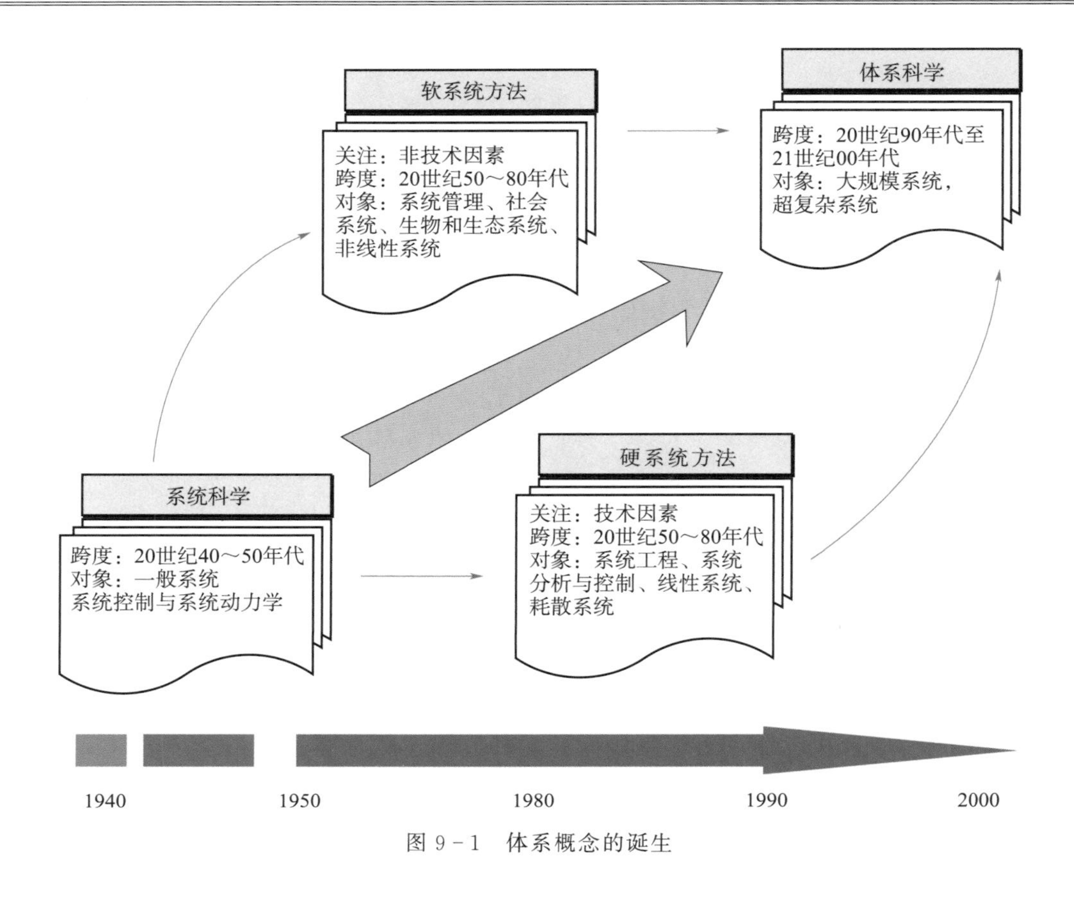

图 9－1　体系概念的诞生

“何为体系？”“体系特征是什么？”“体系与系统的区别是什么？”是体系研究与应用中首先要回答的问题。目前有关体系的概念与定义不下 40 种[3,4]，为了澄清其真实含义，我们首先从军事联合作战遂行使命任务来阐述体系的特征，再归纳其定义，同时阐述体系与系统的区别。

实例 9.1.1　军事联合作战体系。战争由政治目标来确定军事使命或战略目标；达到军事战略目标，需要将战争分解为若干场战役，然后再分解为一系列具体的战术行动目标。战前通过情报侦察和战场环境探测，获取敌方态势和地理环境信息，运筹作战方案、合理配置部署作战力量（含众多武器装备）。作战过程中综合运用陆、海、空、天、电磁、网络和后勤保障多军兵种和多装备系统，协同完成战术、战役和战略目标。在此过程中，持续实时地监测战场对抗态势和环境变化，调整作战力量和作战任务，直到完成作战使命任务。这些战争中运用的部队和装备就构成联合作战体系。

通常联合作战部队的编成主要依托其使用的装备来构建，因此可以从联合作战中使用的装备来分析体系特征。它们具有如下特征[5]：

1）体系包含众多成员系统：战略、战役、战术指挥员考虑的装备粒度通常是系统级

（坦克、舰船、飞机、导弹），通常不会考虑更细的分系统或组件层级，这里将体系的组成单元称为“成员系统”。这些成员系统可能是异构的（例如，飞机与坦克），也可能是同构的（例如，无人机群）。

2）成员系统的运行独立性：体系中的每个成员系统可独立运行，完成自身的使命。即使成员系统与体系中的其他成员系统信息失联了或解散了，成员系统依然能独立运行，按原预期目标发挥自身作用。

3）成员系统的管理独立性：体系中的每个成员系统有自身独立的所有权和管理权。例如，某型作战飞机隶属于空军，或陆军航空兵，或海军航空兵。军种具有资产所有权，还兼具装备建设发展权。

4）成员系统的地理分布性：体系中的成员系统往往分布在不同的地理位置或网络空间位置，相互分离，彼此之间通过网络连通交换信息，不交换（或偶尔交换）物质或能量。交换的信息包括情报、指控、火控、后勤、状态等。

5）体系整体的演进式发展：随着作战环境的变化，包括威胁目标的变化、作战的技战术变化、地理环境的变化，体系整体随时间而演进，以适应体系成员和业务环境的改变。这种演进是通过关联的成员系统的升级换代来实现的，这种演进在成员系统之间可能存在不平衡，例如空军已配置了四代战机，海军仍然为三代半战机等。体系的演进永远不会终止，也永远不会完成，演进一直在路上。

6）体系整体的行为涌现性：体系通过成员系统的交互，涌现出成员系统所不具备的能力和效能。这正是体系设计和应用的目的所在。

7）体系边界的开放不确定：体系须应对不确定的需求，呈现开放特性，没有明确的边界。依据其目标或能力需求、可用资源情况、效能最大化期望，可动态纳入新成员系统和构建相互关系。“如何根据环境变化，快速实现能力聚合？”“如何实现能力验证？”“如何更好地实现成员系统互联、信息互通、功能互操作？”是体系研究与应用的重点内容。

MAIER[2] 认为区分体系和一般系统的特征是上述的2）～6）这五个特征，其中最重要的特征是成员系统的运行独立性和管理独立性，因此可以将体系中的成员系统看成“联邦系统”。同时，MAIER根据体系是否具有“一致中心目标”与“中央管控机构”，并按中央管控机构的管控强弱程度，将体系分为四种类型：

1）虚拟型（Virtual SoS）：虚拟型体系“无集中一致的中心目标，无中央管理机构”。该类体系必须依赖“不可见的机制”来维持体系运转。例如，经济体系。

2）协作型（Collaborative SoS）：协作型体系“有集中一致的中心目标，无中央管理机构”。该类体系的成员系统，或多或少地通过自愿协作的方式来达成中心目标，但仍缺乏中央管理机构。例如，互联网体系。

3）公认型（Acknowledged SoS）：公认型体系（或集合型体系）“有集中一致的中心目标，有较弱的中央管理机构”。此时，中央管理机构对于成员系统并没有完全的权力，成员系统保持其独立的发展与建设权利。例如，弹道导弹防御体系。

4）导向型（Directed SoS）：导向型体系（或集成型体系）“有集中一致的中心目标，

有较强的中央管理机构”。中央管理机构能够对体系的成员系统进行指挥和控制，约束成员系统的发展与建设。显然，该类体系可当成大规模集成系统，可以采用系统工程方法来处理，无须使用体系工程方法。例如，我国的载人空间站体系。

体系设计建造面对的挑战：一是如何解决体系需求与成员系统需求的不一致与冲突问题；二是如何保证异构系统的连通性问题；三是如何更有效面对环境变化问题。导向型体系更有利于解决这些问题，但是体系的复杂性导致管控难度不断增加。

本质上，体系是一类专有系统，其整体性、涌现性和环境适应性等特征都符合一般系统的特性，其产生、发展和消亡都遵循一般系统工程过程规律。但是体系具有自身特殊性。首先，它不是简单系统，它是大规模复杂系统；其次，大多数体系是一类人工干预度较小的特殊复杂系统，如图 9－2 所示[4]。第 1 章的表 1－1 给出了体系与系统特性的比较。由体系特征，可引出其定义。

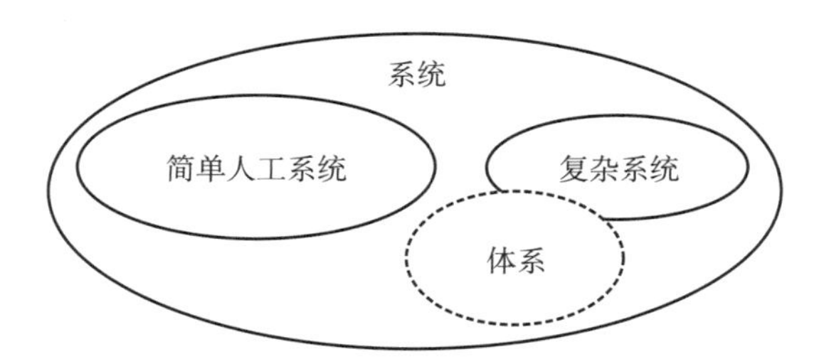

图 9－2 简单人工系统、复杂系统与体系

体系定义：体系由大量可独立运行与管理的成员系统以及成员系统的互联关系所构成，成员系统之间相互依赖、相互协同，体系须应对不断变化的环境，遵循一定的演进规则，达到满足体系整体能力或效能的结果。

数学上，可将体系形式化地定义为 $SoS^* = \langle A^*, R^*, E^*, C^* \rangle$。其中，$SoS^*$ 为体系；A^* 表示体系内成员系统的集合，成员系统具有运行与管理的独立性等特征；R^* 表示所有关系集合；E^* 表示体系所处的对抗环境，当 E^* 变化后，相应地需要 A^* 和 R^* 发生适应性变化，以满足体系总目标[6]；C^* 表示体系的演进规则。

面对体系问题，体系工程（System of Systems Engineering，SoSE）概念应运而生。体系工程是对系统工程的延伸和拓展，它聚焦于将能力需求转化为体系解决方案（体系的能力类似于系统的功能），最终转化为成员系统的实现要求。体系工程主要通过平衡和优化多个系统之间的相互关系，实现可互操作的灵活性和应变能力，最终构建一个可以满足用户需求的体系。从体系开发角度来看，体系工程包含体系需求的获取与定义、体系设计、体系开发与集成、体系测试与验证、体系管理等过程[3,4]，如图 9－3 所示。体系工程方法包括“体系结构描述”和“体系结构仿真”。国际上对体系工程的研究刚刚起步，不同领域的学者和工程实践人员都有不同的理解和认识，下面引用美国体系工程研究中心的观点，对体系工程做出定义。

体系工程定义：体系工程是设计、开发、部署、操作和更新体系的系统工程科学。它关注确保单个系统在体系中能够作为一个独立的成员运作，并为体系贡献适当的能力；体

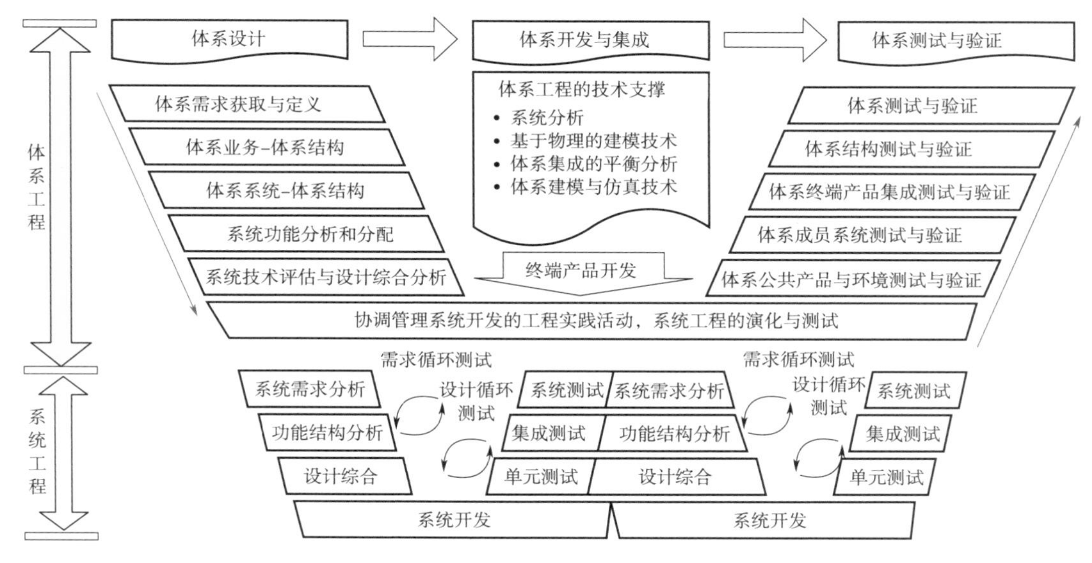

图 9-3　体系工程与系统工程的关系

系能够适应不确定的环境和条件；体系的成员系统能够根据条件变化来重组形成新的体系；体系工程整合了多种技术与非技术因素来满足体系能力的需求。

2008 年 8 月，美国国防部（DoD）发布了体系系统工程指南 V1.0[7]，该指南从如下四个方面阐述了体系工程与系统工程的区别。

1）管理监督方面：系统的利益相关者是比较明确的，而体系的利益相关者分为体系与成员系统两个层面，它们拥有不同的利益相关者，而且各自都有自己的目标和组织背景。体系的利益相关者可能对于成员系统的约束和发展计划知之甚少，而成员系统的利益相关者可能对于体系的利益也不关心，或者对体系提出的需求赋予较低的优先级，甚至可能抵制体系对系统的需求。因此，体系管理团队与成员系统的管理团队之间存在着复杂的利益权衡与博弈。如果一个成员系统拟用于多个体系中，面临的管理局面就更加复杂。

2）运行环境方面：体系中每个成员系统都有其服务的重点使命任务，而体系设计旨在创造超越成员系统能力之外的能力，这势必在功能上和信息共享方面对成员系统提出新的需求，而这些需求可能没有在原有成员系统设计中考虑。单个成员系统在考虑体系层面提出的新需求时，一方面需要考虑对原有用户的影响，另一方面还需要考虑不同成员系统在命名规则、符号表示、交互规则和大量人机界面方面的不一致给体系的使用和培训带来的挑战。体系工程必须在体系的需求和单个成员系统需求之间找到平衡。

3）构建实施方面：单个成员系统的采办一般只需关注于系统的寿命周期和里程碑控制节点，通过项目管理和系统工程管理计划来进行管理，而且能够进行整个系统的验证、确认与鉴定。而对于体系来说，包含多种处于不同开发阶段的成员系统，例如包含有原有的、正在开发的、技术更新的、已过寿命期但仍使用的成员系统等。体系工程师与系统工程师需要对现有的系统工程过程进行扩展（或裁剪）来满足不同成员系统的独特考虑，以满足体系的整体要求。体系能力的发展或演变通常不取决于单一组织，而是涉及多个部门、人员或团队。这导致体系工程师的任务更加复杂，他必须掌握体系中成员系统的演进计划，处理不同优先级、不同步开发计划的问题，以便协调体系内各成员系统逐步实现其目标。同时，还要面对难以完全测试和评估体系能力的困难与挑战。

4）工程设计方面：单个成员系统设计要考虑的重要因素为边界与接口、功能与性能、行为与结构。成员系统有明确的需求边界，而体系则没有。边界是指界定系统范围或功能界限，界限内属于系统，界限外属于外部环境。外部环境与系统的关系通过信息交互接口来实现。单个成员系统的性能和行为一般具有自主性，即主要靠系统自身的属性，但也与环境中的其他因素有关，例如对通信、命令和控制的依赖。相比之下，体系的性能不仅取决于单个成员系统的性能，还取决于成员系统之间端到端的组合行为。为使体系发挥作用，成员系统必须共同工作才能达到必要的端到端性能。体系达到所须能力要求的成员系统组合有多种，因此体系的边界相对模糊。

依据 DAHMANN J 提出的体系工程核心要素思想[8]，体系工程在传统系统工程之外，所包含的 7 个核心要素过程如下。

1）能力到目标转换：能力是体系建设的目标，通过能力到目标的转换，才能获得体系成员系统的开发需求，因此能力分解是体系工程的核心过程。DoD 装备发展已经由原来的基于威胁的需求开发，转变为面向能力的开发范式。

2）成员系统与关系：体系的能力是通过成员系统间交互与协作共同涌现出来的，因此成员系统之间的关系是体系设计的重要内容。体系还涉及其他重要关系，包括成员系统的组织关系（谁负责系统的管理、监督）、利益相关者关系、资源之间关系、需求关系、成员系统的开发计划与体系之间的关系等。

3）能力测试与评估：体系工程的确认与鉴定过程是评估体系的效能输出对能力的满足程度。存在两个层次的测试，一个是开发测试和评估，另一个是操作测试和评估。体系能力的性能评估主要在操作测试的评估层次。

4）体系结构描述与维护：体系一般用体系结构描述，体系结构来源于现实的业务逻辑，而随着业务的变化，体系结构也会改变，需要持续维护，因此该过程也是体系工程的核心元素过程。美国国防部专门开发了一个体系结构框架标准 DoDAF（DoD Architecture Framework）。

5）演进监测与评估：体系是持续进化的，没有最终“完成”的时候。体系业务需求的改变，成员系统的升级以及非预期涌现性的发现，都会带来体系的进化，体系设计者需要随时关注变化，并评估变化对体系的影响，包括持续监控需求变化，确定增强功能和性能的机会，评估更改对体系的影响，消除体系和单个系统的问题，依据更改及时更新体系模型等。

6）处理需求优先级：一旦体系出现新的需求，设计者需要分析需求的影响和优先级，并协调利益相关方共同处理新需求，这项活动最终将形成一份用于使体系不断演进的技术规划。

7）体系的协调升级：在发现和分析体系新的需求后，需要对体系的升级工作进行计划与组织。在执行计划与完成体系升级的同时，体系工程团队须要评估修改后体系的效能，还须要对支持体系的成员系统变更进行测试和评估。

从上面的定义和描述可见，体系工程是能力集成工程、是复杂需求获取工程、是综合集成演化工程、是多学科交叉与系统交互过程、是权衡与平衡工程。目前，体系工程重点研究如下问题：如何构建具备弹性、高适应能力、快速恢复能力的体系？如何评估演化系统对体系的贡献度？如何更好地采用模型驱动的体系结构多视点模型描述体系？

国内“新装备系统”立项论证时，都需要评估新装备系统的体系贡献度，即阐述在原有体系的基础上，增加一个新系统或者改进一个已经存在的系统，体系完成使命任务的能力是否得到大幅提升，付出的代价是否值得。体系贡献度的评估必须站在体系整体角度，围绕使命任务和作战环境，拟定评价指标，进行综合评定。

体系贡献度：评价衡量一个全新的（或者更新的）系统单元加入体系之中后，对体系完成使命任务的各项能力与效果的净变化贡献率，度量与评估效能能否得到较大的改善、花费的代价是否值得等。

9.2　体系工程方法

以体系为对象的工程方法称为体系工程方法，描述体系的模型称为体系结构，描述体系结构的方法称为体系结构框架（Architecture Framework），应用体系结构框架表达某个具体的体系结构称为体系结构描述（Architecture Description）[9]。

本章主要对体系结构方法进行阐述，第 10 章将对体系仿真和应用方法进行阐述。

体系研究的主要思想、理论和方法大多出自系统研究思想、理论和方法，但是体系研究有自己的独有特征、分析模式和应用领域。体系根据威胁目标和使用环境的变化，实现成员系统之间的快速聚合。体系面对复杂问题时主要表现为[10]：

1）强适应性：当某个构成体系的成员系统出现问题或者损坏时，体系可以快速灵活调整其组成与关系，仍然能够完成原有任务。

2）宽扩展性：随着时间演进和环境变化，只需要调整或更新几个成员系统，增加或改进部分成员系统，在保持体系总体结构的同时，可使用最小的代价，大幅提升体系的能力。

人类进入信息化时代后，体系设计相对于系统设计，其设计问题、设计方法、设计内容都发生了很大的变化[9]，见表 9-1，从而导致设计手段与工具的变化，产生了模型驱动的体系工程方法，或称为体系结构方法。体系结构方法是使顶层规划与设计能够“画出来”“说清楚”“看明白”的方法。这种方法为模型驱动的体系概念演示、装备需求论证、总体方案设计、作战应用研究、体系对抗、体系优化、体系效能评估等方面奠定了基础，便于分析、设计、建设及使用维护人员对体系结构设计的理解、比较和交流。

表 9-1 系统设计问题和体系设计问题的区别

系统设计问题	体系设计问题
设计问题的区别	
—确定性的静态问题 —任务可逐层分解 —自顶向下的过程 —树形分层结构 —流程相对固定,……	—不确定性的动态问题 —任务呈现“灵活”多变特征 —多个独立系统,系统之间相互关联 —扁平网络结构 —流程是反复迭代的过程……
设计方法的区别	
—确定性决策方法 —自顶向下,逐层分解 —演绎推理,逐步求精……	—不确定性分析、动态演化、协同工作 —多剖面任务描述 —试验或仿真评估,综合集成……
设计内容的区别	
—寿命周期阶段的划分 —强调需求的稳定性 —划分系统边界与外部环境 —系统设计分析、实现评估、应用验证 —系统纵向展开成分系统、单机等……	—体系结构方法 —工程化的需求变化管理 —多系统之间的互连、互通、互操作 —集成、试验、评价 —多系统横向聚合,或添加新系统……

体系结构收集和存储体系结构数据和信息，主要服务于组织机构的关键决策者。这里组织机构可以是整个企业，也可以是企业中的项目组织。服务于整个企业决策者的体系结构称为“企业体系结构”(Enterprise Architecture)，服务于项目组织决策者的体系结构称为“解决方案体系结构”(Solution Architecture)。体系结构描述的目的是收集和存储决策者所关注的信息。同时，可从体系结构数据库中提取相关数据并重组数据，向各类利益相关者展示结果，生成各类报告。

体系结构是体系的模型，是一个抽象的概念。体系结构必须用规范的体系结构框架来进行描述，以进行体系的规划、设计、验证、确认和鉴定，满足体系工程的需要。体系结构、体系结构框架、体系结构描述是三个不同的概念，它们之间的关系如图 9-4 所示。

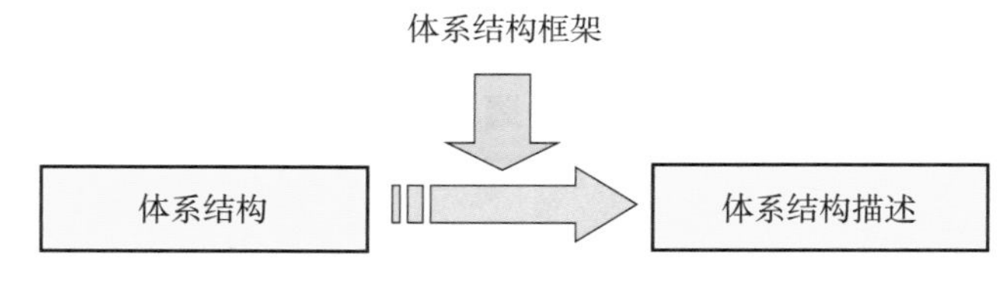

图 9-4 体系结构、体系结构框架、体系结构描述三者关系

1）体系结构：体系结构是客观存在的对象（或虚拟模型），对象具有特性，这种特性可以是事物自身固有的，也可以是人为赋予的或约束性的。例如，军事作战体系中作战力量的组成及数量、通信系统采用的技术体制等。

2）体系结构框架：体系结构框架是对体系结构进行描述的规范或标准，类似于建筑制图或机械制图方法与标准，如图 9-5 所示。规范不同，所得到的体系结构描述形式也不同。因此，体系结构框架是规范化的体系结构设计和开发方法，特定行业的体系结构设计必须遵循行业统一的体系结构框架。

3）体系结构描述：是利用体系结构框架对体系结构的表现或建模，建模可以采用多种形式，如图片、图形、表格、矩阵、文档等，它们从不同视角或剖面来刻画体系结构，类似于“瞎子摸象”。

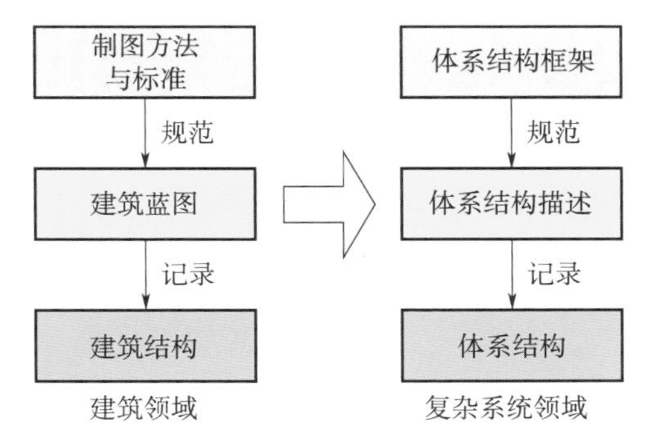

图 9－5　建筑领域与复杂系统领域相关概念的类比

实例 9.2.1 不同领域的制图标准与方法。机械制图时，可以将一个三维空间物体向三个不同的正交方向投影，形成空间三维物体正视图、侧视图、俯视图，三个视图之间通过一定约束规则，形成对三维物体全面的描述。建筑的图片、设计草图、建筑蓝图、水电布局图等都属于该建筑的体系结构描述的具体表现。人们通过制定标准来规范建筑蓝图的绘制，进而形成建筑结构设计。建造一座结构复杂的建筑物时，可以从主体结构、供水管路和供电管路等剖面进行设计，形成主体结构图、供水管路图、供电管路图等设计图。这些设计图的结合，可以完整地描述出该建筑物的全貌，如果只用其中的任何一个或两个设计视图就不能达到这一要求。

9.2.1　体系结构

体系结构（Architecture）一词最初来源于建筑业，表示建筑物自身的布局、式样与风格，反映建筑物的艺术性与科学性等。IEEE 标准（P1471—2000）认为体系结构由三部分组成，即组成单元的结构、单元之间的关系、制约设计和随时间演进的原则和指南。

体系结构＝组成单元的结构＋单元之间的关系＋原则和指南

实例 9.2.2 中西方建筑的体系结构。中国传统建筑主承力结构采用木材，而欧洲采用石材。木材可以承受较大的横向弯曲应力，但不能承受较大的纵向压应力，因此建筑呈现横宽、纵矮的式样。为了显示建筑的宏伟，必须在建筑物前面设置宽阔的广场并抬高建筑物，这样逐步形成了建筑群布局风格。石材可承受较大的压应力，但不能承受较大的弯曲与剪切应力，因此建筑呈现横窄、纵高的式样，并且门窗上部采用圆弧结构将弯曲和剪切应力转变为压应力，如图 9－6 所示。

图 9-6　中西方建筑的式样、风格与布局比较

实例 9.2.3 计算机的体系结构。计算机和信息系统产生后，人们借鉴其思想，将“体系结构”一词引入计算机硬件/软件、信息系统及系统工程等领域，提出了计算机体系结构、信息体系结构和系统体系结构等概念。其中，冯·诺依曼计算机的体系结构可见图 9-7。

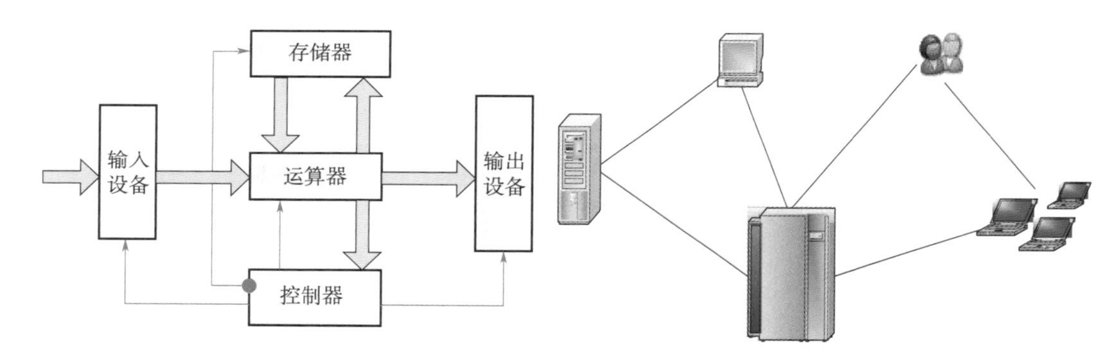

图 9-7　冯·诺依曼计算机体系结构

体系结构方法是处理大规模复杂系统问题的一种有效方法，其核心思想是从多个视角（或视点）全面描述复杂系统，并关联多个视角的描述，保证描述的完整性、一致性、协调性。以此展现系统之间的相互关系，帮助人们理解复杂系统，促进人们的沟通交流，并评估与完善设计。大型复杂系统的内部关系错综复杂，不同的使用者希望了解不同的内容。例如，投资者关注效益与成本，使用者关注使用效率与维护费用，设计者关注可实现性、功能与性能的平衡性，体系结构方法可以帮助人们厘清这种复杂需求与表达这种复杂关系。

9.2.2 体系结构框架

美国学者扎克曼（Zachman）是最早提出信息系统体系结构框架概念的先驱。1987年他在“一种信息系统体系结构框架”一文中[11]首次提出一种信息系统的体系结构框架，也可称扎克曼框架。扎克曼框架将“体系结构”定义为一系列描述性的表示，从“规划者、操作者、设计者、实现者、承包者、信息实体”5类人员和1个实体角度，来刻画信息系统的5W1H“What、Where、When、Who、How、Why”6个侧面的信息，见表9-2。

表9-2 ZACHMAN描述体系结构的矩阵要素

侧面	数据 What	功能 How	结构 Where	人员 Who	时间 When	动机 Why	观点
（战略）规划者							战略范围 拓展/改进
（业务）操作者							业务模型 概念层
（系统）设计者							系统模型 逻辑层
（技术）实现者							技术模型 物理层
（开发）承包者							规范定义 构件
信息化实体	如：数据	如：功能	如：网络	如：组织	如：进度	如：战略	组织日常 运营

在表9-2中，战略规则者是企业转型和适应变化环境的体系建设规划者；业务操作者是体系的使用者；系统设计者是体系的逻辑设计者；技术实现者是体系的物理设计与实现者；开发承包者是体系构件的技术规则、规范、标准的制定与实现者；信息实体是信息的承载体。

古希腊数学家和哲学家毕达哥拉斯提出“一切皆数”，信息系统将任何要做的事情都当成“数字”来看待，因此信息系统中What可当成数字。另外，事情发生在一定空间位置中（Where）和时间进程中（When）；通过特定人员（Who）或系统来做事情；涉及如何做事情（How）的功能细节和做事情的动机（Why）。这样，扎克曼框架通过多视角和多侧面方式来描述复杂系统或体系，形成了一种体系结构框架方法论。

目前，各国都认识到体系结构方法的重要性。基于 ZACHMAN 体系结构框架思想，分别提出与发展了适合于政府、军队、商业等领域的体系结构框架，并大力推广，包括建立法律、出台政府指导文件或管理制度、建立适合各领域组织或项目的体系结构框架与知识库，监督控制执行情况等。例如，美军在 C^4ISR[12] 基础上发展了国防部体系结构框架（Department of Defense Architecture Framework，DoDAF）[13-16]；美国政府发展了联邦企业体系结构框架（Federal Enterprise Architecture Framework，FEAF）；美国财政部发展了财政企业体系结构框架（Treasury Enterprise Architecture Framework，TEAF）；英国国防部发展了 MoDAF（Ministry of Defense Architecture Framework）[17]；北大西洋公约组织（简称北约）发展了 NAF（NATO Architecture Framework）。我国对军事信息装备领域也制定了相应的体系结构方法[18]。

另外，1993 年国际开放组织的标准化权威机构应客户要求，着手制定用于商业领域的标准《开放组织体系结构框架》（*The Open Group Architecture Framework*，*TOGAF*）；INCOSE 与 OMG 合作，基于 UML/SysML，发展了面向 DoDAF 和 MoDAF 的体系结构统一建模规范 *UPDM*（*Unified Profile DoDAF and MoDAF*）[19]，以及统一 DoDAF、MoDAF 和 NAF 的建模规范 *UAF*（*Unified Architecture Framework*）[20] 和适应体系结构的建模语言 UAFML[21]。

体系结构框架主要分为三个层次，即视点（View Point）、视图（View）、模型与数据。模型是用于收集数据的模板；视图按格式表示一组相关信息，是任何便于理解的数据表示格式；视点从一个或多个视角绘制、表达用于分析的建模信息，视点服务于特定的利益相关者。模型加数据构成了视图，多张视图构成了视点，如图 9-8 所示。

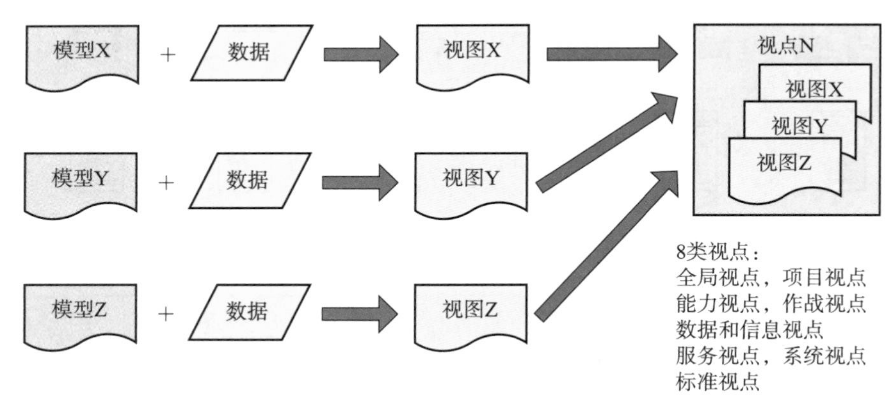

图 9-8 体系结构框架三个层次表达关系

体系结构框架方法把复杂问题分解成若干相对独立和简单的问题，将独立和简单问题表述成一个视点和视图，通过映射关系表（或者可追溯关系）建立各视图之间的关联关系，把所有简单问题的视图与视点进行合成，就得到对复杂问题的近似而全面的描述，如图 9-9 所示。

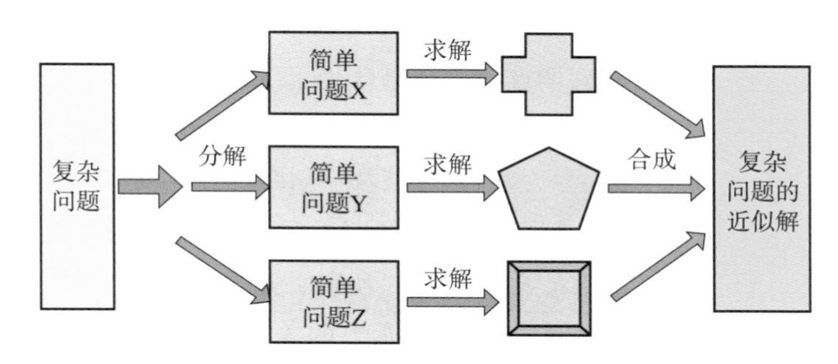

图 9－9　复杂问题描述的多视图表示方法

9.2.3　体系结构描述

体系结构描述，针对不同内容采用不同的表现形式，主要有“表格、结构、行为、映射、本体（或分类）、图片、时间线”等类型。这些模型的表现形式是可视化的，便于人员理解，而软件工具负责将这些可视化模型转化为数据进行存储。表 9－3 给出了 DoDAF V2.0 体系结构框架各类视点模型的主要表现形式[22]，具体可见 9.4 节。

表 9－3　DoDAF V2.0 体系结构框架的各类视点模型的表现形式

视点	表格	结构	行为	映射	分类	图片	时线
全局视点	AV－1	—	—	—	AV－2	—	—
能力视点	CV－1	CV－4	—	CV－6 CV－7	CV－2	—	CV－3 CV－5
数据与信息视点	—	DIV－1 DIV－2 DIV－3	—	—	—	—	—
作战视点	OV－3	OV－2 OV－4	OV－6a OV－6b OV－6c	—	OV－5a OV－5b	OV－1	—
项目视点	—	PV－1		PV－3	—	—	PV－2
服务视点	SvcV－6 SvcV－7 SvcV－9	SvcV－1 SvcV－2	SvcV－4 SvcV－10a SvcV－10b SvcV－10c	SvcV－3a SvcV－3b SvcV－5	—	—	SvcV－8
标准视点	StdV－1 StdV－2	—	—	—	—	—	—
系统视点	SV－6 SV－7 SV－9	SV－1 SV－2	SV－4 SV－10a SV－10b SV－10c	SV－3 SV－5a SV－5b	—	—	SV－8

9.3 体系结构框架总览

9.3.1 DoDAF

海湾战争中暴露出美军的突出问题是原来各军兵种按照各自的思路发展各自的装备，导致装备发展呈现“烟囱”林立状态，装备间的互联、互通、互操作能力较差，阻碍了联合作战能力的发挥。联合作战是提升整体作战能力的关键，需要一种方式来解决该问题。目前，联合作战能力建设思想已成为其装备发展的指导思想。

美国国防部在统筹开展多兵种联合作战体系设计时，首先面临着不同军种、部门、装备采用不同的方法描述体系结构、采用不同技术体制建设装备，缺乏统一的术语、标准和规范的问题，致使大多数系统无法集成和互操作。为此，1995 年他们专门成立了“指挥、控制、通信、计算机、情报、监视和侦察”（C^4ISR）体系结构框架一体化任务研究小组，开始研究规范的体系结构设计方法。1996 年 6 月和 1997 年 12 月相继颁布 C^4ISR 体系结构框架 1.0 版和 2.0 版，其核心是统一采用“全局视图、作战视图、系统视图、技术视图”描述体系结构。1998 年 2 月开始，通过颁布行政命令的方式，强制要求该框架在国防部领域推广使用。1998 年到 2001 年，C^4ISR 体系结构框架在美军国防部参联会、军兵种和下属部门得到了广泛应用，对提高 C^4ISR 系统的一体化水平起到了积极的推动作用。

2002 年，DoD 从“基于威胁”向“基于能力”的发展模式转型，实现这一目标的最有效方法就是开发和使用一体化的体系结构。鉴于 C^4ISR 在实践运用中发挥了良好效益，2003 年 11 月正式颁布了国防部体系结构框架 DoDAF V1.0。为了能够适应网络中心战能力建设的要求，美国国防部对体系结构框架不断进行修订。在发布 DoDAF V2.0 之前，2007 年 4 月颁布了的过渡版 DoDAF V1.5，反映网络中心战概念，并导入面向服务的体系结构（Service - Oriented Architecture，SOA）思想。DoDAF V2.0 历经草案、颁布和修订，2009 年 5 月颁布了正式版。2010 年 8 月又推出修订版 DoDAF V2.02，修订版对内容没有做本质修改，只是精练内容、去掉重复、增加可读性。DoDAF 发展历程可见图 9 - 10。使用体系结构描述的主要驱动力是指导转型发展、规划体系能力建设方案。

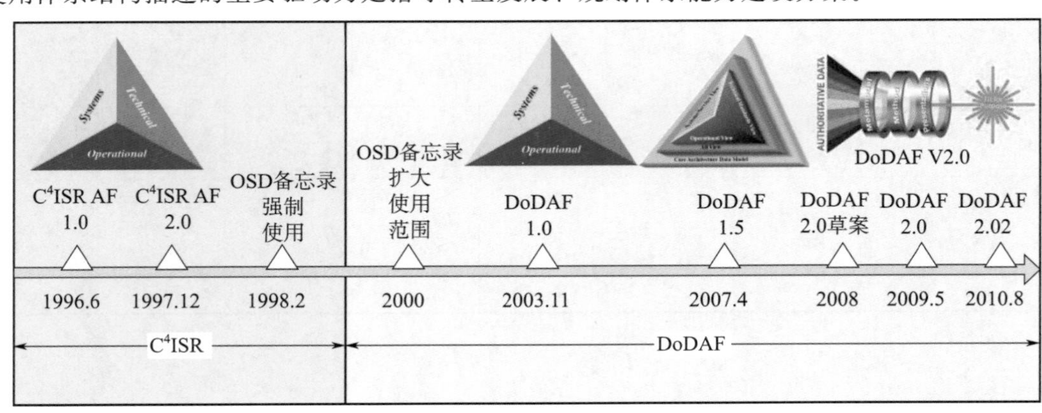

图 9 - 10　DoDAF 的发展历程

DoDAF V2.0 相对以前的 DoDAF V1.x 主要变化体现为：

1）DoDAF 1.0 体系结构框架采用“全局视图、作战视图、系统视图、技术标准视图”四类视图来描述体系结构，如图 9-11 所示。DoDAF V2.0 将原来的“视图”名称改称为“视点”，视点由若干视图模型组成，视点是利益相关者关注的问题。共形成 8 类视点、52 类视图模型来描述整个体系结构，如图 9-12 所示。8 类视点是模型数据的主要分组类别。

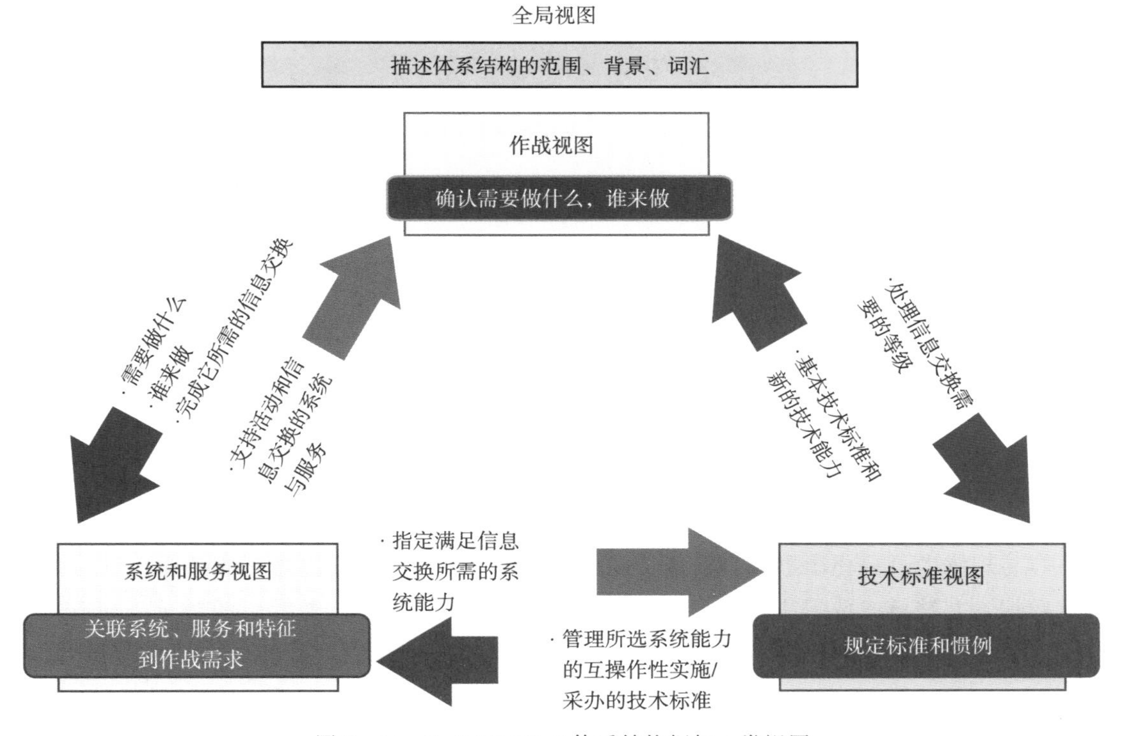

图 9-11　DoDAF V1.0 体系结构框架 4 类视图

DoDAFV2.0 相对于 V1.0，保留了全局视点、作战视点、系统视点、标准视点；为适应战略层能力规划，新增加了能力视点，该视点模型可依据顶层政策和战略意图，针对能力不足，规划能力需求构想；围绕信息共享、信息资源的合理组织和规划问题，将信息与数据有关的内容分离出来，组成一个数据和信息视点；采用面向服务的体系结构思想，发展了服务视点；为支持装备采办管理，新增加了项目视点。其中，全局视点、能力视点和项目视点侧重站在规划者和管理者角度看待体系结构；操作视点和数据与信息视点侧重站在使用者角度看待体系结构；服务视点、系统视点、标准视点侧重站在设计者和实现者角度看待体系结构。所有视点和视图模型描述详见 9.4 节。

DoDAF V2.0 除了标准的 8 类视点和 52 类视图模型外，还可以依据需要，由建模者自行定制专用视图描述体系结构，形成“适合目的视图”，它们是为某些特定目的而创建的体系结构数据子集视图。虽然这些自定义视图没有在 DoDAF 中进行描述，但可以根据需要创建，以确保决策者和利益相关者容易理解体系结构数据的表示，满足各自的要求。

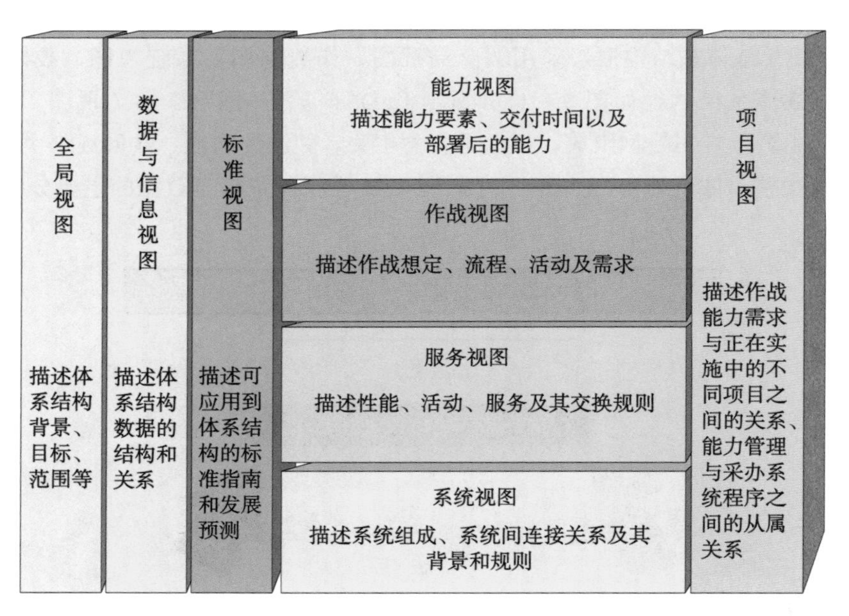

图 9-12 DoDAF 2.0 版的 8 类视点

2）DoDAF V2.0 相对于 V1.x，“以数据为中心”代替了原来的“以视图产品为中心”。由于体系结构主要服务于体系决策者和体系流程使用者，设计人员将模型呈现为人类更容易理解的可视化图形、表格和文字，而这些可视化模型表达体系的结构、行为和实例化数据，并转换成数据进行存储，或者说“可视化模型呈现了背后的数据”。DoDAF V2.0 采用“DoDAF 元模型”（DoDAF Meta-Model，DM2）代替“核心体系结构数据模型”（Core Architecture Data Model，CADM）来存储数据。DM2 包含体系结构的概念、关联和属性的定义。DoDAF V2.0 提供了概念数据模型 CDM（Conceptual Data Model）、逻辑数据模型 LDM（Logical Data Model）和 DM2 中的物理交换规范 *PES*（*Physical Exchange Specification*），供数据管理器、工具供应商和其他人员使用。模型背后的数据采用各种商业体系结构软件工具来收集、组织和存储。不同的商业工具之间可采用 DM2“物理交换规范”来交换体系结构数据，数据的逻辑一致性是各种类型体系结构软件工具的一个关键“属性”。

DM2 中对如下 12 个概念进行了定义与分组关联，具体见文献 [14]：

a）目标：愿景/目的/目标/效果描述如何与体系结构产生关联和作用。

b）能力：能力是在特定条件和标准下，执行一系列活动所需的内容，以及满足这些需求的模型。

c）活动：活动是将输入转换为输出，或更改其状态的工作。

d）执行者：执行者（或角色）是执行活动硬系统、软服务的人员或人机混合的系统。

e）服务：业务和软件服务，涉及怎么做、影响什么、通过什么度量、依据什么规则，以及如何实现和在哪里实现。

f）资源流：在活动（由执行者执行）之间交换的资源流，是瞬时的、导致对象（如信息、数据、物质、能量和执行者）的流动或交换。

g）信息和数据：对开展活动所关心的、必要的事物的描述。

h）项目：所有形式的计划活动，对愿景、目的和目标做出响应，旨在改变某些状态。

i）培训/技能/教育：培训指掌握发布的相关概念定义与描述，技能指满足所要求的特定能力或操作技能，教育指满足正规教育要求。

j）规则：规则包含标准、协议、约束和法规，规则反映如何与体系结构相关。

k）度量：度量是适用于体系结构的所有形式的测量，包括需求满足度、性能、互操作性、组织和资源的度量。

l）位置：所有形式的位置，包括点、线、面、体、区域、基地、设施和地址，可以是地理位置、物理位置、网络位置。

3）DoDAF V2.0 相对 V1.x 一些概念发生了变化。例如，对系统概念进行了泛化，系统可以是执行者（硬件、软件、人员）或资源（人、机、料、法、环、场地、位置）；不再采用抽象节点概念，而采用“活动、系统、组织、人员类型、设施、位置、物料、场地或它们的组合”。

9.3.2　其他体系结构框架简介

（1）MoDAF

MoDAF（Ministry of Defense Architecture Framework）是英国国防部参照 DoDAF 开发的体系结构框架。MoDAF 最初的目的是支持装备能力定义与集成的严密性和结构性，以及网络使能能力的建设，目前 MoDAF 已成为一套支持英国国防部规划和变更管理活动的规则。

2005 年、2007 年到 2010 年分别发布 MoDAF V1.0、V1.1、V1.2 版。MoDAF V1.2 采用六个视点描述体系结构，如图 9－13 所示。

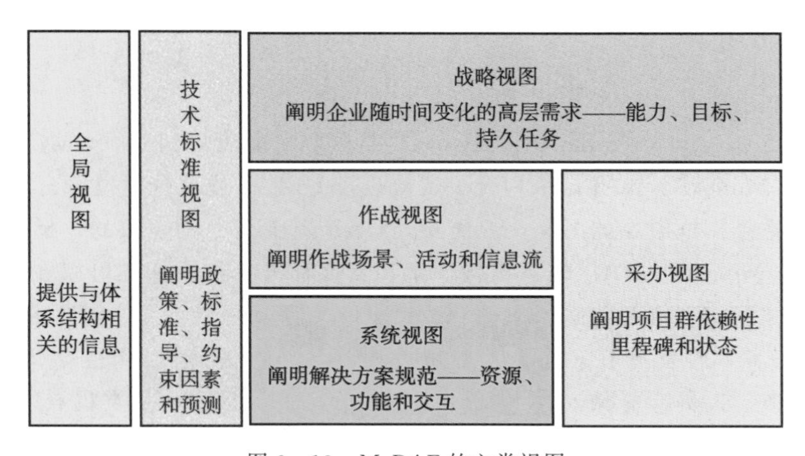

图 9－13　MoDAF 的六类视图

相对于 DoDAF V2.0 其变化主要为：将能力视点改为战略视点、将项目视点改为采办视点、删除了数据与信息视点和服务视点、对每个视点拥有的视图模型进行了相应的修改。

（2）NAF

NAF（NATO Architecture Framework）是北约借鉴 DoDAF 所开发的体系结构框架，目的是确保在北约及其成员国开发的体系结构能够进行比较和相互联系，是实现北约网络化作战能力的关键。北约体系结构框架 NAF V3.0 由“全局、能力、计划、作战、服务、系统、技术”7 个视图及其产品组成[23]，视图和产品分别对应于 DoDAF V2.0 视点与视图，但是没有数据与信息视点，并对每个视图中包含的产品做了一些调整。NAF 相对于 MoDAF 则增加了能力视图。2019 年 10 月发布了最新的 NAF V4.0。

（3）UPDM

UPDM（Unified Profile for DoDAF and MoDAF）是国际对象管理组织（OMG）建立的统一 DoDAF 和 MoDAF 的体系结构框架[19]，基于统一建模语言 UML（或系统建模语言 SysML）扩展得到的统一配置文件体系结构框架建模标准，如图 9-14 所示。

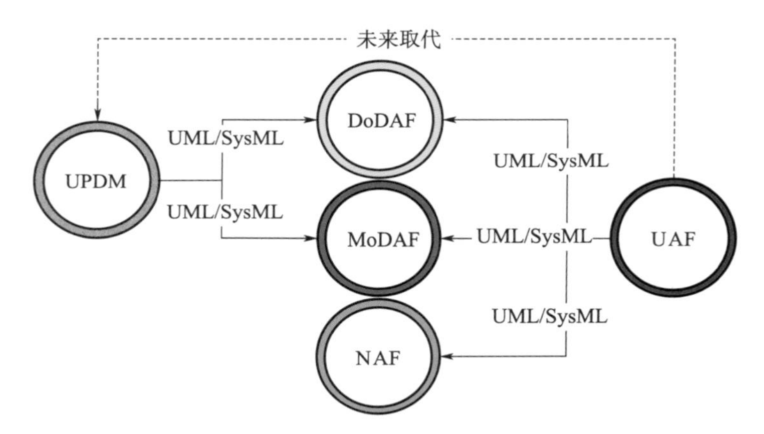

图 9-14　UPDM 和 UAF 的作用

（4）UAF

UAF（Unified Architecture Framework）是国际对象管理组织（OMG）建立的一个针对 DoDAF、MoDAF、NAF，采用统一建模语言 UML（或系统建模语言 SysML）扩展得到的统一体系结构框架，如图 9-14 所示。UAF 提供了一种一致的、标准化的方法来描述 DoDAF、MoDAF、NAF 体系结构框架和交换标准。交换标准可以在不同供应商开发的建模工具之间实现模型数据交换。2017 年 11 月和 2020 年 4 月分别发布了 UAF V1.0 和 V1.1，2022 年 3 月发布了 V1.2 测试版[20]。UAF V1.2 包含 10 类视点（架构管理、战略、操作、服务、人员、资源、安全、项目、标准、实际资源），每类视点须考虑 12 个方面（动机、分类、结构、连接、过程、状态、序列、信息、参数、约束、路线图、追溯）的视图模型，形成共计 82 个视图模型，见表 9-4。UAF 未来将淘汰 UPDM，并具备逐步替代 DoDAF、MoDAF 和 NAF 的潜力。本书下节重点对 DoDAF V2.0 进行描述[22]。

表 9-4　UAF 的视点和方面

UAF	动机 Mv	分类 Tx	结构 Sr	连接 Cn	过程 Pr	状态 St	序列 Sq	信息 If	参数 Pm	约束 Ct	路线图 Rm	追溯 Tr
架构管理 Am	架构原则 Am-Mv	架构扩展 Am-Tx	架构视图 Am-Sr	架构引用 Am-Cn	架构开发 Am-Pr	架构状态 Am-ST		架构词典 Am-If	架构参数 Am-Pm	架构约束 Am-Ct	架构路线图 Am-Rm	架构追溯 Am-Tr
汇总与总览 Sm-Ov												
战略 St	战略动机 St-Mv	战略分类 St-Tx	战略结构 St-Sr	战略连接 St-Cn	战略过程 St-Pr	战略状态 St-St		战略信息 St-If	环境 En-Pm、度量 Me-Pm 和风险 Rk-Pm	战略约束 St-Ct	战略部署 St-Rm-D 战略阶段 St-Rm-P	战略追溯 St-Tr
操作 Op	需求 Rq-Mv	操作分类 Op-Tx	操作结构 Op-Sr	操作连接 Op-Cn	操作过程 Op-Pr	操作状态 Op-St	操作序列 Op-Sq	操作信息 Op-If		操作约束 Op-Ct		操作追溯 Op-Tr
服务 Sv		服务分类 Sv-Tx	服务结构 Sv-Sr	服务连接 Sv-Cn	服务过程 Sv-Pr	服务状态 Sv-St	服务序列 Sv-Sq			服务约束 Sv-Ct	服务路线图 Sv-Rm	服务追溯 Sv-Tr
人员 Ps		人员分类 Ps-Tx	人员结构 Ps-Sr	人员连接 Ps-Cn	人员过程 Ps-Pr	人员状态 Ps-St	人员序列 Ps-Sq	资源信息 Rs-If		技能驱动表现 Ps-Ct	人员利用性 Ps-Rm-A 人员发展 Ps-Rm-E 人员需求预测 Ps-Rm-F	人员追溯 PS-Tr
资源 Rs		资源分类 Rs-Tx	资源结构 Rs-Sr	资源连接 Rs-Cn	资源过程 Rs-Pr	资源状态 Rs-ST	资源序列 Rs-Sq			资源约束 Rs-Ct	资源路线图 Rs-Rm	资源追溯 Rs-Tr
安全 Sc	安全控制 Sc-Mv	安全分类 Sc-Tx	安全结构 Sc-Sr	安全连接 Sc-Cn	安全过程 Sc-Pr					安全约束 Sc-Ct		安全追溯 Sc-Tr
项目 Pj		项目分类 Pj-Tx	项目结构 Pj-Sr	项目连接 Pj-Cn	项目过程 Pj-Pr						项目路线图 Pj-Rm	项目追溯 Pj-Tr
标准 Sd		标准分类 Sd-Tx	标准结构 Sd-Sr								标准路线图 Sd-Rm	标准追溯 Sd-Tr
实际资源 Ar			实际资源结构 Ar-Sr	实际资源连接 Ar-Cn	仿真					参数执行评估		

9.4 DoDAF 体系结构框架

本节主要以陆地与海洋系统组成的灾难事故搜救体系为例，来说明如何构建 DoDAF 体系结构视点和视图模型[22]，所有模型图表中的中文为英文的说明（正式模型图表中无中文）。

9.4.1 全局视点

全局视点（All views Viewpoint，AV）描述体系结构的总体概况，包括范围、语境（或上下文、背景）、规则、约束和假设，以及与体系结构描述相关的派生词汇。全局视点包括 AV－1 概述和摘要信息、AV－2 集成词典两个视图。

（1）概述和摘要信息 AV－1

AV－1 概述和摘要信息（Overview and Summary Information）的主要用途是明确体系结构开发的背景信息（前提条件、范围、目的、约束等）、所获得的主要结果。在对多个体系结构进行相互参阅和比较时，这些信息提供有用的概括信息。

在开发初始阶段，AV－1 可作为规划指南；在开发完成后，给出主要结论与建议。AV－1 通常采用表格形式表达，也可以采用 UML 类图表示，其中表格形式示例见表 9－5。

表 9－5 AV－1 表格形式示例

数据元素	属性	说明
体系结构标识	体系名称	××体系，V2.0 版
	体系描述	××体系是为“××部队、××战区”提供实施作战的武器装备的体系。其主要使命任务为：××（按平时、战前、战时、战后作用描述）
	设计人员	组长、副组长、主要设计人员名单
	开发组织	××项目组
	假设约束	基于现有配套军事体系、技术发展水平、军标、行业和企业标准开发
	批准机构	××部队体系研究中心
	完成日期	××年 ×× 月 ×× 日
	所需费用	计划费用：××万元；实际费用：××万元
范围	视点、模型视图	引用参考指南；列出已开发的视点、模型视图
	适用时间	开发：2023—2025 年，适用：2026—2035 年
	所属组织	××部队

续表

数据元素	属性	说明
目的与用途	需求描述	针对未来××方向可能的军事作战需求
	论证分析内容	（描述：须论证的重点内容，须回答的重点关系）
	用途	体系与装备规划；作战任务、能力需求、能力差距分析；重点装备发展路线图和重点装备论证；关键技术发展路线图；装备效能评估
开发背景	研究背景	（描述研究背景）
	使命任务	（描述作战的总体任务）
	对抗目标	（描述作战中敌方主要威胁与军事目标）
	遵循的规则与条例	××作战条例
	作战想定	××种作战想定
	对抗等级	××种想定威胁对抗烈度
	作战地理空域范围	支持地面特定区域作战，实施全向空域电磁谱域和物理域的作战
目前状态	体系结构开发状态	AV－1 发布时，目前所处的体系结构开发（创建、验证）状态
方法与工具	框架标准	GJB/Z 156—2011《军事电子信息系统体系结构设计指南》
	建模语言	UML、SysML
	建模工具	MagicDraw、Raphsody
假设与约束	假设条件	描述开发体系结构的前提条件与约束条件
	约束条件	
结论与建议	结论	基于体系结构开发，给出发现与结论
	建议	给出体系发展决策建议

表格中通常包括如下内容：

1）体系结构标识：描述体系结构的名称、概述、设计人员、开发组织、假设和约束条件、批准机构、完成日期、（开发体系结构）所需的费用。

2）范围：确定要开发的视点、适合特定目的的视图。体系适用时间段（例如，开发时间段、适用时间段等）和体系结构所属组织。

3）目的与用途：解释体系结构开发所面对的需求，论证分析的重点内容（谁完成分析，基于分析完成何种决策，谁进行这些决策，采用什么行动），确定规划/决策人员的视点。

4）开发背景：描述体系结构开发的背景条件、使命任务、对抗目标、使用的条例、作战想定、对抗等级、适用地理范围、信息安全和防护要求等内容。确定体系结构设计必须遵守的规则、标准或惯例的来源。背景应当给出体系结构提出单位和提出过程、论证单位及论证过程、承研单位和用户、与其他项目或机构的关系、用户数量及状况等。

5）目前状态：描述 AV－1 发布时，体系结构的创建或验证工作状态。

6）假设与约束：开发体系结构的前提条件，应遵循的约束。

7）方法与工具：确定选用的体系结构框架、开发建模语言、建模工具软件。确定体系结构和每种产品的名称及文件格式。

8）结论与建议：阐述通过体系结构开发得到的结论和建议。结论包括已确认的差距、推荐的系统实现方案等。

（2）集成词典 AV-2

AV-2 集成词典（Integrated Dictionary）描述体系结构中使用的所有元数据。AV-2 将所有数据呈现为层次结构，为每个数据提供文本定义，并引用元素的来源。

组织机构内部必须使用同样的术语来表达同一个概念或事物，以便各类人员理解，这样可保持跨体系结构数据的一致性，便于体系结构产品的开发、验证、维护和重用，同时便于追溯数据来源。统一的术语、数据类型、元数据应该引用行业权威定义标准，这是保证体系和系统之间互联、互通、互操作的基础。AV-2 除了定义文本术语外，还包括图形条目含义（如图标、方块、箭头、连接线等），出现的每个条目在 AV-2 中都有一个对应实体。

AV-2 通常采用本体型表格（或分类表格）来描述，示例见表 9-6，也可用 UML 类图描述。

表 9-6　AV-2 的表格形式示例

#	Name 名称	Definition 定义	DoDAF 类型	UML 元类型	适用图表
1	SAR-Sat System Standard 搜救卫星系统标准	某搜救卫星隶属于一个国际组织，它利用卫星技术探测全球任何地点发出的无线电危难信号，确保将告警数据快速发送给合适的救援中心	技术标准 TechnicalStandard [Class]	Class	AV-2 StdV-1 SV-9
2	Fixed Wing Aircraft 固定翼飞机	XX 飞机可高速飞行距离基地约 1 500 km 距离，搜索 5 h。航程以牺牲搜索时间为代价可以延长，航程、航时均可通过使用空中加油来延长	系统 System [Class]	Class	AV-2 StdV-1
3	Helicopter 直升机	YY 型直升机的最大续航时间为 6 h，到达距离基地半径约 450 km。可以通过前方基地加油来扩展航程	系统 System [Class]	Class	AV-2 StdV-1 SV-9
…	……	……	……	……	……

9.4.2　能力视点

DoDAF V 2.0 中引入了能力视点（Capability Viewpoint，CV）和相关的视图模型，以解决高层规划者、项目组合管理者所关注的能力转型发展问题。目标是从以往技术驱动发展模式，转变为能力驱动发展模式。

能力是从需求的角度描述“能干什么”，能力由活动来体现、由资源来支撑。能力定义为“在指定的标准和条件下，通过组合各种活动和资源，来实现预期效果”，即能力指不仅要有装备，还能用好装备。组织机构构建体系能力，可采用增量式（改进模式）或迭代式（新研模式）二种方式之一。能力视点包含共 7 类模型视图，反映能力的愿景、分类、阶段划分、依赖性，以及能力在组织中部署、在活动中应用、对服务的支撑等关系。

（1）愿景 CV－1

CV－1 愿景（Vision）描述组织转型发展的总体愿景，定义能力发展战略总目标和分阶段目标，呈现能力发展的战略背景，为组织的体系转型发展提供蓝图。CV－1 对体系结构的描述，比后续 OV－1 高级作战概念的描述更通用。CV－1 通常使用表格方式表达，也可以采用 UML 类图表示。某搜救体系以 UML 类图表示的 CV－1 能力愿景示例如图 9－15 所示。

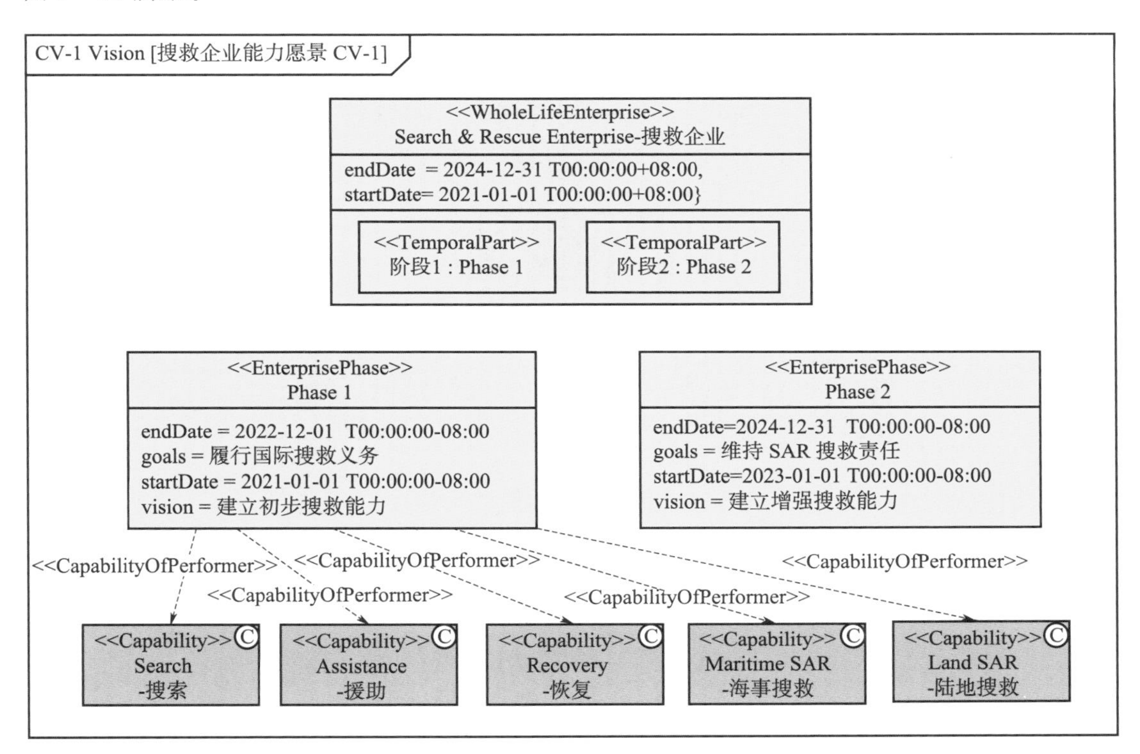

图 9－15　CV－1 愿景示例

图 9－15 典型地表达了：总体上实现能力的愿景（Vision）分成两个阶段（阶段 1、阶段 2）、规划每个阶段实现的能力的目标（Goals）和阶段的起止时间、体系需要的能力（Capability）类型（可结合 CV－2 开展分析，其中一些能力可以采用现有的成员系统来实现，当存在能力差距情况，需要规划建设新能力）、能力发展阶段（描述现有阶段与未来阶段企业具有的能力，用构造型＜＜CapabilityOfPerformer＞＞关系来表达）。

（2）能力分类 CV－2

CV－2 能力分类（Capability Taxonomy）定义体系中所需的各层次能力，对能力进行分层分解、分组聚类，建立能力的树形层次结构，树根是抽象的总体能力、树叶是具象的能力。这些能力可以按时间轴，或按阶段分成近期（5 年）、中期（10 年）、远期（15 年）能力，或当前和未来能力。能力可以带有属性，属性可以定量度量，例如，最大飞行速度、打击精度等。属性与度量值可以在 CV－2 的能力属性分割框中表达。

CV－2 的用途包括识别能力需求、开展能力规划、识别能力要素、能力审查、分析能力差距、派生能力需求等。图 9－16 是能力分类的一个典型示例图，图中采用泛化关系（超类-子类关系）与聚合关系来表达能力之间的关系。CV－2 应在 CV－1 完成之前进行建模。

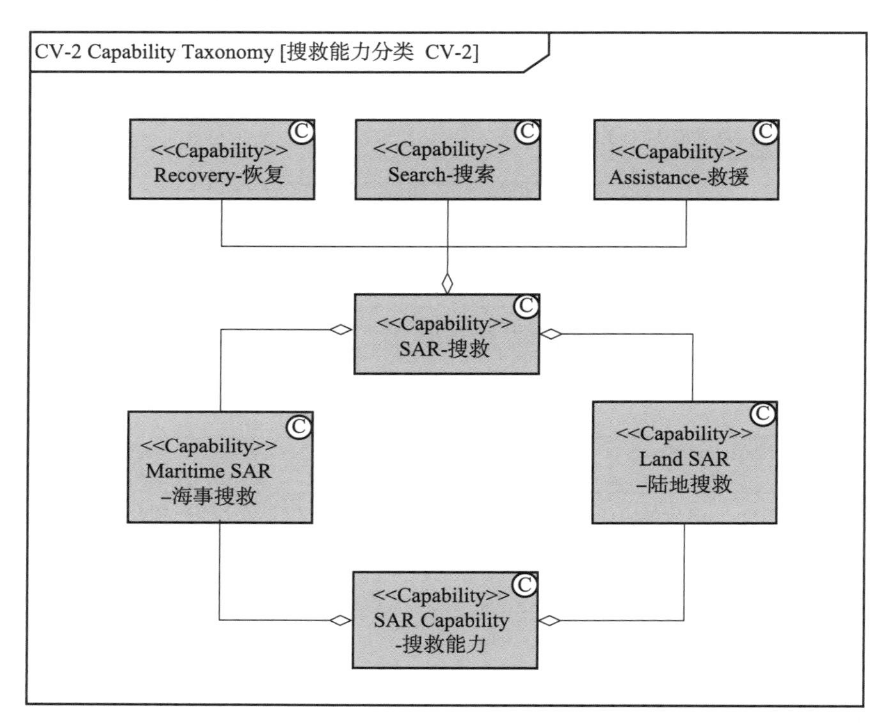

图 9－16　CV－2 能力分类图的一个示例

（3）能力阶段 CV－3

CV－3 能力阶段（Capability Phasing）表达在不同时间段或时间点计划实现的能力，它不考虑实现能力的执行者和具体位置。CV－3 可以用于识别特定时间段的能力差距或能力重叠，从而支持能力审查。CV－3 表示能力增量，应与项目视点的 PV－2 项目时间线相关联。

CV－3 的用途包括规划能力实现阶段、规划能力集成、分析能力差距等。CV－3 一般采用时间线图方式来表示，如图 9－17 所示。CV－3 也可以采用表格来表示，行表示能力（来自 CV－2 能力分类），列表示能力实现阶段（来自 CV－1 愿景模型）。创建 CV－3 图需要事先确定“所需能力、能力实现设施、能力实现里程碑、服务结束时间”。

图 9 - 17　CV - 3 能力阶段的时间线表示示例

（4）能力依赖 CV - 4

CV - 4 能力依赖（Capability Dependencies）描述了规划的各项能力之间的依赖关系，它同时定义了能力的逻辑分组，形成能力群。如果一个能力的实现依赖于多个能力的部署，这些能力就构成了能力的一个逻辑分组。建立能力依赖关系或分组的目的，是指导企业的能力管理或采办项目群计划管理，这样可获得更好的投资回报率。

CV - 4 的用途包括识别能力依赖性、能力管理。CV - 4 通常采用 UML 类图形式来表示，如图 9 - 18 所示。图中带开口箭头的虚线表示依赖关系，带三角空心箭头的实线表示泛化关系。

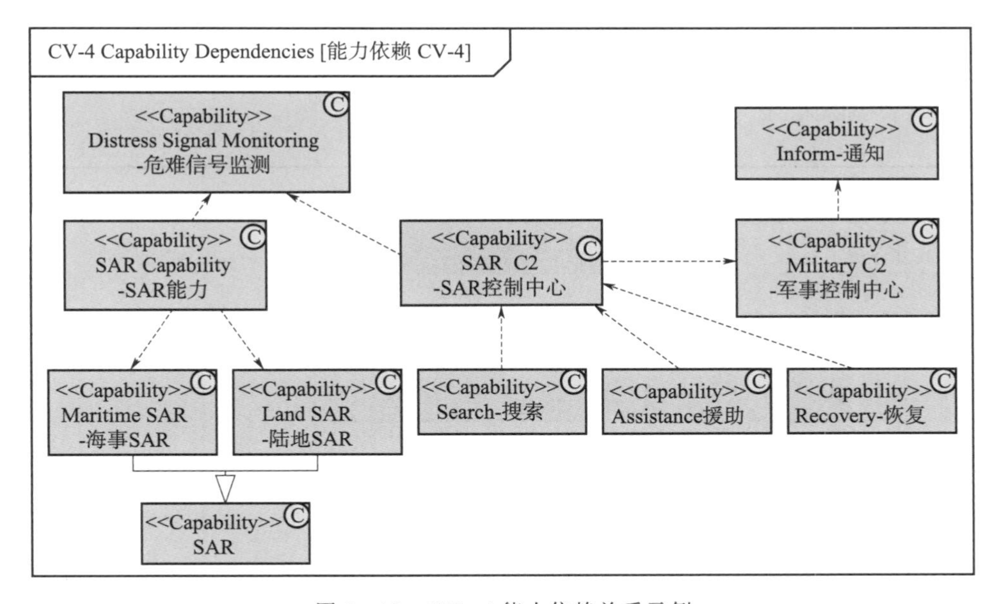

图 9 - 18　CV - 4 能力依赖关系示例

（5）能力到组织发展映射 CV - 5

CV - 5 能力到组织发展映射（Capability to Organizational Development Mapping）解决能力要求的实现问题，描述在特定阶段将计划能力部署和互联到特定组织中，使组织具备相应设施与技能岗位人员，能够提供相应的服务。CV - 5 可作为能力交付时间汇总表。

组织取自 OV－4 组织关系图，时间安排取自 PV－2 项目时间线，已部署或不再使用的资源取自 SV－1 或 SvcV－1。能力部署涉及执行者、部署位置等概念。执行者泛指人员类型/组织、硬系统、软服务或人机的组合，人员应经过培训与教育、掌握技能；位置指空间某一点或一个范围，可以是分布式的，不同位置应实现信息互连。

CV－5 的用途包括现场部署规划、能力集成规划、能力选项分析、能力冗余/重叠/差距分析、识别部署不足。CV－5 通常采用时间线方式来表示，也可以采用表格型来表示。表格方式中行元素为组织（或人员岗位），列元素为部署的能力，行列交叉格表示实现能力的资源，如图 9－19 所示。可以创建多个 CV－5 表格分别表示不同阶段的能力部署情况。

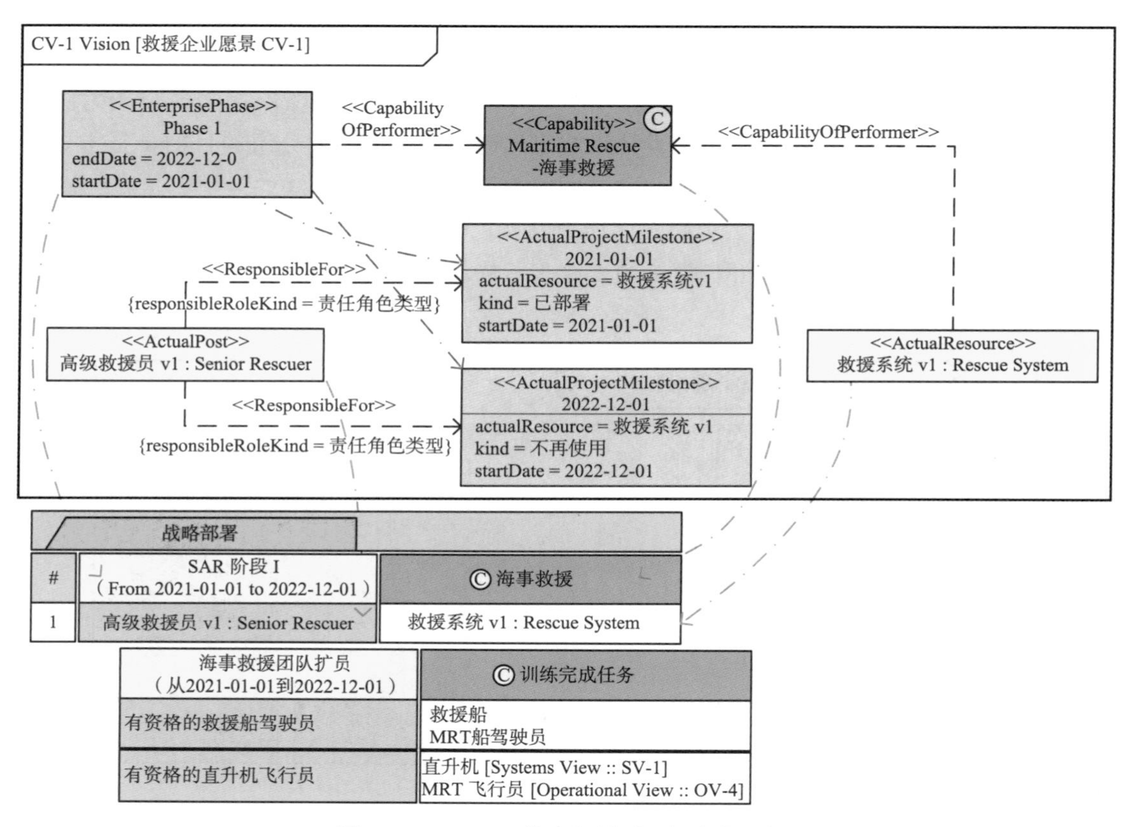

图 9－19 CV－5 能力部署到组织表格示例

（6）能力到作战活动映射 CV－6

军事作战、商业运营、业务活动中都需要某种能力。CV－6 能力到作战活动映射（Capability to Operational Activities Mapping）描述了所需能力与支持这些能力的活动之间的映射关系，确保作战活动与所需的能力相匹配。CV－6 建立了能力视点与作战活动视点 OVs 之间的桥梁或接口。通过 CV－6 图，可以发现能力是完全还是部分满足活动的需求。

CV－6 的用途包括追溯作战活动的能力需求、能力审查。CV－6 主要采用映射型图形式来表示，也可以采用表格形式来表达。这是一个依赖关系矩阵或表格，能力为行元素，作战活动为列元素，行列交叉格标记某个能力是否支持某个活动（见图 9－20）。

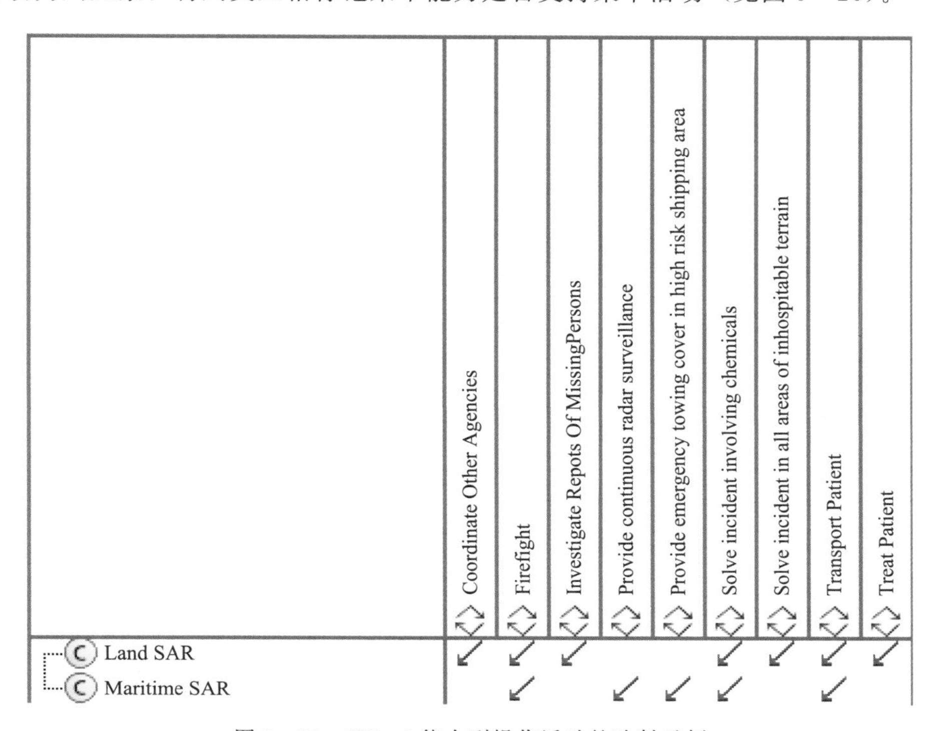

图 9－20　CV－6 能力到操作活动的映射示例

（7）能力到服务映射 CV－7

DoDAF V2.0 力图用服务视点代替系统视点，也可以认为系统和服务都支撑能力的实现。CV－7 能力到服务映射（Capability to Servies Mapping）描述了能力支撑的服务。CV－7 建立了能力视点与服务视点之间的桥梁或接口。通过能力到服务映射，可能会发现服务是完全满足能力需求，还是部分满足需求。

CV－7 的用途包括追溯服务的能力需求、能力审查。CV－7 通常采用映射型来表示（也可采用表格来表示），表示能力与服务之间的依赖关系。矩阵（或表格）的行元素是服务，列元素是能力，行列交叉处呈现某项服务是否支持某项能力。图 9－21 给出了能力到服务映射的示例。

9.4.3　数据与信息视点

DoDAF V1.0 以视图产品为中心，而 DoDAF V2.0 以数据为中心。信息是通过处理一系列数据而获得的。须注意的是，DoDAF V2.0 的数据类型采用数据元模型 DM2（Data Mega－Model）来表达，而解决方案实例中的数据用“数据和信息视点”来表达。例如，如果体系结构数据是资源流，解决方案数据则是对应的资源流实例中的属性数据。

数据与信息视点（Data and Information Viewpoint，DIV）通过过程活动的输入、输

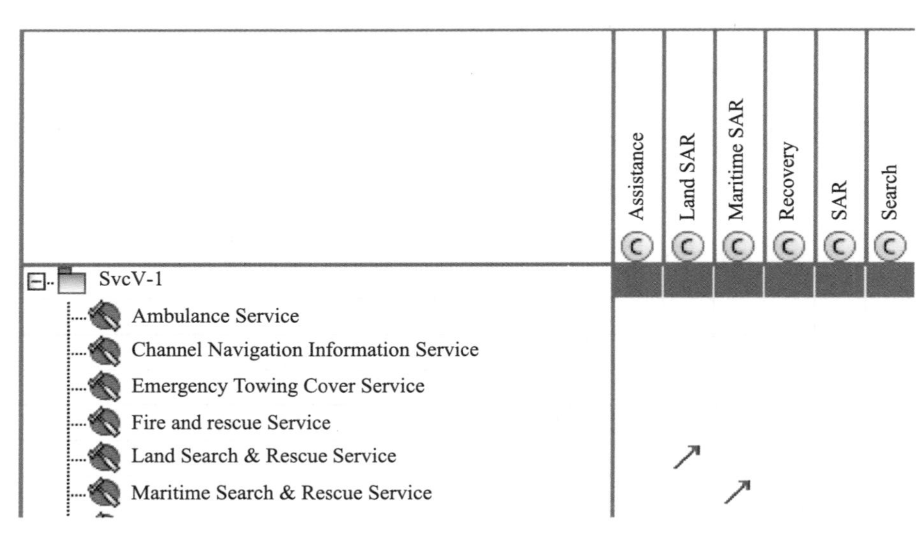

图 9－21　CV－7 能力到服务的映射示例

出、控制来识别所需信息项，描述军事作战/业务操作的信息需求和计划，并约束活动。依据体系结构的用途，数据可划分为概念、逻辑和物理三个层次。概念层描述高级数据概念与关系，笼统地表达数据与信息需求；逻辑层描述数据需求和结构性业务活动规则，对概念层数据和关系进行分解细化，并明确数据属性；物理层是逻辑数据模型实体的物理实现格式，须要考虑性能参数。数据与信息视点模型与 DoDAF 元数据模型的概念/关联/属性之间存在映射关系。

数据与信息视点一个重要用途是定义体系结构成员系统的数据类型，这是实现跨系统互操作的关键。不同组织在开发体系结构时，可以采用相同的系统数据类型和同样的数据结构，这样可保持数据的一致性，有利于人员的理解，并降低体系/系统之间互联、互通、互操作的风险。

（1）DIV－1 概念数据模型

DIV－1 概念数据模型（Conceptual Data Model）在体系结构的高层级上描述信息概念，包括信息项、属性和信息项之间的相互关系，反映了体系结构重要的业务信息需求和作战（或业务）操作流程规则。DIV－1 将与体系结构描述范围、任务或业务相关的各种信息类定义为体系结构的信息实体和关联关系。这些实体与 OV－2 操作资源流描述的信息项和 OV－5b 作战活动模型的输入、输出和控制信息相关。DIV－1 可以使用结构图来表示，如图 9－22 所示。

（2）DIV－2 逻辑数据模型

DIV－2 逻辑数据模型（Logical Data Model）用于定义体系结构中的数据类型，逻辑数据模型不考虑实例的具体实现问题。DIV－2 另一个目的是提供通用的数据定义词典，以便在出现逻辑级数据元素的地方，一致地表达模型。DIV－2 可以用结构图来表示，如图 9－23 所示。

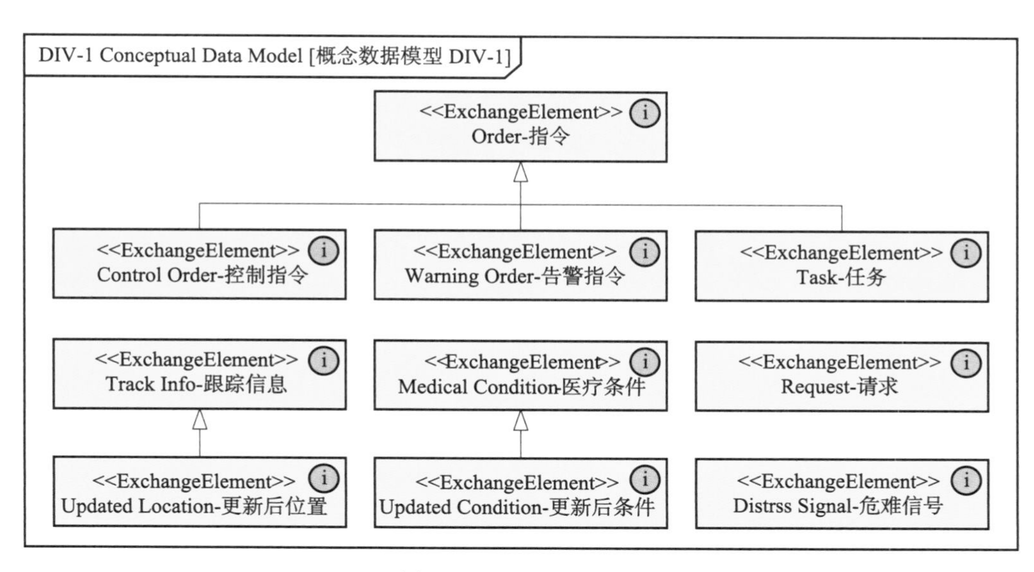

图 9－22　DIV－1 示例

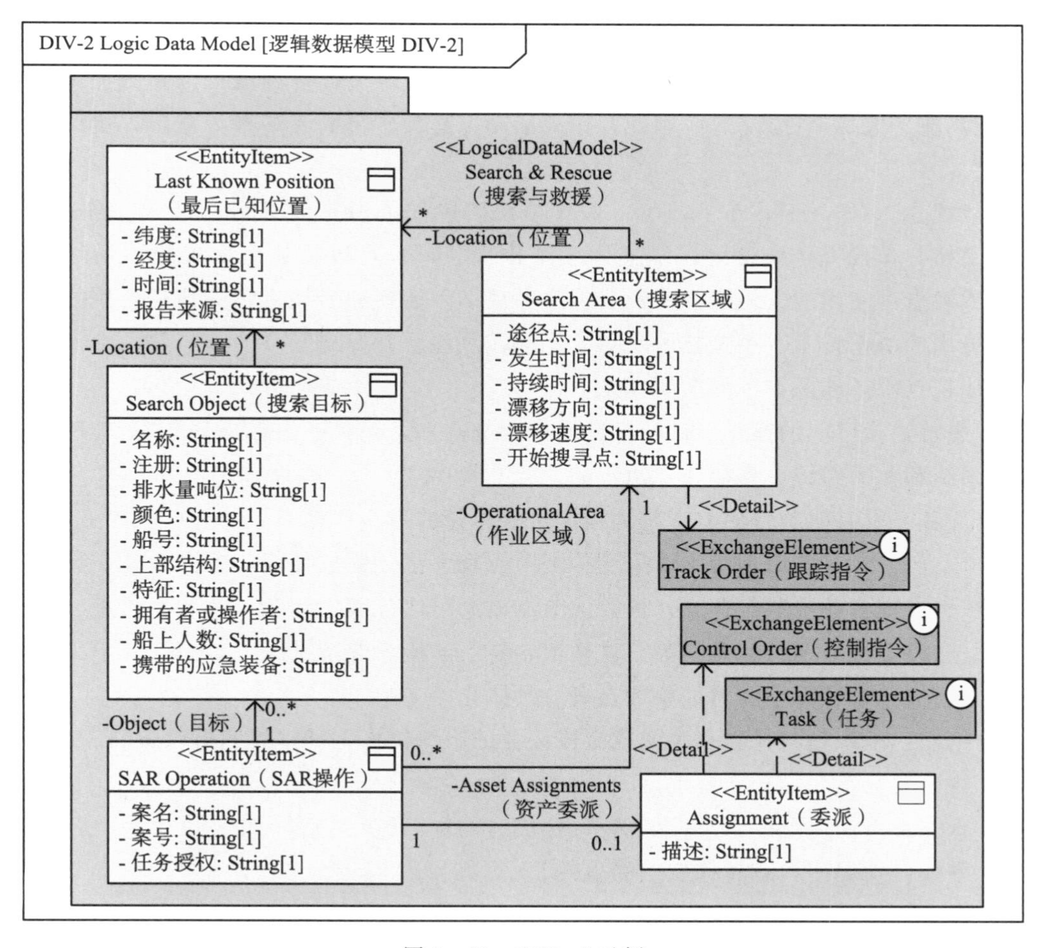

图 9－23　DIV－2 示例

DIV－2 中描述的数据可能与 OV－1 高层级作战概念图中信息，或与 OV－5b 作战活动模型中活动资源流数据相关。DIV－2 信息元素可以通过捕获 OV－6a 作战规则模型中的业务需求来约束和验证；DIV－2 中的信息元素还反映 OV－6c 事件追溯的生命线消息信息内容，还捕获 StdV－1 标准概要或 StdV－2 标准预测中的元素。

（3）DIV－3 物理数据模型

DIV－3 物理数据模型（Physical Data Model）定义了体系结构描述中各成员系统或服务所使用的数据结构。DIV－3 的物理数据模型是最接近实际系统使用的数据模型，描述 DIV－2 逻辑数据模型中所表示的信息是如何实现的。物理数据格式的设计原则强调性能、服务质量和互操作性。

逻辑数据模型和物理数据模型之间的映射通常是一对多、多对多关系。DIV－3 可以用结构图来表示，如图 9－24 所示。

9.4.4 作战视点

军事作战或业务操作可以分解为一系列任务与活动来实现的（这里统称为作战活动）。任务与活动可视为一个操作对象的动态过程，过程消耗输入的对象，过程中改变对象状态、产生输出对象。在 DoDAF 语境中将对象流称为资源流，资源流可以是数据/信息流、物质/能量流、人员/资金流等。因此，作战活动定义为“将输入转换为输出，更改其状态的工作”。

作战视点（Operational Viewpoint，OV）描述作战所需的任务与活动、作战要素、资源流交换。作战视点模型可以描述体系结构现状，也可以描述对未来的体系结构的需求。作战视点可使用能力概念，表示一组关联活动。活动和活动之间关系受可用技术的制约，如可用的协作技术、系统技术水平。作战视点包含九类视图。

作战视点中还涉及如下的主要概念：

1）想定：指可能的操作事件与行动的概念或剧本，包括一组作战任务/活动序列，通过信息系统和相关组织，支撑任务执行的信息交换序列。

2）任务：具有明确目的、清楚地指定了要履行的行为。

3）节点：DoDAF 以前版本，采用作战节点概念描述完成使命任务的单元。另外，在系统视图也出现了系统节点概念。抽象的节点概念可以代表“活动、系统、设施、人员类型、组织、位置、场地、物质”等，这样很容易引起概念混淆。DoDAF V2.0 不采用抽象节点概念，描述模型时须要对抽象节点概念具体化。

4）组织：组织是与任务相关的或完成任务的组织机构，是作战的组织编制。

5）规则：行动的结构化要求。

6）状态：行动所处的状态，如简单/合成、同步/异步。

7）事件：指促使状态转移发生的事件。

8）数据：带一定格式要求的参数。

9）机制：支持信息交互的资源。

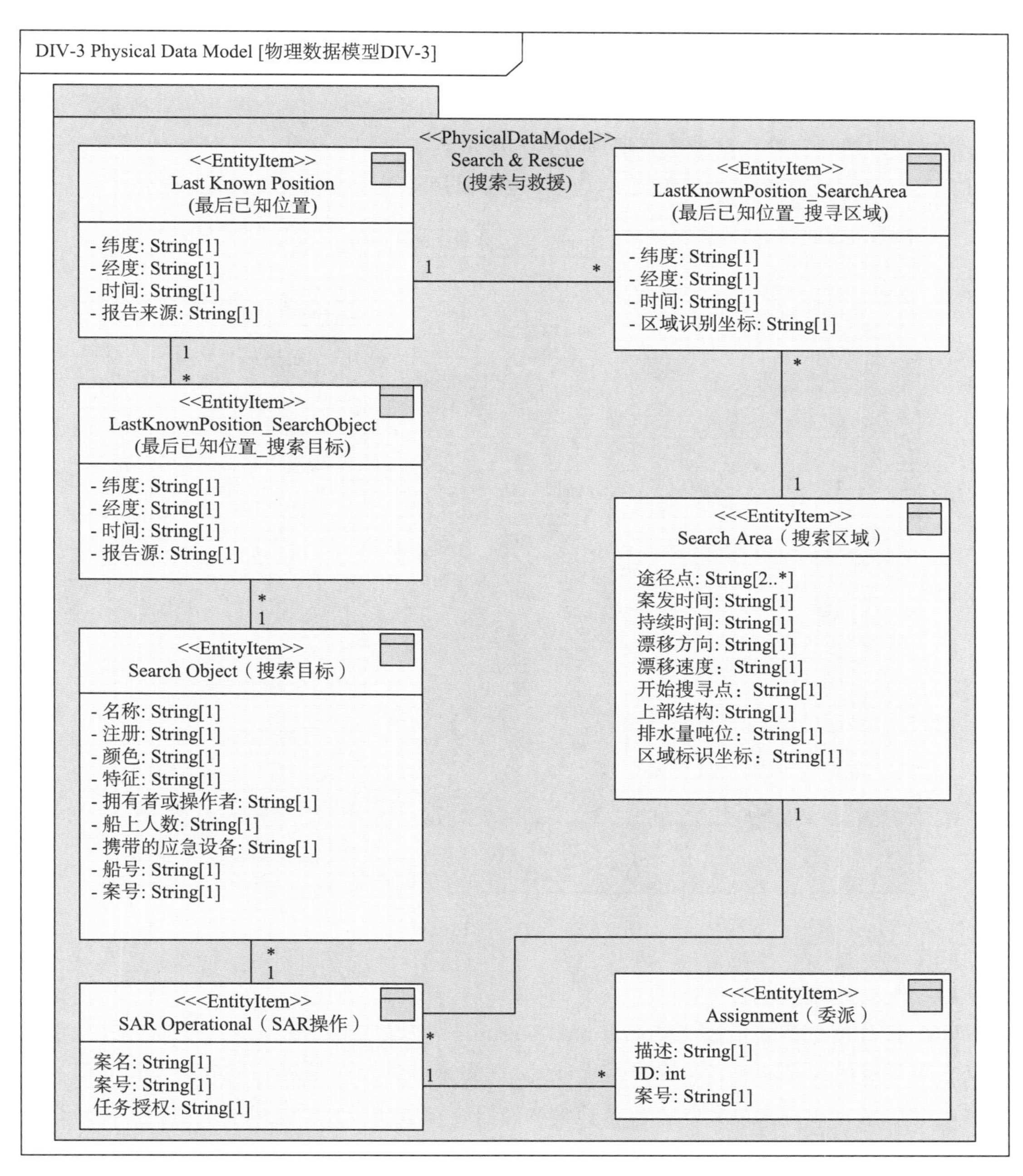

图9-24　DIV-3示例

（1）高级作战概念OV-1

OV-1高级作战概念（High-Level Operational Concept Graphic）描述任务、任务类型、情景背景，显示作战概念与关注点，突出表示体系结构与环境和各系统之间的交互关系。OV-1是AV-1文字信息的图片表示形式，图片不以捕获数据为目的，而是便于人员的交流与理解。可以采用多张OV-1图表示不同阶段的任务情景。绘制OV-1图时，要站在各级指挥员和相关支撑人员的角度，概括性地给出体系结构的宏观信息，显示

“作战活动、高层级操作、组织与资产地理分布”三类核心要素。OV－1 的主要用途是简要描述体系结构要解决的问题，为高层决策人员决策提供关注的信息。

OV－1 通常采用自由图片方式表达，海事救援体系的 OV－1 如图 9－25 所示。OV－1 通常以地理图为背景，呈现主要地理位置，展示装备设施、组织人员的地理分布，符号之间的连线表示信息交互关系等（事实上，也可以用动画视频来更生动地表达）。

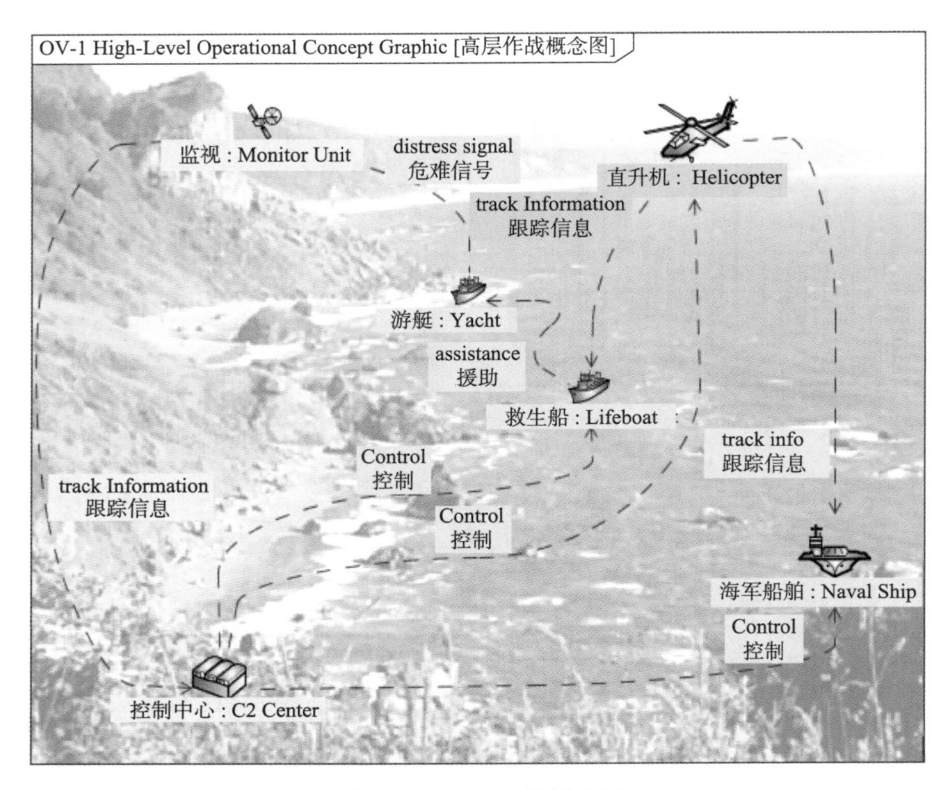

图 9－25　OV－1 视图示例

（2）作战资源流描述 OV－2

OV－2 作战资源流描述（Operational Resource Flow Description）视图描述作战活动节点之间传递什么资源流（又称为需求线）。资源流可以是人员流、资金流、物质流、信息流。OV－2 重点描述资源流，而活动是次要内容，后续 OV－5b 正好相反，它重点描述活动，而资源流是次要内容。OV－2 是逻辑性的描述，不规定资源流处理方式，资源流细节参见 SV－1 或 SvcV－1。

OV－2 主要目的是定义能力需求和能力边界。以结构图形式表示的 OV－2 图，如图 9－26（a）所示。

OV－2 视图的另一种形式是作战资源流内部描述（Operational Resource Flow Internal Description），其示例如图 9－26（b）所示。在开发体系结构描述时，一般先从建立 OV－2 和 OV－5b 起步。OV－2 侧重于描述资源流，OV－5b 则侧重于描述作战活动，先完成 OV－2，再创建 OV－5b。

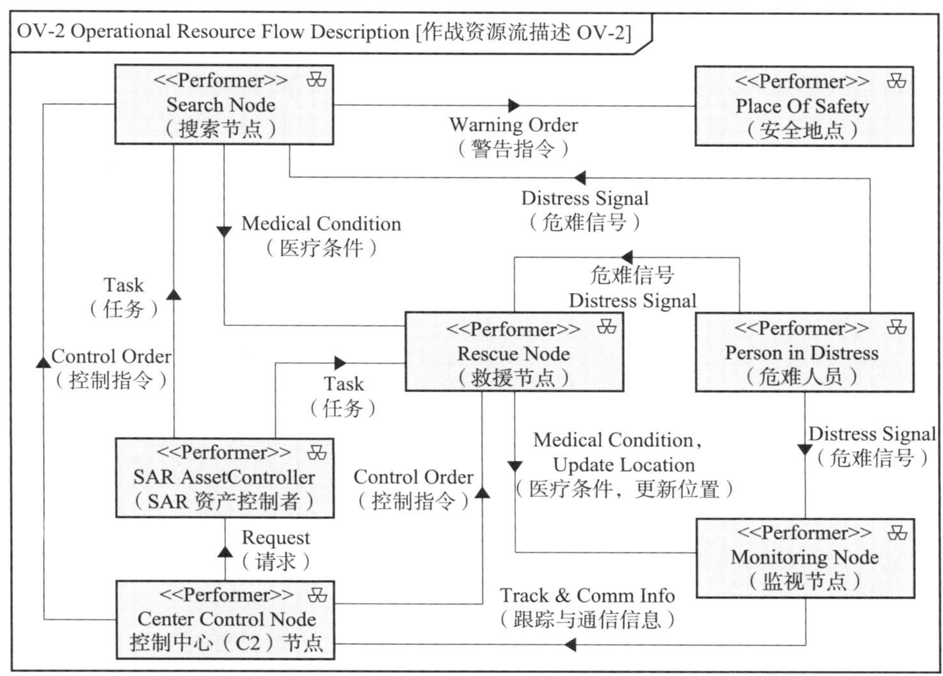

(a) OV-2作战资源流描述视图示例

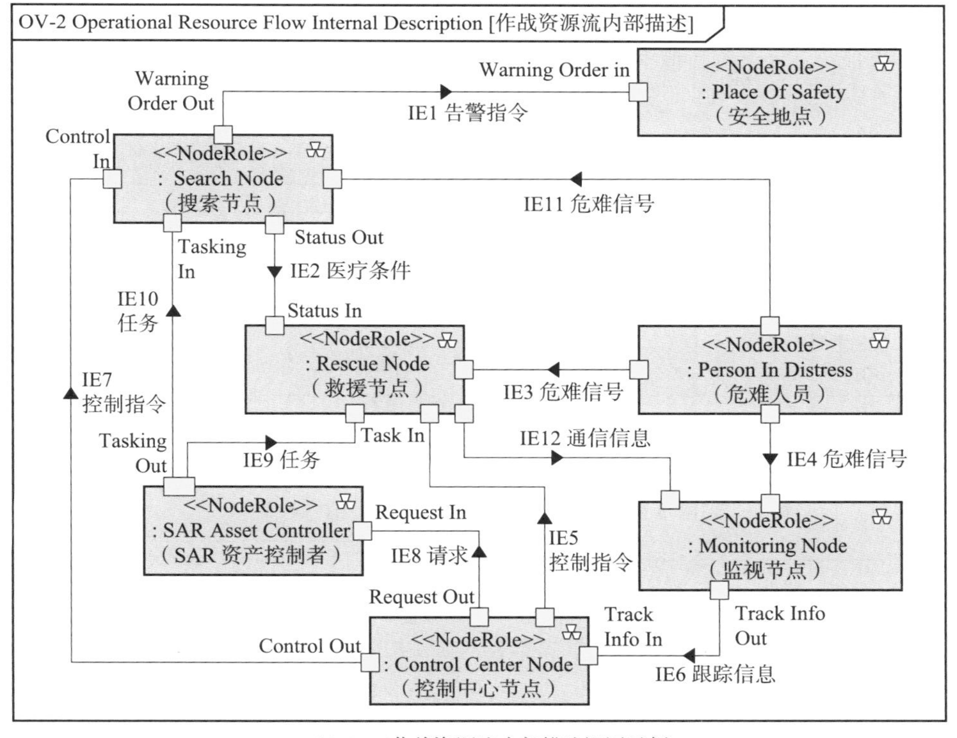

(b) OV-2作战资源流内部描述视图示例

图 9-26 OV-2 示例

（3）作战资源流矩阵 OV－3

OV－3 作战资源流矩阵（Operational Resource Flow Matrix）以矩阵表格形式描述各作战活动节点位置之间交换的资源流，主要用途是定义互操作性需求，示例见表 9－7。这些资源流描述了与作战能力相关联的、互操作性需求的细节。例如，OV－3 可以追溯所关注的资源流的源头和去向。OV－3 可将 OV－2 中的每个资源流项分解为多个更翔实的资源流项。OV－3 涉及的作战节点应与 OV－5b 中活动保持一致，OV－3 显示的数据应与 DIV－2 逻辑数据模型相关联，可在服务视图 SvcV－6 中描述资源流物理内容细节，包括交换的规模、发生频率、时间需求、资源流传递方式、安全级别和互操作性等级等。

表 9－7　OV－3 作战资源流矩阵表

#	交换标识	作战交换项	发送者	接收者	产生的作战活动	消耗的作战活动
1	IE1	Warning Order（告警命令）	Search Node（搜索节点）	Place of Safety（安全地点）	Send Waring Order（发送告警命令）	Process Warning（处理告警）
2	IE2	Medical Condition（医疗条件）	Search Node（搜索节点）	Rescue Node（救援节点）	Monitor Health（监视健康）	Provide Medical（提供医疗）
3	IE3	Distress Signal（危难信号）	Person In Distress（危难人员）	Rescue Node（救援节点）	Send Distress Signal（发送危难信号）	Receive Distress（接收危难信号）
4	IE4	Distress Signal（危难信号）	Person In Distress（危难人员）	Monitoring Node（监视节点）		
5	IE5	Control Order（控制命令）	C2 Node（控制中心节点）	Rescue Node（救援节点）		
6	IE6	Trace Info（跟踪信息）	Monitoring Node（监视节点）	C2 Node（控制中心节点）		
7	IE7	Control Order（控制命令）	C2 Node（控制中心节点）	Search Node（搜索节点）		
8	IE8	Request（请求）	C2 Node（控制中心节点）	SAR Asset Controller（SAR 资产控制者）		
9	IE9	Task（任务）	SAR Asset Controller（SAR 资产控制者）	Rescue Node（救援节点）		
10	IE10	Task（任务）	SAR Asset Controller（SAR 资产控制者）	Search Node（搜索节点）		
11	IE11	Distress Signal（危难信号）	Person In Distress（危难人员）	Search Node（搜索节点）	Send Distress Signal（发送危难信号）	Receive Distress（接收危难）
12	IE12	Comm Info（通信信息）	Rescue Node（救援节点）	Search Node（搜索节点）	Send Comm Info（发送通信信息）	Transfer Comm Info（转发通信信息）

（4）组织关系图 OV－4

OV－4 组织关系图（Organizational Relationships Chart）描述组织结构和相互关系。OV－4 有两种组织结构描述形式，一种是角色，另一种是实际。角色定义宏观的组织结构，实际定义微观的组织内部人员类型（例如，一个指挥机构中包含指挥员、作战参谋等）。相互关系可以是抽象与具体的泛化关系、上下级的组合关系、同级协同配合的聚合关系，或者监督关系、指挥关系和协同关系。

OV－4 的用途包括定义当前和未来组织结构和人员岗位，确定作战活动的执行者等。图 9－27 显示了角色和实际组织的混合关系。

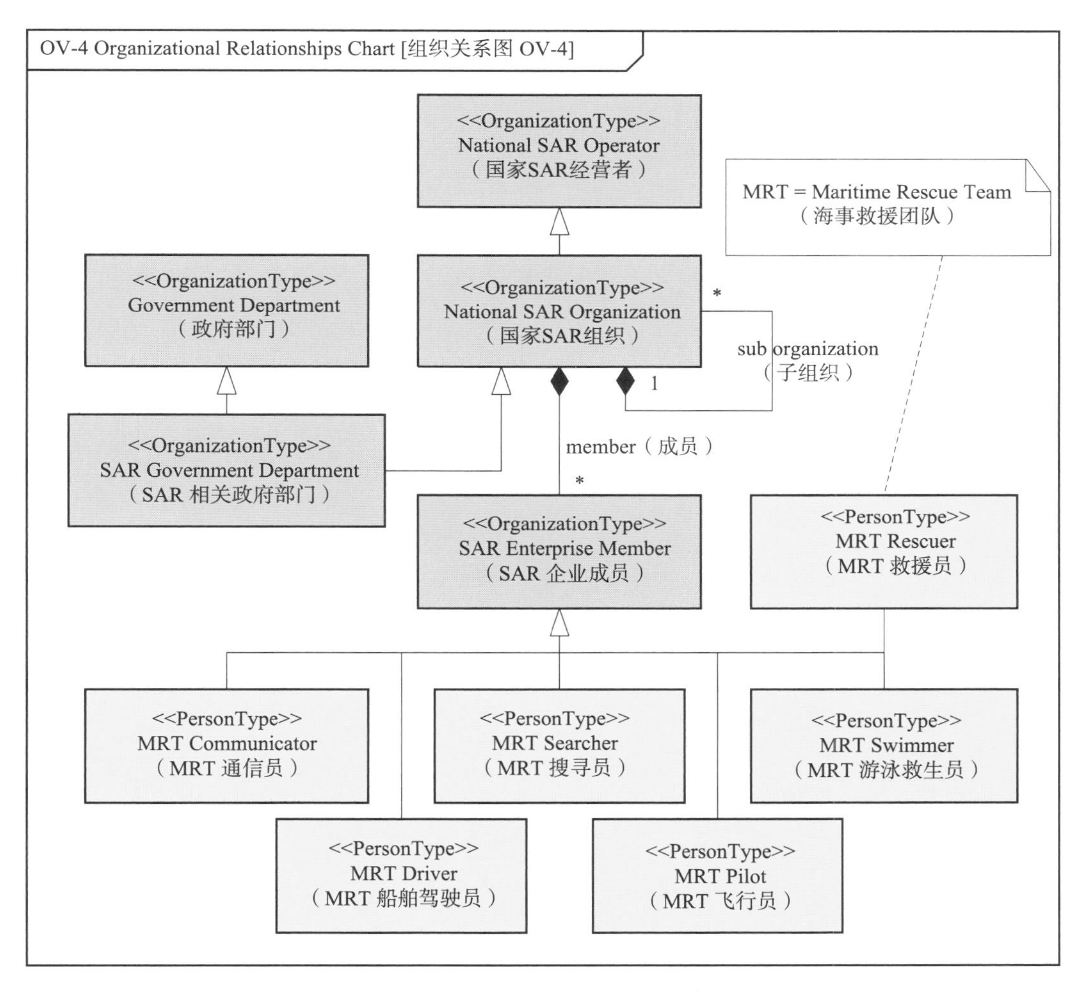

图 9－27　OV－4 角色和实际组织的混合关系示例

（5）作战活动模型 OV－5

OV－5 描述实现军事任务（或业务目标）过程中所需的活动、活动之间关系、活动的执行节点、活动之间的输入与输出流（即交换的资源流）。OV－5 的主要用途为描述活动或工作流程、识别需求、定义角色和职责、支持任务分析、定义问题空间等。OV－5 和

OV－2 模型是互相补充的，OV－5 侧重于描述活动，而 OV－2 侧重于描述资源流。OV－5 可分成 OV－5a 作战活动分解树（Operational Activity Decomposition Tree）视图和 OV－5b 作战活动模型（Operational Activity Model）视图。

OV－5a 以树状分层树状结构形式列出了所有活动，使用者可以快速查看活动的组成和从属关系，示例如图 9－28（a）所示。

OV－5b 描述操作活动、活动执行节点、活动之间逻辑关系、活动输入/输出的资源流，这些资源流提供触发活动的事件、数据等资源。OV－5b 没有规定用某种特定的建模方式，可以采用基于过程的建模方式（IDEF0），也可以采用基于对象的建模方式（UML/SysML 活动图）来描述。图 9－28（b）以活动图形式，给出了 OV－5b 的示例。

（6）作战规则模型 OV－6a

OV－5 作战活动模型关注活动的静态结构和关系，OV－6 作战模型重点描述与任务线程、执行规则、状态转移、时间序列、事件响应有关的动态行为。OV－6 采用规则 OV－6a、状态转移 OV－6b 和事件追溯 OV－6c 三个模型来描述。OV－6b 和 OV－6c 可以一起使用，以描述关键时间和事件驱动的行为。当一个事件发生时，采取的行为可能会受到 OV－6a 中所描述的一套规则或条件的约束。

OV－6a 作战规则模型（Operational Rules Model）指定限制或约束作战活动的规则，可采用“如果……则……”（IF－THEN）语句描述，也可采用自然语言描述，每个规则对应于 OV－5a 或 OV－5b 中的某个/某类活动。对于军事作战，OV－6a 通常用于描述作战条例、交战规则、作战计划，以及影响作战活动或作战节点完成相应作战活动的约束条件，说明活动在什么情况下可以执行，什么情况下不能执行。OV－6a 事实上是对 OV－1 中定义的作战概念的具体化。这些规则可分为强制性的或约束性的，规则应体现在活动的判断条件、活动流程中。

OV－6a 也可采用如图 9－29 所示的表格方式来表示，表格中包括应用主体、规则规范、规则类型等，其中应用主体可为执行者、活动节点、信息元素、信息交换等；规则规范则可采用自然语言、数学不等式、IF－Then 语句来表示。

（7）作战状态转换描述 OV－6b

OV－6b 作战状态转移描述（Operational State Transition Description）通过状态机图描述操作活动如何响应各种事件来改变状态，每次状态的转移都对应着一个事件或动作的触发。OV－6b 特别适用于描述 OV－5b 作战活动模型中无法充分表达的行为序列和时序。OV－6b 描述的状态转移，除了与触发事件有关之外，可能还与当前状态有关，如图 9－30 所示。

OV－6b 的用途包括事件分析、行为分析、约束条件识别，OV－6b 示例如图 9－31 所示。

OV－6b 可用来快速分析 OV－6a 作战规则的完整性，检测是否存在死循环或转移条件缺失问题。OV－6b 中对触发事件的描述应在 OV－3 中有所反映，即可从 OV－6b 导出 OV－3 中资源流信息项内容；描述的活动应与 OV－5b 中的作战活动模型保持一致，即可以检验 OV－5b 的完整性和正确性。

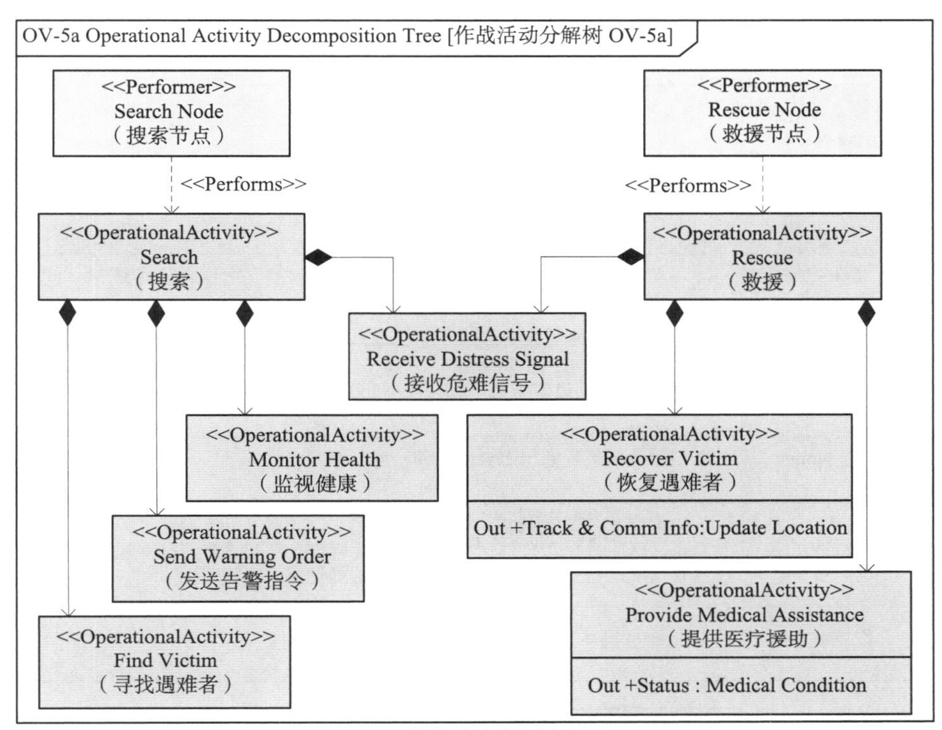

(a) OV-5a作战活动分解树示例

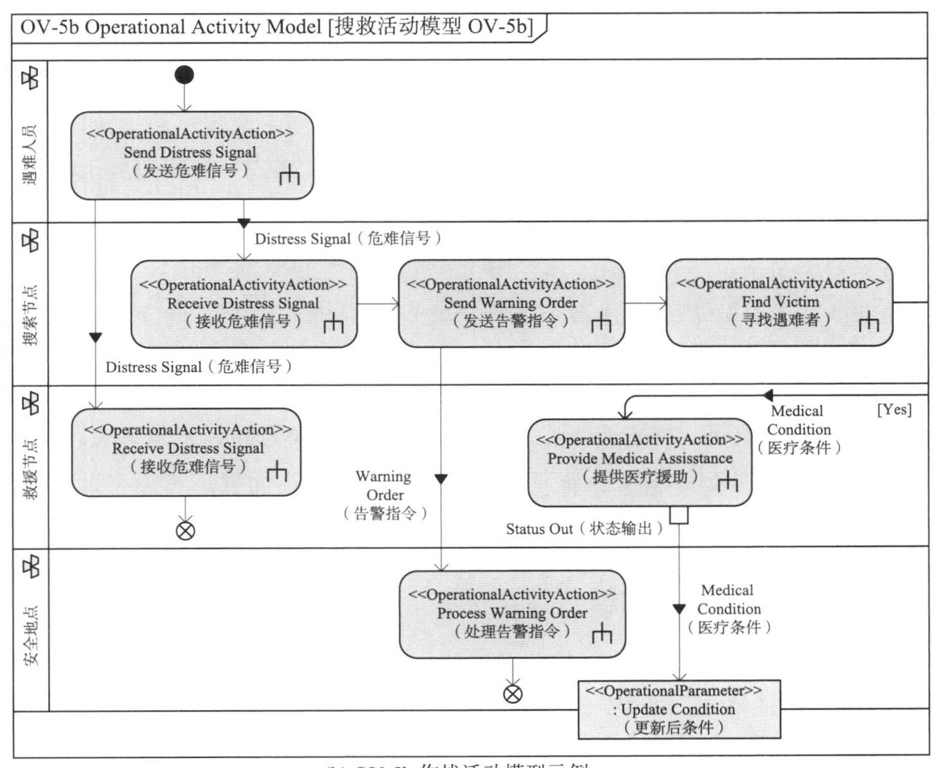

(b) OV-5b 作战活动模型示例

图 9－28　OV－5 示例

#	Applied to-应用主体	Rules Specifications-规则规范	Rules Kind 规则类型
1	Search Node-搜索节点 Rescue Node-救援节点 Monitoring Node -监视节点	每天24小时响应应急事件	Constraint 约束性的
2	Rescue Node-救援节点	最低程度地降低船舶对海洋环境的污染风险	Constraint 约束性的
3	Search Node-搜索节点 Rescue Node-救援节点	一旦军事资产满足民用搜救需求，则军事航空、海洋、陆地资产可用于搜救操作	Constraint 约束性的
4	Search Node-搜索节点 Monitoring Node -监视节点	无线电通信组织，采用MF、VHF、UHF无线电通信（频点为XX、YY…），提供国土海岸线和离岸300km范围水域的全覆盖	Constraint 约束性的
5	Monitoring Node -监视节点	卫星通信扩展到国家全海域和全球覆盖	Constraint 约束性的
6	SAR Asset Node -搜救资产节点	SAR 搜救行动由计算机指控系统支撑。该系统提供事件管理和记录，资源选择和警报，登录与数据库管理；还对遇难目标海洋漂移情况进行预计，生成各搜索单元的最佳搜索区域范围	Constraint 约束性的

图 9-29　OV-6a 作战活动模型示例

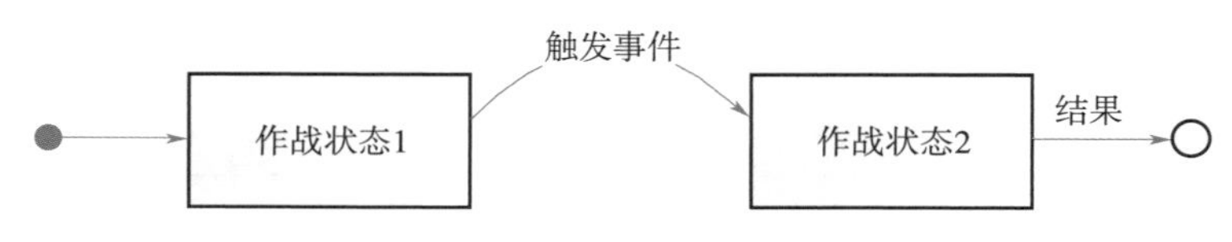

图 9-30　状态转移实例

（8）作战事件跟踪描述 OV-6c

OV-6c 作战事件跟踪描述（Operational Event—Trace Description）是由事件响应驱动的活动，定义特定场景的资源流顺序，也称为序列图或事件场景图。OV-5b 中的操作活动模型可分解为多个单线程的场景，采用多个 OV-6c 描述每个场景。OV-6c 将概念细化到活动细节，通过泳道线描述多个执行者之间引起资源流交互的事件和时序。OV-6c 有助于交叉验证 OV-3、OV-5b 的完整性和正确性，每个角色（或执行者）为完成相应的活动，在预期时间点应拥有的资源。可以单独使用 OV-6c，也可以与 OV-6b 结合来描述场景的动态特征。

OV-6c 的用途包括分析触发事件、分析行为、识别非功能性的约束、指定测试场景。OV-6c 的示例可见图 9-32。

9.4.5　项目视点

项目视点（Project Viewpoint，PV）描述了组织如何规划管理项目，实现能力的交付，以及能力与项目之间的依赖关系。这里的项目可能是项目（Projects）、项目群（Programs）或项目投资组合（Portfolios）。项目视点包含三个视图，PV-1 项目组合关系（Project Portfolio Relationships）描述了组织和项目之间的依赖关系，体现管理项目的

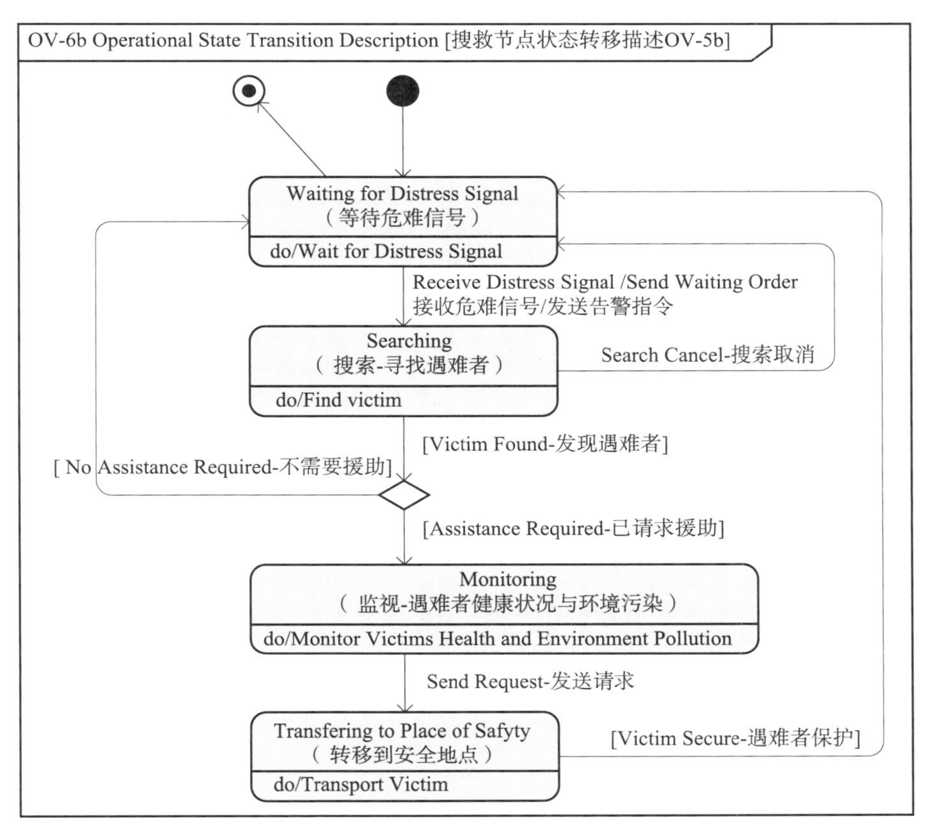

图 9－31　OV－6b 示例

责任组织；PV－2 项目时间表（Project Timelines）描述项目实施的计划、进展和关键里程碑节点；PV－3 项目到能力映射（Project to Capability Mapping）描述项目到能力的映射关系，以显示特定项目元素如何帮助实现能力。

（1）项目组合关系 PV－1

PV－1 站在项目组合规划与组织者角度，描述项目组合包含多少个项目、每个项目由谁负责管理，即项目组合与责任组织之间的关系。实际上，PV－1 描述了多个采办项目或投资组合项目与组织之间的关系，每个采办项目或投资组合项目都负责交付某个系统或某项能力。项目组合中可能包含若干项目群（Programs）或项目（Projects），需要分别识别责任方组织，责任组织从 OV－4 图中选择，因此在创建 PV－1 之前，须先创建 OV－4。另外，PV－1 模型与 CV－4 能力依赖模型密切相关，该模型显示了能力分组和依赖关系。

PV－1 的主要用途包括制订采办计划、项目管理、识别项目责任组织、投资组合项目追溯等。PV－1 可以采用结构图、依赖关系矩阵等形式表示。图 9－33 给出了一种用结构图示例，图中项目与责任组织之间通过构造型依赖关系＜＜OrganizationalProjectRelationship＞＞描述。如果用依赖关系矩阵表示，则矩阵行为项目，矩阵列为组织，行列交叉处呈现是否存在责任依赖关系，如图 9－34 所示。

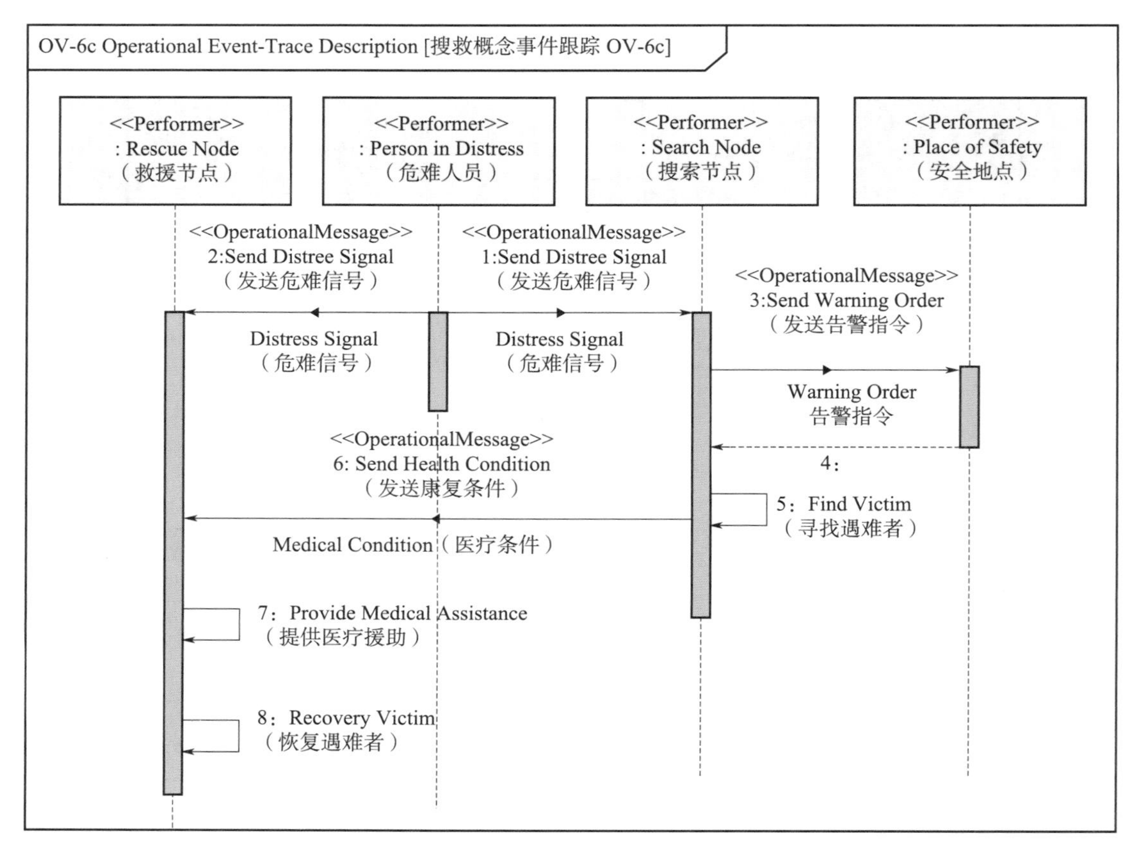

图 9-32　OV-6c 示例

（2）项目时间表 PV-2

PV-2 项目时间表（Project Timelines）描述了项目群实施计划与进展情况，主要用于支持项目采办和部署过程，其他用途包括项目管控、项目风险识别、依赖关系管理、投资组合管理。PV-2 应与 CV-3 能力阶段模型保持一致。

PV-2 可以使用甘特图（Gantt Chart）形式来表示，如图 9-35 所示。图中包含起始时间、终止时间、项目完成百分比、里程碑节点等信息。项目群中各项目之间可能存在某种逻辑顺序关系，例如，本项目与另一个项目的同时启动；或者另一个项目完成后，本项目才能启动；或者本项目与另一个项目同时完成；或者本项目完成后，另一个项目才能启动等。

（3）项目到能力映射 PV-3

PV-3 项目到能力映射（Project to Capability Mapping）通过将项目映射到能力上，显示特定的项目群/项目计划如何帮助实现能力。项目群可能有助于实现多种能力。PV-3 可用于能力审查和跟踪项目支持的能力，并支持决策，例如，何时逐步淘汰原有系统。

PV-3 可以映射矩阵来表示，行元素为 CV-2 中的能力，列元素为 PV-1 中的项目，行列交叉点是依赖关系，示例如图 9-36 所示。该图建立了项目视点与能力视点之间的桥梁与接口。

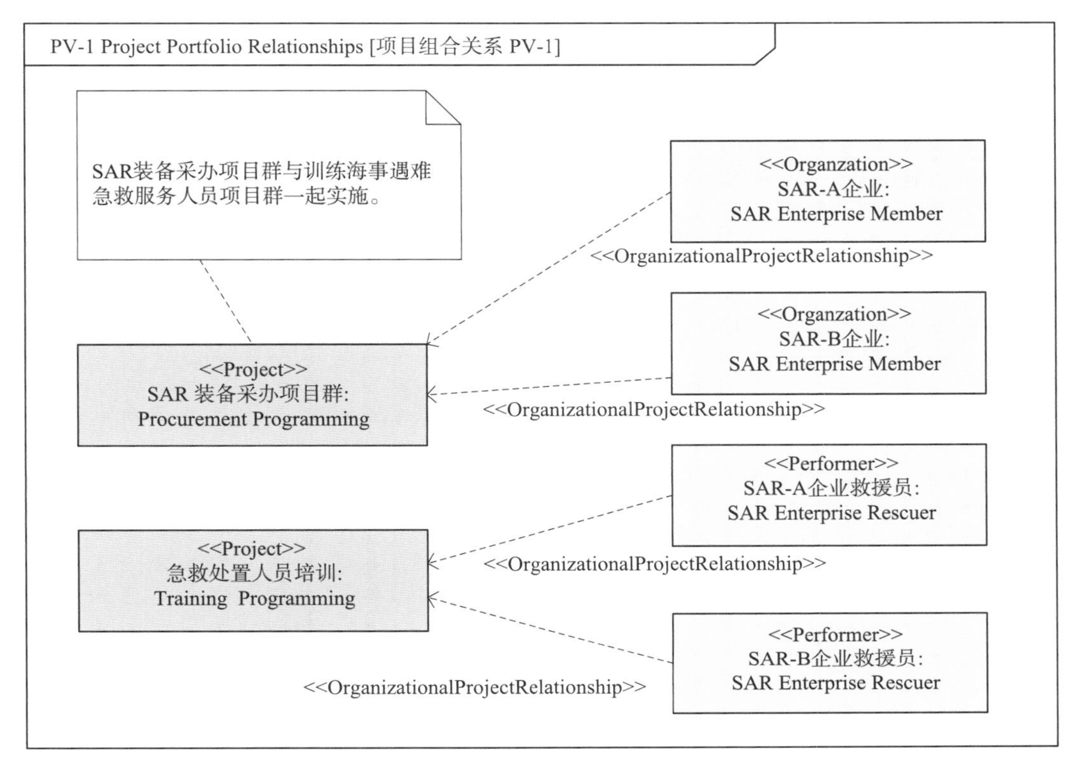

图 9 - 33　PV - 1 的结构图表示示例

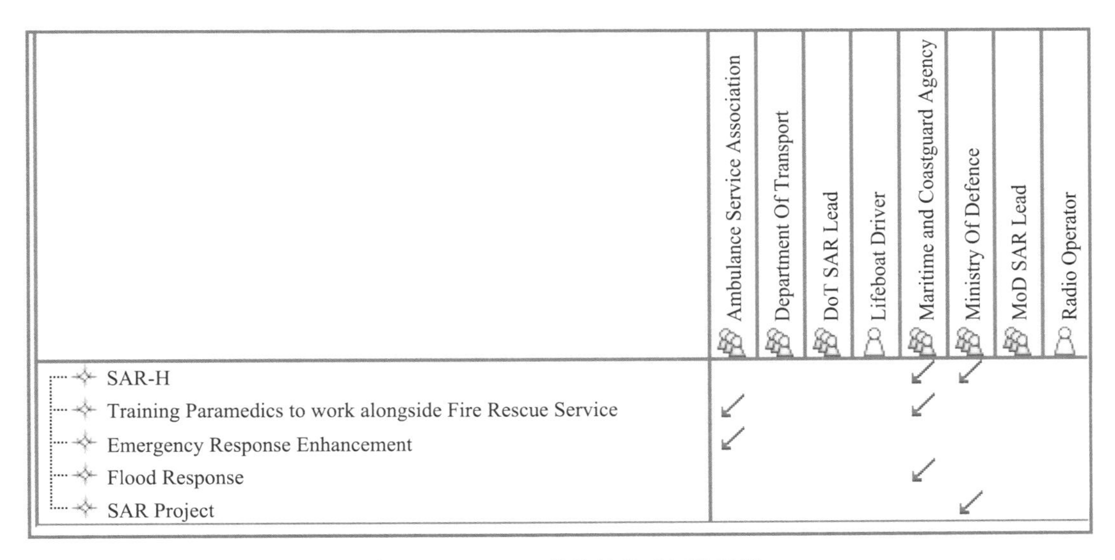

图 9 - 34　PV - 1 的依赖关系矩阵示例

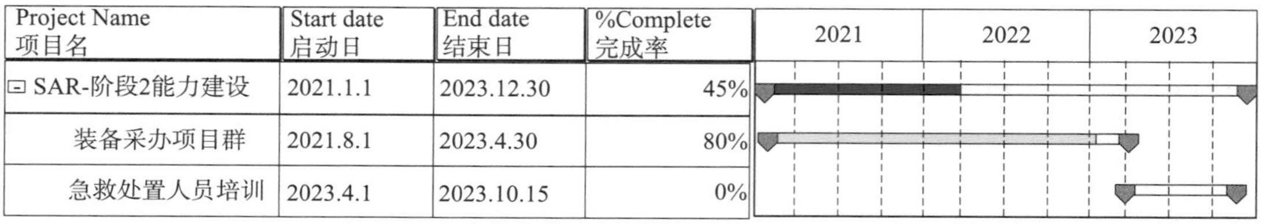

Project Name 项目名	Start date 启动日	End date 结束日	%Complete 完成率	2021	2022	2023
⊟ SAR-阶段2能力建设	2021.1.1	2023.12.30	45%			
装备采办项目群	2021.8.1	2023.4.30	80%			
急救处置人员培训	2023.4.1	2023.10.15	0%			

图 9－35　PV－2 示例

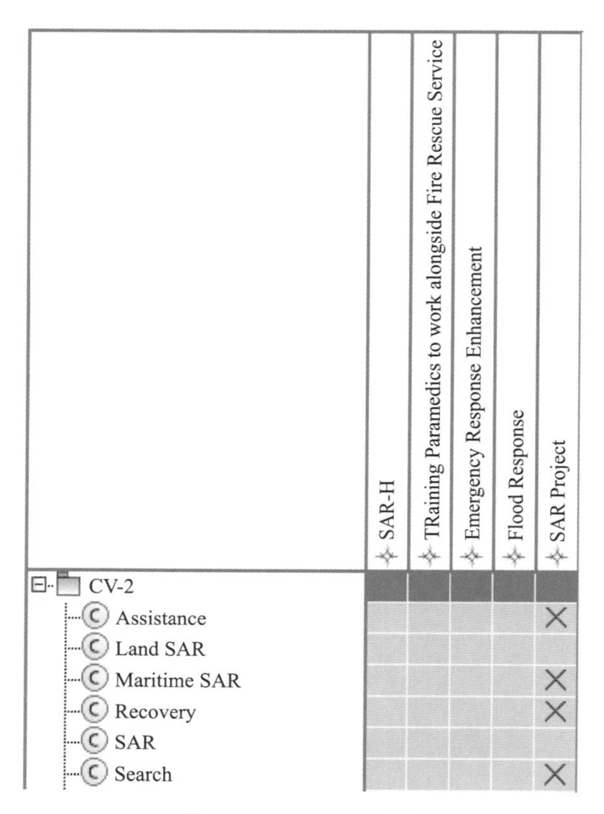

图 9－36　PV－3 示例

9.4.6　服务视点

服务泛指业务服务和作战服务，如搜救服务，服务通过执行者来执行，通过服务规范来实施。前面的作战视点回答“活动”做什么，服务视点（Services Viewpoint，SvcV）回答如何做，即回答依据什么规则（服务规范）、如何度量（服务质量 QoS）、如何实现（通过资源互连端口、输入/输出、资源支撑）、在哪里实现（服务位置）。

服务视点模型描述了提供或支持组织职能的相关服务和相互关联。服务视点模型将服务资源与作战操作、能力需求相关联。这些资源支持作战与业务活动，促进信息交流。服务视点包含 13 类视图。

（1）服务语境描述 SvcV－1

SvcV－1 服务语境描述（Services Context Description）视图描述服务项的组成、服务

项之间层次、资源流连接关系，重点显示服务所需的资源流（或服务资源）。服务需要执行者和物理资产，这里执行者指组织或人员类型，物理资产指硬件系统和软件规范。SvcV－1 对应于 OV－2，OV－2 中的节点描述作战活动或位置，而 SvcV－1 中的节点具体描述服务规范，因此 SvcV－1 将作战活动与服务连接在一起，来实现 OV－2 中指定的作战活动需求，其中服务规范可以分层次表达。在时间阶段上，可采用多个 SvcV－1 图分别表示“当前”或“未来”服务对 OV－2 中作战活动的支撑。

SvcV－1 的用途包括定义服务概念、定义服务选项、描述资源流、服务集成管理等。另外，还可以描述集成在系统上的特定的能力方案或多个可选能力方案。

SvcV－1 可以使用结构图来描述，示例如图 9－37 所示。图中描述了能力、服务规范和两者关系。SvcV－1 还可显示“能力”和“服务规范”映射，以及“服务规范”与“系统资产”的交互，可以直接在服务元素分割框区域表达，或者使用 SvcV－2 服务资源流内部描述图，对每个服务规范的内部结构建模。

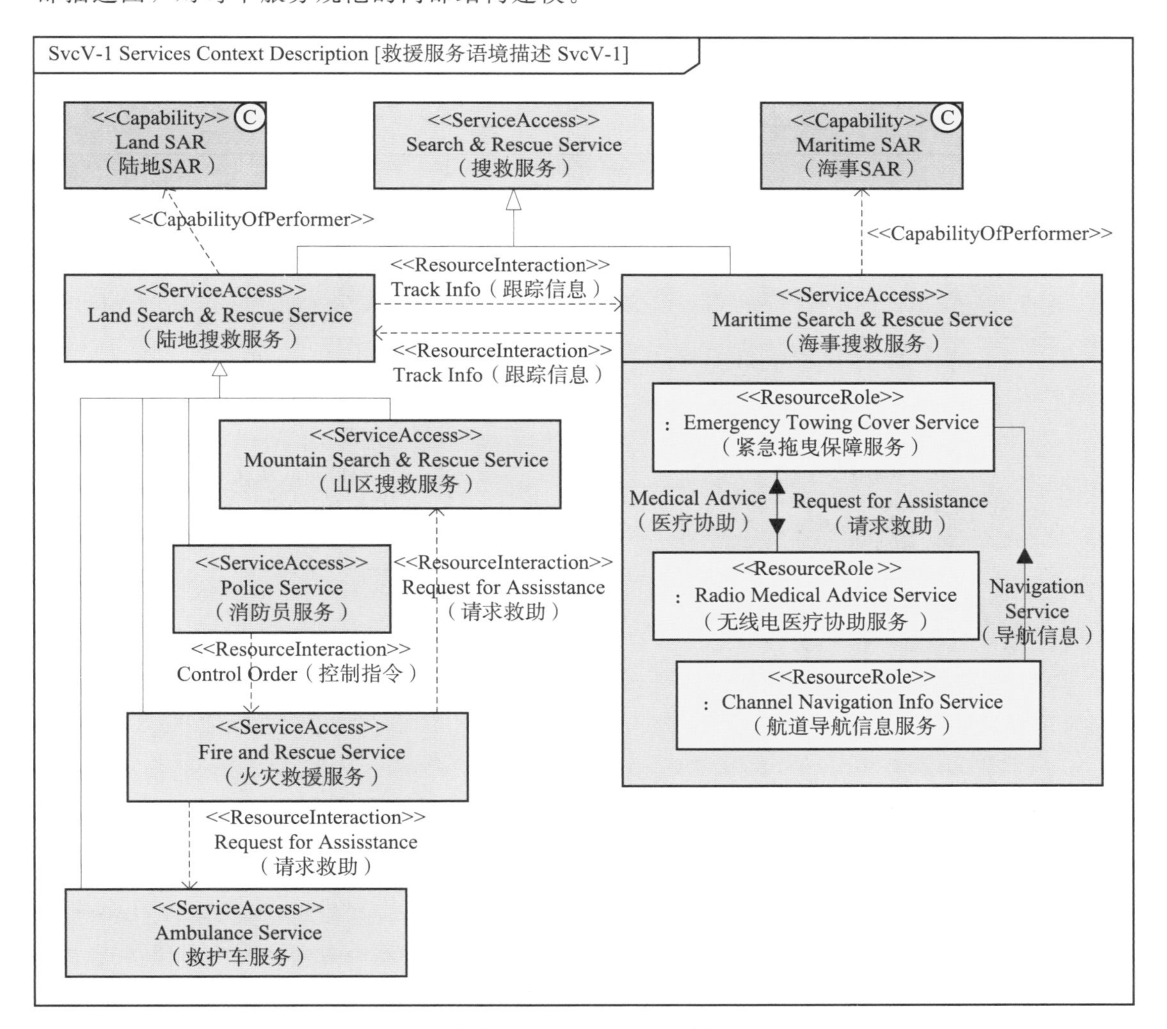

图 9－37　SvcV－1 示例

SvcV－1 的服务语境描述和 SvcV－4 的服务功能描述，提供了互补的表示形式。SvcV－2 和 SvcV－6 则对 SvcV－1 中的资源流进行了分解和细化。通常在完成 OV－2 之前，或者在完成 SV－1 或 SV－2 视图之前，创建 SvcV－1。

（2）服务资源流描述 SvcV－2

SvcV－2 服务资源流描述（Services Resource Flow Description）呈现服务之间交换的资源流，用连接规范表征资源流，连接规范可以是“当前”的或“未来”的规范。可以列出资源流连接中使用的协议，涉及的任何协议都需要在 StdV－1 标准配置文件中进行定义。对于互联网的网络服务，SvcV－2 显示服务、端口、端口之间的服务资源流。对于非网络服务，可显示每项服务资源流、端口上的生成服务、端口上的消费服务。

SvcV－2 的用途包括显示所有资源流规范、端口所产生的服务、端口所消费的服务。SvcV－2 可以使用结构图来描述。例如，首先创建“资源角色”和“服务端口”；然后使用“服务连接器”，连接“资源角色”和“服务端口”。图 9－38 给出了 SvcV－2 示例，其中“医疗协助、无线电指令、原则请求”是资源流规范（或连接规范）。

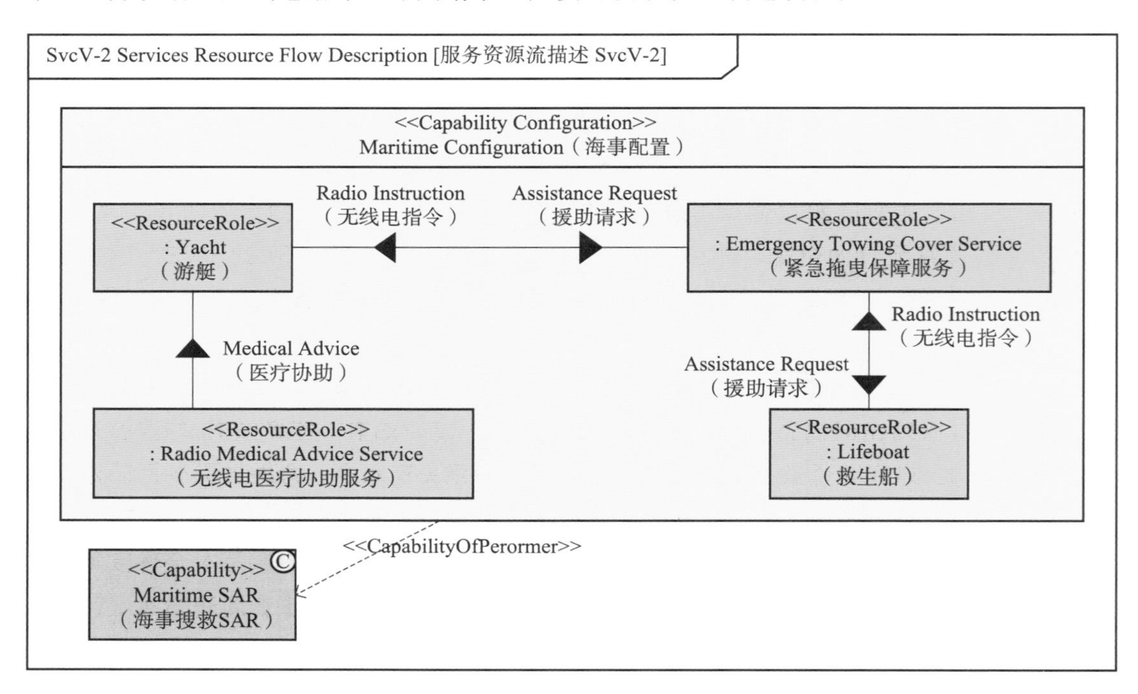

图 9－38 SvcV－2 示例

可以在完成 OV－2 之前、或者在体系结构的后期阶段，并在完成 SV－1 或 SV－2 视图之前，创建 SvcV－2。首先，创建连接规范和服务端口，然后使用关联关系来关联服务规范，最后使用连接器来连接服务端口。完成 SvcV－2 后，即可继续创建 SvcV－4 视图。可以直接在此元素形状的分割框中、或者使用 SvcV－2 资源流内部图，对每个服务规范的内部结构建模。

(3) 系统-服务矩阵 SvcV - 3a

SvcV - 3 系统服务矩阵（Systems - Servers Matrix）描述系统与服务之间的关系，提供了一种关系汇总矩阵，可以快速概览一个或多个 SvcV - 1 模型中所有系统与服务之间的交互。SvcV - 3a 的用途包括汇总系统和服务资源的关系、接口管理、比较方案选项互操作性特性。

SvcV - 3a 使用矩阵图表来表示，矩阵图示例如图 9 - 39 所示。矩阵行为服务（服务规范或服务接口），矩阵列为系统（资源或执行者）。矩阵交叉单元格通常表示依赖关系的符号（例如，短线箭头符表示提供服务的系统），也可以采用不同符号或颜色表示更多信息，例如，表示状态（当前、未来等）、接口类型、信息类别（情报、指控、后勤等信息）、信息分级（内部、秘密、机密、绝密）等。

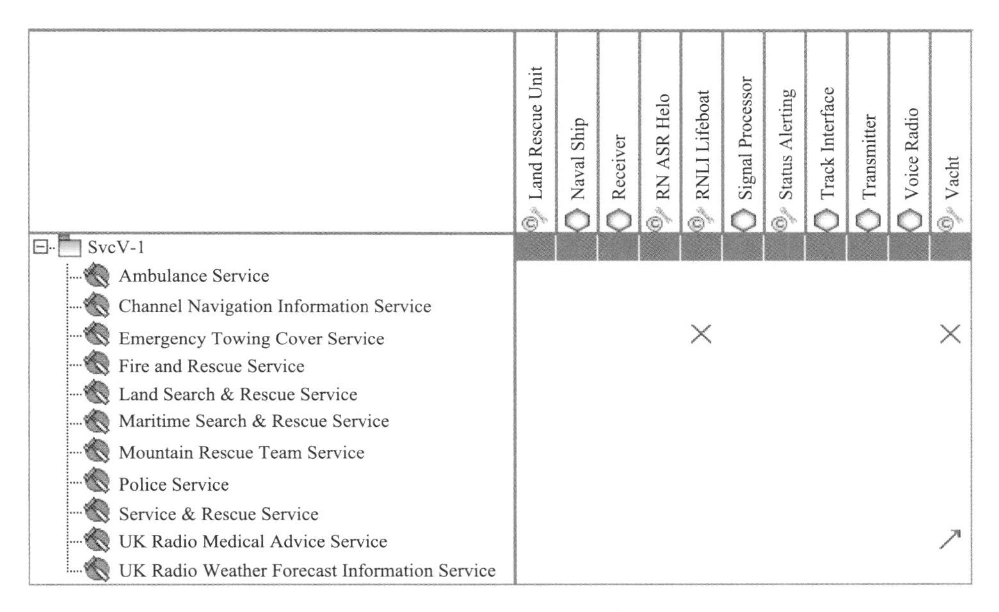

图 9 - 39　SvcV - 3a 示例

(4) 服务-服务矩阵 SvcV - 3b

SvcV - 3b 服务-服务矩阵（Service - Service Matrix）描述服务与服务之间的资源交互，可以快速浏览 SvcV - 1 中的所有服务资源之间的交互。SvcV - 3b 的用途包括汇总服务之间的资源交互、接口管理、比较解决方案选项互操作特性。该模型支持以网络中心的服务，将服务作为 SvcV - 10a、SvcV - 10b 和 SvcV - 10c 的输入，描述产生和消费的服务。

SvcV—3b 通常使用矩阵图表来表示，行表示一个服务，列表示另一个服务，示例如图 9 - 40 所示。矩阵交叉单元格通常表示依赖关系的符号（例如，短线箭头符），单元格也可以采用不同符号或颜色来呈现其他类型的信息，例如，表达状态（当前、未来等）、接口类型、信息类别（情报、指控、后勤等信息）、信息分级（内部、秘密、机密、绝密）等。

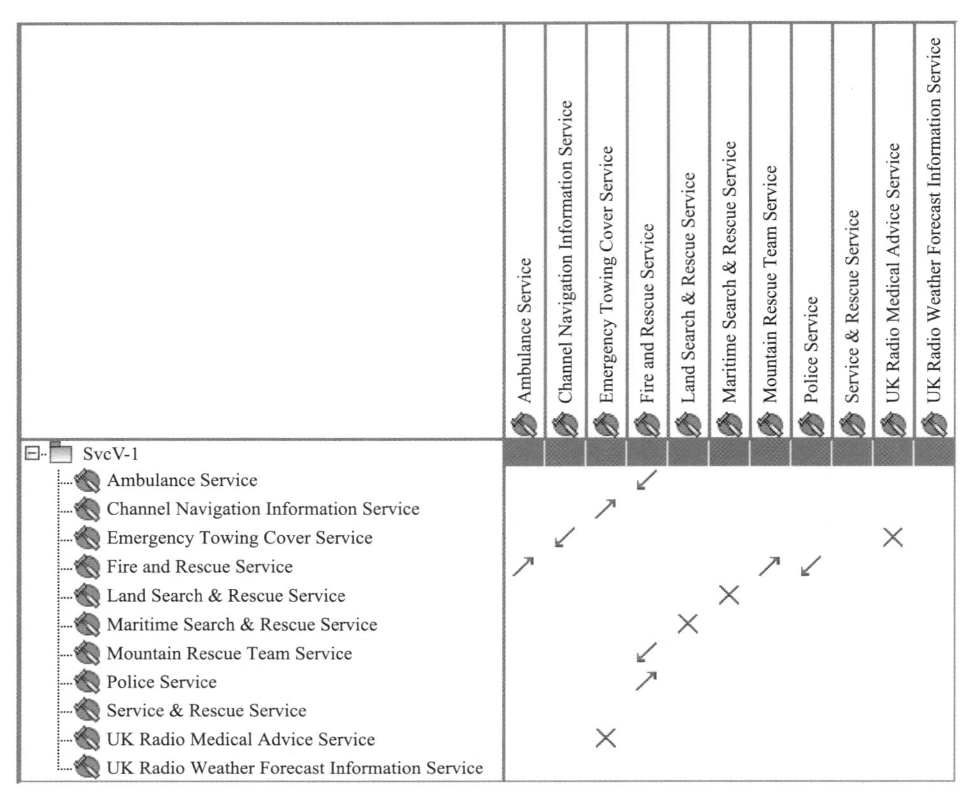

图 9 - 40　SvcV - 3b 示例

（5）服务功能描述 SvcV - 4

SvcV - 4 服务功能描述（Services Functionality Description）将服务功能分配资源，并描述服务功能之间的资源流。其主要目的是明确每个功能所需的输入（消耗）/输出（产生）的资源，确保服务功能连接完整（资源所需输入均已满足），确保功能分解到适当的详细程度。

SvcV - 4 的用途包括描述任务工作流、识别服务功能需求、服务的功能分解、关联人员和服务功能。SvcV - 4 是 SvcV - 1 服务语境描述的行为对应物，这类似于 OV - 5b 是 OV - 2 对应物。OV - 5 分成描述结构的 OV - 5a 和描述行为的 OV - 5b，SvcV - 4 也可以分别采用描述结构和行为的图来表示。描述结构的 SvcV - 4 如图 9 - 41（a）所示，描述行为的 SvcV - 4 如图 9 - 41（b）所示。

（6）操作活动到服务可追溯性矩阵 SvcV - 5

SvcV - 5 作战活动到服务可追溯性矩阵（Operational Activity to Services Traceability Matrix）描述服务功能与作战活动 OV - 5a/b 之间的联系，建立将作战活动（即需要做什么）与服务功能（即如何做、谁来做）的映射关系。在需求定义期间，SvcV - 5 在追溯与系统功能需求和用户需求方面发挥着重要作用。作战活动与服务功能可能是多对多关系，即一个活动可以由多个服务功能支持，而一个服务功能可以支持多个活动。

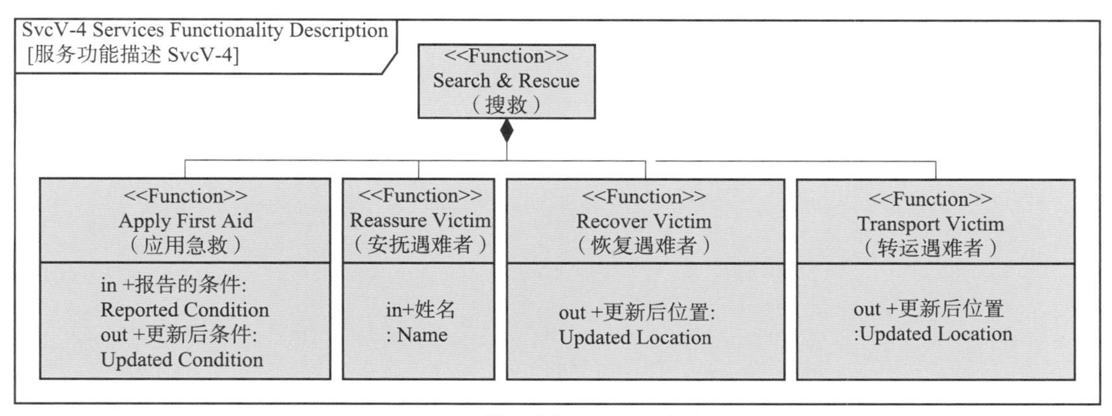

(a) 描述结构的SvcV-4示例

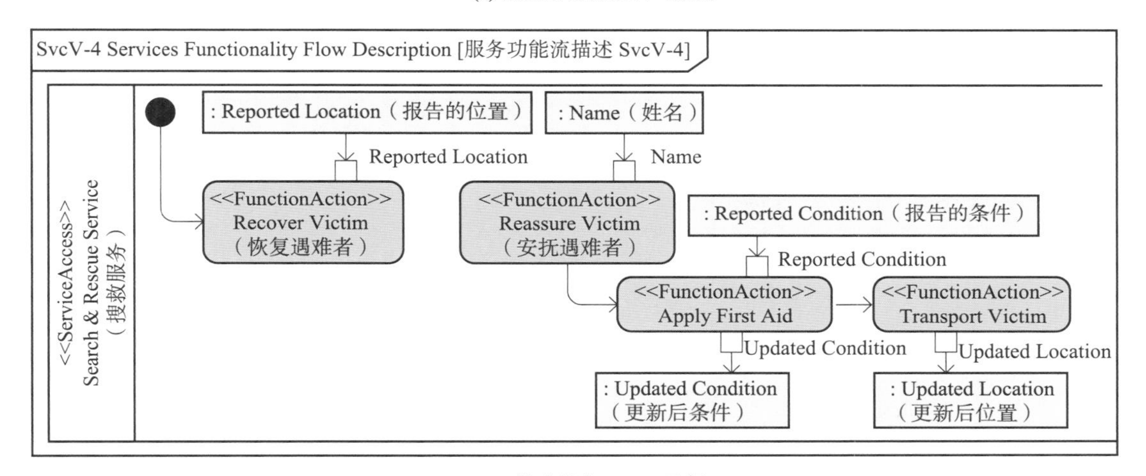

(b) 描述行为SvcV-4示例

图 9 - 41　SvcV - 4 示例

SvcV - 5 的用途包括根据用户需求制定服务功能需求、追溯解决方案选项、识别服务功能的冗余或差距。SvcV－5 可以用依赖矩阵表来表示，示例如图 9 - 42 所示。矩阵的行是服务功能，列是作战活动，交叉单元格显示依赖关系，或更多信息（例如，绿色代表提供了完整功能、黄色代表待部署、红色代表已有功能计划但未开发好、空白代表不存在关系）。

（7）服务资源流矩阵 SvcV - 6

SvcV - 6 服务资源流矩阵（Services Resource Flow Matrix）规定了服务之间交换的资源流详细特征，SvcV - 6 是对 OV - 3 中逻辑内容的物理实现细节的表达。该模型支持以网络为中心的服务，重点描述产生的资源流信息。

SvcV - 6 与 OV - 3 形成互补作用，OV - 3 在逻辑上描述需要什么资源流，SvcV - 6 则在物理上描述这些资源流详细信息，可包括资源交换的周期性、及时性、吞吐量、大小、信息保证和安全特征，以及格式和媒介类型、准确性、测量单位、适用的系统数据标准等。如果资源流是信息，需要反映在数据和信息 DIVs 模型中。SvcV - 6 的用途是详细

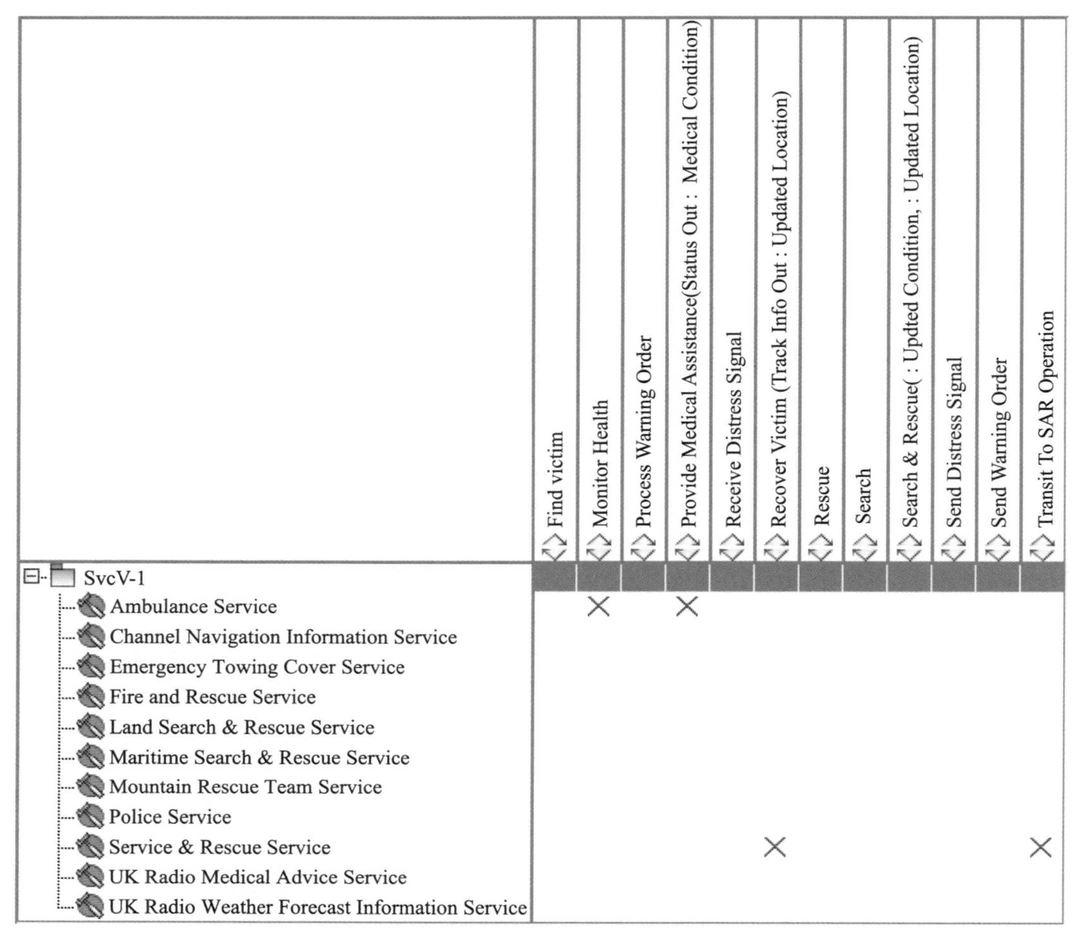

图 9－42　SvcV－5 示例

定义资源流属性，通常采用表格形式来定义，行为资源流，列为资源流属性，单元格中呈现属性内容，示例见表 9－8。

表 9－8　SvcV－6 表格示例

#	Resource Interaction Item 资源交互项	Sending Service 发送服务	Receiving Service 接收服务
1	Control Order 控制指令	Police Service 出警服务	Fire and Rescue Service 火灾救援服务
2	Track Info 跟踪信息	Maritime Search & Rescue Service 海事救援服务	Land Search & Rescue Service 陆地救援服务
3	Track Info 跟踪信息	Land Search & Rescue Service 陆地救援服务	Maritime Search & Rescue Service 海事救援服务
4	Request for Assistance 请求援助	Fire and Rescue Service 火灾救援服务	Mountain Rescue Team Service 山区救援团队服务

续表

#	Resource Interaction Item 资源交互项	Sending Service 发送服务	Receiving Service 接收服务
5	Request for Assistance 请求援助	Fire and Rescue Service 火灾救援服务	Ambulance Service 救护车服务
6	Weather Forecast 气象预报	Channel Navigation Information Service 航道导航信息服务	Emergency Towing Cover Service 紧急拖曳保障服务
7	Request for Assistance 请求援助	Emergency Towing Cover Service 紧急拖曳保障服务	Radio Medical Advice Service 无线医疗协助服务
8	Medical Advice 医疗协助	Radio Medical Advice Service 无线医疗协助服务	Emergency Towing Cover Service 紧急拖曳保障服务

(8) 服务度量矩阵 SvcV－7

SvcV－7 服务度量矩阵（Services Measures Matrix）描述对服务水平、服务质量（QoS）定量的或定性的度量指标，这些指标是利益相关者所关注的。SvcV－7 细化了 SvcV－1 中描述的资源特征信息。每项服务的质量，可能包括服务使用情况、最大/平均/最小响应时间、允许的停机时间等。另外，可以采用多个 SvcV－7 矩阵分别描述“现有”和“未来”服务能力发展的情况。

SvcV－7 的用途包括识别服务功能的性能度量指标类型、度量指标的具体数据、非功能性的服务需求。SvcV－7 可用表格形式表达，行为服务功能，列为属性，单元格为属性描述或度量值，SvcV－7 的典型度量类型和实测值示例，分别可见表 9－9 和表 9－10。

表 9－9　SvcV－7 度量指标类型示例

#	度量类型 Measure Type	测量 Measurement	服务访问 Sevice Access
1	标准救援测量 Standard SAR Measurement	寻找时间 findTime:hour 持续时间 persistenece:hour 搜寻范围 searchCoverage : m^2 气象条件 weatherCondition:String	搜救服务 Search & Rescue Service
2	海事 SAR 测量 Maritime Measurement	海况 seaContidion: String	海事搜救服务 Maritime Search & Rescue Service
3	陆地 SAR 测量 Land SAR Measurement	地型 terrainType:String	陆地搜救服务 Land Search & Rescue Service

表 9－10　SvcV－7 度量指标实际测量示例

#	服务访问 Sevice Access	性能要求 Performance Requirement	测量 Measure	单位制 Metric	意向 Intention
1	海事搜救服务 Maritime Search & Rescue Service	海况 seaCondition	汹涌 popple	字符串 String	实测 Actual
2	搜救服务 Search & Rescue Service	气象条件 weatherCondition	多云 cloudy	字符串 String	实测 Actrual
3	搜救服务 Search & Rescue Service	搜索区域 searchCoverage	140 000	米^2 m^2	估计 Estimate

续表

#	服务访问 Sevice Access	性能要求 Performance Requirement	测量 Measure	单位制 Metric	意向 Intention
4	搜救服务 Search & Rescue Service	持续时间 persistence	48	小时 hour	要求 Required
5	搜救服务 Search & Rescue Service	寻找时间 findTime	24	小时 hour	要求 Required
6	陆地搜救服务 Land Search & Rescue Service	地型 terrainType	陆地 land	字符串 String	要求 Required

(9) 服务演进描述 SvcV-8

SvcV-8 服务演进描述（Services Evolution Description）从全寿命周期角度，描述了服务资源如何随时间而演进变化，它以时间表方式描述多个服务资源的变化情况。SvcV-8 显示过去遗留的、当前的、未来的服务能力，它主要取决于 PV-2 项目里程碑，并与 CV-2 能力分类、CV-3 能力阶段和 StdV-2 标准预测相关联。

SvcV-8 的用途包括制定增量式的采办战略、制定技术规划。图 9-43 为 SvcV-8 的示例，行描述各服务资源演化版本，从左到右是时间线方向。

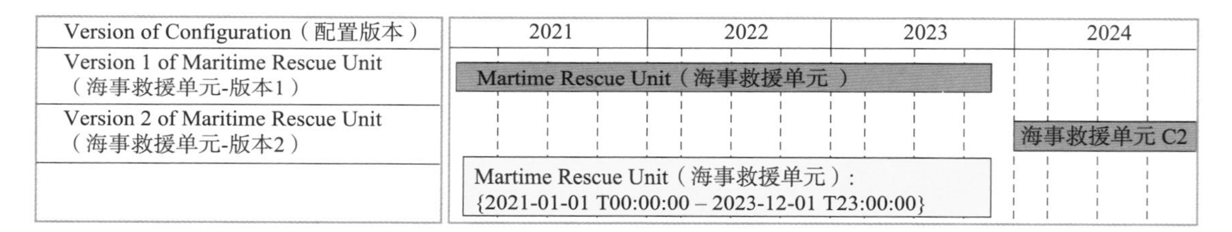

图 9-43 SvcV-8 示例

(10) 服务技术和技能预测 SvcV-9

SvcV-9 服务技术和技能预测（Services Technology and Skills Forecast）定义当前和未来预期支持服务的技术和技能，包括硬件/软件新兴技术对未来服务的影响。未来新兴技术和技能与 SvcV-8 中描述的演进时间阶段相关联，并与 CV-3 能力阶段相关联。

SvcV-9 的用途包括按时间阶段（短期、中期或长期）预测技术趋势、行业趋势、人员可用技能等。SvcV-9 通常采用表格来表示，行表示服务技术，列表示时间段，单元格表示内容或技术升级里程碑，示例见表 9-11。

表 9-11 SvcV-9 示例

#	技术领域 Technology area	From:2020—01 To:2024—12	From:2025—01 To:2030—12
1	航道导航信息服务	北斗提供全球导航信息，北斗短报文提供无线气象预报信息服务	北斗星提供全球导航信息，北斗短报文提供无线气象预报信息服务，互联网星座提供无线医疗协助服务

如果技术标准的演变是至关重要，则 SvcV－9 必须与 StdV－2 标准预测描述保持一致。

（11）服务规则模型 SvcV－10a

前面的服务视点模型更多地描述服务的静态结构特性，而 SvcV－10a/b/c 模型描述服务的动态行为特性，包括服务规则、状态转移、触发事件和服务时序。SvcV－3 为 SvcV－10a/b/c 提供输入，SvcV－4 为 SvcV－10a/b/c 提供服务规范与执行者。当一个事件发生时，所要采取的行动受到 SvcV－10a 的约束，SvcV－10b 和 SvcV－10c 可以组合起来描述了对一系列事件的响应。

SvcV－10a 服务规则模型（Services Rules Model）识别对服务施加的功能性或非功能性的约束。约束规则描述了构成服务模型的执行者、资源流、服务功能、数据元素、端口之间的约束关系。约束可采用结构化的自然语言，或数学表达式、IF－Then 规则来描述。SvcV－10a 侧重于物理和数据约束，作战视点中的 OV－6a 则重于业务规则约束。可以对约束类型进行分类，例如，约束性的/预期性的，非功能的/功能的/派生的。其中，非功能约束指控制某些物理结构方面的断言，功能性约束指控制资源行为的断言，派生约束指基于事实计算得到的派生约束。服务规则如果基于某个标准，则应该在 StdV－1 中列出该标准。

SvcV－10a 的用途包括定义服务功能实现逻辑、识别对资源的约束。SvcV－10a 通常采用表格或参数图形式来表示。表 9－12 为一个表格形式的示例。

表 9－12　SvcV－10a 示例

#	Applied To 应用于	Rule Specification 规则规范	Rule Kind 规则类型
1	Fire and Rescue Service 火灾救援服务	除责任范围内消防外，消防局还可将资源用于其他目的，包括化学品、道路交通事故等救援	Contraint 约束性的
2	Radio Medical Advice Service 无线电医疗协助服务	以甚高频（VHF）或中频（MF）无线电呼叫或电话，提供医疗协助或救援服务	Constraint 约束性的
3	Channel Navigation Information Service 航道导航服务	定期进行广播，包括气象条件、交通疏通计划中发生的事故，协助船只每天 24 小时通过交通繁忙的航道	Constraint 约束性的
4	Emergency Towing Conver Service 紧急拖曳保障服务	在高风险航区用 4 搜紧急拖曳船，提供全天 24 小时的紧急拖曳保障服务	Constraint 约束性的

（12）服务状态转移描述 SvcV－10b

SvcV－10b 服务状态转移描述（Services State Transition Description）通过状态机图描述服务功能（或资源）响应事件的状态变化，每次状态转移都对应一个事件。状态转移的发生需要事件驱动，可能还与当前状态有关，状态可以嵌套。SvcV－10b 可以单独使用，也可以与 SvcV－10c 服务事件跟踪描述结合起来使用。

SvcV－10b 的用途包括行为建模，定义状态、状态转移事件，识别状态变化的约束条件，检查是否存在死循环或条件缺失问题。SvcV－10b 可以使用状态机图来表示，如图 9－44 所示。

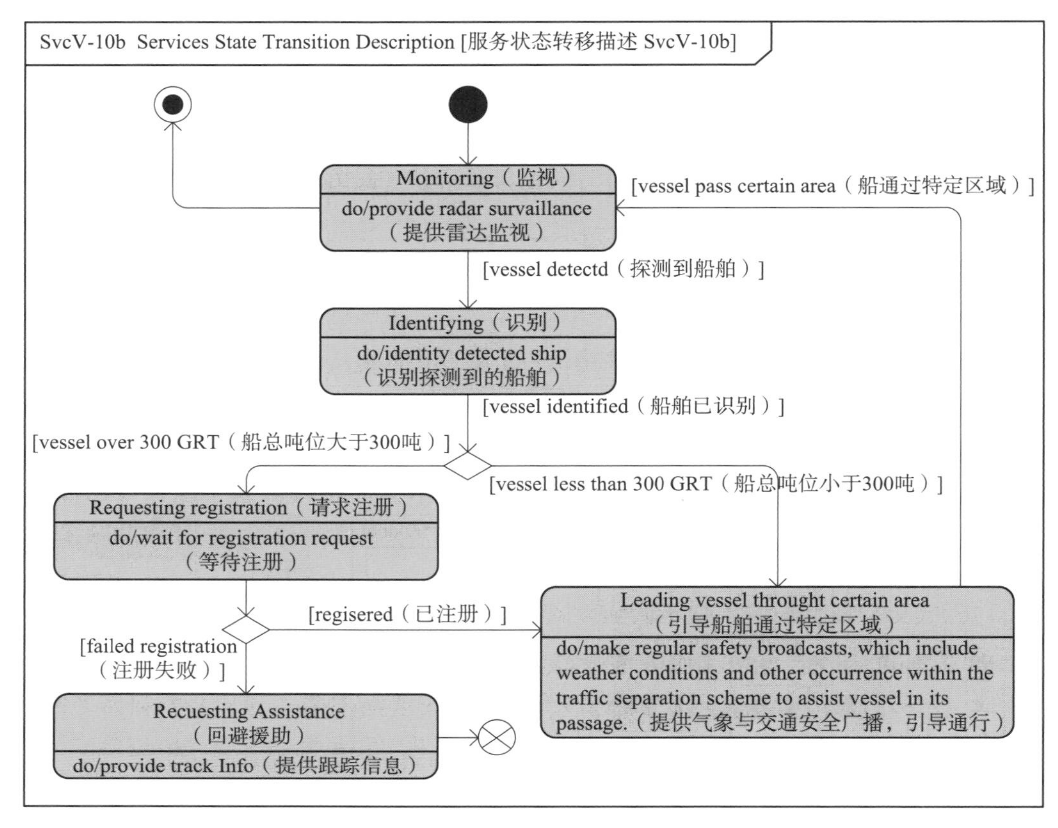

图 9-44　SvcV-10b 示例

SvcV-10b 可用于描述 SvcV-4 的服务功能详细执行顺序。SvcV-10b 中包含的动作比 SvcV-4 中更详细，例如，SvcV-4 服务功能描述中没有充分表达响应外部和内部事件的明确顺序，SvcV-10b 可用于反映功能的明确顺序、单个功能内部操作的顺序或特定资源的功能顺序。

(13) 服务事件跟踪描述 SvcV-10c

SvcV-10c 服务事件跟踪描述（Services Event-Trace Description）按时序描述服务功能之间资源流的交互，它细化地描述 SV-6c 中资源流交换事件和时序关系，从最初的解决方案设计转变为详细设计，帮助定义一系列服务功能和服务数据接口，确保每个参与服务的资源或端口拥有所需的信息。SvcV-10c 通常与 SvcV-10b 一起使用，以描述服务功能或资源的动态行为。

SvcV-10c 的用途包括分析影响作战的资源流事件、行为分析、识别非功能性的系统需求。SvcV-10c 可以用序列图来表示，典型示例见图 9-45，图中泳道生命线的头部为服务接口或服务资源构件，生命线之间通过资源流消息交互。

9.4.7 标准视点

标准视点（Standard Viewpoint，StdV）模型是描述体系结构各部分元素配置、交互

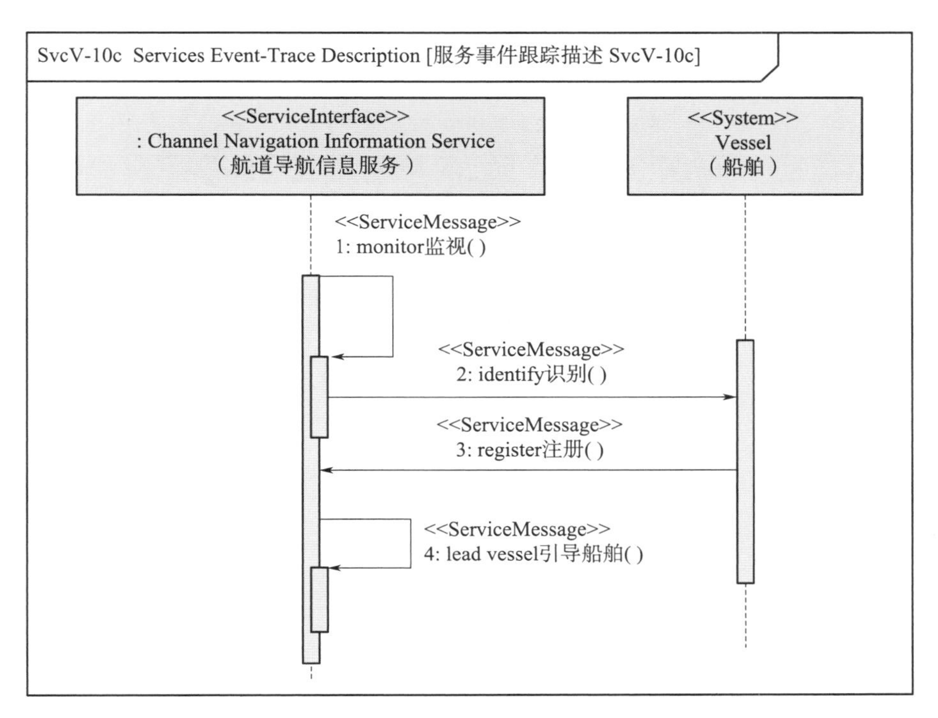

图 9 - 45　SvcV - 10c 示例

和相互依赖的一组规则。这些标准与规则包含适用于每个解决方案和只适用于特定的解决方案的标准和规则，具体类别包括体系工程理论与政策、技术或行业标准、业务或操作指南、规则与约束、标准发展预测等。

DoDAF 元数据模型（DM2）描述概念、关联和属性数据，主要表征体系结构中的基础元素。DM2 与 DoDAF 所描述的模型存在映射关系。DoDAF V2.0 标准视点模型包含标准配置文件 StdV - 1 模型和标准预测 StdV - 2 模型。

（1）标准配置文件 StdV - 1

StdV - 1 标准配置文件（Standard Profile）定义了适用于所描述的体系结构中的各种技术、操作、标准、指南和策略。StdV - 1 应从体系结构描述各视点和视图模型中提取出来，应确定行业领域现有的或欠缺的标准、指南、规则和政策，形成标准配置文件 StdV - 1。由于体系结构随时间演化，标准配置文件都对应着适用的特定时间段。随着新兴的技术发展成熟和外部环境的变化，体系适用标准可能会发生变化。

StdV - 1 的用途包括梳理可用通用标准和专用标准，引用标准作为系统、服务、系统功能、服务功能、系统数据、服务数据、硬件/软件或接口协议的依据。通常采用表格形式来描述 StdV - 1，示例见表 9 - 13。

（2）标准预测 StdV - 2

StdV - 2 标准预测（Standard Forecast）包含技术标准、操作标准或业务标准的预期变化，这些变化同时记录在 StdV - 1 中。StdV - 2 标准演进的预测需要与 SV - 8 系统演进、SvcV－8 服务演进、SV－9 系统技术和技能预测和 SvcV－9 服务技术和技能预测模型中提到的时间段保持一致。

表 9－13　标准配置文件 StdV－1 示例

#	Technology Area 技术领域	Applied To 适用对象	Standard/Policy 标准/政策	Time 实施时间	Trend 变化趋势
1	System 系统	Boat 船舶	BD—北斗导航与短报文 VHF—甚高频通信 AIS—船舶定位	时间段 1	—
2		Fix Wing Aircraft 固定翼飞机	HF—高频通信 UHF—特高频通信 VHF—甚高频通信	时间段 2	—
3		Helicopter 直升机	HF—高频通信 UHF—特高频通信 VHF—甚高频通信	时间段 3	
4	—	—	—	—	—

该模型的主要用途是预测标准的变化，为增量式能力开发提供基础。StdV－2 同样采用表格形式来表达，示例可见表 9－14，其中适用对象可能是系统、服务、系统功能、服务功能、系统数据、服务数据、硬件/软件或接口等。

表 9－14　标准预测 StdV－2 示例

#	技术领域	适用对象	未来标准	预测可用时间	…
1	技术领域 1	—	标准 11	时间 11	—
2		—	标准 12	时间 12	—
4			…		
5	Service 服务	SAR－Sat System Standard 搜救卫星系统标准	243 MHz 警报 406 MHz 警报 121.5 MHz 警报	From:2013—4 To:2024—12	—

9.4.8　系统视点

体系结构语境中，系统是具有能力或功能的物理实体，也可以是某种逻辑分类，可以将集成系统、系统族群、专用系统或者分系统都看成系统。每个系统与外部系统通过输入输出接口相互关联。

系统视点（Systems Viewpoint，SV）包含的视图模型描述了集成系统的组成、系统功能，以及系统之间互连关系和资源流的交互，其中系统资源支持作战活动和服务功能的实现。系统视点站在实施者角度看待体系结构，它继承了 DoDAF 以前版本的体系结构框架描述方法；DoDAF V2.0 更强调构建面向服务的体系结构，期望用服务视点模型来替代系统视点模型，系统视点包含的模型种类基本上与服务视点包含的模型种类相同。

操作视点更偏向于逻辑描述，系统视点偏向物理描述。DoDAF V2.0 系统视点共包含 13 个视图模型。

（1）系统接口描述 SV-1

SV-1 系统接口描述（Systems Interface Description）描述体系结构中的系统的组成、系统之间的交互作用。系统是执行作战活动、实现功能与能力的载体，因此这里的系统可看成人-机混合的执行者，或者支撑作战活动的资源，系统之间交互作用体现为资源在系统之间的流动，资源流为每个活动创造开展活动的条件。资源流将体系结构中的执行者或资源连接在一起，构成对体系结构的逻辑/物理描述，资源流通过连接器来表达。SV-1 只描述两个系统之间存在资源流，SV-2 和 SV-6 将进一步描述资源流的细节，各系统与资源流构成节点网络结构。另外，系统描述的粒度与模型用途有关。

SV-1 的用途包括系统概念的定义、系统可选方案定义、系统资源流需求捕获、能力集成规划、系统集成管理、作战规划。SV-1 图可用结构图或内部接口图形式表示，分别如图 9-46（a）和图 9-46（b）所示。

SV-1 中的系统可以用 OV-2 中指定的执行者来表示，这样可以建立从逻辑 OV 结构到物理 SV 结构的可追溯性。执行者执行的系统功能，在 SV-4 系统功能描述中说明。

（2）系统资源流描述 SV-2

SV-2 系统资源流描述（Systems Resource Flow Description）指定系统之间交换的资源流，可以描述交付规范或协议。SV-2 通常采用结构图、内部结构图或表格形式来描述，图 9-47 给出了内部结构图示例。任何交付协议都需要在 StdV-1 标准配置文件中进行定义。

（3）系统-系统矩阵 SV-3

SV-3 系统-系统矩阵（Systems-Systems Matrix）描述体系结构中各系统之间的资源交互。SV-3 可采用类似接口 N^2 图或表格形式描述 SV-1 所有系统（或执行、或资源）之间的交互，也通过多个 SV-3 分别描述不同任务阶段或方案的系统交互。

SV-3 主要用途包括汇总系统之间的交互关系、接口管理、比较互操作性方案特性。SV-3 通常以一个依赖关系矩阵来表示，矩阵的行和列中都是系统（或执行者、或资源），行列交叉单元格表示系统之间是否存在交互。单元格可以使用不同符号或颜色来表示交互特征，如描述交互状态类别（现在、未来）、交互目的类别（情报、指控、火控、后勤）、交互密级类别（非密、秘密、机密、绝密）、交互标准类别（国家标准、军用标准、行业标准、通信协议）等。SV-3 的典型示例如图 9-48 所示。

（4）系统功能描述 SV-4

SV-4 系统功能描述（Systems Functionality Description）说明执行者和系统的功能。它对每个系统的输入和输出资源流进行定义，确保功能的连接完整。它将功能分配给资源，描述功能之间的资源流动。输入资源流是系统消耗的资源流，输出资源流是系统产生的资源流。

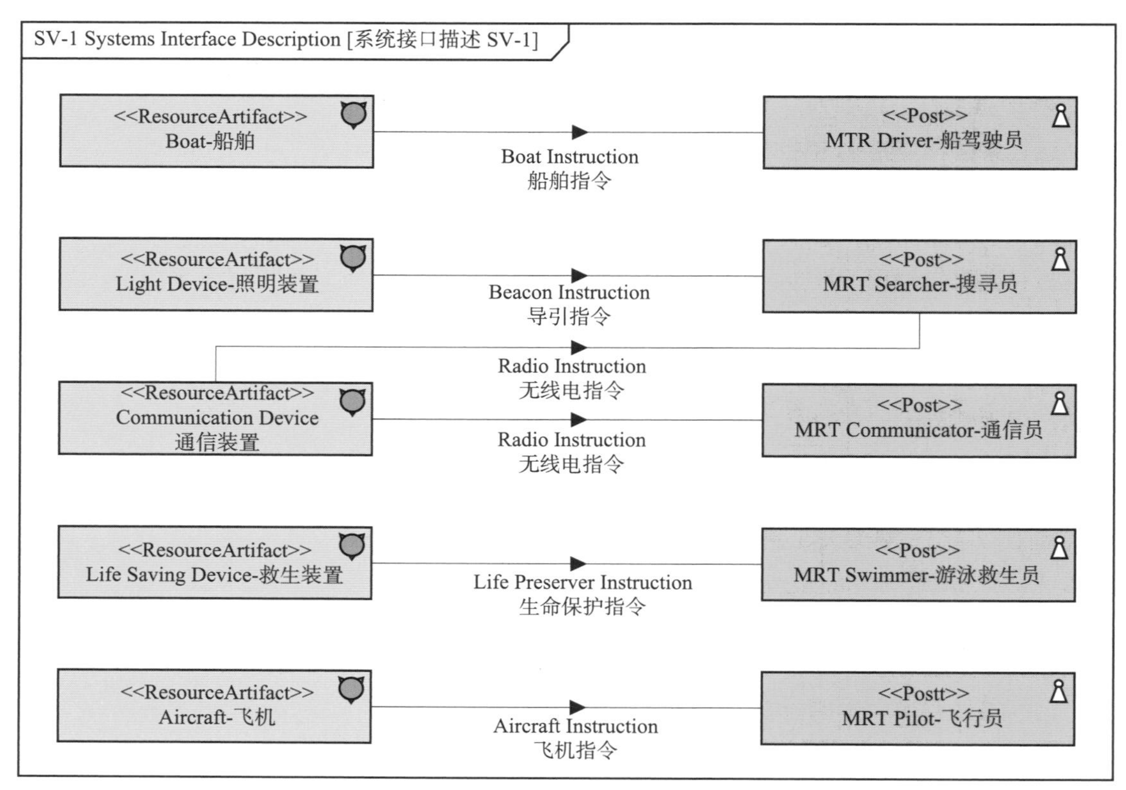

(a) SV-1系统接口描述示例

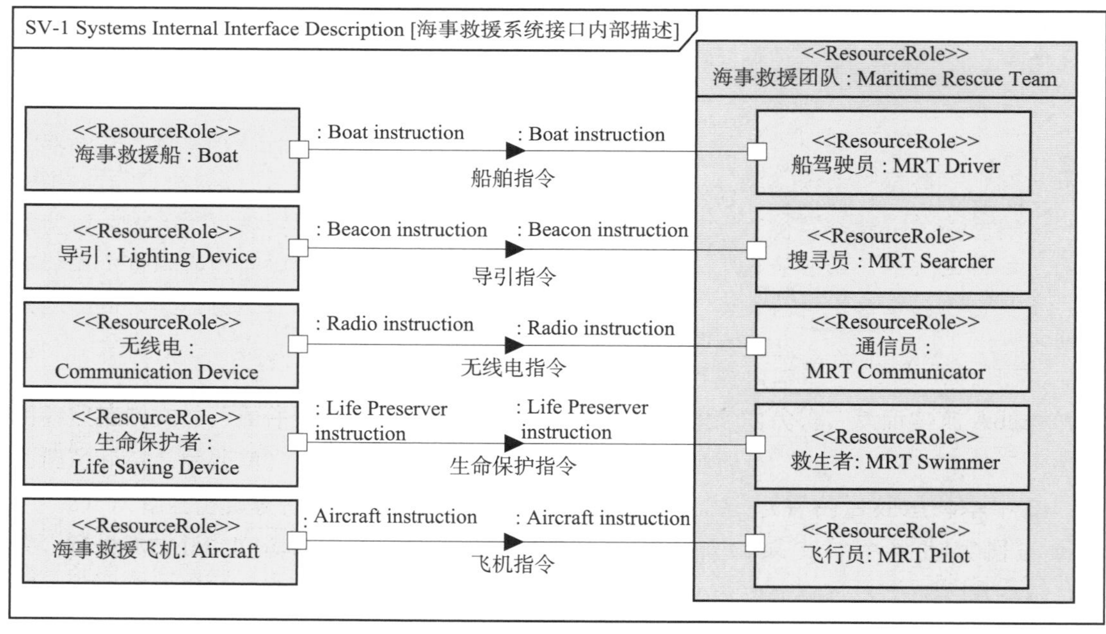

(b) SV-1系统内部结构描述示例

图 9-46　SV-1 示例

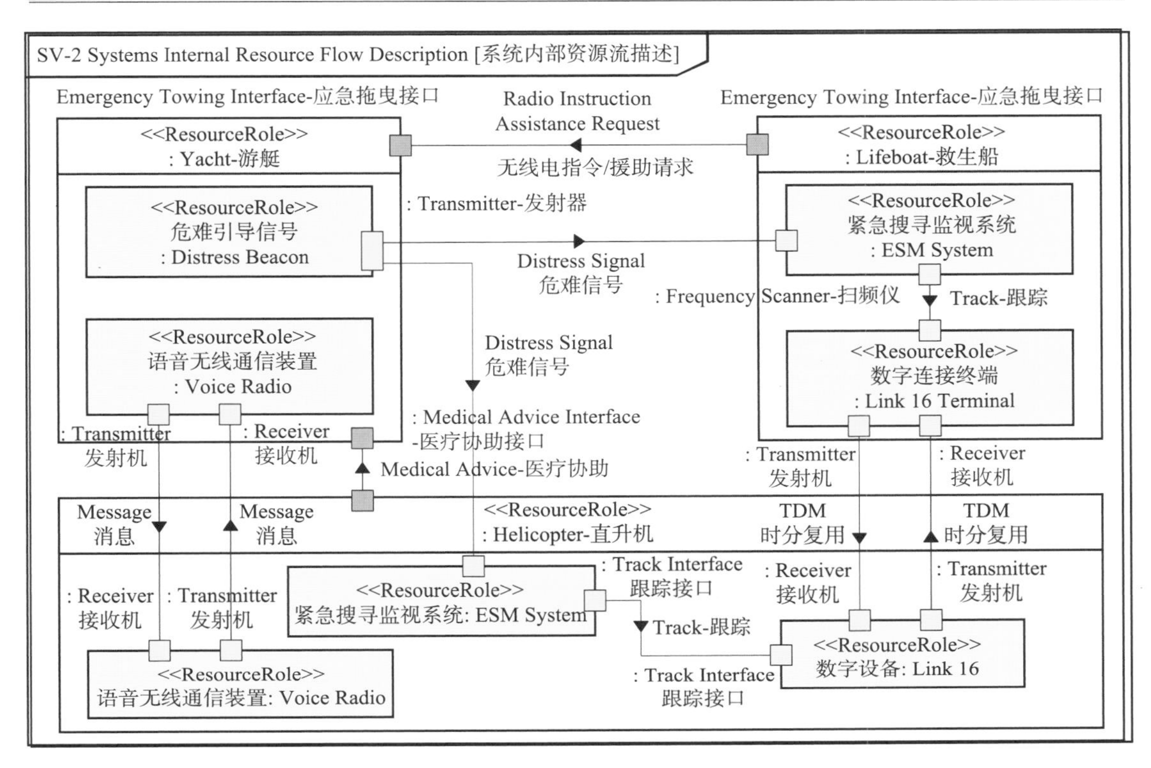

图 9 - 47　SV - 2 示例

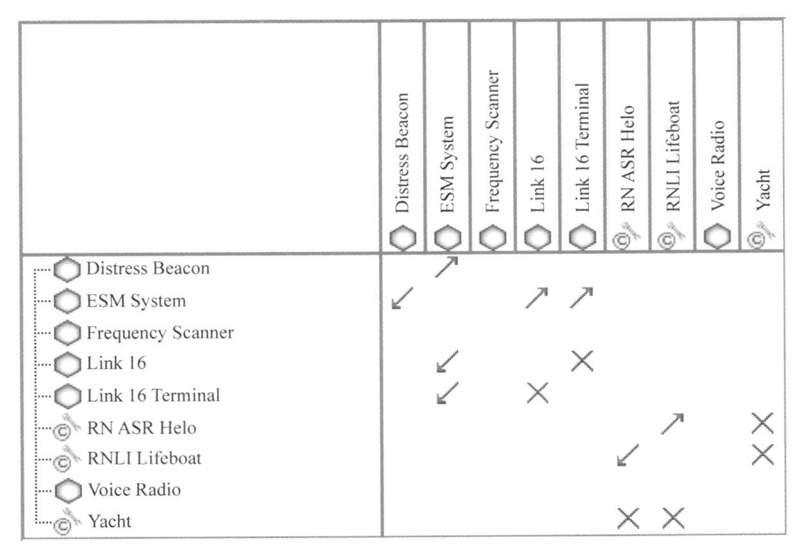

图 9 - 48　SV - 3 示例

SV - 4 是与 OV - 5b 对应的系统视点模型，同时是 SV - 1 系统接口描述的行为对等物。系统通过活动或过程实现系统功能，功能存在结构层级关系和行为顺序关系，因此 SV - 4 有两种表现形法。一种是类似于 OV - 5a 的系统功能描述（Systems Functionality Description），如图 9 - 49（a）所示，该图中同时表达了执行者、系统功能和执行的作战活动；另一种类似于 OV－5b 的系统功能流描述（Systems Functionality Flow Description），如图 9－49（b）所示。

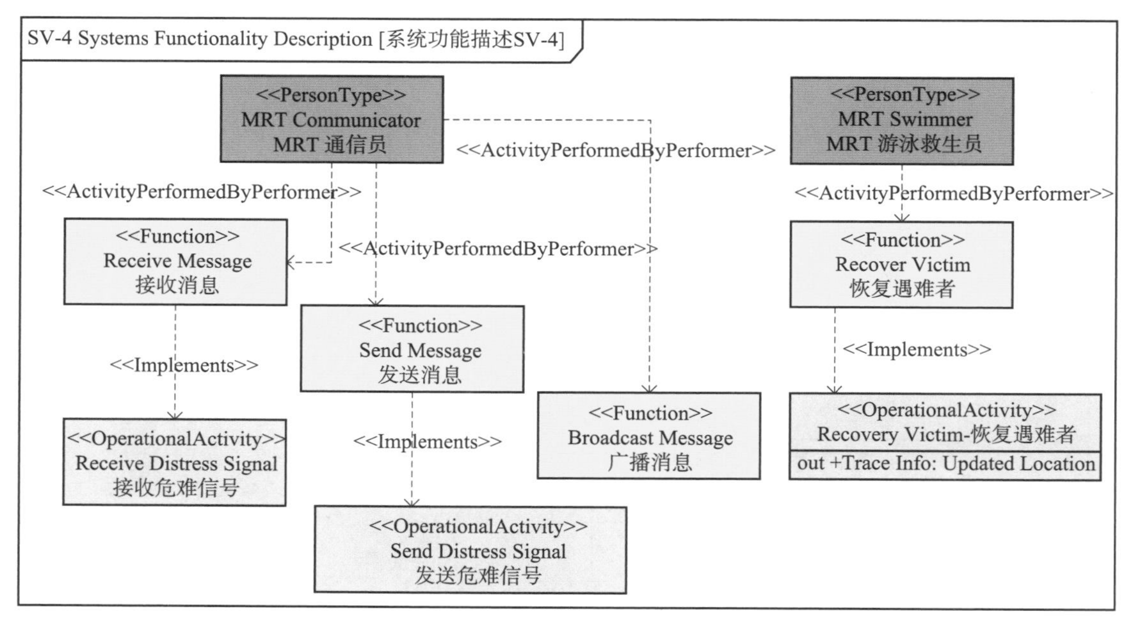

(a) SV-4结构图示例

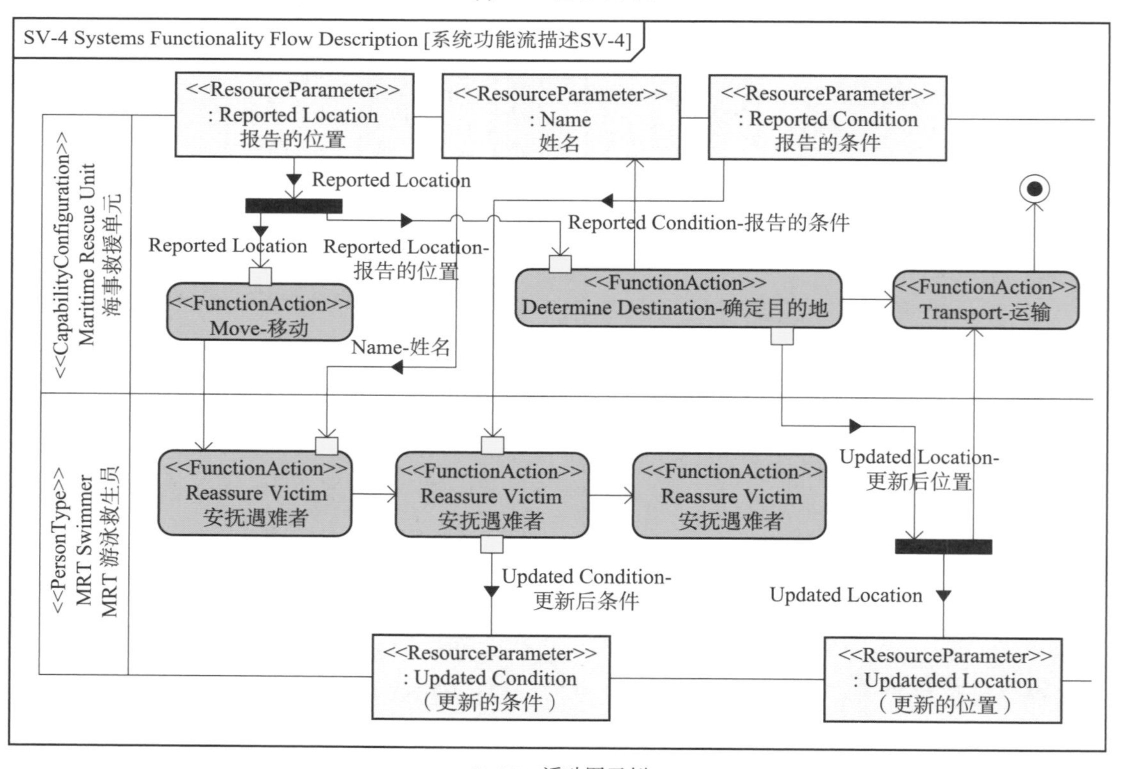

(b) SV-4活动图示例

图 9－49 SV－4 示例

SV－4 的用途包括描述任务工作流、识别系统功能需求、系统功能分解、合理分配人员和系统的功能。

（5）作战活动到系统功能可追溯性矩阵 SV－5a

SV－5a 作战活动到系统功能可追溯性矩阵（Operational Activity to Systems Functionality Traceability Matrix）建立了 OV－5a/5b 操作活动与 SV－4 中描述的系统功能之间的联系，是作战视图与系统视图之间的连接桥梁。“作战活动”和“系统功能”本质上是相同的东西，都是接收输入和开发输出的过程。其区别是作战活动是明确要做什么的逻辑规范，系统功能是规定如何做的物理规范，系统功能实现依托功能资源的支撑完成作战任务，这些资源可以是人、机、料、法、环。

作战活动与系统功能之间的关系可以是多对多关系，即一个活动可以由多个功能支持，或者一个功能可以支持多个活动。在需求定义期间，SV－5a 在确定系统功能需求方面起着重要作用。

SV－5a 的用途包括追溯功能系统需求到用户需求，追溯方案选项到用户需求，识别功能重复或差距。SV－5a 可以采用依赖矩阵和表格形式来表示。矩阵或表格的行元素为系统功能，列元素为作战活动，在交叉单元格显示可追溯关系的标记符号或颜色。SV－5a 典型示例如图 9－50，表格示例见表 9－15。

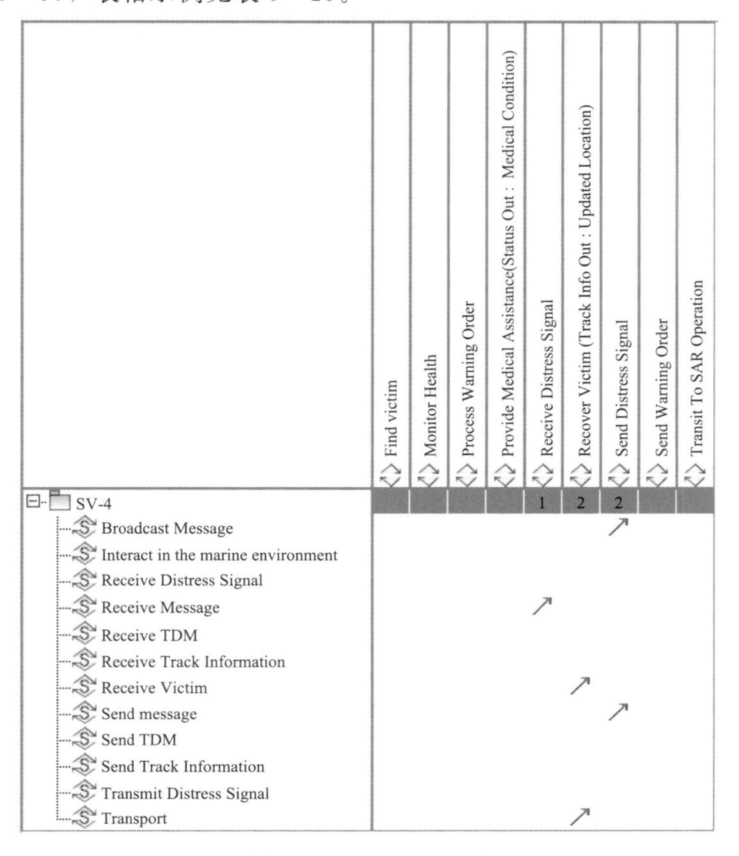

图 9－50 SV－5a 示例

表 9 - 15　作战活动与系统功能可追溯性表格

系统功能	作战活动							
	操作活动 M1	子活动 M11	子活动 M12	…	操作活动 M2	子活动 M21	子活动 M22	…
系统子功能 F1								
系统子功能 F11								
…								
系统子功能 F1n								
系统子功能 F2								
系统子功能 F21								
…								

（6）作战活动到系统可追溯性矩阵 SV - 5b

SV - 5b 作战活动到系统可追溯性矩阵（Operational Activity to Systems Traceability Matrix）建立了 OV - 5a/5b 作战活动与 SV - 1 中描述的系统之间的联系，通常表示为系统（或资源）与作战活动之间关系的矩阵，SV - 5b 在追溯系统需求到用户需求方面起重要作用。

SV - 5b 的用途包括追溯系统需求到用户需求、追溯系统方案到需求，识别系统的冗余或差距。SV - 5b 可以用依赖矩阵或表格来表示。矩阵与表格的行元素为系统（或资源），列元素为作战活动，交叉单元格显示追溯关系的标记符号或颜色。SV - 5b 典型示例如图 9 - 51 所示。

在功能设计阶段可以采用 SV - 5a，在物理设计阶段则采用 SV - 5b。SV - 5a/b 可以建立任务需求-作战活动、作战活动-系统功能、系统功能-系统之间的映射，从而分析任务需求与系统间的关系。可以使决策者快速确定所设计的系统是否能完成任务，发现是否存在烟囱式的系统、冗余系统或重复建设的系统，以及现有系统与任务需求之间的差距，进而确定符合体系结构开发投资需求的重点。

（7）系统资源流矩阵 SV - 6

SV - 6 系统资源流矩阵（Systems Resource Flow Matrix）描述系统之间交换的资源流详细特性，重点描述跨越系统边界的资源流。SV - 6 是 OV - 3 中定义的逻辑资源流的物理等价描述，对于理解物理实现方面可能造成的开销和限制至关重要。例如，信息资源的交换涉及到交换周期性、及时性、吞吐量、大小、信息保证质量和安全特性，此外还涉及交换格式和传输媒介类型、精度、测量单位和数据标准等。SV - 6 还可以描述非人员之间的口头命令、电话通知等信息交换内容。

SV - 6 的主要用途为详细定义资源流。SV - 6 通常以矩阵或表格形式描述，集中于系统资源流项和内容的具体方面。表 9 - 16 给出了一个 SV - 6 的典型示例，表格中行元素为资源流交换项，列元素为交互 ID 标识、资源流交互项、发送系统（可以是执行者或系

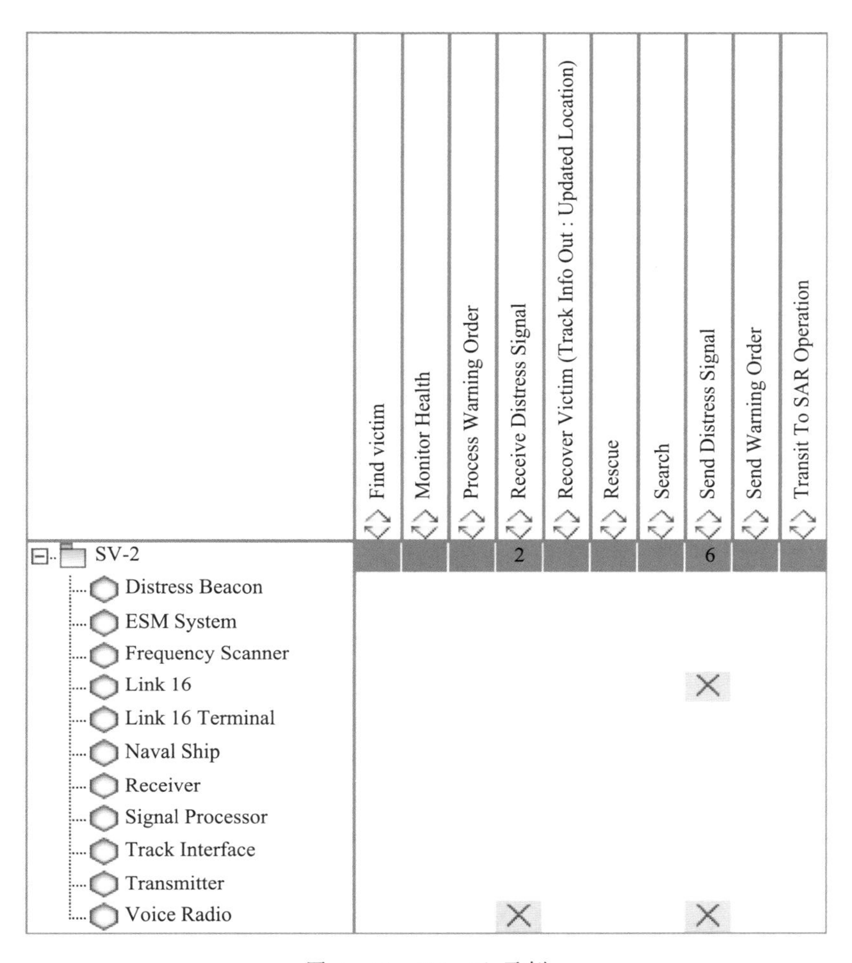

图 9 - 51　SV - 5b 示例

统)、接收系统、(发送端) 产生的功能、(接收端) 消费的功能。可以在表格中设置更多的列标题，描述资源流项的更多信息内容。

表 9 - 16　SV - 6 示例

#	Interaction ID -交互 ID	Resource Interaction Item -资源交互项	Sending Performer 发送者	Receiving Performer 接收者	Producing Function 产生的功能	Consuming Function 消费的功能
1	R18	Message -消息	Voice Radio - 无线电语音	Voice Radio - 无线电语音	Broadcast Message - 广播消息	Receive Message - 接收消息
2	R19	TDM - 时分复用	Link 16 - Link 16 协议	Link 16 - Link 16 协议	Send TDM - 发送 TDM	Receive TDM - 接收 TDM
3	R111	TDM - 时分复用	Link 16 Terminal - Link 16 终端	Link 16 Terminal - Link 16 终端	Send TDM - 发送 TDM	Receive TDM - 接收 TDM

续表

#	Interaction ID -交互 ID	Resource Interaction Item -资源交互项	Sending Performer 发送者	Receiving Performer 接收者	Producing Function 产生的功能	Consuming Function 消费的功能
4	R112	Task -任务	ESM System -紧急搜监系统	Link 16 Terminal -Link 16 终端	Send Track Information -发送跟踪信息	Receive Track Information -接收跟踪信息
5	R113	Task -任务	ESM System -紧急搜索与监视系统	Link 16 -Link 16 协议	Send Track Information -发送跟踪信息	Receive Track Information -接收跟踪信息
6	R114	Distress Signal -危难信号	Distress Beacon -危难引导	ESM System -紧急搜索与监视系统	Transmit Distress Signal -发射危难信号	Receive Distress Signal -接收危难信号

SV-6 描述了系统体系结构三个基本数据要素“系统实体、系统功能、资源流”之间的关系，反映了系统（或系统组件）、系统功能、资源输入/输出关系、资源流元素的特征等。

（8）系统度量矩阵 SV-7

SV-7 系统度量矩阵（Systems Measures Matrix）描述系统（或资源）的定性或定量的度量、性能参数和度量单位，并可以描述多个时间阶段的度量。这些度量的确定由体系结构设计师与用户协商来确定，度量参数可能是分层结构。在体系结构设计早期阶段，可能无法确定性能参数，SV-7 中只列出需要的度量；随着设计深入，后续的再逐步明确实际度量参数值。

SV-7 的用途为定义性能特征和度量指标、识别非功能性需求。SV-7 采用矩阵或表格形式描述，行元素为系统资源，列元素为定义的度量、参数、单位等，单元格中描述内容。表 9-17、表 9-18 给出了两个典型示例。SV-7 的具体性能参数度量示例，与前面的表 9-10 相同。

表 9-17　度量参数与单位的 SV-7 表格示例

#	Measure Type -度量类型	Measurement -度量参数与单位	Resource -度量对象
1	Voice Radio Transmitter Measurement -无线语音发射机度量	■Transmission Rate -发射率:GB	Transimitter -发射机
2	Voice Radio Receiver Measurement -无线语音接收机度量	■ Gain -增益:dB ■ Signal To Noise Ratio -信噪比:dB	Receiver -接收机
3	Signal Processor Measurement -信号处理器度量	■ Comms Channel Bandwidth Support -通信信道带宽:GB	Signal Processor -信号处理器
4	Status Alerting Measurement -状况警告度量	■ Min. Status Change Alert Accuracy -最小状态变化警告精度:meter(米) ■ Min. Alert Response Time -最小警告响应时间:second(秒)	Status Alerting -状况警告

表9-18 不同时间段的度量参数表SV-7示例

系统名称	性能阈值和目标值		
	基线时间 T_0	中间时间 T_1	目标时间 T_n
硬件元素1			
可维护性			
可用性			
系统初始化时间			
程序重启时间			
软件元素1/硬件元素1			
数据能力(吞吐量或输入类型)			
操作员响应时间			
可用性			
有效性			
软件平均故障间隔时间			
软件元素2/硬件元素1			
……			
硬件元素2			
……			

(9) 系统演进描述SV-8

SV-8系统演进描述（Systems Evolution Description）呈现系统（或资源）在整个寿命周期过程是如何随时间演进的，反映系统的发展到未来系统的增量规划。SV-8表示的系统（资源）项必须与SV-1、SV-7保持一致，演化进程与CV-3能力阶段、PV-2项目里程碑、StdV-2标准预测相衔接。

SV-8的用途包括制定增量式的采办规划、在系统中导入新技术。SV-8视图可以用时间线图来表示，与前面的图9-43相同。行元素表示系统（或资源）项，横向表示时间进程。

(10) 系统技术与技能预测SV-9

SV-9系统技术与技能预测（Systems Technology and Skills Forecast）反映“现在”和“未来”支持系统与人员的技术和技能。未来预期的技术和技能是依据当前技术和技能状态，以及新兴技术发展趋势，对未来做出的合理预测。新技术和技能与SV-8中的特定时间阶段相关联，并与StdV-1和StdV-2相关。

SV-9的用途包括预测技术准备情况，人力资源趋势分析，规划技术导入，技术选项分析。SV-9通常用表格形式来，行元素为系统相关的技术领域，列元素分别为现在使用和未来导入技术和技能的时间，单元格为关键技术或技能要素。典型示例见表9-19。SV-9也可以采用时间表形式描述。

表 9－19 系统技术预测表 SV－9 示例

#	技术领域	技术预测时间段		
		目前-技术与技能	中期-可用技术与技能	长期-可用技术与技能
1	技术领域 1	可用技术 11	可用技术 12	可用技术 13
2	技术领域 2	—	可用技术 21	可用技术 22
…	……	……	……	……

（11）系统规则模型 SV－10a

前面的系统视点模型主要描述体系结构中系统的静态结构特性，SV－10a/b/c 侧重于描述体系结构中系统的动态特性，反映对事件响应的规则、状态和时序特性。体系结构描述给出的是描述性的体现架构模型，结合体系结构的仿真模型，可对体系结构进行仿真分析，给出完成时间敏感的任务行为，分析资源链、时间链和精确链上是否满足期望要求。

SV－10a 系统规则模型（Systems Rules Model）规定了对体系结构中物理执行者、资源流、系统功能、系统端口和数据元素实现方面的功能和非功能约束，描述了控制、约束或指导体系结构实现方面的规则。约束可以通过自然语言、IF－THEN 结构化语句或数学表达式来表示；约束可以是功能性的，也可以是非功能性的断言。

例如，某防空反导系统的规则描述如下：

若（IF）通信系统（S1）时延大于 20 ms

则（Then）防空雷达系统（S2）将目标数据发送给指挥控制系统（S3）

且（And）指挥控制系统将目标信息和作战命令发送给战斗机（S4）

……

SV－10a 的用途包括定义实现逻辑，识别资源约束条件。SV－10a 可以采用表格或参数图形式来表示，见表 9－20。

表 9－20 SV－10a 系统规则模型

#	Applied to 适用于	Rule Specification 规则规范	Rule Kind 规则类型
1	Ship－舰船	300 t 及以上的舰船，必须携带标准的 AIS	约束性，断言
2	Distress Beacon－危难导引	应能处理 121.5 MHz、243 MHz 和 406 MHz 的警报导引	约束性，断言
3	Aircraft－飞机	每天 8:00am—22:00pm 搜救直升机应在 15 min 准备就绪，同时另一架待命直升机应在 60 min 准备就绪；当天 22:00 pm 至次日 8:00 am，直升机应在 45 min 准备就绪	约束性，断言
4	Aircraft－飞机	通过专用网络提出搜救协助请求后，海军/空军直升机均可用于搜救任务	约束性，断言
5	Aircraft－飞机	所有搜救直升机的后方机组人员都应接受医学培训	约束性，断言

OV－6a 侧重于逻辑规则，SV－10a 侧重于物理和数据约束规则。如果系统规则基于某个标准，则该标准应在 StdV－1 标准配置文件中列出。

（12）系统状态转移描述 SV－10b

SV－10b 系统状态转移描述（Systems State Transition Description）描述系统（或资源）运行的状态、状态变化与触发事件，反映系统或系统功能转移的有序动作，也可以反映系统对特定事件的响应顺序。

系统（或资源）每发生一次状态变化，称为一次状态转移。SV－10b 是对 SV－4 的补充，SV－4 不能清晰地描述系统（或资源）对外部或内部事件的响应顺序。SV－10b 可以单独使用，也可以结合 SV－10c 使用。

SV－10b 的用途包括定义状态、事件和状态转移的条件，识别约束，检测是否存在缺失条件和死循环。SV－10b 可以使用状态机图来表示。图 9－52 给出了一个示例。

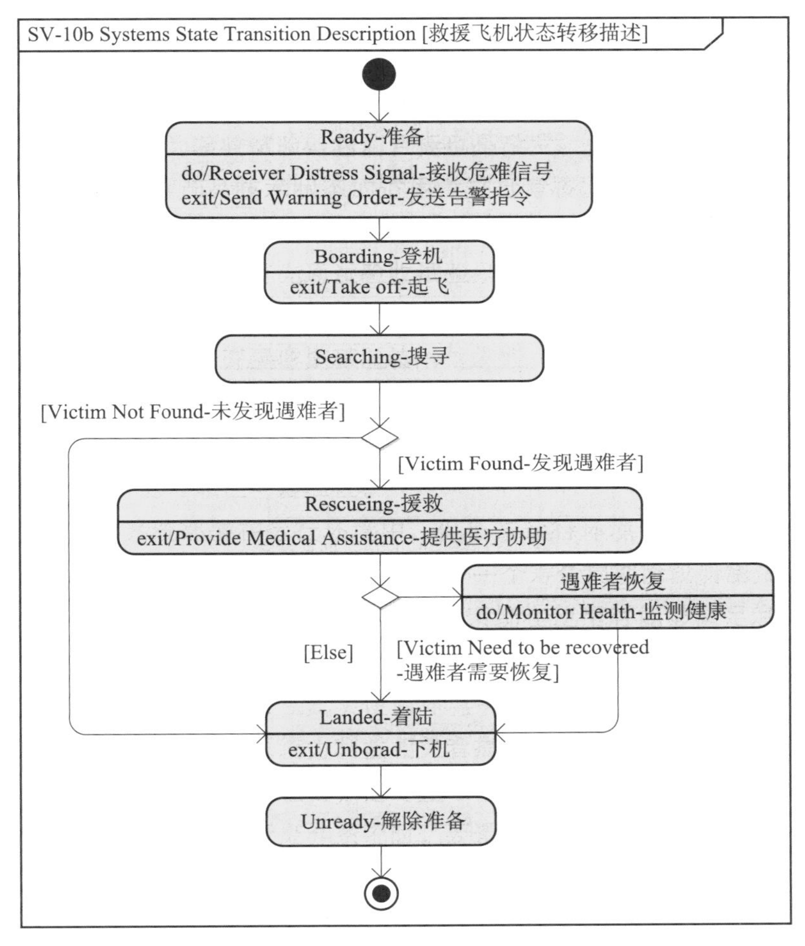

图 9－52　SV－10b 示例

（13）系统事件跟踪描述 SV－10c

SV－10c 系统事件跟踪描述（Systems Event－Trace Description）用于描述在特定场景中，系统之间（或系统功能之间）的触发事件、资源流交互顺序、时间关系。

SV－10c 的用途包括分析影响作战的资源事件、分析行为、识别非功能性系统需求。

可以采用类似 OV-6c 的泳道图、序列图方式进行描述，图中呈现系统（或资源、或系统功能）、时间、事件（有向线）这些模型要素。图 9-53 给出了典型的 SV-10c 示例。SV-10c 中资源流消息的数据内容，可能与系统视点中其他模型和 DIV-3 物理数据模型有关。

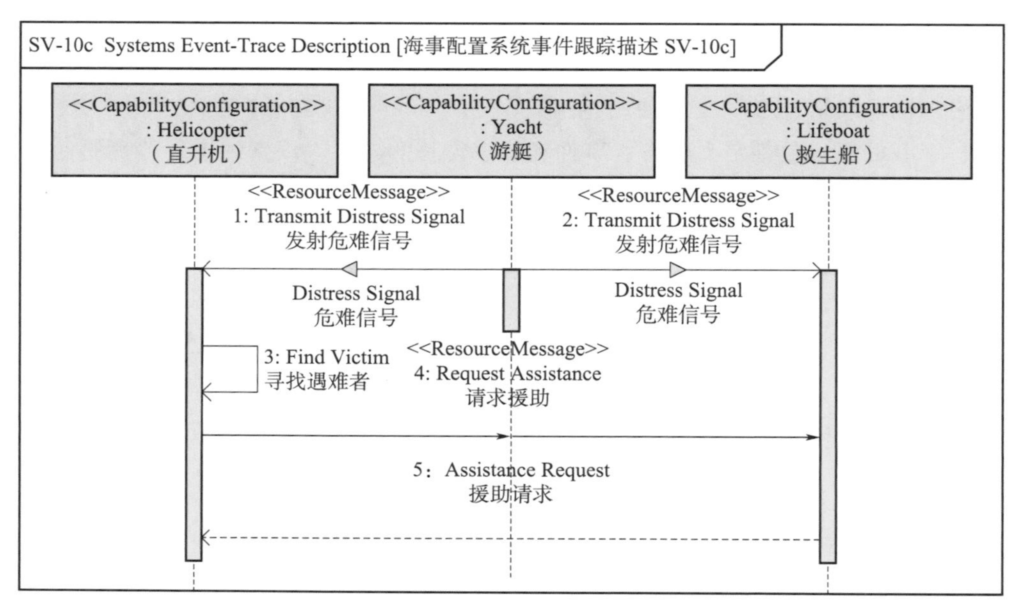

图 9-53 SV-10c 示例

9.5 本章要点

体系由大量可独立运行与管理的成员系统和互联关系所构成，体系须应对不断变化的环境，成员系统之间相互依赖、相互协同，体系和成员系统不断演化发展，达到满足体系整体能力或效能的结果。

体系最主要特性是成员系统具有运行独立性和管理的独立性。另外，成员系统通常是异构的、分布的、互联的，体系演进式地发展，体系具有行为涌现特性，体系呈现开放特性、边界不明确、需求可能发生变化。体系按有无中心目标和中央管控机构，可分为“虚拟型、协作型、公认型、导向型”。

体系工程是设计、开发、部署、操作和更新体系的系统工程科学。它关注确保单个系统在体系中能够作为一个独立的成员运作，并为体系贡献适当的能力；体系能够适应不确定的环境和条件；体系的成员系统能够根据条件变化来重组形成新的体系；体系工程整合了多种技术与非技术因素来满足体系能力的需求。

以体系为对象的工程方法称为体系工程方法，体系模型称为体系结构，描述体系结构的方法称为体系结构框架，应用体系结构框架表达具体体系结构称为体系结构描述。体系结构方法是处理大规模复杂系统问题的一种有效方法，其核心思想是从多个视点（或视角）全面描述复杂体系，并关联多个视点的描述，保证描述的完整性、一致性、协调性。

扎克曼框架最早将“体系结构”定义为一系列描述性表示，从“规划者、操作者、设计者、实现者、承包者”5类人员的角度，来刻画信息系统的“What、Where、When、Who、How、Why”6个侧面的信息（简称5W1H）。各国针对各种领域的信息系统，发展了各类体系结构描述方法。DoDAF是典型的军事体系结构框架，UAF是OMG组织发展的体系结构框架。体系结构描述与体系仿真相结合，可定量回答用户所关心的问题。

DoDAF V2.0采用八个视点和52个视图模型，还可以依据需要，由建模者自行定制专用视图描述体系结构，形成“适合目的视图”。它以“数据为中心”，将模型呈现为人类更容易理解可视化的图形、表格和文字，而这些可视化模型表达体系的结构、行为和实例化数据，并转换成数据进行存储。

参 考 文 献

[1] BERRY B J L. Cities as systems within systems of cities [J]. Regional Science Association，1964，13 (1)：149 - 163.

[2] MAIER M W. Architecting principles for system of systems [J]. Systems Engineering，1998，1 (4)：267 - 284.

[3] 顾基发．系统工程新发展：体系 [J]. 科技导报，2018，36 (20)：10 - 19.

[4] 张维明，刘忠，阳东升，等．体系工程理论与方法 [M]. 北京：科学出版社，2010.

[5] 何强，汪滢．工程实践中的体系与系统 [J]. 科技导报 2018，36 (20)：32 - 37.

[6] 曹江，陈彬，高岚岚，等．体系工程"钻石"模型与数智孪生 [J]. 科技导报，2020，38 (21)：6 - 20.

[7] DOD. Systems engineering guide for systems of systems [M]. Washington D C：ODUSD (A&T) SSE，2008.

[8] DAHMANN J，BALDWIN K. Understanding the Current State of US Defense Systems of Systems and the Implications for Systems Engineering [C]. IEEE Systems Conference. Piscataway，NJ：IEEE，2008.

[9] 罗雪山．军事信息系统体系结构技术 [M]. 北京：国防工业出版社，2010.

[10] 赵青松，杨克巍，陈英武，等．体系工程与体系结构建模方法与技术 [M]. 北京：国防工业出版社，2013.

[11] ZACHMAN JOHN A. A Framework for Information Systems Architecture [J]. IBM Systems Journal，1987，26 (3)：276 - 292.

[12] C^4I Architecture Working Group. C^4ISR Architecture Framework [M]. Version 2. 0. 1997.

[13] DOD ARCHITECTURE FRAMEWORK WORKING GROUP. DoD Architecture Framework Version 2. 0 Volume I：Definitions Overviews and Concepts - Manager's Guide [R]. Washington DC：US Department of Defense，May 28，2009. available at http：//dodcio. defense. gov/Library/DoD - Architecture - Framework.

[14] DOD ARCHITECTURE FRAMEWORK WORKING GROUP. DoD Architecture Framework Version 2. 0 Volume Ⅱ：Architectural Data and Models - Architect's Guide [R]. Washington DC：US Department of Defense，May 28，2009. available at http：//dodcio. defense. gov/Library/DoD - Architecture - Framework.

[15] DOD ARCHITECTURE FRAMEWORK WORKING GROUP. DoD Architecture Framework Version 2. 0 Volume Ⅲ：DoDAF Meta - model Physical Exchange Specification Developer's Guide [R]. Washington DC：US Department of Defense，May 28，2009. available athttp：//dodcio. defense. gov/Library/DoD - Architecture - Framework.

[16] U S DEPARTMENT OF DEFENSE. DoD Architecture Framework (DoDAF) [M]. Version 2. 02. 2010；available at http：//dodcio. defense. gov/Library/DoD - Architecture - Framework.

［17］ MINISTRY OF DEFENCE. ArchitectureFramework（MODAF）［M］. Version1. 2. 004. 2010.

［18］ 中国人民解放军总装备部．军事电子信息系统体系结构设计指南：GJB/Z 156—2011［S］. 北京：总装备部军标出版发行部，2011.

［19］ OBJECT MANAGEMENT GROUP. Unified Profile for DoDAF and MODAF（UPDM）［S］. available at http：//www. omg. org/spec/UPDM/2. 1. 1/PDF.

［20］ OBJECT MANAGEMENT GROUP. Unified Architecture Framework（UAF）- Domain Metamodel［S］. 2021；available athttp：//www. omg. org/spec/UAF.

［21］ OBJECT MANAGEMENT GROUP. Unified Architecture Framework Modeling Language（UAFML）［M］. Version 1. 2. 2021；available at http：//www. omg. org/spec/UAF.

［22］ MagicDraw SysML Plugin 2021x Refresh2 Documentation［Z］. https：//docs. nomagic. com/.

［23］ 陆敏，王国刚，黄湘鹏，等．解读北约体系结构框架 NAF［J］. 指挥控制与仿真，2010，32（5）：117 - 122.

第 10 章　体系结构方法应用

体系是复杂装备系统（人机结合系统）的集合，它帮助人们完成由一系列任务所组成的使命任务。体系是开放的，在任务执行过程中，存在较大不确定性，体系需要随时纳入新的系统；体系是时变的，需要适应环境变化和技术发展，装备体系永远处于时变演进之中。

10.1　体系结构方法的作用

体系结构方法提出的原初目的是解决信息系统的互操作性，实现概念、术语和表达的统一，提升信息系统的集成能力。随着体系结构设计方法的不断成熟，其作用逐步扩展到支撑业务任务分析、能力需求论证、装备规划论证、重点装备研制建设、体系评估等方面，以提高体系整体与成员系统的建设质量、效率和效益。

目前，体系结构方法已成为指导体系建设的蓝图，也是各类利益相关者认识和理解成员系统在体系中作用的主要途径。体系结构方法为体系规划论证、分析设计、实施维护、验证评估提供了全方位的指导。体系结构方法的作用主要体现在如下几个方面。

1）在顶层规划和任务分析方面的作用。运用体系结构可以开展领域装备发展或组织发展顶层规划与设计，也可以开展作战任务和作战概念研究。前者站在战略全局高度，用系统化、工程化的方法，谋划满足未来的领域或组织发展，包括业务模式、装备系统、核心技术、人/财/物资源等。后者帮助开展作战任务分析、作战概念研究，落实基于能力的装备发展战略；依据威胁变化提出新作战概念，以作战概念表征博弈制胜策略，以能力生成落实作战概念，以装备体系建设实现作战能力；通过体现结构方法将作战概念中的作战想定、作战任务、能力需求等清晰定量地表示出来，回答未来“要打什么仗”“要什么能力”“要什么装备”等问题，并通过体系对抗仿真完善作战概念和装备需求，如图 10－1 所示。

2）在能力需求论证方面的作用。军事上围绕使命任务和作战概念，借助体系结构方法，可以分解作战任务与活动，分析任务与活动中的能力需求，对比已有的能力，发现能力差距，构建能力之间的依赖关系。体系的能力类似于系统的功能，能力论证就是装备需求论证，它是信息系统建设的重要环节。体系结构方法提供了直观、定量的描述手段，分析各类能力之间的复杂关系，发现能力欠缺项、冗余项、互操作项。运用体系结构方法能够准确地描述体系能力需求，提供一种专业人员和非专业人员都能理解的、标准化的共同语言，避免文字性描述难以全面表达的问题，降低沟通理解的风险，架起不同领域、不同人员之间的沟通桥梁。

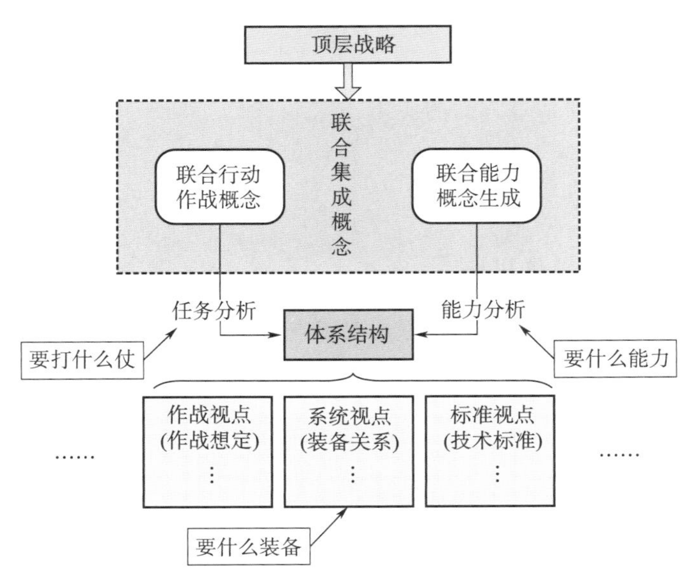

图 10-1　联合作战概念与体系结构关系

3）在装备体系规划方面的作用。装备体系规划论证以能力论证为依据，重点解决体系能力提升和能力不足问题，提出体系能力差距补全的成员系统候选方案。体系结构方法提供了直观、定量的描述手段，可以对武器装备体系整体进行描述，分析各类成员系统的复杂关系，提升系统互操作能力，解决能力欠缺项，减少重复建设，优化武器装备体系，表达领域装备系统的发展规划或计划。

4）在重点装备建设方面的作用。在作战需求不断细化与完善前提下，立项论证针对作战能力需求到装备系统的功能关系，控制装备采办风险，明确系统接口、关键技术指标和内外部关系，对拟实施建设系统的总体方案进行初步设计。体系结构方法围绕技术是否可行、配套资源能否得到满足、建设是否可行、建成后能否达到预期目标、建设的时间周期是否符合预期要求等关键问题，确定共同标准或规范，确保不同系统之间的互操作。体系结构方法可以整体上按统一、一致的蓝图勾画复杂系统的相互信息关系，按照统一的标准视点规划系统互操作的技术体制和标准，这样为异构系统的互操作提供了根本保证。体系结构方法在研制部署方面的应用，也体现在确定共同标准规范，确保不同系统之间的互操作，按照统一的标准视点规定系统互操作的技术体制和标准，这样为异构系统的互操作提供了根本保证。

5）在体系评估管理方面的作用。在建设管理上，能够制定统一的评估标准，对体系作战能力、作战效能、装备的体系贡献率进行科学评估，不断提高体系和装备系统建设的质量效益。同时，利用体系结构方法明确与细化作战需求，促进体系与作战应用的紧密结合，例如，通过将能力需求生成划分为“初始能力”“能力开发”“能力生成”等里程碑管理节点，围绕作战需求不断细化与完善作战需求到装备系统的功能关系，持续控制装备采办风险。在体系使用上，运用体系结构能够统一明确各业务部门的职责，明晰各类人员的工作流程，确保各项规划的可执行和可操作。

本章主要说明体系结构描述和体系仿真在使命任务分析、能力需求论证、领域装备规划、重点装备建设和体系评估等方面的应用。

10.2 体系结构开发一般过程

10.2.1 体系结构开发的总体思路

体系结构开发与管理有着自己的特点和要求，概括起来就是遵循“三个基本原则、一套法规标准、三个设计阶段”[1]，如图 10－2 所示。

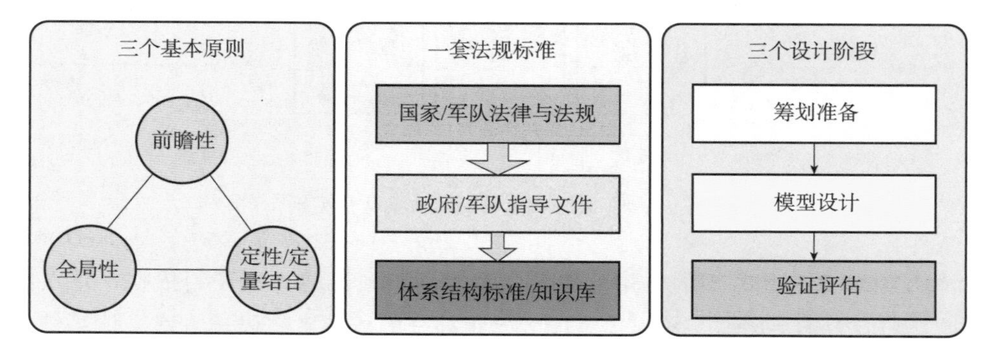

图 10－2 体系结构开发与管理原则

（1）三个基本原则

前瞻性原则：体系结构设计必须面向未来，重在需求引领。体系结构设计依据竞争环境变化和技术发展趋势，从变化与发展导出对策，从对策导出需求，需求是体系结构演变的驱动力。体系结构不是对现有体系结构的归纳和整理，是规划设计未来，描绘未来特定时间段内的发展目标或建设蓝图。

全局性原则：一是体系结构要从全局性角度开展规划、设计、实现、应用和管理，从多视点（或多视角）全面反映不同利益相关者对体系结构的构想和需求。多视点设计体现了不同视角和不同层面的要求，反映不同视角内容之间的关联关系，可保证体系结构设计的完整性、协调性、一致性。二是在体系结构开发中要重点考虑跨业务领域、跨部门协同与需求，打破单一领域业务或部门的藩篱，从全局角度规划体系与其成员系统。

定性与定量相结合原则：体系结构设计描述成员系统组成及其复杂关系，以往仅凭经验的定性方法难以保证设计的科学性与合理性。要发挥体系结构的指导作用，必须采用定性和定量分析相结合的方法，一方面发挥领域专家、体系规划师、体系设计师、用户等人员的知识和经验，同时要充分利用模型驱动方法的优势，将描述性模型和分析仿真模型相结合，将定性研讨和定量分析相结合，支撑体系结构设计与决策，以增强体系结构设计的科学合理性。

（2）一套法规标准

体系结构开发和管理要遵循一系列规范与标准的支持，所谓“无规矩不成方圆”。这些法规标准包括国家信息化建设的相关法规或行政指令、政府或行业的指导性文件、体系结构开发标准，依据法规标准来开展顶层体系结构研究。

1）国家信息化建设的相关法律或行政指令。体系结构开发必须“有法可依，有法必依”。法律法规是开展信息化建设的基本依据、指导国家信息化建设的纲领性文件。例如，美国 1996 年颁布的《信息技术管理改革法案》（又称《克林格-科恩法案》）、《电子政府法》等。我军下发了强制执行军队网络信息体系技术标准的通知等。

2）政府或行业的指导性文件。为配合信息化建设相关法律法规的执行，各级部门还需要形成相关的指导性文件。这些指导性文件对具体问题提出更具体的指导意见和规范。如美国国防部在《克林格-科恩法案》的指导下，为推进美国军队转型，先后颁布了一系列指导性文件。例如，美国国防部指令 8000.1，即《国防部信息资源及信息技术管理》等。我军颁布了一系列军队网络信息顶层领域标准、武器系统标准、专题标准、作战应用标准等。

3）体系结构开发标准。体系结构开发标准即体系结构框架或设计指南，它规范了体系结构设计内容、设计方法、表现形式和开发步骤等，确保设计方法、设计内容的完整性、规范性、一致性以及可理解性，以保证设计质量、各体系之间的共享和重用，可见第 9 章的描述。

4）制定顶层体系结构。往往需要制定国家、军队和行业的顶层体系结构规划，以指导具体某领域的体系结构开发和系统建设。例如，美军开发了全球信息栅格体系（GIG）、转型卫星体系（TSAT）、联合战术无线电系统（JTRS）、网络中心企业服务（NCES）等，以指导各类系统的集成。

（3）三个设计阶段

体系结构开发阶段可分为“筹划准备阶段、模型设计阶段、验证评估阶段”三个阶段，如图 10－3 所示。

筹划准备阶段：明确设计体系结构的背景、指导思想、基本原则、总体思路、目的、用途、范围，预估开发产生的效益。在开发体系结构前，必须明确体系结构是用于规划，还是针对某个组织或者某个领域装备体系的顶层设计，界定待开发体系结构的内容和条件，包括任务范围、参与人员、时间跨度、可用资源、建模粒度等；选择体系结构框架，选择体系设计方法和开发工具；收集与体系结构描述时段相关的数据与模型。

模型设计阶段：按照体系结构框架设计相关视点、视图模型和数据。由于体系结构设计内容之间的关联性，体系结构模型设计必须按照一定顺序进行开发。例如，先开展作战使命任务分析，将使命任务分解为具体作战任务，分析完成战术任务所需的能力需求、数据与信息需求、指挥关系等，对比已具有的能力，找出能力差距，然后再用体系结构描述分析结果，采用各结构类的模型来表示泛化、组合、聚合或依赖关系；采用各类行为类的模型来表示作战活动、作战规则、事件触发、时间顺序、状态转移关系，并表示不同粒度的概念层、逻辑层和物理层过程；采用不同时间段，分别规划近、中、远期的体系能力。

验证评估阶段：验证评估阶段的主要任务是验证体系结构设计的合理性、完整性、一

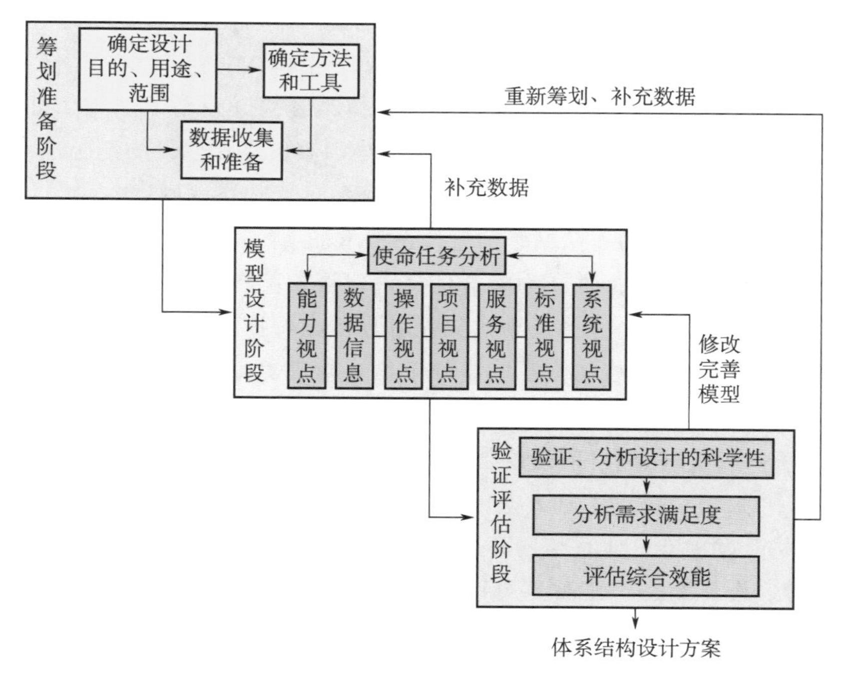

图 10-3 体系结构开发三阶段

致性和协调性，评估体系结构对需求的满足程度和综合效能。例如，对体系结构设计中不同模型和数据是否存在冲突和丢失、行为是否合理、功能是否完备等进行验证，包括体系结构中设计的作战活动执行顺序的正确性、合理性，信息交换的对象和内容的正确性，系统的功能是否能实现规定需要。以体系结构为基础，分析评估判断其中的作战能力、作战效能是否达到需求，例如，定量分析信息传输带宽、信息存储的容量、信息处理时间等能力，系统的反应速度是否满足作战要求，对目标毁伤程度是否符合战术指标等。从体系结构的复杂性、可实现性、可靠性、费用、风险等方面对体系结构进行综合分析、评估，从多个方案中选择综合效能较优的方案，评估新系统的加入对体系能力与效能的贡献率等。

10.2.2 DoDAF 体系结构设计步骤

针对体系结构设计师，DoDAF 给出了设计体系结构的六步骤方法[2]，如图 10-4 所示。

第 1 步：确定体系结构使用目的。确定开发体系结构的用途和目的、需要关注与权衡考虑的问题、问题分析方法；明确体系结构开发方法、使用的体系结构框架；明确所需的数据类别，衡量客户满意度或成功开发的指标。体系结构描述用户业务流程的某些方面，因此这些信息通常由业务流程所有者（用户）提供。

第 2 步：确定体系结构使用范围。范围包括地理、时间、作战、能力、技术、资源、计划等因素的约束或边界。这些边界决定了体系结构描述的深度、广度和精度，它们一起构成体系结构的问题集、环境与背景。

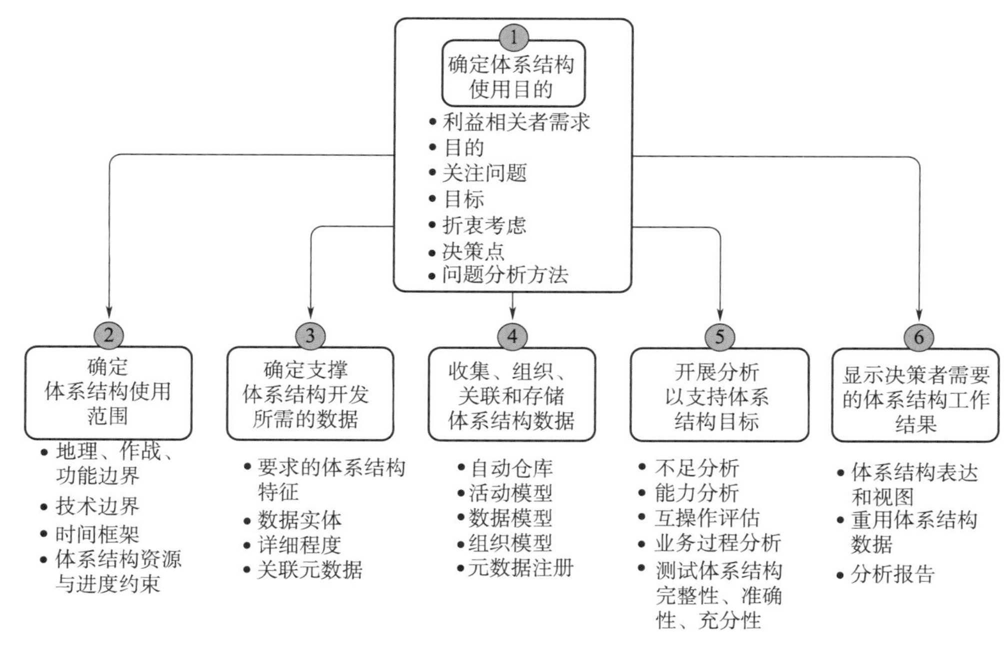

图 10－4　体系结构开发过程

第 3 步：确定支撑体系开发所需的数据。依据第 2 步确定的范围，确定描述体系结构所需的特性数据，或者特性属性和能力指标，并明确所需数据实体和属性的翔实程度。所需数据是通过分析与评审业务流程来确定的，即通过识别业务流程所需的数据来确定。业务流程既要考虑“当前的业务流程”，更要关注“未来的业务流程”。数据实体和属性是通过数据类型来体现的，数据类型包括规范业务行为的规则、需要完成的业务活动信息、指挥关系、任务列表等，第 3 步决定了第 4 步中的收集数据的类型。

第 4 步：收集、组织、关联和存储体系结构数据。围绕决策者目的和所需呈现的结果，确定需要构建的视图和视点模型。体系结构师通过使用各类视点和视图模型来收集并组织数据，数据存储在体系结构工具所定义的数据仓库中，其中采用的术语和定义与 DM2 相关元素有关。

第 5 步：开展分析以支持体系结构目标。开发构建所需的视点和视图模型，保证体系结构的完整性、准确性、一致性，形成体系结构数据；依据体系结构数据，开展能力、能力差距、互操作性、业务过程等各类分析，评估对业务流程所有者需求的满足程度。验证指导原则、目标/目的已应用到业务流程，满足定义流程的需求以及性能度量指标，以确定体系结构描述工作取得成功。完成此步骤后，体系结构描述应获得业务流程所有者的认可与批准。在实施该步骤时，可能需要改进流程与数据，或迭代改进体系结构，这可重复第 3 步到第 5 步来完成。

第 6 步：显示决策者需要的体系结构工作结果。体系结构开发的最后一步是基于底层数据，构建符合目的要求的体系结构视图，向不同的利益相关者呈现体系结构数据，将体系结构数据转换为对决策者有意义的视图表达。

10.3 使命任务分析

装备体系服务于军事使命任务（或商业业务运营），正如系统服务于某一使用目标。系统的使用目标相对简单或单一，体系的使命任务非常复杂，因此体系规划与设计的第一步就须要开展作战任务分析（或商业业务分析），提出赢得战争的作战概念（或取得竞争优势的业务概念）。本章仅描述与军事作战概念相关的作战任务分析，商业业务可类似地进行描述。

由于使命任务分析在体系设计中具有重要性和复杂性，美国国防部将使命任务分析与验证定义为“任务工程（Mission Engineering），2020 年 11 月发布了《任务工程指南》[3]。其核心思想是将任务工程分解为“问题域”和解决“方案域”，用工程方法将使命任务转换为解决方案。其中，问题域围绕“问题描述、任务表征、任务度量”三项内容来开展工作，方案域则针对“分析设计、执行分析、研究结论”来开展工作，如图 10-5 所示。

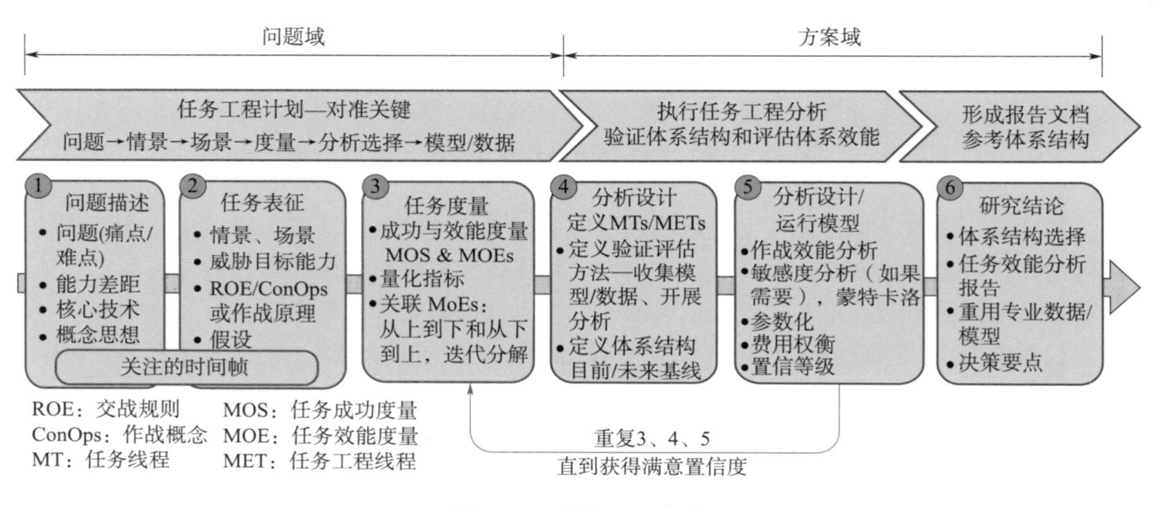

图 10-5 任务工程方法

任务分析的前提是提出新的作战概念，“设计武器装备就是设计未来战争”。对未来战争的设计，一方面可借鉴具有相似特征的以往战争经验教训，重点解决以往战争中存在的问题；另一方面对于无可借鉴经验的情况，需要运用作战理论、军事思想和最新科技成果，提出新的制胜机制、作战概念。

现代科技发展已广泛采用基于想定的“情景（Scenario）/场景（Vignette）”驱动方式，从情景/场景想定中提出一种新科技概念，或者将一种新的科技成果在特定场景中进行展示，以显示其应用价值。例如，在虚拟与现实时空场景中，构建“元宇宙”的概念；北京冬奥会的智能餐厅、智慧观赛等 200 多项科技成果的场景应用；俄乌冲突中的“以核慑大战”、卫星与无人机的侦察与通信、手机泛在信息收集、AI 识别打击等。采用情景/场景驱动方式，开展作战概念研究，可以将体系结构方法作为一个重要工具与手段，制定研究作战任务流程、对抗博弈措施。

这里提出适应于武器装备研制方、利用体系结构方法的六步骤作战概念和新质装备概念生成方法，如图 10－6 所示。

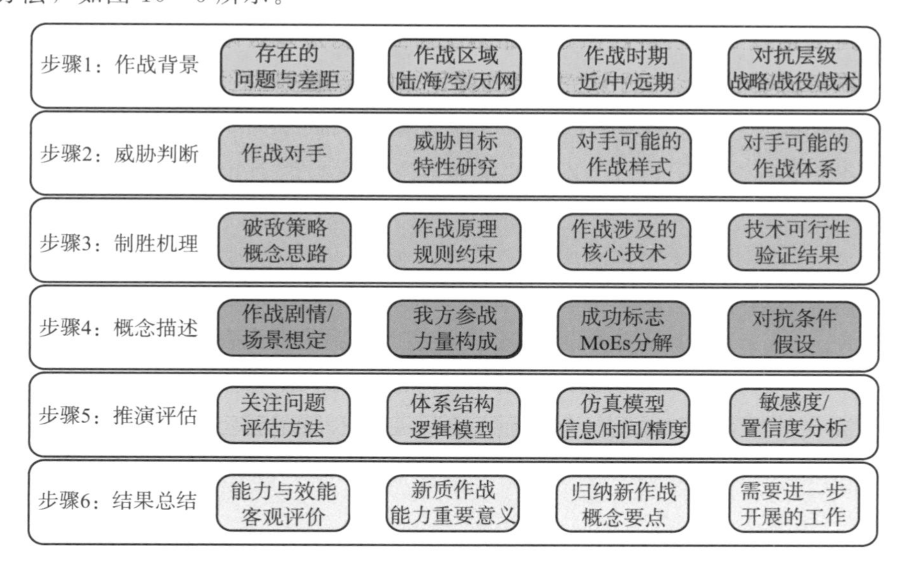

图 10－6　作战概念六步骤研究框架

步骤 1：作战背景。明确作战背景，分析存在的主要问题和能力缺陷。设想在什么地方（Where）、什么时间（When）、与谁（Who）、因何原因（Why）、发生一场什么层级的战争（What）。其中，设想的作战时期可为 5 年内（近期）、10 年（中期）、15 年（远期）。明确作战时期影响敌我双方参战的装备、可用战法等。设定对抗等级，对抗等级影响作战场景和作战需求。依据作战背景研究，以及所引用术语，可初步制定 AV－1、AV－2、OV－1。

步骤 2：威胁判断。研究对手参战的装备，对主要威胁目标分析其特性。通过分析对手可能的作战概念、作战样式，预判对手会动用什么装备体系，体系中哪些装备参与作战，哪些装备威胁大，并可对威胁等级排序。形成描述对手体系结构的作战视点 OVs、系统视点 SVs 相关视图模型。这些模型，一是用于分析对手作战薄弱环节，为步骤 3 提出制胜机理制定奠定基础；二是为步骤 5 仿真对抗中研究装备效能提供准备。

步骤 3：制胜机理。提出破敌制胜的策略和作战概念的初步思路，对作战概念涉及的作战原理推导数理模型（可见下面的实例 10.3.1），分析作战对抗活动实施的条件和约束，为制定 OV－6a/b/c 和 SV－10a/b/c 奠定基础。例如，分析时可能发现用一型装备应对多种威胁目标不合理，这时需要制定对付不同威胁的装备分类法，并梳理装备采用的较优技术体制，初步构建 StdV－1 和 StdV－2。对制胜机理涉及的核心技术可行性须要进行先期验证，最好采用试验验证，也可以通过仿真验证技术可行性。

步骤 4：概念描述。提出完整的作战概念，描述宏观的作战阶段（情景）和微观的作战场景、我方的参展装备、获胜的成功标志或效能指标，对效能指标进行初步分解，提出对抗假设条件。利用 OVs 和 SVs 描述我方的体系结构。分析在非对抗环境下，装备是否能完成作战任务目标。对抗运动时敏目标时，须要分析信息链、时间链、精度链保证要求。

步骤 5：推演评估。针对决策者关注的问题（例如，战损率、突防概率等），选择评估方法。构建红蓝双方体系结构描述性的逻辑模型，例如对抗条件下的作战流程 OV－6a/b/c（研究作战概念用 OVs）或 SV－10a/b/c（研究新质装备用 SVs），以及逻辑、物理或时空仿真模型，开展红蓝对抗推演仿真。例如，OVs 作为逻辑驱动模型以 STK 作为时空仿真模型，评估对抗条件下作战 OODA 循环的信息链、时间链和精度链是否能保证，评估应用新质装备后的作战效能，以及不同影响条件下的作战能力和作战效能。

步骤 6：结果总结。对新作战概念（新装备、新样式、新战法）带来的效果和效能做出客观评价，包括其带动武器装备变革、形成新质作战能力的影响。最后，对还须深入研究的问题，提出下一步的工作建议。

图 10－7 给出了作战概念研究的体系结构模型开发顺序，须注意这种顺序并不是非常严格的，实际上需要根据具体研究问题逐步细化、迭代完成建模。其中，高级作战概念 OV－1 描述作战整体概况，作战活动模型 OV－5a/b 描述行为，作战资源流模型 OV－2 是其中建模的核心。作战规则、状态转移、事件追溯 OV－6a/b/c 为仿真分析与验证提供了条件。

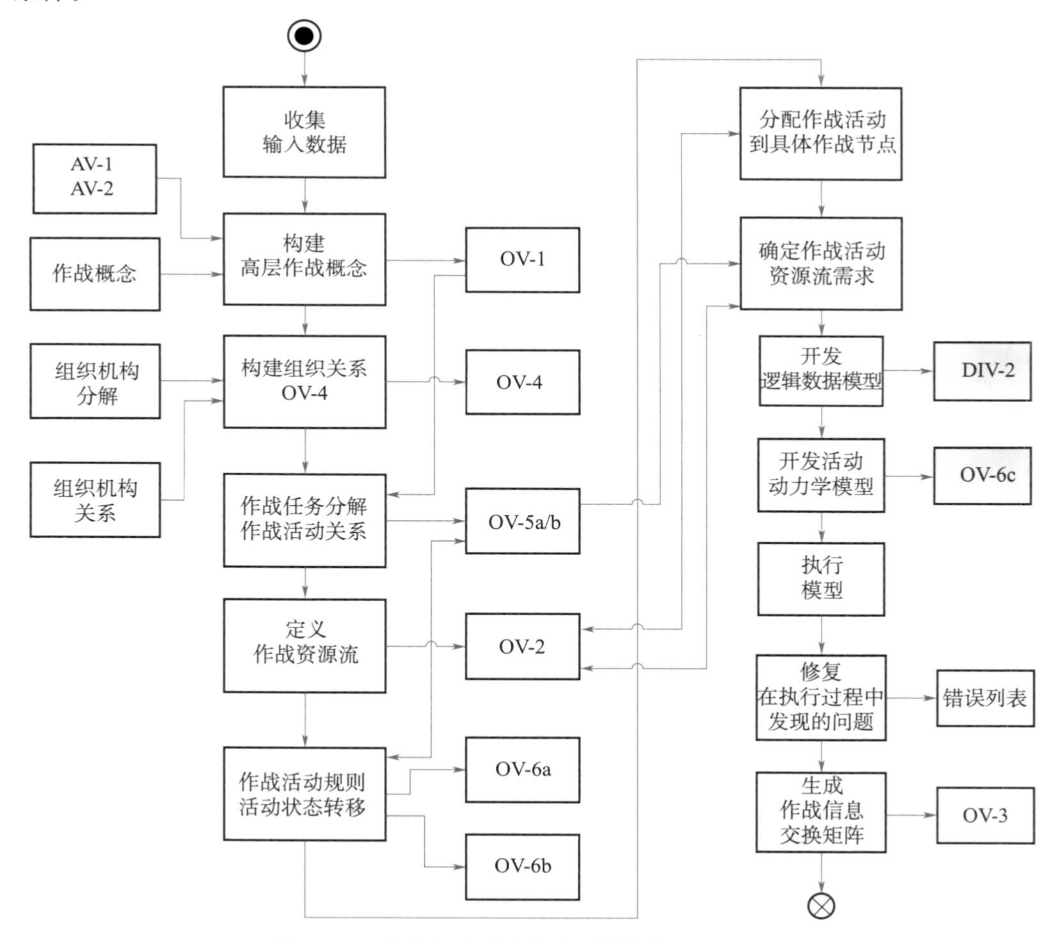

图 10－7　作战概念研究的体系结构模型开发顺序

实例10.3.1 作战原理推导实例。在“步骤3：制胜机理”中，须明确作战原理，推导数理模型，这里以防空反导为例，说明其推导方法，细节可见文献[4]。

防御体系通常采用多层防御拦截，以某层级的拦截区为例，将空间关系投影到地平面，如图10-8所示。防御火力交战区的近界和远界分别定义为R_1、R_2，预警探测区远界为R_3；目标相对地面平均飞行速度为V_t；拦截导弹相对地面平均飞行速度为V_m；从预警探测到拦截弹起飞准备时间为ΔT。防空武器系统要实现对威胁目标的防御，防御武器的火力拦截备战时间需短于目标穿透防区的时间，即满足如下“时间窗口准则”：

准则：拦截时间（准备时间＋飞行时间）＜目标穿透时间

以目标进入预警探测区远界时刻为起始时间，则可推导如下关系：

目标穿透预警探测区时间：$tt_1=(R_3-R_2)/V_t$

目标穿透预警区和交战区总时间：$tt_2=(R_3-R_1)/V_t$

拦截弹起飞到交战区近界时间：$tm_1=R_1/V_m$

拦截弹起飞至飞达交战区远界时间：$tm_2=R_2/V_m$

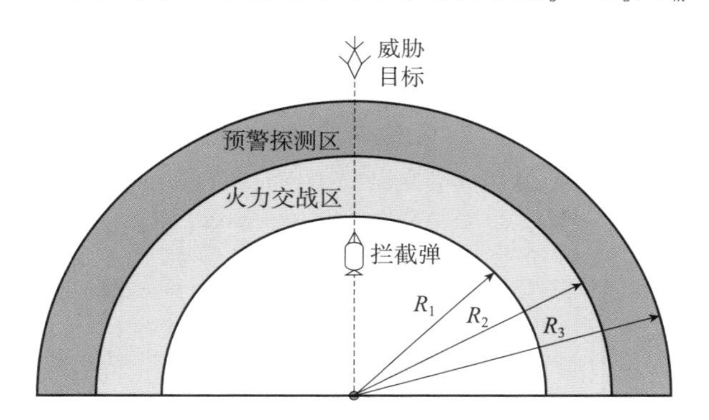

图10-8　预警探测区、火力交战区示意图

拦截弹应在交战区完成拦截任务，因此需满足：

$$\frac{R_3-R_2}{V_t}-\frac{R_2}{V_m}\leqslant \Delta T\leqslant \frac{R_3-R_1}{V_t}-\frac{R_1}{V_m}$$

定义1/2调合平均速度V_a为

$$V_a=\left[1/\left(\frac{1}{V_m}+\frac{1}{V_t}\right)\right]=\frac{V_m V_t}{V_m+V_t}$$

为避免预警能力不足，以致拦截弹飞达R_1后，目标已穿透火力交战区，最小预警探测远界$R_{3,\min}$应满足：

$$R_{3,\min}\geqslant V_t(\Delta T+R_1/V_a)$$

为避免预警能力过剩，以致拦截弹飞达R_2后，目标还未到达火力交战区，最大预警探测远界$R_{3,\max}$应满足：

$$R_{3,\max}\leqslant V_t(\Delta T+R_2/V_a)$$

利用上述模型，结合雷达方程以及威胁目标和拦截弹速度特性，可建立防御作战规则 OV－6a。

实例 10.3.2 采用 DoDAF V1.0 和 UPDM 的作战概念建模实例。这里围绕某陆/海协同作战场景，建立作战模型。选用 DoDAF V1. 0 体系结构、UPDM 方法、Raphsody 工具完成建模。其中，侦察、决策、攻击和效果评估的主要作战节点为：

1）情报评估：JIC（Joint Intelligence Committee）。

2）空中侦察：DARO（Defense Airborne Reconnaissance Office）。

3）图像处理：JIPS（Joint Intelligence Image Processing Service）。

4）作战决策：JCS（Joint Chiefs of Staff）。

5）潜艇攻击：JFMCC（Joint Force Maritime Component Commander）。

6）打击评估：DOCC（Deep Operations Coordination Cell）。

首先，打开 UPDM 软件，新建 DoDAF 工程项目 DoDAFDemo。在根包元素下，创建组件（Components）、包（Packages）、配置文件（Profiles）、项目总览（ProjectOverviews）等包元素；并在根包下创建全局视图（All Views）、作战视图（OperationalViews）、系统视图（SystemsViews）和技术视图（TechnicalViews）；然后按下面步骤操作。

（1）添加 AV－1 视图

在 Raphsody 工具浏览器中（以后简称浏览器），选中 AllViews 包；单击右键从下拉菜单中选择“AllView”→“Add New”→“All View Diagram”→“AV－1”；选择预先编辑的 AV—1 文档（可为格式 doc、HTML 或 Excel 等）（见图 10－9）。

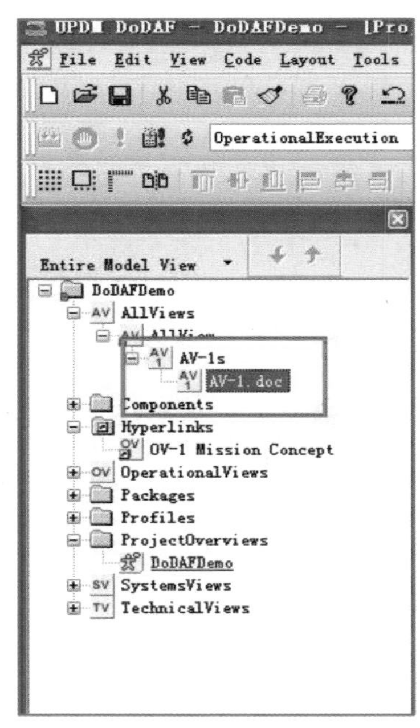

图 10－9 工具中构建 AV－1 过程

(2) 添加 OV－1 High－Level Graphic 视图

1) 在浏览器中双击“OV－1 High－Level Graphic”。

2) 在右侧工具栏中，选择“Free Shapes”（自由形状）下面的“Image”（图像）（见图 10－10）。

3) 此时出现图标，单击选择预先绘制的图片文件，将其放在合适位置，并调整其大小。

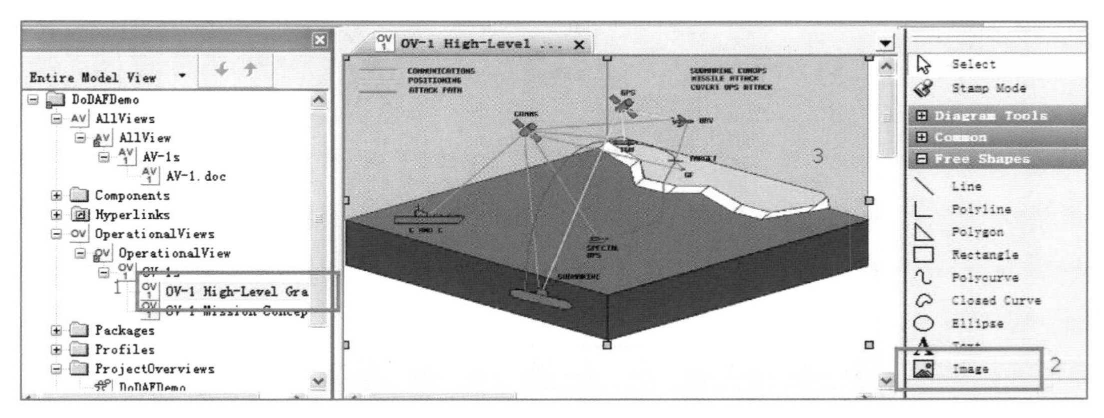

图 10－10　创建 OV－1 过程

(3) 添加 OV－1 Mission Concept 视图（见图 10－11）

1) 在浏览器中，双击打开“OV－1 Mission Concept”。

2) 拖动工具栏中任务目标（Mission Objective）图标，定义两个“任务目标”<<MissionObjectives>>，分别为“评估威胁”(AssessThreat)、“攻击目标”(AttackTarget)。

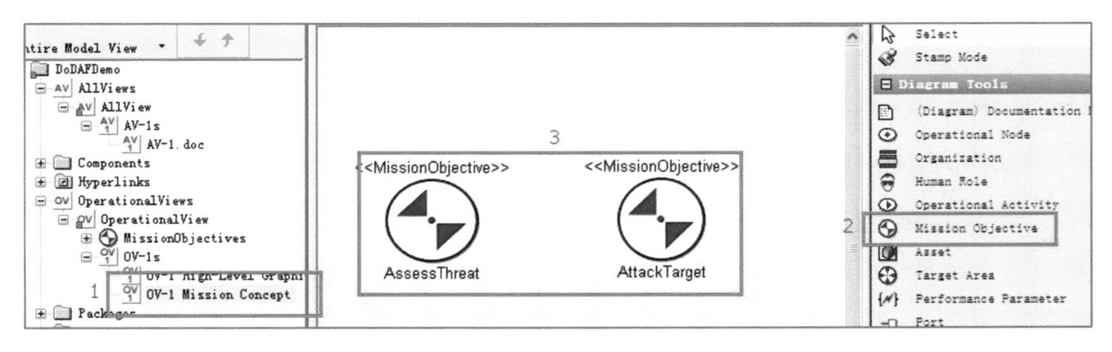

图 10－11　添加两个任务目标

(4) 添加 OV－1 中的作战节点，并建立任务目标与作战节点的关系（见图 10－12）

1) 在“OV－1 Mission Concept”视图中，选择工具栏的作战节点（Operational Node）图标。

2) 依次画出所有任务目标对应的作战节点 DARO、JIPS、JCS、JIC、JFMCC、DOCC。

3) 选择依赖关系（Dependency），建立任务目标与作战节点的连接关系。

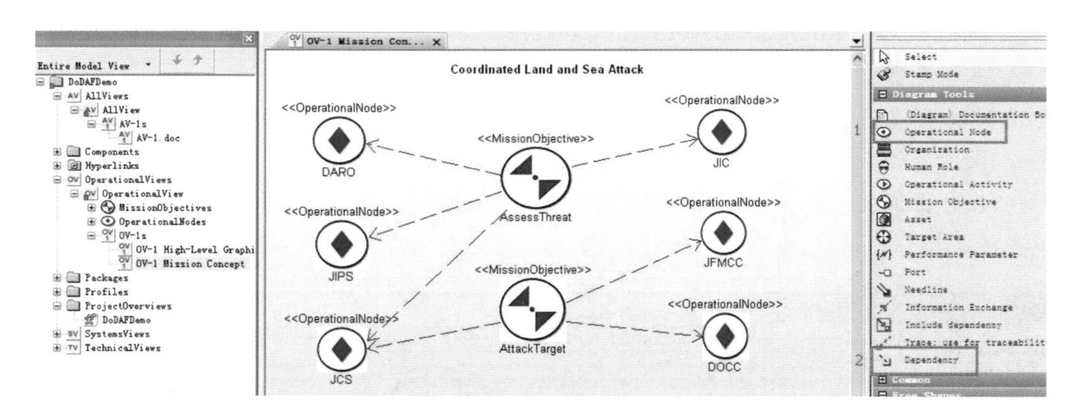

图 10－12　添加六个作战节点并建立依赖关系

(5) 添加任务目标属性描述

在“OV－1 Mission Concept”视图中，分别双击两个任务目标节点，在其属性选项卡界面，输入属性描述（描述军事行动序列），完成后保存该视图（见图 10－13）。

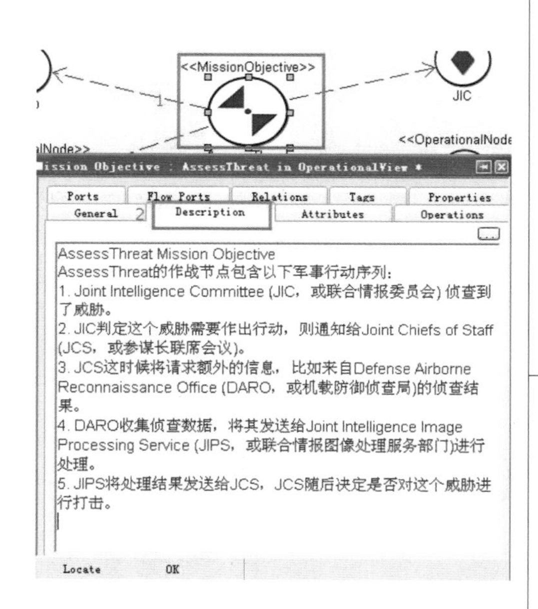

AssessThreat Mission Objective 属性描述内容：

1)Joint Intelligence Committee(JIC，或联合情报委员会)侦察到了威胁。

2)JIC 判定这个威胁需要作出行动，则通知给 Joint Chiefs of Staff(JCS，或参谋长联席会议)。

3)JCS 这时候将请求额外的信息，比如来自 Defense Airborne Reconnaissance Office(DARO，或机载防御侦查局)的侦查结果。

4)DARO 收集侦查数据，将其发送给 Joint Intelligence Image Processing Service(JIPS，或联合情报图像处理服务部门)进行处理。

5)JIPS 将处理结果发送给 JCS，JCS 随后决定是否对这个威胁进行打击。

AttackTarget Mission Objective 属性描述内容：

1)当一个威胁被认定并决定作为攻击目标，则一个攻击行动需要被 a. 计划；b. 执行；c. 评估。

2)JCS 计划这次打击，选择一种打击方式。

3)JCS 接着将打击命令发送给 JFMCC 指挥官。

4)JCS 请求 DOCC 作出杀伤评估。

5)JFMCC 用导弹对目标进行打击。

6)JFMCC 完成打击后，DOCC 将毁伤评估结果发送给 JCS。

7)JCS 根据结果，再次发送打击命令，或者停止打击命令。

图 10－13　添加任务目标属性

(6) 添加关联任务目标的 OV－5 图（见图 10－14）

1）在“OV－1 Mission Concept”图中，右键单击 AttackTarget 任务目标节点，选择“Add New”→“OV－5”。

2）右键单击空白处，选择“Feature”，在“General”选项卡，勾选“Analysis Only”。

3）单击“OK”，出现询问是否验证该操作，单击“OK”。

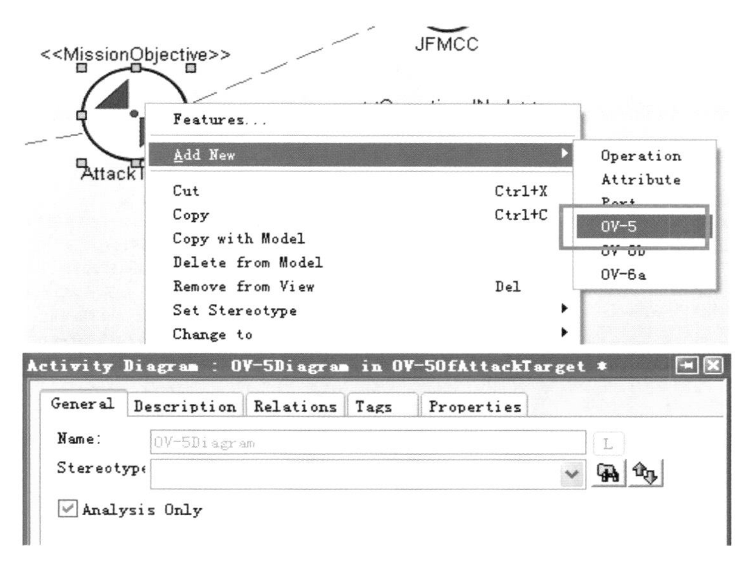

图 10-14 添加关联任务目标的 OV-5 图

(7) 建立对应任务目标的 OV-5 作战活动图

建立对应任务目标 Attack Target 的 OV-5 图，其逻辑如图 10-15 所示。类似地也可以建立 Assess Threat 对应的 OV-5 图（这里省略）。

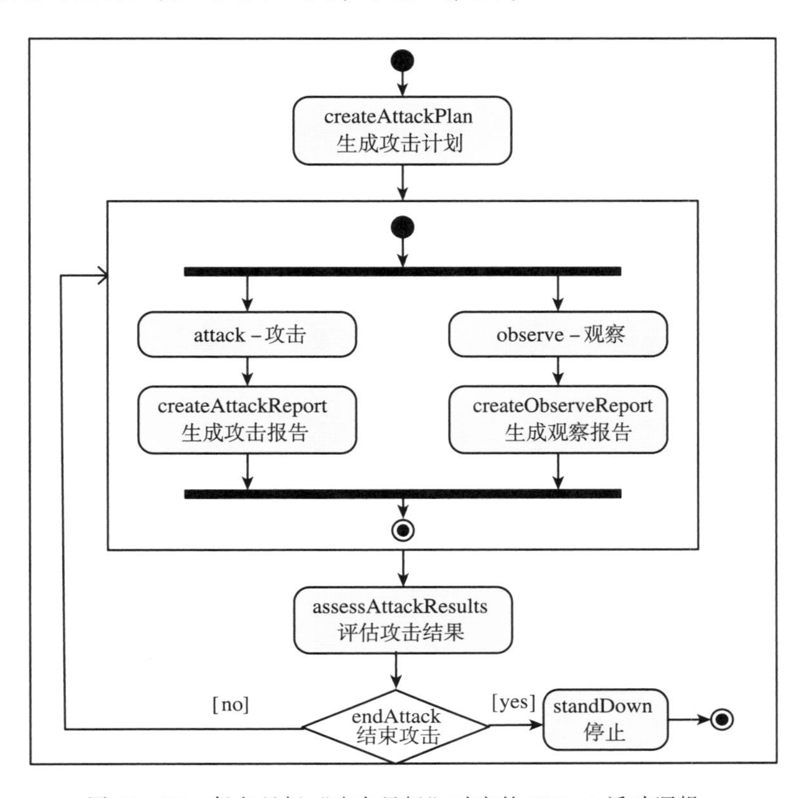

图 10-15 任务目标“攻击目标”对应的 OV-5 活动逻辑

（8）关联作战节点与建立 OV－2 图

1）打开“OV－1 Mission Concept”视图。

2）右键单击 AttackTarget 任务目标节点，选择“Create OV － 2 from Mission Objective”，将对应 OV－2 图命名为“AttackTarget 1”（见图 10－16）。

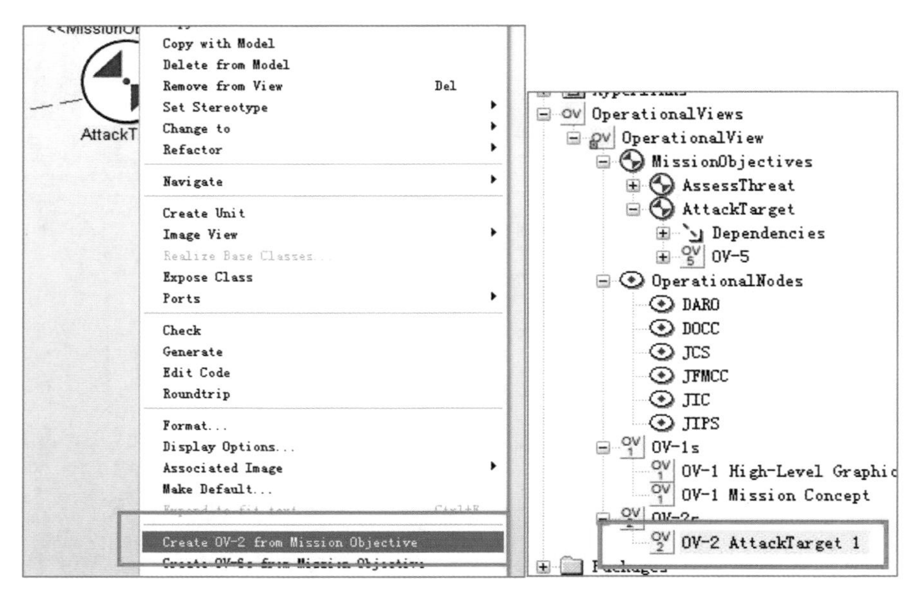

图 10－16　建立关联任务目标的 OV－2 图

（9）引用作战节点到 OV－2 图

1）打开“OV－2 AttackTarget 1”视图。

2）将 DOCC、JCS 以及 JFMCC 从浏览器拖到这个图中（见图 10－17）。

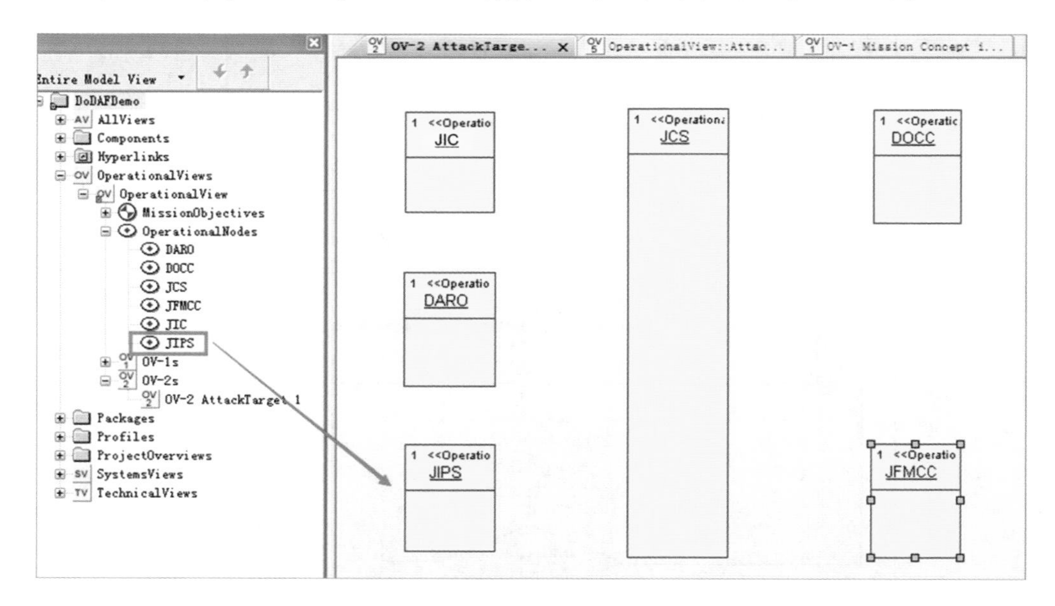

图 10－17　引用 OV－2 中的作战节点

(10) 创建关联作战任务的 OV－6c 图

打开“OV－1 Mission Concept”视图。右键单击 AttackTarget 任务目标节点，选择“Create OV－6c from Mission Objective”（见图 10－18）。

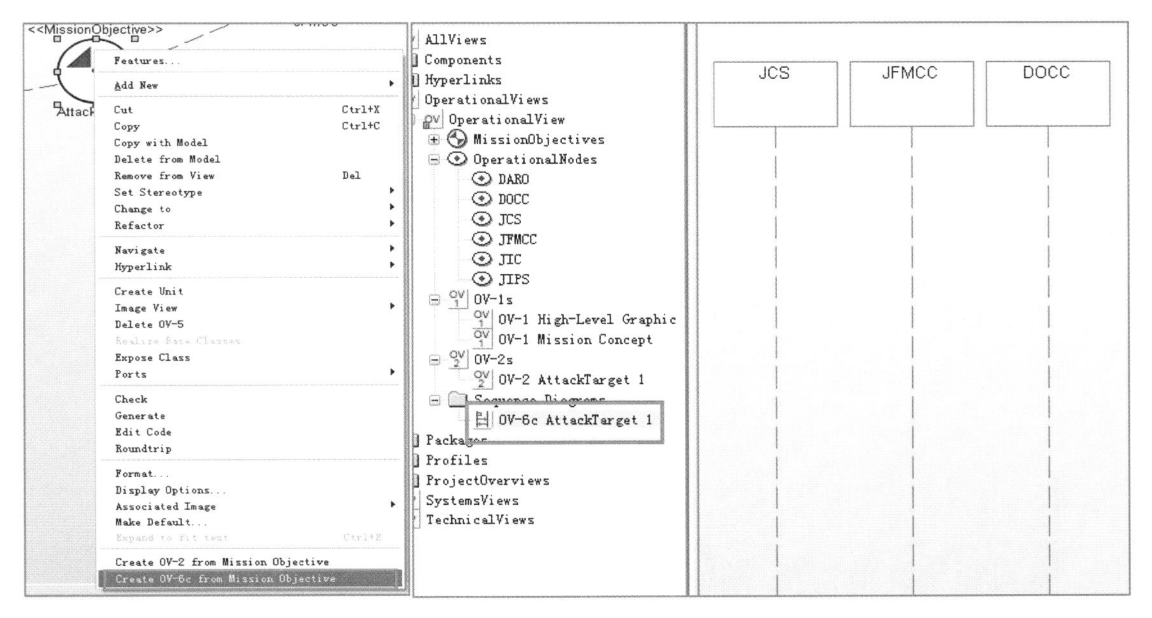

图 10－18 创建关联作战任务的 OV－6c 图

(11) 修改 OV－6c 作战事件追踪描述属性（见图 10－19）

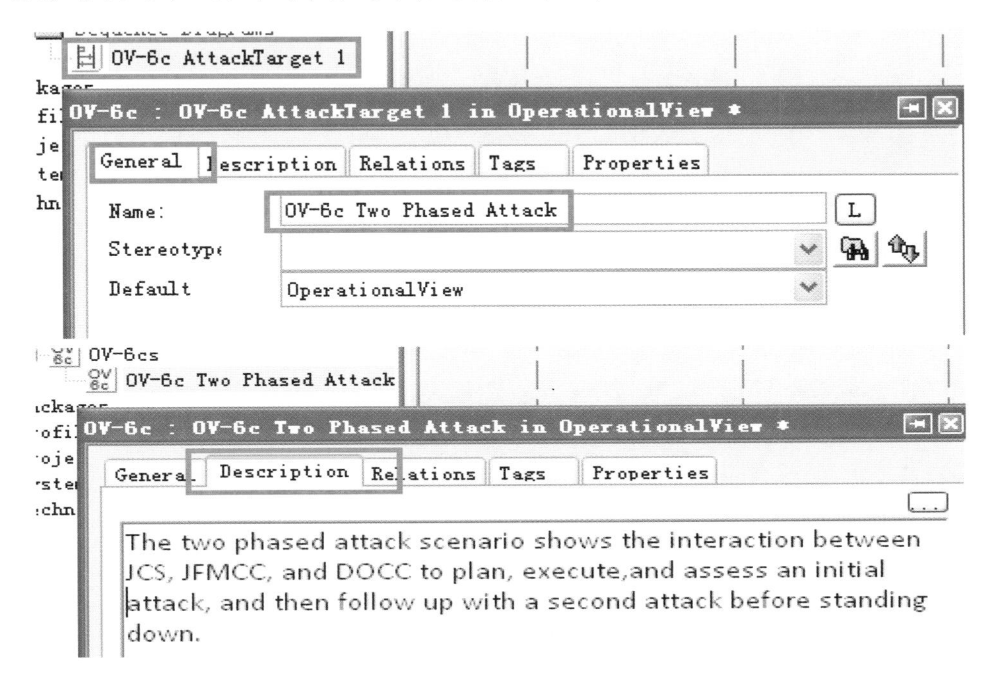

图 10－19 修改 OV－6c 的属性

1）在浏览器中，右键选择“OV－6c AttackTagtet 1”，选择“Feature”。

2）在“General”中修改视图名为“OV－6c Two Phased Attack”。

3）在“Description”中添加以下描述“The two phased attack scenario shows the interaction between JCS，JFMCC，and DOCC to plan，execute，and assess an initial attack，and then follow up with a second attack before standing down”（两阶段攻击场景，显示了 JCS、JFMCC、DOCC 之间的交互，其计划、执行和评估初始攻击，在停止攻击之前继续进行的第二次攻击）。

（12）关联 OV－5 图，添加 OV－6c 图中的动作（见图 10－20）

根据 OV－5 视图中的动作填充 OV－6c 视图。

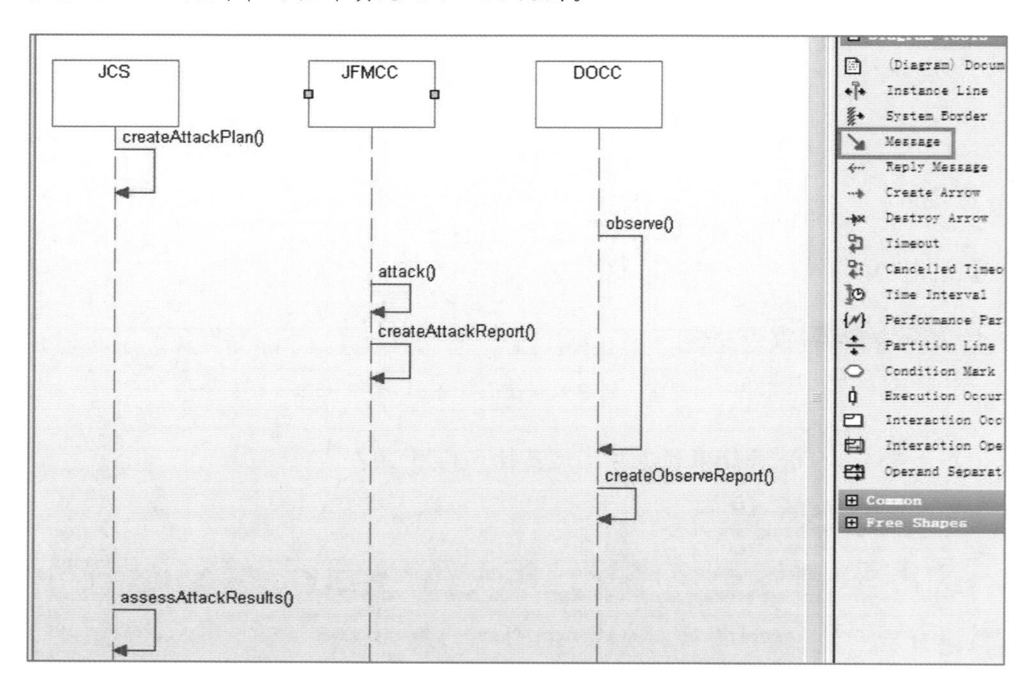

图 10－20　关联 OV－5 图，添加 OV－6c 图中的动作

（13）完善 OV－6c 作战事件追踪描述视图

添加交互，完善 OV－6c 第一阶段攻击目标视图（见图 10－21）。

（14）进一步完善 OV－6c 图

添加多次攻击循环，进一步完善 OV－6c 图（见图 10－22）。

（15）建立 OV－7 逻辑数据模型视图

右键选择“OperationalView”→“Add New”→“Operational Diagram”→“OV－7”；并完善 OV－7 逻辑数据模型视图（见图 10－23、图 10－24）。

（16）由 OV－6c 图自动生成 OV－2 的端口事件

1）根据 OV－6c 的时序图，生成相应的事件和端口，打开 OV－6c 视图，选择“Edit”→“Select”→“Select Un－Realized”（见图 10－25）。

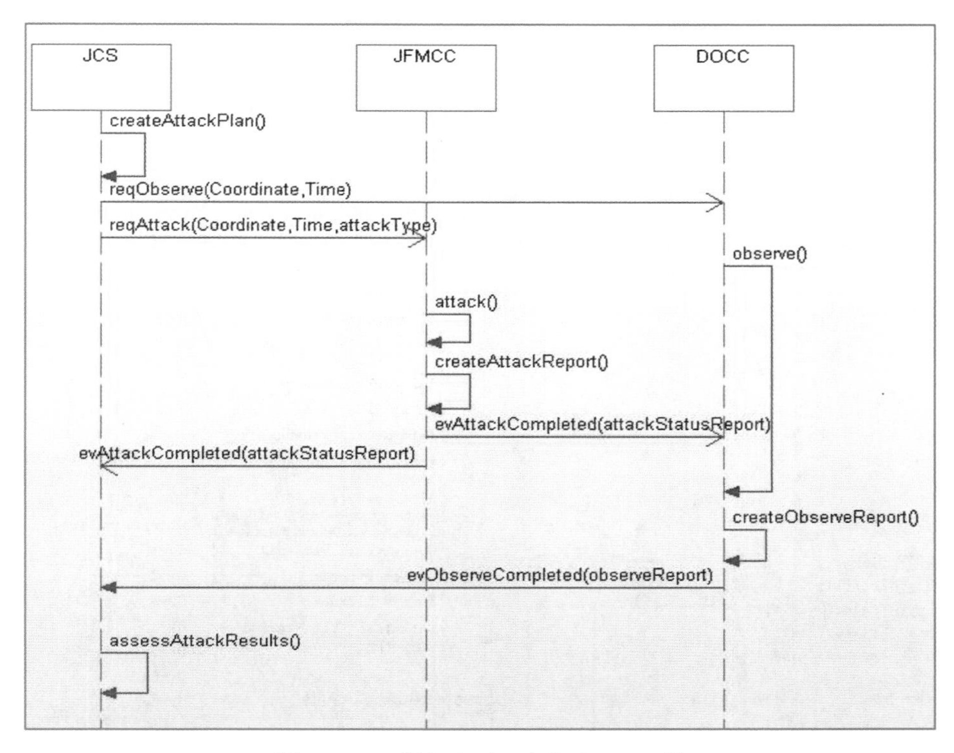

图 10－21　添加交互，完善 OV－6c 图

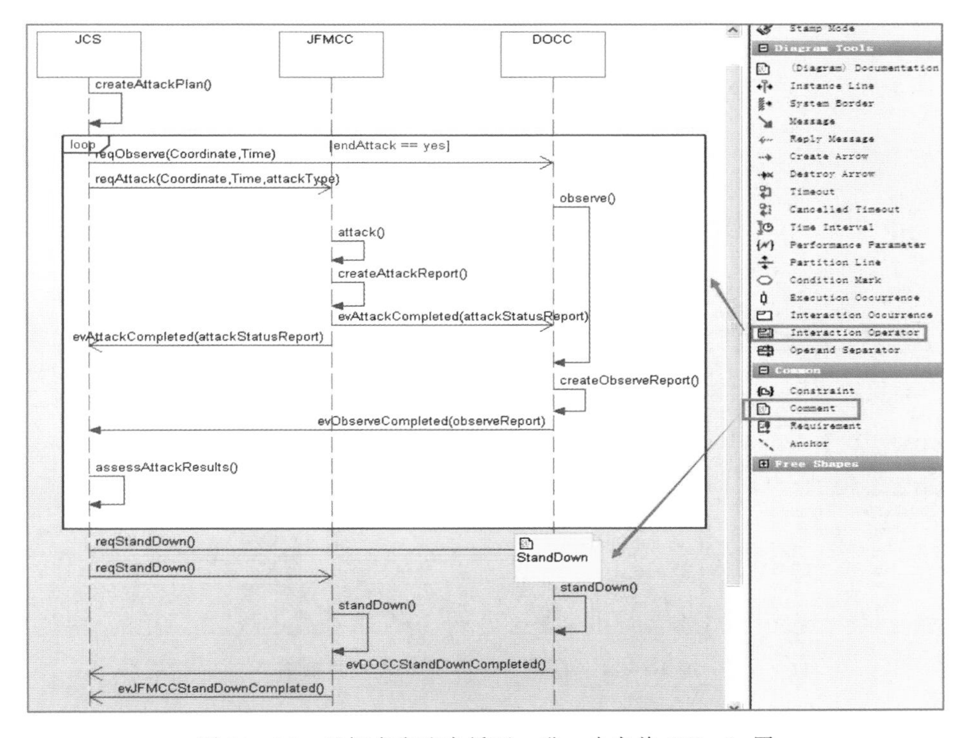

图 10－22　添加多次攻击循环，进一步完善 OV－6c 图

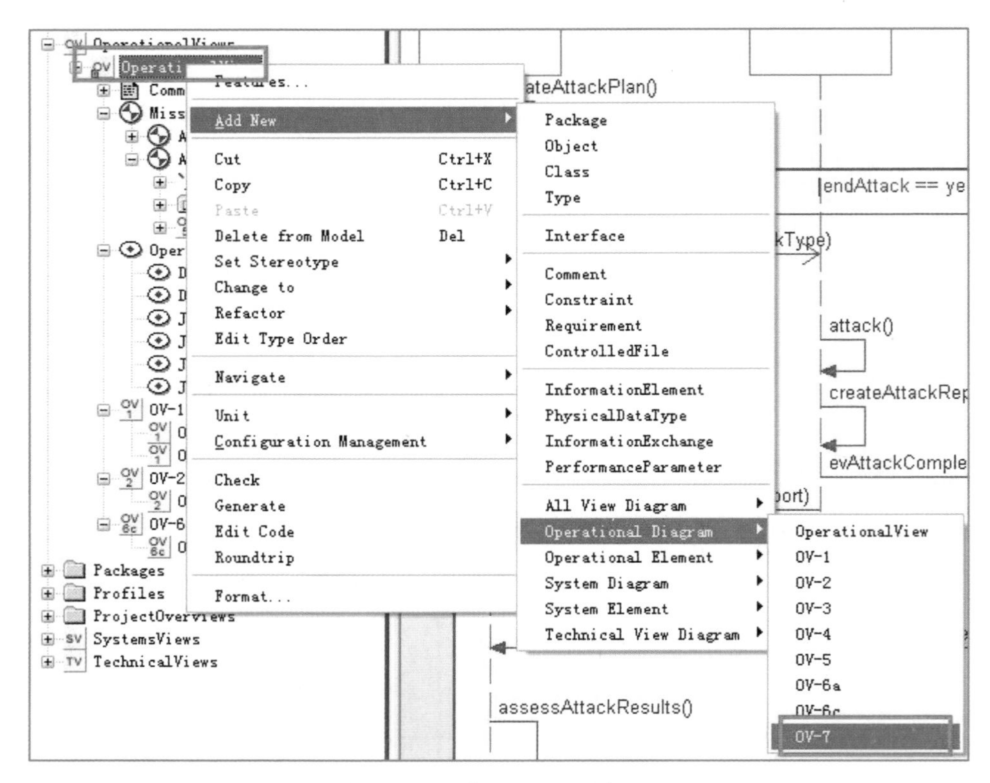

图 10-23　建立 OV-7 图过程

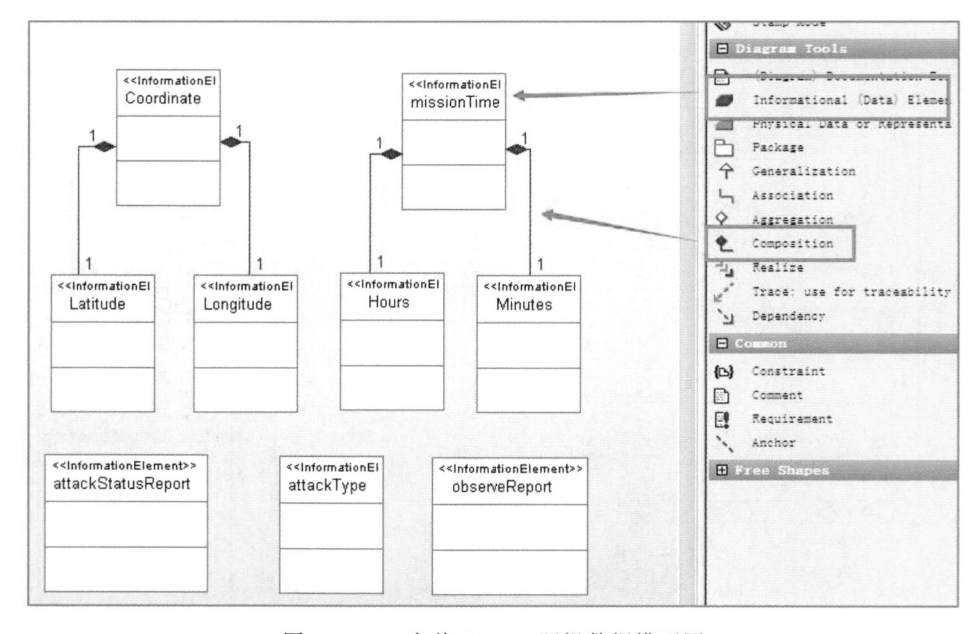

图 10-24　完善 OV-7 逻辑数据模型图

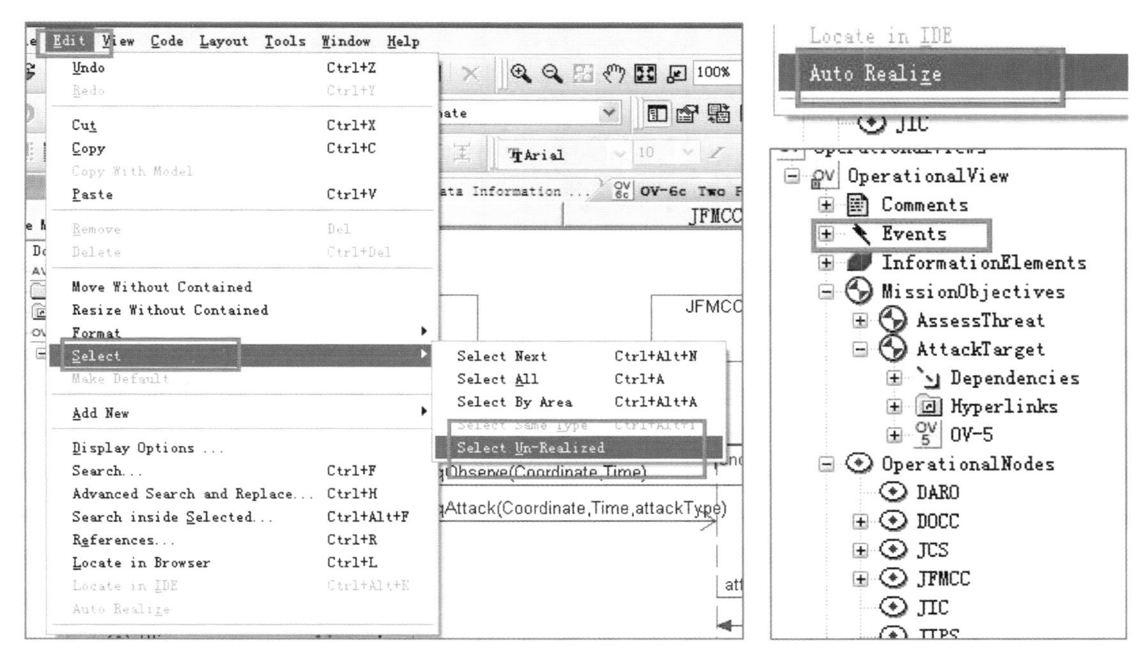

图 10－25　选择自动生成端口事件

2）选择“Edit”→“Auto Realize”。

3）右键选择 OV－6c 视图，选择“Update OV－2s from OV－6c”（见图 10－26）。

4）打开 OV－2 视图，事件以及接口已经更新。

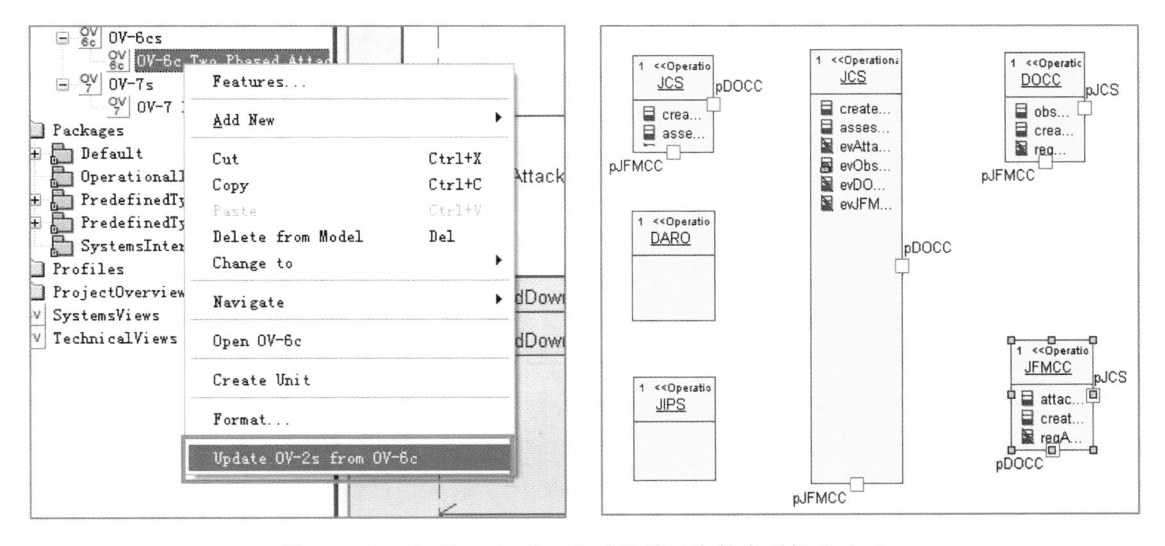

图 10－26　由 OV－6c 自动生成的端口事件来更新 OV－2

从工具栏中选择需求线（Needline），连接各个节点的端口（Port）（见图 10－27）。

从工具栏中选择信息交换（Information Exchange），在需求线上添加流动项（见图 10－28）。

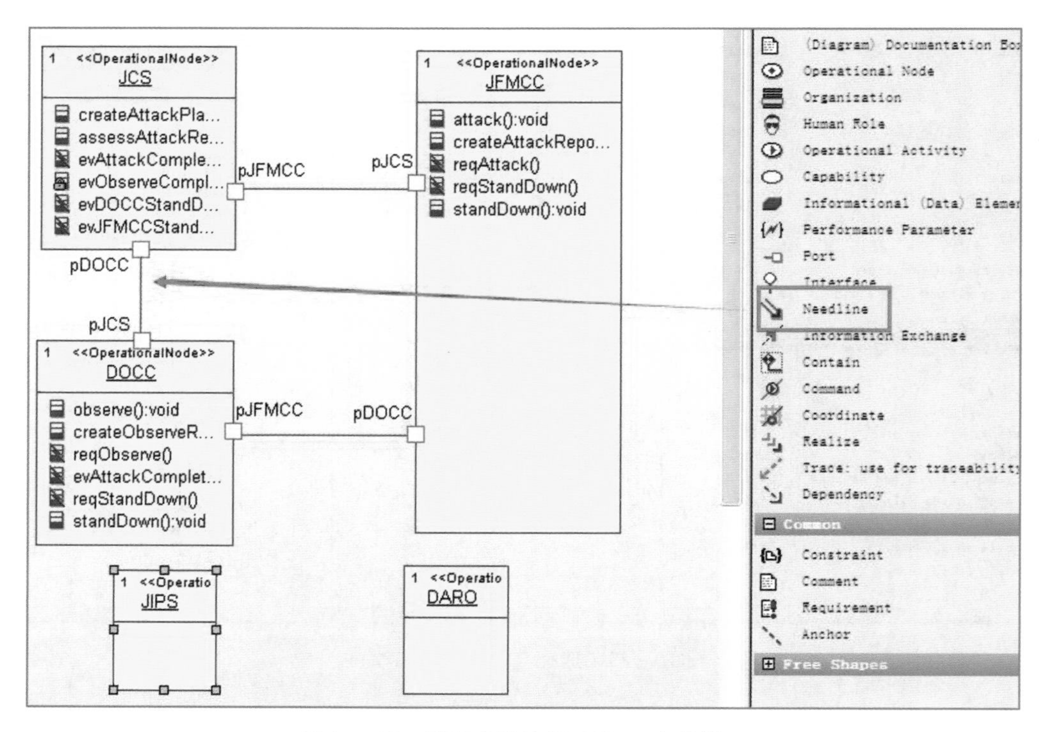

图 10－27　用需求线连接 OV－2 中的端口

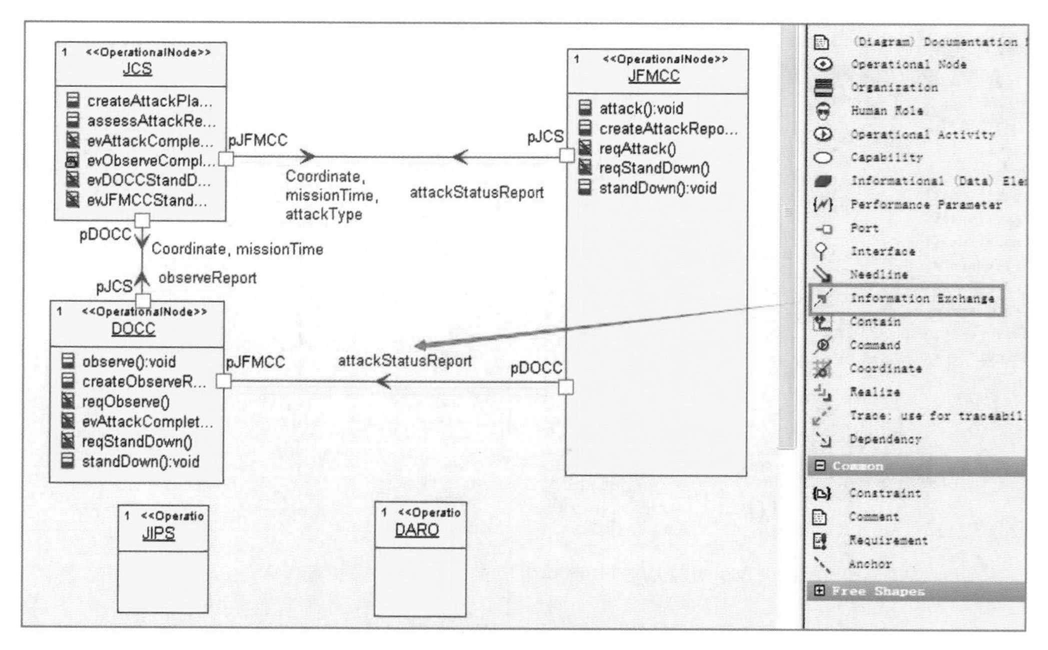

图 10－28　在需求线上添加流动项

（17）建立作战节点的 OV－6b 图

1）打开“OV－2 AttackTarget 1”，右键选择 DOCC 节点，“Add New”→“OV－6b”，状态之间转移依靠的是 Trigger（触发器）或者 Guard（守卫）（见图 10－29）。

2）建立如图 10－30 所示的状态转移图。同样，可以建立其他作战节点的状态转移图（这里省略）。

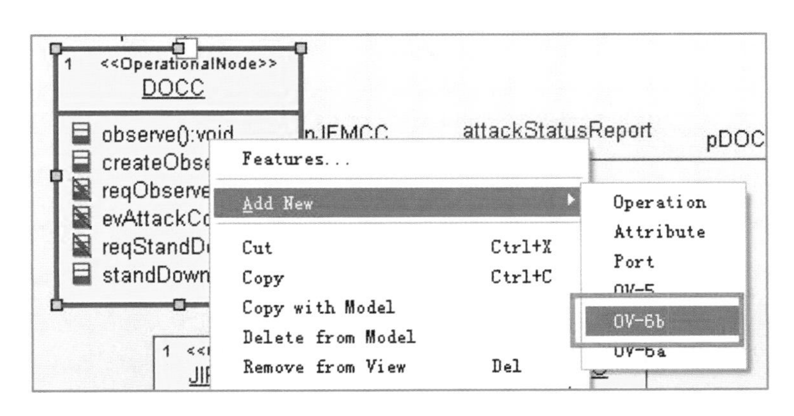

图 10－29　选中 OV－2 图中作战节点，添加对应的 OV－6b 图

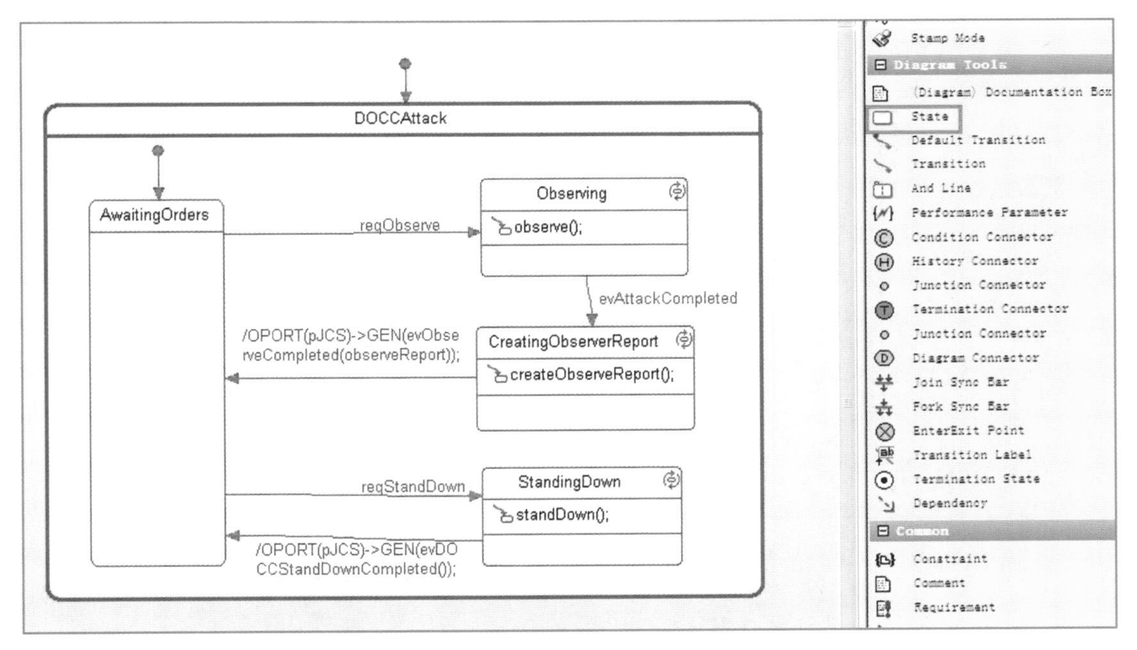

图 10－30　绘制 OV－6 状态转移逻辑图

（18）建立 OV－3 作战信息交互矩阵

在浏览器中右键选择“DoDAFDemo”项目，选择“Generate Service Based OV－3 Matrix”（见图 10－31）。

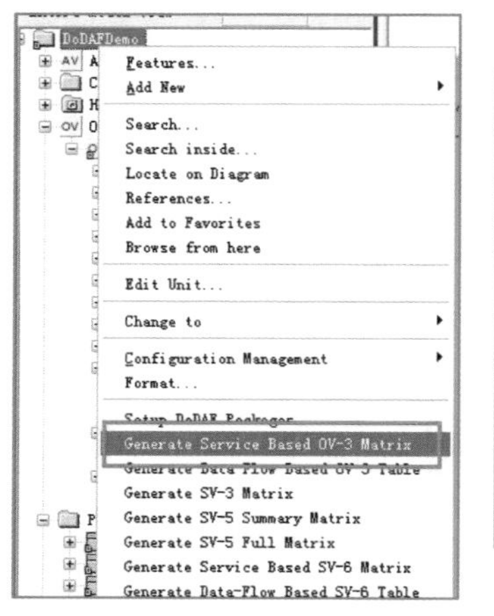

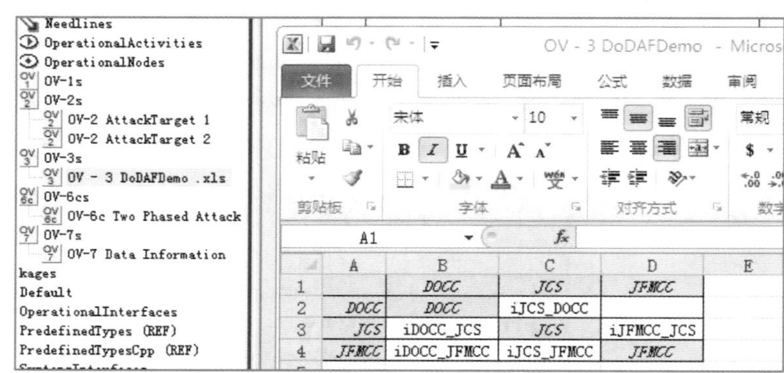

图 10－31　建立 OV－3 图

（19）从作战节点开始，建立新的 OV－2 视图（见图 10－32）

1）创建新 OV－2 视图 AttackTarget 2。

2）从浏览器中选择“JFMCC”拖至图板中，在图中创建三个作战活动（Operational Activity）节点。

3）从工具栏中，选择“Realize”，建立 JFMCC 与三个作战活动的连接关系。

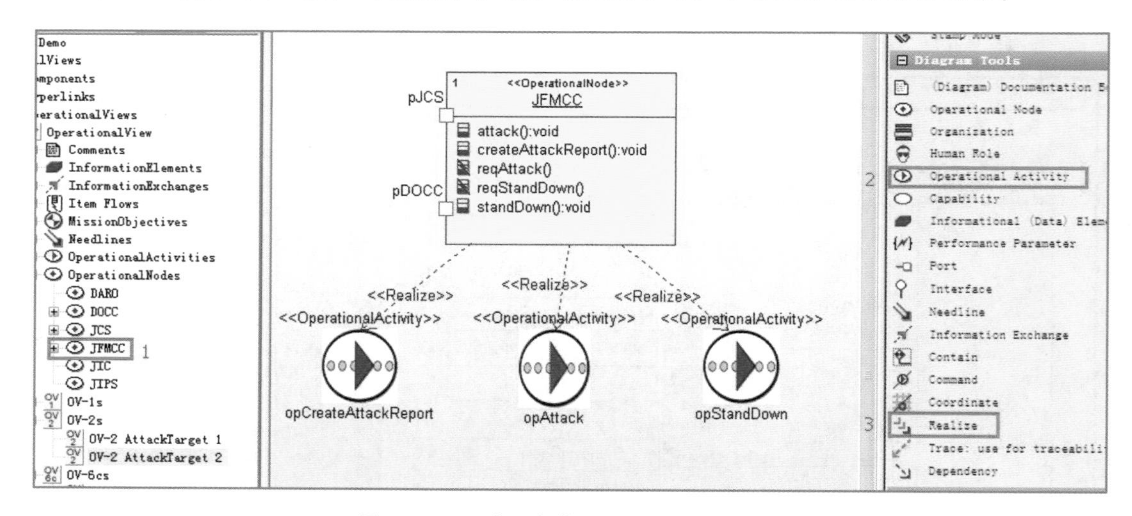

图 10－32　建立各作战节点的 OV－2 图

（20）建立 SV－1 系统接口图

在浏览器中右键选择“SystemsView”，选择“Add New”→“System Diagram”→“SV－1”（见图 10－33）。

从浏览器中，右键选择 SystemNodes（系统节点）拖至视图中；从工具栏中，选择“System”节点拖至“JFMCC”中，取名为“Missile”（导弹）和“Submarine”（潜艇）（见图 10－34）。

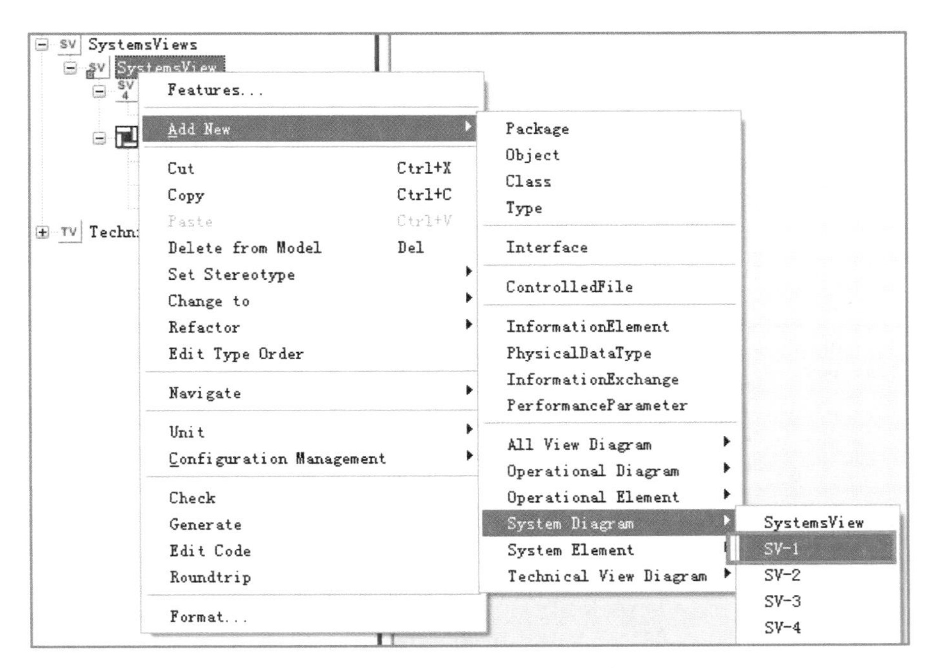

图 10 - 33 在 SystemView 包下，创建 SV - 1 图

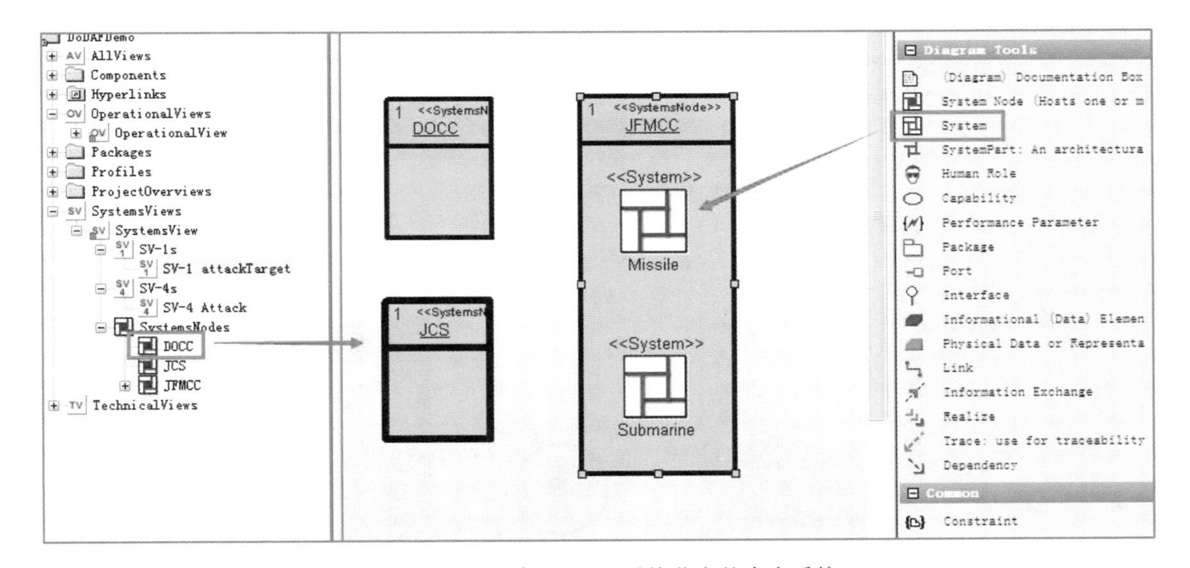

图 10 - 34 创建 JFMCC 系统节点的内含系统

(21) 建立 SV - 4 系统功能描述图

在浏览器中右键选择 “SystemsView”，选择 “Add New” → “System Diagram” → “SV - 4”（见图 10 - 35）。

1）在浏览器中的 “OperationalActivities” 下，选择作战活动 “opAttack”，拖至图板中。

2）从浏览器中的“JFMCC”下，选择“Missile”和“Submarine”拖至图板中。

3）从工具栏中选择“System Function”拖放至“System”下。

4）从工具栏中，选择“Realize”，连接“SystemFunciton”和“OperationalActivity”（见图 10－36）。

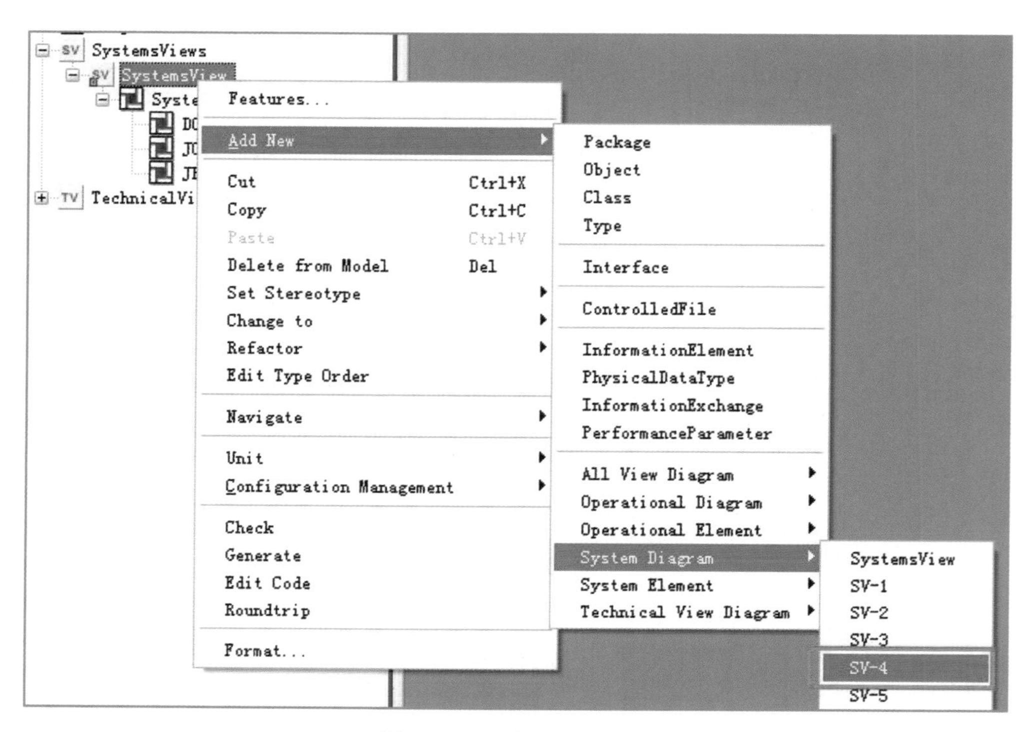

图 10－35　建立 SV－4 图

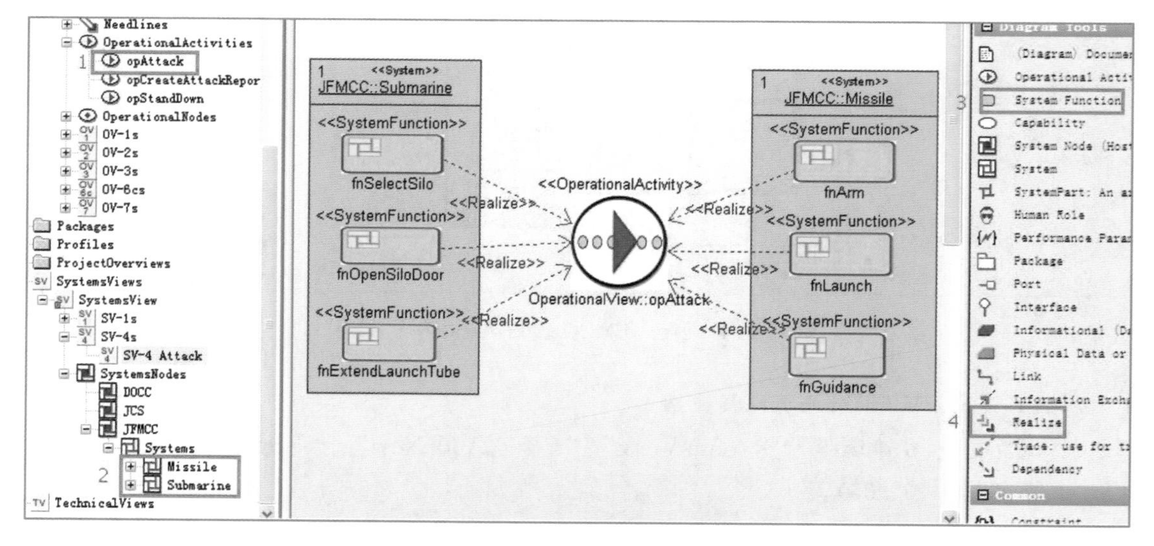

图 10－36　分配作战活动到系统

（22）建立 SV－5 作战活动与系统功能追溯矩阵

在浏览器中，右键选择“DoDAFDemo”项目，选择“Generate SV－5 Full Matrix”。命名为“SV－5 Coordinated Land and Sea Attack”，将自动呈现如下结果（见图 10－37）。

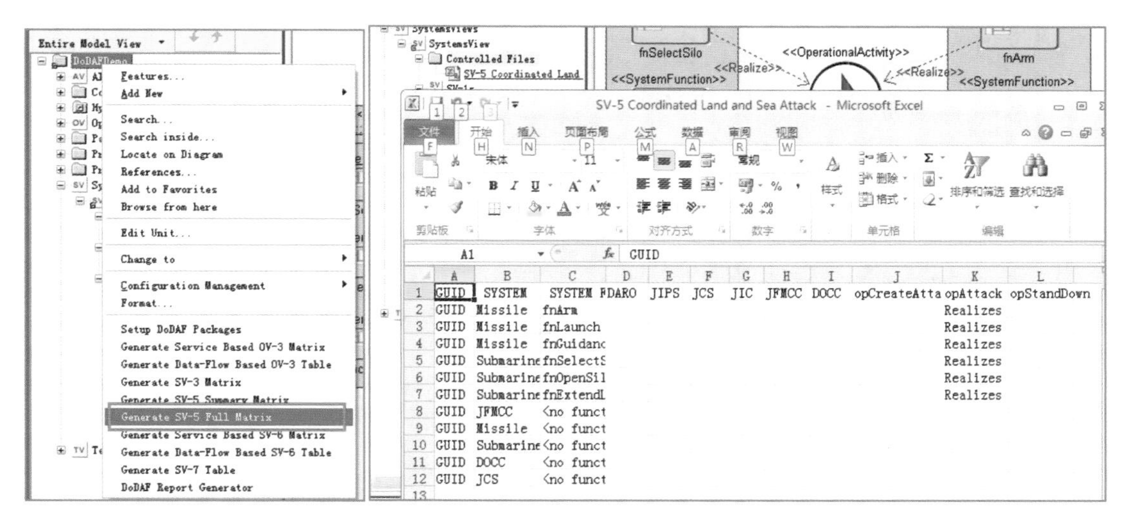

图 10－37　自动建立 SV－5

（23）建立 SV－10c 系统事件跟踪图

1）浏览器中右键选择“OV－6c Two Phased Attack”。

2）选择“Change to”→“SV－10c”（见图 10－38）。

3）在图板中删除原 JFMCC，并从浏览器中选择“Missile”“Submarine”拖至图板中（见图 10－39）。

4）添加相关的消息“Message”。

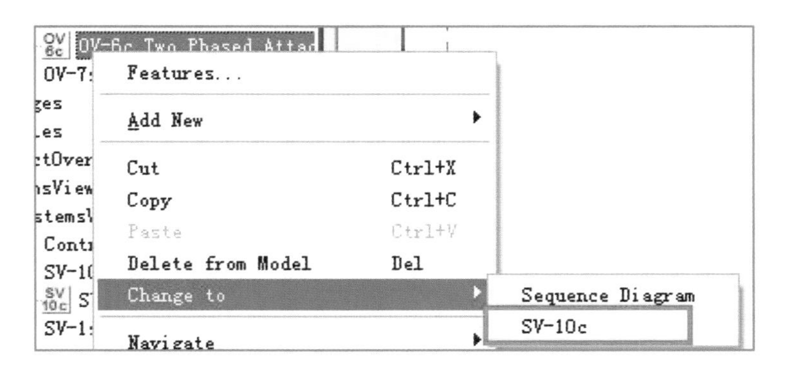

图 10－38　从作战序列图 OV－6c 自动变成 SV—10c

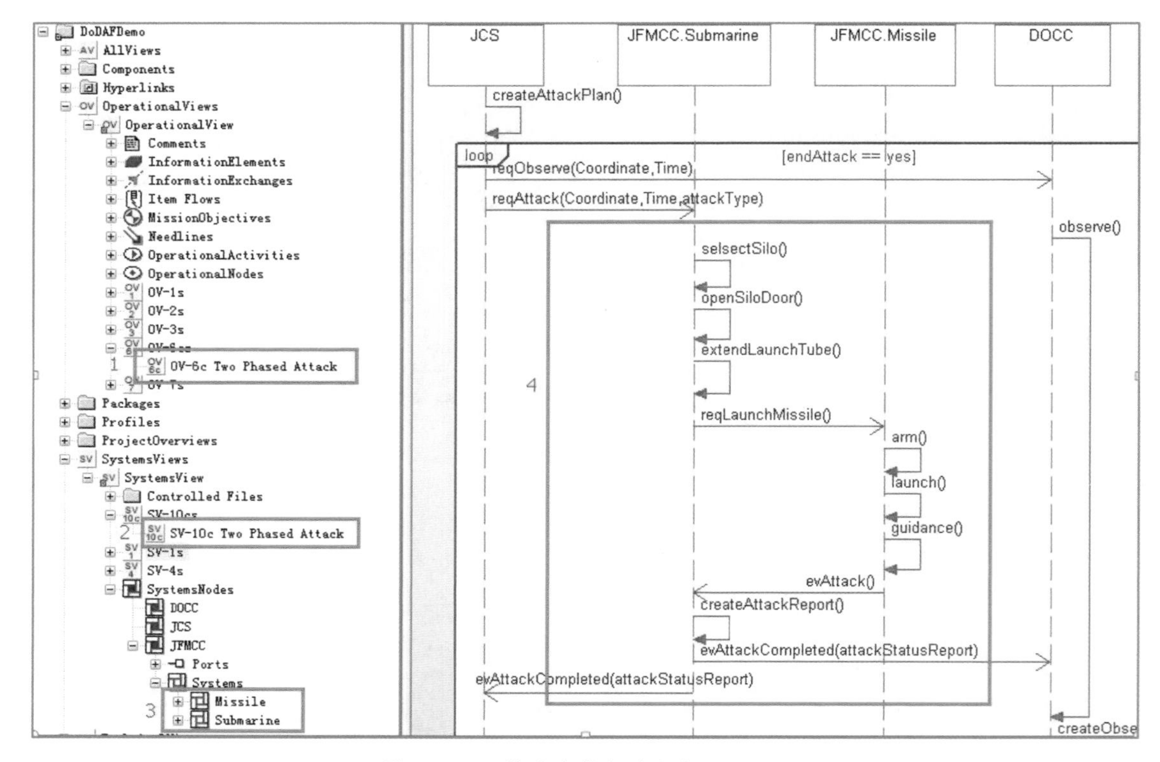

图 10-39　修改完善自动生成 SV-10c

10.4　能力需求论证

信息装备体系需求论证的核心是基于能力开展需求分析。首先从安全态势变化出发，分析作战使命任务或形成新的作战概念。对作战使命任务或作战概念，开展作战任务分解，形成包含任务、子任务、活动的分层作战任务结构，从作战任务集导出能力需求集，比较已有的能力，导出能力差距集，从能力差距集和能力关系分析导出能力建设需求集，形成可用于指导规划计划、立项论证及研制建设的需求结论[5]，如图 10-40 所示。

1）作战任务分解。依据国家战略、国家安全战略和军事战略明确的战略需求，梳理与体系相关的作战使命和提出的作战概念（OV-1），分析完成使命任务和作战概念所需要的任务、节点、活动，形成使命任务分解结构 OV-5a 和作战活动序列模型 OV-5b。同时，明确作战活动中需要交换的信息资源流 OV-2、作战实施组织机构 OV-4 和作战事件跟踪描述 OV-6b。这部分内容参见 10.3 节中的描述。

2）能力需求分析。针对作战任务分解形成的作战视点模型，分析完成各项作战活动 OODA 中所需的能力集，形成能力需求集列表。构建能力分类 CV-2 和能力到作战活动的映射 CV-6 模型。

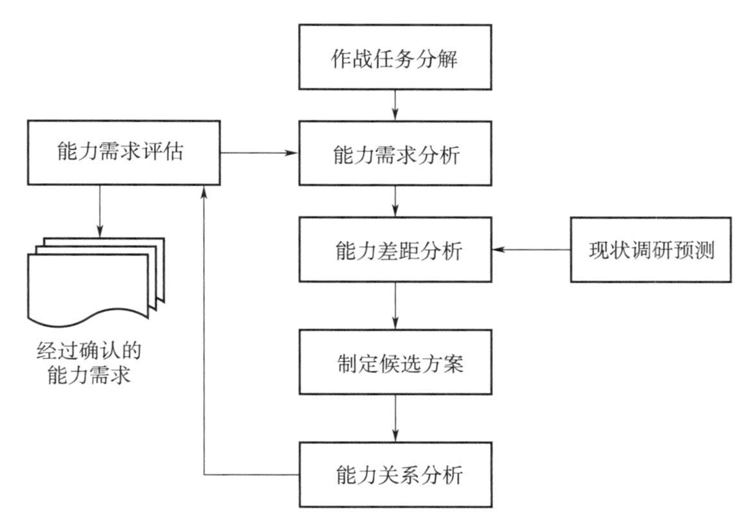

图 10-40　体系需求论证的主要步骤

3）现状调研预测。针对分析得到的能力需求集列表，调研能力现状并预测未来发展。例如，采用拜访调研、资料查询；组织领域专家、用户等对形成的能力现状报告进行审核，确保各项指标的准确性和有效性。构建 CV-3 能力阶段划分中的近期（或现有）能力条目。

4）能力差距分析。对比能力需求与能力现状和能力预测，分析完成任务已有能力与所需能力之间在不同阶段存在的差距。例如，可以采用作战事件跟踪描述 OV-6c 中的逻辑流程（或结合时空仿真），查找完成 OODA 作战任务的能力差距。

5）制定备选方案。对领域能力差距表中存在不足的各项能力或子能力，提出能力补全措施，提出系统候选方案（SV-5 图），分析所涉及系统的发展路线（SV-8 图），梳理得到消除各项能力差的初步候选系统方案，确定各阶段不能消除的能力差距。

6）能力关系分析。识别能力之间的泛化（超类-子类）、组成（整体-部分）、依赖（依托）关系，将强依赖关系能力规划成同步实现，构建能力分组依赖关系 CV-4。制定能力发展愿景 CV-1 和能力建设目标（即 CV-3 中的分阶段目标）。

7）能力需求评估。依托专家评估分析结果；同时建立能力评估模型，结合形成的作战视点 OVs 和能力视点 CVs 模型，评估各阶段能力需求在得到满足的情况下，能否完成对应的使命任务，其效果和效能如何，并迭代修改完善能力需求规划。

>> 实例 10.4.1　假设以夺岛军事行动为使命任务，作战任务可分解为：

第一层：作战阶段。摧毁敌方防空反导系统，夺取制空权，夺取制海权，实施空降和舰船登陆夺岛行动。

第二层：作战任务。以夺取制空权为例，作战任务包含进攻性制空、防御性制空等。

第三层：作战子任务。以进攻性制空任务为例，包含肃清空域等。

实例 10.4.2　作战能力需求分析。图 10－41 为 OODA 作战循环逻辑循序分析实例。借助能力需求分析表 10－1，分析获得表 10－2 所示的能力需求；借助于能力差距分析表 10－3，分析获得表 10－4 所示的能力差距；并对各阶段能力差距消除情况进行分析，见表 10－5。

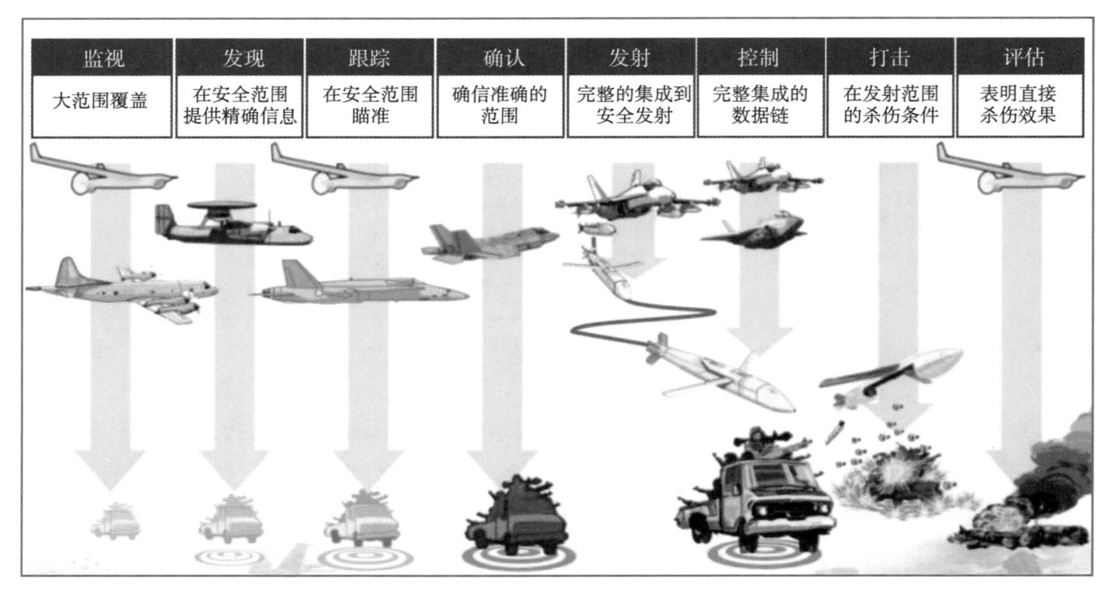

图 10－41　以 OODA 杀伤链描述作战任务活动示例

表 10－1　典型作战任务能力需求分析表

<table>
<tr><th colspan="3" rowspan="3">任务结构
层次分解</th><th rowspan="3">任务
需求</th><th colspan="6">感知能力需求</th></tr>
<tr><th colspan="2">电磁目标</th><th colspan="3">实体目标</th><th rowspan="2">气象环境监测</th></tr>
<tr><th>通信
信号</th><th>雷达信号</th><th>地海
目标</th><th>空中目标</th><th>轨道
目标</th></tr>
<tr><td rowspan="6">制空</td><td rowspan="3">进攻性制空</td><td>任务 1：肃清空域</td><td>依据前面分析</td><td>—</td><td>在整体态势引导下，尽早侦测对方雷达信号，为实施干扰提供情报</td><td>—</td><td>能持续掌握××距离××范围内的敌机位置和状态，能掌握己方飞机位置和状态</td><td>—</td><td>能对××距离××范围内的气象、海况监测/预报</td></tr>
<tr><td>任务 2</td><td></td><td></td><td></td><td></td><td></td><td></td><td></td></tr>
<tr><td>……</td><td></td><td></td><td></td><td></td><td></td><td></td><td></td></tr>
<tr><td rowspan="3">防御性制空</td><td>任务 3</td><td></td><td></td><td></td><td></td><td></td><td></td><td></td></tr>
<tr><td>任务 4</td><td></td><td></td><td></td><td></td><td></td><td></td><td></td></tr>
<tr><td>……</td><td></td><td></td><td></td><td></td><td></td><td></td><td></td></tr>
<tr><td>制地</td><td colspan="2">任务 5：近距空中支援</td><td></td><td></td><td></td><td></td><td></td><td></td><td></td></tr>
</table>

表 10－2 能力需求

<table>
<tr><th rowspan="2">能力名称</th><th rowspan="2">子能力名称</th><th rowspan="2">度量属性名称</th><th rowspan="2">属性描述</th><th colspan="3">目标(最小值)</th></tr>
<tr><th>2030</th><th>2035</th><th>2040</th></tr>
<tr><td>能力1</td><td>子能力11</td><td>属性1</td><td></td><td></td><td></td><td></td></tr>
<tr><td>能力1</td><td>子能力11</td><td>属性2</td><td></td><td></td><td></td><td></td></tr>
<tr><td>能力1</td><td>子能力12</td><td>属性3</td><td></td><td></td><td></td><td></td></tr>
<tr><td>能力2</td><td>子能力21</td><td>属性4</td><td></td><td></td><td></td><td></td></tr>
<tr><td>能力2</td><td>子能力22</td><td>属性5</td><td></td><td></td><td></td><td></td></tr>
<tr><td>……</td><td>……</td><td>……</td><td></td><td></td><td></td><td></td></tr>
</table>

表 10－3 典型能力差距分析表

<table>
<tr><th colspan="3" rowspan="3">任务结构层次分解</th><th rowspan="3">任务需求</th><th colspan="5">感知能力</th><th colspan="3">情报能力</th><th colspan="6">指控能力</th></tr>
<tr><th colspan="2">电磁目标</th><th colspan="3">实体目标</th><th rowspan="2">气象环境监测</th><th rowspan="2">预先情报准备</th><th rowspan="2">态势生成</th><th rowspan="2">战术图像生成</th><th rowspan="2">任务规划</th><th rowspan="2">动态规划</th><th rowspan="2">任务监控</th><th rowspan="2">动态控制</th><th rowspan="2">效果评估</th></tr>
<tr><th>通信信号</th><th>雷达信号</th><th>地海目标</th><th>空中目标</th><th>轨道目标</th></tr>
<tr><td rowspan="6">制空</td><td rowspan="3">进攻性制空</td><td>任务1：肃清空域</td><td>依据前面分析</td><td>—</td><td>系统1（优）</td><td>—</td><td>系统4（良）</td><td>—</td><td>中</td><td>差</td><td>无</td><td>中</td><td>差</td><td>无</td><td>中</td><td>差</td><td>无</td></tr>
<tr><td>任务2</td><td></td><td></td><td>系统1</td><td></td><td>系统5</td><td></td><td></td><td></td><td></td><td></td><td></td><td></td><td></td><td></td><td></td></tr>
<tr><td>……</td><td></td><td></td><td>……</td><td></td><td>……</td><td></td><td></td><td></td><td></td><td></td><td></td><td></td><td></td><td></td><td></td></tr>
<tr><td rowspan="3">防御性制空</td><td>任务3</td><td></td><td></td><td>系统2</td><td></td><td>系统4</td><td></td><td></td><td></td><td></td><td></td><td></td><td></td><td></td><td></td><td></td></tr>
<tr><td>任务4</td><td></td><td></td><td>系统2</td><td></td><td>系统5</td><td></td><td></td><td></td><td></td><td></td><td></td><td></td><td></td><td></td><td></td></tr>
<tr><td>……</td><td></td><td></td><td>……</td><td></td><td>……</td><td></td><td></td><td></td><td></td><td></td><td></td><td></td><td></td><td></td><td></td></tr>
<tr><td>制地</td><td colspan="2">任务5：近距空中支援</td><td></td><td></td><td>系统3</td><td></td><td></td><td></td><td></td><td></td><td></td><td></td><td></td><td></td><td></td><td></td><td></td></tr>
</table>

表 10－4 能力差距

<table>
<tr><th rowspan="2">能力名称</th><th rowspan="2">子能力名称</th><th rowspan="2">度量属性名称</th><th rowspan="2">属性描述</th><th colspan="3">能力差距</th></tr>
<tr><th>2030</th><th>2035</th><th>2040</th></tr>
<tr><td>能力1</td><td>子能力11</td><td>属性1</td><td></td><td></td><td></td><td></td></tr>
<tr><td>能力1</td><td>子能力11</td><td>属性2</td><td></td><td></td><td></td><td></td></tr>
<tr><td>能力1</td><td>子能力12</td><td>属性3</td><td></td><td></td><td></td><td></td></tr>
<tr><td>能力2</td><td>子能力21</td><td>属性4</td><td></td><td></td><td></td><td></td></tr>
<tr><td>能力2</td><td>子能力22</td><td>属性5</td><td></td><td></td><td></td><td></td></tr>
<tr><td>……</td><td>……</td><td>……</td><td></td><td></td><td></td><td></td></tr>
</table>

表 10-5　能力差距消除

能力/子能力名称	系统名称	能力差距消除量			备注
		2030	2035	2040	
能力 11	系统 1				
能力 11	系统 2				
能力 2	系统 1				
……	……				

10.5　领域装备规划

领域装备战略发展规划与五年发展计划是装备研制企业定期或不定期要做的工作，例如，防空导弹武器的装备论证每五年做一次战略发展规划，制定后续五年、十年或十五年的发展重点。这类论证可通过作战想定，从作战需求出发，建立可执行的 DoDAF 模型，对装备系统在作战体系中的功能和性能需求进行分析，并结合时空仿真模型进行验证和评估。论证时重点围绕作战体系能力差距，首先提出能力补全装备系统候选方案，然后优选消除能力差距的最终候选方案，拟定领域装备发展近/中/长期发展计划与规划。这里依据作者以往论证经验，整理出如图 10-42 和图 10-43 所示的论证逻辑过程。

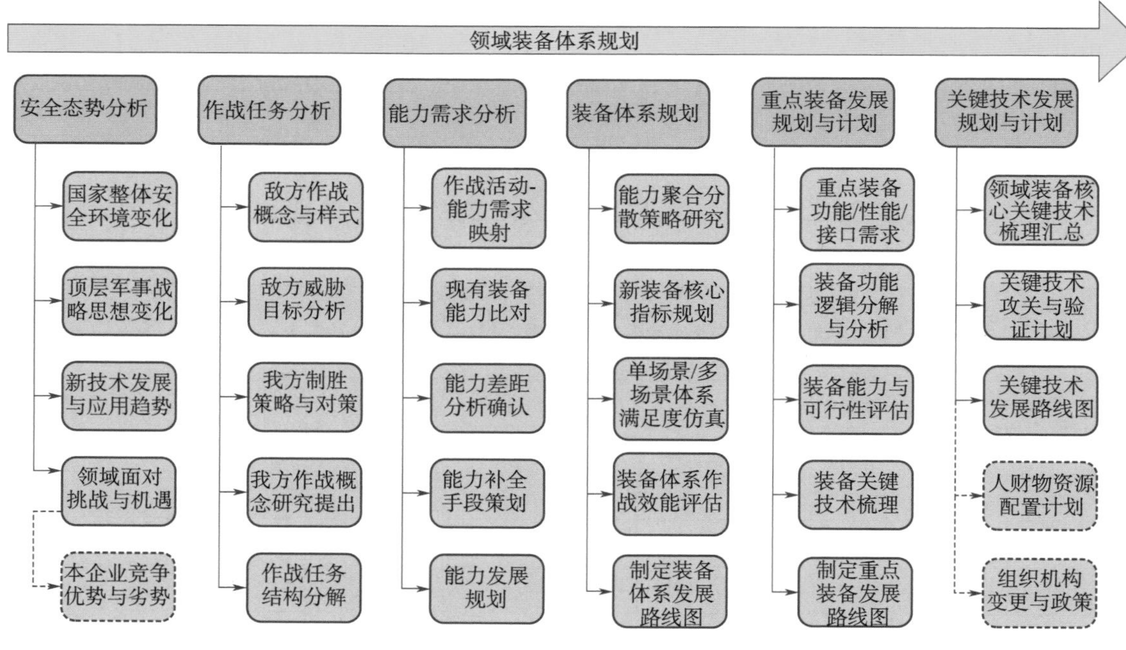

图 10-42　领域装备体系、重点装备和关键技术论证逻辑过程

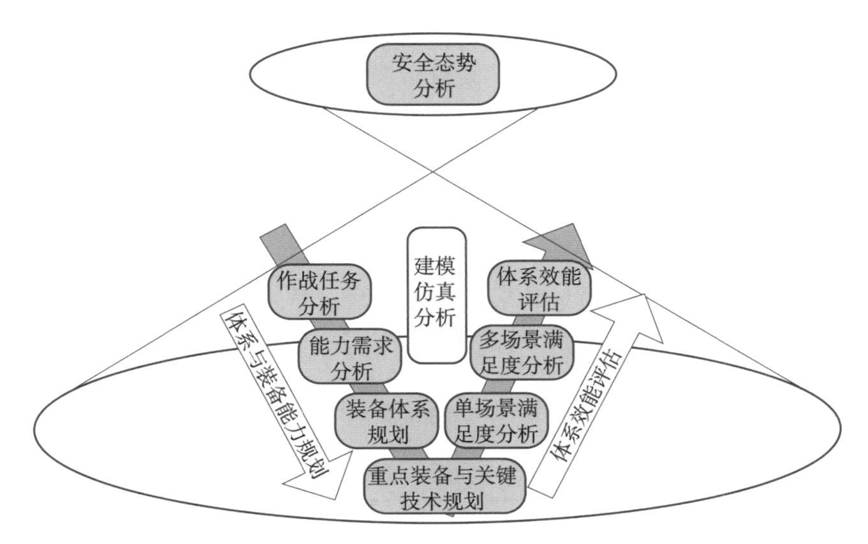

图 10-43 领域装备体系规划与评估逻辑过程

装备体系论证采用体系结构方法、体系建模语言和体系建模工具，体系结构方法可以采用 DoDAF、UPDM、UAF 等，体系建模语言可以采用 UML、SysML 等，体系建模工具可以采用 Rhapsody、MagicDraw 等。

1）安全态势分析。首先，对国家当前所处的安全环境整体变化情况进行分析，了解国家顶层的军事战略思想、作战理论、策略和军队改革的变化，分析新技术发展与应用趋势对军事装备的影响，分析未来可能发生的战争和面对的主要威胁，明确相关领域的作战使命任务。同时，可结合分析企业发展竞争优势与劣势、机遇与挑战，开展 SWOT 分析。

2）使命任务分析。针对未来可能的战争与威胁，分析敌方作战概念、作战样式、主要威胁目标特性，提出体系涉及领域的我方制胜作战策略与对策，制定我方作战概念、作战样式、作战战法、对抗样式，对完成作战使命的作战任务进行分解，获得作战任务分解结构。对每项作战任务通常按照 OODA（Observation 观测，Orientation 判断，Decision 决策，Action 行动）作战循环（或杀伤链）分解作战任务。

3）能力需求论证。围绕作战任务分解结构的粒度要求，进一步分解作战任务、子任务、活动；建立作战活动与能力需求的对应关系；调研、分析、比对现有装备的对能力的满足度，识别出能力差距；初步拟定能力补全措施或策略，提出能力发展规划。每项作战能力是通过训练有素的人员、设计优良的装备、高质量的网络来保证的，装备论证时重点调研现有装备或网络通信对能力需求的满足度，可不考虑作战人员能力问题，能力差距须得到需方认可确认。

上述三项工作，可结合 10.3 和 10.4 节介绍，利用体系结构方法开展论证分析工作。

4）装备体系规划。装备体系规划围绕解决能力需求差距问题，谋划能力是在一型装备中“聚合”实现，还是“分散”在不同装备中实现；规划装备能力核心度量指标，制定未来不同时间段的指标提升规划；对单个任务和多个任务，开展装备体系作战能力评估，分析或仿真装备体系对作战任务的能力满足度情况；在对抗环境条件下，对装备体系作战效能进行评估；制定装备体系发展路线图。

装备体系规划中，主要涉及装备体系作战能力（combat capability）、作战效能（combat effectiveness）和重点装备体系贡献率三类评估，可见 10.7 节的描述。

装备体系和重点系统装备的论证，可分为体系和（重点）系统两个层次，以及需求、功能和性能三个阶段，如图 10－44 和图 10－45 所示。其中，功能级的描述模型称为黑盒模型，性能级的仿真模型称为白盒模型。

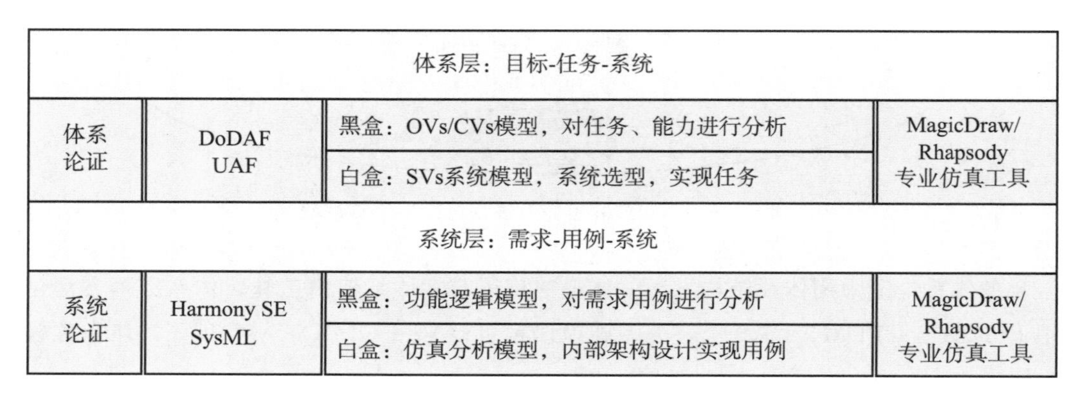

图 10－44　体系和系统两个层次论证过程

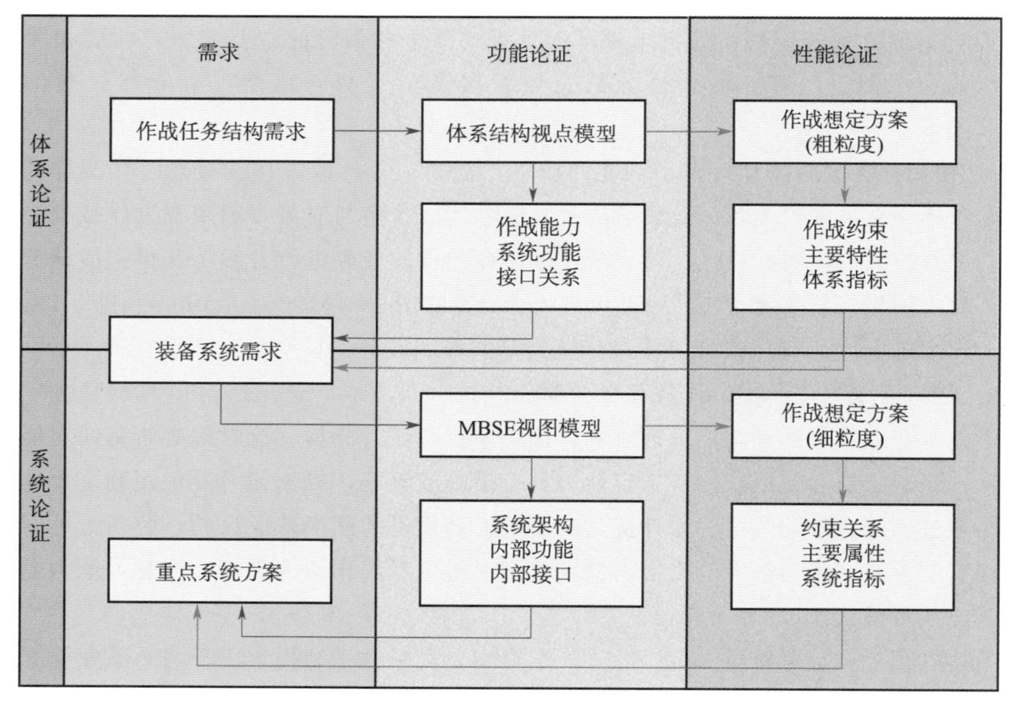

图 10－45　需求、功能、性能论证三个阶段

首先，进行功能级的黑盒模型论证。在完成作战使命任务分析、作战概念设计和作战任务分解后，在体系层面，从作战任务导出能力需求和能力差距，用体系结构方法推导完成单个作战任务和多个作战任务的 OVs、CVs、SVs（或服务 SvsVs）视点模型，汇总多个任务需求得到能力补全重点装备系统的功能和接口需求；依据系统功能和接口需求，在系统层面，运用 MBSE 方法开展重点装备系统的功能级论证。

其次，进行性能级的白盒模型论证。围绕作战想定，在体系层面，考虑作战原理约束、物理特性，将体系结构逻辑描述模型与时空仿真或物理仿真模型相结合，论证作战顶层指标集；在重点系统层面，考虑约束条件，将 MBSE 逻辑模型与时空仿真模型或物理仿真模型结合，论证系统指标集。同样，论证中，需要考虑多任务的适应性。

上述总体的论证顺序可见图 10－46。论证可以获得适应多作战任务的重点系统的研制需求，从而为新型装备发展路线图制定奠定基础。图 10－47～图 10－49 分别给出了某咨询公司的体系装备论证平台环境框架，以及相应的体系装备论证硬件和软件环境。

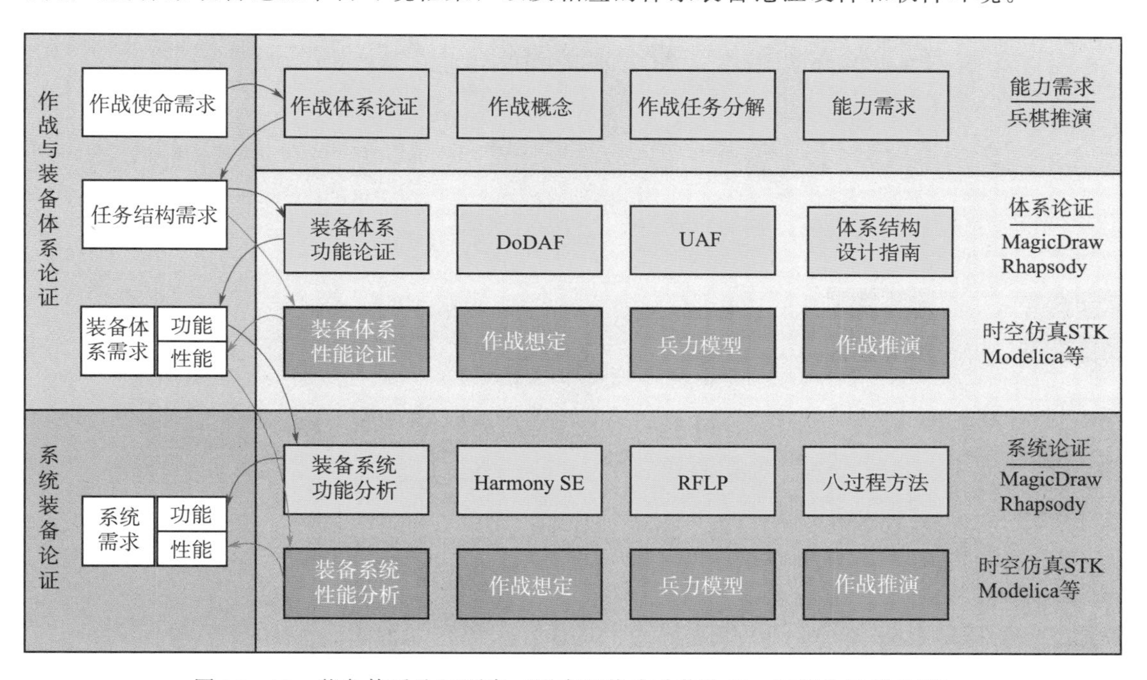

图 10－46　装备体系论证顺序（图中蓝线为功能论证、红线为性能论证）

图 10－50 描述了体系装备论证适应多个任务的功能需求推导过程；图 10－51 描述了体系装备论证适应多任务的性能需求推导过程；图 10－52 给出了体系装备论证，体系结构视图开发顺序参考。

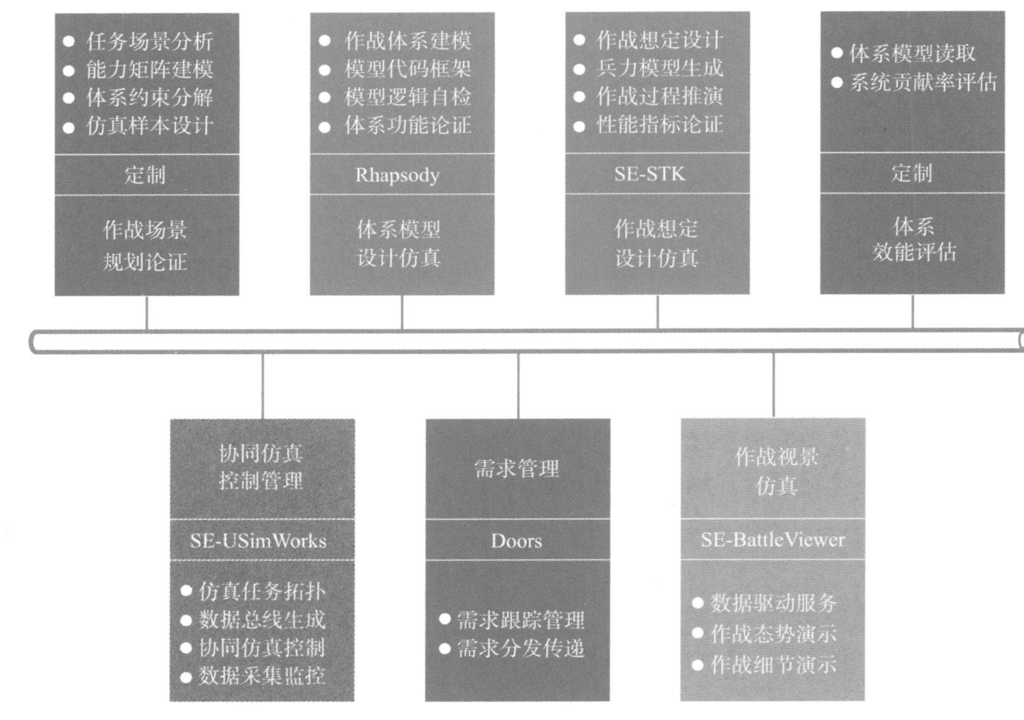

图 10－47　体系论证平台环境

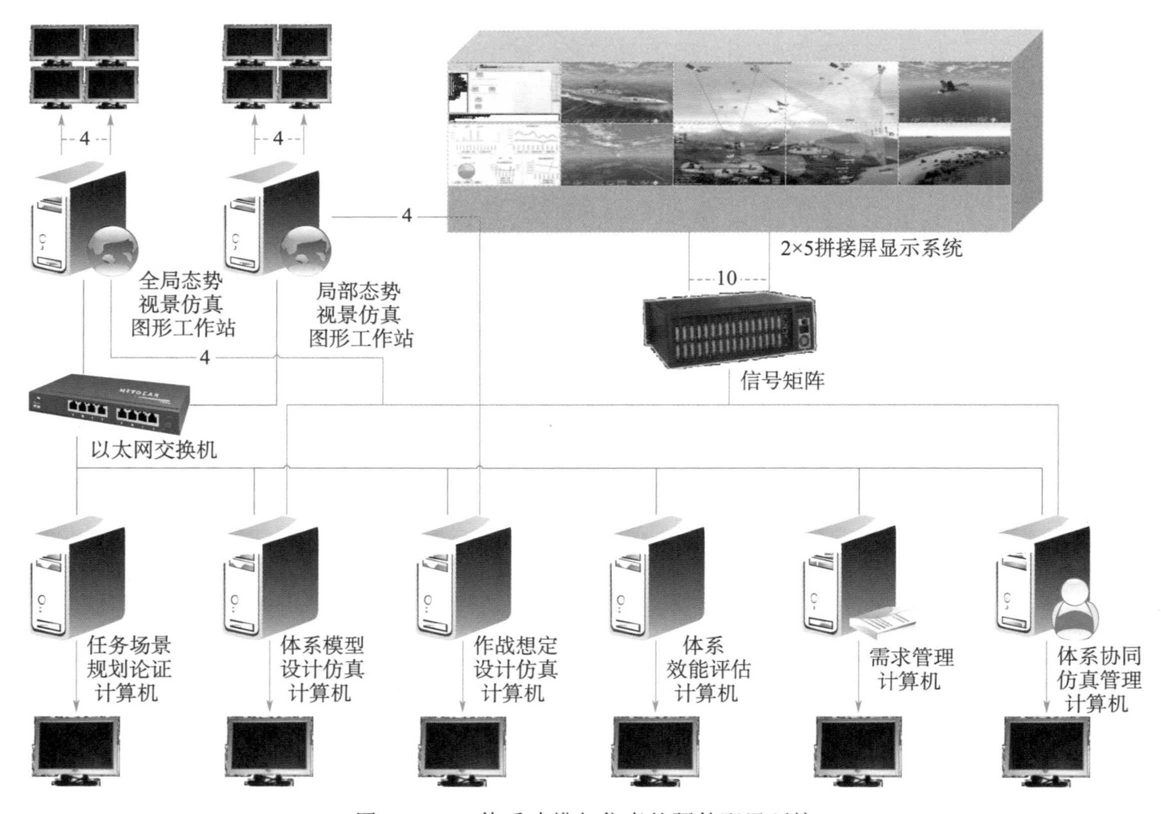

图 10－48　体系建模与仿真的硬件配置环境

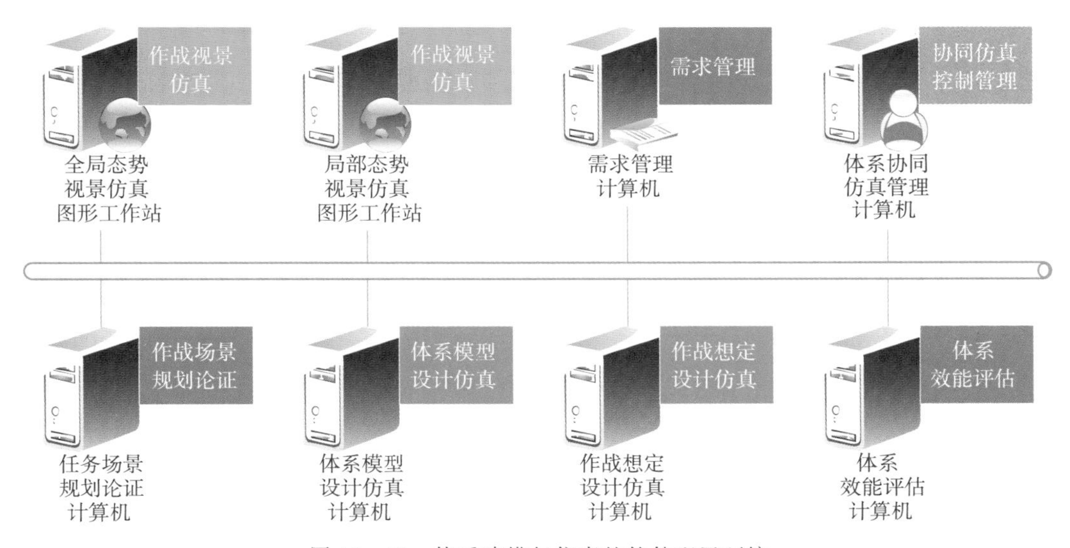

图 10-49　体系建模与仿真的软件配置环境

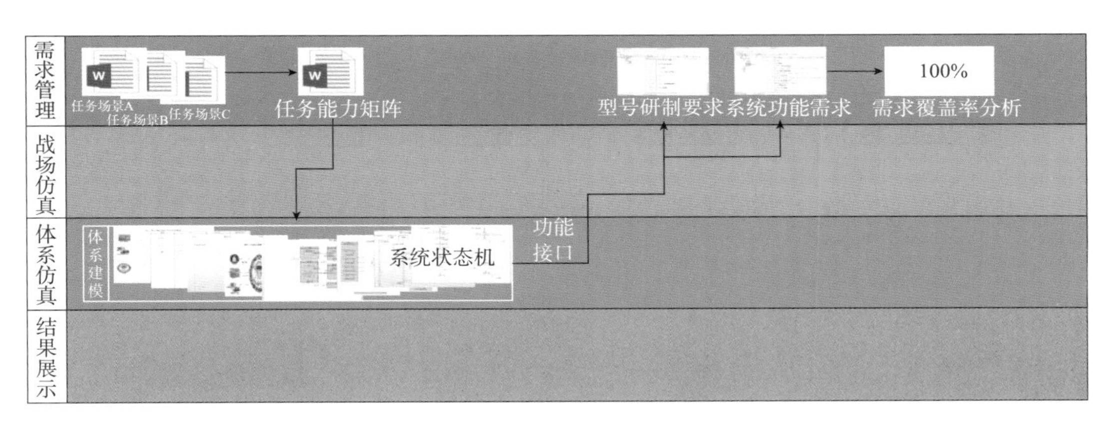

图 10-50　体系装备论证适应多任务的功能需求推导过程

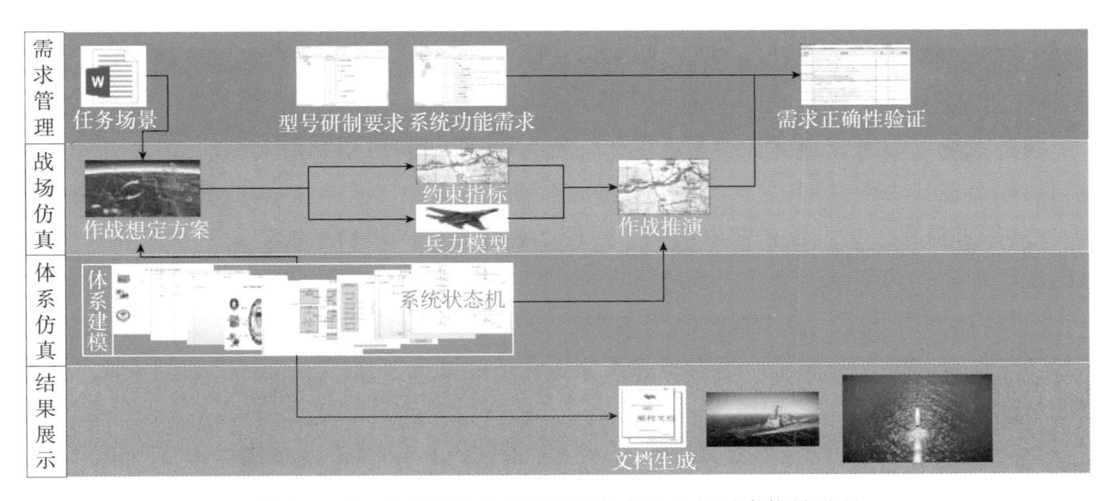

图 10-51　体系装备论证适应多任务的性能需求推导过程

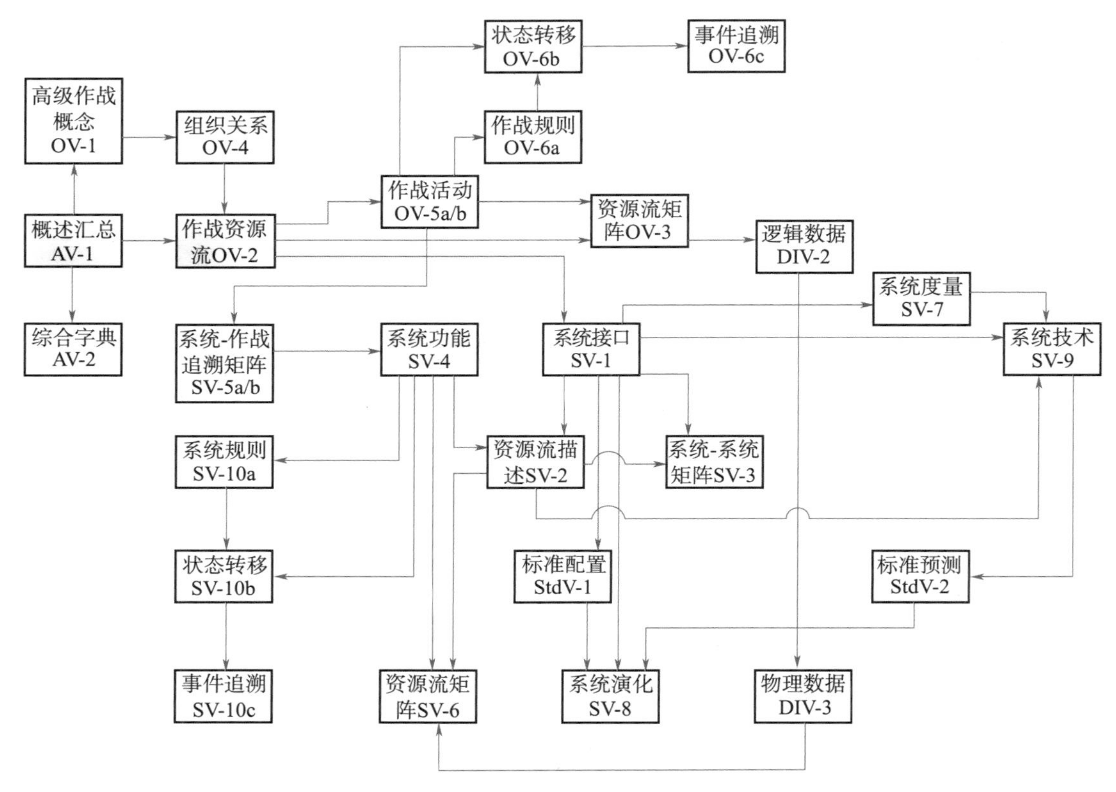

图 10－52　作战概念与系统概念联合论证的模型开发顺序

10.6　装备研制建设

体系结构方法主要应用于任务分析，导出能力需求、装备体系需求和重点装备系统的需求，并用于对体系进行评估。在具体系统装备的论证、研制和部署阶段，主要采用系统工程方法。但是，体系结构方法也可以对系统立项论证、装备研制和部署发挥一定作用[5]。

(1) 系统立项论证阶段

装备系统立项时，须要开展需求深化分析、候选方案设计和分析。表 10－6 给出了体系结构模型在其中的作用。

1) 需求深化分析：包括需求细化、建设必要性分析、明确系统定位、系统用户分析、系统现状分析、关键指标细化、系统组成分析、系统与外部系统交互关系分析等。

2) 候选方案设计：包括系统总体方案和技术体制选择、功能组成分析、内部逻辑关系和接口关系分析、系统与体系能力关系分析、系统组成与作战活动对应关系分析、系统性能参数分析等。

3) 候选方案分析：从费用、时间、风险、可行性、需求满足程度、体系融合程度等多个方面对候选方案进行分析，确定最优方案。

表 10-6　系统立项论证中体系结构模型

序号	立项论证步骤	利用原有的体系结构模型	修改完善的体系结构模型
1	需求深化分析	需求论证阶段形成的 OV-1 高级作战概念图、OV-2 作战资源流图、OV-4 组织关系图、OV-5a/b 作战活动模型、CV-1 能力愿景、CV-2 能力分类、CV-4 能力依赖性、CV-6 能力与作战活动映射	AV-1 概述与摘要信息、OV-2 作战资源流图、OV-3 作战资源流交换矩阵、OV-4 组织关系图、OV-5 作战活动模型、OV-6b 作战状态转移模型、OV-6c 作战事件追踪描述、CV-2 能力分类、CV-4 能力依赖性、CV-6 能力到作战活动映射、SV-1 系统接口图
2	候选方案设计	需求深化分析形成的 OV-2 作战资源流图、OV-4 组织关系图、OV-5 作战活动模型、OV-6b 作战状态转移模型、OV-6c 作战事件跟踪描述、CV-2 能力分类、CV-4 能力依赖性、CV-6 能力到作战活动映射、SV-1 系统接口图	SV-2 系统资源流描述、SV-3 系统-系统矩阵、SV-4 系统功能描述、SV-5a/b、SV-6、SV-7、SV-8、SV-10b/c
3	候选方案分析	前面阶段形成的 CV-2 能力分类、SV-7 系统度量、SV-10b 系统状态转移描述、SV-10c 系统时间跟踪描述	

（2）系统研制、部署与运行维护阶段

在立项论证的基础上，系统研制、部署与运行维护阶段的主要工作，见表 10-7。

表 10-7　系统研制、部署和运行维护阶段体系结构模型的应用

序号	研制/部署/运维	使用以前的体系结构模型	修改与新建的体系结构模型
1	拟制建设方案	立项论证阶段形成的 AV-1、OV-2、OV-4、OV-5a/b、OV-6b/c、CV-2、SV-1、SV-2、SV-3、SV-6、SV-7、SV-8、SV-10b/c	SV-1、SV-2、SV-3、SV-4、SV-6、SV-7、SV-8、SV-9、SV-10b/c、SvcV-1、SvcV-2、SvcV-3a/b
2	开展技术研发	拟定建设方案所形成的各模型	
3	系统设计研制	开展技术研发步骤，修改完善后的模型	
4	系统定型部署		
5	系统运行维护	系统设计研制步骤后，完善各模型	SV-7

1）拟制建设方案：基于立项论证，进一步明确系统的概要设计、各系统组成单元功能结构、实现途径、信息关系、部署应用、关键技术等内容，形成系统建设方案。

2）开展技术研发：突破系统建设的关键技术，开展原型系统研制，通过对原型系统的评测，进一步修改完善设计方案，对研制风险进行再次评估，并对关键指标、进度计划、所需资源等进行调整细化。

3）系统设计研制：完成系统详细设计工作，开展系统的主要研制工作，并对系统进行测试评估，检查各项关键指标是否达到，确认研制成果的投入使用能够满足履行作战使命所需的全部能力需求，并对设计方案进行细化修改。

4）系统定型部署：确定系统的定型状态，确认系统的部署位置及部署环境，先开展小范围部署试用，稳定后全部部署到有关用户单位。

5）系统运行维护：提供系统运行的维护保障，并根据系统应用情况，确定是否进行改进增强，对设计方案进行修改完善及持续更新。

10.7 体系评估方法

武器装备体系评估在武器装备论证、装备研制、装备试验评估等全寿命周期管理过程中，具有极其重要的作用，它提供了直接量化决策依据。体系评估是体系工程一个热点研究领域，本节仅对基本概念和方法进行简介，相关的细节可见相关引用文献。

武器装备体系评估包含三个方面，分别是体系能力、体系效能和体系贡献分析与评估评价[7-10]。装备体系能力分析与评估时，按照规定的作战任务和规定的环境条件，重点分析装备体系的整体上的本领、各型装备系统在作战任务中的能力占比、不确定因素对作战能力的影响。作战效能分析与评估时，按照规定的作战任务和规定的条件（通常考虑对抗条件下），评估单项任务效能、装备系统效能、装备体系在整个作战任务中的效能发挥程度，并评估不确定因素对作战效能的影响。体系贡献评价重点研究新增或改进的装备增加到装备体系中，对装备体系完成作战任务所做出的价值贡献率，因此又称为体系贡献率评价。

10.7.1 体系能力评估

作战能力（Combat Capability）是武装力量遂行作战任务的能力，在军事术语中作战能力又称为战斗力[11]。作战能力由参与作战的人员和武器装备的数量与质量、编制体制的科学化程度、组织指挥水平、各种保障能力等因素综合决定，也与地形、气象等客观条件有关。作战能力的构成主体是武装力量（包括人员与武器装备），其作用关系是针对某一类（组）任务。作战能力是武装力量遂行作战任务的本领（潜力），或者代表武装力量实力的固有属性，是一个相对静态的概念[7-8,10]。

装备体系利益相关者关注的是装备体系的作战能力。装备作战能力是武器装备在规定的作战环境下，遂行规定任务，达到规定目标的本领[8]。装备体系作战能力通常描述装备体系能力上限，排除作战态势、作战人员和作战环境因素的影响（即假设处于最佳态势、最佳人员素质和一般环境条件下），反映武器装备起主导作用时的破坏敌方、保护己方的本领。

如果用 C_t 表示装备遂行作战规定任务，达到规定作战目标的结果空间集；用 C_e 表示装备在规定作战条件下，遂行规定作战任务，所能达到目标的结果空间集，则装备作战能力为

$$Capability = f(C_t \cap C_e)$$

为了评价武器装备作战能力大小，须要采用某种定量的作战能力度量指标，度量装备在规定作战环境下，遂行规定作战任务，所能达到的目标结果。作战能力度量指标可以是装备完成规定任务的概率，也可以是装备的战术指标。一个武器装备通常具有“侦察、打击、指控、生存、对抗”五种能力。侦察能力可细分为发现、识别、跟踪、定位能力等；

打击能力可分为打击手段控制能力、命中精度、目标毁伤性、打击可靠性等；指挥控制能力可分为信息获取、处理、监控、传输能力等；生存能力可分为机动、反应、反侦察、抗毁能力等；对抗能力可分为电子干扰、抗电子干扰能力等。如果一型装备可以遂行多项作战任务，则采用能力指标向量来描述装备作战能力。一个作战任务可能用到装备的部分能力或全部能力，体系作战中的多作战任务往往需要用到多型装备的部分或全部能力。

不同的评估目的，作战能力的评估方法也不一样。常用的作战能力分析与评估方法有：

1）指数法：这是一种基于半经验、半理论的方法，通常用于度量总体上的大规模武装力量的作战能力强弱，无法度量武器装备的作战能力。

2）层次分析法：这是一种适应于定性和定量的多因素综合方法。将作战能力按分类、分层结构分解，同一层能力的综合通过重要性两两比较获得加权权重。该方法无法处理作战能力的涌现性。

3）区间数评估法：主要解决不确定性的定性因素量化问题。

4）作战任务需求分析法：以分析作战任务需求为起点，进而评估作战能力需求，包括作战环分析法等。

事实上，借助于体系结构方法，可以将作战使命任务分解为目标、任务、行动等作战活动；通过对各项作战活动单项能力进行分析，可以获得单项能力的实现概率；遍历作战场景获得作战任务并分配任务权重，基于各单项能力概率和任务权重进行综合，最终可获得装备体系的整体作战能力概率。

10.7.2　体系效能评估

作战效能是武器系统（体系）在作战中发挥作用的有效程度[11]。武器装备体系的效能指在实际复杂作战条件下，执行作战任务所能达到的预期目标程度。这里的作战任务应覆盖武器装备在整个实际作战过程中可能承担的各种主要作战任务。作战效能的主体是武器装备，是所能完成任务占所需完成任务比例的度量。作战效能是一个动态概念，不但与作战能力有关，还与作战过程有关。相同武器装备遂行不同的作战任务，或者在不同作战环境下遂行统一作战任务，发挥的效能可能完全不同。

武器装备效能可分为单项任务效能、装备系统效能、作战体系效能。单项作战效能通常用发现、识别、命中、毁伤、生存等概率指标描述。如果用 E_t 表示装备研制总要求中规定的装备完成规定作战任务需求的结果空间集；用 E_e 表示装备在实际作战条件下，遂行规定作战任务需求，所能达到的结果空间集，装备的作战效能为

$$Efficiency=\frac{f(E_t \cap E_e)}{f(E_t)} \text{ 或者 } Efficiency=\frac{C_r}{C_n}\cdot R_d\cdot R_a$$

式中，C_r 表示现有的作战能力；C_n 表示需要的作战能力；R_d 表示装备系统可信性；R_a 表示系统可用性。

武器装备体系效能评估是提升武器装备论证、作战资源规划和联合作战效能的关键与基础。作战效能评估可服务于体系作战方案的优选决策、关键因素分析、作战方案的优化

等目的，回答是否满足预期的效能，如何调整作战方案达到预期效能，以及对作战中的不确定因素进行敏感度分析，建立影响因素控制与效能的关系。

自从英国工程师兰彻斯特提出基于微分方程组方法，美国工业武器效能咨询委员会提出 ADC 分析模型（$E=A\cdot D\cdot C$，其中 E 为效能，A 为可用性，D 为可信性，C 为固有能力）以来，发展了多种效能评估方法，但是至今还没有形成适用复杂体系效能评估的通用方法。各种方法各自存在优势和不足，只适用于特定场景或特定的关注问题，文献 [12] 对现有的方法进行了归纳总结，将方法分类为“解析法、专家评估法、作战模拟法、基于仿真的体系效能评估法和新兴评估方法”，如图 10－53 所示。

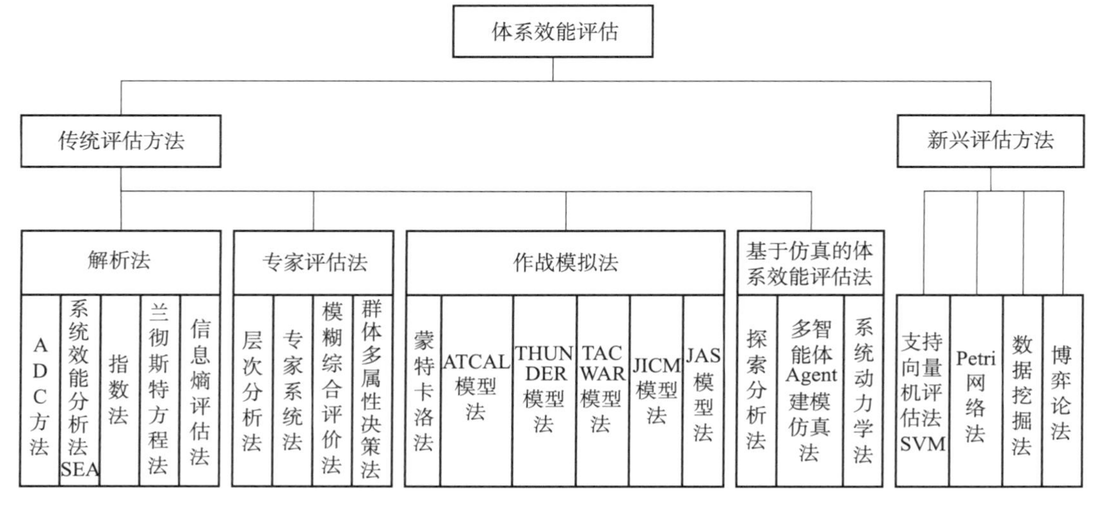

图 10－53 体系效能评估方法分类

事实上，作战效能评估大致可以分为解析法和模拟法两大类[10]。解析法只需要一些解析计算就可以获得结果，简便易行；模拟法从实兵演习、沙盘推演和计算仿真过程来获得作战效能，是目前普遍采用的方法，但是实施起来较为复杂。作战效能通常采用三类指标描述：

1）战果：主战装备毁伤对方武器装备的数量或百分比。

2）损失：己方毁伤情况，被毁数量或者百分比。

3）战损比：敌我双方的主战装备的战果与损失比例。

在作战效能评估时，经常采用红蓝对抗仿真作战模拟方法来进行效能评估。作战模拟方法，可以采用逻辑分析或仿真技术建立模型，并进行推理或仿真实验，由实验得到的数据，经过统计处理得到效能指标评估值。这种方法评估作战效能的优势在于它可以很全面地描述体系中系统之间复杂的交互关系，从而有效地表达战场对抗体系内所有的协同作用和对抗行为，缺点是工作量较大，需要收集大量详细数据，且只能仿真有限几个任务想定方案。例如，下面的实例 10.7.1，基于单项作战效能或单个系统效能评估结果或假设（例如，导弹成功发射率、导弹突防概率、目标毁伤概率等），对整个装备体系在想定作战任务下的作战效能进行综合评估，以对抗双方的战损比率，作为最终的作战效能评估综合指标。

实例 10.7.1 某防空反导武器体系作战效能评估。某型防空武器体系由预警雷达、指挥车、跟踪火控雷达和导弹发射车组成。预警雷达对空中目标进行探测，获取目标信息后传输到指挥车进行分析处理；指控车对获取的信息与目标数据库进行比对，识别目标类型、判断威胁、制订拦截计划和分配拦截任务；接到任务和目标信息的火控单元，适时开启跟踪/火控雷达对目标进行跟踪，依据目标距离/类型优选拦截弹，规划飞行轨迹、装订数据，启动发射导弹。拦截弹飞行时通过火控雷达指令修正实现中制导，直到导引头捕获目标。导弹完成打击后，通过跟踪雷达判断毁伤效果，必要时实施二次拦截。为此，可制定如图 10-54 所示的作战活动图和图 10-55 所示的活动序列图[9]。

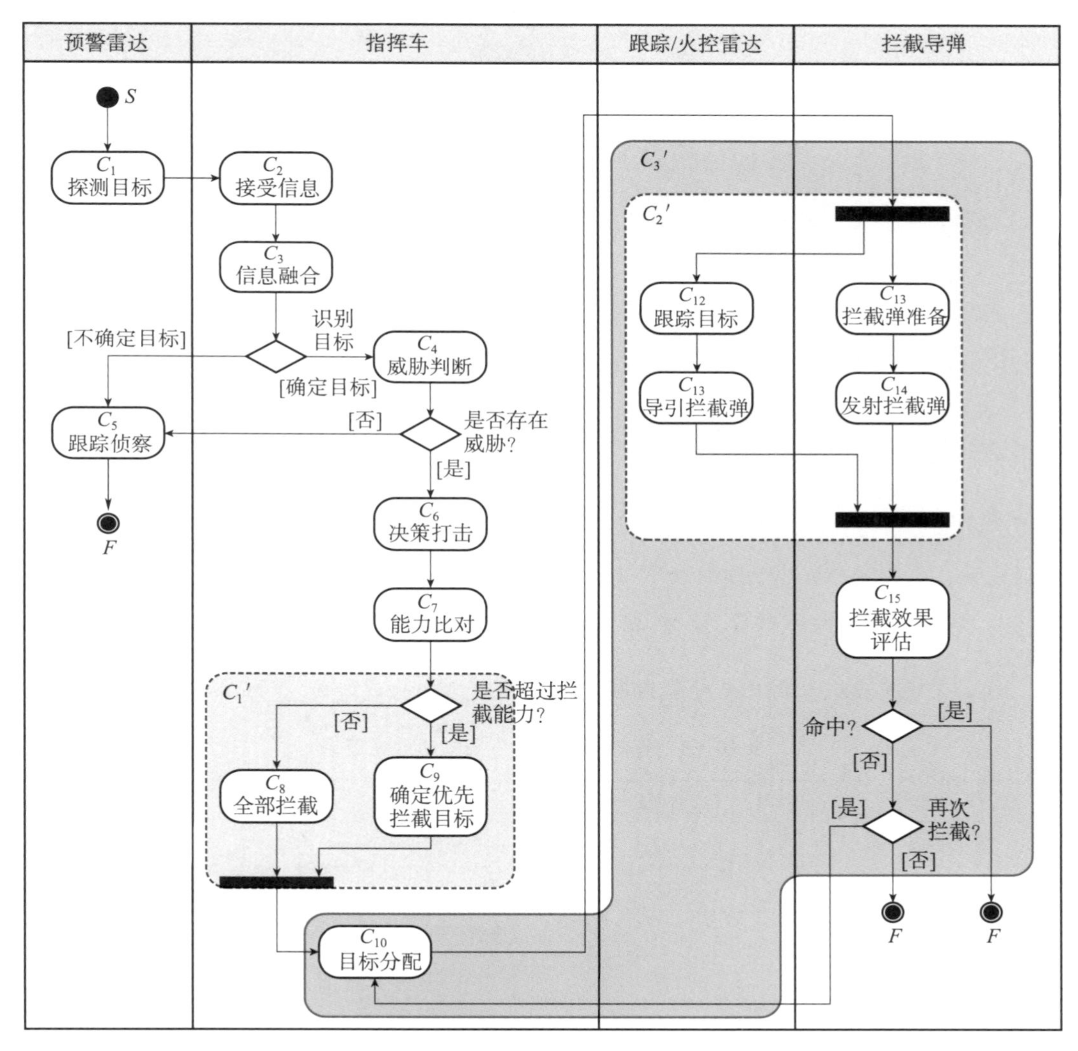

图 10-54 作战活动图

依据图 10-54 可分解为如下 5 个作战场景：

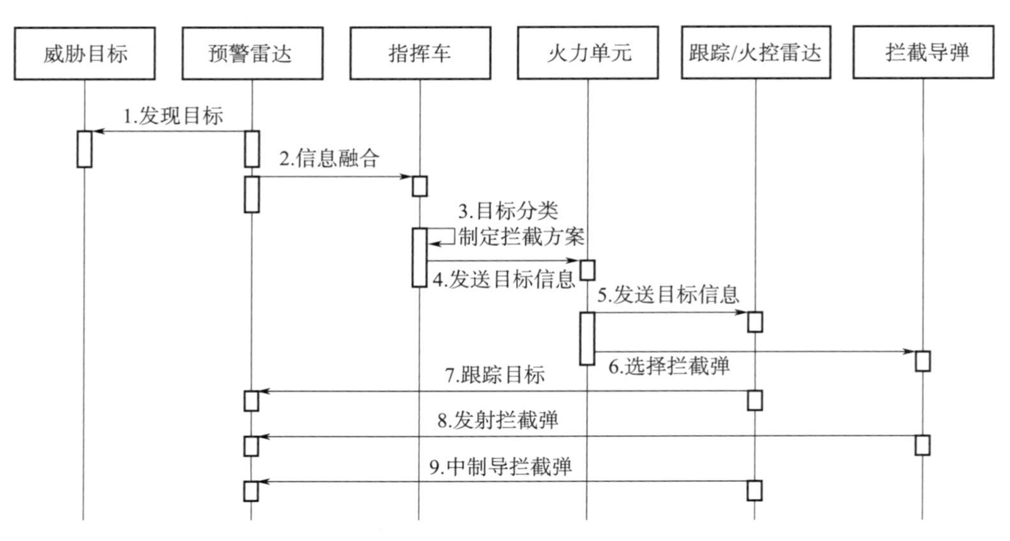

图 10-55 作战序列图

1) SC_1：$S \to C_1 \to C_2 \to C_3 \to C_5 \to F$ 。

2) SC_2：$S \to C_1 \to C_2 \to C_3 \to C_4 \to C_5 \to F$ 。

3) SC_3：$S \to C_1 \to C_2 \to C_3 \to C_4 \to C_6 \to C_7 \to C_8 \to C_{10} \to C'_2 \to C_{15} \to F$ 。

4) SC_4：$S \to C_1 \to C_2 \to C_3 \to C_4 \to C_6 \to C_7 \to C_9 \to C_{10} \to C'_2 \to C_{15} \to F$ 。

5) SC_5：$S \to C_1 \to C_2 \to C_3 \to C_4 \to C_6 \to C_7 \to C'_1 \to C'_3 \to F$ 。

若通过单项效能评估已获得每项作战活动效能，见表 10-8。其中，对于图 10-54 中的虚拟合并节点 C'_1 效能采用了“与”分支概率公式 $p_{C'_1} = 1 - \prod_{i=8}^{9}(1 - p_{C_i})$ 计算。另外，假设图 10-54 中的 5 个作战场景出现的概率分别为 $p_i = [0.05, 0.11, 0.12, 0.40, 0.32]$。5 个作战场景的作战效能分别为 $SC_i = [0.965\ 713, 0.952\ 676, 0.814\ 764, 0.814\ 764, 0.939\ 585]$。由此可计算该防空体系作战活动的效能为 $\sum_{i=1}^{5} p_i \cdot SC_i = 0.877\ 4$。

表 10-8 各向作战活动任务成功效能概率

作战活动名称	符号	成功概率	作战活动名称	符号	成功概率
探测目标	C_1	0.987 1	接收信息	C_2	0.991 2
信息融合	C_3	0.998 3	威胁判断	C_4	0.986 5
跟踪侦察	C_5	0.988 7	决策打击	C_6	0.998 2
能力对比	C_7	0.992 1	全部拦截	C_8	0.930 7
确定优先拦截	C_9	0.930 7	拦截弹选择	C'_1	0.995 2
目标分配	C_{10}	0.986 8	拦截弹打击	C'_2	0.950 8
拦截效果评估	C_{15}	0.977 8	重复打击	C'_3	0.989 4

10.7.3　体系贡献率评估

装备的体系贡献率描述在原有体系的基础上，增加一个新系统或者改进一个已经存在的系统，对体系的能力与效能的贡献度。实施体系贡献度评价，必须站在体系全局的角度，拟定评价指标，进行综合评定。单个装备系统研制方，并不掌握整个体系的使命任务情况，无法对装备系统的综合贡献率做出客观评价，需要体系规划责任方，制定统一评价方法，按“作战任务度量-能力满足度量-能力价值分配”等，逐层分解指标，由各装备系统研制方提供自身系统的相关指标，由体系规划责任方进行体系贡献率（或贡献度）的综合评估。

装备的体系评估方法涉及“评估模型构建、评估数据获取、评估指标设置”三个方面[13]。目前，装备体系贡献率评估还未形成标准方法，处于研究讨论阶段。针对决策者关注点，分别发展了关注体系能力指标（或性能）的抗毁性方法[14]、体系结构方法[15]、复杂网络方法[16] 等，关注体系能力（或功能）的作战环方法[17]、认知计算评估[18]、MMF - OODA 方法[19] 等；关注任务效益的探索性分析和 Agent 仿真[20]、基于规则推理的能力-任务方法[21] 等；关注综合贡献的结构方程方法（SEM）[22]、粗糙集方法[23]、AHP 综合评估方法[24] 等。

下面以文献［13］介绍的装备体系规划阶段的综合体系贡献率评估方法为例，进行装备体系贡献率方法说明。

实例 10.7.2　某装备体系支撑陆地夺取阵地使命任务，装备系统贡献率评估方法。

1）分解作战任务与活动：首先将作战使命任务或作战概念（ConOps）分解为 Task - 1～Task - 4 共 4 项作战任务，以及 7 项作战活动 AR - 1～AR - 7。作战任务分解见表 10 - 9 第一列，作战活动见表 10 - 9 中第二列。

表 10 - 9　体系能力差距分析

作战任务	作战活动/能力需求	能力现状	能力差距	能力满足度 CS_i
Task - 1 战场态势侦察	AR - 1 战场态势快速普查	满足	无差距	0
	AR - 2 重点目标识别跟踪	缺失	空白	1
Task - 2 远程火力打击	AR - 3 防空阵地区域打击	部分满足	缺陷	0.5
	AR - 4 关键节点定点打击	部分满足	缺陷	0.5
Task - 3 敌方阵地夺取	AR - 5 阵地正面火力突击	部分满足	缺陷	0.5
	AR - 6 地下工事定点清除	缺失	空白	1
Task - 4 逃敌追击歼灭	AR - 7 移动目标追踪打击	缺失	空白	1

2）分析作战活动的能力需求和能力差距。对应 7 项活动 AR - 1～AR - 7 共有 7 项能力需求。能力分析表明（见表 10 - 9 第三列）1 项能力已满足、3 项能力部分满足、3 项能

力缺失，能力差距在表中第四列列出。按以下公式对能力满足度 $CS_i(i=1, \cdots, 7)$ 进行归一化处理：

$$CS_i=\frac{\text{所需能力}_i-\text{能力满足情况}_i}{\text{所需能力}_i}$$

能力满足时 CS_i 为0；能力空白时 CS_i 为1；能力部分满足时取值范围为0～1，CS_i 需要基于能力评估情况获取数据，这里简单地取值为0.5。

3）分配各项能力在体系中的价值权重。以定性为主、定量为辅的方法，对每项能力的设置价值属性，记为 $CV_i(i=1, \cdots, 7)$，构建如图10-56所示的能力价值权重分配层次模型。其中，每个节点左上侧数值为父节点对应的当前子节点的权重，所有子节点权重之和为1，权重可通过专家调查-德尔菲（Dephi）法确定。每个节点右上侧数值是当前节点的全局权重。

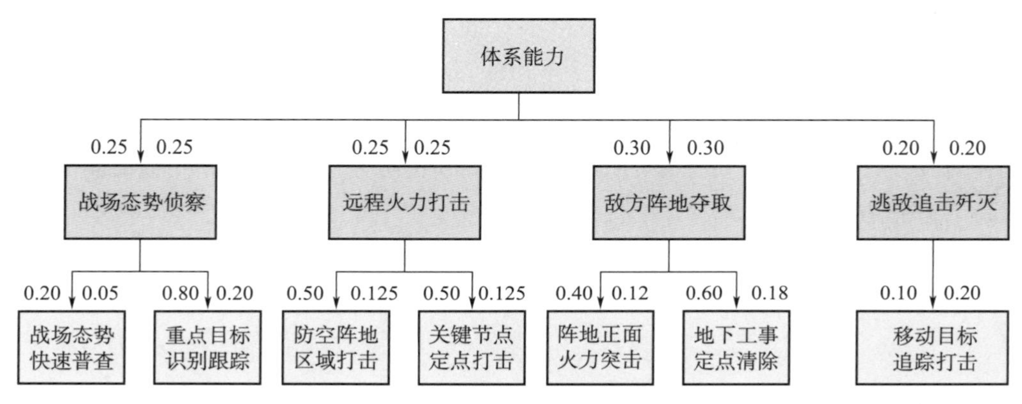

图10-56　能力价值 CV_i 分配层次模型

4）构建作战任务与装备项目之间的关系。建立作战任务目标与新装备建设和已有装备之间的匹配支撑关系。假设针对7个任务能力需求，规划了6个装备建设或改造项目（项目1～项目6），每个项目与能力的支撑关系见表10-10，与能力有支撑关系在表中用√表示。例如，项目1主要目标是填补能力空白AR-2，同时它对能力AR-1和能力AR-7有贡献。

表10-10　规划建设项目-体系能力需求的支撑关系

作战活动/能力需求	项目1	项目2	项目3	项目4	项目5	项目6	已有装备的集合
AR-1 战场态势快速普查	√						√
AR-2 战场态势快速普查	√						
AR-3 战场态势快速普查		√					√
AR-4 战场态势快速普查		√	√				√
AR-5 战场态势快速普查				√			√
AR-6 战场态势快速普查			√		√		
AR-7 战场态势快速普查	√				√	√	

5）项目体系贡献率评估。分析每个规划建设的项目对能力满足度情况的贡献百分比，获得表 10－11。例如，表中项目 1 对 CV_2 能力满足贡献了 100%（即 1.0）；表中第二行表明，项目 1 还提升了 CV_1 的能力，能力贡献占比为 10%，原有装备能力贡献占比为 90%；表中第 8 行表明，项目 1 对 CV_7 贡献了 20%的能力，另外项目 5 和项目 6 对 CV_7 分别贡献了 30%和 50%的能力。对于每个规划建设的项目 $j(j=1, \cdots, 6)$，项目对体系的贡献率 $CR_{proj,j}$ 计算公式为

$$CR_{proj,j} = \sum_{i=1}^{7}(CS_{i,j} \cdot CV_i)$$

最终，每个项目的体系贡献率结果见表 10－11 中最后一行。

表 10－11　项目体系贡献率计算

能力价值	项目 1	项目 2	项目 3	项目 4	项目 5	项目 6	已有装备集合
	$CS_{i,j}$						
CV_1 (0.05)	0.1						0.9
CV_2 (0.20)	1.0						
CV_3 (0.125)		0.5					0.5
CV_4 (0.125)		0.2	0.3				0.5
CV_5 (0.12)				0.5			0.5
CV_6 (0.18)			0.5		0.5		
CV_7 (0.20)	0.2				0.3	0.5	
项目的体系贡献率 $CR_{proj,j}$	0.245	0.087 5	0.127 5	0.06	0.15	0.10	0.23

10.8　本章要点

体系结构方法可用于体系顶层规划和使命任务分析、能力需求论证、领域装备体系规划、重点装备研制建设和体系评估管理等方面。体系结构方法既适用于企业级的顶层发展规划研究和计划制定，又适用于方案级的领域武器装备体系规划、研制、运用与评估。

体系结构开发与管理有着自己的特点和要求，概括起来就是遵循三个基本原则、一套法规标准、三个设计阶段。设计体系结构师设计体系结构可采用通用的六步骤方法。其中，最初需要确定开发体系结构的用途和目的、关注和折衷考虑的问题、问题分析方法、明确体系结构开发方法或使用的体系结构框架。

装备体系论证采用体系结构方法、体系建模语言和体系建模工具。体系结构方法可以是 DoDAF、MoDAF、UPDM、UAF 等，体系建模语言可以采用 UML、SysML 等，体系建模工具可以采用 Rhapsody、MagicDraw 等。体系论证和系统要求的推演采用自顶向

下方式，分为多个层次。体系论证可从任务需求出发，通过能力需求分析、能力差距分析，推导出装备需求。然后开展系统级的功能、性能的论证。体系架构方法为体系论证提供了描述方法与工具。

武器装备体系评估在武器装备论证、装备研制、装备试验评估等全寿命周期管理过程中，具有极其重要的作用。武器装备体系评估包含体系能力、体系效能和体系贡献分析与评估三方面。

参考文献

[1] 罗雪山．军事信息系统体系结构技术［M］．北京：国防工业出版社，2010.

[2] DOD ARCHITECTURE FRAMEWORK WORKING GROUP. DoD Architecture Framework Version 2.0 Volume I：Definitions Overviews and Concepts - Manager's Guide［R］. Washington DC：US Department of Defense，May 28，2009. available athttp：//dodcio. defense. gov/Library/DoD - Architecture - Framework.

[3] DOD. Mission Engineering Guide［R］. Office of Deputy Director for Engineering，Office of the Under Secretary of Defense for Research and Engineering. November 2020.

[4] 陈杰，谭天乐，史树峰．防空武器系统能力需求分析的一种简化方法［J］．上海航天，2021，38（5）：46 - 52.

[5] 舒振，刘俊先，罗爱民，等．军事信息系统体系结构设计方法及其应用分析［J］．科技导报，2018，36（20）：48 - 56.

[6] 刘俊先，张维明．基于能力、架构中心的体系工程过程模型［J］．科技导报，2022，40（6）：83 - 92.

[7] 付东，方程，王震雷．作战能力与作战效能评估方法研究［J］．军事运筹与系统工程，2006，20（4）：35 - 39.

[8] 杜红梅，柯宏发．装备作战能力与作战效能之内涵分析［J］．兵工自动化，2015，34（4）：23 - 27.

[9] 张宏军，等．武器装备体系原理与工程方法［M］．北京：电子工业出版社，2019.

[10] 燕雪峰，张德平，黄晓冬，等．面向任务的体系效能评估［M］．北京：电子工业出版社，2021.

[11] 中国人民解放军军事科学院．中国人民解放军军语［M］．北京：军事科学出版社，1997.

[12] 杨建，董岩，边月奎，等．联合作战背景下的体系效能评估方法［J］．科技导报，2022，40（4）：106 - 117.

[13] 李小波，梁浩哲，王涛，等．面向装备规划计划的体系贡献率评估方法［J］．科技导报，2020，38（21）：38 - 46.

[14] 何舒，杨克魏，梁杰．基于网络抗毁性的装备贡献度评价［J］．火力与指挥控制，2017，42（8）：87 - 91.

[15] 罗小明，杨娟，何榕．基于任务-能力-结构-演化的武器装备体系贡献度评估与示例分析［J］．装备学院学报，2016，27（3）：7 - 13.

[16] 罗小明，朱延雷，何榕．基于复杂网络的武器装备体系贡献度评估分析方法［J］．火力与指挥控制，2017，42（2）：83 - 87.

[17] 赵丹玲，谭跃进，李际超，等．基于作战环的武器装备体系贡献度评估［J］．系统工程与电子技术，2017，39（10）：2239 - 2247.

[18] 王维平，李小波，束哲，等．基于认知计算的体系贡献率评估方法［C］．武器装备体系研究第九届学术研讨会．合肥：国防工业出版社，2015：1 - 8.

[19] 金丛镇．基于 MMF - OODA 的海军装备体系贡献度评估方法研究［D］．南京：南京理工大学，2017.

[20] 罗小明，朱延雷，何榕．基于复杂适应系统的装备作战试验体系贡献度分析［J］．装甲兵工程学院学报，2015（2）：1 - 6.

[21] 叶紫晴，屈也频．基于规则推理的海军航空作战装备体系贡献度分析［J］．指挥控制与仿真，2015（5）：29 - 33.

[22] 罗小明，朱延雷，何榕．基于 SEM 的武器装备作战体系贡献度分析［J］．装备学院学报，2015（5）：1 - 6.

[23] 王楠，杨娟，何榕．基于粗糙集的武器装备体系贡献度评估方法［J］．指挥控制与仿真，2016（1）：104 - 107.

[24] 吕惠文，张炜，吕耀平．武器装备体系贡献率的综合评估计算方法研究［J］．军械工程学院学报，2017，29（2）：33 - 38.